맞춤형화장품

조제관리사

합격보장
맞춤형 화장품 조제관리사

2020. 1. 17. 초 판 1쇄 발행
2020. 1. 30. 초 판 2쇄 발행
2020. 5. 19. 개정 1판 1쇄 발행

저자와의 협의하에 검인생략

지은이 | 송영아, 허은영, 김경미, 박정민, 조수영, 육영삼, 홍란희, 박해련
펴낸이 | 이종춘
펴낸곳 | BM (주)도서출판 **성안당**
주소 | 04032 서울시 마포구 양화로 127 첨단빌딩 3층(출판기획 R&D 센터)
10881 경기도 파주시 문발로 112 출판문화정보산업단지(제작 및 물류)
전화 | 02) 3142-0036
031) 950-6300
팩스 | 031) 955-0510
등록 | 1973. 2. 1. 제406-2005-000046호
출판사 홈페이지 | **www.cyber.co.kr**
ISBN | 978-89-315-8936-8 (13590)
정가 | 25,000 원

이 책을 만든 사람들
책임 | 최옥현
기획 · 진행 | 박남균
교정 · 교열 | 디엔터
본문 · 표지 디자인 | 디엔터, 박원석
홍보 | 김계향, 유미나
국제부 | 이선민, 조혜란, 김혜숙
마케팅 | 구본철, 차정욱, 나진호, 이동후, 강호묵
제작 | 김유석

■ **도서 A/S 안내**

성안당에서 발행하는 모든 도서는 저자와 출판사, 그리고 독자가 함께 만들어 나갑니다.
좋은 책을 펴내기 위해 많은 노력을 기울이고 있습니다. 혹시라도 내용상의 오류나 오탈자 등이 발견되면 **"좋은 책은 나라의 보배"**로서 우리 모두가 함께 만들어 간다는 마음으로 연락주시기 바랍니다. 수정 보완하여 더 나은 책이 되도록 최선을 다하겠습니다.
성안당은 늘 독자 여러분들의 소중한 의견을 기다리고 있습니다. 좋은 의견을 보내주시는 분께는 성안당 쇼핑몰의 포인트(3,000포인트)를 적립해 드립니다.

잘못 만들어진 책이나 부록 등이 파손된 경우에는 교환해 드립니다.

美
美친 적중률
美친 합격률
美친 만족도

최고의 국가자격시험 수험서를 제대로 만들고 싶어하는 성안당의 마음입니다

합격보장

2020년 개정 관계 법령 반영
제1회 시험 완벽 반영한 개정판

맞춤형화장품 조제관리사

국가전문자격

송영아 · 허은영 · 김경미 · 박정민
조수영 · 육영삼 · 홍란희 · 박해련 지음
김근수 감수

BM (주)도서출판 성안당

맞춤형화장품 조제관리사

저자 프로필

송영아 단국대학교 보건복지대학원 임상의과학과 뷰티항노화학 전공 초빙교수

허은영 성신여자대학교 뷰티융합대학원 피부비만전공 겸임교수

김경미 명지전문대학교 피부미용과 초빙교수

박정민 김포대학교 뷰티아트과 겸임교수

조수영 동서울대학교 뷰티코디네이션과 겸임교수

육영삼 단국대학교 보건복지대학원 임상의과학과 뷰티항노화학 전공

홍란희 동서울대학교 뷰티코디네이션과 전임교수

박해련 김포대학교 한류문화관광학부 뷰티아트과 학과장

맞춤형화장품 조제관리사

이 책의 감수

김근수 계명문화대학교 겸임교수, 국제화장품전문가진흥원 원장

들어가는 말

세계적인 추세인 맞춤형 화장품의 발달로 식품의약품안전처는 2020년 3월 14일부터 기존의 화장품 제조업, 화장품 책임판매업 외에 새로이 맞춤형화장품 판매업을 신설하였으며, 맞춤형화장품 판매업에 필수적인 요소인 맞춤형화장품 조제관리사 자격증을 세계 최초로 식품의약품안전처에서 만들었다.

화장품법 시행규칙(2020. 4. 7. 일부 개정)에 의하면 맞춤형화장품 조제관리사 자격증 시험내용은 『화장품법의 이해』, 『화장품 제조 및 품질관리』, 『유통화장품 안전관리』, 『맞춤형화장품의 이해』의 4과목으로 이루어져 있으며 『화장품법의 이해』에는 관련 법령 및 제도 등에 관한 사항, 『화장품 제조 및 품질관리』에는 화장품의 제조 및 품질관리와 원료의 사용기준 등에 관한 사항, 『유통화장품 안전관리』에는 화장품의 유통 및 안전관리 등에 관한 사항, 『맞춤형화장품의 이해』에는 맞춤형화장품의 특성·내용 및 관리 등에 관한 사항들을 다루도록 되어 있다.

본 교재는 식품의약품안전처에서 발표한 맞춤형화장품 조제관리사 자격증 시험의 목적과 취지에 바탕을 두고 핵심내용 요점 정리 및 기출문제 해설을 통해 수험생에게 부담을 적게 하고, 최대한 합격률을 높이려는 데 주안점을 두었다.

저자 일동

목차

Contents

PART 4 맞춤형 화장품의 이해

PART 5 실전모의고사

특별부록 책 속의 책

맞춤형화장품 조제관리사 국가전문자격 시험 안내

❶ 시험 소개

맞춤형화장품 조제관리사 자격시험은 화장품법 제3조 4항에 따라 맞춤형화장품의 혼합, 소분 업무에 종사하고자 하는 자를 양성하기 위해 실시하는 시험입니다.

❷ 시험 정보

1) 자격명 : 맞춤형화장품조제관리사

2) 관련 부처 : 식품의약품안전처

3) 시행 기관 : 한국생산성본부

- 한국생산성본부 자격컨설팅센터
- (문의) 전화번호 : 02-724-1170
- 홈페이지: https://license.kpc.or.kr/qplus/ccmm

❸ 시험 일정

※ 원서 제출은 '맞춤형화장품 조제관리사 자격시험 홈페이지 (https://license.kpc.or.kr/qplus/ccmm) 접수시스템에서만 할 수 있습니다.

※ 원서 제출 기간 중에는 24시간 제출 가능합니다.
(단, 원서 제출 시작일은 10:00부터, 원서 제출 마감일은 17:00까지 제출 가능)

※ 시험 장소는 원서 제출 인원에 따라 변경될 수 있습니다.
(변경될 경우 개별 연락 예정)

맞춤형화장품 조제관리사 국가전문자격 시험 안내

4 시험 과목 및 시험 방법

가. 시험 과목 및 세부 내용

교과목	주요 항목	세부 내용
1. 화장품법의 이해	1.1. 화장품법	화장품법의 입법취지 화장품의 정의 및 유형 화장품의 유형별 특성 화장품법에 따른 영업의 종류 화장품의 품질 요소(안전성, 안정성, 유효성) 화장품의 사후관리 기준
	1.2. 개인정보 보호법	고객 관리 프로그램 운용 개인정보보호법에 근거한 고객정보 입력 개인정보보호법에 근거한 고객정보 관리 개인정보보호법에 근거한 고객 상담
2. 화장품 제조 및 품질관리	2.1. 화장품 원료의 종류와 특성	화장품 원료의 종류 화장품에 사용된 성분의 특성 원료 및 제품의 성분 정보
	2.2. 화장품의 기능과 품질	화장품의 효과 판매 가능한 맞춤형화장품 구성 내용물 및 원료의 품질성적서 구비
	2.3. 화장품 사용제한 원료	화장품에 사용되는 사용제한 원료의 종류 및 사용한도 착향제(향료) 성분 중 알레르기 유발 물질
	2.4. 화장품 관리	화장품의 취급방법 화장품의 보관방법 화장품의 사용방법 화장품의 사용상 주의사항
	2.5. 위해사례 판단 및 보고	위해여부 판단 위해사례 보고
3. 유통 화장품 안전관리	3.1. 작업장 위생관리	작업장의 위생 기준 작업장의 위생 상태 작업장의 위생 유지관리 활동 작업장 위생 유지를 위한 세제의 종류와 사용법 작업장 소독을 위한 소독제의 종류와 사용법

맞춤형화장품 조제관리사 국가전문자격 시험 안내

교과목	주요 항목	세부 내용
3. 유통 화장품 안전관리	3.2. 작업자 위생관리	작업장 내 직원의 위생 기준 설정 작업장 내 직원의 위생 상태 판정 혼합 · 소분 시 위생관리 규정 작업자 위생 유지를 위한 세제의 종류와 사용법 작업자 소독을 위한 소독제의 종류와 사용법 작업자 위생 관리를 위한 복장 청결상태 판단
	3.3. 설비 및 기구 관리	설비 · 기구의 위생 기준 설정 설비 · 기구의 위생 상태 판정 오염물질 제거 및 소독 방법 설비 · 기구의 구성 재질 구분 설비 · 기구의 폐기 기준
	3.4. 내용물 및 원료 관리	내용물 및 원료의 입고 기준 유통화장품의 안전관리 기준 입고된 원료 및 내용물 관리기준 보관중인 원료 및 내용물 출고기준 내용물 및 원료의 폐기 기준 내용물 및 원료의 사용기한 확인 · 판정 내용물 및 원료의 개봉 후 사용기한 확인 · 판정 내용물 및 원료의 변질 상태(변색, 변취 등) 확인 내용물 및 원료의 폐기 절차
	3.5. 포장재의 관리	포장재의 입고 기준 입고된 포장재 관리기준 보관중인 포장재 출고기준 포장재의 폐기 기준 포장재의 사용기한 확인 · 판정 포장재의 개봉 후 사용기한 확인 · 판정 포장재의 변질 상태 확인 포장재의 폐기 절차
4. 맞춤형 화장품의 이해	4.1. 맞춤형화장품 개요	맞춤형화장품 정의 맞춤형화장품 주요 규정 맞춤형화장품의 안전성 맞춤형화장품의 유효성 맞춤형화장품의 안정성
	4.2. 피부 및 모발 생리구조	피부의 생리 구조 모발의 생리 구조 피부 모발 상태 분석

맞춤형화장품 조제관리사 국가전문자격 시험 안내

교과목	주요 항목	세부 내용
4. 맞춤형 화장품의 이해	4.3. 관능평가 방법과 절차	관능평가 방법과 절차
	4.4. 제품 상담	맞춤형 화장품의 효과 맞춤형 화장품의 부작용의 종류와 현상 배합금지 사항 확인 · 배합 내용물 및 원료의 사용제한 사항
	4.5. 제품 안내	맞춤형 화장품 표시 사항 맞춤형 화장품 안전기준의 주요사항 맞춤형 화장품의 특징 맞춤형 화장품의 사용법
	4.6. 혼합 및 소분	원료 및 제형의 물리적 특성 화장품 배합한도 및 금지원료 원료 및 내용물의 유효성 원료 및 내용물의 규격(PH, 점도, 색상, 냄새 등) 혼합 · 소분에 필요한 도구 · 기기 리스트 선택 혼합 · 소분에 필요한 기구 사용 맞춤형화장품 판매업 준수사항에 맞는 혼합 · 소분 활동
	4.7. 충진 및 포장	제품에 맞는 충진 방법 제품에 적합한 포장 방법 용기 기재사항
	4.8. 재고관리	원료 및 내용물의 재고 파악 적정 재고를 유지하기 위한 발주

나. 시험방법 및 문항유형

과목명	문항유형	과목별 총점	시험방법
화장품법의 이해	선다형 7문항 단답형 3문항	100점	필기시험
화장품 제조 및 품질관리	선다형 20문항 단답형 5문항	250점	
유통화장품의 안전관리	선다형 25문항	250점	
맞춤형화장품의 이해	선다형 28문항 단답형 12문항	400점	

※ 문항별 배점은 난이도별로 상이하며, 구체적인 문항배점은 비공개입니다.

맞춤형화장품 조제관리사 국가전문자격 시험 안내

다. 시험시간

과목명	입실시간	시험시간
화장품법의 이해 화장품 제조 및 품질관리 유통화장품의 안전관리 맞춤형화장품의 이해	09:00까지	09:30 ~ 11:30 (120분)

5 응시자격

제한 없음

6 합격기준

전 과목 총점(1,000점)의 60%(600점) 이상을 득점하고, 각 과목 만점의 40% 이상을 득점한 자

7 응시원서 제출

가. 시험 장소 : 인터넷으로 원서 접수 시 공지 예정

나. 제출 방법

- 인터넷 온라인 제출

※ 맞춤형화장품 조제관리사 자격시험 홈페이지(https://license.kpc.or.kr/qplus/ccmm) 접수시스템

- 원서 제출 시 응시 수수료를 결제한 후 원서 접수 확인에서 접수 완료 여부를 확인
- 최근 6개월 이내에 촬영한 탈모 상반신 사진을 그림 파일로 첨부 제출

※ 사진은 JPG, PNG 파일이어야 하며, 크기는 150픽셀×200픽셀 이상, 300dpi 권장, 500KB 이하여야 업로드 가능합니다.

※ 원서 제출 기간 내에 사진 변경이 가능합니다.

다. 응시 수수료

- 100,000원
- 납부 방법 : 전자 결제(신용 카드, 계좌 이체, 가상 계좌) 중 택 1

※ 가상 계좌는 접수 신청일(가상 계좌 발급일) 다음날까지 송금해야 제출이 완료됩니다.

※ 지정 시간까지 미송금 시 원서 제출이 취소됩니다.

맞춤형화장품 조제관리사 국가전문자격 시험 안내

라. 응시 수수료 환불

- 시험 시행일 20일 전까지 제출을 취소하는 경우 : 100% 환불
- 시험 시행일 10일 전까지 제출을 취소하는 경우 : 50% 환불

※ 제출 취소 및 환불 신청은 인터넷으로만 가능합니다.

바. 수험표 교부 : 수험표는 응시 원서 제출 완료 후부터 자격시험 홈페이지에서 출력할 수 있으며, 시험 당일까지 재출력 가능

사. 원서 제출 완료(결제 완료) 후 제출 내용 변경 방법 : 원서 제출 기간 내에 취소 후 다시 제출해야 하며, 원서 제출 기간이 지난 뒤에는 다시 제출하거나 내용 변경 불가

아. 장애인 등 응시 편의 제공 : 시각 · 뇌병변 · 지체 등으로 응시에 현저한 지장이 있는 장애인 등은 원서 접수 시 해당 장애와 희망하는 요구 사항을 입력하고, 원서 제출 마감 후 4일 이내에 해당 장애를 입증할 수 있는 증빙 서류를 제출한 경우에 한하여 응시 편의를 제공합니다.

※ 장애인 편의 제공에 대한 더 자세한 사항은 맞춤형화장품 조제관리사 자격시험 홈페이지 공지 사항 참조

8 시험 이의 신청

가. 신청 방법 : 맞춤형화장품 조제관리사 자격시험 홈페이지(https://license.kpc.or.kr/qplus/ccmm) '문항 이의 신청'게시판에서 신청가능

※ 이의 신청에 개별 회신은 하지 않으며, 관리위원회에서 이상 유무를 확인하여 시험 결과에 반영합니다.

9 합격자 발표

가. 확인 방법 : 맞춤형화장품 조제관리사 자격시험 홈페이지(https://license.kpc.or.kr/qplus/ccmm)에 접속한 후 합격자 발표 조회 메뉴에서 개별 확인

※ 합격자 발표 확인 기간 이후에는 홈페이지(나의 시험정보 – 나의 응시 결과)에서 확인할 수 있습니다.

※ 확인 기간 이후 자격증 원본은 홈페이지에 입력된 주소로 발송 예정입니다.

맞춤형화장품 조제관리사 국가전문자격 시험 안내

10 수험자 유의사항

- 수험 원서, 제출 서류 등의 허위 작성・위조・기재 오기・누락 및 연락 불능의 경우에 발생하는 불이익은 전적으로 수험자 책임입니다.
- 수험자는 시험 시행 전까지 시험장 위치 및 교통편을 확인하여야 하며(단, 시험실 출입은 할 수 없음), 시험 당일 교시별 입실 시간까지 신분증, 수험표, 필기구를 지참하고 해당 시험실의 지정된 좌석에 착석하여야 합니다.
  - ※ 시험이 시작한 이후부터는 입실이 불가합니다.
  - ※ 신분증 인정 범위: 주민등록증, 운전면허증, 공무원증, 유효 기간 내 여권□□□□복지카드(장애인등록증), 국가유공자증, 외국인등록증, 재외동포 국내거소증, 신분확인증빙서, 주민등록발급신청서, 국가자격증
  - ※ '신분증 미지참 시 시험응시가 불가합니다.
- 시험 도중 포기하거나 답안지를 제출하지 않은 수험자는 시험 무효 처리됩니다.
- 지정된 시험실 좌석 이외의 좌석에서는 응시할 수 없습니다.
- 개인용 손목시계를 준비하여 시험 시간을 관리하기 바라며, 휴대전화를 비롯하여 데이터를 저장할 수 있는 전자기기는 시계 대용으로 사용할 수 없습니다.
  - ※ 시험 시간은 종을 울리거나 전등 소등으로 알리게 되며, 교실에 있는 시계와 감독위원의 시간 안내는 단순 참고 사항이며 시간 관리의 책임은 수험자에게 있습니다.
  - ※ 손목시계는 시각만 확인할 수 있는 단순한 것을 사용하여야 하며, 손목시계용 휴대전화를 비롯하여 부정행위에 활용될 수 있는 시계는 모두 사용을 금합니다.
- 시험 시간 중에는 화장실에 갈 수 없고 종료 시까지 퇴실할 수 없으므로 과다한 수분 섭취를 자제하는 등 건강 관리에 유의하시기 바랍니다.
  - ※ '시험 포기 각서'제출 후 퇴실한 수험자는 재입실・응시 불가하며 시험은 무효 처리합니다.
  - ※ 단, 설사 · 배탈 등 긴급사항 발생으로 시험 도중 퇴실 시 재입실이 불가하고, 시험 시간 종료 전까지 시험 본부에서 대기해야 합니다.
- 수험자는 감독위원의 지시에 따라야 하며, 부정한 행위를 한 수험자에게는 해당 시험을 무효로 하고, 그 처분일로부터 3년간 시험에 응시할 수 없습니다.
- 시험 시간 중에는 통신기기 및 전자기기를 일체 휴대할 수 없으며, 시험 도중 관련 장비를 가지고 있다가 적발될 경우 실제 관련 장비의 사용 여부와 관계없이 부정행위자로 처리될 수 있습니다.
  - ※ 통신기기 및 전자기기: 휴대용 전화기, 휴대용 개인정보단말기(PDA), 휴대용 멀티미디어 재생장치(PMP), 휴대용 컴퓨터, 휴대용 카세트, 디지털 카메라, 음성 파일 변환기(MP3), 휴대용 게임기, 전자사전, 카메라펜, 시각 표시 외의 기능이 있는 시계, 스마트워치 등

맞춤형화장품 조제관리사 국가전문자격 시험 안내

※ 휴대전화는 배터리와 본체를 분리하여야 하며, 분리되지 않는 기종은 전원을 꺼서 시험위원의 지시에 따라 보관하여야 합니다.(비행기 탑승 모드 설정은 허용하지 않음.)

- 수험자 인적사항 · 답안지 등 작성은 반드시 검정색 필기구(볼펜, 사인펜 등)만 사용하여야 합니다.

※ 그 외 연필류, 유색 필기구 등으로 작성한 답항은 채점하지 않으며 0점 처리됩니다.

- 답안 정정 시에는 반드시 정정 부분을 두 줄(=)로 긋고 다시 기재하여야 하며, 수정테이프(액) 등을 사용했을 경우 채점상의 불이익을 받을 수 있으므로 사용하지 마시기 바랍니다.
- 시험 종료 후 감독위원의 답안카드(답안지) 제출 지시에 불응한 채 계속 답안카드(답안지)를 작성하는 경우 해당 시험은 무효 처리되고 부정행위자로 처리될 수 있습니다.
- 시험 당일 시험장 내에는 주차 공간이 없거나 협소하므로 대중교통을 이용하여 주시고, 교통 혼잡이 예상되므로 미리 입실할 수 있도록 하시기 바랍니다.
- 문제에 대한 의견을 제출하고자 할 때에는 반드시 정해진 기간 내에 제출하여야 합니다.
- 시험장은 전체가 금연 구역이므로 흡연을 금지하며, 쓰레기를 함부로 버리거나 시설물이 훼손되지 않도록 주의하시기 바랍니다.
- 기타 시험 일정, 운영 등에 관한 사항은 맞춤형조제관리사 자격시험 홈페이지의 시행 공고를 확인하시기 바라며, 미확인으로 인한 불이익은 수험자의 책임입니다.

『화장품법의 이해』에는 『화장품법』과 『개인정보보호법』의 두 파트로 나누어져 있다 .『화장품법』은 화장품의 입법 취지, 화장품의 정의 및 유형, 화장품의 유형별 특성, 화장품법에 따른 영업의 종류, 화장품의 품질요소(안전성, 안정성, 유효성), 화장품의 사후관리 기준 6가지와 『개인정보보호법』은 고객관리 프로그램 운용, 개인정보보호법에 근거한 고객정보 입력, 고객정보 관리, 고객 상담 4가지로 이루어져 있다.

PART 1

화장품법의 이해

CAPTER

01 | 화장품법

Section 01 화장품법의 입법 취지 [시행 2020. 4. 7.]

1 화장품법의 목적

이 법은 화장품의 제조·수입·판매 및 수출 등에 관한 사항을 규정함으로써 국민보건향상과 화장품 산업의 발전에 기여함을 목적으로 한다. **[화장품법 제1조(목적)]**

2 화장품법의 구성과 체계

화장품과 관련된 법령, 규정 체계는 화장품법, 화장품법시행령, 화장품법 시행규칙, 식품의약품안전처(2013년 3월 23일 이전은 식품의약품안전청) 고시, 가이드라인 등으로 분류된다.

분류	관련 기관 및 기준	비고
화장품법	법률	국가법령정보센터 http://www.law.go.kr/
화장품법 시행령	대통령령	
화장품법 시행규칙	총리령	
고시	식품의약품안전처	식품의약품안전처 https://www.mfds.go.kr/index.do
해설서 지침서 가이드라인(민원인 안내서)	식품의약품안전처 식품의약품안전평가원	식품의약품안전처 https://www.mfds.go.kr/index.do

3 화장품법의 개요

구분	조항
제1장 총칙 (제1조~2조)	제1조(목적)
	제2조(정의)
	제2조의2(영업의 종류)

제2장 화장품의 제조 · 유통 (제3조~7조)	제3조 영업의 등록 제3조의2(맞춤형화장품판매업의 신고)[시행일 : 2020. 3. 14.] 제3조의3 결격사유 제3조의4(맞춤형화장품조제관리사 자격시험)[시행일 : 2020. 3. 14.]
	제4조 기능성화장품의 심사 등 제4조의2 영유아 또는 어린이 사용 화장품의 관리[시행일 : 2020. 1. 16.]
	제5조 영업자의 의무 등
	제5조의2 위해화장품의 회수
	제6조 폐업 등의 신고
	제7조 삭제 〈2018.3.13〉
제3장 화장품의 취급 (제8조~17조)	제1절 기준 제8조 화장품 안전기준 등 제9조 안전용기·포장 등 제2절 표시·광고·취급 제10조 화장품의 기재사항 제11조 화장품의 가격표시 제12조 기재·표시상의 주의 제13조 부당한 표시·광고 행위 등의 금지 제14조 표시·광고 내용의 실증 등 제14조의2 천연화장품 및 유기농화장품에 대한 인증 제14조의3 인증의 유효기간 제14조의4 인증의 표시 제14조의5 인증기관 지정의 취소 등 제3절 제조·수입·판매 등의 금지 제15조 영업의 금지 제15조의2 동물실험을 실시한 화장품 등의 유통판매 금지 제16조 판매 등의 금지 제4절 화장품업 단체 등 제17조 단체 설립

제4장 감독 (제18조~30조)	제18조 보고와 검사 등 제18조의2 소비자화장품안전관리감시원 제19조 시정명령 제20조 검사명령 제21조 삭제 〈2013.7.30〉 제22조 개수명령 제23조 회수·폐기명령 등 제23조의2 위해화장품의 공표 제24조 등록의 취소 등 제25조 삭제 〈2013.7.30〉 제26조 영업자의 지위 승계 제26조의2 행정제재처분 효과의 승계 제27조 청문 제28조 과징금처분 제28조의2 위반사실의 공표 제29조 자발적 관리의 지원 제30조 수출용 제품의 예외
제5장 보칙 (제31조~34조)	제31조 등록필증 등의 재교부 제32조 수수료 제33조 화장품산업의 지원 제33조의2 국제협력 제34조 권한 등의 위임·위탁
제6장 벌칙 (제35조~38조)	제35조 삭제 〈2018.3.13〉 제36조 벌칙 제37조 벌칙 제38조 벌칙 제39조 양벌규정 제40조 과태료

Section 02 화장품의 정의 및 유형

1 화장품의 정의

[화장품법 제2조(정의)]

1) 화장품

"화장품"이란 인체를 청결·미화하여 매력을 더하고 용모를 밝게 변화시키거나 피부·모발의 건강을 유지 또는 증진하기 위하여 인체에 바르고 문지르거나 뿌리는 등 이와 유사한 방법으로 사용되는 물품으로서 인체에 대한 작용이 경미한 것을 말한다.

2) 기능성화장품

"기능성화장품"이란 화장품 중에서 다음 각 목의 어느 하나에 해당되는 것으로서 총리령으로 정하는 화장품을 말한다.

(1) 피부의 미백에 도움을 주는 제품

(2) 피부의 주름개선에 도움을 주는 제품

(3) 피부를 곱게 태워주거나 자외선으로부터 피부를 보호하는 데에 도움을 주는 제품

(4) 모발의 색상 변화·제거 또는 영양공급에 도움을 주는 제품

(5) 피부나 모발의 기능 약화로 인한 건조함, 갈라짐, 빠짐, 각질화 등을 방지하거나 개선하는 데에 도움을 주는 제품

3) 천연화장품

"천연화장품"이란 동식물 및 그 유래 원료 등을 함유한 화장품으로서 식품의약품안전처장이 정하는 기준에 맞는 화장품을 말한다.

4) 유기농화장품

"유기농화장품"이란 유기농 원료, 동식물 및 그 유래 원료 등을 함유한 화장품으로서 식품의약품안전처장이 정하는 기준에 맞는 화장품을 말한다.

5) 맞춤형화장품

"맞춤형화장품"이란 다음 각 목의 화장품을 말한다.

(1) 제조 또는 수입된 화장품의 내용물에 다른 화장품의 내용물이나 식품의약품안전처장이 정하는 원료를 추가하여 혼합한 화장품

(2) 제조 또는 수입된 화장품의 내용물을 소분(小分)한 화장품 **[화장품법 제2조(정의)]**

여기서 잠깐

기타 화장품 관련 용어의 정의

- "안전용기·포장"이란 만 5세 미만의 어린이가 개봉하기 어렵게 설계·고안된 용기나 포장을 말한다.
- "사용기한"이란 화장품이 제조된 날부터 적절한 보관 상태에서 제품이 고유의 특성을 간직한 채 소비자가 안정적으로 사용할 수 있는 최소한의 기한을 말한다.
- "1차 포장"이란 화장품 제조 시 내용물과 직접 접촉하는 포장용기를 말한다.
- "2차 포장"이란 1차 포장을 수용하는 1개 또는 그 이상의 포장과 보호재 및 표시의 목적으로 한 포장(첨부문서 등을 포함한다)을 말한다.
- "표시"란 화장품의 용기·포장에 기재하는 문자·숫자·도형 또는 그림 등을 말한다.
- "광고"란 라디오·텔레비전·신문·잡지·음성·음향·영상·인터넷·인쇄물·간판, 그 밖의 방법에 의하여 화장품에 대한 정보를 나타내거나 알리는 행위를 말한다.
- "화장품제조업"이란 화장품의 전부 또는 일부를 제조(2차 포장 또는 표시만의 공정은 제외한다)하는 영업을 말한다.
- "화장품책임판매업"이란 취급하는 화장품의 품질 및 안전 등을 관리하면서 이를 유통·판매하거나 수입대행형 거래를 목적으로 알선·수여(授與)하는 영업을 말한다.
- "맞춤형화장품판매업"이란 맞춤형화장품을 판매하는 영업을 말한다.

2 화장품의 분류

1) 일반 화장품

기능성 화장품을 제외한 나머지 모든 화장품

2) 기능성 화장품

(1) 기능성 화장품의 범위는 다음과 같다.

화장품법 시행규칙 제2조[시행 2019. 12. 12.] [총리령 제1577호, 2019. 12. 12., 일부개정]

① 피부에 멜라닌색소가 침착하는 것을 방지하여 기미·주근깨 등의 생성을 억제함으로써 피부의 미백에 도움을 주는 기능을 가진 화장품

② 피부에 침착된 멜라닌색소의 색을 엷게 하여 피부의 미백에 도움을 주는 기능을 가진 화장품

③ 피부에 탄력을 주어 피부의 주름을 완화 또는 개선하는 기능을 가진 화장품

④ 강한 햇볕을 방지하여 피부를 곱게 태워주는 기능을 가진 화장품

⑤ 자외선을 차단 또는 산란시켜 자외선으로부터 피부를 보호하는 기능을 가진 화장품

⑥ 모발의 색상을 변화[탈염(脫染)·탈색(脫色)을 포함한다]시키는 기능을 가진 화장품. 다만, 일시적으로 모발의 색상을 변화시키는 제품은 제외한다.

⑦ 체모를 제거하는 기능을 가진 화장품. 다만, 물리적으로 체모를 제거하는 제품은 제외한다.

⑧ 탈모 증상의 완화에 도움을 주는 화장품. 다만, 코팅 등 물리적으로 모발을 굵게 보이게 하는 제품은 제외한다.

⑨ 여드름성 피부를 완화하는 데 도움을 주는 화장품. 다만, 인체세정용 제품류로 한정한다.

⑩ 아토피성 피부로 인한 건조함 등을 완화하는 데 도움을 주는 화장(2020년부터 아토피 용어는 화장품에서 사용 금지로 전환)품

⑪ 튼살로 인한 붉은 선을 엷게 하는 데 도움을 주는 화장품

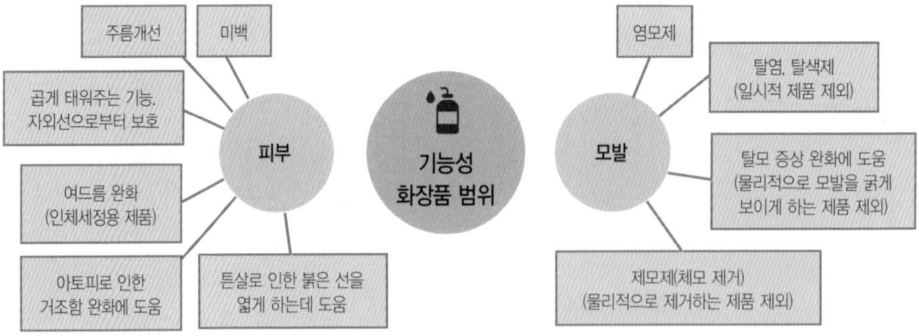

화장품법 시행규칙 제2조[시행 2019. 12. 12.] [총리령 제1577호, 2019. 12. 12., 일부개정]

(2) 기능성화장품의 심사

① 기능성화장품으로 인정받아 판매 등을 하려는 화장품제조업자, 화장품책임판매업자 또는 총리

령으로 정하는 대학·연구소 등은 품목별로 안전성 및 유효성에 관하여 식품의약품안전처장의 심사를 받거나 식품의약품안전처장에게 보고서를 제출하여야 한다. 제출한 보고서나 심사받은 사항을 변경할 때에도 또한 같다. <개정 2013. 3. 23., 2018. 3. 13.>

② 제1항에 따른 유효성에 관한 심사는 제2조제2호 각 목에 규정된 효능・효과에 한하여 실시한다.

③ 제1항에 따른 심사를 받으려는 자는 총리령으로 정하는 바에 따라 그 심사에 필요한 자료를 식품의약품안전처장에게 제출하여야 한다. <개정 2013. 3. 23.>

다만, 식품의약품안전처장이 제품의 효능・효과를 나타내는 성분・함량을 고시한 품목의 경우에는 제1호부터 제4호까지의 자료 제출을, 기준 및 시험방법을 고시한 품목의 경우에는 제5호의 자료 제출을 각각 생략할 수 있다. <개정 2013. 3. 23., 2013. 12. 6., 2019. 3. 14.>

㉠ 기원(起源) 및 개발 경위에 관한 자료

㉡ 안전성에 관한 자료 ;

단회 투여 독성시험 자료, 1차 피부 자극시험 자료, 안(眼)점막 자극 또는 그 밖의 점막 자극시험 자료, 피부 감작성시험(感作性試驗) 자료, 광독성(光毒性) 및 광감작성 시험 자료, 인체 첩포시험(貼布試驗) 자료

㉢ 유효성 또는 기능에 관한 자료 ;

효력시험 자료, 인체 적용시험 자료

㉣ 자외선 차단지수 및 자외선A 차단등급 설정의 근거자료(자외선을 차단 또는 산란시켜 자외선으로부터 피부를 보호하는 기능을 가진 화장품의 경우만 해당한다)

㉤ 기준 및 시험방법에 관한 자료[검체(檢體)를 포함한다]

[화장품법 제4조]

여기서 잠깐

맞춤형화장품 조제관리사 자격시험 1회 출제 문항

1 "포장재"란 화장품의 포장에 사용되는 모든 재료를 말하며 운송을 위해 사용되는 외부 포장재는 제외한 것이다. (㉠)이란 (㉡)을 수용하는 1개 또는 그 이상의 포장과 보호재 및 표시의 목적으로 한 포장을 말한다. 괄호 안에 들어갈 단어를 기재하시오.

정답: ㉠ 2차 포장, ㉡ 1차 포장

2 (   )은 인체로부터 분리한 모발 및 피부, 인공피부 등 인위적 환경에서 시험물질과 대조물질 처리 후 결과를 측정하는 것을 말한다. 괄호 안에 들어갈 단어를 기재하시오.

정답 : 인체 외 시험

Section 03 화장품의 유형별 특성

[화장품법 시행규칙 (별표3)]

1 영·유아용(만 3세 이하의 어린이용을 말한다. 이하 같다) 제품류

1) 세부 유형

(1) 영·유아용 샴푸, 린스	(2) 영·유아용 로션, 크림	(3) 영·유아용 오일
(4) 영·유아 인체 세정용 제품	(5) 영·유아 목욕용 제품	

2) 영·유아용 화장품의 관리

[화장품법 제4조의2]

(1) 화장품책임판매업자는 영유아 또는 어린이가 사용할 수 있는 화장품임을 표시·광고하려는 경우에는 제품별로 안전과 품질을 입증할 수 있는 다음 자료(제품별 안전성 자료)를 작성 및 보관하여야 한다.

① 제품 및 제조방법에 대한 설명 자료

② 화장품의 안전성 평가 자료

③ 제품의 효능·효과에 대한 증명 자료

(2) 식품의약품안전처장은 제1항에 따른 화장품에 대하여 제품별 안전성 자료, 소비자 사용실태, 사용 후 이상 사례 등에 대하여 주기적으로 실태 조사를 실시하고, 위해요소의 저감화를 위한 계획을 수립하여야 한다.

(3) 식품의약품안전처장은 소비자가 제1항에 따른 화장품을 안전하게 사용할 수 있도록 교육 및 홍보를 할 수 있다.

(4) 제1항에 따른 영유아 또는 어린이의 연령 및 표시·광고의 범위, 제품별 안전성 자료의 작성 범위 및 보관기간 등과 제2항에 따른 실태조사 및 계획 수립의 범위, 시기, 절차 등에 필요한 사항은 총리령으로 정한다.

[화장품법 제4조의2]

2 목욕용 제품류

1) 세부 유형

(1) 목욕용 오일,정제,캡슐

(2) 목욕용 금류소

(3) 버블 배스(bubble baths)

(4) 그 밖의 목욕용 제품류

3 인체 세정용 제품류

1) 세부 유형

(1) 폼 클렌저(foam cleanser)

(2) 바디 클렌저(body cleanser)

(3) 액체 비누(liquid soaps) 및 화장 비누(고체 형태의 세안용 비누)

(4) 외음부 세정제

(5) 물휴지(식품접객업의 영업소에서 손을 닦는 용도 등으로 사용할 수 있도록 포장된 물티슈, 장례식장 또는 의료기관 등에서 시체(屍體)를 닦는 용도로 사용되는 물휴지는 제외)

(6) 그 밖의 인체 세정용 제품류

4 눈 화장용 제품류

1) 세부 유형

(1) 아이브로 펜슬(eyebrow pencil)

(2) 아이 라이너(eye liner)

(3) 아이 섀도(eye shadow)

(4) 마스카라(mascara)

(5) 아이 메이크업 리무버(eye make-up remover)

(6) 그 밖의 눈 화장용 제품류

5 방향용 제품류

1) 세부 유형

(1) 향수

(2) 분말향

(3) 향낭(香囊)

(4) 콜롱(cologne)

(5) 그 밖의 방향용 제품류

6 두발 염색용 제품류

1) 세부 유형

(1) 헤어 틴트(hair tints)

(2) 헤어 컬러스프레이(hair color sprays)

(3) 염모제

(4) 탈염·탈색용 제품
(5) 그 밖의 두발 염색용 제품류

7 색조 화장용 제품류

1) 세부 유형

(1) 볼연지
(1) 페이스 파우더(face powder), 페이스 케이크(face cakes)
(2) 리퀴드(liquid)·크림·케이크 파운데이션(foundation)
(3) 메이크업 베이스(make-up bases)
(4) 메이크업 픽서티브(make-up fixatives)
(5) 립스틱, 립라이너(lip liner)
(6) 립글로스(lip gloss), 립밤(lip balm)
(7) 바디페인팅(body painting), 페이스페인팅(face painting), 분장용 제품
(8) 그 밖의 색조 화장용 제품류

8 두발용 제품류

1) 세부 유형

(1) 헤어 컨디셔너(hair conditioners)
(2) 헤어 토닉(hair tonics)
(3) 헤어 그루밍 에이드(hair grooming aids)
(4) 헤어 크림·로션
(5) 헤어 오일
(6) 포마드(pomade)
(7) 헤어 스프레이·무스·왁스·젤
(8) 샴푸, 린스
(9) 퍼머넌트 웨이브(permanent wave)
(10) 헤어 스트레이트너(hair straightner)
(11) 흑채
(12) 그 밖의 두발용 제품류

9 손발톱용 제품류

1) 세부 유형

(1) 베이스코트(basecoats), 언더코트(under coats)
(2) 네일폴리시(nail polish), 네일에나멜(nail enamel)
(3) 탑코트(topcoats)

(4) 네일 크림·로션·에센스
(5) 네일폴리시·네일에나멜 리무버
(6) 그 밖의 손발톱용 제품류

10 면도용 제품류

1) 세부 유형

(1) 애프터셰이브 로션(aftershave lotions)
(2) 남성용 탤컴(talcum)
(3) 프리셰이브 로션(preshave lotions)
(4) 셰이빙 크림(shaving cream)
(5) 셰이빙 폼(shaving foam)
(6) 그 밖의 면도용 제품류

11 기초화장용 제품류

1) 세부 유형

(1) 수렴·유연·영양 화장수(face lotions)
(2) 마사지 크림
(3) 에센스, 오일
(4) 파우더
(5) 바디 제품
(6) 팩, 마스크
(7) 눈 주위 제품
(8) 로션, 크림
(9) 손·발의 피부연화 제품
(10) 클렌징 워터, 클렌징 오일, 클렌징 로션, 클렌징 크림 등 메이크업 리무버
(11) 그 밖의 기초화장용 제품류

12 체취 방지용 제품류

1) 세부 유형

(1) 데오도런트
(2) 그 밖의 체취 방지용 제품류

13 체모 제거용 제품류

1) 세부 유형

(1) 제모제

(2) 제모왁스
(3) 그 밖의 체모 제거용 제품류

여기서 잠깐

맞춤형화장품 조제관리사 자격시험 1회 출제 문항

1 화장품책임판매업자는 영유아 또는 어린이가 사용할 수 있는 화장품임을 표시·광고하려는 경우에는 제품별로 안전과 품질을 입증할 수 있는 다음 각호의 자료를 작성 및 보관하여야 한다. 괄호 안에 들어갈 단어를 기재하시오.

1) 제품 및 제조방법에 대한 설명 자료
2) 화장품의 (　　　　　　) 자료
3) 제품의 효능·효과에 대한 증명자료

정답: 안전성 평가

Section 04 화장품법에 따른 영업의 종류

[화장품법 제2조2(영업의 종류), 화장품법 시행령 제2조(영업의 세부 종류와 범위)]

1 화장품제조업

1) 영업의 세부종류

(1) 화장품을 직접 제조하는 영업
(2) 화장품 제조를 위탁받아 제조하는 영업
(3) 화장품의 포장(1차 포장만 해당한다)을 하는 영업

2) 영업의 등록

(1) 화장품제조업을 하려는 자는 각각 총리령으로 정하는 바에 따라 식품의약품안전처장에게 등록하여야 한다.
(2) 제1항에 따라 화장품제조업을 등록하려는 자는 총리령으로 정하는 시설기준을 갖추어야 한다.

2 화장품책임판매업

1) 영업의 세부종류

(1) 화장품제조업자가 화장품을 직접 제조하여 유통·판매하는 영업
(2) 화장품제조업자에게 위탁하여 제조된 화장품을 유통·판매하는 영업
(3) 수입된 화장품을 유통·판매하는 영업
(4) 수입대행형 거래(「전자상거래 등에서의 소비자보호에 관한 법률」 제2조제1호에 따른 전자상거래만 해당한다)를 목적으로 화장품을 알선·수여(授與)하는 영업

2) 영업의 등록

(1) 화장품책임판매업을 하려는 자는 각각 총리령으로 정하는 바에 따라 식품의약품안전처장에게 등록하여야 한다.
(2) 화장품책임판매업을 등록하려는 자는 총리령으로 정하는 화장품의 품질관리 및 책임판매 후 안전관리에 관한 기준을 갖추어야 하며, 이를 관리할 수 있는 관리자(이하 "책임판매관리자"라 한다)를 두어야 한다.

3 맞춤형화장품판매업

1) 영업의 세부종류

(1) 제조 또는 수입된 화장품의 내용물에 다른 화장품의 내용물이나 식품의약품안전처장이 정하여 고시하는 원료를 추가하여 혼합한 화장품을 판매하는 영업
(2) 제조 또는 수입된 화장품의 내용물을 소분(小分)한 화장품을 판매하는 영업

2) 맞춤형화장품판매업의 신고

(1) 맞춤형화장품 판매업을 하려는 자는 총리령으로 정하는 바에 따라 식품의약품안전처장에게 신고하여야 한다. 신고한 사항 중 총리령으로 정하는 사항을 변경할 때에도 또한 같다.
(2) 제1항에 따라 맞춤형화장품판매업을 신고한 자(이하 "맞춤형화장품판매업자"라 한다)는 총리령으로 정하는 바에 따라 맞춤형화장품의 혼합·소분 업무에 종사하는 자(이하 "맞춤형화장품조제관리사"라 한다)를 두어야 한다.

여기서 잠깐

영업의 등록, 신고 대상이 누구인가요?

화장품법에서는 식품의약품안전처장에게 등록, 신고하도록 되어있지만, 시행규칙에서는 등록, 신고 업무를 관할 지역의 지방식품의약품안전청장에게 위임하였으므로 실제로 등록, 신고할 때는 관할 지방식품의약품안전청으로 가면 된다.

지방청	관할 지역
서울지방식품의약품안전청	서울시, 경기도 북부(고양시, 의정부시, 남양주시, 파주시, 구리시, 포천시, 양주시, 동두천시, 가평군, 연천군), 강원도
부산지방식품의약품안전청	부산시, 울산시, 경상남도
경인지방식품의약품안전청	인천시, 경기도 남부(경기 북부를 제외한 나머지)
대구지방식품의약품안전청	대구시, 경상북도
광주지방식품의약품안전청	광주시, 전라북도, 전라남도, 제주도
대전지방식품의약품안전청	대전시, 세종시, 충청북도, 충청남도

3 화장품법에 따른 영업 등록의 결격 사유

[화장품법 제3조의3(결격사유)]

제3조의3(결격사유) 다음 각 호의 어느 하나에 해당하는 자는 화장품제조업 또는 화장품책임판매업의 등록이나 맞춤형화장품판매업의 신고를 할 수 없다. 다만, 제1호 및 제3호는 화장품제조업만 해당한다.

(1)「정신건강증진 및 정신질환자 복지서비스 지원에 관한 법률」제3조제1호에 따른 정신질환자. 다만, 전문의가 화장품제조업자(제3조제1항에 따라 화장품제조업을 등록한 자를 말한다. 이하 같다)로서 적합하다고 인정하는 사람은 제외한다.
(2) 피성년후견인 또는 파산선고를 받고 복권되지 아니한 자
(3)「마약류 관리에 관한 법률」제2조제1호에 따른 마약류의 중독자
(4) 이 법 또는「보건범죄 단속에 관한 특별조치법」을 위반하여 금고 이상의 형을 선고받고 그 집행이 끝나지 아니하거나 그 집행을 받지 아니하기로 확정되지 아니한 자
(5) 제24조에 따라 등록이 취소되거나 영업소가 폐쇄(이 조 제1호부터 제3호까지의 어느 하나에 해당하여 등록이 취소되거나 영업소가 폐쇄된 경우는 제외한다)된 날부터 1년이 지나지 아니한 자

여기서 잠깐

맞춤형화장품 조제관리사 자격시험 예시 출제 문항

맞춤형화장품 판매업소에서 제조·수입된 화장품의 내용물에 다른 화장품의 내용물이나 식품의약품안전처장이 정하는 원료를 추가하여 혼합하거나 제조 또는 수입된 화장품의 내용물을 소분(小分)하는 업무에 종사하는 자를 (㉠)(이)라고 한다. ㉠에 들어갈 적합한 명칭을 작성하시오.

답 맞춤형화장품조제관리사

화장품법상 등록이 아닌 신고가 필요한 영업의 형태로 옳은 것은?

① 화장품 제조업 ② 화장품 수입업 ③ 화장품 책임판매업
④ 화장품 수입대행업 ⑤ 맞춤형화장품 판매업

답 ⑤

Section 05 화장품의 품질 요소(안전성, 안정성, 유효성)

화장품의 품질요인에는 안전성, 안정성, 유효성 등을 포함하고 있으며, 안전성은 피부 자극성, 감작성, 경구 독성, 이물 혼입, 파손 등이 없어야 하며, 안정성은 변질, 변색, 변취, 미생물 요염이 증이 없어야 하며, 유효성은 보습효과, 자외선 차단 효과, 세정효과, 색채효과, 미백효과, 주름개선, 체모제거, 탈모증상 완화 등의 효과를 가지고 있어야 한다.

여기서 잠깐

화장품의 4대 품질 특성

- 안전성 : 피부자극성, 알러지 반응, 경구독성, 이물질 혼입 파손 등 독성이 없어야 한다.
- 안정성 : 미생물 오염으로 인한 변질, 변색, 변취 등 시간 경과 시 제품에 대해서 분리되는 변화가 없어야 한다.
- 사용성 : 사용감(피부 친화성, 촉촉함, 부드러움 등), 사용 편리성(형태, 크기, 중량, 기구, 기능성, 휴대성 등), 기호성(향, 색, 디자인 등)
- 유효성 : 피부에 적절한 보습, 미백, 세정, 자외선차단, 노화억제 등의 효과를 부여해야 한다.

1 화장품의 안전성

화장품은 피부를 청결하게 보호하며, 건강을 유지하기 위해 사용되고 있으나, 피부에 반복적으로 장기간 사용함으로써 부작용에 대한 인체의 안전성 확보가 중요하며 지속적인 모니터링이 필요하다. 식품의약품안전처는 '화장품 안전기준 등에 관한 규정'을 고시하여 화장품의 안전성을 추구하고 있다.

[식품의약품안전처 고시 제2020 – 12호 참조]

1) 화장품에 있어 부작용의 요인

(1) 보존제 : 파라벤, 페녹시에탄올, 이미다졸리디닐우레아 등
(2) 계면활성제 : POE(Polyoxyethylene)올레일알코올에테르, POE소르비탄지방산에스트 등
(3) 향료 : 벤질알코올, 유제놀, 쿠마린, 제라니올 등
(4) 자외선 차단제 : 옥시벤존, 디옥시벤존, 옥토크릴렌 등
(5) 색소 : 타르류 등

2) 자극과 알레르기

화장품의 부작용은 크게 두 가지로 나타난다. 하나는 자극(Irritation)이고 하나는 알레르기(Allergy)이다.

(1) 자극(Irritation) : 모든 사람에게 나타나는 현상으로 강산성이나 강알칼리성의 경우와 같이 세포에 대해서 직접적인 독성을 나타내는 것을 말한다.
(2) 알레르기(Allergy) : 대부분 사람이 항원으로 인식하지 않는 물질에 면역계가 과민반응을 일으켜 두드러기나 가려움, 호흡곤란, 재채기, 콧물, 홍반 등을 일으킨다. (항원물질 : 니켈, 옻나무, 땅콩, 달걀 등)

3) 안전성 시험 항목과 평가방법 「기능성화장품 심사에 관한 규정」 고시 전문(식약처 고시 제2019-47호, 2019.6.17.)

(1) 단회투여독성 시험
(2) 1차 피부자극 시험
(3) 안(眼)점막자극 또는 기타 점막 자극 시험 : 눈 주위 제품(주름방지 등), 두발 세정료 등의 안점막(각막, 홍채, 결막 손상)에 대한 안전성
(4) 피부 감작성 시험(感作性試驗) : 생체에 반복적인 접촉에 의해서 일어날 가능성이 있는 피부 장해로서 알레르기 같은 반응이 있다. 예) 체액성 면역반응, 세포성 면역반응
(5) 광독성(光毒性) 시험 : 광독성을 일으키는 약물이나 화학물질은 대개 광화학적으로 불안정하여 형광을 낸다. 광독성반응의 발생기전은 자외선에 의해 활성화된 약제가 세포핵의 내의 DNA와 결합하거나, 혹은 산소에 작용하여 산소라디칼이나 singlet oxygen을 형성하여 피부세포에 손상을 주게된다. 광독성 반응은 이러한 광감각제에 의한 일차적인 손상에 따른 양상을 보이므로 일광화상과 비슷하게 나타난다. 햇빛에 노출된 피부에 홍반, 부종 등이 나타나면서 따갑거나 가렵고 심하면 물집이 생기면 색소침착이 흔히 나타난다. 흔한 원인 물질로는 psoralen, quinolone계 항생제, thiazide, chlorpromazine, chlorpropamide, doxycycline 등의 국소제제가 있다.
(6) 광감작성 시험 : 정상 상태에서는 문제를 일으키지 않던 물질이 자외선에 의해 활성화되면서 지연과민반응에 의한 염증이 나타나는 질환이다. 대상자가 항원에 노출되는 형태에 따라, 전신 광알레르기와 접촉 광알레르기로 나눌 수 있다. 광알레르기는 잠복기를 가지며, 낮은 농도의 항원 노출에도 증상이 나타나고, 항원이 제거되더라도 증상이 단기간에 좋아지지 않으므로 원인 물질을 찾기 힘든 경우가 많다. 광알레르기를 일으킬 수 있는 물질들은 대부분 광화학적으로 불안정한 구조를

가지고 있다. chlorpromazine, thiazide, quinolone, piroxicam 등의 약제는 전신 광알레르기를 흔히 일으키고, ketoprofen 파스, 화장품이나 생활용품 속에 포함된 향료나 항균물질, 자외선 차단제 등은 접촉(국소) 광알레르기를 일으킨다.

전신 광알레르기는 약물의 전신 투여 후에 나타나며, 일광 노출부의 심한 습진성 병변이 주로 나타난다. 광검사에서 UVA에 대한 MED가 현저히 낮아지고, 광첩포 검사에서 흔히 양성 반응을 보이지만 일부에서는 음성반응을 보인다. 유발검사에서는 낮은 용량의 약제를 투여하여도 증상이 재발하거나 MED의 현저한 저하가 나타난다. 광알레르기성 접촉 피부염은 피부에 도포된 항원에 의한 알레르기 반응으로써, 도포부위의 자외선 노출 후 습진성 병변이 나타난다. 최근 화장품이나 자외선 차단제에 의한 광접촉 피부염의 빈도가 늘어나고 있다. 접촉 광알레르기가 MED는 대부분 정상이고 광첩포 시험은 대개 양성이다.

(7) 인체 첩포 시험 : 피부염이 일어나지 않는 것을 확인하기 위해서 간편한 예비 실험으로서 사람의 팔뚝과 등 부위에 첩포시험을 행한다. 물질의 적용 기간은 24시간으로 하며, 피부의 반응을 육안적으로 판정한다. **「기능성화장품 심사에 관한 규정」 고시 전문(식약처 고시 제2019-47호, 2019.6.17.)**

4) 화장품 사용금지 관리 대상 물질 중 비의도적 검출 허용 한도

[식품의약품안전처 고시 제2019-93호(2019.10.17. 개정)]

화장품에 첨가해서는 안 되나 제조 또는 보관 과정 중 비의도적으로 들어가게 된 성분의 기술적 완벽 제거가 불가능한 경우 식약처 고시를 통해 검출 허용 한도를 제시함으로써 화장품의 안전성을 확보하고자 하였다.

(1) 납 : 점토를 원료로 사용한 분말제품은 50㎍/g 이하, 그 밖의 제품은 20㎍/g 이하

(2) 니켈: 눈 화장용 제품은 35㎍/g 이하, 색조 화장용 제품은 30㎍/g 이하, 그 밖의 제품은 10㎍/g 이하

(3) 비소 : 10㎍/g 이하

(4) 수은 : 1㎍/g 이하

(5) 안티몬 : 10㎍/g 이하

(6) 카드뮴 : 5㎍/g 이하

(7) 디옥산 : 100㎍/g 이하

(8) 메탄올 : 0.2(v/v)% 이하, 물휴지는 0.002%(v/v) 이하

(9) 포름알데하이드 : 2000㎍/g 이하, 물휴지는 20㎍/g 이하

(10) 프탈레이트류(디부틸프탈레이트, 부틸벤질프탈레이트 및 디에칠헥실프탈레이트에 한함) : 총합으로서 100㎍/g 이하

5) 화장품 내 검출될 수 있는 미생물 한도

[식품의약품안전처 고시 제2019-93호(2019.10.17. 개정)]

(1) 총호기성생균수는 영·유아용 제품류 및 눈화장용 제품류의 경우 500개/g(㎖) 이하

(2) 물휴지의 경우 세균 및 진균수는 각각 100개/g(㎖) 이하

(3) 기타 화장품의 경우 1,000개/g(㎖) 이하

(4) 대장균(Escherichia Coli), 녹농균(Pseudomonas aeruginosa), 황색포도상구균(Staphylococcus aureus)은 불검출

여기서 잠깐

화장품 내 성분 용량 측정의 기준은 다음과 같다.

- 제품 3개를 가지고 시험할 때 그 평균 내용량이 표기량에 대하여 97% 이상(다만, 화장비누의 경우 건조중량을 내용량으로 한다)
- 제1호의 기준치를 벗어날 경우 : 6개를 더 취하여 시험할 때 9개의 평균 내용량이 제1호의 기준치 이상

2 화장품의 안정성(Stability)

화장품은 대부분 잘 섞이지 않는 물질(수성, 유성 원료)들을 유화제 등을 사용하여 일시적으로 혼합시킨 제품으로 보관 및 유통과정에서 온도, 일광, 미생물 등에 의해 나타나는 제품의 안정성을 말한다. 일반화장품의 사용기간은 대부분 3~5년 정도이며 유효기간은 보관 조건에 따라 크게 달라질 수 있다.

요인		현상	비고
온도	고온	분리, 변색, 변취, 침전, 유효성분 파괴 등	
	저온	결정 석출, 침전, 분리, 용기 파손 등	
일광		변색, 변취, 유효성분 파괴 등	
미생물		변취, 변색, 분리, 부작용 등	

1) 화장품의 안정성 확보의 중요성

화장품의 품질 안정성은 생산자로부터 소비자에 이르기까지 각종 유통경로와 실제 사용기간을 고려하여 화학적, 물리적 변화가 일어나지 않으며, 화장품의 안전성, 유효성 등이 보장되어야 한다.

변화	현상	비고
물리적	분리, 침전, 응집, 발한, 겔화, 증발, 고화, 연화, 균열	
화학적	변색, 퇴색, 변취, 오염, 결정 석출	

2) 화장품의 안정성 시험법

[화장품 안정성 시험 가이드라인, 식품의약품안전청, 2011]

(1) 시험의 목적

① 화장품의 저장방법 및 사용기한을 설정하기 위하여 경시변화에 따른 품질의 안정성을 평가하는 시험이다.

② 화장품의 제조된 날로부터 적절한 보관조건에서 성상·품질의 변화 없이 최적의 품질로 이를 사용할 수 있는 최소한의 기한과 저장방법을 설정하기 위한 기준을 정하는 데 있으며, 나아가 이를

통하여 시중 유통 중에 있는 화장품의 안정성을 확보하여 안전하고 우수한 제품을 공급하는 데 도움을 주고자 하는 데 있다.

(2) 일반적 사항

① 화장품의 안정성시험은 적절한 보관, 운반, 사용조건에서 화장품의 물리적, 화학적, 미생물학적 안정성 및 내용물과 용기 사이의 적합성을 보증할 수 있는 조건에서 시험을 실시한다.

② 시험기준 및 시험방법은 승인된 규격이 있는 경우 그 규격을, 그 이외에는 각 제조업체의 경험에 근거하여 제제별로 시험방법과 관련 기준을 추가로 선정하고 한 가지 이상의 온도 조건에서 안정성 시험을 수행한다. 즉, 시험기준 및 시험방법은 평가 대상 제품의 예상 또는 실제 안정성을 추정할 수 있어야 한다.

(3) 안정성 시험의 종류

① 장기보존시험 : 장기간에 걸쳐 물리·화학적, 미생물학적 안정성 및 용기 적합성을 확인하는 시험

② 가속시험 : 단기간의 가속 조건이 물리·화학적, 미생물학적 안정성 및 용기 적합성에 미치는 영향을 평가하기 위한 시험

③ 가혹시험 : 가혹 조건(온도 편차 및 극한조건, 기계·물리적 충격, 진동, 광 노출 등)에서 화장품의 분해과정 및 분해산물 등을 확인하기 위한 시험

④ 개봉 후 안정성시험 : 화장품의 사용 시에 일어날 수 있는 오염 등을 고려한 사용기한을 설정하기 위하여 장기간에 걸쳐 물리·화학적, 미생물학적 안정성 및 용기 적합성을 확인하는 시험

여기서 잠깐

안정성 시험별 시험 항목

1. 장기보존시험 및 가속시험

㉠ 일반시험 : 균등성, 향취 및 색상, 사용감, 액상, 유화형, 내온성 시험을 수행한다.

㉡ 물리·화학적 시험 : 성상, 향, 사용감, 점도, 질량변화, 분리도, 유화상태, 경도, pH, 융점, 시험물 가용성 성분, 에테르 불용 및 에탄올가용성성분, 에테르 및 에탄올 가용성 불검화물, 에테르 및 에탄올 가용성 검화물, 에테르 가용 및 에탄올 불용성 불검화물, 에테르 가용 및 에탄올 불용성 검화물, 증발잔류물, 에탄올 등

㉢ 미생물학적 시험 : 정상적으로 제품 사용 시 미생물 증식을 억제하는 능력이 있음을 증명하는 미생물학적 시험 및 필요 시 기타 특이적 시험을 통해 미생물에 대한 안정성을 평가한다.

㉣ 용기적합성 시험 : 제품과 용기 사이의 상호작용(용기의 제품 흡수, 부식, 화학적 반응 등)에 대한 적합성을 평가한다.

2. 가혹시험

본 시험의 시험 항목은 보존 기간 중 제품의 안정성이나 기능성에 영향을 확인할 수 있는 품질관리 상 중요한 항목 및 분해 산물의 생성 유무를 확인한다.

3. 개봉 후 안정성시험

개봉 전 시험 항목과 미생물 한도 시험, 살균보존제, 유효성 성분시험을 수행한다. 다만, 개봉할 수 없는 용기로 되어있는 제품(스프레이 등), 일회용 제품 등은 개봉 후 안정성 시험을 수행할 필요가 없다.

[화장품 안정성 시험 가이드라인, 식품의약품안전청, 2011]

3 화장품의 유효성

화장품은 인체를 청결·미화하여 매력을 더하고 용모를 밝게 변화시키거나 피부·모발의 건강을 유지 또는 증진하기 위하여 인체에 바르고 문지르거나 뿌리는 등 이와 유사한 방법으로 사용되는 물품으로 인체에 대한 작용이 경미한 것을 말한다.

질병을 치료로 목적으로 하는 의약품과는 달리 그 효능·효과를 과대하게 표시하지 못하도록 법적으로 규제하고 있다.

기능성 화장품은 유효성(효능·효과)을 식품의약품안전처에 인정을 받아 효능·효과에 대한 광고를 할 수 있는 제품이다.

1) 화장품의 유효성 범위

(1) 미백

① 피부에 멜라닌 색소가 침착하는 것을 방지하여 기미·주근깨 등의 생성을 억제함으로써 피부의 미백에 도움을 주는 기능

② 피부에 침착된 멜라닌 색소의 색을 엷게 하여 피부의 미백에 도움을 주는 기능

(2) 주름 개선

피부에 탄력을 주어 피부의 주름을 완화 또는 개선하는 기능

(3) 태닝

강한 햇볕을 방지하여 피부를 곱게 태워주는 기능

(4) 자외선 차단

자외선을 차단 또는 산란시켜 자외선으로부터 피부를 보호하는 기능

(5) 모발 색상 변화

모발의 색상을 변화[탈염(脫染)·탈색(脫色)]시키는 기능, 다만 일시적으로 변화시키는 것은 제외한다.

(6) 체모 제거(왁싱)

체모를 제거하는 기능, 다만 물리적으로 제거하는 기능은 제외한다.

(7) 탈모 완화

탈모 증상의 완화에 도움을 주는 기능, 다만 코팅 등 물리적으로 모발을 굵게 보이게 하는 제품은 제외한다.

(8) 여드름 완화

여드름성 피부를 완화하는 데 도움을 주는 기능, 다만 인체 세정 기능에 한정한다.

(9) 건조 완화

아토피성 피부로 인한 건조함 등을 완화하는 데 도움을 기능(2020년부터 아토피 용어는 화장품에서 사용 금지로 전환)

(10) 튼살로 인한 붉은 선을 엷게 하는 데 도움을 주는 기능

2) 화장품의 유효성 평가

화장품법 제4조 제①항에 따라 기능성 화장품을 제조·수입하고자 하는 자는 품목별로 유효성에 관하여 효력시험, 인체적용시험을 식품의약품안전처장의 심사를 받아야 한다.

(1) 효력시험

심사대상 효능을 포함한 효력을 뒷받침하는 비임상 시험으로서 효과 발현의 작용기전이 포함되어야 하며, 다음 중 어느 것 하나에 해당해야 한다.

① 국내외 대학 또는 전문연구기관에서 시험한 것

② 당해 기능성화장품이 개발국 정부에 제출·평가되어 승인된 것

③ 과학논문인용색인(SCI)에 등재된 전문학회지에 게재된 것

(2) 인체적용시험

사람에게 적용 시 효능·효과 등 기능 입증하는 시험으로 관련 분야 전문의사, 연구소, 또는 병원 기타 관련 기관에서 5년 이상 해당 시험경력을 가진 자의 지도 및 감독 하에 수행·평가되고, 다음 중 어느 것 하나에 해당해야 한다.

① 국내외 대학 또는 전문연구기관에서 시험한 것

② 당해 기능성화장품이 개발국 정부에 제출·평가되어 승인된 것

Section 06 화장품의 사후 관리 기준

1 화장품 안전기준 등

(1) 식품의약품안전처장은 화장품의 제조 등에 사용할 수 없는 원료를 지정하여 고시하여야 한다.

(2) 식품의약품안전처장은 보존제, 색소, 자외선차단제 등과 같이 특별히 사용상의 제한이 필요한 원료에 대하여는 그 사용기준을 지정하여 고시하여야 하며, 사용기준이 지정·고시된 원료 외의 보존제, 색소, 자외선차단제 등은 사용할 수 없다. <개정 2013. 3. 23., 2018. 3. 13.>

(3) 식품의약품안전처장은 국내외에서 유해물질이 포함되어 있는 것으로 알려지는 등 국민보건상 위해 우려가 제기되는 화장품 원료 등의 경우에는 총리령으로 정하는 바에 따라 위해요소를 신속히 평가하여 그 위해 여부를 결정하여야 한다. <개정 2013. 3. 23.>

(4) 식품의약품안전처장은 제3항에 따라 위해평가가 완료된 경우에는 해당 화장품 원료 등을 화장품의 제조에 사용할 수 없는 원료로 지정하거나 그 사용기준을 지정하여야 한다. <개정 2013. 3. 23.>

(5) 식품의약품안전처장은 제2항에 따라 지정·고시된 원료의 사용기준의 안전성을 정기적으로 검토하여야 하고, 그 결과에 따라 지정· 원료의 사용기준을 변경할 수 있다. 이 경우 안전성 검토의 주기 및 절차 등에 관한 사항은 총리령으로 정한다. <신설 2018. 3. 13.>

(6) 화장품제조업자, 화장품책임판매업자 또는 대학·연구소 등 총리령으로 정하는 자는 제2항에 따라 지정·고시되지 아니한 원료의 사용기준을 지정·고시하거나 지정·고시된 원료의 사용기준을 변경하

여 줄 것을 총리령으로 정하는 바에 따라 식품의약품안전처장에게 신청할 수 있다. <신설 2018. 3. 13.>

(7) 식품의약품안전처장은 제6항에 따른 신청을 받은 경우에는 신청된 내용의 타당성을 검토하여야 하고, 그 타당성이 인정되는 경우에는 원료의 사용기준을 지정·고시하거나 변경하여야 한다. 이 경우 신청인에게 검토 결과를 서면으로 알려야 한다. <신설 2018. 3. 13.>

(8) 식품의약품안전처장은 그 밖에 유통화장품 안전관리 기준을 정하여 고시할 수 있다. <개정 2013. 3. 23., 2018. 3. 13.> **[화장품법 제8조]**

2 화장품 영업의 금지 [제15조]

누구든지 다음 각 호의 어느 하나에 해당하는 화장품을 판매(수입대행형 거래를 목적으로 하는 알선·수여를 포함한다)하거나 판매할 목적으로 제조·수입·보관 또는 진열하여서는 아니 된다.

1) 제4조에 따른 심사를 받지 아니하거나 보고서를 제출하지 아니한 기능성화장품
2) 전부 또는 일부가 변패(變敗)된 화장품
3) 병원미생물에 오염된 화장품
4) 이물이 혼입되었거나 부착된 것
5) 제8조제1항 또는 제2항에 따른 화장품에 사용할 수 없는 원료를 사용하였거나 같은 조 제8항에 따른 유통화장품 안전관리 기준에 적합하지 아니한 화장품
6) 코뿔소 뿔 또는 호랑이 뼈와 그 추출물을 사용한 화장품
7) 보건위생상 위해가 발생할 우려가 있는 비위생적인 조건에서 제조되었거나 제3조제2항에 따른 시설기준에 적합하지 아니한 시설에서 제조된 것
8) 용기나 포장이 불량하여 해당 화장품이 보건위생상 위해를 발생할 우려가 있는 것
9) 제10조제1항제6호에 따른 사용기한 또는 개봉 후 사용기간(병행 표기된 제조연월일을 포함한다)을 위조·변조한 화장품

3 화장품 판매 금지 조항

1) 누구든지 다음 각 호의 어느 하나에 해당하는 화장품을 판매하거나 판매할 목적으로 보관 또는 진열하여서는 아니 된다. 다만, 제3호의 경우에는 소비자에게 판매하는 화장품에 한한다.
   ① 제3조제1항에 따른 등록을 하지 아니한 자가 제조한 화장품 또는 제조·수입하여 유통·판매한 화장품
   ② 제3조의2제1항에 따른 신고를 하지 아니한 자가 판매한 맞춤형화장품
   ③ 제3조의2제2항에 따른 맞춤형화장품조제관리사를 두지 아니하고 판매한 맞춤형화장품
   ④ 제10조부터 제12조까지에 위반되는 화장품 또는 의약품으로 잘못 인식할 우려가 있게 기재·표시된 화장품
   ⑤ 판매의 목적이 아닌 제품의 홍보·판매촉진 등을 위하여 미리 소비자가 시험·사용하도록 제조 또는 수입된 화장품

⑥ 화장품의 포장 및 기재·표시 사항을 훼손(맞춤형화장품 판매를 위하여 필요한 경우는 제외한다) 또는 위조·변조한 것

2) 누구든지(맞춤형화장품조제관리사를 통하여 판매하는 맞춤형화장품판매업자는 제외한다) 화장품의 용기에 담은 내용물을 나누어 판매하여서는 아니 된다. **[화장품법 제16조]**

4 안전용기·포장 등

1) 화장품책임판매업자 및 맞춤형화장품판매업자는 화장품을 판매할 때에는 어린이가 화장품을 잘못 사용하여 인체에 위해를 끼치는 사고가 발생하지 아니하도록 안전용기·포장을 사용하여야 한다.

2) 제1항에 따라 안전용기·포장을 사용하여야 할 품목 및 용기·포장의 기준 등에 관하여는 총리령으로 정한다.

(1) 안전용기·포장 대상 품목 및 기준(일회용 제품, 용기 입구 부분이 펌프 또는 방아쇠로 작동되는 분무용기 제품, 압축 분무용기 제품(에어로졸 제품 등)은 제외)

① 아세톤을 함유하는 네일 에나멜 리무버 및 네일 폴리시 리무버

② 어린이용 오일 등 개별포장 당 탄화수소류를 10% 이상 함유하고 운동 점도가 21센티스톡스(섭씨 40도 기준) 이하인 비에멀젼 타입의 액체상태의 제품

③ 개별포장당 메틸 살리실레이트를 5% 이상 함유하는 액체상태의 제품

(2) 제1항에 따른 안전용기·포장은 성인이 개봉하기는 어렵지 아니하나 만 5세 미만의 어린이가 개봉하기는 어렵게 된 것이어야 한다. 이 경우 개봉하기 어려운 정도의 구체적인 기준 및 시험방법은 산업통상자원부장관이 정하여 고시하는 바에 따른다.[화장품 시행규칙 제18조]

5 품질관리 기준

[화장품법 시행규칙 [별표 1] 품질관리기준(제7조 관련) 〈개정 2019. 3. 14.〉]

1) 용어의 정의

이 표에서 사용하는 용어의 뜻은 다음과 같다.

(1) "품질관리"란 화장품의 책임판매 시 필요한 제품의 품질을 확보하기 위해서 실시하는 것으로서, 화장품제조업자 및 제조에 관계된 업무(시험·검사 등의 업무를 포함한다)에 대한 관리·감독 및 화장품의 시장 출하에 관한 관리, 그 밖에 제품의 품질의 관리에 필요한 업무를 말한다.

(2) "시장출하"란 화장품책임판매업자가 그 제조 등(타인에게 위탁 제조 또는 검사하는 경우를 포함하고 타인으로부터 수탁 제조 또는 검사하는 경우는 포함하지 않는다. 이하 같다)을 하거나 수입한 화장품의 판매를 위해 출하하는 것을 말한다.

2) 품질관리 업무에 관련된 조직 및 인원

화장품책임판매업자는 책임판매관리자를 두어야 하며, 품질관리 업무를 적정하고 원활하게 수행할 능력이 있는 인력을 충분히 갖추어야 한다.

3) 품질관리업무의 절차에 관한 문서 및 기록 등

(1) 화장품책임판매업자는 품질관리 업무를 적정하고 원활하게 수행하기 위하여 다음의 사항이 포함된 품질관리 업무 절차서를 작성·보관해야 한다.

① 적정한 제조관리 및 품질관리 확보에 관한 절차
② 품질 등에 관한 정보 및 품질 불량 등의 처리 절차
③ 회수처리 절차
④ 교육·훈련에 관한 절차
⑤ 문서 및 기록의 관리 절차
⑥ 시장출하에 관한 기록 절차
⑦ 그 밖에 품질관리 업무에 필요한 절차

(2) 화장품책임판매업자는 품질관리 업무 절차서에 따라 다음의 업무를 수행해야 한다.

① 화장품제조업자가 화장품을 적정하고 원활하게 제조한 것임을 확인하고 기록할 것
② 제품의 품질 등에 관한 정보를 얻었을 때 해당 정보가 인체에 영향을 미치는 경우에는 그 원인을 밝히고, 개선이 필요한 경우에는 적정한 조치를 하고 기록할 것
③ 책임판매한 제품의 품질이 불량하거나 품질이 불량할 우려가 있는 경우 회수 등 신속한 조치를 하고 기록할 것
④ 시장출하에 관하여 기록할 것
⑤ 제조번호별 품질검사를 철저히 한 후 그 결과를 기록할 것. 다만, 화장품제조업자와 화장품책임판매업자가 같은 경우, 화장품제조업자 또는 「식품·의약품분야 시험·검사 등에 관한 법률」 제6조에 따른 식품의약품안전처장이 지정한 화장품 시험····검사기관에 품질검사를 위탁하여 제조번호별 품질검사 결과가 있는 경우에는 품질검사를 하지 않을 수 있다.
⑥ 그 밖에 품질관리에 관한 업무를 수행할 것

(3) 화장품책임판매업자는 책임판매관리자가 업무를 수행하는 장소에 품질관리 업무 절차서 원본을 보관하고, 그 외의 장소에는 원본과 대조를 마친 사본을 보관해야 한다.

4) 책임판매관리자의 업무

화장품책임판매업자는 품질관리 업무 절차서에 따라 다음 각 목의 업무를 책임판매관리자에게 수행하도록 해야 한다.

(1) 품질관리 업무를 총괄할 것
(2) 품질관리 업무가 적정하고 원활하게 수행되는 것을 확인할 것
(3) 품질관리 업무의 수행을 위하여 필요하다고 인정할 때에는 화장품책임판매업자에게 문서로 보고할 것
(4) 품질관리 업무 시 필요에 따라 화장품제조업자, 맞춤형화장품판매업자 등 그 밖의 관계자에게 문서로 연락하거나 지시할 것

(5) 품질관리에 관한 기록 및 화장품제조업자의 관리에 관한 기록을 작성하고 이를 해당 제품의 제조일(수입의 경우 수입일을 말한다)부터 3년간 보관할 것

5) 회수처리

화장품책임판매업자는 품질관리 업무 절차서에 따라 책임판매관리자에게 다음과 같이 회수 업무를 수행하도록 해야 한다.

(1) 회수한 화장품은 구분하여 일정 기간 보관한 후 폐기 등 적정한 방법으로 처리할 것

(2) 회수 내용을 적은 기록을 작성하고 화장품책임판매업자에게 문서로 보고할 것

6) 교육·훈련

화장품책임판매업자는 책임판매관리자에게 교육·훈련계획서를 작성하게 하고, 품질관리 업무 절차서 및 교육·훈련계획서에 따라 다음의 업무를 수행하도록 해야 한다.

(1) 품질관리 업무에 종사하는 사람들에게 품질관리 업무에 관한 교육·훈련을 정기적으로 실시하고 그 기록을 작성, 보관할 것

(2) 책임판매관리자 외의 사람이 교육·훈련 업무를 실시하는 경우에는 교육·훈련 실시 상황을 화장품책임판매업자에게 문서로 보고할 것

7) 문서 및 기록의 정리

화장품책임판매업자는 문서·기록에 관하여 다음과 같이 관리해야 한다.

(1) 문서를 작성하거나 개정했을 때에는 품질관리 업무 절차서에 따라 해당 문서의 승인, 배포, 보관 등을 할 것

(2) 품질관리 업무 절차서를 작성하거나 개정했을 때에는 해당 품질관리 업무 절차서에 그 날짜를 적고 개정 내용을 보관할 것

8) 영 제2조제2호라목의 화장품책임판매업을 등록한 자에 대해서는 제1호부터 제7호까지의 규정 중 제3호가목1)·)·6), 나목1)·4)·5), 제4호마목 및 제6호를 적용하지 않는다.

6 준수사항

[화장품법 제5조]

1) 화장품제조업자의 준수사항

(1) 화장품제조업자는 화장품의 제조와 관련된 기록·시설·기구 등 관리 방법, 원료·자재·완제품 등에 대한 시험·검사·검정 실시 방법 및 의무 등에 관하여 총리령으로 정하는 사항을 준수하여야 한다.

(2) 총리령으로 정하는 화장품제조업자의 준수사항 (화장품법 시행규칙 제11조)

① 품질관리기준에 따른 화장품책임판매업자의 지도·감독 및 요청에 따를 것

② 제조관리기준서·제품표준서·제조관리기록서 및 품질관리기록서(전자문서 형식을 포함한다)를 작성·보관할 것
③ 보건위생상 위해(危害)가 없도록 제조소, 시설 및 기구를 위생적으로 관리하고 오염되지 아니하도록 할 것
④ 화장품의 제조에 필요한 시설 및 기구에 대하여 정기적으로 점검하여 작업에 지장이 없도록 관리·유지할 것
⑤ 작업소에는 위해가 발생할 염려가 있는 물건을 두어서는 아니 되며, 작업소에서 국민보건 및 환경에 유해한 물질이 유출되거나 방출되지 아니하도록 할 것
⑥ 품질관리를 위하여 필요한 사항을 화장품책임판매업자에게 제출할 것. 다만, 다음 각 목의 어느 하나에 해당하는 경우 제출하지 아니할 수 있다.
- 화장품제조업자와 화장품책임판매업자가 동일한 경우
- 화장품제조업자가 제품을 설계·개발·생산하는 방식으로 제조하는 경우로서 품질·안전관리에 영향이 없는 범위에서 화장품제조업자와 화장품책임판매업자 상호 계약에 따라 영업비밀에 해당하는 경우

⑦ 원료 및 자재의 입고부터 완제품의 출고에 이르기까지 필요한 시험·검사 또는 검정을 할 것
⑧ 제조 또는 품질검사를 위탁하는 경우 제조 또는 품질검사가 적절하게 이루어지고 있는지 수탁자에 대한 관리·감독을 철저히 하고, 제조 및 품질관리에 관한 기록을 받아 유지·관리할 것

2) 화장품책임판매업자의 준수사항

(1) 화장품책임판매업자는 화장품의 품질관리기준, 책임판매 후 안전관리기준, 품질 검사 방법 및 실시 의무, 안전성·유효성 관련 정보사항 등의 보고 및 안전대책 마련 의무 등에 관하여 총리령으로 정하는 사항을 준수하여야 한다.
(2) 총리령으로 정하는 화장품책임판매업자의 준수사항 (화장품법 시행규칙 제11조)
① 품질관리기준을 준수할 것
② 책임판매 후 안전관리기준을 준수할 것
③ 제조업자로부터 받은 제품표준서 및 품질관리기록서(전자문서 형식을 포함한다)를 보관할 것
④ 수입한 화장품에 대하여 다음 각 목의 사항을 적거나 또는 첨부한 수입관리기록서를 작성····보관할 것
- 제품명 또는 국내에서 판매하려는 명칭
- 원료성분의 규격 및 함량
- 제조국, 제조회사명 및 제조회사의 소재지
- 기능성화장품심사결과통지서 사본
- 제조 및 판매증명서. 다만,「대외무역법」제12조제2항에 따른 통합 공고상의 수출입 요건 확인기관에서 제조 및 판매증명서를 갖춘 화장품책임판매업자가 수입한 화장품과 같다는 것을 확인받고, 제6조제2항제2호가목, 다목 또는 라목의 기관으로부터 화장품책임판매업자가 정한

품질관리기준에 따른 검사를 받아 그 시험성적서를 갖추어 둔 경우에는 이를 생략할 수 있다.

- 한글로 작성된 제품설명서 견본
- 최초 수입연월일(통관연월일을 말한다. 이하 이 호에서 같다)
- 제조번호별 수입연월일 및 수입량
- 제조번호별 품질검사 연월일 및 결과
- 판매처, 판매연월일 및 판매량

⑤ 제조번호별로 품질검사를 철저히 한 후 유통시킬 것.

⑥ 화장품의 제조를 위탁하거나 제6조제2항제2호나목에 따른 제조업자에게 품질검사를 위탁하는 경우 제조 또는 품질검사가 적절하게 이루어지고 있는지 수탁자에 대한 관리·감독을 철저히 하여야 하며, 제조 및 품질관리에 관한 기록을 받아 유지·관리하고, 그 최종 제품의 품질관리를 철저히 할 것

⑦ 제5호에도 불구하고 영 제2조제2호다목의 화장품책임판매업을 등록한 자는 제조국 제조회사의 품질관리기준이 국가 간 상호 인증되었거나, 제11조제2항에 따라 식품의약품안전처장이 고시하는 우수화장품 제조관리기준과 같은 수준 이상이라고 인정되는 경우에는 국내에서의 품질검사를 하지 아니할 수 있다. 이 경우 제조국 제조회사의 품질검사 시험성적서는 품질관리기록서를 갈음한다.

⑧ 제7호에 따라 영 제2조제2호다목의 화장품책임판매업을 등록한 자가 수입화장품에 대한 품질검사를 하지 아니하려는 경우에는 식품의약품안전처장이 정하는 바에 따라 식품의약품안전처장에게 수입화장품의 제조업자에 대한 현지실사를 신청하여야 한다. 현지실사에 필요한 신청절차, 제출서류 및 평가방법 등에 대하여는 식품의약품안전처장이 정하여 고시한다. 8의2. 제7호에 따른 인정을 받은 수입 화장품 제조회사의 품질관리기준이 제11조제2항에 따른 우수화장품 제조관리기준과 같은 수준 이상이라고 인정되지 아니하여 제7호에 따른 인정이 취소된 경우에는 제5호 본문에 따른 품질검사를 하여야 한다. 이 경우 인정 취소와 관련하여 필요한 세부적인 사항은 식품의약품안전처장이 정하여 고시한다.

⑨ 제2조제2호다목의 화장품책임판매업을 등록한 자의 경우 「대외무역법」에 따른 수출·수입요령을 준수하여야 하며, 「전자무역 촉진에 관한 법률」에 따른 전자무역문서로 표준통관예정보고를 할 것

⑩ 제품과 관련하여 국민보건에 직접 영향을 미칠 수 있는 안전성·유효성에 관한 새로운 자료, 정보사항(화장품 사용에 의한 부작용 발생사례를 포함한다) 등을 알게 되었을 때에는 식품의약품안전처장이 정하여 고시하는 바에 따라 보고하고, 필요한 안전대책을 마련할 것

⑪ 다음 각 목의 어느 하나에 해당하는 성분을 0.5퍼센트 이상 함유하는 제품의 경우에는 해당 품목의 안정성시험 자료를 최종 제조된 제품의 사용기한이 만료되는 날부터 1년간 보존할 것

- 레티놀(비타민A) 및 그 유도체
- 아스코빅애시드(비타민C) 및 그 유도체
- 토코페롤(비타민E)
- 과산화화합물
- 효소

3) 맞춤형화장품판매업자의 준수사항

(1) 맞춤형화장품판매업자는 맞춤형화장품 판매장 시설·기구의 관리 방법, 혼합·소분 안전관리기준의 준수 의무, 혼합·소분되는 내용물 및 원료에 대한 설명 의무 등에 관하여 총리령으로 정하는 사항을 준수하여야 한다.

(2) 총리령으로 정하는 맞춤형화장품판매업자의 준수사항 (화장품법 시행규칙 제11조)

① 맞춤형화장품 판매장 시설·기구를 정기적으로 점검하여 보건위생상 위해가 없도록 관리할 것

② 다음 각 목의 혼합·소분 안전관리기준을 준수할 것

- 혼합·소분 전에 혼합·소분에 사용되는 내용물 또는 원료에 대한 품질성적서를 확인할 것
- 혼합·소분 전에 손을 소독하거나 세정할 것. 다만, 혼합·소분 시 일회용 장갑을 착용하는 경우에는 그렇지 않다.
- 혼합·소분 전에 혼합·소분된 제품을 담을 포장용기의 오염 여부를 확인할 것
- 혼합·소분에 사용되는 장비 또는 기구 등은 사용 전에 그 위생 상태를 점검하고, 사용 후에는 오염이 없도록 세척할 것
- 그 밖에 가목부터 라목까지의 사항과 유사한 것으로서 혼합·소분의 안전을 위해 식품의약품안전처장이 정하여 고시하는 사항을 준수할 것

③ 다음 각 목의 사항이 포함된 맞춤형화장품 판매내역서(전자문서로 된 판매내역서를 포함한다)를 작성·보관할 것

- 제조번호
- 사용기한 또는 개봉 후 사용기간
- 판매일자 및 판매량

④ 맞춤형화장품 판매 시 다음 각 목의 사항을 소비자에게 설명할 것

- 혼합·소분에 사용된 내용물·원료의 내용 및 특성
- 맞춤형화장품 사용 시의 주의사항

⑤ 맞춤형화장품 사용과 관련된 부작용 발생사례에 대해서는 지체 없이 식품의약품안전처장에게 보고할 것

여기서 잠깐

맞춤형화장품 조제관리사 자격시험 예시 출제 문항

다음 〈보기〉는 화장품법 시행규칙 제18조 1항에 따른 안전용기·포장을 사용하여야 할 품목에 대한 설명이다. 괄호에 들어갈 알맞은 성분의 종류를 작성하시오.

〈보기〉
ㄱ. 아세톤을 함유하는 네일 에나멜 리무버 및 네일 폴리시 리무버
ㄴ. 개별 포장당 메틸 살리실레이트를 5% 이상 함유하는 액체상태의 제품
ㄷ. 어린이용 오일 등 개별포장 당 (   )류를 10% 이상 함유하고 운동 점도가 21 센티스톡스(섭씨 40도 기준) 이하인 비에멀젼 타입의 액체상태의 제품

답 탄화수소

CAPTER

02 | 개인정보 보호법

Section 01 고객관리프로그램의 운용

고객관리 프로그램 운용에 있어, 고객정보처리자는 고객의 개인정보의 수집, 사용, 공개, 관리를『개인정보 보호법』의 개인정보의 처리에 관한 기준, 개인정보 침해의 유행 및 예방조치 등에 관한 사항들을 준수하여 고객관리 프로그램을 운용하여야 한다.

[여기서 잠깐]

개인정보보호법의 주요 용어의 정의

① 개인정보
- 살아있는 개인에 관한 정보(성명, 주민등록번호, 지문, 영상 등)
- 다른 정보와 쉽게 결합하여 특정 개인을 식별할 수 있는 정보(이름+전화번호, 이름+주소, 이름+주소+전화번호)

② 개인정보처리자 : 업무를 목적으로 개인정보파일을 운용하기 위하여 스스로 또는 다른 사람을 통하여 개인정보를 처리하는 공공기관, 법인, 단체 및 개인 등

③ 개인정보보호책임자 : 개인정보 처리에 관한 업무를 총괄해서 책임지거나 업무처리를 최종적으로 결정하는 자로 개인정보의 처리에 관한 업무를 총괄하는 책임자

④ 개인정보취급자 : 개인정보처리자의 지휘, 감독을 받아 개인정보를 처리하는 임직원, 파견근로자, 시간제 근로자 등

⑤ 민감정보 : 사상, 신념, 노동조합, 정당의 가입·탈퇴, 정치적 견해, 건강, 성생활 등에 관한 정보, 그 밖의 정보주체의 사생활을 현저히 침해할 우려가 있는 개인정보

⑥ 고유식별정보 : 개인을 고유하게 구별하기 위하여 부여된 식별정보(예: 주민번호, 운전면허번호, 여권번호, 외국인등록번호)

1 고객정보 보호 원칙

1) 고객정보처리자는 고객정보 처리 목적을 명확하게 하여야 하고 그 목적에 필요한 범위에서 최소한의 고객정보만을 적법하고 정당하게 수집하여야 한다.
2) 고객정보처리자는 고객정보의 처리 목적에 필요한 범위에서 적합하게 고객정보를 처리하여야 하며, 그 목적 외의 용도로 활용하여서는 아니 된다.

3) 고객정보처리자는 고객정보의 처리 목적에 필요한 범위에서 고객정보의 정확성과 최신성을 유지하도록 하여야 하고, 고객정보를 처리하는 과정에서 고의 또는 과실로 부당하게 변경 또는 훼손되지 않도록 하여야 한다.
4) 고객정보처리자는 고객정보의 처리방법 및 종류 등에 따라 고객의 권리가 침해받을 가능성과 그 위험 정도를 고려하여 그에 상응하는 적절한 관리적·기술적 및 물리적 보호조치를 통하여 고객정보를 안전하게 관리하여야 한다.
5) 고객정보처리자는 고객정보 처리방침 등 고객정보의 처리에 관한 사항을 공개하여야 하며, 열람청구권 등 고객의 권리가 보장될 수 있도록 합리적인 절차와 방법 등을 마련하여야 한다.
6) 고객정보처리자는 고객정보의 처리 목적에 필요한 범위에서 적법하게 고객정보를 처리하는 경우에도 고객의 사생활 침해를 최소화하는 방법으로 고객정보를 처리하여야 한다.
7) 고객정보처리자는 고객정보를 적법하게 수집한 경우에도 익명에 의하여 업무 목적을 달성할 수 있으면 고객정보를 익명에 의하여 처리될 수 있도록 하여야 한다.
8) 고객정보처리자는 관계 법령에서 규정하고 있는 책임과 의무를 준수하고 실천함으로써 고객의 신뢰를 얻기 위하여 노력하여야 한다.

2 정보주체의 권리

1) 개인정보의 처리에 관한 정보를 제공 받을 권리
2) 개인정보의 처리에 관한 동의 여부, 동의 범위 등을 선택하고 결정할 권리
3) 개인정보의 처리 여부를 확인하고 개인정보에 대하여 열람(사본의 발급을 포함한다. 이하 같다)을 요구할 권리
4) 개인정보의 처리 정지, 정정·삭제 및 파기를 요구할 권리
5) 개인정보의 처리로 인하여 발생한 피해를 신속하고 공정한 절차에 따라 구제받을 권리

3 고객정보 내부 관리 계획 수립

고객관리 프로그램 운용에 있어,『개인정보 보호법』및 같은 법 시행령에 따라 고객정보처리자가 고객정보를 처리함에 있어서 고객정보가 분실·도난·유출·변조·훼손되지 아니하도록 안전성을 확보하기 위한 기술적·관리적·물리적 계획을 수립·조치하여야 한다.

Section 02 개인정보 보호법에 근거한 고객정보 입력

1 고객정보의 수집·이용

1) 고객으로부터 직접 이름, 주소, 전화번호 등의 모든 형태의 고객정보를 제공받는 것뿐만 아니라 고객에 관한 모든 형태의 개인정보를 취득하는 것은 다음과 같은 경우이다.
   (1) 고객으로부터 사전에 동의를 받을 경우,
   (2) 법률에서 고객정보를 수집·이용할 수 있음을 구체적으로 명시하거나 허용되는 경우,
   (3) 법령에서 고객정보처리자에게 구체적인 의무를 부과하고 있고, 고객정보처리자가 고객정보를 수집·이용하지 않고는 그 의무를 이행하는 것이 불가능하거나 현저히 곤란한 경우,
   (4) 고객정보를 수집·이용하지 않고는 고객과 계약을 체결하고, 체결된 계약의 내용에 따른 의무를 이행하는 것이 불가능하거나 현저히 곤란한 경우,
   (5) 고객 또는 그 법정대리인이 의사표시를 할 수 없는 상태이거나 주소불명 등으로 사전 동의를 받을 수 없는 경우로서 명백히 고객 또는 제3자의 급박한 생명, 신체, 재산의 이익을 위하여 필요하다고 인정되는 경우,
   (6) 고객정보처리자가 법령 또는 고객과의 계약 등에 따른 정당한 이익을 달성하기 위하여 필요한 경우로서 명백하게 고객의 권리보다 우선하는 경우, 다만, 이 경우 고객정보의 수집·이용은 고객정보처리자의 정당한 이익과 상당한 관련이 있고 합리적인 범위를 초과하지 아니한 경우에 한정한다.
2) 고객정보처리자는 고객으로부터 직접 명함 또는 그와 유사한 매체를 제공받음으로써 고객정보를 수집하는 경우 명함 등을 제공하는 정황 등에 비추어 사회통념상 동의 의사가 있었다고 인정되는 범위 내에서만 이용할 수 있다.
3) 고객정보처리자는 인터넷 홈페이지 등 공개된 매체 또는 인터넷 홈페이지 등에서 고객정보를 수집하는 경우 고객의 동의 의사가 명확히 표시되거나 인터넷 홈페이지 등의 표시 내용에 비추어 사회통념상 동의 의사가 있었다고 인정되는 범위 내에서만 이용할 수 있다.

2 고객의 동의를 받는 방법

1) 고객정보처리자가 고객정보의 처리에 대하여 고객의 동의를 받을 때에는 고객의 동의 없이 처리할 수 있는 고객정보와 고객의 동의가 필요한 개인정보를 구분하여야 하며, 고객의 동의는 동의가 필요한 고객정보에 한정한다. 이 경우 동의 없이 처리할 수 있는 고객정보라는 입증 책임은 고객정보처리자가 부담한다.
2) 고객정보처리자는 다음의 경우 해당 사항의 내용을 알리고 동의를 받아야 한다.

(1) 고객정보를 수집·이용하고자 하는 경우로서 법률에 특별한 규정이 있거나 법령상 의무를 준수하기 위하여 불가피한 경우, 고객정보처리자의 정당한 이익을 달성하기 위하여 필요한 경우로서 명백하게 고객의 권리보다 우선하는 경우(이 경우 고객정보처리자의 정당한 이익과 상당한 관련이 있고 합리적인 범위를 초과하지 않는 경우에 한정한다)에 해당하지 않은 경우
(2) 고객정보를 수집 목적 외의 용도로 이용하거나 제공하고자 하는 경우
(3) 고객에게 재화나 서비스를 홍보하거나 판매를 권유하는 경우
(4) 주민등록번호 외의 고유식별정보 처리가 필요한 경우로서 법령에 고유식별정보 처리 근거가 없는 경우
(5) 민감정보를 처리하고자 하는 경우로서 법령에 민감정보 처리 근거가 없는 경우

3) 고객정보처리자는 2)에 해당하는 고객정보를 처리하고자 하는 경우에는 고객에게 동의 또는 동의거부를 선택할 수 있음을 명시적으로 알려야 한다.
4) 고객정보처리자가 고객의 동의를 받기 위하여 동의서를 받기 위하여 동의서를 작성하는 경우에는 『개인정보 수집·제공 동의서 작성 가이드라인』을 준수하여야 한다.

3 고객의 사전 동의를 받을 수 없는 경우

고객정보처리자가 고객의 사전 동의 없이 고객정보의 처리를 즉시 중단하여야 하며, 고객에게 사전 동의 없이 고객정보를 수집·이용 또는 제공한 사실과 그 사유 및 이용 내역을 알려야 한다.

Section 03 개인정보 보호법에 근거한 고객정보 입력

1 고객정보의 제공

고객정보처리자가 고객에게 고객정보를 제공받는 자를 알리는 경우에는 그 성명(법인 또는 단체인 경우에는 그 명칭)과 연락처를 함께 알려야 한다.

2 고객정보의 목적 외 이용 · 제공

1) 고객정보처리자가 고객정보를 목적 외의 용도로 제3자에게 제공하는 경우에는 고객정보를 제공받는 자에게 이용 목적, 이용 방법, 이용 기간, 이용 형태 등을 제한하거나, 고객정보의 안전성 확보를 위하여 필요한 구체적인 조치를 마련하도록 문서(전자문서를 포함한다. 이하 같다)로 요청하여야 한다. 이 경우 요청을 받은 자는 그에 따른 조치를 취하고 그 사실을 고객정보를 제공한 고객정보처리자에게 문서로 알려야 한다.
2) 고객정보를 목적 외의 용도로 제3자에게 제공하는 자는 해당 고객정보를 제공받는 자와 고객정보의 안전성 확보 조치에 관한 책임 관계를 명확히 하여야 한다.

3) 고객정보처리자가 고객정보를 제3자에게 제공하는 경우에는 다른 정보와 결합하여서도 특정 개인을 알아볼 수 없는 형태로 제공하여야 한다.

3 고객정보 수집 출처 등 고지

1) 고객정보처리자가 고객 이외로부터 수집한 개인정보를 처리하는 때에는 정당한 사유가 없는 한 고객의 요구가 있은 날로부터 3일 이내에 아래 사항을 고객에게 알려야 한다. 다만, 고지로 인하여 다른 사람의 생명·신체를 해할 우려가 있거나 다른 사람의 재산과 그 밖의 이익을 부당하게 침해할 우려가 있는 경우에는 그러하지 아니하다.
   ① 고객정보의 수집 출처
   ② 고객정보의 처리 목적
   ③ 고객정보 처리의 정지를 요구할 권리가 있다는 사실
2) 고객정보처리자는 1)의 내용에 따른 고객의 요구를 거부하는 경우에는 정당한 사유가 없는 한 고객의 요구가 있는 날로부터 3일 이내에 그 거부의 근거와 사유를 고객에게 알려야 한다.

4 고객정보의 파기방법 및 절차

1) 고객정보처리자는 고객정보의 보유 기간이 경과하거나 고객정보의 처리 목적 달성, 해당 서비스의 폐지, 사업의 종료 등 그 고객정보가 불필요하게 되었을 때에는 정당한 사유가 없는 한 그로부터 5일 이내에 그 고객정보를 파기하여야 한다.
2) 파기한 고객정보는 현재의 기술 수준에서 사회통념상 적정한 비용으로 복원이 불가능하도록 조치를 취하여야 한다.
3) 고객정보처리자는 고객정보의 파기에 관한 사항을 기록·관리하여야 한다.
4) 고객정보 보호책임자는 고객정보 파기 시행 후 파기 결과를 확인하여야 한다.

5 법령에 따른 고객정보의 보존

1) 고객정보처리자가 고객정보를 파기하지 아니하고 보존하여야 하는 경우에는 물리적 또는 기술적 방법으로 분리하여서 저장·관리하여야 한다.
2) 고객정보를 분리하여 저장·관리하는 경우에는 고객정보 처리방침 등을 통하여 법령에 근거하여 해당 고객정보 또는 고객정보파일을 저장·관리한다는 점을 고객 알 수 있도록 하여야 한다.

6 고객정보취급자에 대한 감독

1) 고객정보처리자는 고객정보취급자를 업무상 필요한 한도 내에서 최소한으로 두어야 하며, 고객정보취급자의 고객정보 처리 범위를 업무상 필요한 한도 내에서 최소한으로 제한하여야 한다.
2) 고객정보처리자는 고객정보 처리시스템에 대한 접근권한을 업무의 성격에 따라 당해 업무수행에 필요한 최소한의 범위로 업무담당자에게 차등 부여하고 접근권한을 관리하기 위한 조치를 취해야 한다.

3) 고객정보처리자는 고객정보취급자에게 보안서약서를 제출하도록 하는 등 적절한 관리‧‧‧‧감독을 해야 하며, 인사이동 등에 따라 고객정보취급자의 업무가 변경되는 경우에는 고객정보에 대한 접근 권한을 변경 또는 말소해야 한다.

7 고객정보 관리의 계획수립

고객정보 관리에 있어 고객정보관리자는 『고객정보 처리방침에 관한 사항』, 『고객정보 보호책임자에 대한 사항』, 『고객정보의 유출애 관한 사항』, 『고객정보 침해에 관한 사항』, 『고객의 권리보장에 관한 사항』 등에 대한 계획을 수립‧실행하여야 한다.

Section 04 개인정보보호법에 근거한 고객 상담

『개인정보 보호법에 근거한 고객정보 입력』과 『개인정보보호법에 근거한 고객정보 관리』에서 서술한 법률, 시행령, 시행규칙을 바탕으로 하여 고객과의 상담에 있어 고객의 개인정보를 수집, 보존, 파기해야 한다.

다음은 개인정보보호법에 근거한 개인정보 수집‧제공 동의서 양식 예시이다.

맞춤형 화장품 조제 판매관리 및 서비스를 위한 개인정보 수집 이용, 제공 동의서(예시)

○ ○ 판매업소(영업장명)는 맞춤형화장품 판매, 관리와 고객 알림 문자서비스 제공을 위하여 아래와 같이 개인정보를 수집 이용 및 제공하고자 합니다.
내용을 자세히 읽으신 후 동의 여부를 결정하여 주십시오.

□ 개인정보 수집 이용 내역

항목	수집목적	보유기간
성명, 전화번호	맞춤형화장품 관련 정보 제공	1년

※ 위의 개인정보 수집 이용에 대한 동의를 거부할 권리가 있습니다.
그러나 동의를 거부할 경우 원활한 서비스 제공에 일부 제한을 받을 수 있습니다.

☞ 위와 같이 개인정보를 수집·이용하는데 동의하십니까?

동의		미동의	

□ 민감정보 처리 내역

항목	수집목적	보유기간
피부유형, 건강정보	맞춤형화장품 조제 및 사후관리	1년

※ 위의 민감정보 처리에 대한 동의를 거부할 권리가 있습니다.
그러나 동의를 거부할 경우 원활한 서비스 제공에 제한을 받을 수 있습니다.

☞ 위와 같이 개인정보를 수집·이용하는데 동의하십니까?

동의		미동의	

□ 개인정보 제3자 제공 내역

제공받는 기관	제공목적	제공하는 항목	보유기간
00화장품회사	피부유형, 건강정보	성별, 결혼 여부, 연령, 피부유형, 건강정보	1년

※ 위의 개인정보 제공에 대한 동의를 거부할 권리가 있습니다.
그러나 동의를 거부할 경우 원활한 서비스 제공에 일부 제한을 받을 수 있습니다.

☞ 위와 같이 개인정보를 수집·이용하는데 동의하십니까?

동의		미동의	

<기타 고지 사항>
개인정보 보호법 제15조제1항제2호에 따라 정보주체의 동의 없이 개인정보를 수집 이용합니다.

개인정보 처리사유	개인정보 항목 수집	근거

년 월 일
본인 성명 (서명 또는 인)
법정대리인 성명 (서명 또는 인)

○ ○ 판매업소 귀중

[개인정보 유출 통지]

① 1건이라도 개인정보유출 시 정보 주체에게 유출 관련 사실을 개별 통지(5일 이내)

- 통지방법 : 서면, 전자우편, 전화, 팩스, 문자전송 등

② 1천 명 이상의 정보 주체에 관한 개인 정보가 유출된 경우에는 전문기관(행정안전부, 한국 인터넷진흥원)에 신고 등 조치 (5일 이내)

- 통지방법 : 서면, 전자우편, 전화, 팩스, 문자전송, 인터넷홈페이지 7일 이상 게재

여기서 잠깐

맞춤형화장품 조제관리사 자격시험 예시 출제 문항

고객 상담 시 개인정보 중 민감 정보에 해당되는 것으로 옳은 것은?

① 여권법에 따른 여권번호
② 주민등록법에 따른 주민등록번호
③ 출입국관리법에 따른 외국인등록번호
④ 도로교통법에 따른 운전면허의 면허번호
⑤ 유전자검사 등의 결과로 얻어진 유전 정보

답 ⑤

PART 01

화장품 법의 이해
기출복원 및 예상적중문제

01 화장품에 대한 설명으로 옳지 않은 것은?

① 인체에 경미한 작용을 한다.
② 인체를 청결, 미화하여 매력을 더하는 물품이다.
③ 화장품 사용으로 용모를 밝게 변화 시킬 수 있다.
④ 사람의 구조와 기능에 약리학적 영향을 줄 목적으로 사용한다.
⑤ 피부·모발의 건강을 유지하기 위해 인체에 바르고 문지르는 방법으로 사용될 수 있다.

해설
화장품법 제2조(정의) 1. "화장품"이란 인체를 청결 · 미화하여 매력을 더하고 용모를 밝게 변화시키거나 피부 · 모발의 건강을 유지 또는 증진하기 위하여 인체에 바르고 문지르거나 뿌리는 등 이와 유사한 방법으로 사용되는 물품으로서 인체에 대한 작용이 경미한 것을 말한다. 다만, 「약사법」 제2조 제4호의 의약품에 해당하는 물품은 제외한다.

02 화장품이 제조된 날부터 적절한 보관 상태에서 제품이 고유의 특성을 간직한 채 소비자가 안정적으로 사용할 수 있는 최소한의 기간을 무엇이라고 하는가?

① 설명서 ② 사용기한
③ 광고 ④ 표시
⑤ 유통

03 다음 중 기능성 화장품에 속하지 않는 것은?

① 피부의 미백에 도움을 주는 제품
② 피부의 주름개선에 도움을 주는 제품
③ 체모를 생성하는 데 도움을 주는 제품
④ 모발의 색상 변화·제거에 도움을 주는 제품
⑤ 자외선으로부터 피부를 보호하는 데에 도움을 주는 제품

해설
화장품법 제2조 2. "기능성화장품"이란 화장품 중에서 다음 각 목의 어느 하나에 해당되는 것으로서 총리령으로 정하는 화장품을 말한다.
가. 피부의 미백에 도움을 주는 제품
나. 피부의 주름개선에 도움을 주는 제품
다. 피부를 곱게 태워주거나 자외선으로부터 피부를 보호하는 데에 도움을 주는 제품
라. 모발의 색상 변화 · 제거 또는 영양공급에 도움을 주는 제품
마. 피부나 모발의 기능 약화로 인한 건조함, 갈라짐, 빠짐, 각질화 등을 방지하거나 개선하는 데에 도움을 주는 제품

04 맞춤형화장품판매업의 신고를 할 수 없는 경우로 옳지 않은 것은?

① 피성년후견인 또는 파산선고를 받고 복권되지 아니한 사람
② 「정신건강증진 및 정신질환자 복지서비스 지원에 관한 법률」에 따른 정신질환자
③ 「보건범죄 단속에 관한 특별조치법」을 위반하여 금고 이상의 형을 선고받고 그 집행이 끝나지 않은 사람
④ 화장품법 제24조에 따라 영업소가 폐쇄된 날부터 1년이 지나지 않은 사람
⑤ 맞춤형화장품판매업의 변경신고를 하지 않아 영업소가 취소된 날부터 1년이 지나지 않은 사람

정답 01 ④ 02 ② 03 ③ 04 ②

해설
화장품법 제3조의3(결격사유) 「정신건강증진 및 정신질환자 복지서비스 지원에 관한 법률」에 따른 정신질환자는 화장품제조업등록을 하려는 자의 결격사유이다.

05 맞춤형화장품조제관리사에 대한 설명으로 옳지 않은 것은?

① 매년 1회 보수교육을 받아야 한다.
② 제조 또는 수입된 화장품의 내용물을 소분(小分) 하는 업무에 종사하는 사람이다.
③ 부정한 방법으로 시험에 합격하여 자격이 취소된 경우, 취소된 날부터 1년간 자격시험에 응시할 수 없다.
④ 판매장에서 고객의 개인별 피부 특성이나 색, 향 등의 기호를 반영하여 화장품을 조제할 수 있다.
⑤ 제조 또는 수입된 화장품의 내용물에 다른 화장품의 내용물이나 식품의약품안전처장이 정하는 원료를 추가하여 혼합하는 사람이다.

해설
부정한 방법으로 시험에 합격하여 자격이 취소된 경우, 취소된 날부터 3년간 자격시험에 응시할 수 없다.

06 맞춤형화장품판매업을 신고한 자는 총리령으로 정하는 바에 따라 (　　)를 두어야 한다.

① 책임판매관리자
② 맞춤형화장품조제관리사
③ 제조판매관리사
④ 제조업자
⑤ 품질관리사

07 다음 중에서 기능성화장품이 아닌 것은?

① 아토피를 경감시키는데 도움을 주는 화장품
② 튼살로 인한 붉은 선을 엷게 하는데 도움을 주는 화장품
③ 여드름성 피부를 완화하는데 도움을 주는 화장품
④ 탈모 증상의 완화에 도움을 주는 화장품
⑤ 체모를 제거하는 기능을 가진 화장품

08 인체 세정용 제품류에 해당이 되지 않는 것은?

① 폼 클렌저
② 바디 클렌저
③ 외음부 세정제
④ 액체 비누
⑤ 아이 메이크업 리무버

해설
아이 메이크업 리무버는 눈 화장용 제품류에 속한다.

09 맞춤형 화장품 조제 시 사용할 수 있는 원료는?

① 식물줄기세포　　② 인체줄기세포
③ 스쿠알렌　　④ 땅콩오일
⑤ 파라벤

해설
화장품 사용금지 또는 배합 한도에 제한이 있는 원료는 맞춤형 화장품에 사용할 수 없다.

10 다음 중 화장품으로 분류되는 물휴지는?

① 인체세정용 물휴지
② 식품접객업의 영업소에서 사용하는 물휴지
③ 장례식장에서 시체(屍體)를 닦는 용도로 사용되는 물휴지
④ 의료기관에서 시체(屍體)를 닦는 용도로 사용되는 물휴지
⑤ 청소용 물휴지

정답 05 ③ 06 ② 07 ① 08 ⑤ 09 ③ 10 ①

11 화장품제조업자 또는 화장품책임판매업자는 변경 등록을 하는 경우에는 변경 사유가 발생한 날부터 ( )일 이내에 화장품제조업 변경등록신청서 또는 화장품책임판매업 변경등록 신청서를 첨부하여 지방식품의약품안전처장에게 제출하여야 한다.

① 10일 ② 20
③ 30 ④ 60
⑤ 90

12 화장품책임판매업자는 지난해의 생산실적 또는 수입실적과 화장품의 제조과정에 사용된 원료의 목록 등을 식품의약품안전처장이 정하는 바에 따라 매년 ( )월 말까지 식품의약품안전처장이 정하여 고시하는 바에 따라 대한화장품협회 등 법에 따라 설립된 화장품업 단체를 통하여 식품의약품안전처장에게 보고하여야 한다.( ) 안에 들어갈 숫자는?

① 1 ② 2
③ 3 ④ 4
⑤ 5

13 책임판매업자는 총리령으로 정하는 바에 따라 화장품의 생산실적 또는 수입실적, 화장품의 제조과정에 사용된 원료의 목록 등을 ( )에게 보고하여야 한다.

① 보건복지부장관 ② 총리
③ 대통령 ④ 식품의약품안전처장
⑤ 국회의원

14 화장품책임판매업자의 준수사항이 아닌 것은?

① 품질관리기준을 준수할 것
② 제조 판매 후 안전관리기준을 준수할 것
③ 제조연월일별로 품질검사 후 유통시킬 것
④ 제조 또는 품질검사를 위탁하는 품질검사가 적절하게 이루어지고 있는지 수탁자에 대한 관리 감독
⑤ 제품표준서 및 품질관리기록서 작성 보관

15 2년제 전문대학 졸업자로서 화장품 관련 분야를 전공하고 화장품 제조 또는 품질관리 업무에 ( ) 년 이상 종사한 경력이 있는 사람이 책임판매관리자가 될 수 있다. ( )에 해당되는 것은?

① 1 ② 2
③ 3 ④ 4
⑤ 5

16 화장품 등록의 취소 및 품목제조정지 등에 해당하지 않은 경우는?

① 제조판매업 변경 사항의 등록 등 신고를 하지 아니한 경우
② 국민보건에 위해를 끼칠 우려가 있는 화장품을 수입한 경우
③ 기능성 심사를 받은 화장품을 제조 또는 판매한 경우
④ 제조판매업자 준수사항을 이행하지 아니한 경우
⑤ 화장품의 포장 및 기재·표시 사항을 위반하여 용기 또는 포장에 표시한 경우

17 맞춤형화장품판매업자는 폐업 또는 휴업, 휴업 후 그 업을 재개하려는 경우는 누구에게 신고하여야 하는가?

① 대통령 ② 국무총리
③ 보건복지부장관 ④ 식품의약품안전처장
⑤ 시·도지사

18 화장품책임판매업자의 의무 중 식품의약품안전처장에 보고할 사항 중 화장품의 유통 · 판매 전에 보고하여야 하는 사항은?

① 화장품의 생산 실적
② 화장품의 수입 실적
③ 화장품의 제조 과정
④ 화장품의 원료 목록
⑤ 화장품의 품질 관리

●정답 — 11 ③ 12 ② 13 ④ 14 ③ 15 ② 16 ③ 17 ④ 18 ④

19 화장품 제조업 등록 시 작업소에 반드시 갖추어야 할 시설이 아닌 것은?

① 작업대 등 제조에 필요한 시설 및 기구
② 원료, 자재 및 제품을 보관하는 보관소
③ 원료, 자재 및 제품의 품질검사를 위하여 필요한 시험실
④ 품질검사에 필요한 시설 및 기구
⑤ 작업자를 위한 휴게실과 식당

20 화장품책임판매업자가 영유아 또는 어린이가 사용할 수 있는 화장품임을 표시·광고하려는 경우에 제품별로 안전과 품질을 입증할 수 있는 자료가 아닌 것은?

① 제품에 대한 설명자료
② 제조방법에 대한 설명자료
③ 화장품의 안전성 평가 자료
④ 제품의 효능·효과에 대한 증명 자료
⑤ 제품 판매에 관한 자료

21 맞춤형화장품판매업자가 식품의약품안전처장에게 신고해야 하는 사항이 아닌 것은?

① 폐업하려는 경우
② 2주간 휴업하려는 경우
③ 3개월간 휴업하려는 경우
④ 휴업 후 그 업을 재개하려는 경우
⑤ 무기한 휴업하려는 경우

해설
휴업기간이 1개월 미만이거나 그 기간 동안 휴업하였다가 그 업을 재개하려는 경우에는 신고하지 않아도 된다.

22 화장품책임판매업자의 행정구역 개편에 따른 소재지 변경 신고를 하려는 경우 언제까지 신고해야 하는가?

① 10일 ② 20일
③ 60일 ④ 90일
⑤ 120일

23 다음 중 제품에 0.5% 이상 함유 시 안전성 시험자료를 최종 제품의 사용기한이 만료되는 날부터 1년간 보존해야 하는 성분이 아닌 것은?

① 레티놀 A ② 아스코르빅애시드
③ 효모 ④ 토코페롤
⑤ 과산화화합물

해설
효모가 아니라 효소이다.

24 다음 중 정보주체의 동의를 받을 때 고지해야 할 의무사항이 아닌 것은?

① 개인정보를 제공받는 자
② 제공받는 자의 개인정보이용 목적
③ 제공하는 개인정보 항목
④ 제공받는 자의 개인정보 보유, 이용기간
⑤ 제공받는 자의 불이익

해설
동의를 거부했을 때 받을 수 있는 불이익

25 생산자로부터 소비자에 이르기까지 각종 유통경로와 실제 사용기간을 고려하여 화학적, 물리적 변화가 일어나지 않아야 함을 의미하는 화장품의 특성은?

① 화장품의 안전성
② 화장품의 안정성
③ 화장품의 유효성
④ 화장품의 기능성
⑤ 화장품의 사용성

정답 19 ⑤ 20 ⑤ 21 ② 22 ④ 23 ③ 24 ⑤ 25 ②

26 다음 중 화장품법 제15조 '화장품 영업의 금지'에 의거하여 판매(수입대행형 거래를 목적으로 하는 알선·수여를 포함한다)하거나 판매할 목적으로 제조·수입·보관 또는 진열하여서는 안 되는 화장품이 아닌 것은?

① 일부가 변패(變敗)된 화장품
② 병원미생물에 오염된 화장품
③ 이물이 혼입되었거나 부착된 것
④ 용기나 포장이 불량하여 해당 화장품이 보건위생상 위해를 발생할 우려가 있는 것
⑤ 내용물의 함량이 부족한 화장품

27 다음 중 화장품법 제16조에 의거하여 판매하거나 판매할 목적으로 보관 또는 진열하여서는 안되는 경우에 해당되지 않는 것은?

① 등록을 하지 아니한 자가 제조한 화장품 또는 제조·수입하여 유통·판매한 화장품
② 맞춤형화장품조제관리사를 두지 아니하고 판매한 맞춤형화장품
③ 의약품으로 잘못 인식할 우려가 있게 기재·표시된 화장품
④ 맞춤형화장품조제관리사가 소분하여 판매한 화장품
⑤ 화장품의 포장 및 기재·표시 사항을 훼손(맞춤형화장품 판매를 위하여 필요한 경우는 제외한다) 또는 위조·변조한 것

해설
누구든지 (맞춤형화장품조제관리사를 통하여 판매하는 맞춤형판매업자는 제외한다) 화장품의 용기에 담은 내용물을 나누어 판매하여서는 아니된다.

28 다음 중 고유식별정보에 해당하지 않는 것은?

① 여권번호
② 주민등록번호
③ 외국인등록번호
④ 운전면허의 면허번호
⑤ 범죄경력자료에 해당하는 정보

해설
범죄경력자료에 해당하는 정보는 민감정보에 해당한다.

29 개인정보처리자가 고객의 개인 정보를 처리함에 있어서 지켜야 할 원칙으로 적절하지 않은 것은?

① 개인정보의 처리 목적을 명확하게 하여야 하고 그 목적에 필요한 범위에서 최소한의 개인정보만을 적법하고 정당하게 수집하여야 한다.
② 개인정보의 처리 목적에 필요한 범위에서 적합하게 개인정보를 처리하여야 하며, 그 목적 외의 용도로 활용하여서는 아니 된다.
③ 개인정보의 처리 목적에 필요한 범위에서 개인정보의 정확성, 완전성 및 최신성이 보장되도록 하여야 한다.
④ 개인정보의 처리 방법 및 종류 등에 따라 정보주체의 권리가 침해받을 가능성과 그 위험 정도를 고려하여 개인정보를 안전하게 관리하여야 한다.
⑤ 개인정보 처리방침 등 개인정보의 처리에 관한 사항은 비공개로 하며, 열람청구권 등 정보주체의 권리를 보장하여야 한다.

해설
개인정보 처리방침 등 개인정보의 처리에 관한 사항은 공개하는 것이 원칙이다.

정답 26 ⑤ 27 ④ 28 ⑤ 29 ⑤

30 다음은 화장품법 제2조에 따른 화장품법에 따른 영업의 종류이다. 다음 예문에서 ㉠, ㉡에 해당하는 적합한 단어를 각각 작성하시오.

> 화장품의 전부 또는 일부를 제조(2차 포장 또는 표시만의 공정은 제외한다)하는 영업을 (㉠)라 하며, 취급하는 화장품의 품질 및 안전 등을 관리하면서 이를 유통 · 판매하거나 수입대행형 거래를 목적으로 알선 · 수여하는 영업을 (㉡)라 한다.

31 맞춤형화장품판매업의 정의에 있어서 다음 괄호 안에 들어갈 용어는?

> 가. 제조 또는 수입된 화장품의 (　　　)에 다른 화장품의 (　　　)이나 식품의약품안전처장이 정하여 고시하는 원료를 추가하여 혼합한 화장품을 판매하는 영업
> 나. 제조 또는 수입된 화장품의 (　　　)을 소분(小分)한 화장품을 판매하는 영업

32 맞춤형화장품조제관리사가 화장품의 안전성 확보 및 품질관리에 관한 규정된 교육을 받지 않았을 때 부과되는 과태료 금액은?

33 화장품책임판매업자는 영유아 또는 어린이가 사용할 수 있는 화장품임을 표시 · 광고하려는 경우에는 제품별로 안전과 품질을 입증할 수 있는 다음 각호의 자료를 작성 및 보관하여야 한다. 괄호 안에 들어갈 단어를 기재하시오. **[제1회 맞춤형 화장품조제관리사 시험 기출문제]**

> 1) 제품 및 제조방법에 대한 설명 자료
> 2) 화장품의 (　　　) 자료
> 3) 제품의 효능 · 효과에 대한 증명자료

34 다음 화장품법 제13조 부당한 표시 · 광고 행위 등의 금지에 관한 내용 중 괄호 안에 들어갈 적합한 단어를 각각 작성하시오.

> ㄱ. (㉠)으로 잘못 인식할 우려가 있는 표시 또는 광고
> ㄴ. 기능성화장품이 아닌 화장품을 기능성화장품으로 잘못 인식할 우려가 있거나 기능성화장품의 안전성, (㉡)에 관한 심사결과와 다른 내용의 표시 또는 광고
> ㄷ. 천연화장품 또는 유기농화장품이 아닌 화장품을 천연화장품 또는 유기농화장품으로 잘못 인식할 우려가 있는 표시 또는 광고
> ㄹ. 그 밖에 사실과 다르게 소비자를 속이거나 소비자가 잘못 인식하도록 할 우려가 있는 표시 또는 광고

35 "포장재"란 화장품의 포장에 사용되는 모든 재료를 말하며 운송을 위해 사용되는 외부 포장재는 제외한 것이다. (㉠)이란 (㉡)을 수용하는 1개 또는 그 이상의 포장과 보호재 및 표시의 목적으로 한 포장을 말한다. 괄호 안에 들어갈 단어를 기재하시오. **[제1회 맞춤형 화장품조제관리사 시험 기출문제]**

36 기능성화장품의 심사 시 유효성 또는 기능에 관한 자료 중 인체적용 시험자료를 제출하는 경우에는 (　　　) 제출을 면제할 수 있다. 이 경우에는 자료 제출을 면제받은 성분에 대해서는 효능 · 효과를 기재할 수 없다.

37 다음은 화장품의 안전용기 · 포장 등에 관한 내용이다. (　　　) 안에 들어갈 알맞은 내용은?

> 맞춤형화장품판매업자는 화장품을 판매할 때에는 안전용기 · 포장을 사용하여야 할 품목 및 용기 · 포장의 기준 등에 관하여는 (　)으로 정한다.

정답 30 ㉠ 화장품제조업 ㉡ 화장품책임판매업　31 내용물　32 50만원　33 안전성 평가　34 ㉠ 의약품 ㉡ 유효성　35 ㉠ 2차 포장 ㉡ 1차 포장　36 효력시험자료　37 총리령

38 '영 · 유아용 제품류'는 만 (   )세 이하의 어린이용 제품류를 말한다. (   ) 안에 들어갈 단어는?

39 다음 (   ) 안에 들어갈 적합한 단어를 쓰시오.

> 화장품법 제1조(화장품법의 목적)에 의하면 이 법은 화장품의 제조 · 수입 · 판매 및 수출 등에 관한 사항을 규정함으로써 (㉠)과 (㉡)에 기여함을 목적으로 한다.

정답 – 38 3 39 ㉠ 국민보건향상 ㉡ 화장품 산업의 발전

PART 2

화장품 제조 및 품질관리

CHAPTER

01 | 화장품 원료의 종류와 특성

화장품 원료는 식품의약품안전처에서 규정한 별표3의 『사용할 수 없는 원료』를 제외한 원료를 화장품의 원료로 인정하고 있으며, 화장품의 안전한 관리를 위하여 별표4의 『사용이 제한되어 있는 원료』를 규정하여 화장품의 안전한 관리에 만전을 기하고 있다.

1. 별표1의 화장품원료기준에 수재되어 있는 원료
2. 대한민국화장품원료집(KCID)에 수재되어 있는 원료
3. 국제화장품원료집(ICID)에 수재되어 있는 원료
4. EU화장품원료집에 수재되어 있는 원료
5. 식품공전 및 식품첨가물공전(천연첨가물에 한함)에 수재되어 있는 원료
6. 별표2의 화장품제조(수입)에 사용 가능한 원료
7. 『화장품법』 규정에 의한 안정성, 안전성 등의 심사를 받은 원료

Section 01 화장품 원료의 종류 및 화장품에 사용된 성분의 특성

1 수성 원료(Aqueous raw materials)

피부를 촉촉하게 하는 기능, 화장수, 로션 및 크림의 기초물질로 사용, 수렴, 소독작용 등

1) 정제수

(1) 정제수는 화장품의 원료 중 친수성을 가진 화장품 원료의 훌륭한 용매제 역할을 하며, 피부에 수분을 공급하는 역할을 한다.

(2) 화장수, 로션 및 크림의 기초물질로 사용된다.

2) 에탄올

(1) 화장수나 토닉 등의 액상제의 원료로 사용된다.

(2) 피부에 바르면 증발하면서 피부표면의 기화열을 빼앗기 때문에 청량감이 있고 가벼운 수렴작용을 한다.

(3) 살균작용이 있다.

2 유성 원료(Oil raw materials)

유성 성분은 물에 녹지 않고 기름에 녹는 물질들을 총칭하는 것으로 피부로부터 수분 증발을 억제하고 유연성을 향상시킬 목적으로 사용되며, 피부 표면에 얇은 유분막을 만들어 보습 효과를 향상시키고 부드러움을 준다.

유성 성분은 크게 탄화수소, 고급지방산, 고급알코올, 합성에스테르, 실리콘오일, 왁스, 동식물유 등으로 구분할 수 있고, 고급지방산, 고급알코올, 왁스는 고체인 것이 많아 화장품의 점성도를 증가시켜주기도 한다.

1) 탄화수소

탄소와 수소로만 구성된 물질로 석유계인 것이 대부분이다. 탄화수소에 속하는 것은 석유 등 광물질에서 얻어진 것으로 무색투명하고 무색무취이며 피부에 끈적임이 남지 않고 흡수가 빠른 편이다.

미네랄오일(Mineral Oil), 스쿠알란(Squalane), 이소파라핀(Isoparaffin), 이소헥사데칸(Isohexadecane), 페트롤라툼(Petrolatum)

2) 고급지방산

사슬 모양의 포화 또는 불포화 카르복시산을 말하며, 지방을 가수분해하여 얻어지기 때문에 지방산이라는 이름이 붙여지게 되었다. 6개의 이상인 경우에 해당되고, 자연계의 지방산은 짝수 개의 탄소수를 가진 것이 많다. 포화지방산으로는 팔미틱애씨드(Palmitic Acid), 스테아릭애씨드(Stearic Acid)가 대표적이며, 불포화지방산으로는 올레익애씨드(Oleic Acid) 등이 있다.

3) 고급알코올

탄소수 6개 이상의 1가 알코올(수산기가 1개인 것)로 지방알코올이라고도 불린다. 주로 유화보조제, 유화안정제, 사용감 개선의 목적으로 사용된다.

라놀린알코올(Lanolin Alcohol), 베헤닐알코올(Behenyl Alcohol), 베타-시토스테롤(beta sitosterol), 세틸알코올(Cetyl Alcohol), 세테아릴알코올(Cetearyl Alcohol), 스테아릴알코올(Stearyl Alcohol), 아라키딜알코올(Arachidyl Alcohol), 옥틸도데칸올(Octyl Dodecanol), 올레일알코올(Oleyl Alcohol), 이소스테아릴알코올(Isosteary Alcohol), 콜레스테롤(Cholesterol) 등

4) 합성에스테르

주로 고급지방산과 알코올의 화학결합(즉, 에스테르결합)에 의해 합성된 것으로 실온에서 액체인 것이 많다. 미네랄오일, 페트롤라툼 등과 달리 유성감이 낮고 피부호흡의 방해도 적다.

디카프릴릴카보네이트(Dicaprylyl carbonate), 세테아릴올리베이트(Cetearyl olivate), 세틸에칠헥사노이에이트(Cetyl Ethylhexanoate), 세틸팔미테이트(Cetyl Palmitate), 이소데실네오펜티노이에트(Isostearyl Neopentanoate), 이소프로필이소스테아레이트(Isopropyl Isostearate)

옥틸도네실미리스테이트(Octyldodecyl Myristate), 이소프로필미리스테이트(Isopropyl Myristate),

이소스테아릴이소스테아레이트(Isostearyl Isostearate), 옥틸팔미테이트(Octyl Palmitate), 콜레스테릴이소스테이레이트(Cholesteryl Isostearate), 헥사데실이소스테아레이트(Hexadecyl Isostearate), 콜레스테릴스테아레이트(콜레스테릴스테아레이트), 이소아라키딜네오펜티노에이트(Isodecyl Neopentanoate) 등

5) 실리콘오일

실리콘오일은 실록산 결합(-Si-O-Si-)을 하는 유기규소 화합물의 총칭이다. 성분명의 말단에 '-I 콘'(영문명은 -icone)이 붙는다. 실크(silk)처럼 섬세하며 가볍게 발려지며 매끄러운 감촉을 준다. 화학적으로 볼 때 실리콘오일은 "오일"이라고 볼 수 없으나 외관이 오일과 유사하게 보여 통상 실리콘오일로 부르고 있다. 따라서 '오일프리(oil free)' 제품에 실리콘오일이 함유된 경우가 종종 있는 것이다.

사이클로메치콘(Cyclomethicone), 사이클로펜타실록산(Cyclopentasiloxane), 디페닐디메치콘(Diphenyl Dimethicone), 디메치콘(Dimethicone) 등

6) 왁스

고급지방산과 고급알코올의 에스테르 결합을 한 것으로 실온에서 고체인 것이 많고, 실온에서 고체상인 유성 성분을 액상인 오일과 구분하여 왁스라 부르기도 한다.

라놀린(lanolin), 마이크로크리스탈린왁스(Microcrystalline Wax), 비즈왁스(Bees Wax), 쉐어버터(Shea Butter), 오조케라이트(Ozokerite), 카나우바왁스(Carnauba Wax), 칸데릴라왁스(Candelilla Was), 파라핀왁스(Paraffin Wax), 호호바씨오일(Simmondsia Chinensis (Jojoba) Seed Oil 등

7) 동식물유

동물의 피하지방 또는 식물의 종자에서 추출되어 얻어지며, 화학적으로 트리글리세라이드(triglycerides) 구조를 하고 있다.

(1) 식물성 오일

달맞이꽃오일(Evening Primrose Oil), 동백오일(Camellia Japonica Seed Oil), 로즈힙열매오일(Rosa Canina Fruit Oil), 마카다미아씨오일(Macadamia Tenuifolia Seed Oil), 밍크오일(Mink Oil), 밀배아오일(Wheat Germ Oil), 스위트아몬드오일(Sweet Almond Oil), 아보카도오일(Avocado Oil), 올리브오일(Olive Oil), 참깨오일(Sesame Seed Oil), 콩오일(Soybean Oil), 코코넛오일(coconut oil), 피마자오일(Castor Oil), 포도씨오일(Grape Seed Oil) 등

(2) 동물성 오일

밍크오일(Mink Oil), 에뮤 오일(타조), 마유(말의 젖), 난황(계란 노른자), 터틀(거북이), 라드(돼지비계) 등이 있다.

3 보습제(Moisturizer)

보습제는 습윤제라고도 하는 것으로 시간 변화에 따른 화장품 자체의 건조를 막는 데 필요한 성분이다. 만약 보습제가 크림이나 로션이 들어 있지 않게 되면 시간이 지남에 따라 수분이 증발되어 굳어지게 된다. 또, 보습제는 피부의 표면에도 중요한 역할을 한다. 보습제가 함유된 화장품을 피부에 바르면 피부의 각질층에 수분이 공급되어 피부가 부드럽고 투명해진다.

1) 다가알코올

글리세린(Glycerin), 글리세레스 -7, -26, 디프로필렌글라이콜(Dipropylene Glycol), 말티톨(Maltitol), 부틸렌글라이콜(Butylene Glycol), 소르비톨(sorbitol), 자일리톨(xylitol), 프로필렌글라이콜(propylene glycol), PEG-4, -6, -8, 12, 트레할로스(Trehalose) 등이 있다.

2) 천연보습인자

소듐피씨에이(sodium PCA), 소듐락테이트(Sodium lactate), 2-피롤리돈-5-카르본산나트륨 등이 있다.

3) 기타

베타인(Betaine), 아세트아마이드엠이에이(acetamide MEA), 아텔로콜라겐(attelo collagen), 우레아(Urea), 소듐콘드로이틴설페이트(Sodium chondroitin Sulfate), 소듐히알루로네이트(Sodium Hyaluronate), 수용성콜라겐(Soluble Collagen), 메칠글루세스(Methyl Gluceth)-10, -20 등이 있다.

4 계면활성제(Surfactants)

한 분자 내에 물을 좋아하는 친수기(Hydrophilic group)와 기름기를 좋아하는 친유기(Hydrophobic group)를 함께 갖는 물질로써 계면에 흡착하여 그들 계면의 성질을 현저히 변화시켜 용도에 맞게 유화, 가용화, 침투, 습윤, 분산, 세정, 살균, 윤활, 대전방지 등을 하는 물질이다.

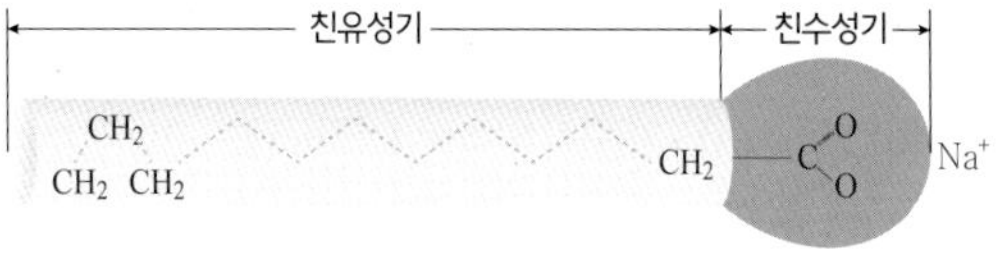

1) 용도

(1) 기포형성제와 세정제는 샴푸와 클렌저의 주요성분이다

(2) 유화제는 크림과 로션 같은 에멀전의 조제에 쓰인다.

(3) 가용화제는 투명한 스킨로션이나 향수의 원료로 쓰인다.

(4) 습윤제는 메이크업 파우더 제품에 쓰인다.

2) 종류

계면활성제는 용도에 따라 음이온, 양이온, 양쪽성, 비이온성으로 구분된다.

계면활성제의 피부에 대한 안전성은 비이온성>양쪽성>음이온성>양이온성의 순서다.

따라서 화장품에는 비이온성 계면활성제가 가장 많이 사용되며 주목적은 소량의 물에 녹지 않는 물질을 녹이는 용해제(또는 가용화제), 안료를 고루 분산시켜 주는 분산제, 물과 기름을 고루 혼합시켜 주는 유화제 등이다.

(1) 비이온성 계면활성제(Nonionic surfactants)

① 분자 중에 이온으로 해리되는 작용기를 가지고 있지 않다.

② 친수기인 POE 사슬 또는 수산기(-OH)를 갖는 화합물

③ 친수기, 친유기 밸런스(HLB)의 차이에 따라 습윤, 침투, 유화, 가용화력 등의 성질이 달라진다.

④ 피부자극이 적기 때문에 기초화장품 분야에 많이 사용된다.

⑤ 일반적으로 고급알코올이나 고급지방산에 에틸렌옥사이드를 부가 반응하여 제조된다.

⑥ 유화제, 분산제, 가용화제로 쓰인다.

바이오 계면활성제

- 글라이콜디스테아레이트(Glycol Distearate)
- 글라이콜스테아레이트(Glycol Stearate)
- 글리세릴하이드록시스테아레이트(Glyceryl Hydroxystearate)
- 소르비탄스테아레이트(Sorbitan Stearate)
- 슈크로오스올리에이트(Sucrose Oleate)
- 아라카딜글루코사이드(Aracadylglucoside)
- 올레스-n 포스페이트(Oleth-n Phosphate)
- 폴리소르베이트-20.40.60.80.85(Polysorbate)
- 피이지20 메칠를루코오스디올레이트(PEG-120 Methyl Glucose Dioleate)
- 피피지-11 스테아릴에텔(PPG-11 Sterayl Ether)
- 피이지/피피지-8/55 코폴리머(PEG/PPG-8/55 Copolymer)

(2) 양쪽성 계면활성제(Amphoteric surfactants)

① 분자 내에 양쪽성 관능기를 모두 가지고 있다.

② 알칼리성 하에서는 음이온, 산성 하에서는 양이온으로 해리된다.

③ 피부자극과 독성이 낮다.

④ 세정력, 살균력, 기포력, 유연 효과가 있다.

⑤ 저자극 샴푸, 베이비 제품이나 클렌저 제품에 주로 사용된다.

⑥ 기포형성능력과 세정작용이 음이온성 계면활성제에 비해 다소 떨어진다.
⑦ 아미노산형, 베타인형, 아미다졸린유효체의 합성원료 등이 있다.

양가성 계면활성제 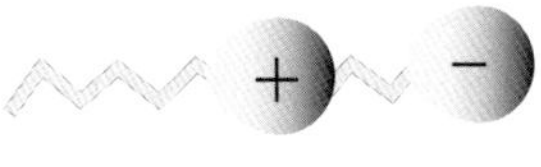

- 디소듐코코암포디아세테이트(Dysodium cocoamphodiaceate)
- 라우라마이드디이에이(Lauramide DEA)
- 레시틴(Lecithin)
- 소듐에칠라우로일타우레이트(Sodium Methyl Lauroyl Taurate)
- 코카미도프로필베타인(Cockamidopropylbetain)
- 하이드로제네이티드레시틴(Hydrogenated Lecithin)

(3) 음이온성 계면활성제(Anionic surfactants)
① 물에 용해될 때 친수기가 음이온으로 해리된다.
② 친수부: 나트륨염, 칼륨염, 트리에탄올아민염 등
③ 친유부: 알킬기, 이소알킬기 등
④ 세정작용과 기포형성작용이 우수하다.
⑤ 탈지력이 너무 강해서 피부가 거칠어지는 원인이 되는 결점이 있다.
⑥ 비누, 샴푸, 클렌징폼, 면도용 거품크림, 치약 등에 사용된다.
⑦ 고급지방산 석검, 알킬황산에스테르염, 폴리옥시에틸렌알킬에테르염, 아실N-메틸타우린염, 알킬에테르인산에스테르염 등이 있다.

음이온 계면활성제 

- 소듐라우릴설페이트(Sodium Lauryl Sulfate)
- 소듐코코일글루타메이트(Sodium Cocoyl Glutamate)
- 징크스테아레이트(zinc stearate)
- 티이에이-라우레스설페이트(TEA-Laureth Sulfate)

(4) 양이온성 계면활성제(Cationic surfactants)
① 물에 용해될 때 친수기가 양이온으로 해리된다.
② 모발에 흡착하여 유연효과나 대전방지효과를 나타난다.
③ 살균, 소독작용이 있다.
④ 헤어린스, 헤어트리트먼트 등에 사용된다.
⑤ 피부자극이 강하므로 두피에 닿지 않게 사용하는 것이 좋다.
⑥ 염화알킬트리메틸암모늄, 염화디알킬디메틸암모늄, 염화벤잘코늄 등이다.

양이온 계면활성제

- 베헨알코늄클로라이드(Beachenalconium chloride)
- 세트리모늄클로라이드(Cetrimonium Chloride)
- 세테이트리모늄클로라이드(Cetaterimonium Chloride)
- 쿼터늄-18(Quaternium-18)

※ 비이온성 계면활성제의 HLB와 응용 예
HLB(Hydrophile-Lipophile Balance)

· 정의 : 계면활성제가 친유성과 친수성의 성질을 얼만큼씩 가지고 있느냐 하는 것을 수치로 나타내는 값
· 계면활성제의 HLB는 0-20 사이의 값을 가짐
· 숫자가 작을수록 친유성계면활성제(친유기가 많음)
· 숫자가 클수록 친수성계면활성제(친수기가 많음)
· HLB가 낮을수록 물에 잘 녹지않고 HBL가 높을수록 물에 잘 녹는 성질을 나타냄
· 비이온계 계면활성제의 경우 친수기가 전혀 없는 것은 HLB가 0이고 친수기만으로 된 폴리에틸렌글리콜 같은 것은 20이 된다.

HLB	물에 대한 용해성	응용 예
0~2	녹지 않음	소포제
3~6	약간 분산	W/O 유화제
7~9	분산	습윤제, 분산제
8~18	분산, 용해	O/W 유화제
13~18	용해	가용화제

5 보존제(Preservative)

화장품의 미생물에 대한 오염과 부패를 막기 위한 것으로 방부제, 살균제, 항균제라고도 하며, 보존제(Preservative)는 "화장품 안전기준 등에 관한 규정 별표2(식품의약품안전처 고시)"에 있는 원료만을 화장품 배합한도 내에서 사용할 수 있다. 물과 영양분의 함량이 높을수록 미생물의 유입에 의한 변질이 쉽다. 보존제는 단독으로보다는 2~3개를 혼용 · 함유시킬 경우 더 좋은 효과를 보인다.

1) 파라벤(Paraben)

① 화장품에서 사용되고 있는 대표적인 방부제로 파라옥시안식향산이라고도 함

② 메틸파라벤, 에틸파라벤, 프로필파라벤, 뷰틸파라벤 등

2) 이미다졸리디닐 우레아(Imidazolidinyl urea)

① 백색 분말로 무색, 무취의 살균 보존제임

② 박테리아에 대한 활성은 크지만, 곰팡이에 대해서는 약해서 파라벤 등과 혼용해서 사용함

③ 포름알데히드 계열의 보존제 : 이미다졸리디닐우레아, 디엠디엠하이단토인, 엠디엠하이단토인, 디아졸리디닐우레아, 쿼터늄-15가 있다.

3) 페녹시에탄올(Phenoxyethanol)

① 페놀과 에틸렌 글리콜의 에테르 결합

② 파라벤과 함께 많이 사용되는 방부제로 피부 자극(알러지)를 유발하며하며 체내 흡수시 마취작용을 함. 1% 이내로 배합

4) 1, 2 헥산 디올

① 유기화합물로 항균력 및 산화방지 효과가 있음.

② 2% 함유시 6개월, 3% 함유시 1년 미만의 보존력을 갖게 됨.

③ 주로 파라벤 등 유해성이 부각된 보존제들의 대체 물질로 많이 사용됨.

- 구아이아줄렌(Guia Zullen)
- 디엠디엠하이단토인(DMDM Hydantoin)
- 데하이드로아세틱애씨드(Dehydroacetic Acid)
- 메칠클로로이소치아졸리논(Methylchloroisothiazolinone)

여기서 잠깐

보존제 성분 사용제한 강화

- 보존제 성분 중 "아이오도프로피닐부틸카바메이트"를 다음과 같이 사용한다.
  아이오도프로피닐부틸카바메이트(아이피비씨)
  - 사용 후 씻어내는 제품에 0.02%
  - 사용 후 씻어내지 않는 제품에 0.01%
  - 다만, 데오드란트에 배합할 경우에는 0.0075%
  - 입술에 사용되는 제품, 에어로졸(스프레이에 한함) 제품, 바디로션 및 바디크림에는 사용금지
  - 영유아용 제품류 또는 만 13세 이하 어린이가 사용할 수 있음을 특정하여 표시하는 제품에는 사용금지(목욕용제품, 샤워젤류 및 샴푸류는 제외)
- 식품의약품안전평가원의 위해평가 결과 현재 사용제한 농도에서 안전역이 확보되지 않는 것으로 확인된 "메칠이소치아졸리논" 등 5종의 보존제에 대하여 사용제한 강화
  ① 메칠이소치아졸리논(사용 후 씻어내는 제품에 0.01% → 0.0015%)
  ② 디메칠옥사졸리딘(0.1% → 0.05%)

③ p-클로로-m-크레졸(0.2% → 0.04%)
④ 클로로펜(0.2% → 0.05%)
⑤ 프로피오닉애씨드 및 그 염류(2% → 0.9%)

6 고분자 화합물(Polymer Compound)

① 겔(gel) 형성, 점도 증가, 피막 형성, 분산, 기포 형성, 유화안정의 목적으로 사용된다.
② 천연 유래로 점성을 갖는 성분을 검(Gum)이라 부른다.

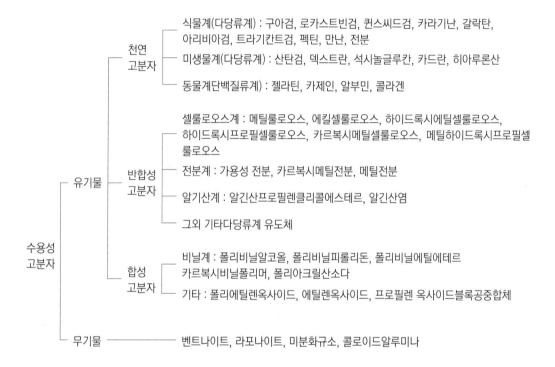

- 수용성 고분자
  - 유기물
    - 천연 고분자
      - 식물계(다당류계) : 구아검, 로카스트빈검, 퀸스씨드검, 카라기난, 갈락탄, 아리비아검, 트라기칸트검, 펙틴, 만난, 전분
      - 미생물계(다당류계) : 산탄검, 덱스트란, 석시놀글루칸, 카드란, 히아루론산
      - 동물계단백질류계) : 젤라틴, 카제인, 알부민, 콜라겐
    - 반합성 고분자
      - 셀룰로오스계 : 메틸룰로오스, 에킬셀룰로오스, 하이드록시에틸셀룰로오스, 하이드록시프로필셀룰로오스, 카르복시메틸셀룰로오스, 메틸하이드록시프로필셀룰로오스
      - 전분계 : 가용성 전분, 카르복시메틸전분, 메틸전분
      - 알기산계 : 알긴산프로필렌클리콜에스테르, 알긴산염
      - 그외 기타다당류계 유도체
    - 합성 고분자
      - 비닐계 : 폴리비닐알코올, 폴리비닐피롤리돈, 폴리비닐에틸에테르 카르복시비닐폴리머, 폴리아크릴산소다
      - 기타 : 폴리에틸렌옥사이드, 에틸렌옥사이드, 프로필렌 옥사이드블록공중합체
  - 무기물
    - 벤트나이트, 라포나이트, 미분화규소, 콜로이드알루미나

1) 점증제

제품의 사용 목적에 맞는 점도를 조절하거나 안정성을 유지하는 목적으로 사용한다.

① 잔탄검(Xanthan gum)

피부자극이 없는 안정적인 성분으로 증점 작용 외에 유화, 보습, 피박 형성, 겔화 등의 목적으로 사용된다. 미생물에서 얻은 다당류의 천연 검으로 점도에 대한 변화가 온도의 영향을 받지 않고 안정적이며, 사용감이 좋다.

② 메틸셀룰로오스(Methylcellulose)

샴푸의 점도 조절을 목적으로 사용하며, 냉수에는 용해가 잘되나 열응고성의 특성으로 온도상승에 따라서 용해도가 감소한다.

③ 퀸스씨드검(Quince seed gum)

피부 컨디셔닝과 점도증가를 목적으로 사용하며, 미생물에 오염되기 쉬우므로 살균이 필요하다. 장미과의 마르메로 종자에서 얻어지는 천연 검으로 끈적임이 없고 산뜻한 사용감과 보습성이 뛰어나다.

④ 카르복시비닐폴리머(Carboxyvinylpolymer)

시간이나 온도에 의한 점도 변화가 적어서 에멀젼 제품의 안정성 향상을 위해 주로 사용한다.

⑤ 카르복시메틸셀룰로오스(Carboxymethyl cellulose)

인체에 대한 안전성이 우수한 성분으로 점증작용 외에도 화장수, 로션, 크림 등의 유화안정성을 목적으로 사용한다.

⑥ 라포나이트(Laponite)

합성 무기물질로 끈적임이 없고 투명한 젤(gel)을 얻을 수 있으나, 사용량이 증가되면 점증제로서의 기능이 상실된다.

2) 피막제

도포 후 경화되어(굳어서) 막을 형성하여 표면을 코팅하는 데 사용한다.

① 니트로셀룰로오즈, 폴리비닐 알콜, 폴리비닐피롤리돈 등이다.

② 네일 에나멜, 헤어스프레이 등에 적용된다.

피막제의 용해성	제품용	대표적 원료
물(알코올)	팩	폴리비닐 알코올
	헤어 스프레이 헤어 세트제	폴리비닐 피롤리돈, 메톡시에틸렌, 무수말레인산 공중 합체 양쪽성 메타아크릴산 에스테르 공중 합체
	샴푸, 린스	양이온화 셀룰로스 폴리염화디메틸 메틸렌 피페리디늄
수계 에멀전	아이라이너, 마스카라	폴리아크릴산 에스테르 공중 합체, 폴리초산비닐
비수용성	네일-에나멜	니트로 셀룰로오스
	지모 코팅제	고분자 실리콘
	선 오일, 액체 파운데이션	실리콘 레진

3) 천연고분자

① 구아검(Cyamopsis Tetragonoloba (Guar) Gum)

② 덱스트린(Dextrin)

③ 베타-글루칸(Beta-Glucan)

④ 벤토나이트(Bentonite)

⑤ 셀룰로오스검(Cellulose Gum)

4) 합성고분자

① 폴리머(polymer)

② 나이트로셀룰로오스(Nitro Cellulose)

③ 디메치콘/비닐디메치콘크로스폴리머(Dimethicone/Vinyl-Dimetch-Concrospolymer)

④ 브이피/에이코센코폴리머(VP/Eicosine Copolymer)

⑤ 카보머(Carbomer)

⑥ 폴리메칠이크릴레이트(polymethyl methacylate)

7 산화방지제

기초화장품과 모발화장품은 대다수가 수성과 유성 성분이 혼합되어 있고, 메이크업 화장품은 유성 성분에 색소(안료)가 분산된 것이 많다. 이들 유성 성분 중 일부는 공기, 열, 빛에 의해 쉽게 산화될 수 있으므로 이를 방지하기 위해 여러 가지 산화방지제가 첨가된다.

1) 천연 산화방지제

① 비타민 E(토코페롤) : 배합한도 20%

② 자몽씨추출물(Grapeseed extract, GSE) : 2% 이내 사용 가능

2) 합성 산화방지제

① BHT(dibutyl hydroxy toluene), BHA(butyl hydroxy anisole)

② 에리소빅애씨드(Erisobic acid)

③ 프로필갈레이트(Propyl Gallate)

④ 아스코빌글루코사이드(Ascorbyl Glucoside)

8 금속이온봉쇄(Chelating agent, 킬레이팅제)

수용액에 함유된 칼슘, 마그네슘, 알루미늄, 철이온 등을 봉쇄하여 제품의 안정도를 높여주는 물질로 제형 중에서 0.03~0.10% 사용된다. 특히 세정제에서 기포 형성을 돕고, 피부와 점막에 자극을 줄 수 있고 알러지를 유발한다. 대표적인 예는 에칠렌디아민 테트라 아세트산(EDTA)의 나트륨염, 인산, 구연산, 아스코르빈산, 폴리인산나트륨, 메타인산나트륨 등이 있다.

9 유기산 및 그 염류

제품의 pH를 일정하게 유지하기 위한 안정제로서의 역할과 피부의 pH를 조정하는 기능을 부여한다. 특히, 화장수는 완충제의 역할이 매우 중요하다.

① 글라이콜릭애씨드(Glycolic Acid)

② 타타릭애씨드(Tataric Acid)

③ 락틱애씨드(Lactic Acid)

④ 살리실릭애씨드(Salicylic Acid)

⑤ 소듐시트레이트(Sodium Citrate)

10 자외선 차단제

1) 화학적 작용

자외선 흡수제로서 피부에서 빛을 흡수시켜 차단하는 것

① 부틸메톡시디벤조일메탄(Butyl Methoxydibenzoylmethane)

② 벤조페논-1(~12)(Benzophenone-1(~12))

③ 벤조페논-9(Benzophenone-9)

④ 에칠헥실메톡시신나메이트(Ethylhexyl Methoxycinnamate)

⑤ 에칠헥실살리실레이트(Ethylhexy lSalicylate)

⑥ 옥틸디메틸파바(Octyl Dimethylpava)

2) 물리적 작용

자외선 산란제로서 피부에서 빛을 산란시켜 차단하는 것

① 징크옥사이드(Zink Oxide)

② 티타늄디옥사이드(Titanium Dioxide)

* 미백에 도움이 되는 성분

차단 원리	비고
자외선 차단	에칠헥실메톡시신나메이트, 옥시벤존, 티타늄디옥사이드, 징크옥사이드 등
티로시나아제의 활성 억제 및 저해	알부틴, 감초추출물, 닥나무추출물, 상백피추출물 등
멜라닌 환원	비타민 C 및 유도체, 글루타치온 등
박리 촉진	AHA, 살리실산, 각질분해효소 등

11 착색제

염료는 물이나 다른 용제에 녹는 색소를 말하며, 안료는 이들 중 어느 것에도 녹지 않는 것을 말한다. 따라서 염료가 많이 배합된 제품은 피부나 모발의 착색을 위한 것이다.

안료는 용도에 따라 4가지로 구분된다. 백색안료는 커버력, 착색안료는 색상 부여, 체질안료는 사용감, 펄안료는 진주빛 광택을 부여할 목적으로 사용된다.

1) 유기합성색소(타르색소) : 염료, 레이크, 유기안료

(1) 염료

① 주로 물 기름, 알코올 등의 용매에 용해되고, 화장품에서는 용해상태로 존재하여 화장품의 색을 나타낸 것

② 수용성(물에 가용성)과 유용성(기름이나 알코올에 가용성) 염료가 있다.

③ 청색 1호(CI 42090), 청색 2호(CI 73015), 황색 4호(CI 19140), 황색 5호(CI 15985), 적색 205호(CI 15510), 황색 203호(CI 47005), 황색 204호(CI 47000)

(2) 레이크

① 염료를 칼슘 등의 염으로 물에 불용화시킨 것. 적색 201호, 204호, 206호, 207호 등

② 일반적으로 안료와 구별하지 않고 사용하지만, 안료보다는 안정성이 떨어짐

③ 레이크는 산성, 염기성에 약하며 중성에서도 물에 조금씩 녹기 때문에 사용 전에 충분한 안정성 검토가 필요함

④ 주로 입술연지, 볼 연지, 네일 에나멜 등에 안료와 함께 사용

(3) 유기안료

① 물,기름 등의 용제에 용해되지 않은 유색분말로, 레이크에 비해서 착색력과 내광성이 우수함

② 주로 석유에서 추출하기 때문에 대량 생산이 가능함

③ 보통 볼 연지, 입술 연지, 그 외에 메이크업 제품에 사용함

2) 천연색소

- 동식물 또는 미생물로부터 추출된 색을 말함
- 합성색소에 비해 착색력이나 내광성, 내약품성에서는 다소 차이는 있음

(1) 카로티노이드계 색소

① 당근, 토마토, 새우, 게 등으로부터 추출되며 비타민A의 효과를 나타냄

② 로션이나 크림 같은 유액의 제조 원료로 사용됨

(2) 플라보노이드계 색소

① 홍화의 꽃잎에서 추출된 색소로 입술연지, 볼연지 제조 원료로 사용됨

(3) 코치닐

① 선인장에 기생하는 연지벌레로부터 추출되는 붉은 색 염료

② 색소의 주성분인 카르민산(Carminic acid)은 생체 내에서도 산도(pH)에 따라 색상이 변함. 중성(핑크), 산성(주황). 염기성(보라색)

③ 화장품에서는 연지, 립스틱의 원료로 사용함

3) 무기안료(광물성안료) : 용매에 녹지 않는 상태로 발색

- 내구성, 내열성 및 빛에 대한 저항성 면에서 염료에 비해 우수함

(1) 체질안료 : 제품의 제형을 갖기 위해 이용되는 것으로 이에 따라 제품의 사용성(부착성)이 나 광택이 조정됨

① 탈크 : 매끄러운 감촉이 풍부해서 활석이라고도 함.

② 카올린 : 피부에서의 부착력이 좋고 흡유성, 흡수성이 좋다

③ 마이카 : 일명 백운모라고 하고 사용감이 좋고 퍼짐성, 투명성, 부착성이 우수하여 주로 메이크업 제품에 이용됨

(2) 착색안료 : 제품에 색상을 부여하여 색조를 조정해주는 원료

① 산화철 : 소성 조건에 따라 황색, 적색, 흑색으로 나눔

② 군청(울트라마린) : 내광성, 내열성은 우수하나 착색력이 낮아 고온(300℃)에서 퇴색될 수 있고 산성에 약함

③ 카본 블랙 : 탄화수소를 불완전 연소 또는 열분해하여 만든 흑색 분말

(3) 백색안료

① 색조 이외에도 자외선을 방지하는 것과 같은 은폐력을 컨트롤하는 재료

② 이산화티탄(티타늄디옥사이드), 산화아연(징크옥사이드)

③ 징크옥사이드와 티타늄디옥사이드는 식약청과 미국FDA(미국식품의약청)에서 화장품 원료로 특히 자외선차단제로 사용하도록 인정받음

④ 물이나 알코올에는 용해되지 않지만 산, 알칼리, 암모니아수에는 용해됨

(4) 펄 안료

① 제품에 진주 광택성을 부여하는 재료

② 착색원료는 빛의 흡수 및 산란현상을 이용한 것인데 반해서 진주광택안료는 빛을 반사시키고 그 반사광이 간섭을 일으켜서 진주 광택을 내는 것

4) 화장품의 색소 종류와 기준 및 시험방법

(1) "색소"라 함은 화장품이나 피부에 색을 띄게 하는 것을 주요 목적으로 하는 성분을 말한다.

(2) "타르색소"라 함은 색소 중 콜타르, 그 중간생성물에서 유래되었거나 유기합성하여 얻은 색소 및 그 레이크, 염, 희석제와의 혼합물을 말한다.

(3) "순색소"라 함은 중간체, 희석제,기질 등을 포함하지 아니한 순수한 색소를 말한다

(4) "레이크"라 함은 타르색소를 기질에 흡착, 공침 또는 단순한 혼합이 아닌 화학적 결합에 의하여 확산시킨 색소를 말한다.

[화장품의 색소 종류와 기준 및 시험방법] 별표(부록 참고-127종)

연번	색소	사용제한	
1	녹색 204호(피라닌콘크, Pyranine Conc)* CI 59040 8-히드록시-1, 3, 6-피렌트리설폰산의 트리나트륨염 ◎ 사용한도 0.01%	눈 주위 및 입술에 사용할 수 없음	타르색소
2	녹색 401호(나프톨그린 B, Naphthol Green B)* CI 10020 5-이소니트로소-6-옥소-5, 6-디히드로-2-나프탈렌설폰산의 철염	눈 주위 및 입술에 사용할 수 없음	타르색소
3	등색 206호(디요오드플루오레세인, Diiodofluorescein)* CI 45425:14 ′, 5 ′ -디요오드-3 ′, 6 ′ -디히드록시스피로[이소벤조푸란-1(3H), 9 ′ -[9H]크산텐]-3-온	눈 주위 및 입술에 사용할 수 없음	타르색소
4	등색 207호(에리트로신 옐로위쉬 NA, Erythrosine Yellowish NA)* CI 45425 9-(2-카르복시페닐)-6-히드록시-4, 5-디요오드-3H-크산텐-3-온의 디나트륨염	눈 주위 및 입술에 사용할 수 없음	타르색소
5	자색 401호(알리주롤퍼플, Alizurol Purple)* CI 60730 1-히드록시-4-(2-설포-p-톨루이노)-안트라퀴논의 모노나트륨염	눈 주위 및 입술에 사용할 수 없음	타르색소
6	적색 205호 (리톨레드, Lithol Red)* CI 15630 2-(2-히드록시-1-나프틸아조)-1-나프탈렌설폰산의 모노나트륨염 ◎ 사용한도 3%	눈 주위 및 입술에 사용할 수 없음	타르색소
7	적색 206호(리톨레드 CA, Lithol Red CA)* CI 15630:2 2-(2-히드록시-1-나프틸아조)-1-나프탈렌설폰산의 칼슘염 ◎ 사용한도 3%	눈 주위 및 입술에 사용할 수 없음	타르색소
8	적색 207호(리톨레드 BA, Lithol Red BA) CI 15630:1 2-(2-히드록시-1-나프틸아조)-1-나프탈렌설폰산의 바륨염 ◎ 사용한도 3%	눈 주위 및 입술에 사용할 수 없음	타르색소
9	적색 208호(리톨레드 SR, Lithol Red SR) CI 15630:3 2-(2-히드록시-1-나프틸아조)-1-나프탈렌설폰산의 스트론튬염 ◎ 사용한도 3%	눈 주위 및 입술에 사용할 수 없음	타르색소
10	적색 219호(브릴리안트레이크레드 R, Brilliant Lake Red R)* CI 15800 3-히드록시-4-페닐아조-2-나프토에산의 칼슘염	눈 주위 및 입술에 사용할 수 없음	타르색소
11	적색 225호(수단 Ⅲ, Sudan Ⅲ)* CI 26100 1-[4-(페닐아조)페닐아조]-2-나프톨	눈 주위 및 입술에 사용할 수 없음	타르색소
12	적색 405호(퍼머넌트레드 F5R, Permanent Red F5R) CI 15865:2 4-(5-클로로-2-설포-p-톨릴아조)-3-히드록시-2-나프토에산의 칼슘염	눈 주위 및 입술에 사용할 수 없음	타르색소
13	적색 504호 (폰소 SX, Ponceau SX)* CI 14700 2-(5-설포-2, 4-키실릴아조)-1-나프톨-4-설폰산의 디나트륨염	눈 주위 및 입술에 사용할 수 없음	타르색소
14	청색 404호(프탈로시아닌블루, Phthalocyanine Blue)* CI 74160 프탈로시아닌의 구리 착염	눈 주위 및 입술에 사용할 수 없음	타르색소
15	황색 202호의 (2) (우라닌 K, Uranine K)* CI 45350 9-올소-카르복시페닐-6-히드록시-3-이소크산톤의 디칼륨염 ◎ 사용한도 6%	눈 주위 및 입술에 사용할 수 없음	타르색소
16	황색 204호(퀴놀린옐로우 SS, Quinoline Yellow SS)* CI 47000 2-(2-퀴놀릴)-1, 3-인단디온	눈 주위 및 입술에 사용할 수 없음	타르색소
17	황색 401호(한자옐로우, Hanza Yellow)* CI 11680 N-페닐-2-(니트로-p-톨릴아조)-3-옥소부탄아미드	눈 주위 및 입술에 사용할 수 없음	타르색소

18	황색 403호의 (1) (나프톨옐로우 S, Naphthol Yellow S) CI 10316 2, 4-디니트로-1-나프톨-7-설폰산의 디나트륨염	눈 주위 및 입술에 사용할 수 없음	타르 색소
19	등색 205호(오렌지 II, Orange II) CI 15510 1-(4-설포페닐아조)-2-나프톨의 모노나트륨염	눈 주위에 사용할 수 없음	타르 색소
20	황색 203호(퀴놀린옐로우 WS, Quinoline Yellow WS) CI 47005 2-(1, 3-디옥소인단-2-일)퀴놀린 모노설폰산 및 디설폰산의 나트륨염	눈 주위에 사용할 수 없음	타르 색소
21	녹색 3호 (패스트그린 FCF, Fast Green FCF) CI 42053 2-[α-[4-(N-에틸-3-설포벤질이미니오)-2, 5-시클로헥사디에닐덴]-4-(N에틸-3-설포벤질아미노)벤질]-5-히드록시벤젠설포네이트의 디나트륨염	–	타르 색소
22	녹색 201호(알리자린시아닌그린 F, Alizarine Cyanine Green F)* CI 61570	–	타르 색소
23	1, 4-비스-(2-설포-p-톨루이디노)-안트라퀴논의 디나트륨염	–	타르 색소
24	녹색 202호(퀴니자린그린 SS, Quinizarine Green SS)* CI 61565 1, 4-비스(p-톨루이디노)안트라퀴논	눈 주위에 사용할 수 없음	타르 색소
25	등색 201호(디브로모플루오레세인, Dibromofluorescein) CI 45370:1 4', 5'-디브로모-3', 6'-디히드로시스피로[이소벤조푸란-1(3H),9-[9H]크산텐-3-온	–	타르 색소
26	자색 201호(알리주린퍼플 SS, Alizurine Purple SS)* CI 60725 1-히드록시-4-(p-톨루이디노)안트라퀴논	영유아용 제품류 또는 만 13세 이하 어린이가 사용할 수 있음을 특정하여 표시하는 제품에 사용할 수 없음	타르 색소
27	적색 2호 (아마란트, Amaranth) CI 16185 3-히드록시-4-(4-설포나프틸아조)-2, 7-나프탈렌디설폰산의 트리나트륨염	–	타르 색소
28	적색 40호 (알루라레드 AC, Allura Red AC) CI 16035 6-히드록시-5-[(2-메톡시-5-메틸-4-설포페닐)아조]-2-나프탈렌설폰산의 디나트륨염	영유아용 제품류 또는 만 13세 이하 어린이가 사용할 수 있음을 특정하여 표시하는 제품에 사용할 수 없음	타르 색소
29	적색 102호 (뉴콕신, New Coccine) CI 16255 1-(4-설포-1-나프틸아조)-2-나프톨-6, 8-디설폰산의 트리나트륨염의 1.5 수화물	눈 주위에 사용할 수 없음	타르 색소
30	적색 103호의 (1) (에오신 YS, Eosine YS) CI 45380 9-(2-카르복시페닐)-6-히드록시-2, 4, 5, 7-테트라브로모-3H-크산텐-3-온의 디나트륨염	눈 주위에 사용할 수 없음	타르 색소

여기서 잠깐

맞춤형화장품 조제관리사 자격시험 1회 출제 문항

다음 괄호 안에 들어 갈 단어를 기재하시오

(   )라 함은 색소 중 콜타르, 그 중간생성물에서 유래되었거나 유기합성하여 얻은 색소 및 레이크, 염, 희석제와의 혼합물을 말한다.

답 타르색소

12 미백 성분

비타민 C(오이, 율무 등)와 태반 추출물은 멜라닌 색소를 환원시킴.

① 나이아신아마이드(Niacinamide)

② 닥나무추출물(Broussonetia Extract)

③ 아스코빌글루코사이드(Ascorbyl Glucoside)

④ 아스코빌테트라이소팔미테이트(Ascorbyl Tetraisopalmitate)

⑤ 알 부 틴(Arbutin)

⑥ 알파-비사보롤((-)-alpha-bisabolol)

⑦ 에칠아스코빌에텔(Ethyl Ascorbyl Ether)

⑧ 유용성감초추출물(Oil Soluble Licorice(Glycyrrhiza) Extract)

* 미백 성분(식약처 고시 원료)

순번	성분	함량(%)
1	닥나무추출물	2
2	알부틴	2~5
3	에칠아스코빌에텔	1~2
4	유용성 감초추출물	0.05
5	아스코빌굴루코사이드	2
6	마그네슘아스코빌포스페이트	3
7	아스코빌테트라이소팔미테이트	2
8	나이아신아마이드	2~5
9	알파 – 비사보롤	0.5

13 주름개선 성분

레티놀(Retinol): 비타민 A의 활성 분자인 레티노익산(Retinoic acid)으로 변형됨.

① 레티닐팔미테이트(Retinyl Palmitate)

② 아데노신(Adenosine)

③ 폴리에톡실레이티드레틴아마이드(Polyethoxylated Retinamide)

* 주름개선 성분(식약처 고시 원료)

순번	성분	함량(%)
1	레티놀	2,500IU/g
2	레티닐팔미테이트	10,000IU/g
3	아데노신	0.04%
4	메디민 A(폴리에톡실레이티드레틴아마이드)	0.05~0.2%

14 착향제

화장품에는 천연향료와 합성향료가 적당하게 혼합된 조합향료가 쓰인다.

향료의 사용 목적은 화장품 원료 자체에서 나는 불쾌한 냄새(베이스취)를 억제(마스킹)하기 위한 것과 향기를 통해 소비자에게 후각적인 만족감을 주기 위한 것이지만, 착향제의 구성 성분 중 알레르기를 유발하는 성분은 주의해서 사용해야 한다.

1) 합성향료

① 제라니올(Geraniol)

② 리날룰(Linalool)

③ 리날릴아세테이트(Linaly Acetate)

④ 제나릴아세테이트(Geranyl Acetate)

⑤ 티몰(Thymol)

⑥ 4-터피네올(4-Terpineol)

⑦ 하이드록시시트로넬알(hydroxy Cythronelal)

2) 천연향료

① 라벤더오일(Lavender Oil)

② 일랑일랑오일(Ylang Ylang Oil)

③ 유칼립투스오일(Eucalyptus Oil)

④ 자스민오일(Jasmine Oil)
⑤ 캠퍼(Camphor)
⑥ 멘톨(Menthol)
⑦ 티트리오일(Tea Tree Oil)

여기서 잠깐

맞춤형화장품 조제관리사 자격시험 예시 출제 문항

[문제 1] 화장품에 사용되는 원료의 특성을 설명한 것으로 옳은 것은?
① 금속이온봉쇄제는 주로 점도증가, 피막형성 등의 목적으로 사용된다.
② 계면활성제는 계면에 흡착하여 계면의 성질을 현저히 변화시키는 물질이다.
③ 고분자화합물은 원료 중에 혼입되어 있는 이온을 제거할 목적으로 사용된다.
④ 산화방지제는 수분의 증발을 억제하고 사용감촉을 향상시키는 등의 목적으로 사용된다.
⑤ 유성원료는 산화되기 쉬운 성분을 함유한 물질에 첨가하여 산패를 막을 목적으로 사용된다.

답 ②

[문제 2] 다음에서 ㈀에 적합한 용어를 작성하시오.

계면활성제의 종류 중 모발에 흡착하여 유연 효과나 대전 방지 효과, 모발의 정전기 방지, 린스, 살균제, 손 소독제 등에 사용되는 것은 (㈀)계면활성제이다.

답 양이온

[문제 3] 다음 (　　　) 안에 들어갈 내용을 작성하시오.
진달래과의 월귤나무의 잎에서 추출한 하이드로퀴논으로 멜라닌 활성을 도와주는 티로시나아제 효소의 작용을 억제하는 미백화장품의 성분은 (　　　)이다.

답 알부틴

Section 02 원료 및 제품의 성분 정보

1) 전성분 표시

(1) 2008년 10월 18일부터 화장품의 모든 성분을 제품의 용기나 포장에 표시하도록 함
(2) 아래 제품은 전성분 정보를 즉시 제공할 수 있는 전화번호, 홈페이지를 기재하거나 매장에 전성분 정보가 기재된 책자를 비치한 경우 생략 가능
① 내용량이 50g 또는 50ml 이하인 제품

② 판매를 목적으로 하지 않으며 제품 선택 등을 위하여 사전에 소비자가 시험 사용하도록 제조, 수입된 견본품이나 증정용 제품

2) 보존제 함량 표시

영유아용 제품류(만 3세 이하의 어린이용)이거나 어린이용 제품(만 13세 이하 어린이)임을 화장품에 표시·광고하려는 경우 전성분에 보존제의 함량을 표시·기재해야 한다(2020년 01월 01일 시행).

「화장품법 제4조의2」 영유아 또는 어린이 사용 화장품의 관리(시행 2020.1.16)

여기서 잠깐

[화장품 전성분 표시지침, 식품의약품안전청, 2007]

제1조(목적) 화장품의 모든 성분 명칭을 용기 또는 포장에 표시하는 '화장품 전성분 표시'의 대상 및 방법을 세부적으로 정함을 목적으로 한다.

제2조(정의)
"전성분"이라 함은 제품표준서 등 처방계획에 의해 투입·사용된 원료의 명칭으로서 혼합원료의 경우에는 그것을 구성하는 개별 성분의 명칭을 말한다.

제3조(대상) 전성분 표시는 모든 화장품을 대상으로 한다. 다만, 다음 각 호의 화장품으로서 전성분 정보를 즉시 제공할 수 있는 전화번호 또는 홈페이지 주소를 대신 표시하거나, 전성분 정보를 기재한 책자 등을 매장에 비치한 경우에는 전성분 표시 대상에서 제외할 수 있다.
1. 내용량이 50g 또는 50mL 이하인 제품
2. 판매를 목적으로 하지 않으며, 제품 선택 등을 위하여 사전에 소비자가 시험□사용하도록 제조 또는 수입된 제품

제4조(성분의 명칭) 성분의 명칭은 제8조 규정에 의한 기관의 장이 발간하는 「화장품 성분 사전」에 따른다.

제5조(글자 크기) 전성분을 표시하는 글자의 크기는 5포인트 이상으로 한다.

제6조(표시의 순서) 성분의 표시는 화장품에 사용된 함량 순으로 많은 것부터 기재한다. 다만, 혼합원료는 개개의 성분으로서 표시하고, 1% 이하로 사용된 성분, 착향제 및 착색제에 대해서는 순서에 상관없이 기재할 수 있다.

제7조(표시생략 성분 등) ① 메이크업용 제품, 눈화장용 제품, 염모용 제품 및 매니큐어용 제품에서 홋수별로 착색제가 다르게 사용된 경우 「± 또는 +/-」의 표시 뒤에 사용된 모든 착색제 성분을 공동으로 기재할 수 있다.
② 원료 자체에 이미 포함되어 있는 안정화제, 보존제 등으로 제품 중에서 그 효과가 발휘되는 것보다 적은 양으로 포함되어 있는 부수성분과 불순물은 표시하지 않을 수 있다.
③ 제조 과정중 제거되어 최종 제품에 남아 있지 않는 성분은 표시하지 않을 수 있다.
④ 착향제는「향료」로 표시할 수 있다.
⑤ 제4항 규정에도 불구하고 식품의약품안전청장은 착향제의 구성 성분중 알레르기 유발물질로 알려져 있는 별표의 성분이 함유되어 있는 경우에는 그 성분을 표시하도록 권장할 수 있다.
⑥ pH 조절 목적으로 사용되는 성분은 그 성분을 표시하는 대신 중화반응의 생성물로 표시할 수 있다.

⑦ 표시할 경우 기업의 정당한 이익을 현저히 해할 우려가 있는 성분의 경우에는 그 사유의 타당성에 대하여 식품의약품안전청장의 사전 심사를 받은 경우에 한하여 「기타 성분」으로 기재할 수 있다.

제8조(화장품 성분 사전 발간기관 등)
① 제4조 규정에 의한 「화장품 성분 사전」의 발간기관은 '대한화장품협회'로 한다.
② 발간기관의 장은 성분 명명법, 성분 추가 여부 및 발간방법 등에 대하여 화장품 제조업자 및 수입자 등의 의견을 수렴하고 식품의약품안전청장의 사전 검토를 받아 「화장품 성분 사전」을 발간 또는 개정한다.

여기서 잠깐

맞춤형화장품 조제관리사 자격시험 1회 출제 문항

다음 괄호 안에 들어 갈 단어를 기재하시오

화장품 제조에 사용된 함량이 많은 것부터 기재 · 표시한다. 다만, (　　)로 사용된 성분, 착향제 또는 착색제는 순서에 상관없이 기재 · 표시할 수 있다.

답 1%

• 식품의약품안전평가원의 위해평가 결과 광독성이나 피부감작의 우려가 있는 것으로 확인된 "만수국꽃추출물 또는 오일" 등 4종의 원료에 대하여 사용제한 신설

① 만수국꽃추출물 또는 오일(제한 없음 → 사용 후 씻어내는 제품 0.1%/사용 후 씻어내지 않는 제품 0.01%(만수국아재비꽃과 혼합 사용 시에도 동일 기준), 원료 중 알파 테르티에닐 함량 0.35% 이하, 자외선차단제 금지)

② 만수국아재비꽃 추출물 또는 오일(제한 없음 → 사용 후 씻어내는 제품 0.1%/사용 후 씻어내지 않는 제품 0.01%(만수국꽃과 혼합 사용 시에도 동일 기준), 원료 중 알파 테르 티에닐 함량 0.35% 이하, 자외선차단제 금지)

③ 땅콩오일 추출물 및 유도체(제한 없음 → 땅콩 단백질 최대농도 0.5ppm)

④ 하이드롤라이즈드밀단백질(제한 없음 → 펩타이드 최대 평균 분자량 3.5kDa 이하)

• 그 간의 기능성화장품 심사 결과에 따라 염모제에 사용되는 성분을 목록에 추가하고 안전성을 고려하여 농도상한 신설

① 2-아미노-3-히드록시피리딘(1.0%)

② 6-히드록시인돌(0.5%)

③ 황산 1-히드록시에칠-4, 5-디아미노피라졸(3.0%)

④ 5-아미노-6-클로로-o-크레솔(0.5%)

※ 히드록시벤조모르포린(1.0%), 4-아미노-m-크레솔(1.5%), 염산 히드록시프로필비스(0.4%)는 사용금지 원료에 이미 염모제로만 사용할 수 있도록 명시되어 있으므로 규제 강화에 해당되지 않음.

• 안전성 우려로 인하여 현재 3세 이하의 어린이(영유아)에게 금지인 보존제 '살리실릭애씨드 및 그 염류' 및 '아이오도프로피닐부틸카바메이트'에 대하여 어린이용 표기 대상 제품까지 사용금지 확대.

[화장품 안전 기준 등에 관한 규정] (시약처 고시)

CHAPTER 02 | 화장품의 기능과 품질

화장품은 사용 목적, 사용 부위, 제품의 구성 성분 및 제조 방법에 따라 다양하게 분류되며, 그 기능과 품질도 다르다. 이번 장에서는 화장품의 효과 및 화장품의 용도에 의한 분류판매 가능한 맞춤형화장품의 구성, 내용물 및 원료의 품질성적서 구비에 관련하여 알아보도록 한다.

Section 01 화장품의 효과

1 화장품 시행규칙에 정해져 있는 기초화장품 관련 효능효과

① 화장품은 피부의 거칠음을 방지하고 살결을 가다듬는다.
② 피부를 청정하게 한다.
③ 피부에 수분을 공급하고 조절하여 촉촉함을 주며 유연하게 한다.
④ 피부를 보호하고 건강하게 한다.
⑤ 피부에 수렴효과를 주며 피부탄력을 증가시킨다.

2 화장품법에서는 다음에 해당하는 표시 · 광고를 금지하여 소비자를 보호함

① 용기·포장 또는 첨부문서에 의학적 효능·효과 등이 있는 것으로 오인될 우려가 있는 표시 또는 광고
② 기능성화장품의 안전성·유효성에 관한 심사를 받은 범위를 초과하거나 심사결과와 다른 내용의 표시 또는 광고
③ 기능성화장품이 아닌 것으로서 기능성화장품으로 오인될 우려가 있는 표시 또는 광고
④ 기타 소비자를 기만하거나 오인시킬 우려가 있는 표시 또는 광고

1) 기초 화장품의 효과

기초 화장품(skin care)은 피부를 청결히 하고 수분과 유분을 공급하여 건강한 피부를 유지하는 데 사용되는 화장품으로 피부 본래가 갖는 기능을 정상으로 작용시킨다. 즉, 항상성 유지 기능을 정상으로 기능하도록 사용하는 것이며, 결과적으로 건강하고 아름다운 피부를 유지 · 회복시키는 것이다.

분류	종류	제품의 기능
기초 화장품	화장수	• 유연화장수 : 각질층 수분 공급, 비누 세안 후 피부 pH 밸런스, 피부 정돈 • 수렴화장수 : 수분 공급 및 모공 수축 • 수렴화장수 : 살균, 소독
	유액(로션)	• 피부에 수분과 유분을 공급 • 끈적이지 않는 가벼운 사용감, 빠른 흡수력
	크림류	• 세안후 제거된 천연 피지막의 복구 • 외부환경으로부터 피부를 보호 • 활성성분이 피부트러블을 개선
	에센스, 세럼	보습성분과 영양성분의 고농축으로 피부에 수분과 영양의 집중 공급
	팩류	• 피부에 적당한 긴장감과 혈액순환을 촉진시키며 영양성분의 흡수를 용이하게 함 • 피부 표면의 묵은 각질을 제거하여 피부 청결에 도움

2) 색조 화장품의 효과

색조 화장품의 역할에는 미적, 보호적, 심리적 역할이 있으며, 심리적 역할에는 마음에 만족감을 주고, 활동에 활력을 생기게 하며, 화장하는 것에 대한 즐거움 등의 화장행위에 의한 안심감이라는 기능과 변신요망 등에 대한 만족감으로서의 기능이 있다. 또한, 색조 화장품은 마무리 화장품이라고도 하고, 베이스메이크업과 포인트메이크업으로 나뉘어진다.

분류	종류	제품의 기능
색조화장품 (베이스메이크업)	메이크업베이스 프라이머	• 피부색 정돈 • 파운데이션의 발림성 증가 • 인공피지막 형성으로 피부보호
	비비크림, 쿠션	• 피부색 정돈 • 피부 결점 커버 • 자외선 차단
	파운데이션	• 피부 결점 커버 • 자외선 차단 • 피부색 보정 • 피부결 보정
	파우더	• 땀이나 피지의 분비 흡수, 억제로 화장 지워짐 방지 • 광선의 난반사로 얼굴을 화사하게 표현 • 피부색 밝게 함 • 번들거림 방지

* 색조 화장품 중 마스카라, 아이라이너, 볼터치, 아이쉐도우, 립스틱, 립틴트 등은 결점의 보완과 아름다움을 강조하는 포인트 메이크업에 해당된다.

3) 세정용 화장품의 효과

세정용 화장품은 피부, 모발의 오염물질을 씻어내어 청결하게 유지하기 위하여 사용한다. 신체의 세정은 오염을 제거하는 것뿐만 아니라 세정 중, 세정 후의 감촉 및 애프터 케어도 중요한 요소이다. 샴푸로 세정한 후에 모발에 매끄러움을 주고, 모발을 정돈하기 쉽게 하기 위해서 린스제가 사용된다.

분류	종류	제품의 기능
세정용 화장품	클렌징 오일 클렌징 크림 클렌징 로션 클렌징 로션	• 피지와 메이크업을 피부로부터 1차 제거 • 유분량의 차이로 메이크업 지워짐에 차이가 있다.
	샴푸	모발에 부착된 오염물과 두피의 각질을 제거
	린스 커디셔너	• 세발회 잔존할 수 있는 음이온성 계면활성제를 중화 • 빗질을 쉽게 하며 정전기 방지 • 모발 표면의 유연작용 • 모발의 표면을 보호, 광택의 부여
	바디워시, 손세정제	피부 표면의 오염물 제거
	폼클렌징	가역한 세정력, 피부 보습
	클렌징 티슈	포인트메이크업의 간편한 제거
	페이셜 스크럽	미세한 알갱이의 무리적 마찰로 모공 속 노폐물과 묵은 각질 제거

Section 02 판매 가능한 맞춤형화장품 구성

1) 혼합

구성	내용
내용물 + 내용물	제조 또는 수입된 화장품의 내용물(완제품, 벌크, 반제품)에 다른 화장품의 내용물을 혼합한 화장품
내용물 + 원료	제조 또는 수입된 화장품의 내용물(완제품, 벌크, 반제품)에 식품의약품안전처장이 정하는 원료를 추가하여 혼한합 화장품

2) 소분

제조 또는 수입된 화장품의 내용물을 소분(小分)한 화장품

Section 03 내용물 및 원료의 품질성적서 구비

맞춤형화장품 판매업자는 맞춤형화장품의 내용물 및 원료의 입고시 품질관리 여부를 확인하고 책임판매업자가 제공하는 품질성적서를 구비해야 한다.

1) 내용물의 품질관리 여부를 확인할 때

제조번호, 사용기한(개봉 후 사용기간), 제조일자, 시험 결과를 확인 → 상기 품목은 맞춤형화장품에 기재해야 할 식별번호 및 맞춤형 화장품 사용기한에 영향을 주기 때문이다.

2) 원료 품질관리 여부를 확인할 때

제조번호, 사용기한 확인 → 원료의 제조번호, 사용기간도 맞춤형 화장품의 식별번호, 사용기한에 영향을 준다.

여기서 잠깐

맞춤형화장품 조제관리사 자격시험 예시 출제 문항

[문제] 맞춤형화장품의 내용물 및 원료에 대한 품질검사결과를 확인해 볼 수 있는 서류로 옳은 것은?

① 품질규격서　② 품질성적서　③ 제조공정도
④ 포장지시서　⑤ 칭량지시서

답 ②

CHAPTER

03 | 화장품 사용제한 원료

화장품의 원료 관리체계는

① 사용가능한 원료

② 사용한도 원료

③ 배합금지 원료 등 세가지를 동시에 운영하고 있다가 화장품 제조사들이 자유롭게 신원료개발 및 신원료를 사용할 수 있도록 2012년 2월부터는 배합금지 원료만을 운영하고 있으며, 현재 신원료 심사 제도는 폐지되었고 위해 우려가 있는 원료의 위해 평가가 신설되었다.

Section 01 화장품에 사용되는 사용제한 원료의 종류 및 사용 한도

제1장 총칙

제1조(목적) 이 고시는 「화장품법」 제2조제3호의2에 따라 맞춤형화장품에 사용할 수 있는 원료를 지정하는 한편, 같은 법 제8조에 따라 화장품에 사용할 수 없는 원료 및 사용상의 제한이 필요한 원료에 대하여 그 사용기준을 지정하고, 유통화장품 안전관리 기준에 관한 사항을 정함으로써 화장품의 제조 또는 수입 및 안전관리에 적정을 기함을 목적으로 한다.

제2조(적용범위) 이 규정은 국내에서 제조, 수입 또는 유통되는 모든 화장품에 대하여 적용한다.

제2장 화장품에 사용할 수 없는 원료 및 사용상의 제한이 필요한 원료에 대한 사용기준

제3조(사용할 수 없는 원료) 화장품에 사용할 수 없는 원료는 별표 1과 같다.

제4조(사용상의 제한이 필요한 원료에 대한 사용기준) 화장품에 사용상의 제한이 필요한 원료 및 그 사용기준은 별표 2와 같으며, 별표 2의 원료 외의 보존제, 자외선 차단제 등은 사용할 수 없다.)

제3장 맞춤형화장품에 사용할 수 있는 원료

제5조(맞춤형화장품에 사용 가능한 원료) 다음 각 호의 원료를 제외한 원료는 맞춤형화장품에 사용할 수 있다.

1. 별표 1의 화장품에 사용할 수 없는 원료
2. 별표 2의 화장품에 사용상의 제한이 필요한 원료
3. 식품의약품안전처장이 고시한 기능성화장품의 효능 · 효과를 나타내는 원료(다만, 맞춤형화장품판매업자에게 원료를 공급하는 화장품책임판매업자가 「화장품법」 제4조에 따라 해당 원료를 포함하여 기능성화장품에 대한 심사를 받거나 보고서를 제출한 경우는 제외한다)

[화장품 안전기준 등에 관한 규정] 식약처 고시 (시행 2020. 4. 18)

여기서 잠깐

[별표 1] 화장품에 사용할 수 없는 원료(부록 참고)

- 카탈라아제
- 디피히드라민염산염
- 클로아세타마이드
- 형광증백제 367
- 로벨리아추출물
- 아미노구아니딘 염산염
- 피크먼트 예로우 12
- p-하이드록시아니솔
- 6-아미노카프로익애씨드
- 메톡시에탄올
- 비스머스시트레이트
- 황색 406호(메타닐예로우 CI13065)

[별표 2] 사용상의 제한이 필요한 원료

* 보존제 성분(부록 참고-59종)

번호	원료명	사용 한도	비고
1	메칠이소치아졸리논	사용 후 씻어내는 제품에 0.0015%(단, 메칠클로로이소치아졸리논과 메칠이소치아졸리논 혼합물과 병행 사용 금지)	기타 제품에는 사용금지
2	메칠클로로이소치아졸리논과 메칠이소치아졸리논 혼합물(염화마그네슘과 질산마그네슘 포함)	사용 후 씻어내는 제품에 0.0015% (메칠클로로이소치아졸리논:메칠이소치아졸리논=(3:1)혼합물로서)	기타 제품에는 사용금지
3	벤조익애씨드, 그 염류 및 에스텔류	산으로서 0.5%(다만, 벤조익애씨드 및 그 소듐염은 사용 후 씻어내는 제품에는 산으로서 2.5%)	
4	벤질알코올	1.0%(다만, 두발 염색용 제품류에 용제로 사용할 경우에는 10%)	
5	아이오도프로피닐부틸카바메이트(아이피비씨)	• 사용 후 씻어내는 제품에 0.02% • 사용 후 씻어내지 않는 제품에 0.01% • 다만, 데오드란트에 배합할 경우에는 0.0075%	• 입술에 사용되는 제품, 에어로졸(스프레이에 한함) 제품, 바디로션 및 바디크림에는 사용금지 • 영유아용 제품류 또는 만 13세 이하 어린이가 사용할 수 있음을 특정하여 표시하는 제품에는 사용금지(목욕용 제품, 샤워젤류 및 샴푸류는 제외)
6	p-클로로-m-크레졸	0.04%	점막에 사용되는 제품에는 사용금지
7	클로로펜	0.05%	
8	클로페네신	0.3%	

9	클로헥시딘, 그 디글루코네이트, 디아세테이트 및 디하이드로클로라이드	• 점막에 사용하지 않고 씻어내는 제품에 클로헥시딘으로서 0.1%, • 기타 제품에 클로헥시딘으로서 0.05%	
10	클림바졸	두발용 제품에 0.5%	기타 제품에는 사용금지
11	테트라브로모-o-크레졸	0.3%	
12	페녹시에탄올	1.0%	
13	페녹시이소프로판올	사용 후 씻어내는 제품에 1.0%	기타 제품에는 사용금지
14	포믹애씨드 및 소듐포메이트	포믹애씨드로서 0.5%	
15	폴리에이치씨엘	0.05%	에어로졸(스프레이에 한함) 제품에는 사용금지
16	프로피오닉애씨드 및 그 염류	프로피오닉애씨드로서 0.9%	
17	피록톤올아민	사용 후 씻어내는 제품에 1.0%, 기타 제품에 0.5%	
18	피리딘-2-올 1-옥사이드	0.5%	

* 염류의 예: 소듐, 포타슘, 칼슘, 마그네슘, 암모늄, 에탄올아민, 클로라이드, 브로마이드, 설페이트, 아세테이트, 베타인 등
* 에스텔류: 메칠, 에칠, 프로필, 이소프로필, 부틸, 이소부틸, 페닐

여기서 잠깐

맞춤형화장품 조제관리사 자격시험 1회 출제 문항

[문제1] 다음 괄호 안에 들어갈 단어를 기재하시오.

(　　　)의 예 : 소듐, 포타슘, 칼슘, 마그네슘, 암모늄, 에탄올아민, 클로라이드, 브로마이드, 설페이트, 아세테이트, 베타인 등
에스텔류 : 메칠, 에칠, 이소프로필, 부틸, 이소부틸, 페닐

답 염류

[문제2] 〈보기〉는 화장품의 성분이다. 이 화장품에 사용된 보존제의 이름과 사용 한도를 적으시오

〈보기〉
정제수, 사이클로펜타실록산, 마치현 추출물, 부틸렌글라이콜, 알란토인, 마카다미아씨오일, 벤질알코올, 알지닌, 라벤더오일, 로즈마리잎오일, 리모넨

답 벤질알코올, 1.0%

* 자외선 차단성분(30종)

번호	원료명	사용 한도	비고
1	드로메트리졸 트리실록산	15%	
2	드로메트리졸	1.0%	
3	디갈로일트리올리에이트	5%	
4	디소듐페닐디벤즈이미다졸테트라설포네이트	산으로서 10%	
5	디에칠헥실부타미도트리아존	10%	
6	디에칠아미노하이드록시벤조일헥실벤조에이트	10%	
7	로우손과 디하이드록시아세톤의 혼합물	로우손 0.25%, 디하이드록시아세톤 3%	
8	메칠렌비스-벤조트리아졸릴테트라메칠부틸페놀	10%	
9	4-메칠벤질리덴캠퍼	4%	
10	멘틸안트라닐레이트	5%	
11	벤조페논-3(옥시벤존)	5%	
12	벤조페논-4	5%	
13	벤조페논-8(디옥시벤존)	3%	
14	부틸메톡시디벤조일메탄	5%	
15	비스에칠헥실옥시페놀메톡시페닐트리아진	10%	
16	시녹세이트	5%	
17	에칠디하이드록시프로필파바	5%	
18	옥토크릴렌	10%	
19	에칠헥실디메칠파바	8%	
20	에칠헥실메톡시신나메이트	7.5%	
21	에칠헥실살리실레이트	5%	
22	에칠헥실트리아존	5%	
23	이소아밀-p-메톡시신나메이트	10%	
24	폴리실리콘-15(디메치코디에칠벤잘말로네이트)	10%	
25	징크옥사이드	25%	
26	테레프탈릴리덴디캠퍼설포닉애씨드 및 그 염류	산으로서 10%	
27	티이에이-살리실레이트	12%	
28	티타늄디옥사이드	25%	
29	페닐벤즈이미다졸설포닉애씨드	4%	
30	호모살레이트	10%	

* 다만, 제품의 변색방지를 목적으로 그 사용농도가 0.5% 미만인 것은 자외선 차단 제품으로 인정하지 아니한다.

* 염류: 양이온염으로 소듐, 포타슘, 칼슘, 마그네슘, 암모늄 및 에탄올아민, 음이온염으로 클로라이드, 브로마이드, 설페이트, 아세테이트

* 염모제 성분(부록 참고-48종)

번호	원료명	사용할 때 농도상한(%)	비고
1	p-니트로-o-페닐렌디아민	산화염모제에 1.5%	기타 제품에는 사용금지
2	니트로-p-페닐렌디아민	산화염모제에 3.0%	기타 제품에는 사용금지
3	2-메칠-5-히드록시에칠아미노페놀	산화염모제에 0.5%	기타 제품에는 사용금지
4	2-아미노-4-니트로페놀	산화염모제에 2.5%	기타 제품에는 사용금지
5	2-아미노-5-니트로페놀	산화염모제에 1.5%	기타 제품에는 사용금지
6	2-아미노-3-히드록시피리딘	산화염모제에 1.0%	기타 제품에는 사용금지
7	4-아미노-m-크레솔	산화염모제에 1.5%	기타 제품에는 사용금지
8	5-아미노-o-크레솔	산화염모제에 1.0%	기타 제품에는 사용금지
9	5-아미노-6-클로로-o-크레솔	• 산화염모제에 1.0% • 비산화염모제에 0.5%	기타 제품에는 사용금지
10	m-아미노페놀	산화염모제에 2.0%	기타 제품에는 사용금지

* 기타(부록 참고-78종)

번호	원료명	사용 한도	비고
1	디아미노피리미딘옥사이드	두발용 제품류에 1.5%	기타 제품에는 사용금지
2	땅콩오일, 추출물 및 유도체	원료 중 땅콩단백질의 최대 농도는 0.5ppm을 초과하지 않아야 함	
3	라우레스-8, 9 및 10	2%	
4	레조시놀	• 산화염모제에 용법 · 용량에 따른 혼합물의 염모성분으로서 2.0% • 기타제품에 0.1%	
5	리튬하이드록사이드	• 헤어스트레이트너 제품에 4.5% • 제모제에서 pH 조정 목적으로 사용되는 경우 최종 제품의 pH는 12.7 이하	기타 제품에는 사용금지

6	만수국꽃 추출물 또는 오일	• 사용 후 씻어내는 제품에 0.1% • 사용 후 씻어내지 않는 제품에 0.01% • 원료 중 알파 테르티에닐(테르티오펜) 함량은 0.35% 이하 • 만수국아재비꽃 추출물 또는 오일과 혼합 사용 시 '사용 후 씻어내는 제품'에 0.1%, '사용 후 씻어내지 않는 제품'에 0.01%를 초과하지 않아야 함	자외선 차단제품 또는 자외선을 이용한 태닝(천연 또는 인공)을 목적으로 하는 제품에는 사용금지
7	m-아미만수국아재비꽃 추출물 또는 오일노페놀	• 사용 후 씻어내는 제품에 0.1% • 사용 후 씻어내지 않는 제품에 0.01% • 원료 중 알파 테르티에닐(테르티오펜) 함량은 0.35% 이하 • 만수국꽃 추출물 또는 오일과 혼합 사용 시 '사용 후 씻어내는 제품'에 0.1%, '사용 후 씻어내지 않는 제품'에 0.01%를 초과하지 않아야 함	자외선 차단제품 또는 자외선을 이용한 태닝(천연 또는 인공)을 목적으로 하는 제품에는 사용금지

* 염류의 예: 소듐, 포타슘, 칼슘, 마그네슘, 암모늄, 에탄올아민, 클로라이드, 브로마이드, 설페이트, 아세테이트, 베타인 등
* 에스텔류: 메칠, 에칠, 프로필, 이소프로필, 부틸, 이소부틸, 페닐

* 미백 성분

번호	성분명	함량
1	닥나무추출물	2%
2	알부틴	2~5%
3	에칠아스코빌에텔	1~2%
4	유용성감초추출물	0.05%
5	아스코빌글루코사이드	2%
6	마그네슘아스코빌포스페이트	3%
7	나이아신아마이드	2~5%
8	알파-비사보롤	0.5%
9	아스코빌테트라이소팔미테이트	2%

* 주름개선 성분

번호	성분명	함량
1	레티놀	2,500IU/g
2	레티닐팔미테이트	10,000IU/g
3	아데노신	0.04%
4	폴리에톡실레이티드레틴아마이드	0.05~0.2%

* 제모제

번호	성분명	함량
1	치오글리콜산 80%	치오글리콜산으로서 3.0~4.5 %

* 여드름 완화

번호	성분명	함량
1	살리실릭애씨드	0.5 %

* 탈모증상 완화

번호	성분명	함량 고시 안 됨
1	덱스판테놀	
2	비오틴	
3	엘-멘톨	
4	징크피리치온 징크피리치온액(50%)	

여기서 잠깐

사용금지 원료

1. 니트로메탄, HICC, 아트라놀, 클로로아트라놀, 메칠렌글라이콜, 천수국꽃추출물 또는 오일(향료 포함)
2. 3세 이하 사용금지 보존제 2종을 어린이까지 사용금지 확대
   ① 살리실릭애씨드 및 염류
   ② 아이오도프로피닐부틸카바메이트: 영유아용 제품류 또는 만 13세 이하 어린이가 사용할 수 있음을 특정하여 표시하는 제품에는 사용금지

사용제한 원료

성분명	개정 내용
만수국꽃추출물, 만수국아재비꽃 추출물 또는 오일(향료)	• 사용 후 씻어내는 제품: 0.1% • 사용 후 씻어내지 않는 제품: 0.01%
땅콩오일추출물 및 유도체(보습제, 용매)	땅콩단백질 최대 농도 0.5ppm
하이드롤라이즈드밀단백질(계면활성제 등)	펩타이드 최대 평균 분자량 3.5kDa 이하
메칠이소치아졸리논	사용 후 씻어내는 제품 0.0015%
디메칠옥사졸리딘	0.05%
p-클로로-m-크레졸	0.04%
클로로펜	0.05%
프로피오닉애씨드 및 그 염류	0.9%
2-아미노-3-히드록시피리딘	1.0%
4-아미노-m-크레솔	1.5%
염산 히드록시프로필비스	0.4%
5-아미노-6-클로로-o-크레솔	0.5%
6-히드록시인돌	0.5%
황산 1-히드록시에칠-4,5-디아미노피라졸	3.0%
히드록시벤조모르포린	1.0%

Section 02 착향제(향료) 성분 중 알레르기 유발 물질

착향제(향료) 성분에 포함된 알레르기 유발 물질을 전성분에 표시하도록 <화장품 사용 시의 주의사항 및 알레르기 유발성분 표시 등에 관한 규정>을 식품의약품안전처 고시에서 정하고 있다.

* 착향제(향료)의 구성 성분 중 알레르기 유발 물질

번호	향료 성분	번호	향료 성분	번호	향료 성분
1	쿠마린	10	벤질살리실레이트	19	시트로넬롤
2	아밀신남알	11	신남알	20	헥실신남알
3	벤질알코올	12	제라니올	21	리모넨
4	신나밀알코올	13	아니스에탄올	22	메칠2-옥티노에이트
5	시트랄	14	벤질신나메이트	23	알파-이소메칠이오논
6	유제놀	15	파네솔	24	참나무이끼추출물
7	하이드록시시트로넬알	16	부틸페닐메칠프로피오날	25	나무이끼추출물
8	이소유제놀	17	리날룰		
9	아밀신나밀알코올	18	벤질벤조에이트		

* 다만, 사용 후 씻어내는 제품에는 0.01% 초과, 사용 후 씻어내지 않는 제품에는 0.001% 초과 함유하는 경우에 한한다.

[화장품 사용 시의 주의사항 표시에 관한 규정] 식약처 고시 제3조

여기서 잠깐

맞춤형화장품 조제관리사 자격시험 예시 출제 문항

[문제] 맞춤형화장품 매장에 근무하는 조제관리사에게 향료 알레르기가 있는 고객이 제품에 대해 문의를 해왔다. 조제관리사가 제품에 부착된 다음 설명서를 참조하여 고객에게 안내해야 할 말로 가장 적절한 것은?

- 제품명: 유기농 모이스춰로션
- 제품의 유형: 액상 에멀전류
- 내용량: 50g
- 전성분: 정제수, 1,3부틸렌글리콜, 글리세린, 스쿠알란, 호호바유, 모노스테아린산글
- 리세린, 피이지 소르비탄지방산에스터, 1,2헥산디올, 녹차추출물, 황금추출물, 참나무이
- 끼추출물, 토코페롤, 진탄검, 구연산나트륨, 수산화칼륨, 벤질알코올, 유제놀, 리모넨

① 이 제품은 알레르기를 유발할 수 있는 성분이 포함되어 사용 시 주의를 요합니다.
② 이 제품은 유기농 화장품으로 알레르기 반응을 일으키지 않습니다.
③ 이 제품은 조제관리사가 조제한 제품이어서 알레르기 반응을 일으키지 않습니다.
④ 이 제품은 알레르기 완화 물질이 첨가되어 있어 알레르기 체질 개선에 효과가 있습니다.
⑤ 이 제품은 알레르기 면역성이 있어 반복해서 사용하면 완화될 수 있습니다.

답 ①

CHAPTER

04 | 화장품 관리

Section 01 화장품의 취급 및 보관방법

1 화장품 원료, 포장재, 반제품, 벌크제품의 취급 및 보관방법

우수화장품 제조 및 품질관리(CGMP; Cosmetic Good Manufacturing Practice)

[식품의약품안전처 고시] 제 13조 보관관리에서 규정

1) 제13조(보관관리)

(1) 원자재, 반제품 및 벌크 제품은 품질에 나쁜 영향을 미치지 아니하는 조건에서 보관하여야 하며 보관기한을 설정하여야 한다.

(2) 원자재, 반제품 및 벌크 제품은 바닥과 벽에 닿지 아니하도록 보관하고, 선입선출에 의하여 출고할 수 있도록 보관하여야 한다.

(3) 원자재, 시험 중인 제품 및 부적합품은 각각 구획된 장소에서 보관하여야 한다. 다만, 서로 혼동을 일으킬 우려가 없는 시스템에 의하여 보관되는 경우에는 그러하지 아니한다.

(4) 설정된 보관기한이 지나면 사용의 적절성을 결정하기 위해 재평가시스템을 확립하여야 하며, 동 시스템을 통해 보관기한이 경과한 경우 사용하지 않도록 규정하여야 한다.

2 화장품 완제품의 취급 및 보관방법

우수화장품 제조 및 품질관리(CGMP; Cosmetic Good Manufacturing Practice)

[식품의약품안전처 고시] 제 19조(보관 및 출고에서 규정)

1) 제19조(보관 및 출고)

(1) 완제품은 적절한 조건하의 정해진 장소에서 보관하여야 하며, 주기적으로 재고 점검을 수행해야 한다.

(2) 완제품은 시험결과 적합으로 판정되고 품질보증부서 책임자가 출고 승인한 것만을 출고하여야 한다.

(3) 출고는 선입선출방식으로 하되, 타당한 사유가 있는 경우에는 그러지 아니할 수 있다.

(4) 출고할 제품은 원자재, 부적합품 및 반품된 제품과 구획된 장소에서 보관하여야 한다. 다만 서로 혼동을 일으킬 우려가 없는 시스템에 의하여 보관되는 경우에는 그러하지 아니할 수 있다.

Section 02 화장품의 사용방법

(1) 일반적인 화장품의 사용방법은 다음과 같다.

① 화장품 사용 시에는 깨끗한 손으로 사용 후 항상 뚜껑을 바르게 닫는다.

② 화장에 사용되는 도구는 항상 깨끗하게 사용한다(중성세제 사용).

③ 여러 사람이 함께 화장품을 사용하면 감염, 오염의 위험성이 있다.

④ 화장품은 서늘한 곳에 보관한다.

⑤ 변질된 제품은 사용하지 않는다.

⑥ 사용기한 내에 화장품을 사용하고 사용기한이 경과한 제품은 사용하지 않는다.

(2) 개봉 후 사용기간은 제품을 개봉 후에 사용할 수 있는 최대기간으로 개봉 후 안정성 시험을 통해 얻은 결과를 근거로 개봉 후 사용기간을 설정하고 있다.

(3) 개봉 후 사용기간은 "개봉 후 사용기간"이라는 문자와 "○○월" 또는 "○○개월"을 조합하여 기재·표시하거나, 개봉 후 사용기간을 나타내는 심벌과 기간을 기재·표시할 수 있다.

< 개봉 후 사용기간이 12개월 이내인 제품>

(4) 제품별 개봉 후 사용기간

제품	개봉 후 사용기간
기초 화장품	12개월
네일 에나멜	12개월
립스틱	18개월
마스카라	3~6개월
메이크업베이스	18개월
아이라이너	3~4개월
자외선차단 제품	12개월
파우더(페이스파우더, 콤팩트, 아이섀도우, 치크 등)	12~36개월
파운데이션	18개월
펜슬(립, 아이브로우)	12개월
향수	36개월

Section 03 화장품 유형과 사용 시의 주의사항

1 화장품 사용 시의 주의사항

1) 공통사항

(1) 화장품 사용 시 또는 사용 후 직사광선에 의하여 사용부위가 붉은 반점, 부어오름 또는 가려움증 등의 이상 증상이나 부작용이 있는 경우 전문의 등과 상담할 것

2) 상처가 있는 부위 등에는 사용을 자제할 것

3) 보관 및 취급 시의 주의사항

(1) 어린이의 손이 닿지 않는 곳에 보관할 것

(2) 직사광선을 피해서 보관할 것

4) 개별사항

(1) 미세한 알갱이가 함유되어 있는 스크러브세안제

알갱이가 눈에 들어갔을 때에는 물로 씻어내고, 이상이 있는 경우에는 전문의와 상담할 것

(2) 팩

눈 주위를 피하여 사용할 것

(3) 두발용, 두발염색용 및 눈 화장용 제품류

눈에 들어갔을 때에는 즉시 씻어낼 것

(4) 모발용 샴푸

① 눈에 들어갔을 때에는 즉시 씻어낼 것

② 사용 후 물로 씻어내지 않으면 탈모 또는 탈색의 원인이 될 수 있으므로 주의할 것

(5) 퍼머넌트 웨이브 제품 및 헤어스트레이트너 제품

① 두피 · 얼굴 · 눈 · 목 · 손 등에 약액이 묻지 않도록 유의하고, 얼굴 등에 약액이 묻었을 때에는 즉시 물로 씻어낼 것

② 특이체질, 생리 또는 출산 전후이거나 질환이 있는 사람 등은 사용을 피할 것

③ 머리카락의 손상 등을 피하기 위하여 용법 · 용량을 지켜야 하며, 가능하면 일부에 시험적으로 사용하여 볼 것

④ 섭씨 15도 이하의 어두운 장소에 보존하고, 색이 변하거나 침전된 경우에는 사용하지 말 것

⑤ 개봉한 제품은 7일 이내에 사용할 것(에어로졸 제품이나 사용 중 공기유입이 차단되는 용기는 표시하지 아니한다)

⑥ 제2단계 퍼머액 중 그 주성분이 과산화수소인 제품은 검은 머리카락이 갈색으로 변할 수 있으므로 유의하여 사용할 것

(6) 외음부 세정제

① 정해진 용법과 용량을 잘 지켜 사용할 것

② 만 3세 이하 어린이에게는 사용하지 말 것

③ 임신 중에는 사용하지 않는 것이 바람직하며, 분만 직전의 외음부 주위에는 사용하지 말 것

④ 프로필렌 글리콜(Propylene glycol)을 함유하고 있으므로 이 성분에 과민하거나 알레르기 병력이 있는 사람은 신중히 사용할 것(프로필렌 글리콜 함유제품만 표시한다)

(7) 손 · 발의 피부연화 제품(요소제제의 핸드크림 및 풋크림)

① 눈, 코 또는 입 등에 닿지 않도록 주의하여 사용할 것

② 프로필렌 글리콜(Propylene glycol)을 함유하고 있으므로 이 성분에 과민하거나 알레르기 병력이 있는 사람은 신중히 사용할 것(프로필렌 글리콜 함유제품만 표시한다)

(8) 체취 방지용 제품

털을 제거한 직후에는 사용하지 말 것

(9) 고압가스를 사용하는 에어로졸 제품[무스의 경우 가)부터 라)까지의 사항은 제외한다]

① 같은 부위에 연속해서 3초 이상 분사하지 말 것

② 가능하면 인체에서 20센티미터 이상 떨어져서 사용할 것

③ 눈 주위 또는 점막 등에 분사하지 말 것. 다만, 자외선 차단제의 경우 얼굴에 직접 분사하지 말고 손에 덜어 얼굴에 바를 것

④ 분사가스는 직접 흡입하지 않도록 주의할 것

⑤ 보관 및 취급상의 주의사항

㈀ 불꽃길이시험에 의한 화염이 인지되지 않는 것으로서 가연성 가스를 사용하지 않는 제품

Ⓐ 섭씨 40도 이상의 장소 또는 밀폐된 장소에 보관하지 말 것

Ⓑ 사용 후 남은 가스가 없도록 하고 불 속에 버리지 말 것

㈁ 가연성 가스를 사용하는 제품

Ⓐ 불꽃을 향하여 사용하지 말 것

Ⓑ 난로, 풍로 등 화기 부근 또는 화기를 사용하고 있는 실내에서 사용하지 말 것

Ⓒ 섭씨 40도 이상의 장소 또는 밀폐된 장소에서 보관하지 말 것

Ⓓ 밀폐된 실내에서 사용한 후에는 반드시 환기를 할 것

Ⓔ 불 속에 버리지 말 것

(10) 고압가스를 사용하지 않는 분무형 자외선 차단제: 얼굴에 직접 분사하지 말고 손에 덜어 얼굴에 바를 것

(11) 알파-하이드록시애시드(α-hydroxyacid, AHA)(이하 "AHA"라 한다) 함유제품(0.5% 이하의 AHA가 함유된 제품은 제외한다)

① 햇빛에 대한 피부의 감수성을 증가시킬 수 있으므로 자외선 차단제를 함께 사용할 것(씻어내는 제품 및 두발용 제품은 제외한다)

② 일부에 시험 사용하여 피부 이상을 확인할 것

③ 고농도의 AHA 성분이 들어 있어 부작용이 발생할 우려가 있으므로 전문의 등에게 상담할 것 (AHA 성분이 10%를 초과하여 함유되어 있거나 산도가 3.5 미만인 제품만 표시한다)

(12) 염모제(산화염모제와 비산화염모제)

① 다음 분들은 사용하지 마십시오. 사용 후 피부나 신체가 과민상태로 되거나 피부이상반응(부종, 염증 등)이 일어나거나, 현재의 증상이 악화될 가능성이 있습니다.

(ㄱ) 지금까지 이 제품에 배합되어 있는 '과황산염'이 함유된 탈색제로 몸이 부은 경험이 있는 경우, 사용 중 또는 사용 직후에 구역, 구토 등 속이 좋지 않았던 분(이 내용은 '과황산염'이 배합된 염모제에만 표시한다)

(ㄴ) 지금까지 염모제를 사용할 때 피부이상반응(부종, 염증 등)이 있었거나, 염색 중 또는 염색 직후에 발진, 발적, 가려움 등이 있거나 구역, 구토 등 속이 좋지 않았던 경험이 있었던 분

(ㄷ) 피부시험(패취테스트, patch test)의 결과, 이상이 발생한 경험이 있는 분

(ㄹ) 두피, 얼굴, 목덜미에 부스럼, 상처, 피부병이 있는 분

(ㅁ) 생리 중, 임신 중 또는 임신할 가능성이 있는 분

(ㅂ) 출산 후, 병중, 병후의 회복 중인 분, 그 밖의 신체에 이상이 있는 분

(ㅅ) 특이체질, 신장질환, 혈액질환이 있는 분

(ㅇ) 미열, 권태감, 두근거림, 호흡곤란의 증상이 지속되거나 코피 등의 출혈이 잦고 생리, 그 밖에 출혈이 멈추기 어려운 증상이 있는 분

(ㅈ) 이 제품에 첨가제로 함유된 프로필렌글리콜에 의하여 알레르기를 일으킬 수 있으므로 이 성분에 과민하거나 알레르기 반응을 보였던 적이 있는 분은 사용 전에 의사 또는 약사와 상의하여 주십시오(프로필렌글리콜 함유 제제에만 표시한다)

② 염모제 사용 전의 주의

(ㄱ) 염색 전 2일 전(48시간 전)에는 다음의 순서에 따라 매회 반드시 패취테스트(patch test)를 실시하여 주십시오. 패취테스트는 염모제에 부작용이 있는 체질인지 아닌지를 조사하는 테스트입니다. 과거에 아무 이상이 없이 염색한 경우에도 체질의 변화에 따라 알레르기 등 부작용이 발생할 수 있으므로 매회 반드시 실시하여 주십시오.(패취테스트의 순서 ①~④를 그림 등을 사용하여 알기 쉽게 표시하며, 필요 시 사용 상의 주의사항에 "별첨"으로 첨부할 수 있음)

Ⓐ 먼저 팔의 안쪽 또는 귀 뒤쪽 머리카락이 난 주변의 피부를 비눗물로 잘 씻고 탈지면으로 가볍게 닦습니다.

Ⓑ 다음에 이 제품 소량을 취해 정해진 용법대로 혼합하여 실험액을 준비합니다.

Ⓒ 실험액을 앞서 세척한 부위에 동전 크기로 바르고 자연건조시킨 후 그대로 48시간 방치합니다.(시간을 잘 지킵니다)

Ⓓ 테스트 부위의 관찰은 테스트액을 바른 후 30분 그리고 48시간 후 총 2회를 반드시 행

하여 주십시오. 그 때 도포 부위에 발진, 발적, 가려움, 수포, 자극 등의 피부 등의 이상이 있는 경우에는 손 등으로 만지지 말고 바로 씻어내고 염모는 하지 말아 주십시오. 테스트 도중, 48시간 이전이라도 위와 같은 피부 이상을 느낀 경우에는 바로 테스트를 중지하고 테스트액을 씻어내고 염모는 하지 말아 주십시오.

Ⓔ 48시간 이내에 이상이 발생하지 않는다면 바로 염모하여 주십시오.

㈁ 눈썹, 속눈썹 등은 위험하므로 사용하지 마십시오. 염모액이 눈에 들어갈 염려가 있습니다. 그 밖에 두발 이외에는 염색하지 말아 주십시오.

㈂ 면도 직후에는 염색하지 말아 주십시오.

㈃ 염모 전후 1주간은 파마 · 웨이브(퍼머넨트웨이브)를 하지 말아 주십시오.

③ 염모 시의 주의

㈀ 염모액 또는 머리를 감는 동안 그 액이 눈에 들어가지 않도록 하여 주십시오. 눈에 들어가면 심한 통증을 발생시키거나 경우에 따라서 눈에 손상(각막의 염증)을 입을 수 있습니다. 만일, 눈에 들어갔을 때는 절대로 손으로 비비지 말고 바로 물 또는 미지근한 물로 15분 이상 잘 씻어 주시고 곧바로 안과 전문의의 진찰을 받으십시오. 임의로 안약 등을 사용하지 마십시오.

㈁ 염색 중에는 목욕을 하거나 염색 전에 머리를 적시거나 감지 말아 주십시오. 땀이나 물방울 등을 통해 염모액이 눈에 들어갈 염려가 있습니다.

㈂ 염모 중에 발진, 발적, 부어오름, 가려움, 강한 자극감 등의 피부 이상이나 구역, 구토 등의 이상을 느꼈을 때는 즉시 염색을 중지하고 염모액을 잘 씻어내 주십시오. 그대로 방치하면 증상이 악화될 수 있습니다.

㈃ 염모액이 피부에 묻었을 때는 곧바로 물 등으로 씻어내 주십시오. 손가락이나 손톱을 보호하기 위하여 장갑을 끼고 염색하여 주십시오.

㈄ 환기가 잘 되는 곳에서 염모하여 주십시오.

④ 염모 후의 주의

㈀ 머리, 얼굴, 목덜미 등에 발진, 발적, 가려움, 수포, 자극 등 피부의 이상 반응이 발생한 경우, 그 부위를 손으로 긁거나 문지르지 말고 바로 피부과 전문의의 진찰을 받으십시오. 임의로 의약품 등을 사용하는 것은 삼가 주십시오.

㈁ 염모 중 또는 염모 후에 속이 안 좋아지는 등 신체 이상을 느끼는 분은 의사에게 상담하십시오.

⑤ 보관 및 취급상의 주의

㈀ 혼합한 염모액을 밀폐된 용기에 보존하지 말아 주십시오. 혼합한 액으로부터 발생하는 가스의 압력으로 용기가 파손될 염려가 있어 위험합니다. 또한, 혼합한 염모액이 위로 튀어오르거나 주변을 오염시키고 지워지지 않게 됩니다. 혼합한 액의 잔액은 효과가 없으므로 잔액은 반드시 바로 버려 주십시오.

(ㄴ) 용기를 버릴 때는 반드시 뚜껑을 열어서 버려 주십시오.

(ㄷ) 사용 후 혼합하지 않은 액은 직사광선을 피하고 공기와 접촉을 피하여 서늘한 곳에 보관하여 주십시오.

(13) 탈염 · 탈색제

① 다음 분들은 사용하지 마십시오. 사용 후 피부나 신체가 과민상태로 되거나 피부 이상 반응을 보이거나, 현재의 증상이 악화될 가능성이 있습니다.

(ㄱ) 두피, 얼굴, 목덜미에 부스럼, 상처, 피부병이 있는 분

(ㄴ) 생리 중, 임신 중 또는 임신할 가능성이 있는 분

(ㄷ) 출산 후, 병중이거나 또는 회복 중에 있는 분, 그 밖에 신체에 이상이 있는 분

② 다음 분들은 신중히 사용하십시오.

(ㄱ) 특이체질, 신장질환, 혈액질환 등의 병력이 있는 분은 피부과 전문의와 상의하여 사용하십시오.

(ㄴ) 이 제품에 첨가제로 함유된 프로필렌글리콜에 의하여 알레르기를 일으킬 수 있으므로 이 성분에 과민하거나 알레르기 반응을 보였던 적이 있는 분은 사용 전에 의사 또는 약사와 상의하여 주십시오.

③ 사용 전의 주의

(ㄱ) 눈썹, 속눈썹에는 위험하므로 사용하지 마십시오. 제품이 눈에 들어갈 염려가 있습니다. 또한, 두발 이외의 부분(손발의 털 등)에는 사용하지 말아 주십시오. 피부에 부작용(피부 이상반응, 염증 등)이 나타날 수 있습니다.

(ㄴ) 면도 직후에는 사용하지 말아 주십시오.

(ㄷ) 사용을 전후하여 1주일 사이에는 퍼머넌트웨이브 제품 및 헤어스트레이트너 제품을 사용하지 말아 주십시오.

④ 사용 시의 주의

(ㄱ) 제품 또는 머리 감는 동안 제품이 눈에 들어가지 않도록 하여 주십시오. 만일 눈에 들어갔을 때는 절대로 손으로 비비지 말고 바로 물이나 미지근한 물로 15분 이상 씻어 흘려 내시고 곧바로 안과 전문의의 진찰을 받으십시오. 임의로 안약을 사용하는 것은 삼가 주십시오.

(ㄴ) 사용 중에 목욕을 하거나 사용 전에 머리를 적시거나 감지 말아 주십시오. 땀이나 물방울 등을 통해 제품이 눈에 들어갈 염려가 있습니다.

(ㄷ) 사용 중에 발진, 발적, 부어오름, 가려움, 강한 자극감 등 피부의 이상을 느끼면 즉시 사용을 중지하고 잘 씻어내 주십시오.

(ㄹ) 제품이 피부에 묻었을 때는 곧바로 물 등으로 씻어내 주십시오. 손가락이나 손톱을 보호하기 위하여 장갑을 끼고 사용하십시오.

(ㅁ) 환기가 잘 되는 곳에서 사용하여 주십시오.

⑤ 사용 후 주의

㈀ 두피, 얼굴, 목덜미 등에 발진, 발적, 가려움, 수포, 자극 등 피부이상반응이 발생한 때에는 그 부위를 손 등으로 긁거나 문지르지 말고 바로 피부과 전문의의 진찰을 받아 주십시오. 임의로 의약품 등을 사용하는 것은 삼가 주십시오.

㈁ 사용 중 또는 사용 후에 구역, 구토 등 신체에 이상을 느끼시는 분은 의사에게 상담하십시오.

⑥ 보관 및 취급상의 주의

㈀ 혼합한 제품을 밀폐된 용기에 보존하지 말아 주십시오. 혼합한 제품으로부터 발생하는 가스의 압력으로 용기가 파열될 염려가 있어 위험합니다. 또한, 혼합한 제품이 위로 튀어 오르거나 주변을 오염시키고 지워지지 않게 됩니다. 혼합한 제품의 잔액은 효과가 없으므로 반드시 바로 버려 주십시오.

㈁ 용기를 버릴 때는 뚜껑을 열어서 버려 주십시오.

(14) 제모제(치오글라이콜릭애씨드 함유 제품에만 표시함)

① 다음과 같은 사람(부위)에는 사용하지 마십시오.

㈀ 생리 전후, 산전, 산후, 병후의 환자

㈁ 얼굴, 상처, 부스럼, 습진, 짓무름, 기타의 염증, 반점 또는 자극이 있는 피부

㈂ 유사 제품에 부작용이 나타난 적이 있는 피부

㈃ 약한 피부 또는 남성의 수염 부위

② 이 제품을 사용하는 동안 다음의 약이나 화장품을 사용하지 마십시오.

㈀ 땀발생억제제(Antiperspirant), 향수, 수렴로션(Astringent Lotion)은 이 제품 사용 후 24시간 후에 사용하십시오.

③ 부종, 홍반, 가려움, 피부염(발진, 알레르기), 광과민반응, 중증의 화상 및 수포 등의 증상이 나타날 수 있으므로 이러한 경우 이 제품의 사용을 즉각 중지하고 의사 또는 약사와 상의하십시오.

④ 그 밖의 사용 시 주의사항

㈀ 사용 중 따가운 느낌, 불쾌감, 자극이 발생할 경우 즉시 닦아내어 제거하고 찬물로 씻으며, 불쾌감이나 자극이 지속될 경우 의사 또는 약사와 상의하십시오.

㈁ 자극감이 나타날 수 있으므로 매일 사용하지 마십시오.

㈂ 이 제품의 사용 전후에 비누류를 사용하면 자극감이 나타날 수 있으므로 주의하십시오.

㈃ 이 제품은 외용으로만 사용하십시오.

㈄ 눈에 들어가지 않도록 하며 눈 또는 점막에 닿았을 경우 미지근한 물로 씻어내고 붕산수(농도 약 2%)로 헹구어 내십시오.

㈅ 이 제품을 10분 이상 피부에 방치하거나 피부에서 건조시키지 마십시오.

㈆ 제모에 필요한 시간은 모질(毛質)에 따라 차이가 있을 수 있으므로 정해진 시간 내에 모가 깨끗이 제거되지 않은 경우 2~3일의 간격을 두고 사용하십시오.

⑤ 그 밖에 화장품의 안전정보와 관련하여 기재·표시하도록 식품의약품안전처장이 정하여 고시하는 사용 시의 주의사항 **[화장품법 시행규칙 제19조제3항 관련]**

여기서 잠깐

맞춤형화장품 조제관리사 자격시험 예시 출제 문항

[문제1] 다음 중 맞춤형화장품 조제관리사가 올바르게 업무를 진행한 경우를 모두 고르시오.

① 고객으로부터 선택된 맞춤형화장품 조제관리사가 매장 조제실에서 직접 조제하여 전달하였다.
② 조제관리사는 썬크림을 조제하기 위하여 에틸헥실메톡시신아메이트를 10%로 배합, 조제하여 판매하였다.
③ 책임판매업자가 기능성화장품으로 심사 또는 보고를 완료한 제품을 맞춤형화장품 조제관리사가 소분하여 판매하였다.
④ 맞춤형화장품 구매를 위하여 인터넷 주문을 진행한 고객에게 조제관리사는 전자상거래 담당자에게 직접 조제하여 제품을 배송까지 진행하도록 지시하였다.

답 ①, ③

[문제2] 화장품 사용 시의 주의사항 중 공통사항이 아닌 것은?
① 화장품 사용 시 또는 사용 후 직사광선에 의하여 사용부위가 붉은 반점, 부어오름 또는 가려움증 등의 이상 증상이나 부작용이 있는 경우 전문의 등과 상담할 것
② 상처가 있는 부위 등에는 사용을 자제할 것
③ 눈에 들어갔을 때에는 즉시 씻어낼 것
④ 어린이의 손이 닿지 않는 곳에 보관할 것
⑤ 직사광선을 피해서 보관할 것

답 ③

여기서 잠깐

맞춤형화장품 조제관리사 자격시험 1회 출제 문항

[문제] 다음은 화장품 사용상 주의사항에 대한 내용이다. 아래에서 설명하는 성분명을 적으시오.

이 성분은 햇빛에 대한 피부의 감수성을 증가시킬 수 있으므로 자외선 차단제를 사용할 것
일부에 시험 사용하여 피부 이상을 확인할 것
이 성분이 10%를 초과하여 함유되어 있거나 산도가 3.5 미만일 경우 부작용이 발생할 우려가 있으므로 전문의 등에게 상담할 것

답 알파-하이드록시애시드

CHAPTER

05 | 위해사례 판단 및 보고

① 화장품을 회수하거나 회수하는 데에 필요한 조치를 하려는 영업자(이하 "회수의무자"라 한다)는 해당 화장품에 대하여 즉시 판매중지 등의 필요한 조치를 하여야 하고, 회수대상화장품이라는 사실을 안 날부터 5일 이내에 별지 제10호의2서식의 회수계획서에 다음 각 호의 서류를 첨부하여 지방식품의약품안전청장에게 제출하여야 한다. 다만, 제출기한까지 회수계획서의 제출이 곤란하다고 판단되는 경우에는 지방식품의약품안전청장에게 그 사유를 밝히고 제출기한 연장을 요청하여야 한다.

1. 해당 품목의 제조 · 수입기록서 사본
2. 판매처별 판매량 · 판매일 등의 기록
3. 회수 사유를 적은 서류

② 회수의무자가 제1항 본문에 따라 회수계획서를 제출하는 경우에는 다음 각 호의 구분에 따른 범위에서 회수 기간을 기재해야 한다. 다만, 회수 기간 이내에 회수하기가 곤란하다고 판단되는 경우에는 지방식품의약품안전청장에게 그 사유를 밝히고 회수 기간 연장을 요청할 수 있다.

1. 위해성 등급이 가등급인 화장품: 회수를 시작한 날부터 15일 이내
2. 위해성 등급이 나등급 또는 다등급인 화장품: 회수를 시작한 날부터 30일 이내

③ 지방식품의약품안전청장은 제1항에 따라 제출된 회수계획이 미흡하다고 판단되는 경우에는 해당 회수의무자에게 그 회수계획의 보완을 명할 수 있다.

④ 회수의무자는 회수대상화장품의 판매자(법 제11조제1항에 따른 판매자를 말한다), 그 밖에 해당 화장품을 업무상 취급하는 자에게 방문, 우편, 전화, 전보, 전자우편, 팩스 또는 언론매체를 통한 공고 등을 통하여 회수계획을 통보하여야 하며, 통보 사실을 입증할 수 있는 자료를 회수종료일부터 2년간 보관하여야 한다.

⑤ 제4항에 따라 회수계획을 통보받은 자는 회수대상화장품을 회수의무자에게 반품하고, 별지 제10호의3서식의 회수확인서를 작성하여 회수의무자에게 송부하여야 한다.

⑥ 회수의무자는 회수한 화장품을 폐기하려는 경우에는 별지 제10호의4서식의 폐기신청서에 다음 각 호의 서류를 첨부하여 지방식품의약품안전청장에게 제출하고, 관계 공무원의 참관 하에 환경 관련 법령에서 정하는 바에 따라 폐기하여야 한다.

1. 별지 제10호의2서식의 회수계획서 사본
2. 별지 제10호의3서식의 회수확인서 사본

⑦ 제6항에 따라 폐기를 한 회수의무자는 별지 제10호의5서식의 폐기확인서를 작성하여 2년간 보관하여야 한다.

⑧ 회수의무자는 회수대상화장품의 회수를 완료한 경우에는 별지 제10호의6서식의 회수종료신고서에 다음 각 호의 서류를 첨부하여 지방식품의약품안전청장에게 제출하여야 한다.

1. 별지 제10호의3서식의 회수확인서 사본
2. 별지 제10호의5서식의 폐기확인서 사본(폐기한 경우에만 해당한다)
3. 별지 제10호의7서식의 평가보고서 사본

⑨ 지방식품의약품안전청장은 제8항에 따라 회수종료신고서를 받으면 다음 각 호에서 정하는 바에 따라 조치하여야 한다.

1. 회수계획서에 따라 회수대상화장품의 회수를 적절하게 이행하였다고 판단되는 경우에는 회수가 종료되었음을 확인하고 회수의무자에게 이를 서면으로 통보할 것
2. 회수가 효과적으로 이루어지지 아니하였다고 판단되는 경우에는 회수의무자에게 회수에 필요한 추가 조치를 명할 것

[화장품법 시행규칙 제14조의3, 법제처]

위해화장품의 공표

① 법 제23조의2제1항에 따라 공표명령을 받은 영업자는 지체 없이 위해 발생사실 또는 다음 각 호의 사항을 「신문 등의 진흥에 관한 법률」 제9조제1항에 따라 등록한 전국을 보급지역으로 하는 1개 이상의 일반일간신문[당일 인쇄 · 보급되는 해당 신문의 전체 판(版)을 말한다] 및 해당 영업자의 인터넷 홈페이지에 게재하고, 식품의약품안전처의 인터넷 홈페이지에 게재를 요청하여야 한다. 다만, 제14조의2제2항제3호에 따른 위해성 등급이 다등급인 화장품의 경우에는 해당 일반일간신문에의 게재를 생략할 수 있다.

1. 화장품을 회수한다는 내용의 표제
2. 제품명
3. 회수대상화장품의 제조번호
4. 사용기한 또는 개봉 후 사용기간(병행 표기된 제조연월일을 포함한다)
5. 회수 사유
6. 회수 방법
7. 회수하는 영업자의 명칭
8. 회수하는 영업자의 전화번호, 주소, 그 밖에 회수에 필요한 사항

② 제1항 각 호의 사항에 대한 구체적인 작성방법은 별표 6과 같다.

③ 제1항에 따라 공표를 한 영업자는 다음 각 호의 사항이 포함된 공표 결과를 지체 없이 지방식품의약품안전청장에게 통보하여야 한다.

1. 공표일
2. 공표매체
3. 공표횟수
4. 공표문 사본 또는 내용

[화장품법 시행규칙 제28조, 법제처]

Section 01 위해여부 판단

1 용어의 정의

1) 유해사례(Adverse Event/Adverse Experience, AE)

'유해사례'란 화장품의 사용 중 발생한 바람직하지 않고 의도되지 아니한 징후, 증상 또는 질병을 말하며, 당해 화장품과 반드시 인과관계를 가져야 하는 것은 아니다.

2) 중대한 유해사례(Serious AE)

'중대한 유해사례'는 유해사례 중 다음 각 호의 어느 하나에 해당하는 경우를 말한다.

(1) 사망을 초래하거나 생명을 위협하는 경우

(2) 입원 또는 입원기간의 연장이 필요한 경우

(3) 지속적 또는 중대한 불구나 기능저하를 초래하는 경우

(4) 선천적 기형 또는 이상을 초래하는 경우

(5) 기타 의학적으로 중요한 상황

3) 실마리 정보(Signal)

유해사례와 화장품 간의 인과관계 가능성이 있다고 보고된 정보로서 그 인과관계가 알려지지 아니하거나 입증자료가 불충분한 것을 말한다.

4) 안전성 정보

화장품과 관련하여 국민보건에 직접 영향을 미칠 수 있는 안전성·유효성에 관한 새로운 자료, 유해사례 정보 등을 말한다.

[화장품 유해사례 등 안전성 정보 보고 해설서] 식약처

Section 02 위해사례 보고

1 보고 대상

1) 화장품 안전성 정보 보고 대상

(1) 화장품 안전성 정보 신속보고 대상

화장품 책임판매업자	의사, 약사, 간호사, 판매자, 소비자, 관련 단체 등의 장
• 중대한 유해사례 또는 이와 관련하여 식품의약품안전청장이 보고를 지시한 경우 • 판매중지나 회수에 준하는 외국정부의 조치 또는 이와 관련하여 식품의약품안전 • 청장이 보고를 지시한 경우	화장품의 사용 중 발생하였거나 알게 된 유해 사례 등 안전성 정보

예 • 사망을 초래하거나 생명을 위협하는 경우
• 입원 또는 입원기간의 연장이 필요한 경우
• 발생한 유해사례가 회복이 불가능하거나 심각한 장애 또는 기능 저하를 초래한 경우
• 선천적 기형 또는 이상을 초래한 경우
• 기타 의학적으로 중요한 상황인 경우
• 사용할 때의 주의사항에 명확하게 기술되어 있거나 인체적용시험으로 잘 알려져 있으나, 발생한 유해사례가 위의 5가지 항목에 해당하는 경우

※ 인체적용시험
• 화장품의 안전성과 유효성을 증명할 목적으로 해당 화장품의 임상적 효과를 확인하고 유해사례를 조사하기 위하여 사람을 대상으로 실시하는 시험 또는 연구 주요국 정부기관에서 중대한 유해사례
• 발생 등 안전성 문제를 이유로 제조금지, 판매금지, 사용중지, 회수 등의 조치를 한 제품이 국내 유통되는 경우
• 국제기구, 주요국 정부기관에서 기존 사용 중인 화장품 성분 등의 발암성, 유전 독성 등을 새롭게 확인하여 발표한 경우

(2) 화장품 안전성 정보 정기보고 대상

화장품 책임판매업자
중대한 유해사례가 아닌 것으로서 화장품 사용 중 발생한 바람직하지 않고 의도되지 아니한 징후, 증상 또는 질병으로 안전성이 문제가 된 경우

(3) 기타 안전성 정보 보고 대상

- 해당 화장품의 안전성에 관련된 인체적용시험 정보
- 해당 화장품의 국내 · 외 사용상 새롭게 발견된 정보 등 사용현황
- 해당 화장품의 국내 · 외에서 발표된 안전성에 관련된 연구 논문 등 과학적 근거 자료에 의한 문헌정보
- 해외에서 제조되어 한국으로 수입되고 있는 화장품 중 해외에서 회수가 실시되었지만 한국 수입화장품은 제조번호(Lot번호)가 달라 회수 대상이 아닌 경우

2) 안전성 정보 보고 불필요 대상

- 화장품 용기나 포장의 불량이 사용 전 발견되어 사용자에게 해가 없는 경우
  예 화장품 사용 전 용기의 파손 또는 포장상태에 문제가 있음을 발견
- 유해사례 발생 원인이 사용기한 또는 개봉 후 사용기간을 초과하여 사용함으로 써 발생한 경우
- 화장품에 기재 · 표시된 사용방법을 준수하지 않고 사용하여 의도되지 않은 결과가 발생한 경우
  예 퍼머넌트웨이브 제품 또는 헤어스트레이트너 제품을 얼굴에 사용한 경우

2 보고기한

보고내용	보고자	보고대상 및 보고기한
화장품 유해사례 보고	의사, 약사, 간호사, 판매자, 소비자, 관련 단체의 장	• 신속보 : 식품의약품안전청 화장품정책과 또는 해당 화장품 책임판매업자에게 보고 • 화장품 사용 중 발생한 바람직하지 않고 의도되지 아니한 징후, 증상 또는 질병으로 안전성이 문제가 된 경우
	화장품 책임판매업자	• 신속보고: 정보를 알게 된 날로부터 15일 이내 식품의약품안전청 화장품정책과에 보고 • 화장품 사용 후 중대한 유해사례가 발생한 경우 또는 이와 관련하여 식품의약품안전청장이 보고를 지시한 경우
화장품 안전성 정보 보고	의사, 약사, 간호사, 판매자, 소비자, 관련 단체의 장	• 신속보고: 식품의약품안전청 화장품정책과 또는 해당 화장품 책임판매업자에게 보고 • 화장품과 관련하여 국민보건에 직접 영향을 미칠 수 있는 안전성 · 유효성에 관한 새로운 자료 등의 안전성 정보를 알게 된 경우
	화장품 책임판매업자	• 신속보고: 정보를 알게 된 날로부터 15일 이내 식품의약품안전청 화장품정책과에 보고 • 판매중지나 회수에 준하는 외국정부의 조치 또는 이와 관련하여 식품의약품안전청장이 보고를 지시한 경우
화장품 안전성 정보 일람 보고	화장품 책임판매업자	• 정기보고: 매 반기 종료 후 1월 이내 (1월말, 7월말까지) 식품의약품안전청 화장품정책과에 보고 • 15일 이내 신속보고 되지 아니한 화장품 관련 안전성 정보인 경우

여기서 잠깐

맞춤형화장품 조제관리사 자격시험 예시 출제 문항

[문제] 다음 (　　　) 안에 적합한 용어를 작성하시오.

> (　　　　　　　)(이)란 화장품의 사용 중 발생한 바람직하지 않고 의도되지 아니한 징후, 증상 또는 질병을 말하며, 해당 화장품과 반드시 인과관계를 가져야 하는 것은 아니다.

답 유해사례

여기서 잠깐

맞춤형화장품 조제관리사 자격시험 1회 출제 문항

[문제] 괄호 안에 들어갈 단어를 기재하시오

유해사례란 화장품의 사용 중 발생한 바람직하지 않고 의도되지 아니한 징후, 증상 또는 질병을 말하며, 당해 화장품과 반드시 인과 관계를 가져야 하는 것은 아니다.
(   )란 유해사례와 화장품 간의 인간관계 가능성이 있다고 보고된 정보로서 그 인과 관계가 알려지지 아니하거나 입증자료가 불충분한 것을 말한다.

답 실마리 정보

PART 02

화장품 제조 및 품질관리 기출복원 및 예상적중문제

01 화장품 사용 시의 주의사항 중 공통사항이 아닌 것은? **[제1회 맞춤형 화장품조제관리사 시험 기출문제]**

① 화장품 사용 시 또는 사용 후 직사광선에 의하여 사용부위가 붉은 반점, 부어오름 또는 가려움증 등의 이상 증상이나 부작용이 있는 경우 전문의 등과 상담할 것
② 상처가 있는 부위 등에는 사용을 자제할 것
③ 눈에 들어갔을 때에는 즉시 씻어낼 것
④ 어린이의 손이 닿지 않는 곳에 보관할 것
⑤ 직사광선을 피해서 보관할 것

해설
③번은 두발용, 두발염색용 및 눈 화장용 제품류의 개별 사항에 해당된다.

02 알코올에 녹을 수 있는 화장품의 원료는 무엇인가?

① 유동파라핀　② 미네랄오일
③ 탤크(Talc)　④ 수산화나트륨
⑤ 바세린

해설
수산화나트륨은 화장품 및 퍼스널 케어 제품의 완충제 역할을 하는 원료로서, 알코올이나 글리세롤에는 잘 녹는다.

03 화장품에 사용되는 사용상의 제한이 필요한 원료 중 보존제 성분 및 사용한도가 맞는 것은? **[제1회 맞춤형 화장품조제관리사 시험 기출문제]**

① 페녹시에탄올 : 0.1%
② 클로로펜(2-벤질-4-클로로페놀) : 0.01%
③ 메칠이소치아졸리논 : 사용 후 씻어내는 제품에 0.05%
④ 디메칠옥사졸리딘 : 0.015%
⑤ 프로피오닉애씨드 및 그 염류 : 프로피오닉애씨드로서 0.1%

해설
클로로펜(2-벤질-4-클로로페놀) : 0.05%, 메칠이소치아졸리논 : 사용 후 씻어내는 제품에 0.0015%, 디메칠옥사졸리딘 : 0.05%, 프로피오닉애씨드 및 그 염류 : 프로피오닉애씨드로서 0.9%

04 화장품에 사용되는 사용상의 제한이 필요한 자외선 차단성분으로 사용 한도가 가장 낮은 것은?

① 벤조페논-4
② 드로메트리졸
③ 에칠헥실디메칠파바
④ 징크옥사이드
⑤ 옥토크릴렌

해설
벤조페논-4 : 5%, 드로메트리졸 : 1.0%, 에칠헥실디메칠파바 : 8%, 징크옥사이드 : 25%, 옥토크릴렌 : 10%

05 알레르기 유발성분은 사용 후 씻어내지 않는 제품에는 몇 % 초과 함유 경우에는 유발 성분을 표시하는가? **[제1회 맞춤형 화장품조제관리사 시험 기출문제]**

① 0.1%　② 0.01%
③ 0.001%　④ 0.0001%
⑤ 0.0015%

정답　01 ③　02 ④　03 ①　04 ②　05 ③

해설

알레르기 유발성분은 사용 후 씻어내는 제품에는 0.01% 초과, 사용 후 씻어내지 않는 제품에는 0.001% 초과 함유 경우에 표시한다.

06. 천연 보습인자(NMF)의 구성 성분 중 가장 많은 비중을 차지하는 성분은?

① 무기염　② 아미노산
③ 요소　④ 젖산염
⑤ PCA(Pyrrolidone Carboxylic Acid)

해설

천연 보습인자(NMF)는 물에 녹는 수용성 저분자로 아미노산이 약 40%를 차지하고,
그 밖에 무기염 18%, 젖산염 12%, PCA 12%, 당 8.5%, 요소 7% 등으로 구성되어 있다.

07 자외선 차단을 통한 멜라닌 생성을 억제하는 미백 화장품의 성분은 무엇인가?

ㄱ. 알부틴	ㄴ. 비타민 C
ㄷ. 옥시벤존	ㄹ. 감초추출물
ㅁ. 티타늄디옥사이드	

① ㄱ, ㄴ　② ㄴ, ㄷ
③ ㄷ, ㄹ　④ ㄹ, ㅁ
⑤ ㄷ, ㅁ

해설

미백화장품의 활성 성분

차단 원리	비고
자외선 차단	에칠헥실메톡시신나메이트, 옥시벤존, 티타늄디옥사이드, 징크옥사이드 등
티로시나아제의 활성 억제 및 저해	알부틴, 감초추출물, 닥나무추출물, 상백피추출물 등
멜라닌 환원	비타민 C 및 유도체, 글루타치온 등
박리 촉진	AHA, 살리실산, 각질분해효소 등

08 계면활성제에 대한 설명으로 옳지 않은 것은? **[제1회 맞춤형 화장품조제관리사 시험 기출문제]**

① 음이온성 계면활성제는 세정과 기포작용이 우수하며 비누, 클렌징 폼, 샴푸 등에 사용된다.
② 계면활성제는 둥근머리모양의 친수성기와 막대꼬리 모양이 친유성기를 가진다.
③ 계면활성제의 피부에 대한 자극은 음이온성 > 양이온성 > 양쪽성이온성 > 비이온성
④ 양쪽성 계면활성제는 피부자극이 음이온성 계면활성제에 비해 비교적 적은 편이므로 저자극샴푸, 베이비샴푸에 사용한다.
⑤ 비이온성 계면활성제는 피부자극이 적어 화장수의 가용화제, 크림의 유화제, 클렌징 크림의 세정제 등에 사용된다.

해설

계면활성제의 피부에 대한 자극은 양이온성 〉 음이온성 〉 양쪽성이온성 〉 비이온성

09 화장품 성분 중에서 벌집에서 정제한 것은?

① 라놀린　② 바셀린
③ 플라센타　④ 밀납
⑤ 스쿠알렌

해설

라놀린 : 양모에서 추출
바셀린 : 석유에서 추출
플라센타 : 태반에서 추출
밀납 : 벌집에서 추출
스쿠알렌 : 상어의 간유에서 추출

10 착향제의 구성 성분 중 해당 성분의 명칭을 기재·표시하여야 하는 알레르기 유발성분이 아닌 것은?

① 신나밀알코올　② 벤질살리실레이트
③ 파네솔　④ 시트롤넬롤
⑤ 베타인

정답 06 ② 07 ⑤ 08 ③ 09 ④ 10 ⑤

해설
베타인은 천연 원료에서 석유화학 용제를 이용하여 추출할 수 있는 화장품 성분으로 알레르기 유발성분이 아니다.

11 수렴화장수의 설명으로 옳지 않은 것은?

① 살균소독을 한다.
② 중성화장수이다.
③ 에탄올을 함유한 제품이다.
④ 각질층에 수분을 공급한다.
⑤ 지성피부, 여드름피부에 적합하다.

해설
수렴화장수는 산성화장수로 알칼리성화장수에 비해 알코올 함량이 높고 습윤제가 적어 상쾌한 사용감을 갖는다.

12 습윤제로 사용할 수 있는 화장품의 원료는 무엇인가?

① 프로필렌글리콜 ② 에탄올
③ 페스트 ④ 정제수
⑤ 카올린

해설
화장수는 일반적으로 정제수, 에탄올(알코올), 습윤제는 글리세린, 설파이드, 프로필렌글리콜, 폴리에틸렌글리콜 등을 기본 원료로 한다.

13 안료에 대한 설명으로 틀린 것은?

① 무기안료에는 산화철, 울트라마린 등이 있다.
② 무기안료는 색상이 화려한 반면 산, 알칼리, 빛에 약하여 립스틱에 사용된다.
③ 메이크업 화장품의 경우는 물이나 오일에 모두 녹지 않는 안료를 주로 사용한다.
④ 무기안료는 산, 알칼리, 빛에 강하여 마스카라에 사용한다.
⑤ 안료는 염료에 비해 물과 오일에 모두 녹지 않는 것으로 무기물질로 된 것을 무기안료, 유기물질로 된 것을 유기안료라 한다.

해설
색상이 화려한 반면 산, 알칼리, 빛에 약하여 립스틱에 사용하는 안료는 유기안료이다.

14 화장품 사용 시의 공통적인 주의사항이 틀린 것은?

① 상처가 있는 부위 등에는 사용을 자제할 것
② 보관 및 취급 시 직사광선을 피해서 보관할 것
③ 보관 및 취급 시 어린이의 손이 닿지 않는 곳에 보관할 것
④ 화장품 사용 후 부어오름 또는 가려움증 등이 이상 증상이나 부작용이 있는 경우 전문의 등과 상담할 것
⑤ 화장품 사용 시 직사광선에 의하여 사용부위에 붉은 반점이 있는 경우 맞춤형화장품조제관리사 등과 상담을 할 것

해설
화장품 사용 시 직사광선에 의하여 사용부위에 붉은 반점, 부어오름 또는 가려움증 등의 이상 증상이나 부작용이 있는 경우 전문의 등과 상담을 해야 한다.

15 화장품의 함유 성분별 사용 시의 주의사항 표시 문구 중 옳지 않은 것은?

① 카민 함유 제품 : 카민 성분에 과민하거나 알레르기가 있는 사람은 신중히 사용할 것
② 목욕용 아이오도프로피닐부틸카바메이트(IPBC) 함유 제품 : 만 3세 이하 어린이에게는 사용하지 말 것
③ 알부틴 2% 이상 함유 제품 : 알부틴은 [인체적용 시험자료]에서 구진과 경미한 가려움이 보고된 예가 있다.

정답 11 ② 12 ① 13 ② 14 ⑤ 15 ②

④ 벤잘코늄클로라이드, 벤잘코늄브로마이드 및 벤잘코늄사카리네이트 함유 제품 : 눈에 접촉을 피하고 눈에 들어갔을 때 즉시 씻어낼 것
⑤ 알루미늄 및 그 염류 함유 제품(체취방지용 제품) : 신장 질환이 있는 사람은 사용 전에 의사, 약사, 한의사와 상의할 것

해설
아이오도프로피닐부틸카바메이트(IPBC) 함유 제품(목욕용 제품, 샴푸류 및 바디클렌저 제외)
: 만 3세 이하 어린이에게는 사용하지 말 것

16 기초화장품 중 '보호'에 사용되는 화장품을 모두 고르시오.

ㄱ. 화장수	ㄴ. 팩
ㄷ. 유액	ㄹ. 모이스춰크림

① ㄱ, ㄴ ② ㄱ, ㄷ
③ ㄱ, ㄴ, ㄷ ④ ㄷ, ㄹ
⑤ ㄴ, ㄷ, ㄹ

해설
미백화장품의 활성 성분

구분	사용 목적	주요 제품
기초 화장품	세정	세안크림, 폼
	정돈	화장수, 팩, 마사지크림
	보호	유액, 모이스춰크림

17 안료 중 마이카 혹은 탈크 등과 같이 색감과 광택, 사용감 등을 조절할 목적으로 사용하는 것은 무엇인가?

① 체질안료 ② 백색안료
③ 착색안료 ④ 채색안료
⑤ 진주광택안료

해설
백색안료 : 피부를 희게 나타내기 위해 사용됨
착색안료 : 색을 나타내기 위해 사용되며, 벤가라, 울트라마린 등이 있음
진주광택안료 : 메탈릭한 광채를 나타낼 때 사용됨

18 피부의 수분 유지를 위해 사용되는 성분 중 성격이 다른 하나는 무엇인가?

① 솔비톨 ② 라놀린
③ 자일리톨 ④ 트레할로스
⑤ 글리세린

해설
라놀린 등의 유성 성분은 피부 표면에 유성막을 형성하여 수분 증발을 억제한다(Occlusive).
반면 수분과 친화력이 있는 수성 성분은 주변으로부터 물을 잡아당겨 수소결합을 형성하여 수분을 유지시켜준다(Humectant).

19 퍼머넌트 웨이브 제품 및 헤어스트레이트너 제품의 주의사항 중 아닌 것은?〈기출〉

① 두피·얼굴·눈·목·손 등에 약 액이 묻지 않도록 유의하고, 얼굴 등에 약 액이 묻었을 때에는 즉시 물로 씻어낼 것
② 특이체질, 생리 또는 출산 전후이거나 질환이 있는 사람 등은 사용을 피할 것
③ 머리카락의 손상 등을 피하기 위하여 용법·용량을 지켜야 하며, 가능하면 일부에 시험적으로 사용하여 볼 것
④ 섭씨 15도 이하의 어두운 장소에 보존하고, 색이 변하거나 침전된 경우에는 사용하지 말 것
⑤ 개봉한 제품은 15일 이내에 사용할 것

해설
퍼머넌트 웨이브 제품 및 헤어스트레이트너 제품 중 개봉한 제품은 7일 이내에 사용할 것(에어로졸 제품이나 사용 중 공기유입이 차단되는 용기는 표시하지 아니한다).

정답 16 ④ 17 ① 18 ② 19 ⑤

20 자외선 차단을 도와주는 화장품 성분이 아닌 것은?

① 옥틸디메탈파바
② 티타늄디옥사이드
③ 부틸메톡시디벤조일메탄
④ 콜라겐
⑤ 시녹세이트

해설
콜라겐은 피부 보습과 영양을 주는 단백질 성분이다.

21 화장품의 분류에 관한 설명 중 틀린 것은?

① 퍼퓸, 오데코롱은 방향화장품에 속한다.
② 데오도란트는 체취방지용 화장품에 속한다.
③ 페이스파우더는 기초화장품에 속한다.
④ 손・발의 피부연화 제품은 기초화장품에 속한다.
⑤ 헤어 틴트, 헤어 컬러스프레이는 두발 염색용 화장품에 속한다.

해설
페이스파우더는 메이크업(색조) 화장품에 속한다.

22 영유아용 제품류 또는 만 13세 이하 어린이가 사용할 수 있음을 특정하여 표시하는 제품에 사용할 수 없는 것이 아닌 것은?

① 적색 2호
② 적색 102호
③ 적색 226호
④ 살리실릭애씨드 및 염류
⑤ 아이오도프로피닐부틸카바메이트

해설
적색 226호는 기초 화장품에 사용할 수 있는 색소임.
참고) 적색2호(아마란트), 적색102호(뉴콕신)

23 화장품의 원료 중 사용한도가 정해진 원료가 아닌 것은?

① 천수국꽃추출물
② 만수국꽃추출물
③ 만수국아재비꽃 추출물
④ 하이드롤라이즈드 밀단백질
⑤ 땅콩오일 추출물 및 유도체

해설
천수국꽃추출물 또는 오일은 배합금지 원료이다.

24 화장품 전성분 표시지침에 따라 화장품으로서 전성분 정보를 즉시 제공할 수 있는 전화번호 또는 홈페이지 주소를 대신 표시하거나, 전성분 정보를 기재한 책자 등을 매장에서 비치한 경우에 화장품 전성분 표시를 생략할 수 있는 제품으로 적당하지 않은 것은 무엇인가?

① 내용량이 20g인 제품
② 내용량이 30g인 제품
③ 내용량이 40g인 제품
④ 내용량이 50g인 제품
⑤ 내용량이 60g인 제품

해설
전성분 정보를 즉시 제공할 수 있는 전화번호 또는 홈페이지 주소를 대신 표시하거나, 전성분 정보를 기재한 책자 등을 매장에 비치한 경우에는 내용량이 50g 또는 50ml 이하인 제품은 전성분 표시를 생략할 수 있다.

25 기능성 화장품 기준 및 시험 방법에서 규정한 탈모 증상의 완화에 도움을 주는 기능성 화장품 주성분이 아닌 것은? **[제1회 맞춤형 화장품조제관리사 시험 기출문제]**

① 비오틴
② 엘-멘톨
③ 캄퍼
④ 덱스판테놀
⑤ 징크피리치온액(50%)

정답 20 ④ 21 ③ 22 ③ 23 ① 24 ⑤ 25 ③

해설
탈모증상 완화에 도움을 주는 성분은 비오틴, 엘-멘톨, 덱스판테놀, 징크피리치온, 징크피리치온액(50%)이다.

26 다음 중 맞춤형 화장품조제관리사가 사용할 수 있는 원료는? **[제1회 맞춤형 화장품조제관리사 시험 기출문제]**

① 세틸에틸헥사노에이트
② 부펙사막
③ 글리사이클아미드
④ 니트로벤젠
⑤ 니켈 카보네이트

해설
세틸에틸헥사노에이트 에스테르오일로 사용 가능함.

27 물에 녹기 쉬운 연료를 알루미늄 등의 염이나 황산알루미늄, 황산지르코늄 등을 가해 물에 녹지 않도록 불용화시킨 유기 안료로 색상과 안정성이 안료와 염료의 중간정도인 이것을 무엇인가? **[제1회 맞춤형 화장품조제관리사 시험 기출문제]**

① 색소　② 레이크
③ 타르색소　④ 순색소
⑤ 무기안료

해설
색소 : 화장품이나 피부에 색을 띠게 하는 것을 주요 목적으로 하는 성분
타르색소 : 색소 중 콜타르, 그 중간생성물에서 유래되었거나 유기합성하여 얻은 색소 및 그 레이크, 염, 희석제와의 혼합물
순색소 : 중간체, 희석제, 기질 등을 포함하지 아니한 순수한 색소
무기안료 : 안료의 종류 중 금속제질, 무기물로 구성된 안정하지만, 화려한 색상을 내지 못함.

28 자외선 차단 성분과 최대 함량으로 맞는 것은? **[제1회 맞춤형 화장품조제관리사 시험 기출문제]**

① 드로메트리졸 - 0.1%
② 옥토크릴렌 - 10%
③ 벤조페논-3(옥시벤존) - 3%
④ 시녹세이트 - 7%
⑤ 징크옥사이드 - 15%

해설
드로메트리졸 – 1.0%, 벤조페논 – 3(옥시벤존) – 5%, 시녹세이트 – 5%, 징크옥사이드 – 25%

29 기능성 성분의 성분과 최대 함량으로 맞는 것은? **[제1회 맞춤형 화장품조제관리사 시험 기출문제]**

① 알부틴 - 5~10%
② 아데노신 - 0.07%
③ 닥나무추출물 - 2%
④ 유용성감초추출물 - 0.08%
⑤ 아스코빌테트라이소팔미테이트 - 4%

해설
알부틴 – 2~5%, 아데노신 – 0.04%, 유용성감초추출물 – 0.05%,
아스코빌테트라이소팔미테이트 – 2%

30 다음 중 배합금지 원료는 무엇인가? **[제1회 맞춤형 화장품조제관리사 시험 기출문제]**

① 페녹시에탄올　② 메틸파라벤
③ 1.2 헥산 디올　④ 페닐파라벤
⑤ 프로필렌글라이콜

해설
페닐파라벤은 사용금지 원료로 지정됨.
페녹시에탄올, 메틸파라벤은 보존제이고, 1.2 헥산 디올과 프로필렌글라이콜은 보습제이다.

정답 26 ① 27 ② 28 ② 29 ③ 30 ④

31 1. 다음 괄호 안에 들어갈 단어를 기재하시오. **[제1회 맞춤형 화장품조제관리사 시험 기출문제]**

> ・(　　　　)의 예 : 소듐, 포타슘, 칼슘, 마그네슘, 암모늄, 에탄올아민, 클로라이드, 브로마이드, 설페이트, 아세테이트, 베타인 등
> ・에스텔류 : 메칠, 에칠, 프로필, 이소프로필, 부틸, 이소부틸, 페닐

해설

사용상 제한 원료인 보존제에 대한 설명으로 염류란 염이 있는 여러 가지의 종류를 말한다.
염이란 산과 염기가 결합된 것을 말한다. 예를 들면, 염산과 질산 같은 산과 칼슘, 마그네슘, 칼륨, 나트륨 등 염기가 결합된 것이다. 이와 같은 염들은 수도 없이 많아 이것들을 통틀어 염류라고 한다.

32 다음 괄호 안에 들어갈 단어를 기재하시오. **[제1회 맞춤형 화장품조제관리사 시험 기출문제]**

> (　　　　)라 함은 색소 중 콜타르, 그 중간생성물에서 유래되었거나 유기합성하여 얻은 색소 및 그 레이크, 염, 희석제와의 혼합물을 말한다.

33 고객이 맞춤형화장품 조제관리사에게 피부에 침착된 멜라닌색소의 색을 엷게 하여 미백에 도움을 주는 기능을 가진 화장품을 맞춤형으로 구매하기를 상담하였다.

> 아데노신, 에칠헥실메톡시신나메이트, 알파-비사보롤, 레티닐팔미테이트, 베타-카로틴

해설

아데노신 – 주름개선, 에칠헥실메톡시신나메이트 – 자외선 차단,
레티닐팔미테이트 – 에스테르, 베타-카로틴 –카로티노이드 중의 하나임.

34 다음 괄호 안에 들어갈 단어를 기재하시오.

> 유해사례란 화장품의 사용 중 발생한 바람직하지 않고 의도되지 아니한 징후, 증상 또는 질병을 말하며, 당해 화장품과 반드시 인과관계를 가져야 하는 것은 아니다.
> (　　　　)란 유해사례와 화장품 간의 인과관계 가능성이 있다고 보고된 정보로서 그 인과관계가 알려지지 아니하거나 입증자료가 불충분한 것을 말한다.

35 다음 〈보기〉는 화장품의 성분이다. 이 화장품에 사용된 보존제의 이름과 사용 한도를 적으시오.

> 정제수, 사이클로펜타실록산, 마치현 추출물, 부틸렌글라이콜, 알란토인, 마카다미아씨오일, 벤질알코올, 알지닌, 라벤더오일, 로즈마리잎오일, 리모넨

36 다음 괄호 안에 들어갈 내용을 작성하시오.

> 진달래과의 월귤나무의 잎에서 추출한 하이드로퀴논으로 멜라닌 활성을 도와주는 티로시나아제 효소의 작용을 억제하는 미백화장품의 성분은 (　　　　)이다.

해설

진달래과의 월귤나무의 잎에서 추출한 하이드로퀴논으로 멜라닌 활성을 도와주는 티로시나아제 효소의 작용을 억제하는 미백화장품의 성분은 알부틴이다.

정답 31 **염류** 32 **타르색소** 33 **알파 – 비사보롤** 34 **실마리 정보** 35 **벤질알코올, 1%** 36 **알부틴**

37 다음 (   )안에 들어갈 내용을 작성하시오.

> 비누 세안 후 (㉠)를 사용하는 주된 목적은 피부에 남아있는 비누의 (㉡) 성분
> 을 중화시키기 위함이다. (㉠)는 세안 직후 피부에 수분을 공급하여 피부를
> 부드럽고 촉촉하게 하며, 다음 단계에 사용될 화장품이 잘 흡수될 수 있도록 해준다.

해설

유연화장수의 주된 목적은 피부에 남아있는 비누의 알칼리성 성분을 중화시키기 위함이다. 유연화장수는 세안 직후 피부에 수분을 공급하여 피부를 부드럽고 촉촉하게 하며, 다음 단계에 사용될 화장품이 잘 흡수될 수 있도록 해준다.

38 다음 〈보기〉에서 화장품의 성분과 효과를 바르게 연결한 것을 모두 고르시오.

> ㄱ. 미백 성분 - 살리실산(BHA), 글리시리진산, 아쥴렌
> ㄴ. 민감성 성분 - 아쥴렌, 비타민 K, 비타민P, 위치하젤
> ㄷ. 주름개선 성분 - 레티놀, 아데노신, 레티닐팔미테이트
> ㄹ. 건성용 성분 - 글리세린, 트레할로스, 소듐하이알루로네이트

해설

살리실산(BHA), 글리시리진산, 아쥴렌은 지용성 성분으로 각질 제거, 살균, 피지 조절 및 억제에 쓰인다.

39 다음 〈보기〉에서 (   )안에 적합한 용어를 작성하시오.

> 화장품 제조판매업자는 신속보고 되지 아니한 화장품의 안전정 정보를 서식에 따라
> 작성한 후 매 반기 종료 후 (㉠) 이내에 (㉡)에게 보고하여야 한다.

해설

화장품제조판매업자는 신속보고 되지 아니한 화장품의 안전정 정보를 서식에 따라
작성한 후 매 반기 종료 후 1월 이내에 식품의약품안전처장에게 보고하여야 한다.

정답 37 ㉠ **유연화장수**, ㉡ **알카리성** 38 ㄴ, ㄷ, ㄹ 39 ㉠ **1월**, ㉡ **식품의약품안전처장**

『유통 화장품 안전관리』에서는 작업장 위생관리, 작업자 위생관리, 설비 및 기구관리, 내용물 및 원료관리, 포장재의 관리로 나누어져 있다. 유통 화장품 안전관리는 『우수화장품 제조 및 품질관리기준(식품의약품안전처 고시)』에 기술된 내용을 바탕으로 작업장 위생관리, 작업자 위생관리, 설비 및 기구관리, 내용물 및 원료관리, 포장재의 관리에 대한 세부내용으로 구성이 이루어져 있다.

PART 3

유통 화장품 안전관리

CHAPTER 01

작업장 위생관리

Section 01 작업장의 위생 기준

> **[여기서 잠깐]**
>
> **작업장 관련 용어 정의**
>
> - 분리: 별개의 건물이거나 동일 건물일 경우, 벽에 의해 별개의 장소로 구별되어 공기조화장치가 별도로 되어 있는 상태
> - 구획: 벽, 칸막이, Air Curtain에 의해 나누어져 교차오염이나 혼입이 방지될 수 있는 상태
> - 구분: 선이나 간격을 두어서 혼동이 되지 않도록 구별하여 관리할 수 있는 상태

① 제조하는 화장품의 종류 · 제형에 따라 적절히 구획 · 구분되어 있어 교차오염 우려가 없을 것
② 바닥, 벽, 천장은 가능한 청소하기 쉽게 매끄러운 표면을 지니고 소독제 등의 부식성에 저항력이 있을 것
③ 환기가 잘 되고 청결할 것
④ 외부와 연결된 창문은 가능한 열리지 않도록 할 것
⑤ 작업소 내의 외관 표면은 가능한 매끄럽게 설계하고, 청소, 소독제의 부식성에 저항력이 있을 것
⑥ 수세실과 화장실은 접근이 쉬워야 하나 생산구역과 분리되어 있을 것
⑦ 작업소 전체에 적절한 조명을 설치하고, 조명이 파손될 경우를 대비한 제품을 보호할 수 있는 처리 절차를 마련할 것
⑧ 제품의 오염을 방지하고 적절한 온도 및 습도를 유지할 수 있는 공기조화시설 등 적절한 환기시설을 갖출 것
⑨ 각 제조구역별 청소 및 위생관리 절차에 따라 효능이 입증된 세척제 및 소독제를 사용할 것
⑩ 제품의 품질에 영향을 주지 않는 소모품을 사용할 것 **[CGMP 제8조 제1항]**
⑪ 각 작업소는 불결한 장소로부터 분리되어 위생적인 상태로 유지되어야 한다.
⑫ 쥐, 해충 및 먼지 등을 막을 수 있는 시설을 갖추어야 한다.
⑬ 가루가 날리는 작업소는 비산에 의한 오염을 방지하는 제진 시설을 갖추고 이를 유지 관리하여야 한다.
⑭ 해당 작업소는 출입관리를 통하여 인원 및 물품의 출입을 제안하고 인원, 물품의 이동통로로 사용

되어서는 안 된다.

⑮ 각 작업소는 청정도별로 구분하여 온도, 습도 등을 관리하고 이를 기록 · 유지하여야 한다.

Section 02 작업장의 위생 상태

1) 곤충, 해충이나 쥐를 막을 수 있는 대책을 마련하고 정기적으로 점검·확인하여야 한다.

(1) 벌레가 좋아하는 것을 제거한다.

(2) 벽, 천장, 창문, 파이프 구멍에 틈이 없도록 한다.

(3) 개방할 수 있는 창문을 만들지 않는다.

(4) 창문은 차광하고, 야간에 빛이 밖으로 새어 나가지 않게 한다.

(5) 배기구, 흡기구에 필터를 설치한다.

(6) 폐수구에 트랩을 설치한다.

(7) 문 아래에 스커트를 설치한다.

(8) 골판지, 나무 부스러기를 방치하지 않는다.

(9) 실내 압을 외부(실외)보다 높게 한다.

(10) 청소와 정리 정돈을 한다.

(11) 해충, 곤충의 조사와 구제를 실시한다.

2) 제조, 관리 및 보관 구역 내의 바닥, 벽, 천장 및 창문은 항상 청결하게 유지되어야 한다.

3) 제조시설이나 설비의 세척에 사용되는 세제 또는 소독제는 효능이 입증된 것을 사용하고 잔류하거나 적용하는 표면에 이상을 초래하지 아니하여야 한다.

4) 제조시설이나 설비는 적절한 방법으로 청소하여야 하며, 필요한 경우 위생관리 프로그램을 운영하여야 한다.

[CGMP 제9조]

5) 작업장별 위생 상태

(1) 보관 구역

① 통로는 적절하게 설계되어야 한다.

② 통로는 사람과 물건이 이동하는 구역으로서 사람과 물건의 이동에 불편함을 초래하거나, 교차오염의 위험이 없어야 된다.

③ 손상된 팔레트는 수거하여 수선 또는 폐기한다.

④ 매일 바닥의 폐기물을 치워야 한다.

⑤ 동물이나 해충이 침입하기 쉬운 환경은 개선되어야 한다.

⑥ 용기(저장조 등)들은 닫아서 깨끗하고 정돈된 방법으로 보관한다.

(2) 원료 취급 구역

① 원료보관소와 칭량실은 구획되어 있어야 한다.

② 엎지르거나 흘리는 것을 방지하고 즉각적으로 치우는 시스템과 절차들이 시행되어야 한다.

③ 모든 드럼의 윗부분은 필요한 경우 이송 전에 또는 칭량 구역에서 개봉 전에 검사하고 깨끗하게 하여야 한다.

④ 바닥은 깨끗하고 부스러기가 없는 상태로 유지되어야 한다.

⑤ 원료 용기들은 실제로 칭량하는 원료인 경우를 제외하고는 적합하게 뚜껑을 덮어 놓아야 한다.

⑥ 원료의 포장이 훼손된 경우에는 봉인하거나 즉시 별도 저장소에 보관한 후에 품질상의 처분 결정을 위해 격리해 둔다.

(3) 제조 구역

① 모든 호스는 필요 시 청소 또는 위생 처리를 한다. 청소 후에 호스는 완전히 비워져야 하고 건조되어야 한다. 호스는 정해진 지역에 바닥에 닿지 않도록 정리하여 보관한다.

② 모든 도구와 이동 가능한 기구는 청소 및 위생 처리 후 정해진 지역에 정돈 방법에 따라 보관한다.

③ 제조구역에서 흘린 것은 신속히 청소한다.

④ 탱크의 바깥 면들은 정기적으로 청소되어야 한다.

⑤ 모든 배관이 사용될 수 있도록 설계되어야 하며 우수한 정비 상태로 유지되어야 한다.

⑥ 표면은 청소하기 용이한 재질로 설계되어야 한다.

⑦ 페인트를 칠한 지역은 우수한 정비 상태로 유지되어야 한다. 벗겨진 칠은 보수되어야 한다.

⑧ 폐기물(예, 여과지, 개스킷, 폐기 가능한 도구들, 플라스틱 봉지)은 주기적으로 버려야 하며 장기간 모아놓거나 쌓아 두어서는 안 된다.

⑨ 사용하지 않는 설비는 깨끗한 상태로 보관되어야 하고 오염으로부터 보호되어야 한다.

(4) 포장 구역

① 포장 구역은 제품의 교차 오염을 방지할 수 있도록 설계되어야 한다.

② 포장 구역은 설비의 팔레트, 포장 작업의 다른 재료들의 폐기물, 사용되지 않는 장치, 질서를 무너뜨리는 다른 재료가 있어서는 안 된다.

③ 구역 설계는 사용하지 않는 부품, 제품 또는 폐기물의 제거를 쉽게 할 수 있어야 한다.

④ 폐기물 저장통은 필요하다면 청소 및 위생 처리되어야 한다.

⑤ 사용하지 않는 기구는 깨끗하게 보관되어야 한다.

Section 03 작업장의 위생 유지관리 활동

1 작업장의 위생 유지관리

① 건물, 시설 및 주요 설비는 정기적으로 점검하여 화장품의 제조 및 품질관리에 지장이 없도록 유지·관리·기록하여야 한다.

② 결함 발생 및 정비 중인 설비는 적절한 방법으로 표시하고, 고장 등 사용이 불가할 경우 표시하여야 한다.

③ 세척한 설비는 다음 사용 시까지 오염되지 아니하도록 관리하여야 한다.

④ 모든 제조 관련 설비는 승인된 자만이 접근·사용하여야 한다.

⑤ 제품의 품질에 영향을 줄 수 있는 검사·측정·시험장비 및 자동화 장치는 계획을 수립하여 정기적으로 교정 및 성능점검을 하고 기록해야 한다.

⑥ 유지관리 작업이 제품의 품질에 영향을 주어서는 안 된다. **[CGMP 제10조]**

⑦ 생산 구역 내에 있는 바닥, 벽, 천장 및 창문은 청소와 필요하다면 위생 처리를 쉽게 할 수 있도록 설계 및 건축되어야 하고 청결하고 정비가 잘 되어 있는 상태로 유지되어야 한다.

⑧ 생산 구역 내에 건축 또는 보수 공사 시에는 적당한 청소와 유지관리가 고려되어야 한다.

⑨ 가능하다면 청소용제의 부식성에 저항력이 있는 매끄러운 표면을 설치한다.

⑩ 일정수준 이상의 공기 조절(공기의 온도, 습도, 공중미립자, 풍량, 풍향, 기류의 전부 또는 일부를 자동적으로 제어하는 일) 시설을 설치하여 작업장의 공기 조절 유지 여부를 정기적으로 모니터링한다.

⑪ 공기 조화 장치는 청정 등급 유지에 필수적이고 중요하므로 그 성능이 유지되고 있는지 주기적으로 점검·기록한다.

⑫ 화장품을 제조하는 작업장에서는 적어도 중성능 필터의 설치를 권장한다. 필터는 그 성능을 유지하기 위하여 정해진 관리 및 보수를 실시해야 한다. 관리 및 보수를 게을리하면 필터의 성능이 유지될 수 없고, 기대하는 환경을 얻을 수 없다.

⑬ 작업장 실압을 관리하고 외부와의 차압을 일정하게 유지하도록 한다. 청정 등급의 경우 각 등급 간의 공기의 품질이 다르므로 등급이 낮은 작업실의 공기가 높은 등급으로 흐르지 못하도록 어느 정도의 공기압 차가 있어야 한다. 실압 차이가 있는 방 사이에는 차압 댐퍼나 풍량 가변 장치와 같은 기구를 설치하여 차압을 조정한다. 온도는 1~30℃, 습도는 80% 이하로 관리한다.

2 청소 도구 및 소독제의 구분관리

1) 청소도구

(1) 진공 청소기 : 작업소의 바닥 및 작업대, 기계 등의 먼지 등을 제거하는 데 사용한다.

(2) 걸레 : 작업소 및 보관소의 바닥, 기타 부속시설 등의 이물 등을 제거하는 데 사용한다.

(3) 위생수건(부직포) : 작업소별 기계, 유리, 작업대, 기타 구조물에 묻어 있는 물기나 먼지 등을 제거하는 데 사용한다.

(4) 브러쉬 : 기계, 기구류에 붙은 것을 제거하는 데 사용한다.

(5) 물끌개 : 물기, 이물질 등을 제거하는 데 사용한다.

(6) 세척솔 : 바닥의 이물질, 먼지 등을 제거하는 데 사용한다.

2) 청소용수 : 일반용수, 정제수

3) 소독액 : 70% 에탄올

4) 청소도구의 관리

(1) 청소도구함

청소 도구함을 별도로 설치하여 사용되는 청소도구, 소독액 및 세제 등을 보관 관리하며, 작업소는 진공청소기 보관장소를 별도로 구분하며, 소독액은 필요장소에 별도 비치하여 필요 시 수시 소독이 가능하도록 한다.

(2) 청소 도구의 세척 및 소독

불결한 청소도구는 오히려 작업소를 오염시킬 수 있으므로 청소 후 청결한 상태로 보관하여야 하며 필요 시 건조 또는 소독을 실시하여 다른 오염원이 되지 않도록 관리하여야 한다.

4) 작업소 위생관리 점검 시기 및 방법

작업소 및 보관소별 담당자는 다음과 같이 주기적으로 청소 혹은 소독상태를 점검 확인한 후 작업소 위생관리 점검표에 기록하고 해당 부서장에게 보고한다.

(1) 점검시기

① 수시점검 – 작업 중 수시점검을 원칙으로 한다.

② 정기점검 – 일별, 주별 점검을 원칙으로 한다.

(2) 작업소 위생관리 점검표 작성방법

작업소별로 요구되는 청정도에 따라 육안 검사를 실시한다.

Section 04 작업장 위생 유지를 위한 세제의 종류와 사용법

1 청소, 소독 방법 및 주기

1) 청소 및 소독 실시 시기

(1) 모든 작업소는 월 1회 이상 전체 소독을 실시한다.

(2) 모든 작업소 및 보관소는 작업 종료 후 청소를 하여야 하며 필요 시 소독을 병행한다.

(3) 제조 설비의 반출입, 수리 등을 행한 후에는 수시로 청소(필요 시 소독)을 실시하여 오염을 예방한다.

2) 청소 및 소독 점검 주기

(1) 작업소별 청소 방법 및 점검 주기는 매일 실시함을 원칙으로 하며, 연속 2일 이상 휴무 시 작업 전 간단히 먼지제거 및 청소를 실시하고 확인, 점검 후 작업에 들어간다.

(2) 작업 방법은 작업소별로 실시하며 소독 시에는 '소독 중'이라는 표지판을 해당 작업실 출입구에 부착한다.

2 세척제의 종류

세척제명	비고
과산화수소소	
과초산	
락틱애씨드	
알코올(이소프로판올 및 에탄올)	
계면활성제	계면활성제(Surfactant) ① 재생기능 ② EC50 or IC50 or LC50 〉 10㎎/ℓ ③ 혐기성 및 호기성 조건 하에서 쉽고 빠르게 생분해 될 것 (OECD 301 〉 70% in 28days) ④ 에톡실화 계면활성제는 상기 조건에 추가하여 다음 조건을 만족하여야 함 ⑤ 전체 계면활성제의 50% 이하일 것 ⑥ 에톡실화가 8번 이하일 것 ⑦ 유기농 화장품에 혼합되지 않을 것
석회장 석유	
소듐카보네이트	
소듐하이드록사이드	
시트릭애씨드	
식물성 비누	
아세틱애씨드	
열수와 증기	
정유	
포타슘하이드록사이드	
무기산과 알카리	

3 청소 및 소독 방법

작업장	청소주기	세제	청소방법	점검방법	청소담당
원료 창고	수시	상수	작업 종료 후 비 또는 진공청소기로 청소하고 물걸레로 닦는다.	육안	보관 담당자
	1회/월	상수	진공청소기 등으로 바닥, 벽, 창, Rack, 원료통 주위의 먼지를 청소하고 물걸레로 닦는다.	육안	보관 담당자
칭량실	작업 후	상수, 70% 에탄올	• 원료통, 작업대, 저울 등을 70% 에탄올을 묻힌 걸레 등으로 닦는다. • 바닥은 진공청소기로 청소하고 물걸레로 닦는다.	육안	계량 담당자
	1회/월	중성세제, 70% 에탄올	바닥, 벽, 문, 원료통, 지울, 작업대 등을 진공청소기, 걸레 등으로 청소하고, 걸레에 전용 세제 또는 70% 에탄올을 묻혀 찌든 때를 제거한 후 깨끗한 걸레로 닦는다.	육안	계량 담당자
제조실, 충전실, 반제품보관실 및 미생물 실험실	수시 (최소 1회/일)	중성세제, 70% 에탄올	• 작업 종료 후 바닥 작업대와 테이블 등을 진공청소기로 청소하고 물걸레로 깨끗이 닦는다. • 작업 전 작업대와 테이블, 저울을 70% 에탄올로 소독한다. • 클린 벤치는 작업 전, 작업 후 70% 에탄올로 소독한다.	육안	각 작업 및 실험 담당자
	1회/월	중성세제, 70% 에탄올	• 바닥, 벽, 문, 작업대와 테이블 등을 진공청소기로 청소하고, 상수에 중성 세제를 섞어 바닥에 뿌린 후 걸레로 세척한다. • 작업대와 테이블을 70% 에탄올로 소독한다.	육안	각 작업 및 실험 담당자

4 소독제의 취급 사용관리

에탄올 : 가연성이므로 화기에 주의한다.

5 청소, 소독 시 유의사항

(1) 청소, 소독 시는 눈에 보이지 않는 곳, 하기 힘든 곳 등에 특히 유의하여 세밀하게 진행하며, 물청소 후에는 물기를 완전히 제거한다.

(2) 소독 시에는 기계, 기구류, 내용물 등에 절대 오염이 되지 않도록 한다.

(3) 청소 도구는 사용 후 세척하여 건조 또는 필요 시 소독하여 오염원이 되지 않도록 한다.

(4) 청소 수 그 상태를 필히 재확인하여 이상이 없도록 한다.

6 작업소 내 금지사항

(1) 사물(서적, 지갑, 핸드백) 등은 작업소로의 유입을 금한다.

(2) 작업소에서는 음식의 휴대, 섭취, 흡연, 화장을 금한다.

(3) 작업소의 바닥, 벽, 시설물, 쓰레기통에 침을 뱉는 행위를 금한다.

(4) 작업소는 화장품의 제조 및 포장 목적 이외의 다른 용도로의 사용을 금한다.

(5) 작업 중 외부인의 설비 수리 시 먼지 등 이물이 발생하는 업무는 금한다.

작업소 위생관리 점검표	작성	검토	확인

작업소명	점검자									점검주기												범례									
										매일												○ 양호 / △ 주의 / × 불량									
점검사항	1	2	3	4	5	6	7	8	9	10	11	12	13	14	15	16	17	18	19	20	21	22	23	24	25	26	27	28	29	30	31
바닥, 벽, 천장 및 작업대, 창틀 등은 먼지가 쌓여있시 않고 깨끗한가?																															
작업 전 청소 여부를 확인하고 있는가?																															
기계, 기구류의 청소 상태는 양호하며 오염이 되지 않도록 하고 있는가?																															
기계, 기구류의 수리, 이동 시 사후 청소는 하고 있는가?																															
직업 중 원료 또는 제품 상호간 교차오염의 위험이 없도록 조치하였는가?																															
작업에 불필요한 물품이 반입되지 않았는가?																															
쥐, 곤충 등의 침입이 예상되는 곳은 없는가?																															
기계류 주유 부위에서 기름이 흘러나오지 않았는가?																															
벨브나 배관, 전선 코드들이 깨끗한가?																															
청소도구는 청결하며, 지정된 장소에 비치하고 있는가?																															

관리기준이탈사항	개선조치사항	확인

본 예시는 관리문서 작성을 돕고자 제공하는 것으로 법적 효력이 있는 사항이 아님을 알려 드립니다. 해당 예시를 참고하여 기준서, 절차서(심사서), 기록양식은 각 사의 업무 여건에 맞게 작성·관리하시기 바랍니다.

CHAPTER

02 | 작업자 위생관리

Section 01 작업장 내 직원의 위생 기준 설정

1) 적절한 위생관리 기준 및 절차를 마련하고 제조소 내의 모든 직원은 이를 준수해야 한다.

(1) 신규 직원에 대하여 위생교육을 실시하며, 기존 직원에 대해서도 정기적으로 교육을 실시한다.

(2) 직원의 위생관리 기준 및 절차에는 직원의 작업 시 복장, 직원 건강상태 확인, 직원에 의한 제품의 오염방지에 관한 사항, 직원의 손 씻는 방법, 직원의 작업 중 주의사항, 방문객 및 교육훈련을 받지 않은 직원의 위생관리 등이 포함되어야 한다.

2) 작업소 및 보관소 내의 모든 직원은 화장품의 오염을 방지하기 위해 규정된 작업복을 착용해야 하고 음식물 등을 반입해서는 아니 된다.

(1) 직원은 작업 중의 위생관리 상 문제가 되지 않도록 청정도에 맞는 적절한 작업복, 모자와 신발을 착용하고 필요할 경우는 마스크, 장갑을 착용한다.

① 작업복 등은 목적과 오염도에 따라 세탁을 하고 필요에 따라 소독한다.

② 작업 전에 복장점검을 하고 적절하지 않을 경우는 시정한다.

③ 직원은 별도의 지역에 의약품을 포함한 개인적인 물품을 보관해야 하며, 음식, 음료수 및 흡연구역 등은 제조 및 보관 지역과 분리된 지역에서만 섭취하거나 흡연하여야 한다.

3) 피부에 외상이 있거나 질병에 걸린 직원은 건강이 양호해지거나 화장품의 품질에 영향을 주지 않는다는 의사의 소견이 있기 전까지는 화장품과 직접적으로 접촉되지 않도록 격리되어야 한다.

(1) 제품 품질과 안전성에 악영향을 미칠지도 모르는 건강 조건을 가진 직원은 원료, 포장, 제품 또는 제품 표면에 직접 접촉하지 말아야 한다.

(2) 명백한 질병 또는 노출된 피부에 상처가 있는 직원은 증상이 회복되거나 의사가 제품 품질에 영향을 끼치지 않을 것이라고 진단할 때까지 제품과 직접적인 접촉을 하여서는 안 된다.

4) 제조구역별 접근권한이 있는 작업원 및 방문객은 가급적 제조, 관리 및 보관구역 내에 들어가지 않도록 하고, 불가피한 경우 사전에 직원 위생에 대한 교육 및 복장 규정에 따르도록 하고 감독하여야 한다.

(1) 방문객 또는 안전 위생의 교육훈련을 받지 않은 직원이 화장품 제조, 관리, 보관을 실시하고 있는 구역으로 출입하는 일은 피해야 한다.

(2) 영업상의 이유, 신입 사원 교육 등을 위하여 안전 위생의 교육훈련을 받지 않은 사람들이 제조, 관리, 보관구역으로 출입하는 경우에는 안전 위생의 교육훈련 자료를 미리 작성해 두고 출입 전에 "교육훈련"을 실시한다. 교육훈련의 내용은 직원용 안전 대책, 작업 위생 규칙, 작업복 등의 착용, 손 씻는 절차 등이다.

(3) 아울러 방문객과 훈련받지 않은 직원이 제조, 관리 보관구역으로 들어가면 안내자와 반드시 동행한다.

① 방문객은 적절한 지시에 따라야 하고, 필요한 보호 설비를 갖추어야 한다.

② 그들이 혼자서 돌아다니거나 설비 등을 만지기나 하는 일이 없도록 해야 한다.

③ 그들이 제조, 관리, 보관구역으로 들어간 것을 반드시 기록서에 기록한다. 그들의 소속, 성명, 방문목적과 입퇴장 시간 및 자사 동행자의 기록이 필요하다.

[CGMP 제6조]

Section 02 작업장 내 직원의 위생 상태 판정

1 개인위생관리 및 점검

전 작업원은 다음 사항을 숙지하고 작업 중 개인위생에 철저해야 하며 이를 준수한다.

(1) 사람은 전염병 및 미생물의 매개체임을 숙지한다.

(2) 사람은 머리, 피부, 손톱, 호흡기, 신발, 옷 등에 여러 가지 미생물을 보유하고 있다.

(3) 사람의 머리카락, 피부, 옷 등에는 먼지 및 때가 있어 이것이 수많은 미생물 및 분진의 원인이 된다.

(4) 다음의 개인위생을 준수한다.

① 자주 목욕을 하여 항상 몸을 청결히 유지한다.

② 방진복, 방진모, 방진마스크, 방진화, 장갑을 착용해서 피부가 직접 제품에 닿지 않도록 하여야 한다.

③ 특히 작업모는 반드시 머리카락이 빠져나오지 않도록 착용한다.

④ 작업복장은 항상 관찰하여 이물이 생기지 않도록 한다.

⑤ 손톱은 항상 단정하게 관리한다.

2 작업원의 위생

1) 작업원의 수세 및 소독

(1) 작업 전 수세를 실시하고 작업 소 입실 전 분무식 소독기를 사용하여 손 소독을 실시하고 작업에 임하여야 한다.

(2) 운동 등에 의한 오염, 땀, 먼지 등의 제거를 위하여 입실 전 수세 설비가 비치된 장소에서 수세 후 입실하여야 한다.

(3) 화장실을 이용하는 작업원은 화장실 퇴실 시 수세하고 작업실에 입실하여야 한다.

2) 작업 중 준수 사항

(1) 사물은 반드시 개인 사물함에 보관하고 작업장 내로 들여놓지 않는다.

(2) 작업장에서는 제조와 직접 관계가 없는 행위(흡연, 음식물섭취, 개인세탁, 잡담, 낮잠 등)를 금한다.

(3) 패물 및 휴대용품 착용 및 휴대를 금한다.

(4) 화장을 금한다.

(5) 작업 시작 전에 작업원은 반드시 손을 씻고, 씻은 후에는 에어타올을 사용하며 헝겊 수건을 사용하지 않는다.

(6) 필요한 경우 깨끗한 토시, 장갑, 앞치마를 착용하되 제조작업 이외의 용도로 사용하지 아니한다.

3 교육

1) 정기교육

(1) 작업 전반에 대한 위생관리 교육을 실시한다.

(2) 교육훈련 규정에 의해 실시한다.

2) 수시교육

(1) 교육의 필요가 있을 시 수시로 실시한다.

(2) 작업담당자와 또는 공정 담당자는 작업개시 직전 수시로 실시한다.

Section 03 혼합·소분 시 위생관리 규정

1) 혼합·소분 전에는 손을 소독 또는 세정하거나 일회용 장갑을 착용한다.

2) 혼합·소분 시에는 위생복 및 마스크를 착용한다.

3) 피부 외상이나 질병이 있는 경우 회복 전까지 혼합·소분 행위를 금지한다.

Section 04 작업자 위생 관리를 위한 복장 청결 상태 판단

1 작업복장 착용 기준

구 분	복장기준	작업소
제조, 칭량	방진복, 위생모, 안전화 / 필요 시 마스크 및 보호안경	제조실, 칭량실
생산	방진복, 위생모, 작업화 / 필요 시 마스크	충진
	지급된 작업복, 위생모, 작업화	포장
품질관리	상의 흰색 가운, 하의 평상복, 슬리퍼	실험실
관리자	상의 및 하의는 평상복, 슬리퍼	사무실
견학, 방문자	각 출입 작업소의 규정에 따라 착용	-

2 작업복의 기준

(1) 땀의 흡수 및 방출이 용이하고 가벼워야 한다.

(2) 보온성이 적당하여 작업에 불편이 없어야 한다.

(3) 내구성이 우수하여야 한다.

(4) 작업환경에 적합하고 청결하여야 한다.

(5) 작업 시 섬유질의 발생이 적고 먼지의 부착성이 적어야 하며 세탁이 용이하여야 한다.

(6) 착용 시 내의가 노출되지 않아야 하며 내의는 단추 및 모털이 서 있는 경향의 의류는 착용하지 않는다.

3 작업모의 기준

(1) 가볍고 착용감이 좋아야 한다.

(2) 착용이 용이하고 착용 후 머리카락의 형태가 원형을 유지해야 한다.

(3) 착용 시 머리카락을 전체적으로 감싸 줄 수 있어야 한다.

(4) 공기 유통이 원활하고, 분진 기타 이물 등이 나오지 않도록 한다.

4 작업화의 기준

(1) 가볍고 땀의 흡수 및 방출이 용이하여야 한다.

(2) 제조실 근무자는 등산화 형식의 안전화 및 신발 바닥이 우레탄 코팅이 되어있는 것을 사용하여야 한다.

5 작업 복장의 착용시기

(1) 1급지, 2급지 작업실의 상주 작업자는 작업실 입실 전 갱의실에서 해당 작업복을 착용 후 입실하여야 한다.

(2) 1급지, 2급지 작업실의 상주 작업자는 제조소 이외의 구역으로 외출, 이동 시 갱의실에서 작업복을 탈의 후 외출하여야 한다.

(3) 임시 작업자 및 외부 방문객이 1급지, 2급지 작업실로 입실 시 갱의실에서 해당 작업복을 착용 후 입실하여야 한다.

6 작업 복장의 착용방법

(1) 입실자는 실내화를 작업장 전용 실내화(작업화)로 갈아 신는다.

(2) 작업장 내 출입할 모든 작업자는 작업현장에 들어가기 전에 개인 사물함에 의복을 보관 후 Clean Locker에서 작업복을 꺼낸다.

(3) 작업장 내로 출입한 작업자는 비치된 위생모자를 머리카락이 밖으로 나오지 않도록 위생모자를 착용한다.

(4) 위생모자를 쓴 후 2급지 작업실의 상주 작업자는 반드시 방진복을 착용하고 작업장에 들어간다.

(5) 제조실 작업자는 Air Shower Room에 들어가 양팔을 들면서 천천히 몸을 1~2회 회전시켜 청정한 공기로 Air Shower를 한다.

7 작업복의 관리

(1) 작업복은 1인 2벌을 기준으로 지급한다.

(2) 작업복은 주 2회 세탁을 원칙으로 하며, 하절기에는 그 횟수를 늘릴 수 있다.

(3) 작업복의 청결 상태는 매일 작업 전 생산부서 관리자가 확인한다.

작업소 위생관리 점검표	작성	검토	확인

점검일: 년 월 일 ~ 월 일

No.	점검항목	월	화	수	목	금	토	일
1	규정 작업복장을 하고, 착용상태는 양호한가?							
2	작업모, 작업복, 작업화 등은 청결한다?							
3	규정된 작업화를 단정하게 착용하였는가?							
4	규정 작업모를 착용하였는가?							
5	머리카락이 모자 밑으로 나오지 않도록 착용하였는가?							
6	작업시간 전에 수세와 소독을 하였는가?							
7	폐물 등의 착용 및 과도한 화장하고 있지 않는가?							
8	작업장 내에서 음식물 섭취, 흡연 등을 행하지 않았는가?							
9	개인사물 현장반입 여부							
10	두발, 손톱 용모는 단정한가?							
11	건강 상태는 양호한가?							

* 범례 : 양호 – ○, 불량 – ×로 표기하고 불량 시 그에 대한 조치사항 기록
* 특기사항 및 조치사항 :

본 예시는 관리문서 작성을 돕고자 제공하는 것으로 법적 효력이 있는 사항이 아님을 알려 드립니다. 해당 예시를 참고하여 기준서, 절차서(심사서), 기록양식은 각 사의 업무 여건에 맞게 작성·관리하시기 바랍니다.

CHAPTER

03 설비 및 기구관리

Section 01 설비 · 기구의 위생 기준 설정

(1) 사용 목적에 적합하고, 청소가 가능하며, 필요한 경우 위생 · 유지 관리가 가능하여야 한다. 자동화시스템을 도입한 경우도 또한 같다.
(2) 사용하지 않는 연결 호스와 부속품은 청소 등 위생관리를 하며, 건조한 상태로 유지하고 먼지, 얼룩 또는 다른 오염으로부터 보호해야 한다.
(3) 설비 등은 제품의 오염을 방지하고 배수가 용이하도록 설계, 설치하며, 제품 및 청소 소독제와 화학반응을 일으키지 않아야 한다.
(4) 설비 등의 위치는 원자재나 직원의 이동으로 인하여 제품의 품질에 영향을 주지 않도록 해야 한다.
(5) 용기는 먼지나 수분으로부터 내용물을 보호할 수 있어야 한다.
(6) 제품과 설비가 오염되지 않도록 배관 및 배수관을 설치하며, 배수관은 역류되지 않아야 하고, 청결을 유지해야 한다.
(7) 천정 주위의 대들보, 파이프, 덕트 등은 가급적 노출되지 않도록 설계하고, 파이프는 받침대 등으로 고정하고 벽에 닿지 않게 하여 청소가 용이하도록 설계해야 한다.
(8) 시설 및 기구에 사용되는 소모품은 제품의 품질에 영향을 주지 않도록 해야 한다.

[CGMP 제8조 제2항]

Section 02 설비 · 기구의 위생 상태 판정

1 세척 대상 물질

(1) 화학물질(원료, 혼합물), 미립자, 미생물
(2) 동일제품, 이종제품
(3) 쉽게 분해되는 물질, 안정된 물질
(4) 세척이 쉬운 물질, 세척이 곤란한 물질
(5) 불용물질, 가용물질

(6) 검출이 곤란한 물질, 쉽게 검출할 수 있는 물질

2 세척 대상 설비

(1) 설비, 배관, 용기, 호스, 부속품
(2) 단단한 표면(용기 내부), 부드러운 표면(호스)
(3) 큰 설비, 작은 설비
(4) 세척이 곤란한 설비, 용이한 설비

3 위생상태 판정법

(1) 육안 확인
장소는 미리 정해 놓고 판정결과를 기록서에 기재
(2) 천으로 문질러 부착물로 확인
흰 천이나 검은 천으로 설비 내부의 표면을 닦아내고 천 표면의 잔류물 유무로 세척 결과를 판정
(3) 린스액의 화학분석
① 상대적으로 복잡한 방법이지만, 수치로서 결과를 확인 가능
② HPLC법, 박층크로마토그래피(TLC), TOC(총유기탄소), UV

Section 03 오염물질 제거 및 소독 방법

1 설비 세척의 원칙

(1) 위험성이 없는 용제(물이 최적)로 세척한다.
(2) 가능한 한 세제를 사용하지 않는다.
(3) 증기 세척은 좋은 방법이다.
(4) 브러시 등으로 문질러 지우는 것을 고려한다.
(5) 분해할 수 있는 설비는 분해해서 세척한다.
(6) 세척 후는 반드시 "판정"한다.
(7) 판정 후의 설비는 건조 · 밀폐해서 보존한다.
(8) 세척의 유효기간을 설정한다.

2 세척제

1) 세척제의 요건

(1) 높은 안전성

(2) 법적으로 인가받은 제품

(3) 우수한 세정력

(4) 용이한 헹굼

(5) 기구 및 장치의 재질에 부식성이 없어야 함

(6) 저렴한 가격

2) 화학적 세척제의 종류

(1) 무기산과 약산성 세척제

① pH : 0.2~5.5

② 오염 제거 물질 : 무기염, 수용성 금속 Complex

③ 종류

- 강산 : 염산, 황산, 인산
- 약산(희석한 유기산) : 초산, 구연산

④ 장단점

- 산성에 녹는 물질, 금속 산화물 제거에 효과적
- 독성, 환경 및 취급문제 있을 수 있음.

(2) 중성 세척제

① pH : 5.5~8.5

② 오염 제거 물질 : 기름때, 작은 입자

③ 종류 : 약한 계면 활성제 용액(알코올과 같은 수용성 용매를 포함할 수 있음)

④ 장단점

- 용해나 유화에 의한 제거
- 낮은 독성, 부식성

(3) 약알칼리, 알칼리 세척제

① pH : 8.5~12.5

② 오염 제거 물질 : 기름, 지방 입자

③ 종류 : 수산화암모늄, 탄산나트륨, 인산나트륨, 붕산액

④ 장단점 : 알칼리는 비누화, 가수 분해를 촉진

(4) 부식성 알칼리 세척제

① pH : 12.5~14

② 오염 제거 물질 : 찌든 기름

③ 종류 : 수산화나트륨, 수산화칼륨, 규산나트륨

④ 장단점

- 오염물의 가수 분해 시 효과 좋음

- 독성 주의, 부식성

3 소독제

1) 이상적인 소독제의 조건

(1) 사용기간 동안 활성을 유지해야 한다.
(2) 경제적이어야 한다.
(3) 사용 농도에서 독성이 없어야 한다.
(4) 제품이나 설비와 반응하지 않아야 한다.
(5) 불쾌한 냄새가 남지 않아야 한다.
(6) 광범위한 항균 스펙트럼을 가져야 한다.
(7) 5분 이내의 짧은 처리에도 효과를 보여야 한다.
(8) 소독 전에 존재하던 미생물을 최소한 99.9 % 이상 사멸시켜야 한다.
(9) 쉽게 이용할 수 있어야 한다.

2) 소독제 효과에 영향을 미치는 요인

(1) 사용 약제의 종류나 사용 농도, 액성(pH) 등
(2) 균에 대한 접촉 시간(작용 시간) 및 접촉 온도
(3) 실내 온도, 습도
(4) 다른 사용 약제와의 병용 효과, 화학 반응
(5) 단백질 등의 유기물이나 금속 이온의 존재
(6) 흡착성, 분해성
(7) 미생물의 종류, 상태, 균 수
(8) 미생물의 성상, 약제에 대한 저항성, 약제 자화성 등의 유무
(9) 미생물의 분포, 부착, 부유 상태
(10) 작업자의 숙련도

4 청소 및 세척 과정

1) 용어 정리

(1) 청소 : 주위의 청소와 정리정돈을 포함한 시설 · 설비의 청정화 작업
(2) 세척 : 설비의 내부 세척화 작업

2) 진행 과정

(1) 절차서를 작성한다.
① “책임”을 명확하게 한다.
② 사용기구를 정해 놓는다.

③ 구체적인 절차를 정해 놓는다(먼저 쓰레기를 제거한다, 동쪽에서 서쪽으로, 위에서 아래로, 천으로 닦는 일은 3번 닦으면 교환 등).

④ 심한 오염에 대한 대처 방법을 기재해 놓는다.

(2) 판정기준 : 구체적인 육안판정기준을 제시한다.

(3) 세제를 사용한다면

① 사용하는 세제명을 정해 놓는다.

② 사용하는 세제명을 기록한다.

(4) 기록을 남긴다.

사용한 기구, 세제, 날짜, 시간, 담당자명 등

(5) "청소 결과"를 표시한다.

5 소독 방법

[제조 설비 · 기구 세척 및 소독 관리 표준서 1]

적용 기계 및 기구류	제조 탱크, 저장 탱크(일반 제품)
세척 도구	스펀지, 수세미, 솔, 스팀 세척기
세제 및 소독액	일반 주방 세제(0.5%), 70% 에탄올
세척 및 소독 주기	• 제품 변경 시 또는 작업 완료 후 • 설비 미사용 72시간 경과 후, 밀폐되지 않은 상태로 방치 시 • 오염 발생 혹은 시스템 문제 발생 시
세척 방법	• 제조 탱크, 저장 탱크를 스팀 세척기로 깨끗이 세척한다. • 상수를 탱크의 80%까지 채우고 80℃로 가온한다. • 패달 25r/m, 호모 2,000r/m으로 10분간 교반 후 배출한다. • 탱크 벽과 뚜껑을 스펀지와 세척제로 닦아 잔류하는 반제품이 없도록 제거 후 상수로 세척한다. • 정제수로 2차 세척한 후 UV로 처리한 깨끗한 수건이나 부직포 등을 이용하여 물기를 완전히 제거한다. • 잔류하는 제품이 있는지 확인하고, 필요에 따라 위의 방법을 반복한다. • 저장 탱크의 경우에는 두 번째와 세 번째 항은 생략한다.
소독 방법	• 세척된 탱크의 내부 표면 전체에 70% 에탄올이 접촉되도록 고르게 스프레이한다. • 탱크의 뚜껑을 닫고 30분간 정체해 둔다. • 정제수로 헹군 후 필터된 공기로 완전히 말린다. • 뚜껑은 70% 에탄올을 적신 스펀지로 닦아 소독한 후 자연 건조하여 설비에 물이나 소독제가 잔류하지 않도록 한다. • 사용하기 전까지 뚜껑을 닫아서 보관한다.
점검 방법	• 점검 책임자는 육안으로 세척 상태를 점검하고, 그 결과를 점검표에 기록한다. • 품질 관리 담당자는 매 분기별로 세척 및 소독 후 마지막 헹굼수를 채취하여 미생물 유무를 시험한다.

[제조 설비 · 기구 세척 및 소독 관리 표준서 2]

적용 기계 및 기구류	호모지나이저, 믹서, 펌프, 필터, 카트리지 필터
세척 도구	스펀지, 수세미, 솔, 스팀 세척기
세제 및 소독액	일반 주방 세제(0.5%), 70% 에탄올
세척 및 소독 주기	• 제품 변경 또는 작업 완료 후 • 설비 미사용 72시간 경과 후, 밀폐되지 않은 상태로 방치 시 • 오염 발생 혹은 시스템 문제 발생 시
세척 방법	• 호모지나이저, 믹서, 필터 하우징은 장비 매뉴얼에 따라 분해한다. • 제품이 잔류하지 않을 때까지 호모지나이저, 믹서, 펌프, 필터, 카트리지 필터를 온수로 세척한다. • 스펀지와 세척제를 이용하여 닦아낸 다음 상수와 정제수를 이용하여 헹군다. • 필터를 통과한 깨끗한 공기로 건조시킨다. • 잔류하는 제품이 있는지 확인하고, 필요에 따라 위의 방법을 반복한다.
소독 방법	• 세척이 완료된 설비 및 기구를 70% 에탄올에 10분간 담근다. • 70% 에탄올에서 꺼내어 필터를 통과한 깨끗한 공기로 건조하거나 UV로 처리한 수건이나 부직포 등을 이용하여 닦아낸다. • 세척된 설비는 다시 조립하고, 비닐 등을 씌워 2차 오염이 발생하지 않도록 보관한다.
점검 방법	• 점검 책임자는 육안으로 세척 상태를 점검하고, 그 결과를 점검표에 기록한다. • 품질 관리 담당자는 매 분기별로 세척 및 소독 후 마지막 헹굼수를 채취하여 미생물 유무를 시험한다.

Section 04 설비 · 기구의 구성 재질 구분

1 제조설비

1) 탱크(TANKS)

탱크는 공정 단계 및 완성된 포뮬레이션 과정에서 공정 중인 또는 보관용 원료를 저장하기를 위해 사용되는 용기이다.

(1) 구성 재질의 요건

① 온도/압력 범위가 조작 전반과 모든 공정 단계의 제품에 적합해야 한다.

② 제품에 해로운 영향을 미쳐서는 안 된다.

③ 제품(포뮬레이션 또는 원료 또는 생산공정 중간생산물)과의 반응으로 부식되거나 분해를 초래

하는 반응이 있어서는 안 된다.

④ 제품, 또는 제품제조과정, 설비 세척, 또는 유지관리에 사용되는 다른 물질이 스며들어서는 안 된다.

⑤ 세제 및 소독제와 반응해서는 안 된다.

(2) 구성 재질

① 스테인리스스틸(유형번호 304, 316)

② 유리로 안을 댄 강화유리섬유 폴리에스터와 플라스틱으로 안을 댄 탱크

2) 펌프(PUMPS)

펌프는 다양한 점도의 액체를 한 지점에서 다른 지점으로 이동하기 위해 사용된다. 종종 펌프는 제품을 혼합(재순환 및 또는 균질화)하기 위해 사용된다.

(1) 구성재질(Materials of Construction)

펌프는 많이 움직이는 젖은 부품들로 구성되고 종종 하우징(Housing)과 날개차(impeller)는 닳는 특성 때문에 다른 재질로 만들어져야 한다. 추가적으로 거기에는 보통 펌핑된 제품으로 젖게 되는 개스킷(gasket), 패킹(packing) 그리고 윤활제가 있다. 모든 젖은 부품들은 모든 온도 범위에서 제품과의 적합성에 대해 평가되어야 한다.

3) 혼합과 교반 장치(MIXING AND AGITATION EQUIPMENT)

혼합 또는 교반 장치는 제품의 균일성을 얻기 위해 또 희망하는 물리적 성상을 얻기 위해 사용된다.

(1) 구성재질(Materials of Construction)

전기화학적인 반응을 피하기 위해서 믹서의 재질이 믹서를 설치할 모든 젖은 부분 및 탱크와의 공존이 가능한지를 확인해야 한다. 대부분의 믹서는 봉인(seal)과 개스킷에 의해서 제품과의 접촉으로부터 분리된 내부 패킹과 윤활제를 사용한다.

(2) 종류 : 교반기, 호모믹서, 혼합기

4) 호스(HOSES)

호스는 화장품 생산 작업에 훌륭한 유연성을 제공하기 때문에 한 위치에서 또 다른 위치로 제품의 전달을 위해 화장품 산업에서 광범위하게 사용된다. 유형과 구성 제재는 대단히 다양하다. 이들은 조심해서 선택되고 사용되어야만 하는 중요한 설비의 하나이다.

(1) 구성재질(Materials of Construction)

① 강화된 식품등급의 고무 또는 네오프렌

② TYGON 또는 강화된 TYGON

③ 폴리에칠렌 또는 폴리프로필렌

④ 나일론

5) 필터, 여과기 그리고 체(FILTERS, STRAINERS AND SIEVES)

필터, 스트레이너 그리고 체는 화장품 원료와 완제품에서 원하는 입자크기, 덩어리 모양을 깨뜨리기 위해, 불순물을 제거하기 위해 그리고 현탁액에서 초과물질을 제거하기 위해 사용될 수 있다.

(1) 구성재질(Materials of Construction)

스테인리스스틸과 비반응성 섬유이다. 현재, 대부분 원료와 처방에 대해 스테인리스 316ℓ는 제품의 제조를 위해 선호된다.

6) 이송 파이프(TRANSPORT PIPING)

파이프 시스템은 제품을 한 위치에서 다른 위치로 운반한다.

(1) 구성재질(Materials of Construction)

유리, 스테인리스 스틸 #304 또는 #316, 구리, 알루미늄 등

7) 칭량 장치 (WEIGHING DEVICE)

칭량 장치들은 원료, 제조과정 재료 그리고 완제품을 요구되는 성분표 양과 기준을 만족하는지를 보증하기 위해 중량 적으로 측정하기 위해 사용된다.

(1) 구성재질(Materials of Construction)

계량적 눈금의 노출된 부분들은 칭량 작업에 간섭하지 않는다면 보호적인 피복제로 칠해질 수 있다.

8) 게이지와 미터(GAUGES AND METERS)

게이지와 미터는 온도, 압력, 흐름, pH, 점도, 속도, 부피 그리고 다른 화장품의 특성을 측정 및 또는 기록하기 위해 사용되는 기구이다.

(1) 구성재질(Materials of Construction)

제품과 직접 접하는 게이지와 미터의 적절한 기능에 영향을 주지 않아야 한다. 대부분 제조자는 기구들과 제품과 원료의 직접 접하지 않도록 분리 장치를 제공한다.

2 포장재 설비

1) 제품 충전기(PRODUCT FILLER)

제품 충전기는 제품을 1차 용기에 넣기 위해 사용된다.

(1) 구성 재질

가장 널리 사용되는 제품과 접촉되는 표면물질은 300시리즈 스테인리스 스틸이다. Type #304와 더 부식에 강한 Type #316 스테인리스스틸이 가장 널리 사용된다.

Section 05 설비 · 기구의 폐기 기준

1 시험시설 및 시험기구

1) 점검 및 보정(수리)

(1) 점검 및 보정(수리)에 대한 주기 및 방법은 규정된 기기점검 방법에 따라 실시한다.

(2) 점검 시 이상이 있을 경우에는 즉시 품질보증팀장에게 보고하고, 기기의 제조사 또는 관련 회사에 문의하여 보정 또는 점검을 실시한다.

2) 기기 점검 기록

모든 기기는 점검 일지를 작성하여 정기적으로 점검하여야 하며, 기기 점검 일지에는 기기명, 점검항목, 주기, 점검일자, 확인자 등의 사항이 기록되어야 한다.

3) 고장 시 조치사항

(1) 시험 고장 시 기기관리 책임자는 품질보증팀장에게 즉시 보고하여 기기 정상가동이 지연되지 않도록 신속하게 조치해야 하며, 고장 또는 제한 사용 스티커를 정상 가동이 될 때까지 부착한다.

(2) 기기 수리가 불가능할 때에는 기기관리 책임자는 전문업체에 신속히 정비를 한다.

2 계기

여기서 잠깐

용어의 정의

- 계기 : 계량과 계측을 목적으로 하는 장치를 통칭함
- 교정 : 규정된 조건 하에서 측정지 또는 측정시스템이 지시하는 물질량의 값 또는 물적 척도나 표준물질에 의해 대표되는 값과 표준기기로 측정한 값 사이에 관련성을 확립하는 일련의 조작을 의미함. 또한, 검정 업무 및 교정 업무를 통칭함

1) 교정 실시

(1) 외부 교정 대상 계기

교정담당자는 외부 교정 대상 계기의 경우 차기 교정 일자 최소 한 달 전 교정기관에 계기를 의뢰하여 교정 유효기간 만료 전에 교정이 이루어질 수 있도록 조치를 취한다.

(2) 내부 교정 대상 계기

① 교정담당자는 외부 기간으로부터 교정을 받은 표준기기 또는 표준품으로 내부 교정을 실시할 경우 교정을 실시하고 교정성적서 발행 및 교정필증을 부착한다.

② 외부 기간 교정이 불가한 계기는 특성에 따라 점검일지를 작성하여 관리한다.

2) 사후관리

(1) 적합

① 국가공인기간 또는 외부기관으로부터 발행된 교정필증을 해당 계기에 부착하여 식별이 용이하도록 한다.

② 국가공인기간 또는 외부기관으로부터 된 교정성적서는 시험설비 이력카드에 함께 보관한다.

(2) 부적합

① 수리가 가능할 경우 해당 계기를 수리하고, 수리가 불가능할 경우 신규 계기로 대체한다.

② 대체계기가 동일 사양일 경우에는 기존 설비번호를 그대로 사용한다.

③ 대체계기가 동일 사양이 아닐 경우에는 변경 관리 절차에 따라 처리한다.

(3) 교정담당자는 계기가 불량인 상태에서 측정된 제품에 대한 이상 유무를 확인하고 조치한다.

3 온·습도계, 저울

(1) 검정책임자는 제품의 품질에 영향을 미치는 온·습도계, 저울의 대상 및 수량을 파악하여 리스트를 작성한다.

(2) 검정담당자는 주기 및 연간계획을 수립하여 자체 검정을 실시한다.

(3) 표준 온·습도계 및 분동은 국가공인기관 또는 위부기관으로부터 검·교정을 받은 온·습도계 및 분동을 사용한다.

(4) 검정담당자는 사용용도 및 특성에 근거하여 설정 된 기준에 따라 검정을 실시한다.

(5) 검정결과 허용오차를 초과하는 온·습도계의 경우 폐기 후 재 구매하여 사용하고, 저울의 경우 외부 검교정을 실시한다.

CHAPTER

04 | 내용물 및 원료관리

Section 01 내용물 및 원료의 입고 기준

1 내용물 및 원료의 입고 기준

(1) 제조업자는 원자재 공급자에 대한 관리감독을 적절히 수행하여 입고관리가 철저히 이루어지도록 하여야 한다.

(2) 원자재의 입고 시 구매 요구서, 원자재 공급업체 성적서 및 현품이 서로 일치하여야 한다. 필요한 경우 운송 관련 자료를 추가적으로 확인할 수 있다.

(3) 원자재 용기에 제조번호가 없는 경우에는 관리번호를 부여하여 보관하여야 한다.

(4) 원자재 입고절차 중 육안확인 시 물품에 결함이 있을 경우 입고를 보류하고 격리보관 및 폐기하거나 원자재 공급업자에게 반송하여야 한다.

(5) 입고된 원자재는 "적합", "부적합", "검사 중" 등으로 상태를 표시하여야 한다. 다만, 동일 수준의 보증이 가능한 다른 시스템이 있다면 대체할 수 있다.

(6) 원자재 용기 및 시험기록서의 필수적인 기재 사항은 다음 각 호와 같다.

① 원자재 공급자가 정한 제품명

② 원자재 공급자명

③ 수령일자

④ 공급자가 부여한 제조번호 또는 관리번호 **[CGMP 제11조]**

2 내용물 및 원료의 입고 절차

1) 원료

(1) 원료담당자는 원료가 입고되면 입고원료의 발주서 및 거래명세표를 참고하여 원료명, 규격, 수량, 납품처 등이 일치하는지 확인한다.

(2) 원료 용기 및 봉합의 파손 여부, 물에 젖었거나 침적된 흔적 여부, 해충이나 쥐 등의 침해를 받은 흔적 여부, 표시된 사항의 이상 여부 및 청결 여부 등을 확인한다.

(3) 용기에 표시된 양을 거래명세표와 대조하고 필요 시 칭량하여, 그 무게를 확인한다.

(4) 확인 후 이상이 없으면 용기 및 외포장을 청소한 후 원료 대기 보관소로 이동한다.

(5) 원료담당자는 입고 정보를 전산에 등록한 후 업체의 시험성적서를 지참하여 품질부서에 검사를 의뢰한다.

(6) 품질보증팀 담당자는 시험을 실시하고 원료 시험기록서를 작성하여 품질보증팀장의 승인을 득하고, 적합일 경우에는 해당 원료에 적합라벨을 부착하고 전산에 적 · 부 여부를 등록한다.

(7) 시험결과 부적합일 경우에는 해당 원료에 부적합라벨을 부착하고, 해당 부서에 기준일탈조치표를 작성하여 통보한다.

(8) 구매부서는 부적합원료에 관한 기준일탈조치를 하고, 관련 내용을 기록하여 품질보증팀에 회신한다.

여기서 잠깐

맞춤형화장품 조제관리사 자격시험 예시 출제 문항

[문제] 다음에서 맞춤형화장품 조제에 필요한 원료 및 내용물 관리로 적절한 것을 모두 고르면?

ㄱ. 내용물 및 원료의 제조번호를 확인한다.
ㄴ. 내용물 및 원료의 입고 시 품질관리 여부를 확인한다.
ㄷ. 내용물 및 원료의 사용기한 또는 개봉 후 사용기한을 확인한다.
ㄹ. 내용물 및 원료 정보는 기밀이므로 소비자에게 설명하지 않을 수 있다.
ㅁ. 책임판매업자와 계약한 사항과 별도로 내용물 및 원료의 비율을 다르게 할 수 있다.

① ㄱ, ㄴ, ㄷ ② ㄱ, ㄴ, ㄹ ③ ㄱ, ㄷ, ㅁ
④ ㄴ, ㅁ, ㄹ ⑤ ㄷ, ㅁ, ㄹ

정답: ①

2) 반제품

(1) 제조담당자는 제조완료 후 품질보증팀으로부터 적합판정을 통보받으면, 지정된 저장통에 반제품을 배출한다.

(2) 반제품은 품질이 변하지 않도록 적당한 용기에 넣어 지정된 장소에서 보관해야 하며 용기에 다음 사항을 표시해야 한다.

① 명칭 또는 확인코드

② 제조번호

③ 제조일자

④ 필요한 경우에는 보관조건

Section 02 유통화장품의 안전관리 기준

원료 품질 검사성적서 인정 기준은 다음 각 항의 어느 하나에 해당할 경우와 같다.

(1) 유통화장품은 제2항부터 제5항까지의 안전관리 기준에 적합하여야 하며, 유통화장품 유형별로 제6항부터 제9항까지의 안전관리 기준에 추가적으로 적합하여야 한다. 또한, 시험 방법은 별표 4에 따라 시험하되, 기타 과학적 · 합리적으로 타당성이 인정되는 경우 자사 기준으로 시험할 수 있다.

(2) 화장품을 제조하면서 다음 각 호의 물질을 인위적으로 첨가하지 않았으나, 제조 또는 보관 과정 중 포장재로부터 이행되는 등 비의도적으로 유래된 사실이 객관적인 자료로 확인되고 기술적으로 완전한 제거가 불가능한 경우 해당 물질의 검출 허용 한도는 다음 각 호와 같다.

① 납 : 점토를 원료로 사용한 분말제품은 50㎍/g 이하, 그 밖의 제품은 20㎍/g 이하

② 니켈: 눈 화장용 제품은 35㎍/g 이하, 색조 화장용 제품은 30㎍/g 이하, 그 밖의 제품은 10㎍/g 이하

③ 비소 : 10㎍/g 이하

④ 수은 : 1㎍/g 이하

⑤ 안티몬 : 10㎍/g 이하

⑥ 카드뮴 : 5㎍/g 이하

⑦ 디옥산 : 100㎍/g 이하

⑧ 메탄올 : 0.2(v/v)% 이하, 물휴지는 0.002%(v/v) 이하

⑨ 포름알데하이드 : 2,000㎍/g 이하, 물휴지는 20㎍/g 이하

⑩ 프탈레이트류(디부틸프탈레이트, 부틸벤질프탈레이트 및 디에칠헥실프탈레이트에 한함) : 총합으로서 100㎍/g 이하

(3) 별표 1의 사용할 수 없는 원료가 제2항의 사유로 검출되었으나 검출허용한도가 설정되지 아니한 경우에는 「화장품법 시행규칙」 제17조에 따라 위해평가 후 위해 여부를 결정하여야 한다.

(4) 미생물한도는 다음과 같다.

① 총호기성생균수는 영 · 유아용 제품류 및 눈화장용 제품류의 경우 500개/g(㎖) 이하

② 물휴지의 경우 세균 및 진균수는 각각 100개/g(㎖) 이하

③ 기타 화장품의 경우 1,000개/g(㎖) 이하

④ 대장균(Escherichia Coli), 녹농균(Pseudomonas aeruginosa), 황색포도상구균 (Staphylococcus aureus)은 불검출

(5) 내용량의 기준은 다음 각 호와 같다.

① 제품 3개를 가지고 시험할 때 그 평균 내용량이 표기량에 대하여 97% 이상(다만, 화장 비누의 경우 건조중량을 내용량으로 한다)

② 제1호의 기준치를 벗어날 경우 : 6개를 더 취하여 시험할 때 9개의 평균 내용량이 제1호의 기준치 이상

③ 그 밖의 특수한 제품 : 「대한민국약전」(식품의약품안전처 고시)을 따를 것

(6) 영 · 유아용 제품류(영 · 유아용 샴푸, 영 · 유아용 린스, 영 · 유아 인체 세정용 제품, 영 · 유아 목욕용 제품 제외), 눈 화장용 제품류, 색조 화장용 제품류, 두발용 제품류(샴푸, 린스 제외), 면도용 제품류(셰이빙 크림, 셰이빙 폼 제외), 기초화장용 제품류(클렌징 워터, 클렌징 오일, 클렌징 로션, 클렌징 크림 등 메이크업 리무버 제품 제외) 중 액, 로션, 크림 및 이와 유사한 제형의 액상제품은 pH 기준이 3.0~9.0이어야 한다. 다만, 물을 포함하지 않는 제품과 사용한 후 곧바로 물로 씻어 내는 제품은 제외한다.

(7) 기능성화장품은 기능성을 나타나게 하는 주원료의 함량이 「화장품법」 제4조 및 같은 법 시행규칙 제9조 또는 제10조에 따라 심사 또는 보고한 기준에 적합하여야 한다.

[화장품 안전 기준 등에 관한 규정(식약처 고시) 제6조]

(8) 다음 각 호의 개정규정에도 불구하고 종전 규정에 따라 제조 또는 수입된 화장품은 고시 시행일로부터 2년이 되는 날까지 유통 · 판매할 수 있다.

① 별표1의 천수국꽃 추출물 또는 오일

② 별표2의 만수국꽃추출물 또는 오일, 만수국아재비꽃 추출물 또는 오일, 땅콩오일, 추출물 및 유도체, 하이드롤라이즈드밀단백질, 메칠이소치아졸리논, 디메칠옥사졸리딘, p-클로로-m-크레졸, 클로로펜, 프로피오닉애씨드 및 그 염류

[화장품 안전 기준 등에 관한 규정(식약처 고시) 제6조의 부칙 제3조]

여기서 잠깐

맞춤형화장품 조제관리사 자격시험 예시 출제 문항

[문제] 맞춤형화장품의 원료로 사용할 수 있는 경우로 적합한 것은?

① 보존제를 직접 첨가한 제품

② 자외선차단제를 직접 첨가한 제품

③ 화장품에 사용할 수 없는 원료를 첨가한 제품

④ 식품의약품안전처장이 고시하는 기능성화장품의 효능 · 효과를 나타내는 원료를 첨가한 제품

⑤ 해당 화장품책임판매업자가 식품의약품안전처장이 고시하는 기능성화장품의 효능 · 효과를 나타내는 원료를 포함하여 식약처로부터 심사를 받거나 보고서를 제출한 경우에 해당하는 제품

정답: ⑤

Section 03 입고된 원료 및 내용물 관리기준

1 원료 및 내용물 보관관리

(1) 원자재, 반제품 및 벌크 제품은 품질에 나쁜 영향을 미치지 아니하는 조건에서 보관하여야 하며 보관기한을 설정하여야 한다.
(2) 원자재, 반제품 및 벌크 제품은 바닥과 벽에 닿지 아니하도록 보관하고, 선입선출에 의하여 출고할 수 있도록 보관하여야 한다.
(3) 원자재, 시험 중인 제품 및 부적합품은 각각 구획된 장소에서 보관하여야 한다. 다만, 서로 혼동을 일으킬 우려가 없는 시스템에 의하여 보관되는 경우에는 그러하지 아니한다.
(4) 설정된 보관기한이 지나면 사용의 적절성을 결정하기 위해 재평가시스템을 확립하여야 하며, 동 시스템을 통해 보관기한이 경과한 경우 사용하지 않도록 규정하여야 한다. **[CGMP 제13조]**

2 보관장소 및 보관방법(취급 시의 혼동 및 오염방지 대책)

1) 원료

(1) 보관장소
① 원료대기 보관소 : 원료가 입고되면 판정이 완료되기 전까지 보관한다.
② 부적합 원료 보관소 : 시험결과 부적합으로 판정된 원료는 반품, 폐기 등의 조치를 하기 전까지 보관한다.
③ 적합원료 보관소 : 시험결과 적합으로 판정된 원료를 보관한다.
④ 저온원료 창고 : 저온에서 보관하여야 하는 원료를 보관하며, 저온이라 함은 10℃ 이하를 의미한다.

(2) 보관방법
① 원료보관창고는 관련 법규에 따라 시설을 갖추어야 하며, 관련 규정에 적합한 보관조건에서 보관되어야 한다.
② 여름에는 고온 · 다습하지 않도록 유지 관리하여야 한다.
③ 바닥 및 내벽과 10cm 이상, 외벽과 30cm 이상 간격을 두고 적재한다.
④ 방서 및 방충 시설을 갖추어야 한다.
⑤ 지정된 보관소에 원료를 보관하여 누구나 명확히 구분할 수 있게 혼동될 염려가 없도록 보관하여야 한다.
⑥ 원료의 출고 시에는 반드시 선입선출이 되어야 하며, 출고 전 적합라벨의 부착 여부 및 원 포장에 표시된 원료명과 적합라벨에 표시된 원료명의 일치 여부를 확인한다.
Ⓐ 모든 보관소에서는 선입선출의 절차가 사용되어야 한다. 다만, 나중에 입고된 물품이 사용(

유효)기한이 짧은 경우 먼저 입고된 물품보다 먼저 출고할 수 있다.

Ⓑ 선입선출을 하지 못하는 특별한 사유가 있을 경우, 적절하게 문서화 된 절차에 따라 나중에 입고된 물품을 먼저 출고할 수 있다.

⑦ 원료창고 담당자는 매월 정기적으로 원료의 입출고 내역 및 재고조사를 통하여 재고관리를 해야 한다.

⑧ 보관장소는 항상 정리 · 정돈되어 있어야 한다.

2) 반제품

(1) 보관장소 : 지정된 장소(벌크 보관실)에 해당 반제품을 보관한다.

품질보증부서로부터 보류 또는 부적합 판정을 받은 반제품의 경우 부적합품 대기소에 보관하여 적합제품과 명확히 구분이 되어져야 한다.

(2) 보관방법

① 이물질 혹은 미생물 오염으로부터 보호되어 보관되어야 한다.

② 최대 보관기간은 6개월이며, 보관기간이 1개월 이상 경과되었을 때에는 반드시 사용 전 품질보증부서에 검사 의뢰하여 적합 판정된 반제품만 사용되어야 한다.

3) 원료의 유효기간 관리

원료관리 규정에 따른다.

Section 04 보관 중인 원료 및 내용물 출고기준

(1) 원자재는 시험결과 적합판정된 것만을 선입선출방식으로 출고해야 하고 이를 확인할 수 있는 체계가 확립되어 있어야 한다. [CGMP 제12조]

(2) 완제품은 적절한 조건하의 정해진 장소에서 보관하여야 하며, 주기적으로 재고 점검을 수행해야 한다.

(3) 완제품은 시험결과 적합으로 판정되고 품질보증부서 책임자가 출고 승인한 것만을 출고하여야 한다.

(4) 출고는 선입선출방식으로 하되, 타당한 사유가 있는 경우에는 그러지 아니할 수 있다.

(5) 출고할 제품은 원자재, 부적합품 및 반품된 제품과 구획된 장소에서 보관하여야 한다. 다만 서로 혼동을 일으킬 우려가 없는 시스템에 의하여 보관되는 경우에는 그러하지 아니할 수 있다.

[CGMP 제19조]

Section 05 내용물 및 원료의 폐기 기준

1 원료 및 내용물 시험 관리

1) 시험의뢰 및 시험

(1) 원료 및 자재 보관 담당자는 원료 및 자재에 대하여 품질부서에 시험 의뢰를 한다.

(2) 반제품 제조 담당자는 제조된 반제품에 대하여 품질부서에 시험 의뢰를 한다.

(3) 품질부서 담당자는 의뢰된 품목에 대하여 검체를 채취하여 품질검사를 실시한다.

2) 시험지시 및 기록서의 작성

다음 사항이 기재된 시험지시 및 기록서를 작성한다.

(1) 제품명(원자재명)

(2) 제조번호

(3) 제조일 또는 입고일

(4) 시험지시번호, 지시자 및 지시연월일

(5) 시험항목 및 기준

(6) 시험일, 검사자, 시험결과, 판정결과

(7) 기타 필요한 사항

3) 시험결과의 판정

(1) 검사 담당자는 시험 성적서를 작성한 후, 품질보증팀장에게 보고한다.

(2) 품질보증팀장은 시험결과를 시험기준과 대조하여 확인 후 적/부 판정을 최종 승인한다.

4) 시험 적/부 판정 적용 범위

(1) 적합 판정 : 시험 결과가 모든 기준에 적합할 경우 "적합"으로 한다.

(2) 부적합 판정 : 시험결과가 기준에 벗어나는 것으로 완제품의 품질에 직접적인 관련이 있다고 판단되는 시험항목인 경우는 "부적합"으로 한다.

5) 시험결과의 전달

(1) 품질부서는 원자재의 시험결과를 의뢰부서에 통보하고, 적합 또는 부적합 라벨을 부착하여 식별 표시를 한다.

(2) 라벨에는 다음의 사항이 기재되어야 한다.

① 제품명

② 제조번호 또는 제조일자

③ 판정결과

④ 판정일

6) 부적합 판정에 대한 사후관리

"부적합" 판정된 품목은 지정된 보관 장소에 보관하고 원료 및 자재는 즉시 반품 또는 폐기조치 한다.

7) 원료와 포장재, 벌크제품과 완제품이 적합판정기준을 만족시키지 못 할 경우

"기준 일탈 제품"으로 지칭한다. 기준일탈 제품이 발생했을 때는 미리 정한 절차를 따라 확실한 처리를 하고 실시한 내용을 모두 문서에 남긴다.

(1) 품질에 문제가 있거나 회수 · 반품된 제품의 폐기 또는 재작업 여부는 품질보증 책임자에 의해 승인되어야 한다.

(2) 재작업은 그 대상이 다음 각 호를 모두 만족한 경우에 할 수 있다.

① 변질 · 변패 또는 병원미생물에 오염되지 아니한 경우

② 제조일로부터 1년이 경과하지 않았거나 사용기한이 1년 이상 남아있는 경우

(3) 재입고할 수 없는 제품의 폐기처리규정을 작성하여야 하며 폐기 대상은 따로 보관하고 규정에 따라 신속하게 폐기하여야 한다.

2 원료 및 내용물 검체 채취 및 보관

1) 검체 채취 담당자

(1) 검체 채취는 품질보증팀의 각 시험 담당자가 행하는 것을 원칙으로 하지만 합리적인 이유가 있는 경우 생산담당자가 대행할 수 있다.

(2) 검체 채취 시에는 원자재의 경우 제조원의 시험성적서 등의 자료를 인수하고 입고된 원자재에 "시험 중" 라벨을 부착한다.

(3) 시험 완료 후 시험 성적서를 작성하고, 품질보증팀장의 승인을 받은 후, 원자재에 "적합" 또는 "부적합" 라벨을 부착하여 식별 표시를 하고 해당 부서에 결과를 통보한다.

2) 검체 채취 장소

(1) 원료 : 원료 검체 채취실에서 원료관리 담당자 입회하에 실시한다.

(2) 반제품 : 제조실 또는 반제품 보관소에서 담당자 입회하에 실시한다.

3) 검체 채취시기

(1) 원자재 : 시험의뢰 접수 후 가능한 즉시 또는 1일 이내에 검체를 채취한다.

(2) 완제품(반제품) : 시험의뢰 접수 후 가능한 즉시 또는 1일 이내에 검체를 채취한다.

(3) 재시험 검체 : 원자재, 반제품의 재시험이 필요하다고 판단된 경우 즉시 재시험을 위한 검체를 채취한다.

(4) 장기보관품

① 벌크 : 벌크의 최대 보관기간은 6개월이며. 1개월경과 후 충전 시에는 충전 전 반제품 보관 담

당자로부터 시험 의뢰 접수 후 검체를 채취한다.

(5) 회수 및 반품제품

담당 부서 담당자로부터 시험 의뢰 접수 후 검체를 채취한다.

4) 검체 채취 보관 용기 및 식별

(1) 원료 : 100㎖ 용량의 플라스틱 용기(100㎖ 채취)

(2) 반제품 : 500㎖ 플라스틱 비이커로 채취

(3) 검체 채취 후 검체명(코드), 제조번호(제조일자), 채취일 등을 검체 채취 라벨에 기재하여 검체 채취 용기에 부착한다.

5) 검체 채취 방법

(1) 모든 시험용 검체의 채취는 제조번호의 품질을 대표할 수 있도록 랜덤으로 실시하여야 한다. 검체는 랜덤 샘플링을 실시하여 제조 단위 또는 입고 단위를 대표할 수 있도록 채취한다.

(2) 원료

① 원료 보관소의 검체 채취실 및 계량실에서 검체를 채취한다.

② 원료가 비산되거나 먼지 등이 혼입되지 않도록 검체 채취 완료 후에는 원 포장에 준하도록 재포장 후 샘플링을 하였다는 식별표시를 하여야 한다.

③ 입고된 원료는 제조번호에 따라 구분하고, 제조번호마다 검체를 채취한다.

(3) 반제품

제조 단위마다 제조 믹서에서 멸균된 위생용 샘플링 컵으로 검체를 채취한다.

6) 검체 채취 시 주의사항

(1) 반드시 지정된 장소에서 채취한다.

(2) 검체 채취 시 외부로부터 분진, 이물, 습기 및 미생물 오염에 유의하여야 한다.

(3) 제조 단위 전체를 대표할 수 있도록 치우침이 없는 검체 채취 방법을 사용하여야 한다.

(4) 개봉 부분은 벌레 등의 혼입, 미생물 오염이 없도록 원 포장에 준하여 재포장을 실시하여야 한다.

(5) 채취한 검체는 청결 건조한 검체 채취용 용기에 넣고, 마개를 잘 닫고 봉한다.

(6) 미생물 오염에 특히 주의를 요하며, 검체 채취 용기 및 기구는 세척 멸균, 건조한 것을 사용한다.

7) 검체의 보관 및 관리

(1) 완제품은 적절한 보관 조건 하에 지정된 구역 내에서 제조 단위별로 사용기간 경과 후 1년간 보관한다.

(2) 개봉 후 사용기한을 기재하는 제품의 경우에는 제조일로부터 3년간 보관한다.

(3) 벌크는 보관 용기에 담아 6개월간 보관한다.

(4) 원자재는 검사가 완료되어 합부 판정이 완료되면 폐기하는 것을 원칙으로 하며 필요에 따라 보관기간을 연장할 수 있다.

Section 06 내용물 및 원료의 폐기 기준

원료와 포장재, 벌크제품과 완제품이 적합판정기준을 만족시키지 못 할 경우 "기준일탈 제품"으로 지칭한다. 기준일탈 제품이 발생했을 때는 미리 정한 절차를 따라 확실한 처리를 하고 실시 한 내용을 모두 문서에 남긴다.

(1) 품질에 문제가 있거나 회수·반품된 제품의 폐기 또는 재작업 여부는 품질보증 책임자에 의해 승인되어야 한다.

(2) 재작업은 그 대상이 다음 각 호를 모두 만족한 경우에 할 수 있다.

① 변질·변패 또는 병원미생물에 오염되지 아니한 경우

② 제조일로부터 1년이 경과하지 않았거나 사용기한이 1년 이상 남아있는 경우

(3) 재입고할 수 없는 제품의 폐기처리규정을 작성하여야 하며 폐기 대상은 따로 보관하고 규정에 따라 신속하게 폐기하여야 한다. **[CGMP 제22조]**

여기서 잠깐

맞춤형화장품 조제관리사 자격시험 예시 출제 문항

[문제] 다음의 우수화장품 품질관리기준에서 기준일탈 제품의 폐기 처리 순서를 나열한 것으로 옳은 것은?

ㄱ. 격리 보관
ㄴ. 기준 일탈 조사
ㄷ. 기준일탈의 처리
ㄹ. 폐기처분 또는 재작업 또는 반품
ㅁ. 기준일탈 제품에 불합격라벨 첨부
ㅂ. 시험, 검사, 측정이 틀림없음 확인
ㅅ. 시험, 검사, 측정에서 기준 일탈 결과 나옴

① ㄷ → ㄴ → ㅂ → ㅅ → ㄹ → ㄱ → ㅁ
② ㅁ → ㄴ → ㅂ → ㄷ → ㅅ → ㄱ → ㄹ
③ ㅅ → ㄴ → ㄹ → ㄷ → ㅁ → ㅂ → ㄱ
④ ㅅ → ㄴ → ㅂ → ㄷ → ㅁ → ㄱ → ㄹ
⑤ ㅅ → ㄴ → ㅂ → ㄷ → ㅁ → ㄹ → ㄱ

답 ④

CHAPTER

05 포장재의 관리

Section 01 포장재의 관리

여기서 잠깐

포장재의 정의

- 포장재에는 많은 재료가 포함된다.
- 일차포장재, 이차포장재, 각종 라벨, 봉함 라벨까지 포장재에 포함된다.
- 라벨에는 제품 제조번호 및 기타 관리번호를 기입하므로 실수방지가 중요하여 라벨은 포장재에 포함하여 관리하는 것을 권장한다.

1 포장재의 입고

(1) 포장재가 입고되면 자재 담당자는 입고된 자재 발주서와 거래명세표를 참고하여 포장재명, 규격, 수량, 납품처, 해충이나 쥐 등의 침해를 받은 흔적, 청결 여부 등을 확인하다.

(2) 확인 후 이상이 없으면 업체의 포장재 성적서를 지참하여 품질보증팀에 검사의뢰를 한다.

(3) 품질보증팀은 포장재 입고 검사 절차에 따라 검체를 채취하고, 외관 검사 및 기능 검사를 실시한다.

(4) 시험결과를 포장재 검사 기록서에 기록하여 품질보증팀장의 승인을 득한 후, 입고된 포장재에 적합라벨을 부착하고, 부적합 시에는 부적합라벨을 부착한 후 기준일탈조치서를 작성하여 해당 부서에 통보한다.

(5) 구매부서는 부적합 포장재에 관한 기준일탈조치를 하고, 관련 내용을 기록하여 품질보증팀에 회신하다.

2 보관장소 및 보관방법

1) 보관장소

(1) 포장재보관소 : 적합 판정된 포장재만을 지정된 장소에 보관한다.

(2) 부적합보관소 : 부적합 판정된 자재는 선별, 반품, 폐기 등의 조치가 이루어지기 전까지 보관한다.

2) 보관방법

(1) 누구나 명확히 구분할 수 있게 혼동될 염려가 없도록 구분하여 보관한다.

(2) 바닥 및 내벽과 10cm 이상, 외벽과 30cm 이상 간격을 두고 보관한다.
(3) 보관장소는 항상 청결하여야 하며, 정리 · 정돈이 되어 있어야 하고, 출고 시에는 선입 · 선출을 원칙으로 한다.
(4) 방서 · 방충 시설을 갖춘 곳에서 보관한다.
(5) 직사광선, 습기, 발열체를 피하여 보관한다.
(6) 보관 기한을 정한다.
(7) 재평가 시스템을 통해 보관 기간이 경과한 경우 사용하지 않도록 한다.
(8) 보관조건은 포장재의 세부 요건에 따라 정의한다.
(9) 최대 보관 기간을 정하고 이를 준수한다.

3 검체 채취 및 보관

1) 검체 채취 장소

포장재 검수실에서 포장재 관리 담당자 입회 하에 실시한다.

2) 검체 채취 방법

외관 검사용 샘플은 계수 조정형 샘플링 방식에 따라 랜덤으로 샘플링하며, 기능 검사 및 파괴검사용 샘플은 필요수량만큼 샘플링한다.

4 포장재의 출고

(1) 포장재 공급 담당자는 생산계획에 따라 자재를 공급하되, 적합 라벨이 부착되었는지 여부를 확인하고 선입·선출의 원칙에 따라 공급한다.
(2) 공급되는 부자재는 WMS 시스템을 통해 공급기록을 관리한다.

5 충전 · 포장 시 발생 된 불량자재의 처리

품질부서에서 적합으로 판정된 포장재라도 생산 중 이상이 발견되거나 작업 중 파손 또는 부적합 포장재에 대해서는 다음과 같이 처리한다.

(1) 생산팀에서는 생산 중 발생한 불량 포장재를 정상품과 구분하여 물류팀에 반납한다.
(2) 물류팀 담당자는 부적합 포장재를 부적합 자재 보관소에 이동하여 보관한다.
(3) 물류팀 담당자는 부적합 포장재를 추후 반품 또는 폐기 조치 후 해당 업체에 시정 조치 요구를 한다.

PART 03

유통 화장품 안전관리
기출복원 및 예상적중문제

01 CGMP(우수화장품 제조 및 품질관리기준)의 3대 요소로 올바른 것은?

> ㉠ 인위적인 과오의 최소화
> ㉡ 미생물오염 및 교차오염으로 인한 품질저하 방지
> ㉢ 생산성 향상
> ㉣ 고도의 품질관리체계 확립
> ㉤ 효율적인 재고 관리

① ㄱ, ㄴ, ㄷ　② ㄴ, ㄷ, ㄹ
③ ㄷ, ㄹ, ㅁ　④ ㄱ, ㄷ, ㄹ
⑤ ㄱ, ㄴ, ㄹ

해설
CGMP의 3대 요소는 인위적인 과오의 최소화, 미생물오염 및 교차오염으로 인한 품질저하 방지, 고도의 품질관리체계 확립이다.

02 다음 중 "일탈"의 정의로 맞는 것은?

① 제조 또는 품질관리 활동 등의 미리 정하여진 기준을 벗어나 이루어진 행위를 말한다.
② 규정된 합격 판정 기준에 일치하지 않는 검사, 측정 또는 시험결과를 말한다.
③ 제품에서 화학적, 물리적, 미생물학적 문제 또는 이들이 조합되어 나타내는 바람직하지 않은 문제의 발생을 말한다.
④ 판매한 제품 가운데 품질 결함이나 안전성 문제 등으로 나타난 제조번호의 제품(필요시 여타 제조번호 포함)을 제조소로 거두어들이는 활동을 말한다.
⑤ 제품이 규정된 적합판정기준을 충족시키지 못한다고 주장하는 외부 정보를 말한다.

해설
② 기준일탈 ③ 오염 ④ 회수 ⑤ 불만

03 하나의 공정이나 일련의 공정으로 제조되어 균질성을 갖는 화장품의 일정한 분량을 말하는 것의 용어 정의로 맞는 것은?

① 청소　② 원료
③ 기준일탈　④ 뱃치
⑤ 완제품

해설
• 청소 : 화학적인 방법, 기계적인 방법, 온도, 적용시간과 이러한 복합된 요인에 의해 청정도를 유지하고 일반적으로 표면에서 눈에 보이는 먼지를 분리, 제거하여 외관을 유지하는 모든 작업
• 원료 : 벌크 제품의 제조에 투입하거나 포함되는 물질
• 기준일탈 : 규정된 합격 판정 기준에 일치하지 않는 검사, 측정 또는 시험결과
• 완제품 : 출하를 위해 제품의 포장 및 첨부문서에 표시공정 등을 포함한 모든 제조공정이 완료된 화장품

04 모든 작업원이 이행해야 할 책임의 내용이 아닌 것은?

① 조직 내에서 맡은 지위 및 역할을 인지해야 할 의무
② 일탈이 있는 경우 이의 조사 및 기록
③ 문서접근 제한 및 개인위생 규정을 준수해야 할 의무
④ 자신의 업무 범위 내에서 기준을 벗어난 행위나 부적합 발생 등에 대해 보고해야 할 의무
⑤ 정해진 책임과 활동을 위한 교육훈련을 이수할 의무

정답 01 ⑤ 02 ① 03 ④ 04 ②

해설

품질보증 책임자의 이행 의무

05 화장품 생산 시설에 포함되지 않는 것은?

① 흡연실
② 손을 씻는 시설
③ 화장품을 생산하는 설비와 기기가 들어있는 건물
④ 작업실
⑤ 건물 내의 통로

해설

화장품을 생산하는 설비와 기기가 들어있는 건물, 작업실, 건물 내의 통로, 갱의실, 손을 씻는 시설 등을 포함하여 원료, 포장재, 완제품, 설비, 기기를 외부와 주위 환경 변화로부터 보호하는 것

06. 작업소의 시설 기준으로 맞는 것은?

① 제조하는 화장품의 종류 · 제형에 따라 적절히 한쪽에 쌓아 놓을 것
② 환기는 창문을 열어 환기시키고 청결할 것
③ 바닥, 벽, 천장은 가능한 청소하기 쉽게 매끄러운 표면을 지니고 소독제 등의 부식성에 저항력이 없을 것
④ 수세실과 화장실은 접근이 쉬워야 하고 생산구역과 분리되어 있을 것
⑤ 각 제조구역별 청소 및 위생관리는 오염을 제거에 용이한 세척제 및 소독제를 사용할 것

해설

① 제조하는 화장품의 종류·제형에 따라 적절히 구획·구분되어 있어 교차오염 우려가 없을 것,
② 환기가 잘 되고 청결할 것
③ 바닥·벽·천장은 가능한 청소하기 쉽게 매끄러운 표면을 지니고 소독제 등의 부식성에 저항력이 있을 것
⑤ 각 제조구역별 청소 및 위생관리 절차에 따라 효능이 입증된 세척제 및 소독제를 사용할 것

07 제조 및 품질관리에 필요한 설비의 기준이 아닌 것은?

① 사용 목적에 적합하고, 청소가 가능하며, 필요한 경우 위생 · 유지 관리가 가능하여야 한다. 자동화 시스템을 도입한 경우엔 상관없다.
② 시설 및 기구에 사용되는 소모품은 제품의 품질에 영향을 주지 않도록 할 것
③ 사용하지 않는 연결 호스와 부속품은 청소 등 위생관리를 하며, 건조한 상태로 유지하고 먼지, 얼룩 또는 다른 오염으로부터 보호할 것
④ 용기는 먼지나 수분으로부터 내용물을 보호할 수 있을 것
⑤ 설비 등의 위치는 원자재나 직원의 이동으로 인하여 제품의 품질에 영향을 주지 않도록 할 것

해설

사용 목적에 적합하고, 청소가 가능하며, 필요한 경우 위생·유지 관리가 가능하여야 한다. 자동화 시스템을 도입한 경우도 또한 같다.

08 직원 서비스와 준수사항에 대한 내용이 아닌 것은?

① 화장실, 갱의실 및 손 세척 설비가 직원에게 제공되어야 하고 작업구역과 분리되어야 하며 쉽게 이용할 수 있어야 한다.
② 편리한 손 세척 설비는 온수, 냉수, 세척제와 1회용 종이 또는 수건을 포함한다.
③ 음식물은 생산구역과 분리된 지정된 구역에서만 보관, 취급하여야 하고, 작업장 내부로 음식물을 반입하지 않도록 한다.
④ 구내식당과 쉼터(휴게실)는 위생적이고 잘 정비된 상태로 유지되어야 한다.
⑤ 개인은 직무를 수행하기 위해 알맞은 복장을 갖춰야 한다.

정답 05 ① 06 ④ 07 ① 08 ②

해설

편리한 손 세척 설비는 온수, 냉수, 세척제와 1회용 종이 또는 접촉하지 않는 손 건조기들을 포함한다.

09 자동화 시스템을 포함한 제조 등 화장품에 사용되는 모든 설비와 용구는 의도된 목적에 적합하도록 깨끗하게 유지되어야 하며 계획적이어야 하고 적절하게 유지되고 검정되어야 한다. 일반적으로 공정시스템(Processing System)의 설계 요건이 아닌 것은?

① 제품의 오염을 방지해야 한다.
② 설비의 아래와 위에 먼지의 퇴적을 최소화해야 한다.
③ 표면이나 벌크제품과 닿는 부분은 제품의 위생처리와 청소가 용이해야 한다.
④ 제품의 안정성을 고려해야 한다.
⑤ 화학적으로 반응이 있어서는 안 되고, 흡수성이 있어야 한다.

해설

화학적으로 반응이 있어서는 안 되고, 흡수성이 있지 않아야 한다.

10 설비 사용 시 소모품에 대한 설명으로 옳지 않은 것은?

① 소모품은 화장품 품질에 영향을 주어서는 안 된다.
② 필터, 개스킷, 보관 용기와 봉지의 성분이 화학반응을 일으킬 경우 기준일탈로 처리한다.
③ 필터, 개스킷, 보관 용기와 봉지의 성분이 화장품에 녹아 흡수되면 안 된다.
④ 필터, 개스킷, 보관 용기와 봉지의 성분이 부착해서는 안 된다.
⑤ 소모품을 선택할 때는 그 재질과 표면과 제품과의 상호작용을 검토하여 신중하게 고른다.

해설

필터, 개스킷, 보관 용기와 봉지의 성분이 화장품에 녹아 흡수되거나 화학반응을 일으키거나 부착해서는 안 된다.

11 제품의 균일성을 얻기 위해 또는 희망하는 물리적 성상을 얻기 위해 사용되는 설비는?

① 호모게나이저 ② 탱크
③ 펌프 ④ 호스
⑤ 여과기

해설

제품의 균일성을 얻기 위해 또 희망하는 물리적 성상을 얻기 위해 사용되는 설비

12 원자재 용기 및 시험기록서의 필수적인 기재 사항으로 올바른 것은?

① 공급자 결정 ② 수령 일자
③ 사용기한 설정 ④ 재평가
⑤ 발주

해설

원자재 공급자가 정한 제품명, 원자재 공급자 명, 수령 일자, 공급자가 부여한 제조번호 또는 관리번호이다.

13 제조관리기준서의 포함 사항이 아닌 것은?

① 제조공정관리에 관한 사항
② 시설 및 기구 관리에 관한 사항
③ 원자재 관리에 관한 사항
④ 완제품 관리에 관한 사항
⑤ 공정별 상세 작업내용 및 제조공정흐름도

해설

⑤은 제품표준서의 포함된 사항이다.

정답 09 ⑤ 10 ② 11 ① 12 ② 13 ⑤

14 제조위생관리기준서에 포함된 사항 중 제조시설의 세척 및 평가에 대한 내용이 아닌 것은?

① 책임자 지정
② 제조시설의 분해 및 조립 방법
③ 이전 작업 표시 제거 방법
④ 세척방법과 세척에 사용되는 약품 및 기구
⑤ 작업 후 청소 상태 확인 방법

해설
작업 전 청소 상태 확인 방법이다.

15 파레트에 적재된 모든 재료(또는 기타 용기 형태)에 표시되어야 하는 항목이 아닌 것은?

① 유통기한
② 명칭 또는 확인 코드
③ 제조번호
④ 제품의 품질을 유지하기 위해 필요할 경우, 보관 조건
⑤ 불출 상태

해설
표시 항목은 명칭 또는 확인 코드, 제조번호, 제품의 품질을 유지하기 위해 필요할 경우 보관 조건, 불출 상태이다.

16 유통화장품의 안전관리 기준에서 미생물 한도가 올바른 것은?

① 총호기성생균수는 영·유아용 제품류의 경우 100개/g(㎖) 이하
② 기타 화장품의 경우 100개/g(㎖) 이하
③ 총호기성생균수는 눈화장용 제품류의 경우 1,000개/g(㎖) 이하
④ 대장균, 녹농균, 황색포도상구균은 불검출
⑤ 물휴지의 경우 세균 및 진균수는 각각 1,000개/g(㎖) 이하

해설
총호기성생균수는 영□유아용 제품류 및 눈화장용 제품류의 경우 500개/g(ml) 이하, 물휴지의 경우 세균 및 진균수는 각각 100개/g(ml) 이하, 기타 화장품의 경우 1,000개/g(ml) 이하

17 다음 내용 중 ㉠과 ㉡의 내용으로 맞는 것은?

> 영 · 유아용 제품류(영 · 유아용 샴푸, 영 · 유아용 린스, 영 · 유아 인체 세정용 제품, 영 · 유아 목욕용 제품 제외), 눈 화장용 제품류, 색조 화장용 제품류, 두발용 제품류(샴푸, 린스 제외), 면도용 제품류(셰이빙 크림, 셰이빙 폼 제외), 기초화장용 제품류(클렌징 워터, 클렌징 오일, 클렌징 로션, 클렌징 크림 등 메이크업 리무버 제품 제외) 중 액, 로션, 크림 및 이와 유사한 제형의 (㉠)은 pH 기준이 (㉡)이어야 한다. 다만, 물을 포함하지 않는 제품과 사용한 후 곧바로 물로 씻어 내는 제품은 제외한다.

① 액상제품 : 3.0 ~ 6.5
② 에멀젼제품 : 4.5 ~ 6.5
③ 유액제품 : 3.0 ~ 9.0
④ 유액제품 : 6.5 ~ 11
⑤ 액상제품 : 3.0 ~ 9.0

18 기준일탈 조사의 절차 순서가 맞는 것은?

> ㉠ 제품의 부적합 확정
> ㉡ 부적합보관소에 격리 보관
> ㉢ 기준일탈 조사
> ㉣ 부적합 라벨 부착
> ㉤ 부적합의 원인 조사
> ㉥ 부적합품의 처리 방법(폐기처분, 재작업, 반품)을 결정 및 실행

① ㄷ, ㅁ, ㄱ, ㄴ, ㄹ, ㅂ
② ㄷ, ㄱ, ㅁ, ㄹ, ㄴ, ㅂ
③ ㄷ, ㄱ, ㄹ, ㄴ, ㅁ, ㅂ
④ ㄱ, ㄷ, ㅁ, ㄴ, ㄹ, ㅂ
⑤ ㄱ, ㄷ, ㅁ, ㄹ, ㄴ, ㅂ

정답 14 ⑤ 15 ① 16 ④ 17 ⑤ 18 ③

19 회수 · 반품된 제품의 재작업 여부를 결정하는 책임자는?

① 품질보증 책임자 ② 사업장 대표
③ 품질관리 책임자 ④ 생산관리 책임자
⑤ 보관관리 책임자

해설
우수화장품 제조 및 품질관리기준 제22조 제1항
품질에 문제가 있거나 회수 · 반품된 제품의 폐기 또는 재작업 여부는 품질보증책임자에 의해 승인되어야 한다.

20 시험용 검체의 용기에 포함되어야 할 내용이 맞는 것은?

㉠ 명칭 또는 확인 코드
㉡ 제조번호
㉢ 검체채취 일자
㉣ 검체채취를 위해 사용될 설비 및 기구
㉤ 검체채취량

① ㄱ, ㄴ, ㄹ ② ㄱ, ㄷ, ㅁ
③ ㄴ, ㄷ, ㄹ ④ ㄱ, ㄴ, ㄷ
⑤ ㄴ, ㄹ, ㅁ

해설
우수화장품 제조 및 품질관리기준 제21조 제2항

21 화장품법 시행규칙 제12조(제조업자의 준수사항)이 아닌 것은?

① 보건위생상 위해(危害)가 없도록 제조소, 시설 및 기구를 위생적으로 관리하고 오염되지 아니하도록 할 것
② 화장품의 제조에 필요한 시설 및 기구에 대하여 정기적으로 점검하여 작업에 지장이 없도록 관리·유지할 것
③ 제조 또는 품질검사를 위탁하는 경우 제조 또는 품질검사가 적절하게 이루어지고 있는지 수탁자에 대한 관리 · 감독만 철저히 할 것
④ 원료 및 자재의 입고부터 완제품의 출고에 이르기까지 필요한 시험 · 검사 또는 검정을 할 것
⑤ 작업소에는 위해가 발생할 염려가 있는 물건을 두어서는 아니 되며, 작업소에서 국민보건 및 환경에 유해한 물질이 유출되거나 방출되지 아니하도록 할 것

해설
제조 또는 품질검사를 위탁하는 경우 제조 또는 품질검사가 적절하게 이루어지고 있는지 수탁자에 대한 관리□감독을 철저히 하고, 제조 및 품질관리에 관한 기록을 받아 유지 · 관리할 것

22 다음 용어의 정의와 설명 중 바르게 설명된 것이 아닌 것은?

② 원자재 : 벌크 제품의 제조에 투입하거나 포함되는 물질을 말한다.
③ 제조 : 원료 물질의 칭량부터 혼합, 충전(1차포장), 2차포장 및 표시 등의 일련의 작업을 말한다.
④ 회수 : 판매한 제품 가운데 품질 결함이나 안전성 문제 등으로 나타난 제조번호의 제품(필요시 여타 제조번호 포함)을 제조소로 거두어들이는 활동을 말한다.
⑤ 주요 설비 : 제조 및 품질 관련 문서에 명기된 설비로 제품의 품질에 영향을 미치는 필수적인 설비를 말한다.

해설
원자재는 화장품 원료 및 자재를 말한다.

정답 19 ① 20 ④ 21 ③ 22 ②

23 적합 판정기준을 벗어난 완제품, 벌크제품 또는 반제품을 재처리하여 품질이 적합한 범위에 들어오도록 하는 작업의 용어 정의로 맞는 것은?

① 포장재 ② 적합 판정 기준
③ 위생관리 ④ 출하
⑤ 재작업

해설
• 포장재–화장품의 포장에 사용되는 모든 재료를 말하며 운송을 위해 사용되는 외부 포장재는 제외한 것이다. 제품과 직접적으로 접촉하는지 여부에 따라 1차 또는 2차 포장재
• 적합 판정 기준–시험 결과의 적합 판정을 위한 수적인 제한, 범위 또는 기타 적절한 측정법
• 위생관리–대상물의 표면에 있는 바람직하지 못한 미생물 등 오염물을 감소시키기 위해 시행되는 작업 • 출하–주문 준비와 관련된 일련의 작업과 운송 수단에 적재하는 활동으로 제조소 외로 제품을 운반하는 것

24 품질보증 책임자가 화장품의 품질보증을 담당하는 부서의 책임자로서 이행해야 하는 사항이 아닌 것은?

① 품질에 관련된 모든 문서와 절차의 검토 및 승인
② 품질 검사가 규정된 절차에 따라 진행되는지의 확인
③ 부적합품이 규정된 절차대로 처리되고 있는지의 확인
④ CGMP 실시에 적극적으로 참여
⑤ 불만처리와 제품회수에 관한 사항의 주관

해설
품질보증책증

25 건물의 시설기준에 대한 설명이 아닌 것은?

① 제조 공장의 출입구는 해충, 곤충의 침입에 대비하여 보호되어야 하며 정기적으로 모니터링 되어야 하고, 모니터링 결과에 따라 적절한 조치를 취하여야 한다.
② 배수관은 냄새의 제거와 적절한 배수를 확보하기 위해 건설되고 유지되어야 한다.
③ 환기 시스템(공기조화장치)의 설치 여부는 선택적인 사항이나 되도록 설치하는 것을 권장한다.
④ 배수관은 냄새의 제거와 적절한 배수를 확보하기 위해 건설되고 유지되어야 한다.
⑤ 화장품 제조에 적합한 물이 공급되어야 한다.

해설
강제적 기계 상의 환기 시스템(공기조화장치)은 제품 또는 사람의 안전에 해로운 오염물질의 이동을 최소화시키도록 설계되어야 한다. 필터들은 점검 기준에 따라 정기(수시)로 점검하고 교체 기준에 따라 교체되어야 하고 점검 및 교체에 대해서는 기록되어야 한다.

26 제조 작업을 하는 작업소의 시설기준 사항이 아닌 것은?

① 작업대 등 제조에 필요한 시설 및 기구
② 손을 씻는 시설
③ 쥐·해충을 막을 수 있는 시설
④ 가루가 날리는 작업실은 가루를 제거하는 시설
⑤ 먼지 등을 막을 수 있는 시설

해설
화장품 생산 시설에 해당

27 제조구역의 적합한 시설관리의 설명으로 올바르지 않은 것은?

① 모든 도구와 이동 가능한 기구는 청소 및 위생 처리 후 정해진 지역에 정돈 방법에 따라 보관한다.
② 제조구역에서 흘린 것은 신속히 청소한다.
③ 표면은 청소하기 용이한 재질로 설계되어야 한다.
④ 페인트를 칠한 지역은 우수한 정비 상태로 유지되어야 한다. 벗겨진 칠은 보수되어야 한다.

정답 23 ⑤ 24 ④ 25 ③ 26 ② 27 ⑤

⑤ 폐기물(예, 여과지, 개스킷, 폐기 가능한 도구들, 플라스틱 봉지)은 장기간 모아놓거나 쌓아 두고 한꺼번에 버린다.

해설
폐기물(예, 여과지, 개스킷, 폐기 가능한 도구들, 플라스틱 봉지)은 주기적으로 버려야 하며 장기간 모아놓거나 쌓아 두어서는 안 된다.

28 공기조절의 4대 요소가 아닌 것은?

① 청정도 ② 실내온도
③ 부유균 ④ 기류
⑤ 습도

해설
드로메트리졸 : 1.0%, 벤조페논 : 3(옥시벤존) : 5%, 시녹세이트 : 5%, 징크옥사이드 : 25%

29 포장설비의 설계 시 고려 사항이 아닌 것은?

① 제품 오염을 최소화한다.
② 제품과 최종 포장의 요건을 고려해야 한다.
③ 부품 및 받침대의 위쪽엔 오물이 고이는 것을 최소화하여야 한다.
④ 물리적인 오염물질 축적의 육안식별이 용이하게 해야 한다.
⑤ 제품과 포장의 변경이 용이하여야 한다.

해설
부품 및 받침대의 위와 바닥에 오물이 고이는 것을 최소화한다.

30 세제(계면활성제)를 사용한 설비 세척은 권장하지 않는 이유가 아닌 것은?

① 세제는 설비 내벽에 남기 쉽다.
② 세제가 잔존하고 있지 않는 것을 설명하기에는 고도의 화학 분석이 필요하다.
③ 설비의 세척은 물 또는 증기 세척과 브러시 등의 세척 기구를 적절히 사용해서 세척하는 것으로 충분하기 때문이다.
④ 잔존한 세척제는 제품에 악영향을 미친다.
⑤ 쉽게 물로 제거하도록 설계된 세제라도 세제 사용 후에는 문질러서 지우거나 세차게 흐르는 물로 헹구지 않으면 세제를 완전히 제거할 수 없다.

해설
가장 좋은 설비 세척의 방법은 물 또는 증기만으로 세척할 수 있으면 가장 좋고, 브러시 등의 세척 기구를 적절히 사용해서 세척하는 것이 좋다.

31 1. 탱크(TANKS)의 구성재질의 특징이 아닌 것은?

① 제품에 해로운 영향을 미쳐서는 안 된다.
② 제품(포뮬레이션 또는 원료 또는 생산공정 중간생산물)과의 반응으로 부식되거나 분해를 초래하는 반응이 있어서는 안 된다.
③ 주형 물질(Cast material)을 많이 사용한다.
④ 온도/압력 범위가 조작 전반과 모든 공정 단계의 제품에 적합해야 한다.
⑤ 세제 및 소독제와 반응해서는 안 된다.

해설
주형 물질(Cast material) 또는 거친 표면은 제품이 뭉치게 되어 깨끗하게 청소하기가 어려워 미생물 또는 교차오염문제를 일으킬 수 있다. 주형 물질(Cast material)은 화장품에 추천되지 않는다.

32 원료와 포장재의 관리에 필요한 사항이 아닌 것은?

① 중요도 분류 ② 공급자 결정
③ 보관 환경 설정 ④ 원자재 공급자명
⑤ 정기적 재고관리

정답 28 ③ 29 ③ 30 ③ 31 ③ 32 ④

해설
④은 원자재 용기 및 시험기록서의 필수적인 기재 사항

33 제조 및 품질관리의 적합성을 보장하는 기본 요건들을 충족하고 있음을 보증하기 위하여 작성하고 보관하여야 하는 서류가 아닌 것은?

① 제품표준서　② 제조지시서
③ 제조관리기준서　④ 품질관리기준서
⑤ 제조위생관리기준서

해설
제조지시서는 제품표준서의 포함 사항이다.

34 포장지시서에 해당되는 내용이 아닌 것은?

① 제품명
② 포장 설비명
③ 포장설비의 청결 및 작동여부
④ 상세한 포장공정
⑤ 포장생산수량

해설
포장지시서는 제품명, 포장 설비명, 포장재 리스트, 상세한 포장공정, 포장생산수량의 내용을 포함한다.

35 유통화장품의 안전관리 기준에서 비의도적으로 유래된 물질의 검출 허용한도가 올바른 것은?

① 안티몬 5㎍ 이하　② 수은 1㎍ 이하
③ 디옥산 200㎍ 이하　④ 카드뮴 10㎍ 이하
⑤ 비소 20㎍ 이하

해설
안티몬 10㎍ 이하, 디옥산 100㎍이하, 카드뮴 5㎍ 이하, 비소 10㎍ 이하

36 유통화장품의 안전관리 기준에서 제품 3개를 가지고 시험할 때 그 평균 내용량이 표기량에 대하여 97% 이상의 기준치를 벗어날 경우 몇 개를 더 취하여 시험하는가?

① 3개　② 5개
③ 6개　④ 7개
⑤ 9개

해설
제1호의 기준치를 벗어날 경우 6개를 더 취하여 시험할 때 9개의 평균 내용량이 제1호의 기준치 이상

37 다음 내용 중 ㉠과 ㉡의 내용을 쓰시오.

> 영 · 유아용 제품류(영 · 유아용 샴푸, 영 · 유아용 린스, 영 · 유아 인체 세정용 제품, 영 · 유아 목욕용 제품 제외), (㉠), 색조 화장용 제품류, 두발용 제품류(샴푸, 린스 제외), 면도용 제품류(셰이빙 크림, 셰이빙 폼 제외), 기초화장용 제품류(클렌징 워터, 클렌징 오일, 클렌징 로션, 클렌징 크림 등 메이크업 리무버 제품 제외) 중 액, 로션, 크림 및 이와 유사한 제형의 액상제품은 pH 기준이 3.0 ~ 9.0 이어야 한다. 다만, (㉡)과 사용한 후 곧바로 물로 씻어 내는 제품은 제외한다.

38 기준일탈 제품의 폐기 처리 순서를 나열한 것으로 옳은 것은?

> ㉠ 격리 보관
> ㉡ 기준일탈 조사
> ㉢ 기준일탈의 처리
> ㉣ 폐기처분 또는 재작업 또는 반품
> ㉤ 기준일탈 제품에 불합격 라벨 첨부
> ㉥ 시험, 검사, 측정이 틀림없음 확인

① ㄷ, ㄴ, ㅂ, ㄹ, ㄱ, ㅁ
② ㅁ, ㄴ, ㅂ, ㄷ, ㄱ, ㄹ
③ ㄴ, ㄹ, ㄷ, ㅁ, ㅂ, ㄱ
④ ㄴ, ㅂ, ㄷ, ㅁ, ㄱ, ㄹ
⑤ ㄴ, ㅂ, ㄷ, ㅁ, ㄹ, ㄱ

정답 33 ② 34 ③ 35 ② 36 ③ 37 ㉠ **눈 화장용 제품류,** ㉡ **물을 포함하지 않는 제품** 38 ④

39 다음 중 포장재의 검체채취 시 고려할 사항이 아닌 것은?

① 미리 정해진 장소에서 실시한다.
② 공급자가 실시한다.
③ 검체채취 절차를 정해 놓는다.
④ 배치를 대표하는 부분에서 검체채취를 한다.
⑤ 오염이 발생하지 않는 적절한 환경에서 실시한다.

해설
시험자가 실시한다.

40 화장품 원료의 시험용 검체의 용기에 붙이는 라벨에 작성하는 사항이 아닌 것은?

① 원료제조번호 ② 원료명
③ 검체채취자 ④ 검체채취일
⑤ 원료공급처

해설
원료명, 검체채취일, 검체채취자, 검체량, 원료제조번호, 원료보관조건 등을 작성한다.

정답 39 ② 40 ⑤

『맞춤형화장품법의 이해』에는 『맞춤형화장품 개요』와 『피부 및 모발 생리구조』, 『관능평가방법과 절차』, 『제품상담』, 『제품안내』, 『혼합 및 소분』, 『충진 및 포장』, 『재고관리』로 나누어져 있으며, 제1회 맞춤형화장품조제관리사 자격증 시험에서 『맞춤형화장품 개요』 부분은 맞춤형화장품의 정의, 주요규정, 안전성, 유효성, 안정성과 『피부 및 모발 생리구조』는 피부의 생리구조, 모발의 생리구조, 피부모발상태분석으로 이루어져 있으며 『관능평가방법과 절차』, 『제품상담』은 맞춤형화장품의 효과, 부작용의 종류와 현상, 배합금지사항확인 · 배합으로 이루어져 있다. 『제품안내』는 맞춤형 화장품 표시사항, 맞춤형화장품 안전기준의 주요사항, 특징, 사용법, 『혼합 및 소분』은 원료 및 제형의 물리적 특성, 화장품 배합 한도 및 금지원료, 원료 및 내용물의 유효성, 원료 및 내용물의 규격, 혼합 · 소분에 필요한 도구 · 기기 리스트 선택, 기구사용, 맞춤형화장품 판매업 준수사항에 맞는 혼합 · 소분 활동, 『충진 및 포장』은 제품에 맞는 충진방법과 제품에 적합한 포장방법 및 용기 기재사항, 『재고관리』는 원료 및 내용물의 재고 파악, 적정재고를 유지하기 위한 발주로 이루어져 있다.

PART 4

맞춤형화장품의 이해

CHAPTER 01 | 맞춤형화장품 개요

Section 01 맞춤형화장품 정의

[화장품법 시행령 제2조 제3호]

판매장에서 고객 개인별 피부 특성이나 색,향 등의 기호, 요구를 반영하여 맞춤형화장품조제관리사 자격증을 가진 자가

① 제조 또는 수입된 화장품의 내용물에 다른 화장품의 내용물이나 식품의약품안전처장이 정하는 원료를 추가하여 혼합한 화장품

② 제조 또는 수입된 화장품의 내용물을 소분(小分)한 화장품 [화장품법 제2조 3의2]

③ "맞춤형화장품판매업"이란 맞춤형화장품을 판매하는 영업을 말한다. [화장품법 제2조 12]

[여기서 잠깐]

맞춤형화장품 조제관리사 자격시험 예시 출제 문항

[문제] 다음은 맞춤형화장품에 관한 설명이다. ㉠, ㉡에 해당하는 적합한 단어를 각각 작성하시오.

ㄱ. 맞춤형화장품 제조 또는 수입된 화장품의 (㉠)에 다른 화장품의 (㉠)(이)나 식품의약품안전처장이 정하는 (㉡)(을)를 추가하여 혼합한 화장품
ㄴ. 제조 또는 수입된 화장품의 (㉠)(을)를 소분(小分)한 화장품

답 ㉠: 내용물, ㉡: 원료

Section 02 맞춤형화장품 주요 규정

1 맞춤형화장품판매업의 신고

(1) 맞춤형화장품판매업을 하려는 자는 총리령으로 정하는 바에 따라 식품의약품안전처장에게 신고하여야 한다. 신고한 사항 중 총리령으로 정하는 사항을 변경할 때에도 또한 같다.

(2) 제1항에 따라 맞춤형화장품판매업을 신고한 자(이하 "맞춤형화장품판매업자"라 한다)는 총리령으로 정하는 바에 따라 맞춤형화장품의 혼합·소분 업무에 종사하는 자(이하 "맞춤형화장품조제관리사"라 한다)를 두어야 한다.

[화장품법 제3조의2]

2 결격사유

다음 각 호의 어느 하나에 해당하는 자는 맞춤형화장품판매업의 신고를 할 수 없다.

(1) 피성년후견인 또는 파산선고를 받고 복권되지 아니한 자

(2) 이 법 또는 「보건범죄 단속에 관한 특별조치법」을 위반하여 금고 이상의 형을 선고받고 그 집행이 끝나지 아니하거나 그 집행을 받지 아니하기로 확정되지 아니한 자

(3) 제24조에 따라 등록이 취소되거나 영업소가 폐쇄(이 조 제1호부터 제3호까지의 어느 하나에 해당하여 등록이 취소되거나 영업소가 폐쇄된 경우는 제외한다)된 날부터 1년이 지나지 아니한 자

[화장품법 제3조의3]

3 맞춤형화장품제조관리사 자격시험

(1) 맞춤형화장품조제관리사가 되려는 사람은 화장품과 원료 등에 대하여 식품의약품안전처장이 실시하는 자격시험에 합격하여야 한다.

(2) 식품의약품안전처장은 맞춤형화장품조제관리사가 거짓이나 그 밖의 부정한 방법으로 시험에 합격한 경우에는 자격을 취소하여야 하며, 자격이 취소된 사람은 취소된 날부터 3년간 자격시험에 응시할 수 없다.

(3) 식품의약품안전처장은 제1항에 따른 자격시험 업무를 효과적으로 수행하기 위하여 필요한 전문인력과 시설을 갖춘 기관 또는 단체를 시험운영기관으로 지정하여 시험업무를 위탁할 수 있다.

(4) 제1항 및 제3항에 따른 자격시험의 시기, 절차, 방법, 시험과목, 자격증의 발급, 시험운영기관의 지정 등 자격시험에 필요한 사항은 총리령으로 정한다.

[화장품법 제3조의4]

4 영업자의 의무 등 [화장품법 제5조]

(1) 맞춤형화장품판매업자는 맞춤형화장품 판매장 시설·기구의 관리 방법, 혼합·소분 안전관리기준의 준수 의무, 혼합·소분되는 내용물 및 원료에 대한 설명 의무 등에 관하여 총리령으로 정하는 사항을 준수하여야 한다.

(2) 맞춤형화장품조제관리사는 화장품의 안전성 확보 및 품질관리에 관한 교육을 매년 받아야 한다.

(3) 식품의약품안전처장은 국민 건강상 위해를 방지하기 위하여 필요하다고 인정하면 맞춤형화장품판매업자(이하 "영업자"라 한다)에게 화장품 관련 법령 및 제도(화장품의 안전성 확보 및 품질관리에 관한 내용을 포함한다)에 관한 교육을 받을 것을 명할 수 있다.

(4) 제6항에 따라 교육을 받아야 하는 자가 둘 이상의 장소에서 맞춤형화장품판매업을 하는 경우에는

종업원 중에서 총리령으로 정하는 자를 책임자로 지정하여 교육을 받게 할 수 있다.

(5) 제5항부터 제7항까지의 규정에 따른 교육의 실시 기관, 내용, 대상 및 교육비 등에 관하여 필요한 사항은 총리령으로 정한다.

[화장품법 제5조]

5 맞춤형화장품 판매업자의 준수사항 [화장품법 제15조 영업의 금지]

1) 맞춤형화장품 영업 금지

누구든지 다음 각호의 어느 하나에 해당하는 화장품을 판매(수입대행형 거래를 목적으로 하는 알선·수여 포함)하거나 판매할 목적으로 제조·수입·보관 또는 진열하여서는 안 된다.

No.	내용
1	심사를 받지 않았거나 보고서를 제출하지 않은 기능성화장품
2	전부 또는 일부가 변패된 화장품
3	병원 미생물에 오염된 화장품
4	이물이 혼입되었거나 부착된 것
5	화장품에 사용할 수 없는 원료를 사용하였거나 유통화장품 안전관리 기준에 적합하지 아니한 화장품
6	코뿔소 뿔 또는 호랑이 뼈와 그 추출물을 사용한 화장품
7	보건위생상 위해 발생 우려가 있는 비위생적인 조건에서 제조되었거나 시설기준에 적합하지 아니한 시설에서 제조된 것
8	용기나 포장이 불량하여 해당 화장품이 보건위생상 위해를 발생할 우려가 있는 것
9	사용기한 또는 개봉 후 사용기간을 위조 · 변조한 화장품

2) 맞춤형화장품 판매 및 판매 목적 · 진열 영업 금지 [화장품법 제16조 판매 등의 금지]

(1) 누구든지 다음 각 호의 어느 하나에 해당하는 화장품을 판매하거나 판매할 목적으로 보관 또는 진열하여서는 아니 된다. 다만, 제3호의 경우에는 소비자에게 판매하는 화장품에 한한다.

1. 제3조제1항에 따른 등록을 하지 아니한 자가 제조한 화장품 또는 제조、수입하여 유통、판매한 화장품

1의2. 제3조의2제1항에 따른 신고를 하지 아니한 자가 판매한 맞춤형화장품

1의3. 제3조의2제2항에 따른 맞춤형화장품조제관리사를 두지 아니하고 판매한 맞춤형화장품

2. 제10조부터 제12조까지에 위반되는 화장품 또는 의약품으로 잘못 인식할 우려가 있게 기재、표시된 화장품

3. 판매의 목적이 아닌 제품의 홍보·판매촉진 등을 위하여 미리 소비자가 시험·사용하도록 제조 또는 수입된 화장품

4. 화장품의 포장 및 기재 · 표시 사항을 훼손(맞춤형화장품 판매를 위하여 필요한 경우는 제외한다) 또는 위조·변조한 것

(2) 누구든지(맞춤형화장품조제관리사를 통하여 판매하는 맞춤형화장품판매업자는 제외한다) 화장품의 용기에 담은 내용물을 나누어 판매하여서는 아니 된다.

3) 위반사항에 대한 벌칙

(1) 3년 이하의 징역 또는 3천만원 이하의 벌금 **[화장품법 제36조 벌칙]**

① 맞춤형화장품 판매업으로 신고하지 않거나 변경신고를 하지 않은 경우

② 맞춤형화장품조제관리사를 선임하지 않은 경우

③ 기능성화장품 심사규정을 위반한 경우

(2) 1년 이하의 징역 또는 1천만원 이하의 벌금 **[화장품법 제37조 벌칙]**

① 영유아 또는 어린이 사용표시 광고 화장품의 경우 안전성자료를 작성·보관하지 않은 경우

② 어린이 안전용기포장 규정을 위반한 경우

③ 부당한 표시광고 행위 등의 금지 규정을 위반한 경우

④ 기재사항 및 기재표시 주의사항 위반 화장품의 판매, 판매목적으로 보관 또는 진열한 경우

⑤ 의약품 오인 우려 기재 표시 화장품의 판매, 판매목적으로 보관 또는 진열한 경우

⑥ 표시광고 중지명령을 위반한 경우

(3) 200만원 이하 벌금 **[화장품법 제38조 벌칙]**

① 영업자 준수사항을 위반한 경우

② 화장품 기재사항을 위반한 경우

③ 보고 및 검사, 시정명령, 검사명령, 개수명령, 회수폐기명령 위반 또는 관계 공무원의 검사수거 또는 처분 거부 방해기피 한 경우

4) 위반사항에 대한 행정처분 **[화장품법 제24조 등록의 취소]**

(1) 맞춤형화장품 판매업자(법인인 경우 대표자)의 변경 또는 그 상호(법인인 경우 법인의 명칭)의 변경

1차 위반	2차 위반	3차 위반	4차 위반
시정명령	판매업무정지 5일	판매업무정지 15일	판매업무정지 1개월

(2) 맞춤형화장품판매업소의 소재지 변경

1차 위반	2차 위반	3차 위반	4차 위반
시정명령	판매업무정지 5일	판매업무정지 15일	판매업무정지 1개월

(3) 맞춤형화장품 사용계약을 체결한 책임판매업자의 변경

1차 위반	2차 위반	3차 위반	4차 위반
시정명령	판매업무정지 5일	판매업무정지 15일	판매업무정지 1개월

(4) 맞춤형화장품 조제관리사의 변경

1차 위반	2차 위반	3차 위반	4차 위반
시정명령	판매업무정지 5일	판매업무정지 15일	판매업무정지 1개월

5) 과태료 부과기준

[화장품법 시행령 제16조 관련]
〈개별기준〉

과태료 금액	위반 행위
100	법 제4조제1항 후단을 위반하여 변경심사를 받지 않은 경우
50	법 제5조제4항을 위반하여 화장품의 생산실적 또는 수입실적 또는 화장품 원료의 목록 등을 보고하지 않은 경우
50	법 제5조제5항에 따른 명령을 위반한 경우
50	법 제6조를 위반하여 폐업 등의 신고를 하지 않은 경우
50	법 제10조제1항제7호 및 제11조를 위반하여 화장품의 판매 가격을 표시하지 않은 경우
100	법 제15조의2제1항을 위반하여 동물실험을 실시한 화장품 또는 동물실험을 실시한 화장품 원료를 사용하여 제조(위탁제조를 포함한다) 또는 수입한 화장품을 유통 · 판매한 경우
100	법 제18조에 따른 명령을 위반하여 보고를 하지 않은 경우

Section 03 맞춤형화장품의 안전성, 유효성, 안정성

1 맞춤형화장품의 안전성(화장품의 부작용)

1) 원발진

피부에 1차적으로 나타나는 장애를 말한다. 건강한 피부에 처음으로 나타나는 병적 변화를 말하며 반점, 홍반, 소수포, 대수포, 팽진, 구진, 농포, 결절, 낭종, 종양 등이 있다.

(1) 반점(Macule) : 피부 표면이 융기(튀어나옴)나 함몰(들어감)됨이 없이 만져지지 않으며 주변 피부와 경계 지을 수 있는 색이 다른 병변으로 주근깨, 기미, 백반, 홍반, 자반, 과색소침착, 노화반점, 오

타모반, 몽고반점 등이 이에 속한다.

(2) 홍반(Erythema) : 모세혈관의 확장과 염증성 충혈에 의한 편평하거나 둥글게 솟아오른 붉은 얼룩으로 시간의 경과에 따라 크기가 변화한다.

(3) 소수포(Vesicles) : 체액, 혈장 또는 피 등의 액체를 함유하는 피부의 융기로 피부 표면에 부풀어 오른 직경 1cm 미만의 맑은 액체가 포함된 물질이다. 작은 수포들이 표피의 안이나 혹은 바로 밑에 자리 잡고 있다.

(4) 대수포(Bleb) : 소수포보다 큰 병변으로 액체성분을 함유한 1cm 이상의 수포를 말하며, 주로 화상 등에서 볼 수 있다.

(5) 팽진(Wheals) : 일시적인 부종에 기인하는 경계가 명확한 돌출된 병변으로 담마진(두드러기), 모기 등의 곤충에 물렸을 때나 주사 맞은 후에 발생할 수 있는 피부 발진이다. 불규칙한 모양으로 피부의 단단하고 편평한 융기로 가렵고 부었다가 수 시간 내에 소멸된다.

(6) 구진(Papule) : 직경 1cm 미만의 작고 돌출된 단단한 병변으로 주위의 피부보다 붉은색으로 경계가 뚜렷한 피부 융기물이다. 한진, 습진, 여드름, 사마귀 등에서 볼 수 있다.

(7) 농포(Pustule) : 피부의 작은 융기로 모양은 수포와 비슷하나 염증을 포함하는 수도 있다. 단일 또는 군집으로 생기는 고름(농)을 포함한 1cm 미만의 크기로 표면 위로 돌출된 황백색의 병변이다. 여드름에서 볼 수 있다.

(8) 결절(Nodules) : 구진보다 크고 종양보다는 작은 1~2cm 정도의 경계가 명확한 피부의 단단한 융기물로 섬유종, 황색종 등이 있으며 표피, 진피, 피하지방층까지 확대된다.

(9) 낭종(Cyst) : 막으로 둘러싼 액체나 반고체 물질을 갖는 병변으로 표면이 융기되어 있으며 표피, 진피, 피하지방층까지 침범하여 심한 통증을 유발시킨다.

(10) 종양(Tumor) : 직경 2cm 이상의 크기로 혹처럼 부어서 외부로 올라와 있는 결절보다 큰 몽우리이다. 모양과 색상이 다양하며 신생물이나 혹에서 관찰되는데 악성과 양성이 있다.

2) 속발진(Secondary Lesion)

피부에 1차적으로 나타난 원발진에서 더 진전되어 생기는 증세로 미란, 인설, 가피, 태선화, 찰상,균열, 궤양, 위축, 반흔 등이 있다.

(1) 미란(Erosion) : 짓무르는 것으로 표피에만 나타나는 피부 결손 상태이다. 흉터 없이 치유된다.

(2) 인설(Scaly Skin) : 표피의 각질들이 축적된 상태이다. 비듬이나 불완전한 각화로 표피에서 떨어져 나오는 각질 조각을 말한다.

(3) 가피(Crust) : 딱지를 말하며 표피성 물질이나 혈장, 혈액, 고름 등의 삼출액과 세포조각 등이 건조해서 피부 표면에 말라붙은 상태이다.

(4) 태선화(Lichenification) : 표피 전체와 진피의 일부가 가죽처럼 두꺼워지는 것으로 피부가 거칠고 두텁고 단단하며, 만성적인 마찰 또는 자극에 의해 형성되고 반점처럼 확실히 구별되지 않는다.

(5) 찰상(Excoriation) : 기계적 자극이나 지속적 마찰로 인하여 긁어서 발생되는 표피의 결손을 말한다.

(6) 균열(Fissure, 열창) : 장기간 피부 질환이나 염증으로 인하여 피부가 건조해지고 탄력이 떨어져 갈라진 상태로 입가에 생기는 구순염이나 무좀 등을 들 수 있다.

(7) 궤양(Ulcer) : 표피, 진피, 때로는 피하조직까지 손실되어 움푹 파이고, 삼출물이 있으며 크기가 다양하고 붉은색을 띤다. 표면은 분비물과 고름으로 젖어 있고 출혈이 있으며 완치 후에는 반흔이 된다.

(8) 위축(Atrophia) : 피부의 퇴화변성으로 세포나 성분이 감소하고 피부가 얇아진 증상이다. 정맥이 비치고 잔주름이 생기거나 둔한 광택이 나는 상태가 된 것으로 노인성 위축증에서 볼 수 있으며 선상(線狀) 또는 반상(斑狀)을 나타낸다.

(9) 반흔(Scar) : 상흔이라고도 하며 손상된 피부의 결손을 메우기 위해서 새로운 결체조직이 생성된 섬유조직으로 불규칙하게 두꺼워진 가는 선들을 말한다. 상처가 아물면서 진피의 교원질이 과다생성되어 흉터가 표면 위로 올라오는 켈로이드 경향이 대표적이다

3) 물리적(기계적) 손상에 의한 피부 질환

(1) 굳은살(Hardened Skin) : 반복되는 자극으로 피부표면의 각질층이 부분적으로 두꺼워지는 과각화증이다.

(2) 티눈(Corn) : 마찰과 압력에 의해 각질층이 두껍고 딱딱해지는 것으로 각화가 심하고 중심부에 핵이 있다.

(3) 욕창(Decubitus ulcer) : 지속적인 압력을 받는 부위의 피부, 피하지방, 근육이 괴사되는 현상을 말하며, 주로 움직이지 못하는 환자에게 잘 발생한다.

4) 색소성 피부 질환

멜라닌이 피부 내에 증가하거나 결핍되어 나타나는 것으로 과색소침착으로 인한 기미, 주근깨, 노인성 반점 등이 있고, 저 색소침착증으로 인한 백반증과 백색증 등이 있다.

(1) 기미(Chloasma, 간반)

① 예민한 부위에 멜라닌의 합성을 초래하여 발생한다.

② 연한 갈색 또는 흑갈색의 다양한 크기와 불규칙적인 형태로 좌우 대칭적으로 발생하는 것이 특징이다.

③ 경계가 명확한 갈색의 점으로 나타난다.

④ 30~40대 중년 여성에게 잘 나타나고 재발이 잘 된다.

(2) 주근깨(Freckle) : 직경 5~6mm 이하의 불규칙한 모양의 황갈색 반점이다. 자외선 노출 부위에 색소가 침착되어 나타난다.

(3) 노인성 반점(Lentigo senilis, 검버섯) : 50대 이후 나이가 들어가면서 얼굴, 손등, 어깨 등에 걸쳐 햇빛 노출 부위에 불규칙적으로 주근깨크기보다 큰 갈색 반점이 나타난다.

(4) 백반증(Vitiligo) : 백납이라고도 불리며 후천적으로 멜라닌 세포가 부분적 또는 전신적으로 파괴되어 피부의 색소가 빠져 흰색의 반점이 나타나는 피부질환이다. 단순히 보이는 질환뿐만 아니라 자신감 상실, 대인기피증, 우울증까지 동반할 수 있는 마음속의 질환이다. 피부의 국한된 부위나 전

신에 대칭적으로 발생하고 피부뿐만 아니라 모발과 눈썹까지 색소가 빠져 부분적으로 흰머리, 흰 눈썹을 보이기도 한다.

(5) 백색증(Albinism) : 백색증은 눈, 피부, 모발 등에 갈색, 검정, 빨강, 노랑 등의 색소가 없는 질환이다. 라틴어로 '하얗다'라는 뜻의 알부스(Albus)에서 유래되었으며, 알비노증(Albinism)이라고도 한다. 선천적인 질환으로 자외선에 대한 방어능력이 부족하여 일광화상을 입기 쉽다.

(6) 릴안면흑피증(Riehl's melanosis) : 일광노출인 얼굴의 이마, 뺨, 귀 뒤, 목의 측면 등에 넓게 나타나는 갈색, 암갈색의 색소침착으로 진피 상층부에 멜라닌이 증가한 것이다.

(7) 베를로크 피부염(Berloque dermatitis) : 향수, 오데코롱 등을 사용한 후 광감수성이 높아져 노출 부위에 색소가 침착되는 것을 말한다.

5) 습진(Eczema)에 의한 피부 질환

(1) 접촉성 피부염(Contact dermatitis) : 외부물질과의 접촉에 의해서 발생하는 피부염으로 원발형 접촉피부염, 알레르기성 접촉피부염,광알레르기성 접촉피부염으로 분류된다.

① 원발형 접촉피부염(Primary irritant contactdermatitis)

㉠ 원인물질이 피부에 직접 독성을 일으켜 발생한다.

㉡ 일정한 농도와 자극을 주면 거의 모든 사람에게 피부염을 일으킬 수 있다.

㉢ 1~2시간 내에 홍반, 구진, 소수포 등과 가려움증, 부종 등이 나타나고 24~48시간에 최고조에 달했다가 48~72시간이 지나면 점점 약해지는 양상을 보인다.

㉣ 물의 잦은 접촉이나 세제, 고무장갑 등에 의해 나타날 수 있다.

② 알레르기성 접촉피부염(Allergic Contact Dermatitis)

㉠ 어떤 물질에 접촉했을 때 가려움증, 구진, 반점 등의 피부증상이 나타나는 것을 말한다(주 알러지원 : 니켈, 수은, 크롬 등 금속물질).

㉡ 특수물질에 감작된 특정인에게만 나타나는 질환이다.

㉢ 첩포시험을 통해 원인물질을 규명한다.

③ 광알레르기성 접촉피부염

㉠ 광선과 원인물질이 만나서 발생하는 질환이다.

㉡ 평소에는 피부에 문제없던 물질이 햇빛에 노출되면 피부염을 일으키는 증상이다.

㉢ 광과민성을 일으키는 원인물질로는 감귤류 계통의 아로마 등이 있다.

6) 기타 피부질환

(1) 비립종(Milium)

① 눈 주위와 뺨에 좁쌀 같은 알맹이 모양이다.

② 한선의 기능 퇴화로 발생하고 각질층에서 땀의 배출을 막아 덩어리가 뭉쳐진 형태이다.

(2) 한관종(Syringoma)

① 눈 밑 물사마귀를 말한다.

② 한관의 조직이 비정상적으로 증식함에 따라 한관이 막혀서 발생하는 살색이나 황색을 띠는 좁쌀 크기의 구진이 번져 있는 형태이다.

(3) 지루성 피부염(Seborrheic Dermatitis)

① 주로 피지분비가 정상보다 왕성한 두피, 안면, 눈썹, 눈꺼풀, 앞가슴 등의 중앙부위에 잘 발생하며, '지루성 습진'이라고도 한다.

② 홍반과 인설을 동반하며 유전, 호르몬의 영향, 영양실조 및 정신적 긴장에서 오는 피지분비의 과다현상이 원인이 된다.

7) 피부와 광선

(1) 피부와 자외선

UVA, 장파장, (320~400nm)	• 실내 유리창을 통과, 진피층까지 도달 (주름을 형성시킴) • 선탠(suntan)이 발생하며 즉시 색소 침착 • 유해산소의 영향으로 만성적인 광노화 • 진피 섬유의 변성을 일으켜 피부의 조기노화 감소, 피부건조화 유발
UVB, 중파장, (290~320nm)	• 기저층 또는 진피의 상부까지 도달 • 선번(sunburn, 일광화상)이 발생 • 비타민 D의 합성을 유도
UVC, 단파장, (200–290nm)	• 대기권의 오존층에 의해 흡수됨 • 바이러스나 박테리아를 죽이는 데 효과적 • 피부암 유발

(2) 자외선 차단지수(Sun Prodtection Factor,SPF)

자외선으로부터 피부를 보호하는 데 도움을 주는 제품에 자외선차단지수(SPF) 또는 자외선A 차단등급(PA)을 표시하는 때에는 다음 각 호의 기준에 따라 표시한다.

자외선 차단지수(SPF)는 측정결과에 근거하여 평균값(소수점 이하 절사)으로부터 –20% 이하 범위 내 정수(예 : SPF 평균값이 '23'일 경우 19~23 범위 정수)로 표시하되, SPF 50 이상은 "SPF50+"로 표시한다.

MED (최소홍반량)

자외선 감수성을 나타내는 하나의 지표로 이용되는데 자외선을 쬐어 약간 붉어지는 자외선량을 가리킨다.

$$SPF = \frac{\text{자외선 차단제품을 사용했을 때의 최소 홍반량(MED)}}{\text{자외선 차단제품을 사용하지 않았을 때의 최소 홍반량(MED)}}$$

① 자외선 차단지수는 UVB를 차단하는 지수를 나타낸다.

② 평소 생활자외선 예방 시에는 SPF 15 정도가 적당하나 골프나 스키, 수영 등 자외선에 오랫동안 노출될 때에는 SPF30 이상을 사용하는 것이 좋다.

③ 자외선 차단지수의 효과는 인종이나 연령, 지역 등에 따라 달라진다.

(3) PA(Protect A)지수

① 피부 탄력을 감소시키고 노화촉진, 멜라닌 색소 증가 등으로 피부를 해치는 UVA에 대한 차단지수이다.

② 차단 정도의 표시는 PA+, PA++, PA+++로, +가 많을수록 차단 효과가 크다.

2 맞춤형화장품의 유효성

1) 기초 화장품의 기능

(1) 세정 : 피부 표면의 오염, 노폐물, 메이크업 잔유물 등을 청결하게 한다. 클렌징워터, 클렌징젤, 클렌징폼, 클렌징크림,클렌징로션,페이셜스크럽

(2) 정돈작용 : 수분 밸런스 유지와 세정작용으로 유·수분의 부조화 또는 pH 불균형을 정상화시킨다. 화장수, 팩, 마사지크림

[화장수 효과]

㉠ 화장품 및 세안제의 잔여물을 제거하고 피부의 밸런스를 유지한다.

㉡ 수분을 공급하고 모공을 수축시킨다.

㉢ 피부 진정 또는 쿨링 작용을 한다.

- 종류

㉠ 유연 화장수 : 메이크업 잔여물 제거와 피부결을 정돈한다(건성 피부)

㉡ 수렴 화장수 : 각질층에 수분 보충과 모공수축 효과가 있다(지성 피부)

[팩 효과]

㉠ 노폐물제거 효과 ㉡ 유효성분 공급 ㉢ 피부에 수렴작용을 하여 모공 수축

㉣ 수분공급으로 진정 효과 ㉤ 피부신진대사 촉진

- 제거 방법에 의한 분류

㉠ 워시 오프 타입(Wash off type),

ⓐ 물로 씻어 제거하는 타입이다.

㉡ 필 오프 타입(Peel off type)

ⓐ 바른 후 건조되면 얇은 필름막으로 벗겨지는 타입이다.

ⓑ 젤리 형태, 페이스트 형태, 분말 형태가 있다(석고 마스크, 벨벳 마스크, 고무모델링 등의 형태 포함).

ⓒ 피지나 죽은 각질이 함께 제거된다.

㉢ 티슈 오프 타입(Tissue off type)

ⓐ 티슈로 닦아내는 방법이다.

ⓑ 건성, 민감성 피부에는 효과적이지만 여드름, 지성 피부에는 적합하지 않다.

(3) 보호작용 : 피부 표면의 건조를 방지하고, 추위나 세균으로부터 피부를 보호한다. 에센스, 로션, 크림 등이 있다.

[유액(로션) 효과]
㉠ 화장수와 크림의 중간적인 성상이다.
㉡ 수분이 60~80%, 유분이 30% 이하이다.
㉢ 사용 목적별로 자외선 차단제, 클렌징 로션, 수분 로션 등으로 나뉘어진다.

[에센스(세럼 · 컨센트레이트 · 부스터) 효과]
㉠ 미용액으로 불리기도 하는 기초 화장품으로 세럼이라고도 한다.
㉡ 피부에 탁월한 미용 성분(진정, 여드름, 영양, 미백, 수분 등)이 고농축 함유되어 있다.

[크림 효과]
㉠ 피부를 외부환경(추위, 열, 바람 등)으로부터 보호해 준다.
㉡ 피부의 생리기능을 도와준다.
㉢ 유효성분들로 피부의 문제점을 개선시켜 준다.

2) 메이크업 화장품

(1) 베이스 메이크업 : 피부색을 균일하게 정돈하고, 피부 결점을 커버해 준다

① 메이크업 베이스 : 화장을 잘 받게 해주고 들뜨는 것을 막아주며, 파운데이션의 색소 침착을 방지해준다.

② 파운데이션 : 피부의 결점을 커버해 주고, 피부 색상을 조절해 준다. 그리고 포인트 메이크업을 돋보이게 해주며, 메이크업의 지속성을 높여 준다

③ 파우더(페이스 파우더, 콤팩트 파우더) : 파우더는 파운데이션의 유분기를 제거해 주며, 파운데이션의 지속성을 높여 주기 위해 그리고 피부톤을 화사하게 연출해 주는 목적으로 사용한다.

(2) 포인트메이크업

① 아이 브로우 펜슬 : 눈썹 모양을 그려주는 펜슬이다.

② 마스카라 : 속눈썹을 짙고 길게 보이게 한다.

③ 아이라이너 : 눈의 윤곽을 또렷하게 하여 눈매를 연출한다.

④ 아이섀도 : 눈꺼풀에 입체감을 준다, 눈매에 표정을 연출하고 단점을 보완해 준다.

⑤ 립스틱 : 색체감 및 입체감 부여. 입술 점막에 사용하므로 피부에 대한 안전성이 중요하다

⑥ 블러셔 :얼굴형에 입체감을 주고 단점을 보완해 주어 메이크업의 마지막 단계에 사용한다.

CHAPTER

02 피부 및 모발 생리구조

Section 01 피부의 생리 구조

피부의 표면적은 대략 1.6~2.0m²이며 피부의 무게는 체중의 15~17%로 신체기관 중 가장 큰 기관이다. 피부의 pH는 4.5~6.5(5.5)로 약산성으로 피부를 미생물로부터 보호하는 보호막의 역할을 담당한다. 피부를 수직으로 분류하면 표피, 진피, 피하조직의 3개의 층으로 분류할 수 있다.

1 피부의 생리 구조

1) 표피

표피의 평균 두께는 0.1mm이며 바깥쪽부터 각질층, 투명층, 과립층, 유극층, 기저층으로 분류된다.

(1) 각질층

① 피부의 가장 바깥층으로 각질과 지질로 구성되어 있다.(지질 : 수분 증발 억제, 유해 물질 침투 억제, 각질간 접착제 역할)

② 각질층의 주성분

㉠ 천연 보습 인자(Natural Moisturizing Factor, NMF, 아미노산 주성분) 38%

㉡ 각질 세포 간 지질(세라마이드가 주성분 11%, 자유지방산, 콜레스테롤 등)로 구성

㉢ 각질세포(케라틴) 58%

③ 각질세포형성주기 : 28일(4주)

④ 각질층의 수분은 15~20%이며 10% 이하일 경우 건성피부에 해당된다.

(2) 투명층

① 엘라이딘(elaidin)이라는 반유동성 단백질이 존재하며 이는 수분 침투를 방지하고 피부를 윤기 있게 한다. 또한, 자외선을 반사하기 때문에 멜라닌 색소 침착이 안 된다.

② 얇은 피부에 존재하지 않고, 주로 손바닥, 발바닥에만 존재한다.

(3) 과립층

3~5개 층으로 방추형 세포로 구성되어 있으며 실제로 각화 과정이 일어나는 층이다.

① 세포 파괴 시 케라토하이알린(keratohyalin)이라는 과립 존재한다

② 죽은 세포와 살아 있는 세포가 공존한다

③ 수분 저지막(rein membrane, 방어막) 존재하여 외부 물질에 대한 방어 및 수분증발을 억제한다.

(4) 유극층

① 약 5-10층으로 표피 중 가장 두꺼운 층으로 가시모양의 유핵층이다.

② 세포 간 유착에 관계하는 교소체(Desmosome)풍부하다.

③ 랑게르한스 세포 존재(면역 기능 담당)한다. 랑게르한스 세포는 외부로부터 침입한 이물질(항원)을 림프구로 전달하는 역할을 하며 내인성노화가 진행되면 랑게르한스 세포의 수도 감소한다.

④ 세포 사이에 림프액이 들어 있어서 피부의 혈액순환과 영양공급에 관여한다.

(5) 기저층

① 표피의 가장 아래층으로 진피의 유두층과 파상형으로 접해있는 단층이다.

② 각질 형성 세포(keratinocyte,케라티노사이트)와 멜라닌 형성 세포(melanocyte, 멜라노사이트)가 4:1~10:1로 구성되어 있다.

㉠ 케라티노사이트 : 표피의 각질(케라틴)을 생성하며 표피세포의 80%정도를 차지

㉡ 멜라노사이트 : 멜라닌색소를 생성한다.

- 멜라닌 세포 수는 인종과 피부색에 상관없이 일정하다.
- 멜라닌은 티로신이라는 불필수아미노산에서 합성된다.

③ 머켈세포(촉각에 관여)가 존재하며 표피와 진피의 경계부위의 물결모양은 젊은 피부일수록 굴곡이 심하고 나이가 들수록 편평해진다

④ 각화과정(Keratinization) : 피부세포가 기저층에서 각질층까지 분열되어 올라가 죽은 각질세포로 되는 과정, 약4주(28일)의 주기를 가진다.

[여기서 잠깐]

맞춤형화장품 조제관리사 자격시험 예시 출제 문항

[문제] 피부의 표피를 구성하고 있는 층으로 옳은 것은?

① 기저층, 유극층, 과립층, 각질층
② 기저층, 유두층, 망상층, 각질층
③ 유두층, 망상층, 과립층, 각질층
④ 기저층, 유극층, 망상층, 각질층
⑤ 과립층, 유두층, 유극층, 각질층

답 ①

2) 진피

피부의 90%를 차지하며 피부의 영양공급 및 분비, 감각기능을 한다.

(1) 유두층

① 모세혈관, 림프관, 신경, 한선, 피지선 분포

② 촉각과 통각이 존재한다.

③ 기저층에 영양공급, 산소운반, 신경전달 기능을 한다.

(2) 망상층

① 교원 섬유(collagen)와 탄력 섬유(elastin)인 결합조직으로 구성

② 무코 다당류는 수분을 함유하는 역할로 주성분이 히알루론산

③ 감각 기관으로서 냉각, 온각, 압각이 존재한다.

④ 모세혈관이 거의 없으며 동맥과 정맥, 피지선, 한선, 털, 모낭, 입모근, 모유두, 신경 등이 분포한다.

3) 진피의 구성물질

콜라겐(교원 섬유)	피부 주름의 원인으로 작용
엘라스틴(탄력 섬유)	1.5배까지 늘어나는 탄력성을 가짐
기질(뮤코 다당체)	㉠ 진피의 결합섬유(콜라겐,엘라스틴)와 세포사이를 채우고 있는 젤 상태의 물질 ㉡ 뮤코다당체의 주성분은 히알루론산이며 친수성 다당체로 물에 녹아 끈적끈적한 점액 상태이다.

① 섬유 아세포 : 콜라겐과 엘라스틴을 만들어내는 모세포

② 비만 세포(Mast cell) : 비만 세포에서 분비되는 물질인 히스타민이 피부 내에서 모세혈관 확장증을 유발하여 붉음증을 유발 (염기성 백혈구)

③ 대식세포(Macrophage) : 백혈구의 일종으로 유해한 균을 포식하는 작용을 한다. 무과립 단핵구에 속한다.

※ 참고 <백혈구의 종류>

구분	혈구	특징
과립	중성구	강한 식균작용, 급성 염증 시 증가
	호산구	알레르기, 자가면역질환, 기생충 감염 시 증가
	호염기구	헤파린, 히스타민 함유, 혈액응고방지
무과립	림프구	면역반응, 베타 · 감마글로불린 생산
	단핵구	강한 식균작용, 만성 염증 시 증가

4) 피부 부속 기관의 구조 및 생리 기능

(1) 피지선

① 피부표면의 피지막을 형성해 피부를 보호하고, 외부의 이물질 침입을 억제한다.

② 피부와 털의 윤기를 부여하고 수분 증발을 억제한다

③ 모공의 중간 부분에 부착되어 있다

④ 진피층에 위치하며 하루 평균 1~2g의 피지를 모공으로 배출한다.

⑤ 모공이 각질이나 먼지로 막혀 피지가 외부로 분출되지 않으면 여드름의 원인이 된다

⑥ 피지선의 종류

㉠ 독립 피지선 : 피지분비가 거의 안 일어나는 부위 예) 입술, 눈가

㉡ 무 피지선 : 손바닥, 발바닥

㉢ 큰 피지선 : 얼굴, 두피, 가슴

⑦ 피지 성분 : 트리글리세라이드, 왁스, 스쿠알렌, 콜레스테롤 등

(2) 한선(땀샘)

① 진피층에 위치하며 (전신 분포) 200만 개 정도로, 손바닥, 발바닥, 겨드랑이, 이마에 많이 분포되어 있다.

② 기능 : 신장의 기능을 보조, 체온을 조절, pH를 유지한다.

③ 구성 성분 : 수분 99%, Nacl, K, 요소, 단백질, 지질, 아미노산 등

④ 구분

소한선 (에크린선)	㉠ 일반적인 땀을 분비하는 기관 ㉡ 무색, 무취이다.
대한선 (아포크린선)	㉠ 모공을 통해 분비됨 ㉡ 흑인, 백인, 동양인 순으로 체취 발생, 체취가 남성보다 여성이 심하다. ㉢ 색깔은 흰색이다. ㉣ 액취증과 관련이 있다.

(3) 손톱과 발톱(조갑)

경단백질인 케라틴과 아미노산으로 이루어진 기관이며 손 · 발톱의 경도는 함유된 수분의 함량이나 각질 조성에 따라 달라진다.

① 하루에 0.1mm가량 자라고 완전 교체하는 데 5~6개월 정도 걸림

② 건강한 손톱의 조건

㉠ 바닥(조상)에 강하게 부착되어 단단하고 탄력이 있어야 한다.

㉡ 색은 핑크빛을 띠고 윤기가 흐르며 투명하다

㉢ 아치모양을 형성해야 한다.

㉣ 4~5개층이 강하게 뭉쳐있는 구조로 10-16%의 수분과 0.1-1% 정도의 유분을 포함한다.

㉤ 손·발톱은 조근, 조모, 조반월, 조체, 조상, 조소피, 조곽, 손톱집, 조하막 등으로 구성되어 있다.

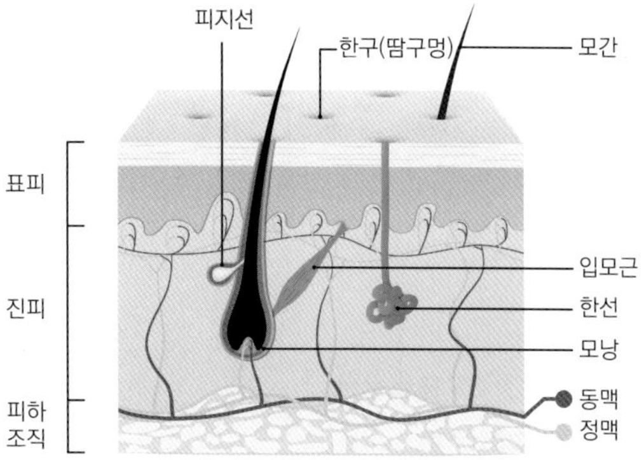

(4) 피부표면 구조와 생리

피부 표면	특징
피지막	• 피지선에서 나온 피지와 한선에서 나온 땀으로 이루어짐 • 세균살균효과, 유중수형(W/O, 기름 속에 수분이 일부 섞인 상태), 수분증발을 막아 수분조절 역할을 함
천연보습인자 (NMF)	• Natural Mouisturizing Factor의 줄임말 • 각질층에 존재함 • 수분 보유량을 조절함 • 성분 : 아미노산 40%, 피롤리돈카르본산 12%, 젖산염 12%, 요소 7%, 나트륨 5%, 칼륨 4%, 암모니아 15%, 마그네슘 1%, 인산염 0.5%, 기타 9%로 구성
산성막	• 박테리아 세균으로부터 피부를 보호함 • 피부 산성도 측정 시 pH(수소이온농도)를 사용, 피부의 산성도는 pH 5.2~5.8이고 모발은 pH 3.8~4.2

(5) 피하조직의 기능

① 신체 내부를 보호한다.

② 체온 유지에 관여한다.

③ 에너지원으로 사용된다.

④ 수분 조절에 관여한다.

(6) 피부의 기능

① 보호작용 : 피부는 신체를 덮고 있는 외피로서 외부로부터 자극이나 상해 등에 대해 제 기관을 보호한다. 케라틴은 내산성이고 산에 대해 강한 저항력을 가진다.

② 지각작용 : 피부는 외부로부터의 각종 자극을 신경을 통해 뇌로 전달해 의식적, 무의식적으로 신체에 반응을 나타낸다.

③ 흡수작용 : 피부는 보통 물질은 투과하기 어렵지만, 특정한 조건 하에서는 투과하는 흡수가 가능하다.

④ 체온조절작용 : 피부는 체온을 일정하게 유지하는 조절기능을 가지고 있다.

⑤ 분비작용 : 체내에 있는 노폐물을 한선이나 피지선을 통해 몸 밖으로 내보내는 작용을 한다.

⑥ 저장작용 : 피부에 있는 피하지방층에서 영양분이나 수분 등을 저장한다.
⑦ 비타민D 생성작용 : 피부에 있는 에르고스테롤(프로비타민D)이 자외선(UV-B)에 의해서 비타민D로 변화된다.
⑧ 재생작용 : 표피세포는 세포 분열에 의해서 자연적으로 탈락되고 새로운 세포가 재생이 된다.

여기서 잠깐

맞춤형화장품 조제관리사 자격시험 1회 출제 문항

다음 괄호 안에 들어 갈 단어를 기재하시오

(　　　　)는 피부세포 가운데 표피 각질층의 지질막 성분의 하나로 피부표면에서 손실되는 수분을 방어하고 외부로부터 유해 물질의 침투를 막는 역할을 한다.

답 세라마이드

Section 02 모발의 생리 구조

1 모발의 정의

모발은 포유동물만이 가지고 있는 단단하게 밀착되고 각화된 상피세포로 피부의 각질층이 변화해서 생긴 케라틴 단백질로 구성된 죽은 세포를 말한다. 손바닥, 발바닥, 입술을 제외한 전신에 고루 분포되어 있는데 두피 모발이 대략 10만 개 정도가 존재한다. 모발수는 출생 시 결정되며 출생 후에는 모낭이 새로 생기지 않는다.

1) 모발의 구조

모발은 두피 안쪽에 자리 잡고 있는 모근부와 두피 바깥쪽으로 자라나 있는 모간부로 나누어 볼 수 있다.

- 모발의 구성 : 케라틴(단백질) 80-90%, 멜라닌 색소 3% 이하, 지질 1-8%, 수분 10-15%
  미량원소0.6-1% 등으로 이루어져 있다.

(1) 모간부

가장 바깥층으로 투명한 비늘 모양의 세포로 구성되어 있다.

① 모표피 (hair cuticle)

㉠ 단단한 케라틴 단백질로 구성
㉡ 모피질을 보호하고 모발의 건조를 막아준다.
㉢ 마찰에 약함 (무리한 빗질이나 자극적인 샴푸에 의해 상하기 쉬움)

② 모피질 (hair cortex)

㉠ 모발의 85~90%로 대부분을 차지

㉡ 피질 세포(cortical cell)와 세포 간 결합물질로 구성되어 있다.

㉢ 모발의 색을 결정하는 과립상의 멜라닌 색소 함유하고 친수성 성질을 가지고 있기 때문에 펌, 염색 약제의 작용을 쉽게 받는다.

③ 모수질(hair medulla)

㉠ 모발 중심부에 위치한다

㉡ 케라토하이알린, 지방, 공기 등이 채워져 있다. 공기의 양이 많을수록 모발에 광택을 준다.

㉢ 얇은 모발이나 아기 모발에는 없고 굵은 모발일수록 수질이 있는 것이 많다. 얇은 모발이나 아기모발에는 없고 굵은 모발일수록 수질이 있는 것이 많다. 모수질이 많은 모발은 웨이브펌이 잘 되나 모수질이 없는 모발은 웨이브 형성이 잘 안 된다.

(2) 모근부

① 모낭 : 모근을 싸고 있는 주머니로 모낭에 문제가 생기면 모발이 자라지 않는다.

② 모유두 : 모구의 중앙 부위, 모세혈관이 있어 모발 성장에 필요한 산소와 영양분을 모구에 공급해준다.

③ 모구 : 모근의 가장 밑바닥에 속이 빈 오목한 모양을 하고 있으며, 모유두 바로 위 지점에 위치하여 서로 맞물려 있다. 세포분열을 통해 모발을 생성하는 곳으로 모모세포와 색소세포로 구성되어 있다.

④ 모모세포 : 모유두를 덮고 있는 세포층으로 모유두로부터 영양분을 공급받아 끊임없이 세포분열을 한다. 멜라노사이트가 존재하여 모발의 색을 결정한다.

⑤ 입모근(기모근) : 털을 세우는 근육으로 입모근이 수축하면 모공이 닫혀 체온 손실을 막아주는 역할을 한다.

(3) 모주기

성장기 - 퇴행기 - 휴지기 - 발생기 순으로

① 성장기 : 모모세포에서 만들어진 모발이 모유두의 모세혈관에서 보내진 영양분에 의해 성장하는 시기. 성장기는 3~6년

② 퇴행기 : 성장기가 지나면 모구에서 모발이 생산이 정지되는 시기
즉, 모구하부가 위축되어 모발이 서서히 위로 올라오는 시기를 말한다. 기간 : 1개월 정도

③ 휴지기 : 모구의 활동이 완전히 멈추는 시기
길이도 성장기 모구의 1/2 ~1/3 정도 짧아진다.

④ 발생기 : 휴지기에 들어간 모발은 모유두만 남기고 2~3개월 안에 자연히 떨어져 나간다.

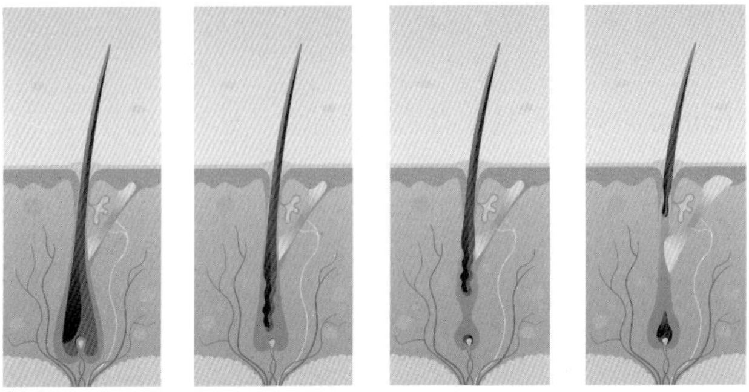

(3) 모발과 결합구조

① 주쇄결합(폴리펩티드;polypeptide)

㉠ 약 18종류의 아미노산이 펩티드 결합을 순차적으로 반복하여 세로방향의 긴 쇄상이 된 폴리펩티드에 의해 구성

㉡ 쇠사슬 구조로서 두발의 장축 방향으로 배열되어 있다.

② 측쇄결합(chain bond 가로방향 결합)

인접한 주쇄결합이 가로로 연결 된 가교 구조이다.

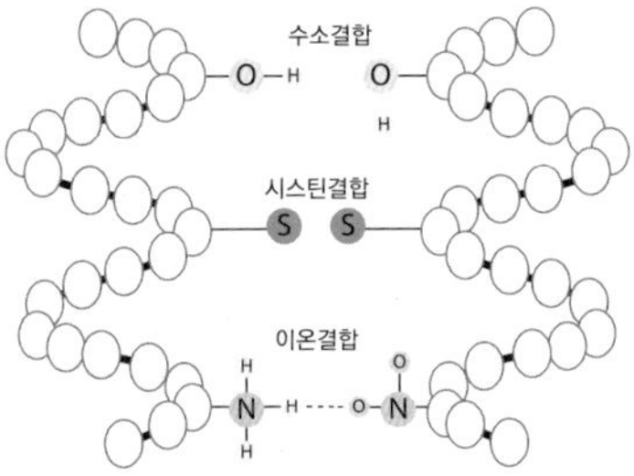

㉠ 시스틴 결합

- 시스테인 아미노산의 황화수소(SH)가 서로 전자공유결합하는 것으로 모발생성과정 중 시스테인아미노산의 황화수소(SH)의 수소와 산소가 만나 물이되어 떨어져나가고 양쪽의 황(S)이 결합하는 것을 말한다. 즉 황(S)과 황(S)의 결합이라고 해서 S-S결합이라고도 한다.

- 알칼리에 약하다(물, 알코올,약산성,소금류에는 강하다)

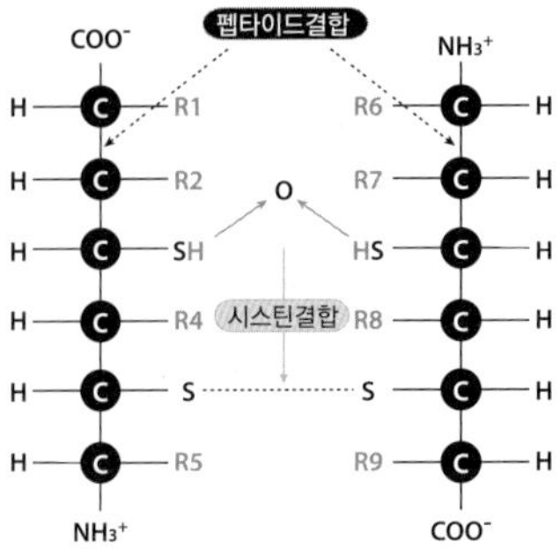

ⓒ 이온결합(염결합)

산성의 아미노산과 알칼리성 아미노산이 서로 전자를 공유결합을 해서 이루어진 결합이다.

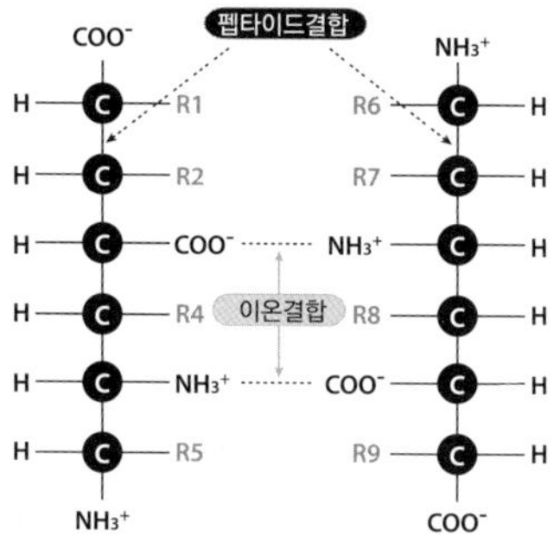

ⓒ 수소결합 : 아미노산 분자내의 수소(H)가 다른 분자의 산소(O)나 질소(N)에 끌리는 힘이라고 할 수 있다. 즉, 탄소와 이중결합하고 있는 산소가 다른 쪽 주쇄결합의 질소와 결합하고 있는 수소와 결합한 것으로 물에 의해 일시적으로 변형되며 드라이어의 열을 가하면 다시 재결합한다.

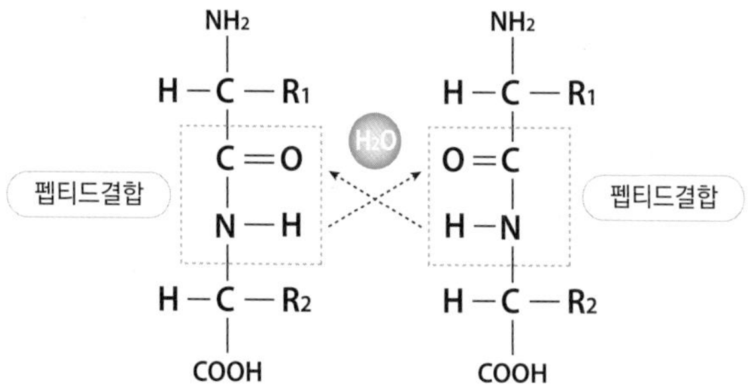

(4) 모발의 pH

모발의 pH는 약 4.5-5.5의 약산성을 나타낸다. 모발 단백질은 산성에는 강한 저항력과 수축성을 가지고 있어 산성이 증가하면 모표피가 수축, 단단해지면서 닫히게 된다. 반면 알칼리성이 증가하면 구조가 느슨해지고 팽윤·연화되어 모표피가 열리고 부드러워져 화학제품들이 모피질에 쉽게 흡수된다. 이 성질 때문에 퍼머넌트제나 염색제가 작용할 수 있다.

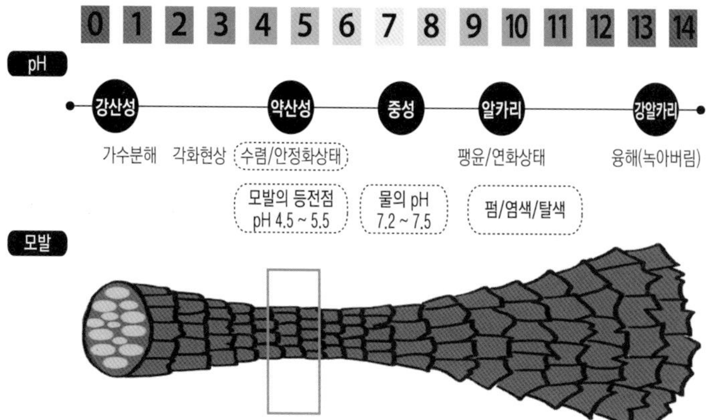

(5) 모발과 탈모

① 정의 : 탈모는 정상적으로 모발이 존재해야 할 부위에 모발이 없는 상태를 말하며, 일반적으로 두피의 성모(굵고 검은 머리털)가 빠지는 것을 의미한다. 서양인에 비해 모발 밀도가 낮은 우리나라 사람의 경우 5~7만 개 정도의 머리카락이 있는데 하루에 약 50~70개까지의 머리카락이 빠지는 것은 정상적인 현상이다.

② 원인

㉠ 유전적 원인

㉡ 남성호르몬의 영향

㉢ 환경적인 요인

㉣ 질병 및 약물

㉤ 영양 불균형 및 스트레스 등

③ 종류

분류	혈구	탈모유형
후천성	비반흔성 탈모	• 남성형 탈모 • 원형 탈모 • 외상성탈모 • 성장기탈모 • 여성형 탈모 • 산후 탈모 • 휴지기탈모
	반흔성 탈모	• 감염 • 화학적 외인 • 특수질환 • 물리적 외인
	질병형 탈모	• 염증에 의한 탈모 • 감염에 의한 탈모 • 종양에 의한 탈모

※ 남성호르몬에 의한 탈모기전

피지선에서 분비되는 5α-reductase에 의해서 테스토스테론 → DHT로 전환하면서 이 DHT가 모낭에서 세포분열을 억제 또는 과잉 촉진시켜(모주기를 단축) 결국에는 탈모가 진행된다.

여기서 잠깐

맞춤형화장품 조제관리사 자격시험 1회 출제 문항

다음 괄호 안에 들어 갈 단어를 기재하시오

모발은 수없이 이어지는 층으로 구성되어 있다. 이것을 모표피,(   ), 모수질 층으로 구성되어 있는데 형태와 강도, 색깔 그리고 자연 상태의 모양을 형성하는 중요한 역할을 한다.

답 모피질

Section 04 피부 상태 분석

1 정상 피부(Normal skin)

(1) 젊고 윤기가 있는 건강한 피부
(2) 피부결이 부드럽고 탄력이 있으며 모공이 미세하다.
(3) 각질 형성이 정상적으로 이루어지고 피부색이 맑다.
(4) 각질의 수분 함량 정상 : 10~20%
(5) 수분과 유분이 적절히 조화를 이루고 피지선과 한선의 활동이 정상적이다.
(6) 화장 시 지속력이 좋다.

2 건성 피부

(1) 피지분비기능의 감소로 피부표면이 거칠고 유분이 부족하다.
(2) 미세하게 각질이 일어난다.
(3) 피부의 노화현상이 매우 급속하게 진행된다.
(4) 저항력이 약하고 버짐 종류도 잘 생길 수 있다.
(5) 모공이 작아 피부결이 섬세하다.
(6) 피부가 건조하여 화장이 들뜨고 실핏줄이 생기기 쉽다.

3 지성 피부

(1) 정상 피부에 비해 피지분비가 많아 기름기 있고 모공이 크고 거칠다.
(2) 각질에 면포, 구진, 농포 등 여드름성 요소가 동반된다.
(3) 화장이 잘 지워진다.
(4) 모세혈관이 확장되어 붉은색 얼굴이 되기 쉽다.
(5) 피부에 유분이 많아 이물질이 묻기 쉽다.

4 민감성 피부

(1) 여러 가지 외부요인, 신체의 내부요인에 의해 피부가 민감하게 반응한다.
(2) 피부조직이 섬세하고 얇아 모세혈관이 피부표면에 드러나 보인다.
(3) 탄력이 없고 혈색이 없는 피부이다.
(4) 물리적인 자극에 의해서 쉽게 반응이 나타난다.
(5) 피부가 빨리 노화가 되거나 쉽게 염증이 생긴다.

5 여드름 피부

모낭 내의 과잉 분비된 피지가 피부 표면으로 배출되지 못하고 각질층의 죽은 세포와 함께 모공 내에 축적되어 염증 반응이 일어나 피부 구조가 파괴되는 상태이다.

(1) 여드름 피부의 원인

① 내적 원인 : 스트레스, 고지방, 고당질 식품, 월경주기, 연고, 피임약, 임신, 다이어트 등

② 외적 원인 : 자외선, 계절, 손에 의한 자극, 화학물질, 전자파 등에 의한 환경 등

(2) 여드름 피부관리법

① 벤조일 퍼옥사이드(과산화디벤조일) : 일시적으로 모공을 확장시켜 피지배출을 용이하게 함

② 설파 : 죽은 세포가 쌓여 있는 것을 분해하는 각질 박리 기능

③ 살리실릭산 : 노화되고 건조한 여드름 피부에 적합(BHA 필링제)

④ 글리콜릭산 : 막혀있는 모공을 완화시킴(AHA필링제, 락트산, 구연산, 타르타르산 등)

단, 기능성 재료는 화장품책임판매업자가 사전에 기능성 인증을 받은 화장품에 한해서 사전 인증을 받은 재료를 첨가할 수 있다.

※ AHA(알파-하이드록시애시드) 함유 제품은 성분이 10%를 초과하여 함유되어 있어나 산도가 3.5미만인 제품은 부작용이 발생할 우려가 있으므로 전문의 등에게 상담할 것

여기서 잠깐

맞춤형화장품 조제관리사 자격시험 예시 출제 문항

[문제] 맞춤형화장품의 원료로 사용할 수 있는 경우로 적합한 것은?

① 보존제를 직접 첨가한 제품

② 자외선차단제를 직접 첨가한 제품

③ 화장품에 사용할 수 없는 원료를 첨가한 제품

④ 식품의약품안전처장이 고시하는 기능성화장품의 효능 · 효과를 나타내는 원료를 첨가한 제품

⑤ 해당 화장품책임판매업자가 식품의약품안전처장이 고시하는 기능성화장품의 효능 · 효과를 나타내는 원료를 포함하여 식약처로부터 심사를 받거나 보고서를 제출한 경우에 해당하는 제품

답 ⑤

6 노화 피부

나이로 인해 피부 생리기능이 저하되는 자연현상으로 외부 환경에 대한 반응이 떨어져 피부의 보습력 또는 탄력성이 저하된 상태를 말한다.

(1) 규칙적인 마사지와 팩을 이용한 관리를 한다.

마사지 : 피부탄력, 근육의 긴장 이완에 효과적이다.

(2) 보습 및 영양에 중점을 둔다.

콜라겐, NMF, 각종 비타민(A, C, E) 등이 포함된 크림을 사용하면 효과적이다.

7 색소침착 피부

(1) 미백화장품 : 피부에 과도한 멜라닌 색소의 침착을 방지하거나 기존의 침착된 멜라닌 색소를 엷게 하여 기미나 주근깨의 생성을 억제함으로써 피부의 미백에 도움을 주는 기능을 가진 화장품

① 피부색은 멜라닌, 헤모글로빈(붉은색), 카로틴(황색) 등에 의해서 결정된다.

② 색소가 침착되는 원인 : 자외선, 여성호르몬(황체호르몬), 스트레스 등

③ 미백 성분

예 아스코빌글루코사이드, 닥나무추출물, 알부틴, 알파 비사보롤, 비타민 유도체, 태반추출물, 아스코르빈산인산, 아르부틴코지산 등

(2) 미백제와 멜라닌

피부색은 멜라닌 세포에서 생성되는 멜라닌 색소의 양과 분포에 의해 결정된다.

① 멜라닌 : 피부와 모발의 색을 결정하는 색소

㉠ 유멜라닌 : 갈색-검정색 중합체, 입자형 색소(흑색에서 적갈색까지의 어두운색의 모발)

㉡ 페오멜라닌 : 적색-갈색 중합체, 분사형 색소(적색에서 밝은 노란색까지의 밝은색의 모발)

② 미백제 : 자외선에 의한 기미, 주근깨 등을 완화시키고 멜라닌 색소의 생성을 억제하는 것

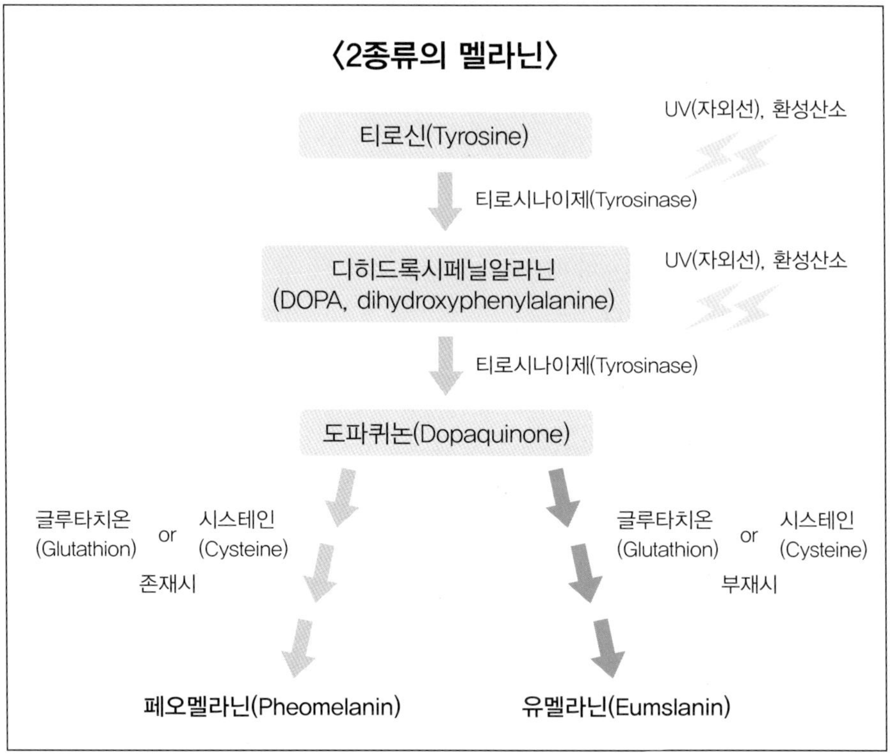

③ 멜라닌 생성과정

멜라노사이트의 분화, 생성, 증식 → 타이로신 생성 → 멜라노좀 생성 → 티로시나아제 이동 → 멜라닌형성 → 멜라노좀에 멜라닌 축적 → 멜라노좀이 케라티노사이트로 이동 → 멜라노좀 분해 → 멜라닌이 피부층에 축적되고 서서히 분해

여기서 잠깐

맞춤형화장품 조제관리사 자격시험 1회 출제 문항

다음 괄호 안에 들어 갈 단어를 기재하시오

멜라닌을 형성하는 세포인 ( )는 표피의 기저층에서 타원형의 소기관의 ( )형태로 합성된다. 표피의 5-25%를 차지하며 세포 내에 확산하면 검게 보인다.

답 멜라노사이트, 멜라노좀

Section 04 두피 모발 상태분석

1 정상 두피

(1) 두피 표면이 연한 살색이거나 투명한 백색을 띤다.
(2) 한 모공 당 모발 수가 대략 2~3개 정도의 비율을 가진다.
(3) 모발의 굵기가 일정하다.
(4) 두피는 각질이나 피지가 없으며 매끄러운 모발을 가진다.
(5) 붉음증이나 염증 증상이 없다.

2 건성 두피

(1) 각질이 쌓여 있는 탁한 백색의 두피 상태를 보인다.
(2) 두피 표면이 거칠게 보이고 각질층이 들떠 있다.
(3) 건조로 인해 가려운 현상을 동반한다.
(4) 외부의 요인에 의해 두피가 손상되기 쉽다.
(5) 예민성 두피가 되기 쉽다.

3 지성 두피

(1) 두피톤은 투명감이 없고 번들거린다.

(2) 모공 주위의 과다한 피지 분비로 인해 모공 주위가 지저분하다.

(3) 피지 분비에 의해 모발이 매끄럽지 않다.

(4) 모발의 굵기가 일정하지 않다.

(5) 염증이나 가려움, 악취가 날 수 있다.

(6) 지루성 두피로 발전하기 쉽다.

4 민감성 두피

(1) 두피 표면은 약간 붉은 톤을 가진다.

(2) 두피 표면이 얇으며 모세혈관 확장증이나 붉음증을 쉽게 확인할 수 있다.

(3) 가려움증이나 홍반 등 염증 반응이 나타날 수 있다.

(4) 모발의 굵기가 대체적으로 얇으며 일정하지 않다.

CHAPTER

03 | 관능평가 방법과 절차

Section 01 화장품의 관능평가

1 정의

(1) 관능평가는 인간이 기본으로 가지고 있는 시각, 후각, 청각, 미각, 촉각의 오감을 가지고 기호, 습관이나, 환경을 평가하는 제품검사를 말한다.

(2) 관능검사 평가방법

① 기호형 : 주관적으로 판단하는 평가방법

② 분석형 : 표준품이나 한도품 등 기준과 비교하여 합격품 또는 불량품을 객관적으로 선별하고 평가하는 방법

2 관능평가에 사용되는 표준품

(1) 제품 표준견본 : 완성제품의 개별포장에 관한 표준

(2) 제품색조 표준견본 : 제품내용물 색조에 관한 표준

(3) 제품내용물 및 원료 표준견본 : 성상, 냄새, 사용감, 외관에 관한 표준

(4) 레벨부착위치 견본 : 완성제품, 레벨부착위치에 관한 표준

(5) 향료표준 견본 : 색조, 향, 외관 등에 관한 표준

(6) 원료표준 견본 : 냄새, 성상, 색, 외관 등에 관한 표준

(7) 충전위치 견본 : 내용물을 제품용기에 충전할 때의 액면 위치에 관한 표준

(8) 용기포장재 표준견본 : 용기 포장재의 검사에 관한 표준

(9) 용기포장재 한도견본 : 용기 포장재 외관검사에 사용하는 합격품 한도를 나타내는 표준

Section 02 관능평가 방법

척도 : 반응에 대한 강도를 표시하는 것으로 숫자나 그림, 언어 등으로 표시할 수 있다.

1) 명목척도(Nominal scale)

어떤 특정한 순서나 양에 관계없이 단지 이름에 의해 분류하는 것이다. 우열이나 순서가 없으며 데이터들이 가지고 있는 특성에 의해서만 단지 서로 다르게 분류될 뿐이다. 예를 들면, 남과 여, 전화번호, 지역

2) 서수척도(Ordinal scale)

시료의 순위를 평가하는 것. 예를 들면 시료의 매끄러운 정도 평가 시, 약한 것부터 가장 강한 것의 순서로 평가하는 것. 한 시료가 다른 시료에 비해 얼마나 더 매끄러운지는 알 수 없다.

3) 간격척도(Interval scale)

어떤 특성의 강도를 일정하게 먼저 나누어 놓고 각 시료들이 이 중 어디에 속하는지를 결정. 예를 들면 시료의 단맛에 대해 평가할 경우 달지 않다. 조금 달다. 달다. 매우 달다 등으로 강도를 일정 간격으로 나누어 놓은 뒤, 각 시료들이 어디에 해당하는지를 평가하는 것이다. 항목 척도와 선 척도가 해당되며 간격척도에 의해 시료들의 특성에 대한 순서와 강도의 차이도 측정이 가능하다.

4) 비율척도(Ratio scale)

기준시료의 어떤 특성강도에 비하여 측정하고자 하는 시료의 특성 강도가 얼마나 더 강한지 또는 더 약한지를 비율로 나타내는 것이다. 예를 들면 기준 시료의 단맛을 1로 하였을 때 시료가 3배 더 달면 시료의 단맛 강도를 3으로, 시료의 단맛이 반이면 0.5로 표시한다.

Section 03 관능평가 절차

(1) 원자재 및 제품의 시험검체를 채취하고 사용감 시험방법에 따라 시험
(2) 원자재 시험검체와 제품의 공정단계별 시험검체를 채취하고 각각의 기준과 평가척도
(3) 원료 및 제품의 시험검체를 채취하고 향취 시험방법에 따라 시험
(4) 향취를 검사하기 위한 표준품을 선정하고 보관, 관리
(5) 향취 시험결과에 따라 적합 유무를 판정하고 기록, 관리

(6) 사용감을 검사하기 위한 표준품을 선정하고 보관, 관리
(7) 사용감 시험결과에 따라 적합 유무를 판정하고 기록, 관리
(8) 외관 · 색상을 검사하기 위한 표준품을 선정
(9) 외관 · 색상 시험방법에 따라 시험하고 적합 유무를 판정하여 기록 · 관리

Section 04 관능평가요소 및 방법

	제품군	핵심품질요소
기초화장품	스킨종류	탁도, 변취
	로션종류	변취, 분리, 점도변화, 경도변화
	에센스 종류	변취, 분리, 점도변화, 경도변화
	크림종류	증발, 표면굳음, 변취, 분리, 점도/경도변화
메이크업화장품	메이크업베이스 종류	증발, 표면굳음, 변취, 점도변화, 경도변화
	파운데이션 종류	증발, 표면굳음, 변취, 점도변화, 경도변화
	립스틱 종류	변취, 분리, 경도변화

Section 05 시험항목 및 시험방법

(1) 변취 : 적당량을 손등에 펴 바른 다음 냄새를 맡으며 원료의 베이스 냄새를 중점으로 하고 표준품(제조 직후)과 비교하여 변취 여부를 확인
(2) 분리 : 육안과 현미경을 이용하여 유화 상태(응고, 분리현상, 겔화, 유화 입자 크기, 기포, 빙결 여부 등)를 관찰
(3) 침전, 탁도 : 탁도 측정용 10ml 바이알에 액상제품을 담은 후 turbidity meter를 이용하여 현탁도를 측정
(4) 점도/경도변화 : 시료를 실온에서 방치한 후 점도 측정용기에 시료를 넣고 시료의 점도 범위에 적합한 spindle을 사용하여 점도를 측정, 점도가 높을 경우 경도를 측정
(5) 증발/굳는 현상 : ① 무게 측정 : 시료를 실온으로 식힌 후 시료 보관 전/후의 무게 차이를 측정 ② 시험품 표면을 일정량 취하여 장원기 일반시험법에 따라 시험(1g, 105℃, 함량)

CHAPTER 04 | 제품 상담

Section 01 맞춤형 화장품의 효과

고객의 피부유형에 맞춰서 적절한 효과를 얻을 수 있다
(1) 피부의 거칠음을 방지하고 살결을 가다듬는다.
(2) 피부를 청정하게 한다.
(3) 피부에 수분을 공급하고 조절하여 촉촉함을 주며 유연하게 한다.
(4) 피부를 보호하고 건강하게 한다.
(5) 피부에 수렴 효과를 주며 피부탄력을 증가시킨다.

Section 02 맞춤형화장품의 부작용의 종류와 현상

화장품 사용 시 또는 사용 후 직사광선에 의하여 사용부위가 붉은 반점, 부어오름 또는 가려움증 등의 이상 증상이나 부작용이 있는 경우 전문의 등과 상담할 것
(1) 홍반(erythema) : 피부가 붉게 변하고 혈관의 확장으로 피가 많이 고이는 것, 붉은 반점
(2) 부종(edema) : 피부와 연부 조직에 부종이 발생하면 임상적으로 부풀어 오르고 푸석푸석한 느낌을 가짐
(3) 인설생성(scaling) : 건선과 같은 심한 피부 건조에 의해 각질이 은백색의 비늘처럼 피부표면에 발생하는 것
(4) 가려움(itching) : 피부를 긁거나 문지르고 싶은 충동을 일으키는 불쾌한 감각으로 가장 흔한 피부 증상, 소양감
(5) 자통(stinging) : 찌르는 듯한 통증
(6) 작열감(burning) : 타는 듯한 느낌 또는 화끈거림
(8) 따끔거림(pricking) : 쏘는 듯한 느낌
(9) 염증 반응 : 염증은 특정 조직의 손상 또는 감염에 대한 일종의 생체 내 반응, 뾰루지, 알레르기

Section 03 배합금지 사항 확인 · 배합

Chapter 3 Section 01 화장품의 사용제한 원료 참조 p64 (별표1)

Section 04 내용물 및 원료의 사용제한 사항

1 사용상의 제한이 필요한 원료의 사용기준

(1) 특별히 사용상의 제한이 필요한 원료에 대하여 그 사용기준을 지정 · 고시한다.
지정 · 고시되지 않은 원료는 사용 금지 : 보존제, 색소, 자외선차단제 등 색소는 "화장품의 색소 종류와 기준 및 시험 방법" 식약처 고시에서도 화장품의 제조 등에 사용할 수 있는 색소, 그 사용기준 등을 정함.

(2) 사용기준 : 사용범위와 사용 한도 지정
① 사용할 수 있는 제품과 사용금지 제품의 종류 확인
② 함량 상한을 충분히 고려하여 사용 한도를 초과하지 않도록 주의

[화장품법 제8조 제2항]

2 사용상의 제한이 필요한 원료의 사용기준 ㉮

(1) 비타민E (토코페롤) : 20%

(2) 살리실릭애씨드 및 그 염류
※ 영유아용 제품류 또는 만 13세 이하 어린이가 사용할 수 있음을 측정하여 표시하는 제품에는 사용금지 (다만 샴푸는 제외)
① 보존제로 사용 할 경우 살리실릭애씨드로서 0.5%
② 기능성 화장품의 유효성분으로 사용하는 경우
㉠ 사용 후 씻어내는 제품류에 살리실릭애씨드로서 2%
㉡ 사용 후 씻어내는 두발용 제품류에 살리실릭애씨드로서 3%
※ 기타제품에는 사용금지

(3) 포타슘하이드록사이드(KOH) 또는 소듐하이드록사이드(NAOH)
① 손톱 표피 용해 목적일 경우 5%
② pH 조정 목적으로 사용되고, pH 기준이 없는 경우에도 최종 제품의 pH는 11 이하
③ 제모제에서 pH 조정 목적으로 사용되는 경우 최종 제품의 pH는 12.7 이하

여기서 잠깐

맞춤형화장품 조제관리사 자격시험 예시 출제 문항

[문제] 맞춤형화장품 조제관리사인 소영은 매장을 방문한 고객과 다음과 같은 〈대화〉를 나누었다. 소영이가 고객에게 혼합하여 추천할 제품으로 다음 〈보기〉 중 옳은 것을 모두 고르면?

> 고객: 최근에 야외활동을 많이 해서 그런지 얼굴 피부가 검어지고 칙칙해졌어요. 건조하기도 하구요.
> 소영: 아. 그러신가요? 그럼 고객님 피부 상태를 측정해 보도록 할까요?
> 고객: 그럴까요? 지난번 방문 시와 비교해 주시면 좋겠네요.
> 소영: 네. 이쪽에 앉으시면 저희 측정기로 측정을 해드리겠습니다.
>
> 피부측정 후,
>
> 소영: 고객님은 1달 전 측정 시보다 얼굴에 색소 침착도가 20%가량 높아져 있고, 피부 보습도도 25%가량 많이 낮아져 있군요.
> 고객: 음. 걱정이네요. 그럼 어떤 제품을 쓰는 것이 좋을지 추천 부탁드려요.

> [보기]
> 늄디옥사이드(Titanium Dioxide) 함유 제품
> ㄴ. 나이아신아마이드(Niacinamide) 함유 제품
> ㄷ. 카페인(Caffeine) 함유 제품
> ㄹ. 소듐하이알루로네이트(Sodium Hyaluronate) 함유 제품
> ㅁ. 아데노신(Adenosine) 함유 제품

① ㄱ, ㄷ　② ㄱ, ㅁ　③ ㄴ, ㄹ　④ ㄴ, ㅁ　⑤ ㄷ, ㄹ

답 ③

여기서 잠깐

맞춤형화장품 조제관리사 자격시험 1회 출제 문항

고객이 맞춤형화장품 조제관리사에게 피부에 침착된 멜라닌색소의 색을 엷게 하여 미백에 도움을 주는 기능을 가진 화장품을 맞춤형으로 구매하기를 상담하였다. 미백 기능성 원료를 〈보기〉에서 고르시오.

> [보기]
> 아데노신, 에칠헥실메톡시신나메이트, 알파-비사보롤, 레티닐팔미테이트, 베타-카로틴

답 알파-비사보롤

CHAPTER

05 | 제품 안내

Section 01 맞춤형 화장품 표시 사항

1 화장품 표시 · 기재 사항

1) 표시

"표시"란 화장품의 용기 · 포장에 기재하는 문자 · 숫자 · 도형 또는 그림을 말한다.

[화장품법 제2조]

2) 화장품 기재사항

(1) 화장품의 1차 포장 또는 2차 포장에는 총리령으로 정하는 바에 따라 다음 각 호의 사항을 기재 · 표시하여야 한다. 다만, 내용량이 소량인 화장품의 포장 등 총리령으로 정하는 포장에는 화장품의 명칭, 화장품책임판매업자 및 맞춤형화장품판매업자의 상호, 가격, 제조번호와 사용기한 또는 개봉 후 사용기간(개봉 후 사용기간을 기재할 경우에는 제조연월일을 병행 표기하여야 한다. 이하 이 조에서 같다)만을 기재 · 표시할 수 있다.

① 화장품의 명칭

② 영업자의 상호 및 주소

③ 해당 화장품 제조에 사용된 모든 성분(인체에 무해한 소량 함유 성분 등 총리령으로 정하는 성분은 제외한다)

④ 내용물의 용량 또는 중량

⑤ 제조번호

⑥ 사용기한 또는 개봉 후 사용기간

⑦ 가격

⑧ 기능성화장품의 경우 "기능성화장품"이라는 글자 또는 도안

⑨ 사용할 때의 주의사항

⑩ 그 밖에 총리령으로 정하는 사항

(2) 제1항 각 호 외의 부분 본문에도 불구하고 다음 각 호 사항은 1차 포장에 표시하여야 한다.

① 화장품의 명칭

② 영업자의 상호

③ 제조번호

④ 사용기한 또는 개봉 후 사용기간

(3) 제1항에 따른 기재사항을 화장품의 용기 또는 포장에 표시할 때 제품의 명칭, 영업자의 상호는 시각장애인을 위한 점자 표시를 병행할 수 있다.

(4) 제1항 및 제2항에 따른 표시기준과 표시방법 등은 총리령으로 정한다.

[화장품법 제10조]

화장품 포장의 기재 · 표시 등 [화장품 시행규칙 제19조]

① 법 제10조제1항 단서에 따라 다음 각 호에 해당하는 1차 포장 또는 2차 포장에는 화장품의 명칭, 화장품책임판매업자의 상호, 가격, 제조번호와 사용기한 또는 개봉 후 사용기간(개봉 후 사용기간을 기재할 경우에는 제조연월일을 병행 표기하여야 한다)만을 기재 · 표시할 수 있다. 다만, 제2호의 포장의 경우 가격이란 견본품이나 비매품 등의 표시를 말한다.

1. 내용량이 10밀리리터 이하 또는 10그램 이하인 화장품의 포장

2. 판매의 목적이 아닌 제품의 선택 등을 위하여 미리 소비자가 시험 · 사용하도록 제조 또는 수입된 화장품의 포장

② 법 제10조제1항제3호에 따라 기재 · 표시를 생략할 수 있는 성분이란 다음 각 호의 성분을 말한다.

1. 제조과정 중에 제거되어 최종 제품에는 남아 있지 않은 성분

2. 안정화제, 보존제 등 원료 자체에 들어 있는 부수 성분으로서 그 효과가 나타나게 하는 양보다 적은 양이 들어 있는 성분

3. 내용량이 10밀리리터 초과 50밀리리터 이하 또는 중량이 10그램 초과 50그램 이하 화장품의 포장인 경우에는 다음 각 목의 성분을 제외한 성분

가. 타르색소

나. 금박

다. 샴푸와 린스에 들어 있는 인산염의 종류

라. 과일산(AHA)

마. 기능성화장품의 경우 그 효능 · 효과가 나타나게 하는 원료

바. 식품의약품안전처장이 배합 한도를 고시한 화장품의 원료

③ 법 제10조제1항제9호에 따라 화장품의 포장에 기재 · 표시하여야 하는 사용할 때의 주의사항은 별표 3과 같다.

④ 법 제10조제1항제10호에 따라 화장품의 포장에 기재 · 표시하여야 하는 사항은 다음 각 호와 같다.

1. 식품의약품안전처장이 정하는 바코드

2. 기능성화장품의 경우 심사받거나 보고한 효능 · 효과, 용법 · 용량

3. 성분명을 제품 명칭의 일부로 사용한 경우 그 성분명과 함량(방향용 제품은 제외한다)

4. 인체 세포 · 조직 배양액이 들어있는 경우 그 함량

5. 화장품에 천연 또는 유기농으로 표시 · 광고하려는 경우에는 원료의 함량

6. 수입화장품인 경우에는 제조국의 명칭(「대외무역법」에 따른 원산지를 표시한 경우에는 제조국의 명칭을 생략할 수 있다), 제조회사명 및 그 소재지

7. 제2조제8호부터 제11호까지에 해당하는 기능성화장품의 경우에는 "질병의 예방 및 치료를 위한 의약품이 아님"이라는 문구
8. 다음 각 목의 어느 하나에 해당하는 경우 법 제8조제2항에 따라 사용기준이 지정 · 고시된 원료 중 보존제의 함량

⑤ 제1항 및 제2항제3호에 따라 해당 화장품의 제조에 사용된 성분의 기재 · 표시를 생략하려는 경우에는 다음 각 호의 어느 하나에 해당하는 방법으로 생략된 성분을 확인할 수 있도록 하여야 한다.
1. 소비자가 법 제10조제1항제3호에 따른 모든 성분을 즉시 확인할 수 있도록 포장에 전화번호나 홈페이지 주소를 적을 것
2. 법 제10조제1항제3호에 따른 모든 성분이 적힌 책자 등의 인쇄물을 판매업소에 늘 갖추어 둘 것

⑥ 법 제10조제4항에 따른 화장품 포장의 표시기준 및 표시방법은 별표 4와 같다.

화장품 포장의 표시기준 및 표시방법(제19조제6항 관련)

1. 화장품의 명칭
다른 제품과 구별할 수 있도록 표시된 것으로서 같은 화장품책임판매업자의 여러 제품에서 공통으로 사용하는 명칭을 포함한다.
2. 화장품제조업자 및 화장품판매업자의 상호 및 주소
가. 화장품제조업자 또는 화장품책임판매업자의 주소는 등록필증에 적힌 소재지 또는 반품 · 교환 업무를 대표하는 소재지를 기재 · 표시해야 한다.
나. "화장품제조업자"와 "화장품책임판매업자"는 각각 구분하여 기재 · 표시해야 한다. 다만, 화장품제조업자와 화장품책임판매업자가 같은 경우는 "화장품제조업자 및 화장품책임판매업자"로 한꺼번에 기재 · 표시할 수 있다.
다. 공정별로 2개 이상의 제조소에서 생산된 화장품의 경우에는 일부 공정을 수탁한 화장품제조업자의 상호 및 주소의 기재 · 표시를 생략할 수 있다.
라. 수입화장품의 경우에는 추가로 기재 · 표시하는 제조국의 명칭, 제조회사명 및 그 소재지를 국내 "화장품제조업자"와 구분하여 기재 · 표시해야 한다.
3. 화장품 제조에 사용된 성분
가. 글자의 크기는 5포인트 이상으로 한다.
나. 화장품 제조에 사용된 함량이 많은 것부터 기재 · 표시한다. 다만, 1퍼센트 이하로 사용된 성분, 착향제 또는 착색제는 순서에 상관없이 기재 · 표시할 수 있다.
다. 혼합원료는 혼합된 개별 성분의 명칭을 기재 · 표시한다.
라. 색조 화장용 제품류, 눈 화장용 제품류, 두발염색용 제품류 또는 손발톱용 제품류에서 호수별로 착색제가 다르게 사용된 경우 '± 또는 +/−'의 표시 다음에 사용된 모든 착색제 성분을 함께 기재 · 표시할 수 있다.
마. 착향제는 "향료"로 표시할 수 있다. 다만, 식품의약품안전처장은 착향제의 구성 성분 중 알레르기 유발물질로 알려진 성분이 있는 경우에는 해당 성분의 명칭을 기재 · 표시하도록 권장할 수 있다.
바. 산성도(pH) 조절 목적으로 사용되는 성분은 그 성분을 표시하는 대신 중화반응에 따른 생성물로 기재 · 표시할 수 있다.

사. 법 제10조제1항제3호에 따른 성분을 기재 · 표시할 경우 화장품제조업자 또는 화장품책임판매업자의 정당한 이익을 현저히 침해할 우려가 있을 때에는 화장품제조업자 또는 화장품책임판매업자는 식품의약품안전처장에게 그 근거자료를 제출해야 하고, 식품의약품안전처장이 정당한 이익을 침해할 우려가 있다고 인정하는 경우에는 "기타 성분"으로 기재 · 표시할 수 있다.

4. 내용물의 용량 또는 중량

화장품의 1차 포장 또는 2차 포장의 무게가 포함되지 않은 용량 또는 중량을 기재 · 표시해야 한다.

5. 제조번호

사용기한(또는 개봉 후 사용기간)과 쉽게 구별되도록 기재 · 표시해야 하며, 개봉 후 사용기간을 표시하는 경우에는 병행 표기해야 하는 제조연월일도 각각 구별이 가능하도록 기재 · 표시해야 한다.

6. 사용기한 또는 개봉 후 사용기간

가. 사용기한은 "사용기한" 또는 "까지" 등의 문자와 "연월일"을 소비자가 알기 쉽도록 기재 · 표시해야 한다. 다만, "연월"로 표시하는 경우 사용기한을 넘지 않는 범위에서 기재 · 표시해야 한다.

나. 개봉 후 사용기간은 "개봉 후 사용기간"이라는 문자와 "ㅇㅇ월" 또는 "ㅇㅇ개월"을 조합하여 기재 · 표시하거나, 개봉 후 사용기간을 나타내는 심벌과 기간을 기재 · 표시할 수 있다.

(예시: 심벌과 기간 표시) 개봉 후 사용기간이 12개월 이내인 제품

7. 기능성화장품의 기재 · 표시

가. 제19조제4항제7호에 따른 문구는 법 제10조제1항제8호에 따라 기재 · 표시된 "기능성화장품" 글자 바로 아래에 "기능성화장품" 글자와 동일한 글자 크기 이상으로 기재 · 표시해야 한다.

나. 법 제10조제1항제8호에 따라 기능성화장품을 나타내는 도안은 다음과 같이 한다.

1) 표시기준(로고모형)

기능성화장품
식품의약품안전처

2) 표시방법

가) 도안의 크기는 용도 및 포장재의 크기에 따라 동일 배율로 조정한다.

나) 도안은 알아보기 쉽도록 인쇄 또는 각인 등의 방법으로 표시해야 한다.

3) 화장품의 가격표시

(1) 제10조제1항제7호에 따른 가격은 소비자에게 화장품을 직접 판매하는 자(이하 "판매자"라 한다)가 판매하려는 가격을 표시하여야 한다.

(2) 제1항에 따른 표시방법과 그 밖에 필요한 사항은 총리령으로 정한다.

[화장품법 11조]

<table>
<tr><th colspan="4">화장품 표시 · 기재사항</th></tr>
<tr><th colspan="3">일반 화장품 표시 · 기재사항</th><th>맞춤형화장품 표시 · 기재사항</th></tr>
<tr><td>① 화장품의 명칭</td><td rowspan="4">1차
포장
표시</td><td rowspan="5">소용량
및
견본품
표시</td><td>① 화장품의 명칭</td></tr>
<tr><td>② 영업자의 상호 및 주소</td><td>② 책임판매업자 및 맞춤형화장품판매업자 상호</td></tr>
<tr><td>③ 제조번호</td><td>③ 식별번호</td></tr>
<tr><td>④ 사용기한 또는 개봉 후 사용기간
(제조연월일)</td><td>④ 사용기한 또는 개봉 후 사용기간(혼합 · 소분일)</td></tr>
<tr><td colspan="2">⑤ 가격</td><td>⑤ 가격</td></tr>
<tr><td colspan="3">⑥ 화장품 전성분</td><td></td></tr>
<tr><td colspan="3">⑦ 내용물의 용량 또는 중량</td><td></td></tr>
<tr><td colspan="3">⑧ "기능성화장품"이라는 글자 또는 도안</td><td></td></tr>
<tr><td colspan="3">⑨ 사용할 때의 주의사항</td><td></td></tr>
<tr><td colspan="3">⑩ 그 밖에 총리령으로 정하는 사항</td><td></td></tr>
</table>

2 기재 · 표시상의 주의

제10조 및 제11조에 따른 기재 · 표시는 다른 문자 또는 문장보다 쉽게 볼 수 있는 곳에 하여야 하며, 총리령으로 정하는 바에 따라 읽기 쉽고 이해하기 쉬운 한글로 정확히 기재 · 표시하여야 하되, 한자 또는 외국어를 함께 기재할 수 있다.

[화장품법 제12조]

3 부당한 표시·광고 행위 등의 금지

(1) 영업자 또는 판매자는 다음 각 호의 어느 하나에 해당하는 표시 또는 광고를 하여서는 아니 된다.

① 의약품으로 잘못 인식할 우려가 있는 표시 또는 광고

② 기능성화장품이 아닌 화장품을 기능성화장품으로 잘못 인식할 우려가 있거나 기능성화장품의 안전성·유효성에 관한 심사결과와 다른 내용의 표시 또는 광고

③ 천연화장품 또는 유기농화장품이 아닌 화장품을 천연화장품 또는 유기농화장품으로 잘못 인식할 우려가 있는 표시 또는 광고

④ 그 밖에 사실과 다르게 소비자를 속이거나 소비자가 잘못 인식하도록 할 우려가 있는 표시 또는 광고

(2) 제1항에 따른 표시 · 광고의 범위와 그 밖에 필요한 사항은 총리령으로 정한다.

☞ 표시 · 광고의 범위 등[화장품법 시행규칙 제 22조] 참조

[화장품법 제13조]

여기서 잠깐

최근 표시관련 개정사항

1. 명칭 변경
   - 제조업자 → 화장품제조업자
   - 책임판매업자 → 화장품책임판매업자
2. 천연화장품 및 유기농화장품 인증제도
   - 기준에 부합할 경우 천연화장품 또는 유기농 화장품 표시광고 가능
   - 식약처 지정 인증기관으로부터 인증받을 경우 식약처 인증 로고 사용 가능
3. 착향제 성분 중 알레르기 유발 물질 표시 의무화(Part 2 Chapter 3 Section 2 참조)
   - 고시된 알레르기 유발 물질 25종 포함 시 기재표시 및 원료목록 보고
4. 영유아용, 어린이용 제품 보존제 함량 표시 의무화(Part 2 Chapter 1 Section 3 참조)
   - 화장품의 유형 중 영유아용 화장품류 및 어린이용 제품(만 13세 이하의 어린이 대상)
   - [화장품의 안전기준 등에 관한 규정] 고시 원료 중 보존제
5. 영유아 또는 어린이 대상 화장품의 안전성 자료 작성, 보관 의무화
   - 영유아 또는 어린이가 사용할 수 있는 화장품임을 표시광고하려는 경우

여기서 잠깐

맞춤형화장품 조제관리사 자격시험 1회 출제 문항

다음은 화장품 1차 포장에 반드시 기재 표시해야 하는 사항이다.
다음 괄호 안에 들어갈 단어를 기재하시오.

- 화장품의 명칭
- 영업자의 상호
- (　　　　)
- 사용기한 또는 개봉 후 사용기간 (제조연월일 병행표기)

답 제조번호

Section 02 맞춤형 화장품 안전기준의 주요사항

1 화장품 안전기준 등(Part 1 Chapter 1 Section 6 참조)

(1) 식품의약품안전처장은 화장품의 제조 등에 사용할 수 없는 원료를 지정하여 고시하여야 한다.

(2) 식품의약품안전처장은 보존제, 색소, 자외선차단제 등과 같이 특별히 사용상의 제한이 필요한 원료에 대하여는 그 사용기준을 지정하여 고시하여야 하며, 사용기준이 지정 · 원료 외의 보존제, 색소, 자외선차단제 등은 사용할 수 없다.

(3) 식품의약품안전처장은 그 밖에 유통화장품 안전관리 기준을 정하여 고시할 수 있다.

[화장품법 제8조]

2 맞춤형 화장품에 사용 가능한 원료

다음의 원료를 제외한 원료는 맞춤형화장품에 사용할 수 있다.

(1) 화장품에 사용할 수 없는 원료

(2) 화장품에 사용상의 제한이 필요한 원료

(3) 식품의약품안전처장이 고시한 기능성화장품의 효능 · 효과를 나타내는 원료(다만, 맞춤형화장품 판매업자에게 원료를 공급하는 화장품책임판매업자가 「화장품법」 제4조에 따라 해당 원료를 포함하여 기능성화장품에 대한 심사를 받거나 보고서를 제출한 경우는 제외한다)

☞ Part 2 Chapter 3 Section 1 참조

[식약처고시 화장품 안전기준 등에 관한 규정 제5조]

3 맞춤형 화장품 안전관리 기준 및 사후관리

(1) 혼합 · 소분 시 오염방지를 위하여 다음 각 목의 안전관리기준을 준수할 것

① 혼합 · 소분 전에는 손을 소독 또는 세정하거나 일회용 장갑을 착용할 것

② 혼합 · 소분에 사용되는 장비 또는 기기 등은 사용 전 · 후 세척할 것

③ 혼합 · 소분된 제품을 담을 용기의 오염 여부를 사전에 확인할 것

(2) 혼합 또는 소분에 사용되는 내용물 및 원료와 사용 시 주의사항에 대하여 소비자에게 설명

(3) 안전성 정보(부작용 발생 사례 포함)를 인지한 경우 신속히 책임판매업자에게 보고

(4) 회수 대상임을 인지한 경우 신속히 책임판매업자에게 보고 및 회수 대상 맞춤형화장품 구입한 소비자로부터 적극적 회수조치

Section 03 맞춤형 화장품 안전기준의 주요사항

1 맞춤형 화장품이란?

(1) 내용물이란 맞춤형화장품의 소분 및 혼합에 사용할 목적으로 화장품책임판매업자로부터 제공받은 벌크제품으로, 기성화장품이 아닌 맞춤형 전용으로 제조된 베이스 화장품이다.

(2) 화장품책임판매업자와 계약 없이 현재 시판중인 일반 화장품에 특정 성분을 혼합하여 맞춤형화장품으로 조제하여 판매할 수 없다. 즉, 맞춤형화장품조제관리사는 화장품책임판매업자와 계약된 범위안에서만 지정된 원료 및 내용물을 가지고 맞춤형화장품을 혼합할 수 있다.

- 판매장에서 고객 개인별 피부 특성이나 색 · 향 등의 기호 · 요구를 반영하여 맞춤형 화장품 조제관리사 자격증을 가진 자가
- 화장품의 내용물을 소분하거나

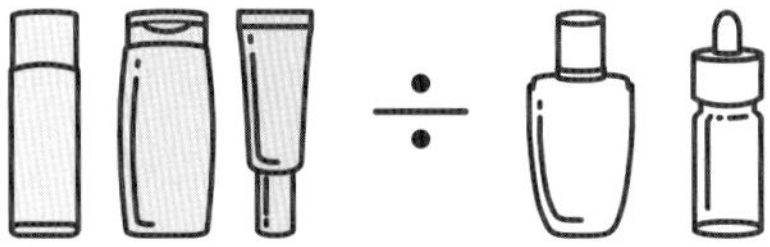

- 화장품의 내용물에 다른 화장품의 내용물 또는 식약처장이 정하는 원료를 혼합한 화장품

2 맞춤형 화장품 혼합 · 조제 특성

(1) 고객의 개인별 피부 특성이나 색 · 향 등의 기호 · 요구를 반영하여 베이스 화장품, 원료의 혼합이 이루어진다.

(2) 베이스 화장품(내용물)의 기본 제형 변화가 없는 범위 내에서 원료의 혼합이 이루어져야 한다.

(3) 책임판매업자가 특정 성분 및 원료의 혼합 범위를 규정하고 있는 경우에는 그 범위 내에서 혼합이 이루어져야 한다.

Section 04 맞춤형 화장품의 사용법

1 맞춤형화장품의 기본 사용방법

(1) 맞춤형화장품조제관리사와 상담 후 개인의 피부 및 모발 등의 특성 및 개인적 선호와 요구에 의해 혼합·소분된 맞춤형 화장품의 사용은 일반 화장품 사용방법에 따라 피부 및 모발 등에 적용한다.

(2) 맞춤형화장품조제관리사로부터 혼합·소분에 사용되는 내용물 및 원료와 사용 시 주의사항에 대한 충분한 설명을 듣고 제시하는 사용방법을 따른다.

2 맞춤형화장품 사용 시 주의사항

1) 화장품 사용 시 주의사항

(1) 화장품 사용 시 또는 사용 후 직사광선에 의하여 사용부위가 붉은 반점, 부어오름 또는 가려움증 등의 이상 증상이나 부작용이 있는 경우 전문의 등과 상담할 것

(2) 상처가 있는 부위 등에는 사용을 자제할 것

(3) 보관 및 취급 시의 주의사항

① 어린이의 손이 닿지 않는 곳에 보관할 것

② 직사광선을 피해서 보관할 것

(4) 눈에 들어갔을 때 즉시 씻어낼 것

2) 맞춤형화장품 사용 시 주의사항

맞춤형화장품의 사용기한을 잘 확인하고, 사용기한 내라도 문제가 발생하면 즉시 사용을 중단하고 맞춤형화장품 조제관리사에게 알리고, 맞춤형화장품 조제관리사는 화장품 책임판매업자에게 신속히 보고한다.

CHAPTER

06 혼합 및 소분

Section 01 원료 및 제형의 물리적 특성

1 원료의 물리적 특성

원료는 화장품의 다양한 유효성 및 품질유지 역할을 하며, 액체, 고체, 반고체 등 다양한 형태와 용해도, 점도 등의 물리적 특성으로 화장품 제형에 영향을 준다. 원료들의 배합 비율과 제조 기술에 따라 화장품의 제형이 결정된다.

2 화장품 제형의 물리적 특성

(1) 화장품은 다양한 원료의 물성과 계면을 변화시킨 것으로, 수분, 유분, 분체 등이 가용화, 유화, 분산의 기술에 의해 균일하게 섞여 있다.

(2) 화장품 제조 기술; 계면활성제의 작용

① 가용화(Solubilization): 물에 대한 용해도가 아주 낮은 물질(오일, 향료)이 계면활성제에 의해 투명하게 용해되는 현상으로, 이를 이용하여 만든 제품은 토너, 에센스, 향수 등이 있다.

② 유화(Emulsion): 서로 섞이지 않는 두 액체의 한쪽을 작은 입자(내상)로서 다른 쪽의 액체(외상) 중에 안정된 상태로 분산시킨 것으로 로션이나 크림 제조에 이용되는 방법이다.

③ 분산(Dispersion): 기체, 액체, 고체 등 하나의 상에 다른 상이 미세한 상태로 퍼져 있는 혼합계로, 화장품에서는 보통 고체(안료 입자)가 액체 속에 퍼져 있는 현상을 말한다. 주로 메이크업 화장품 등이 이에 속하며, 기초화장품의 경우도 썬크림, BB크림 등 유화상태의 제품에 색재를 분산시켜 만든다.

3 화장품 제형의 정의

(1) 로션제란 유화제 등을 넣어 유성 성분과 수성 성분을 균질화하여 점액상으로 만든 것을 말한다.

(2) 액제란 화장품에 사용되는 성분을 용제 등에 녹여서 액상으로 만든 것을 말한다.

(3) 크림제란 유화제 등을 넣어 유성 성분과 수성 성분을 균질화하여 반고 형상으로 만든 것을 말한다.

(4) 침적마스크제란 액제, 로션제, 크림제, 겔제 등을 부직포 등의 지지체에 침적하여 만든 것을 말한다.

(5) 겔제란 액체를 침투시킨 분자량이 큰 유기분자로 이루어진 반고형상을 말한다.

(6) 에어로졸제란 원액을 같은 용기 또는 다른 용기에 충전한 분사제(액화기체, 압축기체 등)의 압력을 이용하여 안개 모양, 포말상 등으로 분출하도록 만든 것을 말한다.

(7) 분말제란 균질하게 분말상 또는 미립상으로 만든 것을 말하며, 부형제 등을 사용할 수 있다.

[화장품법 제2조제1호 관련 고시]

Section 02 화장품 배합 한도 및 금지원료

1 맞춤형 화장품 배합한도 및 금지원료(Part 2 Chapter 3 Section 1 참조)

다음의 원료를 제외한 원료는 맞춤형화장품에 사용할 수 있다.

(1) 화장품에 사용할 수 없는 원료

(2) 화장품에 사용상의 제한이 필요한 원료

(3) 식품의약품안전처장이 고시한 기능성화장품의 효능 · 효과를 나타내는 원료(다만, 맞춤형화장품 판매업자에게 원료를 공급하는 화장품책임판매업자가 「화장품법」 제4조에 따라 해당 원료를 포함하여 기능성화장품에 대한 심사를 받거나 보고서를 제출한 경우는 제외한다)

[식약처고시 화장품 안전기준 등에 관한 규정 제5조]2) 보관방법

여기서 잠깐

맞춤형화장품 조제관리사 자격시험 예시 출제 문항

[문제] 맞춤형화장품에 혼합 가능한 화장품 원료로 옳은 것은?

① 아데노신 ② 라벤더오일 ③ 징크피리치온
④ 페녹시에탄올 ⑤ 메칠이소치아졸리논

답 ②

여기서 잠깐

2019년 안전기준 개정

1. 사용금지 원료
   (1) 니트로메탄, HICC, 아트라놀, 클로로아트라놀, 메칠렌글라이콜, 천수국꽃추출물 또는 오일(향료 포함)
   (2) 3세 이하 사용금지 보존제 2종을 어린이까지 사용금지 확대
      ① 살리실릭애씨드 및 염류
      ② 아이오도프로피닐부틸카바메이트 : 영유아용 제품류 또는 만 13세 이하 어린이가 사용할 수 있음을 특정하여 표시하는 제품에는 사용금지

2. 사용제한 원료

성분명	개정 내용
만수국꽃추출물, 만수국아재비꽃 추출물 또는 오일(향료)	• 사용 후 씻어내는 제품: 0.1% • 사용 후 씻어내지 않는 제품: 0.01%
땅콩오일추출물 및 유도체(보습제, 용매)	땅콩단백질 최대 농도 0.5ppm
하이드롤라이즈드밀단백질(계면활성제 등)	펩타이드 최대 평균 분자량 3.5kDa 이하
메칠이소치아졸리논	사용 후 씻어내는 제품 0.0015%
디메칠옥사졸리딘	0.05%
p-클로로-m-크레졸	0.04%
클로로펜	0.05%
프로피오닉애씨드 및 그 염류	0.9%
2-아미노-3-히드록시피리딘	1.0%
4-아미노-m-크레솔	1.5%
염산 히드록시프로필비스	0.4%
5-아미노-6-클로로-o-크레솔	0.5%
6-히드록시인돌	0.5%
황산 1-히드록시에칠-4,5-디아미노피라졸	3.0%
히드록시벤조모르포린	1.0%

Section 03 원료 및 내용물의 유효성

(1) 피부에 적절한 보습, 미백, 세정, 자외선차단, 노화억제 등의 효과를 부여하는 것을 목적으로 화장품의 내용물에 다른 화장품의 내용물 또는 식약처장이 정하는 원료를 혼합하여 화장품의 유효성을 향상시킬 수 있다.

(2) 화장품책임판매업자가 기능성화장품을 사전에 인증받은 경우에만 기능성 성분을 혼합해서 화장품에 기능성 효과를 부여할 수 있으며, 일반화장품에는 기능성 성분을 첨가할 수 없다.

※ 기능성 고시 원료 및 사용금지, 사용제한 원료(Part 2 Chapter 3 Section 1 참조)

Section 04 원료 및 내용물의 규격(ph, 점도, 색상, 냄새 등)

1 원료 규격

(1) 원료의 전반적인 성질에 관한 것으로 원료의 성상, 색상, 냄새, pH, 굴절률, 중금속, 비소, 미생물 등 성상과 품질에 관련된 시험 항목과 그 시험방법이 기재되어 있으며, 보관 조건, 유통 기한, 포장 단위, INCI명 등의 정보가 원료 규격서에 기록되어 원료에 대한 물리적, 화학적 내용을 알 수 있다.

(2) 화장품의 안전성 확보를 위해서는 완제품의 품질관리도 중요하지만 사용되는 원료의 규격 관리가 매우 중요

(3) 화장품 안전관리를 위해서는 원료단계에서 관리가 필요한 불순물의 규격을 설정하여 관리할 필요성이 제기

(4) 국내 화장품의 원료는 관련 규정에 따라 제조업체에서 자사 규격에 따라 철저히 관리

(5) 다빈도로 사용되고 있는 원료를 선정하여 원료 규격 가이드라인 제시

(6) 규격의 설정은 "항목 설정" "시험법의 설정" "기준치 설정" "설정된 규격 시험 확인검증"의 4단계로 이루어지며, 품질관리에 필요한 기준은 해당 원료의 안전성 등을 고려하여 설정한다.

원료규격의 예시

세테아릴알코올
Ceeayl Alcohol

이 원료는 주로 세틸알코올(C16H34O : 242.44) 및 스테아릴알코올(C18H38O : 270.50)로 되어 있다.

- 성상 : 이 원료는 백색 ~ 황색을 띤 백색의 박편, 과립 또는 덩어리의 왁스모양의 물질로 약간의 특이한 냄새가 있다.
- 확인 시험 : 이 원료 0.1g을 작은 시험관에 달아 넣고 벤젠 1㎖를 넣어 녹이고 바나딘산암모늄시액 0.5㎖ 및 8-키노리놀시액 3방울을 넣어 세게 흔들어 섞은 다음 60℃의 수용상에서 5분간 가온할 때 벤젠층은 엷은 적색 ~ 엷은 등색을 나타낸다.
- 융점 : 46~56℃(제2법)
- 산가 : 1 이하(30g, 제1법)
- 검화가 : 2 이하(10g)
- 수산기가 : 200~230(0.7g)
- 요오드가 : 3 이하
- 순도시험
  (1) 용해상태 : 이 원료 3.0g에 무수에탄올 25㎖를 넣어 수욕상에서 가영하여 녹일 때 액은 무색이며 맑다.
  (2) 알칼리 : (1)의 액에 페놀프탈레인시액 2방울을 넣을 때 액은 홍색을 나타내지 않는다.
  (3) 중금속 : 이 원료 1.0g을 달아 제2법에 따라 조작하여 시험한다. 비교액에는 납표준액 2.0㎖를 넣는다(20 ppm 이하).
  (4) 비소 : 이 원료 1.0g을 달아 제3법에 따라 검액을 만들고 장치 B를 쓰는 방법에 따라 조작하여 시험한다 (2 ppm 이하).
- 강열잔분 : 0.1% 이하(5g, 제1법)

2 Ph 규격

영 · 유아용 제품류(영 · 유아용 샴푸, 영 · 유아용 린스, 영 · 유아 인체 세정용 제품, 영 · 유아 목욕용 제품 제외), 눈 화장용 제품류, 색조 화장용 제품류, 두발용 제품류(샴푸, 린스 제외), 면도용 제품류(셰이빙 크림, 셰이빙 폼 제외), 기초화장용 제품류(클렌징 워터, 클렌징 오일, 클렌징 로션, 클렌징 크림 등 메이크업 리무버 제품 제외) 중 액, 로션, 크림 및 이와 유사한 제형의 액상제품은 pH 기준이 3.0~9.0 이어야 한다. 다만, 물을 포함하지 않는 제품과 사용한 후 곧바로 물로 씻어 내는 제품은 제외한다.

[화장품법 제6조 유통화장품의 안전관리 기준]

여기서 잠깐

맞춤형화장품 조제관리사 자격시험 예시 출제 문항

[문제] 다음 〈보기〉는 유통화장품의 안전관리기준 중 pH에 대한 내용이다. 〈보기〉 기준의 예외가 되는 두 가지 제품에 대해 모두 작성하시오.

보기

영 · 유아용 제품류(영 · 유아용 샴푸, 영 · 유아용 린스, 영 · 유아 인체 세정용 제품, 영 · 유아 목욕용 제품 제외), 눈 화장용 제품류, 색조 화장용 제품류, 두발용 제품류(샴푸, 린스 제외), 면도용 제품류(셰이빙 크림, 셰이빙 폼 제외), 기초화장용 제품류(클렌징 워터, 클렌징 오일, 클렌징 로션, 클렌징 크림 등 메이크업 리무버 제품 제외) 중 액, 로션, 크림 및 이와 유사한 제형의 액상제품은 pH 기준이 3.0~9.0 이어야 한다.

답 물을 포함하지 않는 제품, 사용 후 곧바로 씻어 내는 제품

Section 05 혼합 · 소분에 필요한 도구 · 기기 리스트와 사용

화장품 생산 시에는 많은 설비가 사용된다. 분체혼합기, 유화기, 혼합기, 충전기, 포장기 등의 제조 설비뿐만 아니라, 냉각장치, 가열장치, 분쇄기, 에어로졸 제조장치 등의 부대설비와 저울, 온도계, 압력계 등의 계측기기가 사용된다. 이들을 통합하여 "화장품 생산 설비"라고 한다.

맞춤형화장품의 경우 단순 소분 및 내용물이나 원료 등의 혼합만 가능하기 때문에, 이 과정에 필요한 도구와 기기를 갖추면 된다.

2020년 3월 14일에 시행되는 맞춤형화장품판매업에 관한 가이드라인이 고시되면 관련 설비, 기기 및 기준안이 마련될 것으로 보인다. 따라서 정확한 기준 및 종류, 방법 등은 이후 자세하게 기술하기로 한다.

여기서는 혼합 · 소분에 필요할 것으로 사료되는 도구와 기기 등에 대해 간략하게 구분하였다.

구분		도구 및 기기
소분	소분	스파튤라, 시약수저, 나이프, 스포이드
	칭량	전자 저울(무게), 눈금실린더, 피펫(부피)
혼합	도구 사용	나이프, 스파튤라, 교반봉, 실리콘 주걱 등
	기기 사용	교반기(아지믹서, 디스퍼), 유화기(호모믹서

Section 06 맞춤형 화장품 판매업 준수사항에 맞는 혼합 · 소분 활동

1 영업자의 의무

(1) 화장품제조업자는 화장품의 제조와 관련된 기록 · 시설 · 기구 등 관리 방법, 원료 · 자재 · 완제품 등에 대한 시험 · 검사 · 검정 실시 방법 및 의무 등에 관하여 총리령으로 정하는 사항을 준수하여야 한다.

(2) 화장품책임판매업자는 화장품의 품질관리기준, 책임판매 후 안전관리기준, 품질 검사 방법 및 실시 의무, 안전성 · 유효성 관련 정보사항 등의 보고 및 안전대책 마련 의무 등에 관하여 총리령으로 정하는 사항을 준수하여야 한다.

(3) 맞춤형화장품판매업자는 맞춤형화장품 판매장 시설 · 기구의 관리 방법, 혼합 · 소분 안전관리기준의 준수 의무, 혼합 · 소분되는 내용물 및 원료에 대한 설명 의무 등에 관하여 총리령으로 정하는 사항을 준수하여야 한다.

(4) 화장품책임판매업자는 총리령으로 정하는 바에 따라 화장품의 생산실적 또는 수입실적, 화장품의 제조과정에 사용된 원료의 목록 등을 식품의약품안전처장에게 보고하여야 한다. 이 경우 원료의 목록에 관한 보고는 화장품의 유통 · 판매 전에 하여야 한다.

(5) 책임판매관리자 및 맞춤형화장품조제관리사는 화장품의 안전성 확보 및 품질관리에 관한 교육을 매년 받아야 한다.

(6) 식품의약품안전처장은 국민 건강상 위해를 방지하기 위하여 필요하다고 인정하면 화장품제조업자, 화장품책임판매업자 및 맞춤형화장품판매업자(이하 "영업자"라 한다)에게 화장품 관련 법령 및 제도(화장품의 안전성 확보 및 품질관리에 관한 내용을 포함한다)에 관한 교육을 받을 것을 명할 수 있다.

(7) 제6항에 따라 교육을 받아야 하는 자가 둘 이상의 장소에서 화장품제조업, 화장품책임판매업 또는 맞춤형화장품판매업을 하는 경우에는 종업원 중에서 총리령으로 정하는 자를 책임자로 지정하여 교육을 받게 할 수 있다.

(8) 제5항부터 제7항까지의 규정에 따른 교육의 실시 기관, 내용, 대상 및 교육비 등에 관하여 필요한 사항은 총리령으로 정한다.

[화장품법 제5조]

2 맞춤형화장품판매업자의 준수사항

화장품법 제5조제3항에 따라 맞춤형화장품판매업자가 준수하여야 할 사항은 다음 각 호와 같다.

(1) 맞춤형화장품 판매장 시설·기구를 정기적으로 점검하여 보건위생상 위해가 없도록 관리할 것
(2) 다음 각 목의 혼합·소분 안전관리기준을 준수할 것
가. 혼합·소분 전에 혼합·소분에 사용되는 내용물 또는 원료에 대한 품질성적서를 확인할 것
나. 혼합·소분 전에 손을 소독하거나 세정할 것,. 다만, 혼합·소분 시 일회용 장갑을 착용하는 경우에는 그렇지 않다.
다. 혼합·소분 전에 혼합·소분된 제품을 남을 포장용기의 오염 여부를 확인할 것
라. 혼합·소분에 사용되는 장비 또는 기구 등은 사용 전에 그 위생 상태를 점검하고, 사용 후에는 오염이 없도록 세척할 것
마. 그 밖에 가목부터 라목까지의 사항과 유사한 것으로서 혼합·소분의 안전을 위해 식품의약품안전처장이 정하여 고시하는 사항을 준수할 것

또한, 맞춤형화장품의 혼합·소분 안전관리기준 위반 시

1차 위반	2차 위반	3차 위반	4차 이상 위반
15일	1개월	3개월	6개월 판매업무정지 또는 품목판매업무정지

(3) 다음 각 목의 사항이 포함된 맞춤형화장품 판매내역서(전자문서로 된 판매내역서를 포함한다)를 작성·보관할 것
가. 제조번호
나. 사용기한 또는 개봉 후 사용기간
다. 판매일자 및 판매량
(4) 맞춤형화장품 판매 시 다음 각 목의 사항을 소비자에게 설명할 것
가. 혼합、소분에 사용된 내용물、원료의 내용 및 특성
나. 맞춤형화장품 사용 시의 주의사항
(5) 맞춤형화장품 사용과 관련된 부작용 발생사례에 대해서는 지체 없이 식품의약품안전처장에게 보고할 것

화장품책임판매업자의 준수사항 [화장품법 시행규칙 제11조]

화장품법 제5조제2항에 따라 화장품책임판매업자가 준수해야 할 사항은 다음 각 호(영 제2조제2호라목의 화장품책임판매업을 등록한 자는 제1호, 제2호, 제4호가목 · 다목 · 사목 · 차목 및 제10호만 해당한다)와 같다.

1. 별표 1의 품질관리기준을 준수할 것
2. 별표 2의 책임판매 후 안전관리기준을 준수할 것
3. 제조업자로부터 받은 제품표준서 및 품질관리기록서(전자문서 형식을 포함한다)를 보관할 것
4. 수입한 화장품에 대하여 다음 각 목의 사항을 적거나 또는 첨부한 수입관리기록서를 작성 · 보관할 것
   가. 제품명 또는 국내에서 판매하려는 명칭
   나. 원료성분의 규격 및 함량
   다. 제조국, 제조회사명 및 제조회사의 소재지
   라. 기능성화장품심사결과통지서 사본
   마. 제조 및 판매증명서. 다만, 「대외무역법」 제12조제2항에 따른 통합 공고상의 수출입 요건 확인 기관에서 제조 및 판매증명서를 갖춘 화장품책임판매업자가 수입한 화장품과 같다는 것을 확인받고, 제6조제2항 제2호가목, 다목 또는 라목의 기관으로부터 화장품책임판매업자가 정한 품질관리 기준에 따른 검사를 받아 그 시험성적서를 갖추어 둔 경우에는 이를 생략할 수 있다.
   바. 한글로 작성된 제품설명서 견본
   사. 최초 수입연월일(통관연월일을 말한다. 이하 이 호에서 같다)
   아. 제조번호별 수입연월일 및 수입량
   자. 제조번호별 품질검사 연월일 및 결과
   차. 판매처, 판매연월일 및 판매량
5. 제조번호별로 품질검사를 철저히 한 후 유통시킬 것. 다만, 화장품제조업자와 화장품책임판매업자가 같은 경우 또는 제6조제2항제2호 각 목의 어느 하나에 해당하는 기관 등에 품질검사를 위탁하여 제조번호별 품질검사결과가 있는 경우에는 품질검사를 하지 아니할 수 있다.
6. 화장품의 제조를 위탁하거나 제6조제2항제2호나목에 따른 제조업자에게 품질검사를 위탁하는 경우 제조 또는 품질검사가 적절하게 이루어지고 있는지 수탁자에 대한 관리 · 감독을 철저히 하여야 하며, 제조 및 품질관리에 관한 기록을 받아 유지 · 관리하고, 그 최종 제품의 품질관리를 철저히 할 것
7. 제5호에도 불구하고 영 제2조제2호다목의 화장품책임판매업을 등록한 자는 제조국 제조회사의 품질관리기준이 국가 간 상호 인증되었거나, 제12조제2항에 따라 식품의약품안전처장이 고시하는 우수화장품 제조관리기준과 같은 수준 이상이라고 인정되는 경우에는 국내에서의 품질검사를 하지 아니할 수 있다. 이 경우 제조국 제조회사의 품질검사 시험성적서는 품질관리기록서를 갈음한다.
8. 제7호에 따라 영 제2조제2호다목의 화장품책임판매업을 등록한 자가 수입화장품에 대한 품질검사를 하지 아니하려는 경우에는 식품의약품안전처장이 정하는 바에 따라 식품의약품안전처장에게 수입화장품의 제조업자에 대한 현지실사를 신청하여야 한다. 현지실사에 필요한 신청절차, 제출서류 및 평가방법 등에 대하여는 식품의약품안전처장이 정하여 고시한다.

   8의2. 제7호에 따른 인정을 받은 수입 화장품 제조회사의 품질관리기준이 제12조제2항에 따른 우수화장품 제조관리기준과 같은 수준 이상이라고 인정되지 아니하여 제7호에 따른 인정이 취소된 경우에는 제5호 본문에 따른 품질검사를 하여야 한다. 이 경우 인정 취소와 관련하여 필요한 세부적인 사항은 식품의약품안전처장이 정하여 고시한다.
9. 영 제2조제2호다목의 화장품책임판매업을 등록한 자의 경우 「대외무역법」에 따른 수출 · 수입요령을 준수하여야 하며, 「전자무역 촉진에 관한 법률」에 따른 전자무역문서로 표준통관예정보고를 할 것

10. 제품과 관련하여 국민보건에 직접 영향을 미칠 수 있는 안전성 · 유효성에 관한 새로운 자료, 정보사항(화장품 사용에 의한 부작용 발생사례를 포함한다) 등을 알게 되었을 때에는 식품의약품안전처장이 정하여 고시하는 바에 따라 보고하고, 필요한 안전대책을 마련할 것
11. 다음 각 목의 어느 하나에 해당하는 성분을 0.5퍼센트 이상 함유하는 제품의 경우에는 해당 품목의 안정성 시험 자료를 최종 제조된 제품의 사용기한이 만료되는 날부터 1년간 보존할 것
 가. 레티놀(비타민A) 및 그 유도체
 나. 아스코빅애시드(비타민C) 및 그 유도체
 다. 토코페롤(비타민E)
 라. 과산화화합물
 마. 효소

여기서 잠깐

맞춤형화장품 판매업자의 맞춤형화장품 관리

1. 맞춤형화장품판매업 관리
   - 소재지 별로 맞춤형화장품조제관리사 고용
   - 내용물 및 원료를 제공받는 책임판매업자와의 계약 체결 및 계약사항 준수
2. 맞춤형화장품 판매 시설기준(권장사항)
   - 판매장소와 구분, 구획된 조제실 및 원료, 내용물 보관장소
   - 적절한 환기시설
   - 작업자의 손 및 조제 설비, 기구 세척시설
   - 맞춤형화장품 간 혼입이나 미생물 오염을 방지할 수 있는 시설 또는 설비
3. 맞춤형화장품 위생관리
   (1) 작업원 위생관리
   - 혼합, 소분 전에는 손을 소독 또는 세정하거나 일회용 장갑 착용
   - 혼합, 소분 시에는 위생복 및 마스크 착용
   - 피부 외상이나 질병이 있는 경우 회복 전까지 혼합, 소분행위 금지

   (2) 작업장 및 시설, 기구의 위생관리
   - 작업장과 시설, 기구를 정기적으로 점검하여 위생적으로 관리, 유지
   - 혼합, 소분에 사용되는 시설, 기구 등은 사용 전, 후 세척
   - 세제, 세척제는 잔류하거나 표면에 이상을 초래하지 않는 것을 사용
   - 세척한 시설, 기구는 잘 건조하여 다음 사용 시까지 오염 방지
4. 맞춤형화장품 원료 보관 및 기재사항 관리
   (1) 원료 및 내용물 입고, 보관관리
   - 입고 시 품질관리 여부 및 사용기한 등을 확인하고 품질성적서 구비
   - 원료 및 내용물은 가능한 품질에 영향을 미치지 않는 장소에 보관
   - 사용기한이 경과한 원료 및 내용물은 조제에 사용하지 않도록 관리

   (2) 기재사항
   - 명칭, 가격, 식별번호, 사용기한 또는 개봉 후 사용기간, 책임판매업자 및 맞춤형화장품판매업자 상호

5. 맞춤형화장품 판매 후 사후관리

(1) 맞춤형화장품 판매관리

- 판매내역 작성, 보관(식별번호, 판매일자, 판매량, 사용기한 또는 개봉 후 사용기간 포함)
- 혼합 · 소분에 사용되는 내용물 및 원료와 사용 시 주의사항에 대하여 소비자에게 설명

(2) 맞춤형화장품 사후관리

- 안전성 정보(부작용 발생 사례 포함)를 인지한 경우 신속히 책임판매업자에게 보고
- 회수 대상임을 인지한 경우 신속히 책임판매업자에게 보고 및 회수 대상 맞춤형화장품 구입한 소비자로부터 적극적 회수조치

[식약처 화장품 정책 설명회 자료 2019. 12. 10]

CHAPTER

07 | 충진 및 포장

Section 01 제품에 적합한 충진 및 포장 방법

1 용어 정의

(1) 충진 : 화장품 내용물을 용기에 채우는 것 말한다.

(2) 1차 포장 : 내용물이 직접 접촉하는 포장 용기를 말한다.

(3) 2차 포장 : 1차 포장을 수용하는 1개 또는 그 이상의 포장과 보호재 및 표시의 목적으로 하는 포장(첨부문서 등을 포함)을 말한다.

(4) 충전 : 충진 및 1차 포장작업을 '충전'이라고 한다.

2 충진 방법

- 화장품의 충전, 포장 설비 선택은 제품의 공정, 점도, 제품의 안정성, pH, 밀도, 용기 재질 및 부품설계 등과 같은 제품과 용기의 특성에 기초해야 한다.
- 제품별 제형 및 물리적 특성에 따라 적절한 충진 및 포장방법을 선택하는 것을 원칙으로 한다.

1) 제형에 따른 충진 용기

(1) 화장수나 유액 : 병(광구병) 충진기

(2) 크림상의 내용물 : 입구가 넓은 병(세구병) 또는 튜브 충진기

(3) 분체상의 내용물 : 종이상자나 자루 충진기

(4) 에어로졸 제품 : 특수한 장치를 갖춘 충진기

2) 충진기기의 요건 및 충진 시 주의사항

(1) 충진기기의 요건

① 충진량의 정밀도가 좋은 것

② 충진 속도가 빠른 것

③ 세정성이 용이한 것

(2) 충진 환경 및 주의사항

① 충진은 청결하며 위생상태가 좋은 환경에서 이루어져야 한다.

② 미생물 오염에 유의하여야 하는 액상인 아이라이너, 마스카라류는 클린룸 내에서 작업한다.

3 포장 용기의 구분

(1) 밀폐용기 : 일상의 취급 또는 보통 보존상태에서 외부로부터 고형의 이물이 들어가는 것을 방지하고 고형의 내용물이 손실되지 않도록 보호할 수 있는 용기를 말한다. 밀폐용기로 규정되어 있는 경우에는 기밀용기도 사용 가능.
(2) 기밀용기 : 일상의 취급 또는 보통 보존상태에서 액상 또는 고형의 이물 또는 수분이 침입하지 않고 내용물을 손실, 풍화, 조해 또는 증발로부터 보호할 수 있는 용기를 말한다. 기밀용기로 규정되어 있는 경우에는 밀봉용기도 쓸 수 있다.
(3) 밀봉용기 : 일상의 취급 또는 보통의 보존상태에서 기체 또는 미생물이 침입할 염려가 없는 용기
(4) 차광용기 : 광선의 투과를 방지하는 용기 또는 투과를 방지하는 포장을 한 용기

4 포장 용기(병, 캔 등)의 청결성 확보

포장재는 모두 중요하고 실수방지가 필수이지만, 일차포장재는 청결성 확보가 더 필요하다. 용기(병, 캔 등)의 청결성 확보에는 자사에서 세척할 경우와 용기공급업자에 의존할 경우가 있다.

1) 자사에서 세척할 경우

(1) 세척방법의 확립이 필수이며, 일반적으로는 절차로 확립한다.
(2) 세척건조방법 및 세척확인방법은 대상으로 하는 용기에 따라 다르다.
(3) 실제로 용기세척을 개시한 후에도 세척방법의 유효성을 정기적으로 확인해야 한다.

2) 용기공급업자(실제로 제조하고 있는 업자)에게 의존할 경우

(1) 용기 공급업자를 감사하고 용기 제조방법이 신뢰할 수 있다는 것을 확인 후 신뢰할 수 있으면 계약을 체결한다.
(2) 용기는 매 뱃치 입고 시에 무작위 추출하여 육안 검사를 실시하여 그 기록을 남긴다.
(3) 청결한 용기를 제공할 수 있는 공급업자로부터 구입하여야 한다.
(4) 기존의 공급업자 중에서 찾거나 현재 구입처에 개선을 요청해서 청결한 용기를 입수할 수 있게 한다.
(5) 일반적으로는 절차에 따라 구입한다.

여기서 잠깐

안전용기 · 포장에 관한 법규

1. 안전용기 · 포장
   - 화장품책임판매업자 및 맞춤형화장품판매업자는 화장품을 판매할 때에는 어린이가 화장품을 잘못 사용하여 인체에 위해를 끼치는 사고가 발생하지 아니하도록 안전용기 · 포장을 사용하여야 한다.
   - 제1항에 따라 안전용기 · 사용하여야 할 품목 및 용기 · 기준 등에 관하여는 총리령으로 정한다.

[화장품법 제9조]

2. 안전용기 · 포장 대상 품목 및 기준

   (1) 법 제9조제1항에 따른 안전용기 · 포장을 사용하여야 하는 품목은 다음 각 호와 같다. 다만, 일회용 제품, 용기 입구 부분이 펌프 또는 방아쇠로 작동되는 분무용기 제품, 압축 분무용기 제품(에어로졸 세품 등)은 제외한다.
   - 아세톤을 함유하는 네일 에나멜 리무버 및 네일 폴리시 리무버
   - 어린이용 오일 등 개별포장 당 탄화수소류를 10% 이상 함유하고 운동 점도가 21센티스톡스(섭씨 40도 기준) 이하인 비에멀젼 타입의 액체상태의 제품
   - 개별포장당 메틸 살리실레이트를 5% 이상 함유하는 액체 상태의 제품

   (2) 제1항에 따른 안전용기 · 포장은 성인이 개봉하기는 어렵지 아니하나 만 5세 미만의 어린이가 개봉하기는 어렵게 된 것이어야 한다. 이 경우 개봉하기 어려운 정도의 구체적인 기준 및 시험방법은 산업통상자원부장관이 정하여 고시하는 바에 따른다.

[화장품법 시행규칙 제18조]

여기서 잠깐

맞춤형화장품 조제관리사 자격시험 1회 출제 문항

괄호 안에 들어갈 단어를 기재하시오.

(　　　　　　) 용기란 광선의 투과를 방지하는 용기 또는 투과를 방지하는 포장을 한 용기를 말한다.

답 차광

Section 02 용기 기재사항

1 맞춤형화장품 표시 · 기재사항

(1) 화장품 명칭

(2) 화장품 가격

(3) 식별번호

(4) 사용기한 또는 개봉 후 사용기간(혼합 · 소분일)

(5) 책임판매업자 및 맞춤형화장품판매업자 상호

[화장품법 제10조]

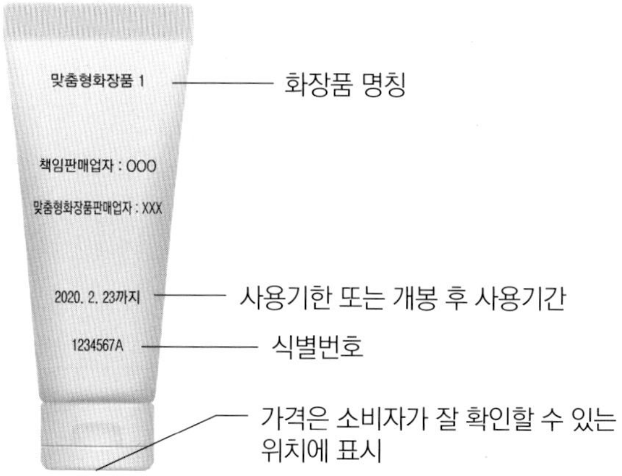

CHAPTER

08 | 재고관리

Section 01 원료 및 내용물의 재고 파악

(1) 맞춤형화장품 혼합 · 소분을 위한 원료 및 내용물은 우수화장품 제조 및 품질관리 기준에서 요구되는 조건 및 환경에 준하는 관리를 할 수 있도록 노력해야 한다.

(2) 원료 및 내용물은 가능한 품질에 영향을 미치지 않는 장소에 보관하여 변질 등을 잘 관리하고, 사용기한을 잘 파악하여 사용기한이 경과한 원료 및 내용물을 조제에 사용하지 않도록 관리해야 한다.

(3) 사용기한이 경과한 원료 및 내용물은 즉각 폐기하고, 재고량을 파악하고 구비량이 충분치 않을 경우 해당 원료 및 내용물 재입고를 할 수 있도록 한다.

우수화장품 제조 및 품질관리기준 [식약처고시]

1. 보관관리
   (1) 원자재, 반제품 및 벌크 제품은 품질에 나쁜 영향을 미치지 아니하는 조건에서 보관하여야 하며 보관기한을 설정하여야 한다.
   (2) 원자재, 반제품 및 벌크 제품은 바닥과 벽에 닿지 아니하도록 보관하고, 선입선출에 의하여 출고할 수 있도록 보관하여야 한다.
   (3) 원자재, 시험 중인 제품 및 부적합품은 각각 구획된 장소에서 보관하여야 한다. 다만, 서로 혼동을 일으킬 우려가 없는 시스템에 의하여 보관되는 경우에는 그러하지 아니한다.
   (4) 설정된 보관기한이 지나면 사용의 적절성을 결정하기 위해 재평가시스템을 확립하여야 하며, 동시스템을 통해 보관기한이 경과한 경우 사용하지 않도록 규정하여야 한다.

[제13조]

2. 보관 및 출고
   (1) 완제품은 적절한 조건 하의 정해진 장소에서 보관하여야 하며, 주기적으로 재고 점검을 수행해야 한다.
   (2) 완제품은 시험결과 적합으로 판정되고 품질보증부서 책임자가 출고 승인한 것만을 출고하여야 한다.
   (3) 출고는 선입선출방식으로 하되, 타당한 사유가 있는 경우에는 그러지 아니할 수 있다.
   (4) 출고할 제품은 원자재, 부적합품 및 반품된 제품과 구획된 장소에서 보관하여야 한다. 다만 서로 혼동을 일으킬 우려가 없는 시스템에 의하여 보관되는 경우에는 그러하지 아니할 수 있다.

[제19조]

Section 02 적정 재고를 유지하기 위한 발주

(1) 맞춤형화장품판매장에는 맞춤형화장품 조제를 위한 혼합 · 소분에 사용되는 원료 및 내용물의 적정 재고량을 구비하여야 한다.

(2) 기간을 정하여 원료 및 내용물의 재고파악을 통해 적정 재고를 유지하기 위한 체계를 갖추어야 한다.

① 원료 및 내용물은 적절한 보관·유지관리를 통해 사용기간 내의 적합한 것만을 선입선출방식으로 출고해야 하고 이를 확인할 수 있는 체계가 확립되어 있어야 한다.

② 맞춤형화장품 판매업소의 원료 및 내용물의 보관소에서는 선입선출의 절차가 사용되어야 한다.

- 특별한 환경을 제외하고, 재고품 순환은 오래된 것이 먼저 사용되도록 보증해야 한다.
- 모든 물품은 원칙적으로 선입선출 방법으로 출고한다. 다만, 나중에 입고된 물품이 사용(유효)기한이 짧은 경우 먼저 입고된 물품보다 먼저 출고할 수 있다.
- 선입선출을 하지 못하는 특별한 사유가 있을 경우, 적절하게 문서화 된 절차에 따라 나중에 입고된 물품을 먼저 출고할 수 있다.
- 원료의 사용기한(use by date)을 사례별로 결정하기 위해 적절한 시스템이 이행되어야 한다.

③ 재고의 회전을 보증하기 위한 방법이 확립되어 있어야 한다. 따라서 특별한 경우를 제외하고, 가장 오래된 재고가 제일 먼저 불출되도록 선입선출한다.

- 재고의 신뢰성을 보증하고, 모든 중대한 모순을 조사하기 위해 주기적인 재고 조사가 시행되어야 한다.
- 원료 및 포장재는 정기적으로 재고조사를 실시한다.
- 장기 재고품의 처분 및 선입선출 규칙의 확인이 목적
- 중대한 위반품이 발견되었을 때에는 일탈처리를 한다.

④ 원료의 허용 가능한 보관기한을 결정하기 위한 문서화 된 시스템을 확립해야 한다. 보관기한이 규정되어 있지 않은 원료는 품질부문에서 적절한 보관기한을 정할 수 있다. 이러한 시스템은 물질의 정해진 보관기한이 지나면, 해당 물질을 재평가하여 사용 적합성을 결정하는 단계들을 포함해야 한다.

그러나 원칙적으로 원료공급처의 사용기한을 준수하여 보관기한을 설정하여야 하며, 사용 기한 내에서 자체적인 재시험 기간과 최대 보관기한을 설정·준수해야 한다.

> **원료의 재평가**
>
> 재평가 방법을 확립해 두면 보관기한이 지난 원료를 재평가해서 사용할 수 있다.
> 가. 원료의 최대보관기한을 설정하는 것이 바람직하다.
> 나. 원료의 사용기한은 사용 시 확인이 가능하도록 라벨에 표시되어야 한다.
> 다. 원료와 포장재, 반제품 및 벌크 제품, 완제품, 부적합품 및 반품 등에 도난, 분실, 변질 등의 문제가 발생하지 않도록 작업자 외에 보관소의 출입을 제한하고, 관리하여야 한다.

(3) 위의 절차를 통해 재고를 파악하고 적정 재고량 유지를 위해 원료 및 내용물 구비서류를 작성하여 책임판매업자에게 요청한다.

PART 04

맞춤형화장품의 이해 기출복원 및 예상적중문제

01 다음 중 맞춤형화장품 조제관리사의 업무가 올바르게 진행된 것은?

① 화장품판매장에서 판매원과의 상담을 통해 피부측정 및 진단을 한 후 자신에게 맞는 원료를 혼합하고 제조하였다.
② 조제관리사는 기능성화장품으로 심사 또는 보고를 완료한 제품을 소분하여 판매하였다.
③ 화장품 원료는 산업통상자원부장관이 정하여 고시하는 원료 및 내용물을 추가하여 배합한 후 작은 용기에 소분한 화장품을 판매하였다.
④ 맞춤형화장품 판매장에서 화장품 원료 및 내용물을 피부 자극성 시험을 통해 판매하였다.
⑤ 제조 또는 수입된 화장품의 내용물에 다른 화장품의 내용물이나 색소, 향 등 시장이 정하는 원료를 추가하여 혼합한 화장품을 판매하였다.

해설
제조 또는 수입된 화장품의 내용물에 다른 화장품의 내용물이나 색소, 향 등 식품의약품안전처장이 정하는 원료를 추가하여 혼합한 화장품, 기능성화장품으로 심사 또는 보고를 완료한 제품을 소분하여 판매할 수 있다.

02 맞춤형화장품 조제관리사인 은서는 매장을 방문한 고객과 다음과 같이 대화를 나누었다. 조제관리사가 고객에게 추천할 제품으로 올바른 것은?

〈대화〉
고객 : 여름에 해수욕장을 다녀왔더니 얼굴이 까맣게 탄 것 같아요. 푸석거리기도 하고요
은서 : 지난 여름에 매장을 방문한 적이 있으시죠?
고객 : 네
은서 : 지난 여름과 비교해서 어떤 부분이 안 좋아졌는지 피부 상태를 측정해 보도록 하겠습니다.
(피부 측정 후)
은서 : 고객님은 지난해보다 주름 상태가 더 깊어져 있고 피부 색소침착도 다소 높아져 있습니다.
고객 : 그럼 개선될 수 있도록 제품 추천 부탁드립니다.

㉠ 징크옥사이드
㉡ 레티닐팔미테이트
㉢ 에칠아스코빌에텔
㉣ 소듐시트레이트
㉤ 옥틸디메틸파바

① ㉠ ㉢
② ㉡ ㉢
③ ㉢ ㉣
④ ㉣ ㉤
⑤ ㉤ ㉠

해설
징크옥사이드, 옥틸디메틸파바 : 자외선차단제
소듐시트레이트 : pH조절제

03 다음은 맞춤형화장품 판매 영업자의 의무에 대한 설명이다. 올바른 것은?

① 맞춤형화장품판매업자는 맞춤형 판매장 시설·기구의 관리방법, 혼합·소분 안전관리 기준의 준수 의무, 혼합·소분되는 내용물 및 원료에 대한 설명의무 등에 관하여 총리령으로 정하는 사항을 준수하여야 한다.

정답 01 ② 02 ② 03 ①

② 맞춤형화장품조제관리사는 화장품의 안전성 확보 및 품질관리에 관한 교육을 매년 받지 않아도 된다.
③ 대통령은 국민 건강상 위해를 방지하기 위하여 필요하다고 인정하면 맞춤형화장품판매업자(이하 "영업자"라 한다)에게 화장품 관련 법령 및 제도에 관한 교육을 받을 것을 명할 수 있다.
④ 교육을 받아야 하는 자가 둘 이상의 장소에서 맞춤형화장품 판매업을 하는 경우에는 양쪽으로 교육을 받아야 한다.
⑤ 교육의 실시기관, 내용, 대상 및 교육비 등에 관하여 필요한 사항은 식품의약품안전처장이 정한다.

해설
② 교육은 매년 받아야 함
③ 대통령 → 식품의약품안전처장
④ 종업원 중에서 총리령으로 정하는 자를 책임자로 지정하여 교육을 받게 할 수 있다.
⑤ 총리령으로 정한다.

04 다음 중 맞춤형화장품판매업의 신고를 할 수 있는 자는 누구인가?

① 등록이 취소되거나 영업소가 폐쇄된 날부터 1년이 지나지 아니한 자
② 보건범죄 단속에 관한 특별조치법을 위반하여 금고 이상의 형을 선고받은 자
③ 보건범죄 단속에 관한 특별조치법을 위반하여 그 집행이 끝나지 아니하거나 그 집행을 받지 아니하기로 확정되지 아니한 자
④ 피성년후견인 또는 파산 선고를 받고 복권되지 아니한 자
⑤ 마약류와 관련된 마약류의 중독자

해설
마약류의 중독자는 화장품제조업의 경우 신고할 수 없다.

05 맞춤형 화장품의 기능성화장품 효과가 아닌 것은?

① 피부의 미백에 도움을 준다.
② 피부의 주름개선에 도움을 준다.
③ 피부를 곱게 태워주거나 자외선으로부터 피부를 보호하는 데 도움을 준다.
④ 모발의 색상 변화, 제거 또는 영양공급에 도움을 준다.
⑤ 모발의 성장, 모발의 기능 약화를 방지하여 모발성장 촉진에 도움을 준다.

해설
피부나 모발의 기능 약화로 인한 건조함, 갈라짐, 빠짐, 각질화 등을 방지하거나 개선하는 데에 도움을 준다.

06 다음 〈보기〉는 맞춤형화장품으로 제조될 수 있는 화장품제품군이다. 이 중에서 기초화장품 제품류에 속하는 것을 모두 고르시오.

〈보기〉
향수, 케이크파운데이션, 메이크업베이스, 페이스파우더, 손 · 발의 피부연화제품, 마사지크림, 바디제품, 립밤, 볼연지

① 페이스파우더, 립밤
② 향수, 볼연지
③ 손·발의 피부연화제품, 마사지크림
④ 마사지크림, 메이크업베이스
⑤ 바디 제품, 페이스파우더

07 고객이 맞춤형화장품 조제관리사에게 잔주름의 완화를 위해 주름에 도움을 주는 기능을 가진 화장품을 맞춤형으로 구매하기를 상담하였다. 주름 기능성 원료를 〈보기〉에서 고르시오

〈보기〉
아데노신, 에칠헥실메톡시신나메이트, 알파-비사보롤, 베타-카로틴, 징크옥사이드

정답 04 ⑤ 05 ⑤ 06 ③ 07 ①

① 아데노신
② 에칠헥실메톡시신나메이트
③ 알파-비사보롤
④ 베타-카로틴
⑤ 징크옥사이드

해설
② 에칠헥실메톡시신나메이트 : 자외선차단제(화학적)
③ 알파-비사보롤 : 미백제
④ 베타-카로틴 : 비타민A의 전구체
⑤ 징크옥사이드 : 자외선차단제(물리적)

08 화장품 원료의 유효성 또는 기능에 관한 시험에 해당되는 것은?

① 단 회 투여 독성시험
② 1차 피부 자극시험
③ 광독성 및 광감작성 시험
④ 효력시험 및 인체 적용시험
⑤ 안 점막자극 또는 기타 점막 자극시험

해설
나머지 보기는 안전성에 관한 시험에 해당 된다.

09 다음은 자외선에 대한 설명이다. 올바른 것은?

① 자외선의 종류는 UVA, UVB, UVC가 있으며 파장범위는 차이가 있으나 대체로 380~770nm이다.
② SPF는 자외선 감수성을 나타내는 하나의 지표로 이용되는데 자외선을 쬐어 약간 붉어지는 자외선량을 가리킨다.
③ UVA는 바이러스나 각종 병원성 세균 등의 살균작용에 효과적이다.
④ 인공 선탠은 UVB를 이용하여 멜라닌 색소의 형성을 촉진시켜 피부를 검게 하는 작용을 한다.
⑤ SPF는 UVA를 나타내는 지수로서 숫자가 클수록 자외선 차단율과 지속시간이 길다.

해설
① 자외선의 범위 : 100~400nm
③ UVC가 살균작용에 효과적이다.
④ 인공 선탠은 UVA 파장을 이용함
⑤ SPF는 UVB를 나타내는 지수이다.

10 다음 맞춤형화장품의 부작용 중 접촉 피부염에 관한 사항으로 올바른 것은?

① 외부물질과의 접촉에 의해 발생하는 피부염으로 원발성 접촉피부염, 알레르기성 접촉피부염, 광알레르기성 접촉피부염이 있다.
② 알레르기성 접촉피부염은 원인물질이 피부에 직접 독성을 일으켜 발생하며 일정한 농도와 자극을 주면 거의 모든 사람에게 피부염을 일으킬 수 있다.
③ 원발형 접촉피부염은 어떤 물질에 접촉했을 때 가려움증, 구진, 반점 등의 피부 증상이 나타나는 것을 말한다.
④ 알레르기성 접촉피부염은 강산이나 강알칼리와 같은 자극 물질이 직접 닿았던 부위에만 국한되어 발생한다.
⑤ 알레르기성 접촉피부염은 맞춤형화장품 내 어떤 물질에 의해 후천적으로 매우 민감한 일부 피부에서 나타난다.

해설
· 원발형 접촉피부염은 원인물질이 피부에 직접 독성을 일으켜 발생하며 일정한 농도와 자극을 주면 거의 모든 사람에게 피부염을 일으킬 수 있다
· 알레르기성 접촉피부염은 어떤 물질에 접촉했을 때 가려움증, 구진, 반점 등의 피부 증상이 나타나는 것을 말하며 맞춤형화장품 내 어떤 물질에 의해 선천적으로 매우 민감한 일부 피부에서 나타날 수 있다.

정답 08 ④ 09 ② 10 ①

11 다음 〈보기〉는 화농성 여드름에 대한 설명이다. 여드름의 과정 중 어떤 종류에 대한 설명인가?

〈보기〉
진피에 자리하고 있으며 통증과 검붉은 염증이 동반되며 여드름 피부의 4단계에서 생성되는 것으로 치료 후 흉터가 남는다.

해설
비화농성여드름 (면포) : 블랙헤드와 화이트헤드
화농성여드름 : 구진 – 농포 – 결절 – 낭종

12 다음 중 진피를 구성하는 물질이 올바르게 짝지어진 것은?

① 섬유아세포, 콜라겐
② 대식세포, 각질형성세포
③ 머켈세포, 랑게르한스
④ 비만세포, 엘라이딘
⑤ 엘라스틴, 멜라노사이트

해설
표피를 구성하는 물질 : 각질형성세포, 머켈세포, 랑게르한스, 엘라이딘, 멜라노사이트
진피를 구성하는 물질 : 섬유아세포, 콜라겐, 비만세포, 대식세포

13 다음 중 피지선에 대한 설명으로 올바른 것은?

① 손·발바닥은 피지분비가 거의 안 일어나는 독립피지선이다.
② 피지선의 분포가 가장 많은 곳은 얼굴, 두피, 등, 손바닥, 발바닥 등이다.
③ 피지선은 진피의 망상층에 위치하며 전신에 분포되어 있다.
④ 피지성분으로 트리글리세라이드, 지방산, 스쿠알렌, 왁스에스테르, 콜레스테롤 등이 있다.
⑤ 피지분비량은 호르몬과 관련이 있으며 사춘기 전후 피지량이 증가함에 따라 남성보다 여성의 분비량이 많은 편이다.

해설
손 · 발바닥은 한선이 발달되어 있으며 피지선과는 연관성이 없다. 피지선은 진피의 망상층에 위치하며 손 · 발바닥을 제외한 전신에 분포되어 있다. 피지분비량은 남성이 여성보다 많다.

14 다음 중 땀샘에 대한 설명으로 올바른 것은?

① 에크린선은 입술뿐만 아니라 전신 피부에 분포되어 있다.
② 에크린선에서 분비되는 땀은 유색으로 흰색을 띠며 나쁜 냄새의 요인이 된다.
③ 아포크린선에서 분비되는 땀은 분비량은 소량이며 냄새가 거의 없다.
④ 에크린선는 겨드랑이에 집중 분포되어 있는 땀샘으로 땀이 과다하게 분비되면 액취증을 유발한다.
⑤ 아포크린선은 모공을 통하여 분비되며 처음에는 냄새가 나지 않지만 분비된 지 1시간 정도 지나면 땀 속의 글리코겐이라는 물질이 세균에 의하여 분해되어 지방산과 암모니아로 변하게 된다. 이로 인하여 냄새를 유발하게 된다.

해설
• 에크린선 : 소한선으로 입술을 제외한 전신피부에 분포되어 있다.
• 아포크린선 : 겨드랑이에 집중 분포되어 있는 땀샘으로 땀이 과다하게 분비되면 액취증을 유발한다.

15 모발의 구조와 성질을 설명한 내용이다. 올바른 것은?

① 케라틴은 열과 알칼리에 비교적 강한 편이며 다른 단백질에 비하여 황의 함유량이 많은데, 황은 시스틴에 함유되어 있지 않다.
② 시스틴 결합은 알칼리에는 강한 저항력을 갖고 있으나 물, 알코올, 약산성이나 소금류에 대해서 약하다.

정답 11 **낭종** 12 ① 13 ④ 14 ⑤ 15 ④

③ 모발의 색을 결정하는 것은 페오멜라닌이다.
④ 케라틴의 폴리펩타이드는 쇠사슬 구조로서 두발의 장축방향으로 배열되어 있다
⑤ 모발은 모피질,모소피,모수질 순으로 구성되어 있다.

해설

· 모발은 대부분이 케라틴이라고 하는 각화된 단백질을 주성분으로 멜라닌 색소, 지질, 수분, 미량원소 등으로 구성. 열과 알칼리에 비교적 약한 편이다.
· 케라틴 단백질은 18종의 아미노산으로 구성되어 있으며 특히 다량의 시스틴을 함유하고 있다.
· 시스틴은 다른 아미노산보다 16% 정도로 많으며 황을 함유한 아미노산이다. 알칼리에 약하고, 알코올, 약산성, 소금류에는 강하다.
· 모발의 색은 유멜라닌과 페오멜라닌이라는 화학물질에 의해 결정된다. 유멜라닌이 많으면 검은색, 페오멜라닌이 많으면 붉은색을 띤다.
· 모발 내부는 아미노산이 세로로 길게 연결되어 있는 폴리펩타이드가 수소결합, 염결합, 시스틴 결합 등이라 불리는 측쇄결합구조로 연결되어 있다.
· 모발은 모표피(모소피)-모피질-모수질 순으로 구성되어 있다.

16 맞춤형화장품 조제관리사가 알고 있어야 할 사용상의 제한 원료 중 보존제 성분이 올바른 것은?

① 벤질알코올 : 0.5%
② 페녹시에탄올 : 1.0%
③ 징크옥사이드 : 25%
④ 에칠헥실메톡시신나메이트 : 0.5%
⑤ 메톡시에탄올 : 1.0%

해설

벤질알코올 : 1.0%
에칠헥실메톡시신나메이트 : 7.5%
징크옥사이드는 자외선차단제 성분,
메톡시에탄올은 사용할 수 없는 원료이다.

17 모발의 성장이 멈추고 전체 모발의 14~15%를 차지하며 가벼운 물리적 자극에 의해 쉽게 탈모가 되는 단계는 무엇인가?

① 성장기 ② 발생기
③ 휴지기 ④ 퇴화기
⑤ 정지기

해설

성장기 모발 : 전체모발 중 대략 80~90%
퇴화기 모발 : 전체모발 중 대략 1%
휴지기 모발 : 전체모발 중 대략 10%

18 다음 중 표피에 존재하는 면역기능을 담당하는 세포에 대한 설명이다. 올바른 것은?

① 랑거스(Langer's line)세포는 과립층에 존재하며 면역을 담당한다
② 멜라노사이트와 케라티노사이트가 기저층에 존재하며 피부의 면역을 담당한다.
③ 섬유아 세포는 백혈구와 싸워 피부의 염증을 방어한다.
④ 랑게르한스(Langerhan's) 세포는 유극층에 존재하며 면역기능 역할을 한다
⑤ 머겔세포는 피부색을 결정하는 색소를 만드는 세포로 기저층에 존재한다.

해설

① 랑거스(Langer's line)는 피부의 주름선을 말한다.
② 피부의 면역을 담당하는 세포는 랑게르한스이다.
③ 섬유아세포는 콜라겐과 엘라스틴을 생성하는 모세포이다.
⑤ 머켈세포는 촉각세포이며 피부색을 결정하는 세포는 멜라노사이트이다.

19 다음은 멜라닌에 대한 설명으로 올바른 것은?

① 피부 색소인 멜라닌을 주로 함유한 세포층은 피부의 가장 내측 기저층에 있으며 5~8개 층이 존재한다.
② 멜라닌 세포의 수와 멜라닌의 색깔은 인종에 따라 다르다.

정답 16 ② 17 ③ 18 ④ 19 ③

③ 티로신이라는 불필수 아미노산이 원료가 되어 진행되며 자외선이나 활성산소에 의해 피부가 산화되면 유멜라닌이 생성된다.
④ 피부 자극에 의해 페오멜라닌으로 형성되었다가 티로시나아제의 억제에 의해 피부 색소가 침착된다.
⑤ 기저층에 존재하며 각질세포와 멜라닌세포의 비율이 1:4-1:10의 비율로 존재한다.

해설
① 기저층은 단층으로 존재한다.
② 멜라닌 세포 수는 인종에 상관없이 동일하다.
④ 티로시나아제의 촉진에 의해 색소가 침착된다.
⑤ 각질세포와 멜라닌세포의 비율이 4:1-10:1의 비율로 존재한다.

20 다음 중 물질 중 피부 각질층에 존재하는 세포 간 지질은 주로 (　　　), 자유지방산, 콜레스테롤로 구성되어 있다. (　　　)에 해당되는 물질은? **[제1회 맞춤형 화장품조제관리사 시험 기출문제]**

① 세라마이드　② 젖산
③ 인지질　④ 우레아
⑤ 아미노산

해설
각질 세포 간 지질(세라마이드가 주성분11%, 자유지방산, 콜레스테롤 등)로 구성

21 모발의 결합 중 수분에 의해 일시적으로 부드러워지며 드라이어의 열을 가하면 다시 재결합되어 형태가 만들어지는 결합은?

① 시스테인결합　② 염결합
③ 수소결합　④ 펩타이드결합
⑤ S-S 결합

해설
① 시스틴 결합 : 두개의 황(S) 원자 사이에서 형성되는 공유결합
② 염결합 : 산성의 아미노산과 알칼리성 아미노산이 서로 붙어서 구성되는 결합이다.
④ 폴리펩티드 결합(주쇄결합) : 모발의 결합 중 가장 강한 세로 방향의 결합이다.
⑤ S-S결합 : 두 시스틴의 황원자 사이의 단일 결합.

22 다음은 진피(Dermis)에 관한 설명이다. (　　)에 들어갈 적합한 단어를 적으시오.

> 피부에는 표피, 진피, 피하지방층의 3층 구조를 가지고 있다. 진피는 유두층과 망상층으로 나뉘는데 망상층은 콜라겐섬유와 엘라스틴 섬유가 서로 얽혀 있고 그 사이를 산성 뮤코다당류라고 하는 물질이 사이를 채우고 있다. 뮤코다당류의 주성분인 (　　　)은 수분을 많이 함유한 물질로 피부의 탄력과도 연관이 있다고 할 수 있다.

① 엘라이딘　② 섬유아세포
③ 케라토하이알린　④ 히알루론산
⑤ 교원섬유

해설
① 엘라이딘 : 반유동성 단백질이 존재하며 이는 수분 침투를 방지하고 피부를 윤기 있게 한다.
② 섬유아세포 : 콜라겐과 엘라스틴을 만들어내는 모세포이다.
③ 케라토하이알린 : 과립층에서 세포 파괴 시 케라토하이알린(keratohyalin)이라는 과립 존재한다.
⑤ 교원섬유 : 콜라겐을 말한다.

23 다음 중 피지막에 대한 설명으로 가장 올바른 것은?
① 수중유형(O/W)의 형태로 수분 증발을 막아 수분조절 역할을 담당한다.
② 피지막의 피부 산성도 측정 시 pH 6-7를 나타낸다.
③ 피지와 땀이 섞여서 형성된 일종의 피부 보호막이다.

정답 20 ①　21 ③　22 ④　23 ③

④ 세안 후 천연 피지막은 바로 회복된다.
⑤ 피지의 구성성분으로는 아미노산, 요소, 지질, 암모니아, 마그네슘 등이 있다.

해설
① 유중수형(W/O)의 형태
② pH 5.2~5.8
④ 천연피지막은 세안 후 6~18시간 사이에 회복
⑤ 피지성분 : 트리글리세라이드, 지방산, 스쿠알렌, 왁스에스테르, 콜레스테롤 등

24 다음 중 설명이 올바른 것만 짝지어진 것은?

〈보기〉
㉠ 자외선 차단제는 물리적 차단제와 캐미컬 차단제가 있다.
㉡ 화학적 차단제는 피부에 자외선이 흡수되지 못하도록 산란시키는 방법이다.
㉢ 물리적 차단제는 피부에 자외선을 흡수하여 피부 침투를 차단하는 방법이다
㉣ 물리적 차단제는 티타늄디옥사이드와 징크옥사이드 등이 있다.
㉤ 화학적 차단제는 벤조페논, 옥시벤존, 옥틸디메틸파바 등이 있다.

① ㉠㉣㉤
② ㉠㉡㉣
③ ㉡㉢㉤
④ ㉡㉢㉣
⑤ ㉠㉡㉤

해설
자외선차단제는 물리적차단제와 화학적차단제(캐미컬차단제)가 있다.
물리적차단제는 피부에 자외선을 흡수되지 못하도록 산란시키는 방법이다.
화학적차단제는 피부에 자외선을 흡수하여 피부 침투를 차단하는 방법이다.

25 다음은 pH와 모발의 변화에 대한 설명이다. 설명이 잘못된 것은?

① 모발의 pH는 4.5~5.5로 모발이 가장 안정적인 상태를 모발의 등전점이라고 하며 pH4.5~5.5 상태에서 모발의 측쇄 염결합이 가장 안정적이다.
② 모발의 단백질은 산성에는 강한 저항력과 수축성을 가지고 있어 산성이 증가하면 모표피가 수축, 단단해지면서 닫히게 된다.
③ 알카리성이 증가하면 구조가 느슨해지고 팽윤·연화되어 모표피가 열리고 부드러워져 화학제품들이 모피질에 쉽게 흡수된다. 이 성질 때문에 퍼머넌트제나 염색제가 작용할 수 있다.
④ 모발을 용액에 담갔을 경우 그 용액의 양이온과 음이온의 밸런스가 일치했을 때 비로써 용액의 pH를 모발의 등전점이라 한다. 이 상태는 모발의 약산성일 때이다.
⑤ 펌이나 염색 시술 후 모발의 pH는 산성에 가깝게 된다. 그래서 산성린스로 모발을 약산성으로 되돌려 모발에 무리함을 덜어 줄 필요가 있다.

해설
펌이나 염색 시술 후 모발의 pH는 알카리성에 가깝게 된다.

26 다음 중 각질층에 존재하는 천연보습인자 성분 중 가장 많이 존재하는 성분은?

① 아미노산
② 피롤리돈카르본산
③ 젖산염
④ 나트륨과 칼륨
⑤ 암모니아

해설
아미노산 40%, 피롤리돈카르본산 12%, 젖산염 12%, 요소 7%, 나트륨 5%, 칼륨 4%, 암모니아 15%, 마그네슘 1%, 인산염 0.5%, 기타 9%로 구성

정답 24 ① 25 ⑤ 26 ①

27 다음 아래 보기를 읽고 해당되는 단어를 찾으시오

> 〈보기〉
> 진피를 구성하는 세포로 콜라겐과 엘라스틴을 만들어내는 모세포이다.

① 비만세포 ② 대식세포
③ 섬유아세포 ④ 머켈세포
⑤ NK세포

28 아래 보기를 읽고 (　　) 안에 들어갈 단어를 찾으시오.

> 투명층에 존재하며 손바닥과 발바닥 등 비교적 피부층이 두꺼운 부위에 주로 분포되어 있다. 수분침투를 방지하고 피부를 윤기 있게 해주는 기능을 가진 (　　)이라는 반유동성 물질을 함유하고 있다.

① NMF(천연보습인자)
② 엘라이딘
③ 세라마이드
④ 케라토하이알린
⑤ 수분저지막

29 다음은 관능검사 시 시료에 대한 설명으로 잘못된 것은?

① 시료의 수는 패널 감각이 둔화되지 않는 범위에서 정한다.
② 일반적으로 상온에 보관된 시료를 사용하지만 필요한 경우 항온조를 이용할 수 있다.
③ 시료에 관하여서는 목적, 간단한 시료 특성, 관능평가 방법 등 평가에 필요한 사항만 알려준다.
④ 시료에 대하여 패널 요원에게 최소한으로 알려준다.
⑤ 시료 크기가 관능평가에 영향을 줄 경우 시료 크기는 패널마다 다르게 하여 평가하여야 한다.

30 다음 중 과태료 부과기준에 해당하지 않는 것은?

① 의약품으로 잘못 인식할 우려가 있게 기재 표시된 경우
② 책임판매관리자 및 맞춤형화장품 조제관리사는 화장품의 안전성 확보 및 품질관리에 대한 교육을 매년 받아야 하는데 그 명령을 위반한 경우
③ 화장품의 생산실적, 수입실적, 화장품 원료의 목록 등을 보고하지 아니한 경우
④ 폐업 또는 휴업 등의 신고를 하지 아니한 경우
⑤ 화장품의 판매 가격을 표시하지 아니한 경우

해설

화장품법 시행령[별표 2] 〈개정 2019. 3. 12〉[시행일: 2020. 3.14.] 맞춤형화장품판매업 및 맞춤형화장품판매업자와 관련된 부분

(단위: 만원)

위반행위	과태료
가. 법 제4조제1항 후단을 위반하며 변경심사를 받지 않은 경우	100
나. 법 제5조제4항을 위반하여 화장품의 생산실적 또는 수입실적 또는 화장품 원료의 목록 등을 보고하지 않은 경우	50
다. 법 제5조제5항에 따른 명령을 위반한 경우	50
라. 법 제6조를 위반하여 폐업 등의 신고를 하지 않은 경우	50
마. 법 제15조의2제1항을 위반하여 동물실험을 실시한 화장품 또는 동물실험을 실시한 화장품 원료를 사용하여 제조(위탁제조를 포함한다) 또는 수입한 화장품을 유통 · 판매한 경우	100
바. 법 제18조에 따른 명령을 위반하여 보고를 하지 않은 경우	100

정답 27 ③ 28 ② 29 ⑤ 30 ①

31 다음 괄호 안에 알맞은 말을 적으시오

> 맞춤형화장품 조제관리사는 화장품의 (㉠) 및 (㉡)에 관한 교육을 (㉢) 받아야 한다.

32 아래 〈보기〉는 어떤 성분의 주의사항을 설명한 것인가? **[제1회 맞춤형 화장품조제관리사 시험 기출문제]**

> 〈보기〉
> ㉠ 이 성분은 햇빛에 대한 피부의 감수성을 증가시킬 수 있으므로 자외선 차단제를 사용할 것
> ㉡ 일부에 시험 사용하여 피부 이상을 확인할 것
> ㉢ 이 성분이 10퍼센트를 초과하여 함유되어 있거나 산도가 3.5 미만일 경우 부작용이 발생할 우려가 있으므로 전문의 등에게 상담할 것

33 다음 〈보기〉는 피부유형에 대한 설명이다. 어떤 피부유형을 설명하고 있는가?

> 〈보기〉
> 피지와 땀의 분비 저하로 유·수분의 균형이 정상적이지 못하고 피부결이 얇으며 탄력 저하와 주름이 쉽게 형성된다.

해설

건성피부 특징
피지선과 한선의 기능이 저하, 세안 후 당기고 건조하며 각질이 일어난다. 주름이 빨리 생기고 노화되기 쉽다. 모공이 작다.

34 다음 괄호 안에 들어갈 단어를 기재하시오. **[제1회 맞춤형 화장품조제관리사 시험 기출문제]**

> 멜라닌을 형성하는 세포인 (   )는 표피의 기저층에서 타원형의 소기관의 (   ) 형태로 합성된다. 표피의 5~25%를 차지하며 세포 내에 확산하면 검게 보인다.

35 다음 괄호 안에 들어갈 단어를 기재하시오. **[제1회 맞춤형 화장품조제관리사 시험 기출문제]**

> 모발은 수없이 이어지는 층으로 구성되어 있다. 이것을 모표피, (   ), 모수질층으로 구성되어 있는데 형태와 강도, 색깔 그리고 자연 상태의 모양을 형성하는 중요한 역할을 한다.

36 피부세포가 기저층에서 각질층까지 분열되어 올라와 각질세포로 되는 과정을 피부의 무슨 과정이라고 하는가?

37 다음은 모근에 대한 설명이다. (㉠) (㉡)에 들어갈 용어를 적으시오.

> 모구 : (㉠)의 윗 부분을 뜻하며 전구 모양으로 털이 성장하기 시작하는 부분이다.
> (㉠) : 모낭 끝에 있는 작은 말발굽 모양의 돌기 조직으로 모구와 맞물려지는 부분이다. 모세혈관이 있어 영양분과 산소를 받아들이며 세포분열을 한다.
> (㉡) : 털을 만들어내는 기관으로 작고 긴 모양을 띠고 있다. 피부 안쪽으로 움푹 들어가 모근을 유지해주며 모근을 싸고 있다.

38 사춘기 이후에 주로 분비되며 모공을 통하여 분비되어 독특한 체취를 발생시키는 부속기관으로 액취증과도 연관이 있는 이것은 무엇인가?

39 다음 괄호 안에 들어갈 단어를 기재하시오. **[제1회 맞춤형 화장품조제관리사 시험 기출문제]**

> (   )는 피부세포 가운데 표피 각질층의 지질막 성분의 하나로 피부표면에서 손실되는 수분을 방어하고 외부로부터 유해 물질의 침투를 막는 역할을 한다.

정답

31 ㉠ 안정성 확보 ㉡ 품질관리 ㉢ 매년　32 알파하이드록액시드　33 건성피부　34 멜라노사이트, 멜라노좀
35 모피질　36 각화과정(케라티노사이트)　37 ㉠ 모모세포 ㉡ 모낭　38 대한선(아포크린선)　39 세라마이드

40 관능평가에서 척도 중 시료의 순위(ranking)를 평가하는 것으로, 예를 들면 한 시료가 다른 시료에 비해 얼마나 더 매끄러운지는 알 수 없으나 약한 것부터 가장 강한 것의 순서로 평가하는 것이다. 어떤 척도인가?

41 맞춤형 화장품 조제관리사가 의무교육을 이수하지 않았을 때 처벌은?

① 과징금 100만원 ② 과태료 50만원
③ 과징금 50만원 ④ 판매정지 15일
⑤ 업무정지 30일

42 화장품법 위반으로 인한 과징금과 과태료에 대한 설명으로 옳은 것은?

① 과징금 산정 시 업무정지 1개월은 31일을 기준으로 한다.
② 하나의 위반행위가 둘 이상의 과태료 부과기준에 해당하는 경우에는 그중 금액이 큰 과태료 부과기준을 적용한다.
③ 화장품의 생산실적 또는 수입실적 또는 화장품 원료의 목록 등을 보고하지 않은 경우에는 100만원의 과태료가 부과된다.
④ 동물실험을 실시한 화장품 또는 동물실험을 실시한 화장품 원료를 사용하여 제조 또는 수입한 화장품을 유통 · 판매한 경우에는 50만원의 과태료가 부과된다.
⑤ 식품의약품안전처장은 해당 위반행위의 정도, 횟수, 행위의 동기와 그 결과 등을 고려하여 과태료 금액을 늘려야 할 경우, 법률에 정해진 과태료 금액의 상한을 초과할 수 있다.

해설

[시행령 제11조 관련 과징금 부과기준]
– 과징금 산정 시 업무정지 1개월은 30일을 기준으로 한다.
[시행령 제16조 관련 과태료 부과기준]

(단위: 만원)

위반행위	과태료
가. 법 제4조제1항 후단을 위반하여 변경심사를 받지 않은 경우	100
나. 법 제5조제4항을 위반하여 화장품의 생산실적 또는 수입실적 또는 화장품 원료의 목록 등을 보고하지 않은 경우	50
다. 법 제5조제5항에 따른 명령을 위반한 경우	50
라. 법 제6조를 위반하여 폐업 등의 신고를 하지 않은 경우	50
마. 법 제15조의2제1항을 위반하여 동물실험을 실시한 화장품 또는 동물실험을 실시한 화장품 원료를 사용하여 제조(위탁제조를 포함한다) 또는 수입한 화장품을 유통 · 판매한 경우	100
바. 법 제18조에 따른 명령을 위반하여 보고를 하지 않은 경우	100

43 화장품이 제조된 날부터 적절한 보관상태에서 제품이 고유의 특성을 간직한 채 소비자가 안정적으로 사용할 수 있는 최소한의 기한을 (   )이라 한다.

① 유통기한 ② 사용기한
③ 사용기간 ④ 유통기간
⑤ 유효기한

정답 40 서수척도 41 ② 42 ② 43 ②

44 화장품 포장의 기재 · 표시에서 내용량이 10밀리리터 초과 50밀리리터 이하 또는 중량이 10그램 초과 50그램 이하 화장품의 포장인 경우에는 전성분을 표시하지 않고 다음 각 목에 해당하는 성분을 표시하면 된다. 틀린 것은?

① 타르색소
② 금박
③ 샴푸와 린스에 들어 있는 계면활성제의 종류
④ 과일산(AHA)
⑤ 기능성화장품의 경우 그 효능·효과가 나타나게 하는 원료

해설

화장품 표시기재 사항(시행규칙 19조) 기재 · 표시를 생략할 수 있는 성분

1. 제조과정 중에 제거되어 최종 제품에는 남아 있지 않은 성분
2. 안정화제, 보존제 등 원료 자체에 들어 있는 부수 성분으로서 그 효과가 나타나게 하는 양보다 적은 양이 들어 있는 성분
3. 내용량이 10밀리리터 초과 50밀리리터 이하 또는 중량이 10그램 초과 50그램 이하 화장품의 포장인 경우에는 다음 각 목의 성분을 제외한 성분
가. 타르색소
나. 금박
다. 샴푸와 린스에 들어 있는 인산염의 종류
라. 과일산(AHA)
마. 기능성화장품의 경우 그 효능 · 효과가 나타나게 하는 원료
바. 식품의약품안전처장이 배합 한도를 고시한 화장품의 원료

45 화장품의 포장에 기재 · 표시하여야 하는 사항은 다음 각 호와 같다. 틀린 것은?

① 식품의약품안전처장이 정하는 바코드
② 기능성화장품의 경우 심사받거나 보고한 효능·효과, 용법·용량
③ 성분명을 제품 명칭의 일부로 사용한 경우 그 성분명과 함량(방향용 제품 포함)
④ 화장품에 천연 또는 유기농으로 표시·광고하려는 경우에는 원료의 함량
⑤ 인체 세포·조직 배양액이 들어있는 경우 그 함량

해설

화장품 시행규칙 제19조 화장품 포장의 기재 · 표시 등 법 제10조제1항제10호에 따라 화장품의 포장에 기재 · 표시하여야 하는 사항

1. 식품의약품안전처장이 정하는 바코드
2. 기능성화장품의 경우 심사받거나 보고한 효능 · 효과, 용법 · 용량
3. 성분명을 제품 명칭의 일부로 사용한 경우 그 성분명과 함량(방향용 제품은 제외한다)
4. 인체 세포 · 조직 배양액이 들어있는 경우 그 함량
5. 화장품에 천연 또는 유기농으로 표시 · 광고하려는 경우에는 원료의 함량
6. 수입화장품인 경우에는 제조국의 명칭(「대외무역법」에 따른 원산지를 표시한 경우에는 제조국의 명칭을 생략할 수 있다), 제조회사명 및 그 소재지
7. 제2조제8호부터 제11호까지에 해당하는 기능성화장품의 경우에는 "질병의 예방 및 치료를 위한 의약품이 아님"이라는 문구
8. 다음 각 목의 어느 하나에 해당하는 경우 법 제8조 제2항에 따라 사용기준이 지정 · 고시된 원료 중 보존제의 함량

46 맞춤형화장품 혼합 · 판매의 원칙에 맞지 않는 행위는?

① 소비자 피부 특성과 요구에 따라 화장품 책임판매업자로부터 받은 화장품 내용물에 특정 성분 또는 다른 화장품 내용물의 혼합이 이루어져야 한다.
② 임의 타사 브랜드에 특정 성분을 혼합하여 새로운 브랜드로 판매한다.
③ 원칙적으로 안전성 및 품질관리 검증을 거친 화장품 내용물 및 특정 성분만을 혼합해서 판매해야 한다.
④ 화장품책임판매업자가 특정 성분의 혼합 범위를 규정하고 있는 경우에는 그 범위 내에서 특정 성분의 혼합이 이루어져야 한다.

정답 44 ③ 45 ③ 46 ②

⑤ 기본 제형(유형 포함)이 정해져 있어야 하고, 기본 제형의 변화가 없는 범위 내에서 특정 성분의 혼합이 이루어져야 한다.

해설
맞춤형화장품판매업자는 계약을 체결한 화장품책임판매업자로부터 공급받은 화장품 내용물 및 원료 등을 혼합 · 소분해야 한다.

47 맞춤형화장품판매업자 준수사항 중 해당 사항이 아닌 것은?

① 맞춤형화장품판매업자는 맞춤형화장품판매업소의 수와 관계없이 맞춤형화장품조제관리사 1명을 고용한다.
② 보건위생상 위해가 없도록 맞춤형화장품 혼합 소분에 필요한 장소, 시설 및 기구의 위생상태를 정기 점검한다.
③ 맞춤형화장품 판매 시 해당 맞춤형화장품의 혼합 또는 소분에 사용되는 내용물 및 원료, 사용 시의 주의사항에 대하여 소비자에게 설명
④ 맞춤형화장품 관련 안전성 정보(부작용 발생 사례 포함)에 대해 신속히 책임판매업자에게 보고
⑤ 판매 중인 맞춤형화장품이 화장품법 시행규칙 제14조의2 각 호의 어느 하나에 해당함을 알게 된 경우 신속히 책임판매업자에게 보고하고, 회수대상 맞춤형화장품을 구입한 소비자에게 적극적 회수조치

해설
맞춤형화장품판매업자는 맞춤형화장품판매업소에 맞춤형화장품조제관리사 1명 이상을 고용해야 한다.

48 맞춤형화장품조제관리사 작업 위생관리에 해당하지 않은 사항은?

① 화장품 혼합 시 외출복과 구분하여 보관·관리하는 위생복 착용
② 기침이나 재채기를 통한 세균 오염 발생을 예방하기 위해 마스크 착용
③ 피부 외상 및 질병이 있는 직원은 건강 회복 전까지 혼합행위 금지
④ 화장품 혼합 전·후 손 소독 및 세척
⑤ 화장품 혼합 시 이물 혼입 방지를 위해 위생모 착용

해설
위생모 착용은 위생관리 기준에 해당하는 사항이 아니다.

49 원료를 혼합할 때 방법으로 틀린 것은?

① 원료의 투입 속도도 물성에 영향을 주기도 한다.
② 원료의 투입 순서는 조제자의 판단에 따라 그때그때 바꾸어도 된다.
③ 미량 원료는 투입량을 정밀한 전자저울을 이용하여 계량한다.
④ 매우 소량 첨가되는 향료 등은 투입할 때 손실이 발생할 수 있으므로, 적절한 용제에 미리 희석시켜 투입하는 것이 좋다.
⑤ 휘발성 원료는 유화 공정 시 혼합 직전 투입한다.

해설
원료 투입 순서가 달라지면 용해 상태 불량, 침전, 부유물 등이 발생할 수 있으며, 제품의 물성 및 안정성에 심각한 영향을 미치는 경우도 발생한다.

정답 47 ① 48 ⑤ 49 ②

50 맞춤형화장품 원료를 사용하기 전에 확인해야 하는 사항이 아닌 것은?

① 개봉하지 않은 원료는 개봉 후 사용기간을 확인한다.
② 원료 규격을 이용하여 외관, 색상, 냄새 등을 확인한다.
③ 원료의 보관상태나 조건에 따라 성상이 달라지지 않았는지 확인한다.
④ 원료의 품질성적서 내용과 현물이 일치하는지 확인한다.
⑤ 개봉 후 오래 보관된 원료는 보관기간 이내라도 이상 유무를 확인한다.

51 원료 및 내용물의 적정 재고 유지와 관련된 설명으로 바르지 않은 것은?

① 고객의 요구에 따라 바로 혼합·소분하여 판매할 수 있도록 재고를 유지한다.
② 원료 및 내용물은 선입선출한다.
③ 보관 장소를 고려하여 수용할 수 있는 적정량을 재고로 관리한다.
④ 사용기한이 경과하지 않은 원료 및 내용물은 사용하는 데 지장이 없으므로 별도의 확인 없이 사용해도 된다.
⑤ 원료 및 내용물의 사용기한 또는 개봉 후 사용기간이 지난 것은 폐기한다.

> **해설**
> 사용기한이 남았어도 보관 및 취급 등의 문제로 원료 및 내용물의 이상이 생길 수 있으므로, 항상 확인 후 문제가 없을 시 사용한다.

52 색상이 있는 스킨로션에 가장 적당한 화장품 용기는?

① 차광용기, 밀폐용기
② 차광용기, 기밀용기
③ 차광용기, 밀봉용기
④ 투명용기, 밀폐용기
⑤ 투명용기, 기밀용기

> **해설**
> 제품에 색상이 있으면 변색 방지를 위해 차광용기를 사용하는 것이 적당하며, 일반적인 화장품용기는 기밀용기이다.

53 실증자료로 인체적용시험 자료가 있으면 항균이라는 표현 · 광고를 사용할 수 있는 화장품으로 적당하지 않은 것은?

① 고체 비누 ② 물 휴지
③ 폼 클렌저 ④ 버블 배스
⑤ 액체 비누

> **해설**
> 인체 세정용 제품류에 한하여 항균이라는 실증 광고를 할 수 있으며, 버블 배스는 목욕용 제품류로 분류하고 있다.

54 화장품 표시 · 광고 관리에 관한 가이드라인에 따르면 제품명에 유기농을 표시하고자 하는 경우에는 유기농 원료가 물과 (㉠)을 제외한 전체 구성성분 중 95% 이상으로 구성되어야 한다. ㉠안에 들어갈 적합한 명칭은?

① 소금 ② 유기산
③ 무기산 ④ 무기물
⑤ 유기물

> **해설**
> 제품명에 유기농을 표시하고자 하는 경우에는 유기농 원료가 물과 소금을 제외한 전체구성성분 중 95% 이상으로 구성되어야 한다.

정답 50 ① 51 ④ 52 ② 53 ④ 54 ①

55 맞춤형화장품의 내용물 및 원료에 대한 품질검사결과를 확인해 볼 수 있는 서류로 옳은 것은?

① 품질규격서 ② 품질성적서
③ 제조공정도 ④ 포장지시서
⑤ 칭량지시서

56 사용 후 남은 벌크제품의 재보관에 대한 설명으로 적당하지 않은 것은?

① 이물이 침입할 수 없도록 밀폐하여 보관한다.
② 벌크제품의 보관조건에 맞게 보관한다.
③ 재보관 시에는 재보관임을 표시하는 라벨을 반드시 부착할 필요는 없다.
④ 변질되기 쉬운 벌크제품은 재사용하지 않는다.
⑤ 다음 충진 시에 남은 벌크제품을 우선적으로 사용한다.

해설
재보관 시에는 재보관임을 표시하는 라벨 부착이 필수이다.

57 다음의 원료, 포장재 및 벌크제품에 대한 재고관리로 적절하지 않은 것은?

① 주기적으로 내용물과 원료, 포장재에 대한 재고 조사를 실시한다.
② 생산 계획과 포장 계획에 따라 포장에 필요한 포장재의 소요량 및 재고량을 파악한다.
③ 포장재, 원료 및 내용물 출고 시에는 반드시 선입선출방식을 적용하여 불용재고가 없도록 한다.
④ 벌크제품은 설정된 최대보관기한 내에 충진하여 벌크제품의 재고가 증가하지 않도록 관리한다.
⑤ 원료의 수급 기간을 고려하여 최소 발주량을 산정해 발주한다.

해설
선입선출이 반드시 적용되는 것은 아니며, 필요에 따라 나중에 입고된 포장재, 원료 및 내용물이 먼저 출고될 수 있다.

58 계면활성제의 기능으로 가장 적합하지 않은 것은?

① 가용화작용 ② 유화작용
③ 분산작용 ④ 세정작용
⑤ 흡수작용

해설
계면활성제는 가용화작용, 분산작용, 세정작용, 유화작용을 한다.

59 판매의 목적이 아닌 제품을 미리 소비자가 시험·사용하도록 제조 또는 수입된 화장품 포장의 경우 가격을 표시하는 설명을 한 것으로 옳은 것은?

① 표시하지 않아도 된다.
② 반드시 가격 정가를 표시해야 한다.
③ 1차 포장에만 표시한다.
④ 2차 포장에만 표시한다.
⑤ 견본품이나 비매품으로 표시한다.

해설
판매의 목적이 아닌 제품의 선택 등을 위하여 미리 소비자가 시험·사용하도록 제조 또는 수입된 화장품 포장의 경우 가격이란 견본품이나 비매품 등의 표시를 말한다.

60 화장품의 포장에 추가로 기재·표시하여야 하는 사항으로 옳은 것은?

① 사용상 제한이 필요한 보존제
② 사용상 제한이 필요한 염모제
③ 위해평가 결과 배합한도가 지정되어 있는 원료
④ 알레르기 유발성분의 명칭
⑤ 식품의약품안전처장이 고시한 기능성 원료

정답 55 ② 56 ③ 57 ③ 58 ⑤ 59 ⑤ 60 ④

해설

추가 기재 · 표시 사항(사용 시 주의사항, 알레르기 유발성분의 명칭)

61 맞춤형화장품에 혼합 가능한 화장품 원료로 옳은 것은?

① 클로페네신 ② 살리실릭애씨드
③ 티타늄디옥사이드 ④ 벤토나이트
⑤ 아데노신

해설

사용상의 제한이 필요한 원료(보존제, 자외선 차단제, 기능성 원료)는 맞춤형화장품에 사용할 수 없다.

62 맞춤형화장품 혼합 · 소분 시 필요한 기구 중 칭량 기구가 아닌 것은?

① 메스실린더 ② 전자 저울
③ 피펫 ④ 호모믹서
⑤ 스포이드

해설

호모믹서는 교반기구이다.

63 다음 중 맞춤형화장품 판매 내역에 포함되지 않는 것은?

① 판매일자
② 식별번호
③ 판매량
④ 사용기한 또는 개봉 후 사용기간
⑤ 판매가격

해설

판매 내역 : 식별번호, 판매일자, 판매량, 사용기한 또는 개봉 후 사용기간

64 화장품 원료 등의 위해평가를 실시할 때 확인 · 결정 · 평가 등의 과정을 거쳐 실시한다. 다음 중 과정에 해당하지 않는 것은? **[제1회 맞춤형 화장품조제관리사 시험 기출문제]**

① 위해요소의 인체 내 독성을 확인하는 위험성 확인과정
② 위해요소의 원료의 특성에 관한 자료확인과정
③ 위해요소의 인체 노출 허용량을 산출하는 위험성 결정과정
④ 위해요소가 인체에 노출된 양을 산출하는 노출평가과정
⑤ 인체에 미치는 위해 영향을 판단하는 위해도 결정과정

해설

화장품법 시행규칙 제17조제1항

위해평가는 다음의 확인 · 결정 · 평가 등의 과정을 거쳐 실시한다.
- 위해요소의 인체 내 독성을 확인하는 위험성 확인과정
- 위해요소의 인체 노출 허용량을 산출하는 위험성 결정과정
- 위해요소가 인체에 노출된 양을 산출하는 노출평가 과정
- 위의 결과를 종합하여 인체에 미치는 위해 영향을 판단하는 위해도 결정과정

65 방향제를 포함한 화장품류(인체 및 두발 세정용 제품류 제외, 향수 제외)의 포장공간 비율은? 1

① 10% 이하 ② 15% 이하
③ 20% 이하 ④ 25% 이하
⑤ 30% 이하

해설

화장품류(인체 및 두발 세정용 제품류 제외, 향수 제외)의 포장공간비율은 10% 이하이다. (제품의 포장재질 · 포장방법에 관한 기준 등에 관한 규칙 별표 1)

정답 61 ④ 62 ④ 63 ⑤ 64 ② 65 ①

66 화장품 포장의 표시기준 및 표시방법에 관한 사항이다. 다음 설명 중 틀린 것은?

① 화장품제조업자 또는 화장품책임판매업자의 주소는 등록필증에 적힌 소재지 또는 반품·교환 업무를 대표하는 소재지를 기재·표시해야 한다.

② 화장품 제조에 사용된 성분 중 혼합원료는 혼합된 개별 성분의 명칭은 기재·표시하지 않아도 된다.

③ 착향제는 "향료"로 표시할 수 있다. 다만, 향료 성분 중 알레르기 유발물질로 알려진 성분의 경우는 기재·표시하도록 권장할 수 있다.

④ 산성도(pH) 조절 목적으로 사용되는 성분은 그 성분을 표시하는 대신 중화반응에 따른 생성물로 기재·표시할 수 있다.

⑤ 내용물은 1차 포장 또는 2차 포장의 무게가 포함되지 않는 용량 또는 중량을 기재·표시해야 한다.

해설

화장품 포장의 표시기준 및 표시방법(제19조제6항 관련)

화장품 제조에 사용된 성분 중 혼합원료는 혼합된 개별 성분의 명칭을 기재 · 표시한다.

67 원료 규격의 설정을 위한 4단계에 해당하지 않는 것은?

① 항목 설정

② 시험법의 설정

③ 기준치 설정

④ 설정된 규격 시험 확인검증

⑤ 품질관리 기준 설정

해설

규격의 설정은 "항목 설정" "시험법의 설정" "기준치 설정" "설정된 규격 시험 확인검증 " 의 4단계로 이루어지며, 품질관리에 필요한 기준은 해당 원료의 안전성 등을 고려하여 설정한다.

68 다음 포장 용기들의 내용물의 이물 혼입에 대한 방지 효과를 비교에 대한 보기 중 옳은 것은?

① 밀봉용기 < 기밀용기 < 밀폐용기

② 기밀용기 < 밀폐용기 < 밀봉용기

③ 밀폐용기 < 밀봉용기 < 기밀용기

④ 밀폐용기 < 기밀용기 < 밀봉용기

⑤ 기밀용기 < 밀봉용기 < 밀폐용기

해설

1) 밀폐용기 : 일상의 취급 또는 보통 보존상태에서 외부로부터 고형의 이물이 들어가는 것을 방지하고 고형의 내용물이 손실되지 않도록 보호할 수 있는 용기를 말한다. 밀폐용기로 규정되어 있는 경우에는 기밀용기도 사용 가능

2) 기밀용기 : 일상의 취급 또는 보통 보존상태에서 액상 또는 고형의 이물 또는 수분이 침입하지 않고 내용물을 손실, 풍화, 조해 또는 증발로부터 보호할 수 있는 용기를 말한다. 기밀용기로 규정되어 있는 경우에는 밀봉용기도 쓸 수 있다.

3) 밀봉용기 : 일상의 취급 또는 보통의 보존상태에서 기체 또는 미생물이 침입할 염려가 없는 용기

69 맞춤형화장품판매업의 변경신고 위반 시 그 처분기준이 틀린 것은? 3

① 맞춤형화장품판매업소의 소재지 변경 1차 위반 – 판매업무정지 1개월

② 맞춤형화장품판매업자의 변경 1차 위반 - 시정명령

③ 맞춤형화장품판매업 상호변경 1차 위반 – 판매업무 정지 5일

④ 맞춤형화장품 사용 계약 체결한 책임판매업자 변경 1차 위반 - 경고

⑤ 맞춤형화장품 조제관리사 변경 1차 위반 - 시정명령

해설

맞춤형화장품판매업 상호변경 1차 위반 – 시정명령,
2차 위반 – 판매업무 정지 5일

정답 66 ② 67 ⑤ 68 ④ 69 ③

70 맞춤형화장품판매업 변경신고 4차 위반 시 영업소가 폐쇄되는 위반 행위는 무엇인가? 3

① 맞춤형화장품판매업자의 변경 위반
② 맞춤형화장품판매업소 상호 변경 위반
③ 맞춤형화장품판매업소 소재지 변경 위반
④ 맞춤형화장품 사용 계약을 체결한 책임판매업자 변경 위반
⑤ 맞춤형화장품 조제관리사 변경 위반

해설
- 맞춤형화상품판매업지 변경, 맞춘형화장품판매업소 상호변경 위반 – 판매업무정지 1개월
- 맞춤형화장품 사용 계약을 체결한 책임판매업자 변경 위반 – 판매업무정지 3개월
- 맞춤형화장품조제관리사 변경 위반 – 판매업무 정지 1개월

71 물의 표면에 작용하여 표면장력을 줄여서 쉽게 침투하고 잘 퍼지게 만드는 물질의 총칭으로 분자 내에 친수성과 친유성을 갖고 있어 물과 기름처럼 성질이 다른 계면에 모여서 두 물질을 섞이게 하는 성질이 있는 물질을 일컫는 말은?

72 맞춤형화장품판매업자는 책임판매업자가 제공하는 내용물이나 원료에 대하여 품질성적서를 구비해야 한다. 예외의 경우는?

73 제품 추적관리를 위하여 혼합 및 소분 기록을 확인할 수 있도록 최종 맞춤형화장품에 판매업자가 부여한 번호는 무엇인가?

74 화장품 가격표시제 실시요령에 따르면 표시의무자는 화장품을 일반 소지바에게 판매하는 자이며, 판매가격은 화장품을 일반 소비자에게 판매하는 실제 가격을 말한다. 따라서 판매가격의 표시는 일반소비자에게 판매되는 (㉠)을(를) 표시하여야 한다. ㉠에 적합한 용어를 작성하시오.

75 안정성 시험 중에서 화장품 사용 시에 일어날 수 있는 오염 등을 고려한 사용기한을 설정하기 위하여 장기간에 걸쳐 물리 · 화학적, 미생물학적 안정성 및 용기 적합성을 확인하는 시험을 (㉠)시험이라 한다. ㉠에 들어갈 적합한 단어를 작성하시오.

76 화장품 안전기준 등에 관한 규정에 따르면 화장비누는 건조중량이 내용량 기준이다. 또한, 화장비누의 용량 또는 중량은 (㉠)과 (㉡)을 기재 · 표시해야 한다. ㉠, ㉡에 들어갈 적합한 단어를 작성하시오.

77 다음은 화장비누의 유통화장품 안전관리 기준에 대한 내용이다. (㉠)과 (㉡)에 들어갈 내용을 쓰시오.

> 화장비누는 내용량 (㉠)% 이상, 유리알칼리 (㉡)% 이하의 안전관리 기준에 적합하여야 한다.

78 다음은 화장품 제조에 사용된 성분의 표기사항에 관한 내용이다. (㉠)과 (㉡)에 들어갈 적합한 내용을 쓰시오.

> 가. 글자의 크기는 (㉠) 이상으로 한다.
> 나. 화장품 제조에 사용된 함량이 많은 것부터 기재·표시한다. 다만 (㉡) 이하로 사용된 성분, 착향제 또는 착색제는 순서에 상관없이 기재 · 표시할 수 있다.

정답 70 ③ 71 계면활성제 72 책임판매업자와 맞춤형화장품판매업자가 동일한 경우 73 식별번호 74 실제거래가격 75 개봉 후 안정성 시험 76 ㉠ 수분을 포함한 중량 ㉡ 건조 중량 77 ㉠ 97% ㉡ 0.1% 78 ㉠ 5포인트 ㉡ 1%

79 다음 설명에 해당하는 기기는 무엇인가?

> • 유화효과가 있는 교반기이다.
> • 운동자와 고정자로 구성되어 있다.
> • 고정자 내벽에서 운동자가 고속 회전하는 장치이다.
> • 물과 오일의 입자를 미세하고 균일한 입자 크기로 분쇄해준다.

80 다음에서 〈보기〉에서 설명하는 용어는 무엇인가?

> 원료의 전반적인 성질에 관한 것으로 원료의 성상, 색상, 냄새, pH, 굴절률, 중금속, 비소, 미생물 등 성상과 품질에 관한 내용

81 "포장재"란 화장품의 포장에 사용되는 모든 재료를 말하며 운송을 위해 사용되는 외부 포장재는 제외한 것이다. (㉠)이란 (㉡)을 수용하는 1개 또는 그 이상의 포장과 보호재 및 표시의 목적으로 한 포장을 말한다. ( ) 안에 들어갈 단어를 기재하시오 . **[제1회 맞춤형 화장품조제관리사 시험 기출문제]**

82 다음은 화장품 1차 포장에 반드시 기재 표시해야 하는 사항이다. 다음 괄호 안에 들어갈 단어를 기재하시오. **[제1회 맞춤형 화장품조제관리사 시험 기출문제]**

> • 화장품의 명칭
> • 영업자의 상호
> • (   )
> • 사용기한 또는 개봉 후 사용기간(제조연월일 병행표기)

정답 79 **호모믹서** 80 **원료 규격** 81 **㉠ 2차 포장 ㉡ 1차 포장** 82 **제조번호**

PART 5
실전모의고사

제1회 실전모의고사

01 다음 중에서 기능성화장품이 아닌 것은?

① 피부의 미백에 도움을 주는 제품
② 피부의 주름개선에 도움을 주는 제품
③ 피부를 곱게 태워주거나 적외선으로부터 피부를 보호하는 데에 도움을 주는 제품
④ 모발의 색상 변화 · 제거 또는 영양공급에 도움을 주는 제품
⑤ 피부나 모발의 기능 약화로 인한 건조함, 갈라짐, 빠짐, 각질화 등을 방지하거나 개선하는 데에 도움을 주는 제품

해설

화장품법 제2조 제2호 "기능성화장품"이란 화장품 중에서 다음 각 목의 어느 하나에 해당되는 것으로서 총리령으로 정하는 화장품을 말한다.
가. 피부의 미백에 도움을 주는 제품
나. 피부의 주름개선에 도움을 주는 제품
다. 피부를 곱게 태워주거나 자외선으로부터 피부를 보호하는 데에 도움을 주는 제품
라. 모발의 색상 변화 · 제거 또는 영양공급에 도움을 주는 제품
마. 피부나 모발의 기능 약화로 인한 건조함, 갈라짐, 빠짐, 각질화 등을 방지하거나 개선하는 데에 도움을 주는 제품

02 다음 설명 중 옳은 것은?

① "천연화장품"이란 유기농 원료, 동식물 및 그 유래 원료 등을 함유한 화장품으로서 식품의약품안전처장이 정하는 기준에 맞는 화장품을 말한다.
② "유기농화장품"이란 동식물 및 그 유래 원료 등을 함유한 화장품으로서 식품의약품안전처장이 정하는 기준에 맞는 화장품을 말한다.
③ "맞춤형화장품"이란 제조 또는 수입된 화장품의 내용물을 소분(小分)한 화장품
④ "안전용기 · 포장"이란 만 8세 미만의 아동이 개봉하기 어렵게 설계 · 고안된 용기나 포장을 말한다.
⑤ "맞춤형화장품"이란 제조 또는 수입된 화장품의 내용물에 다른 화장품의 내용물이나 원료를 추가하여 혼합한 화장품을 말한다.

03 다음은 맞춤형화장품판매업의 신고에 관한 사항이다. (　　) 안에 들어갈 알맞은 내용은?

> 맞춤형화장품판매업을 하려는 자는 (가)으로 정하는 바에 따라 (나)에게 신고하여야 한다. 신고한 사항 중 (다)으로 정하는 사항을 변경할 때에도 또한 같다.

① 가. 대통령령　나. 국무총리　다. 대통령령
② 가. 총리령　나. 보건복지부장관　다. 총리령
③ 가. 대통령령　나 보건복지부장관
　다. 대통령령
④ 가. 총리형　나. 식품의약품안전처장
　다. 총리령
⑤ 가. 보건복지부령　나. 식품의약품안전처장
　다. 보건복지부령

04 화장품이 제조된 날부터 적절한 보관 상태에서 제품이 고유의 특성을 간직한 채 소비자가 안정적으로 사용할 수 있는 최소한의 기간을 무엇이라고 하는가?

① 설명서　② 사용기한
③ 광고　④ 표시
⑤ 유통

정답 — 01 ③　02 ③　03 ④　04 ②

해설

화장품법 제2조 제5호 "사용기한"이란 화장품이 제조된 날부터 적절한 보관 상태에서 제품이 고유의 특성을 간직한 채 소비자가 안정적으로 사용할 수 있는 최소한의 기한을 말한다.

05 화장품 제조 시 내용물과 직접 접촉하는 포장용기를 무엇이라고 하는가?

해설

화장품법 제2조 제6호 "1차 포장"이란 화장품 제조 시 내용물과 직접 접촉하는 포장용기를 말한다.

06 표시. 광고 내용에 관한 실증자료를 요청받은 영업자 또는 판매자는 요청받은 날부터 (　　)일 이내에 그 실증 자료를 식품의약품안전처장에게 제출해야 한다.

① 5일　② 15일
③ 25일　④ 30일
⑤ 45일

해설

화장품법 제14조(표시 · 광고 내용의 실증 등) ③ 제2항에 따라 실증자료의 제출을 요청받은 영업자 또는 판매자는 요청받은 날부터 15일 이내에 그 실증자료를 식품의약품안전처장에게 제출하여야 한다. 다만, 식품의약품안전처장은 정당한 사유가 있다고 인정하는 경우에는 그 제출기간을 연장할 수 있다.

07 맞춤형화장품조제관리사 자격시험의 시기, 절차, 방법, 시험과목, 자격증의 발급, 시험운영기관의 지정 등 자격시험에 필요한 사항은 (　　)으로 정한다. (　　) 안에 들어갈 단어는?

① 대통령령　② 총리령
③ 보건복지부령　④ 특별시장
⑤ 광역시장

해설

화장품법 제3조의4(맞춤형화장품조제관리사 자격시험) ④ 제1항 및 제3항에 따른 자격시험의 시기, 절차, 방법, 시험과목, 자격증의 발급, 시험운영기관의 지정 등 자격시험에 필요한 사항은 총리령으로 정한다.

08 고객 상담 시 개인정보 중 민감 정보에 해당 되는 것으로 옳은 것은?

① 여권법에 따른 여권번호
② 주민등록법에 따른 주민등록번호
③ 출입국관리법에 따른 외국인등록번호
④ 도로교통법에 따른 운전면허의 면허번호
⑤ 유전자검사 등의 결과로 얻어진 유전 정보

09 화장품 국문라벨 표시기준 및 방법에 의해서 전성분표시의 글자크기는 (　　) 포인트 이상 이어야 한다. (　　) 안에 들어갈 숫자는?

해설

화장품 시행규칙 [별표 4] 화장품 포장의 표시기준 및 표시방법에 따라 화장품 제조에 사용된 성분의 글자 크기는 5포인트 이상으로 한다.

10 다음은 위해화장품의 회수에 관한 내용이다. (　　) 안에 들어갈 알맞은 내용은?

> (가)은 위해화장품에 대한 회수 또는 회수에 필요한 조치를 성실하게 이행한 영업자가 해당 화장품으로 인하여 받게 되는 행정처분을 (나)으로 정하는 바에 따라 감경 또는 면제할 수 있다.

① 가. 대통령　나. 총리령
② 가. 국무총리　나. 대통령령
③ 가. 보건복지부장관　나. 총리령
④ 가. 식품의약품안전처장　나. 총리령
⑤ 가. 대통령　나. 보건복지부장관

정답 05 1차 포장　06 ②　07 ②　08 ⑤　09 5　10 ④

해설

화장품법 제5조의2(위해화장품의 회수) ③ 식품의약품안전처장은 제1항에 따른 회수 또는 회수에 필요한 조치를 성실하게 이행한 영업자가 해당 화장품으로 인하여 받게 되는 제24조에 따른 행정처분을 총리령으로 정하는 바에 따라 감경 또는 면제할 수 있다.

11 인체를 청결 · 미화하여 매력을 더하고 용모를 밝게 변화시키거나 피부 · 모발의 건강을 유지 또는 증진하기 위하여 인체에 바르고 문지르거나 뿌리는 등 이와 유사한 방법으로 사용되는 물품으로서 인체에 대한 작용이 경미한 것을 무엇이라고 하는가?

해설

화장품법 제2조(정의) 제1호 "화장품"이란 인체를 청결 · 미화하여 매력을 더하고 용모를 밝게 변화시키거나 피부 · 모발의 건강을 유지 또는 증진하기 위하여 인체에 바르고 문지르거나 뿌리는 등 이와 유사한 방법으로 사용되는 물품으로서 인체에 대한 작용이 경미한 것을 말한다. 다만, 「약사법」 제2조 제4호의 의약품에 해당하는 물품은 제외한다.

12 동식물 및 그 유래 원료 등을 함유한 화장품으로서 식품의약품안전처장이 정하는 기준에 맞는 화장품을 무엇이라고 하는가?

① 유기농화장품　② 맞춤형 화장품
③ 천연화장품　④ 기능성화장품
⑤ 특수화장품

해설

화장품법 제2조(정의) 2의 2. "천연화장품"이란 동식물 및 그 유래 원료 등을 함유한 화장품으로서 식품의약품안전처장이 정하는 기준에 맞는 화장품을 말한다.

13 아래의 내용 중 맞춤형화장품판매업에 대한 설명 중 옳은 것은?

가. 화장품을 직접 제조하여 유통 · 판매하는 영업
나. 화장품 제조를 위탁받아 제조하는 영업
다. 화장품의 포장(1차 포장만 해당한다)을 하는 영업
라. 제조 또는 수입된 화장품의 내용물에 다른 화장품의 내용물이나 식품의약품안전처장이 정하여 고시하는 원료를 추가하여 혼합한 화장품을 판매하는 영업
마. 제조 또는 수입된 화장품의 내용물을 소분(小分)한 화장품을 판매하는 영업

① 가, 나, 다　② 가, 다, 마
③ 다, 라, 마　④ 나, 라, 마
⑤ 라, 마

해설

화장품법 제2조(정의) 3의2. "맞춤형화장품"이란 다음 각 목의 화장품을 말한다.
가. 제조 또는 수입된 화장품의 내용물에 다른 화장품의 내용물이나 식품의약품안전처장이 정하는 원료를 추가하여 혼합한 화장품
나. 제조 또는 수입된 화장품의 내용물을 소분(小分)한 화장품

14 맞춤형화장품판매업을 신고한 자는 총리령이 정하는 바에 따라 무엇을 두어야 하는가?

해설

화장품법 제3조의2(맞춤형화장품판매업의 신고)
① 맞춤형화장품판매업을 하려는 자는 총리령으로 정하는 바에 따라 식품의약품안전처장에게 신고하여야 한다. 신고한 사항 중 총리령으로 정하는 사항을 변경할 때에도 또한 같다.
② 제1항에 따라 맞춤형화장품판매업을 신고한 자(이하 "맞춤형화장품판매업자"라 한다)는 총리령으로 정하는 바에 따라 맞춤형화장품의 혼합 · 소분 업무에 종사하는 자(이하 "맞춤형화장품조제관리사"라 한다)를 두어야 한다.

정답 11 화장품 12 ③ 13 ⑤ 14 맞춤형화장품 조제관리사

15 다음 중에서 1차 포장에 반드시 표시하지 않아도 되는 것은?

① 화장품의 명칭 ② 가격
③ 제조번호 ④ 사용기한
⑤ 영업자의 상호

해설

화장품법 제10조(화장품의 기재사항) ② 제1항 각 호 외의 부분 본문에도 불구하고 다음 각 호의 사항은 1차 포장에 표시하여야 한다.
1. 화장품의 명칭
2. 영업자의 상호
3. 제조번호
4. 사용기한 또는 개봉 후 사용기간

16 맞춤형화장품판매업의 신고에 있어 등록이 취소되거나 영업소가 폐쇄된 날부터 몇 년이 지나야 다시 신고할 수 있는가?

① 1년 ② 2년
③ 3년 ④ 4년
⑤ 5년

해설

화장품법 제3조의3(결격사유) 다음 각 호의 어느 하나에 해당하는 자는 화장품제조업 또는 화장품책임판매업의 등록이나 맞춤형화장품판매업의 신고를 할 수 없다. 다만, 제1호 및 제3호는 화장품제조업만 해당한다.
1. 「정신건강증진 및 정신질환자 복지서비스 지원에 관한 법률」 제3조제1호에 따른 정신질환자. 다만, 전문의가 화장품제조업자(제3조제1항에 따라 화장품제조업을 등록한 자를 말한다. 이하 같다)로서 적합하다고 인정하는 사람은 제외한다.
2. 피성년후견인 또는 파산선고를 받고 복권되지 아니한 자
3. 「마약류 관리에 관한 법률」 제2조제1호에 따른 마약류의 중독자
4. 이 법 또는 「보건범죄 단속에 관한 특별조치법」을 위반하여 금고 이상의 형을 선고받고 그 집행이 끝나지 아니하거나 그 집행을 받지 아니하기로 확정되지 아니한 자
5. 제24조에 따라 등록이 취소되거나 영업소가 폐쇄(이 조 제1호부터 제3호까지의 어느 하나에 해당하여 등록이 취소되거나 영업소가 폐쇄된 경우는 제외한다)된 날부터 1년이 지나지 아니한 자

17 화장품책임판매업자가 영유아 또는 어린이가 사용할 수 있는 화장품임을 표시·광고하려는 경우에 제품별로 안전과 품질을 입증할 수 있는 자료가 아닌 것은?

① 제품에 대한 설명자료
② 제조방법에 대한 설명자료
③ 화장품의 안전성 평가 자료
④ 제품의 효능·효과에 대한 증명 자료
⑤ 제품 판매에 관한 자료

해설

화장품법 제4조의2(영유아 또는 어린이 사용 화장품의 관리) ① 화장품책임판매업자는 영유아 또는 어린이가 사용할 수 있는 화장품임을 표시·광고하려는 경우에는 제품별로 안전과 품질을 입증할 수 있는 다음 각 호의 자료(이하 "제품별 안전성 자료"라 한다)를 작성 및 보관하여야 한다.
1. 제품 및 제조방법에 대한 설명 자료
2. 화장품의 안전성 평가 자료
3. 제품의 효능·효과에 대한 증명 자료

18 책임판매관리자 및 맞춤형화장품조제관리사는 화장품의 안전성 확보 및 품질관리에 관한 교육을 (　　) 받아야 한다. (　　) 안에 들어갈 단어는?

① 매년 ② 2년마다
③ 3년마다 ④ 4년마다
⑤ 5년마다

해설

화장품법 제5조(영업자의 의무 등) ⑤ 책임판매관리자 및 맞춤형화장품조제관리사는 화장품의 안전성 확보 및 품질관리에 관한 교육을 매년 받아야 한다.

19 인증의 유효기간을 연장받으려는 자는 유효기간 만료 (　　)일 전에 총리령으로 정하는 바에 따라 연장신청을 하여야 한다. (　　) 안에 들어갈 숫자는?

① 30 ② 60
③ 90 ④ 120
⑤ 150

정답 15 ② 16 ① 17 ⑤ 18 ① 19 ③

해설

화장품법 제14조의 3(인증의 유효기간) ② 인증의 유효기간을 연장받으려는 자는 유효기간 만료 90일 전에 총리령으로 정하는 바에 따라 연장신청을 하여야 한다.

20 해당하는 성분을 0.5% 이상 함유하는 제품의 경우에는 해당 품목의 안정성시험 자료를 최종 제조된 제품의 사용기한이 만료되는 날부터 1년간 보존하지 않아도 되는 성분은?

① 레티놀(비타민 A) 및 그 유도체
② 아스코빅애시드(비타민 C) 및 그 유도체
③ 토코페롤(비타민 E)
④ 과산화화합물
⑤ 효모

해설

화장품법 시행규칙 제11조(화장품책임판매업자의 준수사항) 11. 다음 각 목의 어느 하나에 해당하는 성분을 0.5퍼센트 이상 함유하는 제품의 경우에는 해당 품목의 안정성시험 자료를 최종 제조된 제품의 사용기한이 만료되는 날부터 1년간 보존할 것
가. 레티놀(비타민 A) 및 그 유도체
나. 아스코빅애시드(비타민 C) 및 그 유도체
다. 토코페롤(비타민 E)
라. 과산화화합물
마. 효소

21 화장품에 사용되는 원료의 특성을 설명한 것으로 옳은 것은?

① 금속이온봉쇄제는 주로 점도증가, 피막형성 등의 목적으로 사용된다.
② 계면활성제는 계면에 흡착하여 계면의 성질을 현저히 변화시키는 물질이다.
③ 고분자화합물은 원료 중에 혼입되어 있는 이온을 제거할 목적으로 사용된다.
④ 산화방지제는 수분의 증발을 억제하고 사용감촉을 향상시키는 등의 목적으로 사용된다.
⑤ 유성원료는 산화되기 쉬운 성분을 함유한 물질에 첨가하여 산패를 막을 목적으로 사용된다.

해설

금속이온봉쇄 수용액에 함유된 칼슘, 마그네슘, 알루미늄, 철이온 등을 봉쇄하여 제품의 안정도를 높여주며, 특히 세정제에서 기포 형성을 돕는다. 피부와 점막에 자극을 줄 수 있고 알러지를 유발한다. 고분자 화합물 겔(gel) 형성, 점도 증가, 피막 형성, 분산, 기포 형성, 유화안정의 목적으로 사용된다. 천연유래로 점성을 갖는 검(Gum)이라 부른다. 산화방지제 분자 내에 하이드록시기(-OH)를 가지고 있어서 이 하이드록시기의 수소(H)를 다른 물질에 주어 다른 물질을 환원시켜 산화를 막는 물질을 산화방지제라 한다. 유성성분 물에 녹지 않고 기름에 녹는 물질들을 총칭하는 것으로 피부로부터 수준 증발을 억제하고 유연성을 향상시킬 목적으로 사용된다. 피부 표면에 얇은 유분 막을 만들어 보습 효과를 향상시키고 부드러움을 준다.

22 다음 〈보기〉에서 (　　) 안에 적합한 용어를 작성하시오.

〈 보기 〉
계면활성제의 종류 중 모발에 흡착하여 유연효과나 대전 방지 효과, 모발의 정전기 방지, 린스, 살균제, 손 소독제 등에 사용되는 것은 (　　　)계면활성제이다.

해설

- 양이온성 : 살균, 소독이 크며 정전기 발생을 억제하므로 헤어린스, 헤어트리트먼트 등에 사용된다.
- 음이온성 : 세정작용과 기포형성작용이 우수하여 비누, 샴푸, 클렌징 폼 등에 사용된다. 비인온성 : 피부자극이 적어 화장수의 가용화제, 크림의 유화제, 클렌징 크림의 세정제 등의 용도로 사용된다.
- 양쪽성 : 세정작용이 있으며 피부자극이 적어 저자극 샴푸, 베이비샴푸 등에 사용된다.

23 다음은 무엇에 대한 설명인가?

화장품의 미생물에 대한 오염과 부패를 막기 위한 것으로 방부제, 살균제, 항균제라고도 한다. 물과 영양분의 함량이 높을수록 미생물의 유입에 의한 변질이 쉽다. 단독으로 보다는 2~3개를 혼용 · 함유시킬 경우 더 좋은 효과를 보인다.

정답 20 ⑤　21 ②　22 양이온성　23 보존제

해설
보존제에 대한 설명이다.

24 다음 화장품에 사용되는 성분의 특징이 다른 하나는?

① 글리세린(Glycerin)
② 소르비톨(Sorbitol)
③ 소듐하이알루로네이트(Sodium Hyaluronate)
④ 수용성콜라겐(Soluble Collagen)
⑤ 파라벤(Paraben)

해설
글리세린(Glycerin), 소르비톨(Sorbitol), 소듐하이알루로네이트(Sodium Hyaluronate), 수용성콜라겐(Soluble Collagen)은 보습성분이고, 파라벤(Paraben)은 보존제이다.

25 유성성분에 해당되지 않는 것은?

① 미네랄오일(Mineral Oil)
② 팔미틱애씨드(Palmitic Acid)
③ 세틸알코올(Cetyl Alcohol)
④ 글루코오스(Glucose)
⑤ 이소프로필이소스테아레이트(Isopropyl Isostearate)

해설
글루코오스(Glucose)는 보습성분의 다가알코올이다.

26 다음 계면활성제 중에서 세정력이 가장 뛰어난 것은?

① 양쪽성 계면활성제
② 음이온성 계면활성제
③ 비이온성 계면활성제
④ 양이온성 계면활성제
⑤ 다이온성 계면활성제

해설
세정력
음이온성 계면활성제 〉 양이온성 계면활성제 〉 양쪽성 계면활성제 〉 비이온성 계면활성제

27 다음 원료는 어떠한 화장품을 말하는가?

징크옥사이드(Zink Oxide), 티타늄디옥사이드(Titanium Dioxide) 부틸메톡시디벤조일메탄(Butyl Methoxydibenzoylmethane) 벤조페논-1(~12)(Benzophenone-1(~12)), 벤조페논-9(Benzophenone-9), 에칠헥실메톡시신나메이트(Ethylhexyl Methoxycinnamate)

해설
1) 화학적 차단제
부틸메톡시디벤조일메탄(Butyl Methoxydibenzoylmethane)
벤조페논-1(~12)(Benzophenone-1(~12))
벤조페논-9(Benzophenone-9)
에칠헥실메톡시신나메이트(Ethylhexyl Methoxycinnamate)
에칠헥실살리실레이트(Ethylhexy lSalicylate)
옥틸디메틸파바(Octyl Dimethylpava)
2) 물리적 차단제
징크옥사이드(Zink Oxide)
티타늄디옥사이드(Titanium Dioxide)

28 다음 중 산화방지제에 속하지 않은 것은?

① 비에이치에이(BHA)
② 비에이치티(BHT)
③ 에리소빅애씨드(Erisobic acid)
④ 프로필갈레이트(Propyl Gallate)
⑤ 나이아신아마이드(Niacinamide)

해설
나이아신아마이드(Niacinamide)는 미백에 도움을 주는 성분이다.

정답 – 24 ⑤ 25 ④ 26 ② 27 **자외선 차단제** 28 ⑤

29 다음 중에서 주름개선 성분이 아닌 것은?

① 코치닐 ② 레티닐팔미테이트
③ 아데노신 ④ 레티놀
⑤ 폴리에톡실레이티트레틴아마이드

해설
주름개선화장품에는 비타민 A 유도체와 아데노신 등이 성분으로 사용된다.

30 다음 중에서 자외선 차단 화장품 중에서 물리적인 차단제는?

① 티타늄디옥사이드
② 아산화티탄
③ 에칠헥실메톡시신나메이트
④ 옥틸디메틸파바
⑤ 아세트산

해설
물리적 차단제
징크옥사이드(Zink Oxide), 티타늄디옥사이드(Titanium Dioxide)

31 다음 중 화장품이 아닌 것은?

① 화장비누 ② 제모왁스
③ 흑채 ④ 바디로션
⑤ 구강 청량제

해설
구강용 화장품은 의약외품이며, 화장비누/제모왁스/흑채는 2019년 12월 31일부터 화장품으로 변경됨.

32 색소 중에서 화장비누에만 사용할 수 있는 색소는?

① 피그먼트 적색 5호 ② 산성적색 52호
③ 적색 401호 ④ 적색 506호
⑤ 적색 2호

해설
피그먼트 적색 5호는 화장비누에만 사용할 수 있다.

33 계면활성제의 피부 자극에 대한 순서로 가장 적당한 것은?

① 양이온 > 음이온 > 양쪽성 > 비이온성
② 음이온 > 양이온 > 양쪽성 > 비이온성
③ 양이온 > 양쪽성 > 음이온 > 비이온성
④ 양쪽성 > 음이온 > 양이온 > 비이온성
⑤ 비이온성 > 양이온 > 음이온 > 양쪽성

해설
피부에 대한 자극이 가장 큰 계면활성제는 양이온 계면활성제이고, 가장 적은 것은 비이온성 계면활성제이다.

34 다음 화장품 시행규칙에 정해져 있는 기초화장품 관련 효능효과가 아닌 것은?

① 화장품은 피부의 거칠음을 방지하고 살결을 가다듬는다.
② 피부를 청정하게 한다.
③ 피부에 수분을 공급하고 조절하여 촉촉함을 주며 유연하게 한다.
④ 피부를 보호하고 건강하게 한다.
⑤ 피부에 수렴효과를 주며 피부 톤을 밝게 해 준다.

해설
피부에 수렴효과를 주며, 피부 탄력을 증가시킨다.

35 다음 중 화장품에 사용할 수 있는 원료를 모두 고르시오.

① 톨루엔 ② 트리티노인
③ 두나스테리드 ④ 붕사
⑤ 돼지 폐 추출물

정답 29 ① 30 ① 31 ⑤ 32 ① 33 ① 34 ⑤ 35 ①, ④

해설
톨루엔은 사용 한도 성분으로 손발톱용 제품류에 25%까지 사용할 수 있으며, 붕사는 배합금지 원료가 아니다.

36 착향제의 구성 성분 중 알레르기 유발성분이 아닌 것은?

① 아밀신남알 ② 벤질알코올
③ 시트랄 ④ 구아검
⑤ 유제놀

해설
구아검은 고분자 화합물로 천연고분자에 해당됨

37 화장품의 보관관리 방법 중 옳지 않은 것은?

① 원자재, 반제품 및 벌크 제품은 품질에 나쁜 영향을 미치지 아니하는 조건에서 보관하여야 하며 보관기한을 설정하여야 한다.
② 원자재, 반제품 및 벌크 제품은 바닥과 벽에 닿지 아니하도록 보관하고, 선입선출에 의하여 출고할 수 있도록 보관하여야 한다.
③ 원자재, 시험 중인 제품 및 부적합품은 각각 구획된 장소에서 보관하여야 한다. 다만, 서로 혼동을 일으킬 우려가 없는 시스템에 의하여 보관되는 경우에는 그러하지 아니한다.
④ 설정된 보관기한이 지나면 사용의 적절성을 결정하기 위해 재평가시스템을 확립하여야 하며, 동 시스템을 통해 보관기한이 경과한 경우 사용하지 않도록 규정하여야 한다.
⑤ 원자재, 시험 중인 제품 및 부적합품은 각각 구획된 장소에서 보관하지 않아도 된다.

38 제모 화장품 사용 시의 주의사항이 아닌 것은?

① 사용 중 따가운 느낌, 불쾌감, 자극이 발생할 경우 즉시 닦아내어 제거하고 찬물로 씻으며, 불쾌감이나 자극이 지속될 경우 의사 또는 약사와 상의하십시오.
② 자극감이 나타날 수 있으므로 매일 사용하지 마십시오.
③ 제품의 사용 전후에 비누류를 사용하면 자극감이 나타날 수 있으므로 주의하십시오.
④ 제품은 외용으로만 사용하십시오.
⑤ 눈에 들어가지 않도록 하며 눈 또는 점막에 닿았을 경우 미지근한 물로 씻어내고 붕산수(농도 약 5%)로 헹구어 내십시오.

해설
점막에 닿았을 경우 미지근한 물로 씻어내고 붕산수(농도 약 2%)로 헹구어냄

39 화장품 안전성 정보 정기보고 대상관련 내용이 아닌 것은?

① 해외에서 제조되어 한국으로 수입되고 있는 화장품 중 해외에서 회수가 실시되었지만 한국 수입화장품은 제조번호(Lot 번호)가 달라 회수 대상인 경우
② 해당 화장품의 안전성에 관련된 인체적용시험 정보
③ 해당 화장품의 국내 · 외 사용상 새롭게 발견된 정보 등 사용현황
④ 해당 화장품의 국내 · 외에서 발표된 안전성에 관련된 연구 논문 등 과학적 근거자료에 의한 문헌정보
⑤ 중대한 유해사례가 아닌 것으로서 화장품 사용 중 발생한 바람직하지 않고 의도되지 아니한 징후, 증상 또는 질병으로 안전성이 문제가 된 경우

해설
해외에서 제조되어 한국으로 수입되고 있는 화장품 중 해외에서 회수가 실시되었지만 한국 수입화장품은 제조번호(Lot번호)가 달라 회수 대상이 아닌 경우

정답 36 ④ 37 ⑤ 38 ⑤ 39 ①

40 화장품 책임판매업자가 화장품 유해사례 보고 시 정보를 알게 된 날로부터 며칠 이내 식품의약품안전청 화장품정책과에 보고하는가?

① 10일 ② 15일
③ 20일 ④ 25일
⑤ 30일

해설
화장품 책임판매업자 신속보고
정보를 알게 된 날로부터 15일 이내 식품의약품안전청 화장품정책과에 보고해야 한다.

41 작업장의 위생 상태가 올바른 것은?

① 벌레가 싫어하는 약을 설치한다.
② 골판지, 나무 부스러기는 모아두었다가 치운다.
③ 실내 압을 외부(실내)보다 낮게 한다.
④ 창문은 차광하고, 환기가 잘 되게 열어 놓는다.
⑤ 배기구, 흡기구에 필터를 설치한다.

해설
실내 공기 정화시설의 일환으로 배기구, 흡기구에 필터를 설치하여야 한다.

42 직원의 위생에 대한 설명이다. 올바르지 않은 것은?

① 제품 품질과 안전성에 악영향을 미칠지도 모르는 건강 조건을 가진 직원은 원료, 포장, 제품 또는 제품 표면에 직접 접촉하지 말아야 한다.
② 직원은 작업 중의 위생 관리상 문제가 되지 않도록 청정도에 맞는 적절한 작업복, 모자와 신발만 착용하면 된다.
③ 명백한 질병 또는 노출된 피부에 상처가 있는 직원은 증상이 회복되거나 의사가 제품 품질에 영향을 끼치지 않을 것이라고 진단할 때까지 제품과 직접적인 접촉을 하여서는 안 된다.
④ 영업상의 이유, 신입 사원 교육 등을 위하여 안전 위생의 교육훈련을 받지 않은 사람들이 제조, 관리, 보관구역으로 출입하는 경우에는 안전 위생의 교육훈련 자료를 미리 작성해 두고 출입 전에 "교육훈련"을 실시한다.
⑤ 작업 전에 복장점검을 하고 적절하지 않을 경우는 시정한다.

해설
필요할 경우는 마스크, 장갑을 착용한다.

43 세척대상 물질로 올바르지 않은 것은?

① 화학물질(원료, 혼합물), 미립자, 미생물
② 쉽게 분해되는 물질, 안정된 물질
③ 불용물질, 가용물질
④ 완제품
⑤ 검출이 곤란한 물질, 쉽게 검출할 수 있는 물질

해설
동일제품, 이종제품 및 세척이 쉬운 물질, 세척이 곤란한 물질도 포함된다.

44 내용물 및 원료가 입고 되어 품질부서에서 검사 후 시험결과 부적합일 경우에는 해당원료에 부적합라벨을 부착하고, 해당부서에 작성하여 통보하는 문서는 무엇인가?

① 기준일탈조치표(서)
② 품질관리기준서
③ 위생관리 검검표(서)
④ 거래명세표
⑤ 입고시험의뢰서

해설
시험결과 부적합일 경우에는 해당부서에 기준일탈조치표를 작성하여 통보해야 한다.

정답 40 ② 41 ⑤ 42 ② 43 ④ 44 ①

45 포장재 입고 관리에 대한 설명으로 올바르지 않은 것은?

① 포장재가 입고되면 자재 담당자는 입고 된 자재 발주서와 거래명세표를 참고하여 포장재명, 규격, 수량, 납품처, 해충이나 쥐 등의 침해를 받은 흔적, 청결 여부 등을 확인하다.
② 확인 후 이상이 없으면 업체의 포장재 성적서를 지참하여 구매부서에 검사의뢰를 한다.
③ 품질보증팀은 포장재 입고검사 절차에 따라 검체를 채취하고, 외관검사 및 기능검사를 실시한다.
④ 시험결과를 포장재 검사 기록서에 기록하여 품질보증팀장의 승인을 득한 후, 입고 된 포장재에 적합라벨을 부착하고, 부적합 시에는 부적합라벨을 부착한 후 기준일탈조치서를 작성하여 해당부서에 통보한다.
⑤ 구매부서는 부적합포장재에 대한 기준일탈조치를 하고, 관련내용을 기록하여 품질보증팀에 회신하다.

해설
확인 후 이상이 없으면 업체의 포장재 성적서를 지참하여 품질보증팀에 검사의뢰를 한다.

46 화장품 제조 시, 위생관리 대상에서 가장 거리가 먼 것은?

① 공정사무실
② 작업자(직원)
③ 작업장
④ 제조시설
⑤ 제조도구

해설
직업자(직원), 작업장, 제조시설, 제조도구는 위생을 철저히 해야 한다.

47 반제품의 검체 채취 보관용기로 올바른 것은?

① 50ml 플라스틱 비이커
② 100ml 플라스틱 비이커
③ 250ml 플라스틱 비이커
④ 500ml 플라스틱 비이커
⑤ 1000ml 플라스틱 비이커

해설
반제품은 500ml 플라스틱 비이커로 채취한다.

48 설비 및 기구를 세척할 때 세제(계면활성제)를 사용한 설비 세척은 권장하지 않는다. 그 이유로 올바르지 않은 것은?

① 세제는 설비 내벽에 남기 쉽다.
② 잔존한 세척제는 제품에 악영향을 미친다.
③ 세제가 잔존하고 있지 않는 것을 설명하기에는 고도의 화학 분석이 필요하다.
④ 쉽게 물로 제거하도록 설계된 세제라도 세제 사용 후에는 문질러서 지우거나 세차게 흐르는 물로 헹구지 않으면 세제를 완전히 제거할 수 없다.
⑤ 설비 구석에 남은 세제는 간단히 제거할 수 있다.

해설
설비 구석에 남은 세제는 간단히 제거하기 어려우므로 기기나 기구에 잔존해 있을 가능성이 크다.

정답 45 ② 46 ① 47 ④ 48 ⑤

49 화장품을 제조하면서 다음 각 호의 물질을 인위적으로 첨가하지 않았으나, 제조 또는 보관 과정 중 포장재로부터 이행되는 등 비의도적으로 유래된 사실이 객관적인 자료로 확인되고 기술적으로 완전한 제거가 불가능한 경우 해당 물질의 검출 허용 한도가 올바르지 않은 것은?

① 수은 : 1㎍/g이하
② 메탄올 : 0.2(v/v)%이하, 물휴지는 0.002%(v/v)이하
③ 포름알데하이드 : 1000㎍/g이하, 물휴지는 50㎍/g이하
④ 프탈레이트류(디부틸프탈레이트, 부틸벤질프탈레이트 및 디에칠헥실프탈레이트에 한함) : 총합으로서 100㎍/g이하
⑤ 비소 : 10㎍/g이하

해설
③ 포름알데하이드는 2000㎍/g이하, 물휴지는 20㎍/g이하이다.

50 작업소별 청소 방법 및 점검 주기가 올바른 것은?

① 매일
② 2일에 한번
③ 일주일에 한번
④ 한달에 한번
⑤ 수시로

해설
작업소별 청소 방법 및 점검 주기는 매일 실시함을 원칙으로 하며, 연속 2일 이상 휴무 시 작업 전 간단히 먼지제거 및 청소를 실시하고 확인, 점검 후 작업에 들어간다.

51 작업장의 위생에 관한 설명으로 틀린 것은?

① 각 작업소는 불결한 장소로부터 분리되어 위생적인 상태로 유지되어야 한다.
② 환기가 잘 되고 청소, 소독을 철저히 하여 청결하게 유지하여야 한다.
③ 바닥과 벽은 먼지와 오물을 쉽게 제거할 수 있어야 하고 건물의 개 · 보수 시에는 이를 유지하지 않아도 된다.
④ 쥐, 해충 및 먼지 등을 막을 수 있는 시설을 갖추어야 한다.
⑤ 각 작업소는 청정도별로 구분하여 온도, 습도 등을 관리하고 이를 기록, 유지하여야 한다.

해설
건물의 개 · 보수 시에도 이를 유지하여야 한다.

52 작업장 내 직원의 위생 기준으로 올바르지 않은 것은?

① 신규 직원에 대하여 위생교육을 실시하며, 기존 직원에 대해서는 교육이 필요할 때 실시한다.
② 적절한 위생관리 기준 및 절차를 마련하고 제조소 내의 모든 직원은 이를 준수해야 한다.
③ 작업복 등은 목적과 오염도에 따라 세탁을 하고 필요에 따라 소독한다.
④ 직원은 별도의 지역에 의약품을 포함한 개인적인 물품을 보관해야 하며, 음식, 음료수 및 흡연구역 등은 제조 및 보관 지역과 분리된 지역에서만 섭취하거나 흡연하여야 한다.
⑤ 작업 전에 복장점검을 하고 적절하지 않을 경우는 시정한다.

해설
기존 직원에 대해서도 정기적으로 교육을 실시한다.

53 설비 · 기구의 위생에 대한 설명으로 올바르지 않은 것은?

① 사용목적에 적합하고, 청소가 가능하며, 필요한 경우 위생 · 유지 관리가 가능하여야 한다. 자동화시스템을 도입한 경우도 또한 같다.
② 사용하지 않는 연결 호스와 부속품은 청소 등 위생관리를 하며, 건조한 상태로 유지하면서 지정된 구역의 바닥에 보관한다.

정답 49 ③ 50 ① 51 ③ 52 ① 53 ②

③ 설비 등의 위치는 원자재나 직원의 이동으로 인하여 제품의 품질에 영향을 주지 않도록 해야 한다.
④ 용기는 먼지나 수분으로부터 내용물을 보호할 수 있어야 한다.
⑤ 천정 주위의 대들보, 파이프, 덕트 등은 가급적 노출되지 않도록 설계하고, 파이프는 받침대 등으로 고정하고 벽에 닿지 않게 하여 청소가 용이하도록 설계해야 한다.

해설
사용하지 않는 연결 호스와 부속품은 청소 등 위생관리를 하며, 건조한 상태로 유지하고 먼지, 얼룩 또는 다른 오염으로부터 보호해야 하기 때문에 벽에 걸어 놓는 것이 좋다.

54 내용물 및 원료의 관리 설명이다. 다음 중 올바르지 않은 것은?

① 원료담당자는 원료가 입고되면 입고원료의 발주서 및 거래명세표를 참고하여 원료명, 규격, 수량, 납품처 등이 일치하는지 확인한다.
② 원료 용기 및 봉합의 파손 여부, 물에 젖었거나 침적된 흔적 여부, 해충이나 쥐 등의 침해를 받은 흔적 여부, 표시된 사항의 이상 여부 및 청결 여부 등을 확인한다.
③ 용기에 표시된 양을 거래명세표와 대조하고 필요 시 칭량하여, 그 무게를 확인한다.
④ 확인 후 이상이 없으면 용기 및 외포장을 청소한 후 원료 대기 보관소로 이동한다.
⑤ 원료담당자는 입고 정보를 전산에 등록한 후 업체의 품질의뢰서를 지참하여 품질부서에 검사를 의뢰한다.

해설
업체의 시험성적서를 지참하여 품질부서에 검사를 의뢰한다.

55 포장재가 입고되면 자재 담당자가 포장재명, 규격, 수량, 납품처, 해충이나 쥐 등의 침해를 받은 흔적, 청결 여부 등을 확인한다. 이때 자재 발주서와 함께 참고하는 문서는?

① 품질성적서　② 거래명세표
③ 시험성적서　④ 시험의뢰서
⑤ 포장재 성적서

해설
발주서와 거래명세표를 참고하여 확인한다.

56 크림이나 로션 타입의 제조에 주로 사용되는 화장품 제조설비로 균일하고 미세한 유화입자를 만들어 주는 제조설비는?

① 헨셀(Henschel)
② 프로펠러믹서(Propeller Mixer)
③ 디스퍼(Disper)
④ 호모믹서(Homo-mixer)
⑤ 콜로니 카운터(Colony Conuter)

해설
호모믹서
크림이나 로션 타입의 제조에 주로 사용되는 화장품 제조설비로 균일하고 미세한 유화입자를 만들며 터빈형의 회전날개를 원통으로 둘러싼 구조이다.

57 유통화장품 안전관리기준에서 검출허용 한도를 정하고 있는 물질이 아닌 것은?

① 구리　② 비소
③ 납　④ 수은
⑤ 메탄올

해설
검출허용 한도가 있는 물질
납, 니켈, 비소, 수은 안티몬, 카드뮴, 디옥산, 메탄올, 포름알데하이드, 프탈레이트류

정답 54 ⑤ 55 ② 56 ④ 57 ①

58 작업 복장의 착용방법으로 올바른 것은?

① 입실자는 실내화를 일반 실내화로 갈아 신는다.
② 작업장 내 출입할 모든 작업자는 Clean Locker에서 작업복을 꺼낸 후 의복을 갈아 입고 의복은 개인 사물함에 넣는다.
③ 작업장 내로 출입한 작업자는 비치된 위생모자를 머리카락이 보이도록 착용한다.
④ 위생모자를 쓴 후 2급지 작업실의 상주 작업자는 반드시 방진복을 착용하고 작업장에 들어간다.
⑤ 제조실 작업자는 Air Shower Room에 들어가 가만히 서서 천천히 몸을 1~2회 회전시켜 청정한 공기로 Air Shower를 한다.

해설
① 작업장 전용실내화 착용
② 의복을 개인 사물함에 넣은 뒤 작업복 꺼낸다.
③ 머리카락이 보이지 않도록 위생모자 착용
⑤ 양팔을 벌려 Air Shower를 한다.

59 제조실, 칭량실에서의 위생 관리를 위한 작업복장 착용 기준을 모두 고르시오.

㉠ 방진복	㉡ 슬리퍼
㉢ 안전화	㉣ 상의 흰색가운
㉤ 위생모	㉥ 작업화
㉦ 하의 평상복	㉧ 상의 및 하의는 평상복

① ㉠ ㉤ ㉥　　② ㉠ ㉢ ㉤
③ ㉣ ㉤ ㉥　　④ ㉡ ㉣ ㉤
⑤ ㉡ ㉤ ㉧

해설
제조실, 칭량실 복장기준
방진복, 위생모, 안전화, 필요시 마스크 및 보호안경

60 제조시설 중 방충 · 방서 시설에 가장 거리가 먼 것은?

① 방충방　　② 포충등
③ 초음파퇴치기　　④ 스티키 매트
⑤ 배수구 트랩

해설
스티키 매트는 작업자의 신발에 붙은 이물을 제거하는 데 사용되는 바닥에 붙이는 필름 재질의 바닥재이다.

61 다음 〈보기〉는 맞춤형화장품에 관한 설명이다. 〈보기〉에서 ㉠, ㉡에 해당하는 적합한 단어를 각각 작성하시오.

〈보기〉
ㄱ. 맞춤형 화장품 제조 또는 수입된 화장품의 (㉠)에 다른 화장품의 (㉠)이나 식품의약품안전처장이 정하는 (㉡)을 추가하여 혼합한 화장품
ㄴ. 제조 또는 수입된 화장품의 (㉠)을 소분(小分)한 화장품

해설
화장품법 제2조 3의2. "맞춤형화장품"이란 다음 각 목의 화장품을 말한다.
가. 제조 또는 수입된 화장품의 내용물에 다른 화장품의 내용물이나 식품의약품안전처장이 정하는 원료를 추가하여 혼합한 화장품
나. 제조 또는 수입된 화장품의 내용물을 소분(小分)한 화장품

62 다음 중에서 화장품의 4대 요건이 아닌 것은?

① 안전성 : 피부자극성, 감작성, 경구독성, 파손 등이 없을 것
② 안정성 : 변질, 변색, 변취, 미생물 오염 등이 없을 것
③ 사용성 : 피부친화성, 촉촉함, 딱딱함
④ 유효성 : 보습, 세정, 색채효과 등이 있을 것
⑤ 기호성 : 향, 색, 디자인 등이 있을 것

정답 58 ④ 59 ② 60 ④ 61 ㉠ : **내용물** ㉡ : **원료** 62 ⑤

해설

화장품의 4대요건
① 안전성 : 피부자극성, 알러지 반응, 경구독성, 이물질 혼입 파손 등 독성이 없을 것
② 안정성 : 미생물 오염으로 인한 변질, 변색, 변취 등 시간 경과시 제품에 대해서 변화가 없을 것
③ 사용성 : 사용감, 피부 친화성, 촉촉함, 부드러움 등 피부에 발랐을 때 감촉이 좋을 것
사용편리성, 용기의 크기, 형상, 휴대성 등 사용시 편리할 것
기호성, 용기디자인, 향, 색 등이 취향에 맞을 것
④ 유효성 : 피부에 적절한 효능 · 효과(보습, 세정, 미백, 자외선 차단 등)를 부여할 것

63 각질 형성 세포(Keratinocyte)와 멜라닌 형성 세포(Melanocyte)로 구성되어 있는 표피층은?

① 각질층 ② 유극층(가시층)
③ 과립층 ④ 기저층
⑤ 투명층

해설

각질 형성 세포(Keratinocyte, 케라티노사이트)와 멜라닌 형성 세포(Melanocyte, 멜라노사이트)가 4:1~10:1로 구성되어 있다.

64 다음 중에서 진피의 구성 성분이 아닌 것은?

① 비만세포 ② 섬유아세포
③ 머켈세포 ④ 탄력섬유
⑤ 대식세포

해설

머켈세포는 표피의 기저층에 있는 촉각세포이다.

65 맞춤형화장품 판매업의 폐업신고를 하지 않은 자에 대한 처벌로 적당한 것은?

① 과태료 50만원 ② 과태료 100만원
③ 과태료 200만원 ④ 과태료 300만원
⑤ 과태료 500만원

해설

제6조(폐업 등의 신고)를 위반하여 폐업 등의 신고를 아니한 자에게는 과태료 50만원이 부과된다.

66 다음 중에서 모발손상의 원인이 아닌 것은?

① 퍼머넌트 웨이브 ② 염색
③ 자외선 ④ 항생제
⑤ 여드름

67 다음 중 관능평가 절차와 방법에 대해 잘못 설명한 것은?

① 성상 · 색상 평가 절차 - 크림, 유액, 영양액 등 표준 견본과 대조하여 내용물 표면의 매끄러움과 내용물의 흐름성, 내용물의 색이 유백색인지를 육안으로 확인한다.
② 성상 · 색상 평가 절차 - 손등 혹은 실제 사용 부위(입술, 얼굴)에 발라서 색상을 확인할 수도 있다.
③ 향취 평가 절차 - 피부(손등)에 내용물을 바르고 향취를 맡는다.
④ 향취 평가 절차 - 비이커에 일정량의 내용물을 담고 코를 비이커에 가까이 대고 향취를 맡는다.
⑤ 사용감 평가 절차 - 내용물을 손등에 문질러서 느껴지는 사용감을 향취를 통해서 확인한다.

해설

사용감 평가 절차
내용물을 손등에 문질러서 느껴지는 사용감(예 : 무거움, 가벼움, 촉촉함, 산뜻함)을 촉각을 통해서 확인한다.

정답 63 ④ 64 ③ 65 ① 66 ⑤ 67 ⑤

68 맞춤형 화장품 조제관리사인 은영은 매장을 방문한 고객과 다음과 같은 〈대화〉를 나누었다. 은영이가 고객에게 혼합하여 추천할 제품으로 다음 〈보기〉 중 옳은 것을 모두 고르면?

> 고객 : 회사에서 내근을 하는데 히터 때문에 피부가 너무 건조하고 화장이 잘 받지 않아요
> 은영 : 네 그럼 고객님 피부 상태를 측정해 본 후 상담을 해드리겠습니다.
> 고객 : 그럴까요? 지난번 방문 시와 비교해 주시면 좋겠네요.
> 은영 : 네. 이쪽에 앉으시면 피부 측정기로 측정을 해드리겠습니다.
>
> 피부측정 후
> 은영 : 고객님은 여름에 오셔서 측정했던 것보다 얼굴에 수분량이 20% 정도 낮아져 있고 색소도 약간 올라와 있습니다.
> 고객 : 음. 걱정이네요. 그럼 어떤 제품을 쓴 것이 좋을지 추천 부탁드려요.

〈보기〉
㉠ 티타늄디옥사이드(Titanium Dioxide) 함유 제품
㉡ 나이아신아마이드(Niacinamide)
㉢ 카페인(Caffeine) 함유 제품
㉣ 솔비톨 함유제품
㉤ 아데노신(Adenosine) 함유제품

① ㄱ, ㄷ ② ㄴ, ㄹ
③ ㄷ, ㄹ ④ ㄹ, ㅁ
⑤ ㄱ, ㅁ

해설
- 보습제 : 글리세린, 프로필렌글리콜, 솔비톨, 부틸렌글리콜, 네츄럴베테인, 히알루론산, 콘드리틴황산염 등
- 미백효과 : 나이아신아마이드
- 자외선 차단제 : 티타늄디옥사이드(=이산화티탄)
- 주름 개선 : 아데노신

69 화장품에서 사용상 제한이 필요한 원료가 아닌 것은?

① 트리클로산
② 세트리모늄클로라이드
③ 징크피리치온
④ 메칠파라벤
⑤ 애플계면활성제

해설
사과주스에서 추출한 필수아미노산이다.

70 다음 중 사용상의 제한이 필요한 원료의 사용기준의 예로 잘못된 것은?

① 비타민 E(토코페롤) : 20%
② 보존제로 사용할 경우 살리실릭애씨드로서 0.5%
③ 기능성 화장품의 유효성분으로 사용 후 씻어내는 제품류에 살리실릭애씨드로서 2%
④ 사용 후 씻어내는 두발용 제품류에 살리실릭애씨드로서 5%
⑤ 제모제에서 pH 조정 목적으로 사용되는 경우 최종 제품의 pH는 12.7 이하

해설
사용 후 씻어내는 두발용 제품류에 살리실릭애씨드로서 3%

71 다음 중 맞춤형 화장품 대해 설명이 잘못된 것은?

① 판매장에서 고객 개인별 피부 특성이나 색, 향 등의 기호, 요구를 반영하여 맞춤형화장품조제관리사 자격증을 가진 자에 의해 판매하는 영업을 말한다.
② 제조 또는 수입된 화장품의 내용물을 소분(小分)한 화장품을 말한다.
③ 맞춤형화장품판매업을 신고한 자(이하 "맞춤형화장품판매업자"라 한다)는 총리령으로 정하는 바에 따라 맞춤형화장품조제관리사를 두어야 한다.
④ 제조된 화장품의 내용물에 대통령이 정하는 원료를 추가하여 혼합한 화장품을 말한다.

정답 68 ② 69 ⑤ 70 ④ 71 ④

⑤ 수입된 화장품의 내용물에 다른 화장품의 내용물을 추가하여 혼합한 화장품을 말한다.

해설

제조 또는 수입된 화장품의 내용물에 다른 화장품의 내용물이나 식품의약품안전처장이 정하는 원료를 추가하여 혼합한 화장품을 말한다.

72 맞춤형 화장품의 4대 요건 중 경구독성이나 알러지 반응, 피부자극성, 이물질 혼입 파손 등 독성이 없어야 하는 것은 무엇인가?

해설

피부자극성, 알러지 반응, 경구독성, 이물질 혼입 파손 등 독성이 없어야 한다.

73 다음 중 건성 피부의 특징이 아닌 것은?

① 피지분비기능의 감소로 피부 표면이 거칠다.
② 눈 주위에 잔주름이 발생하기 쉽다.
③ 다른 피부 타입보다 노화현상이 빨리 온다.
④ 여드름이 잘 나지 않는다.
⑤ 화장 시 지속력이 좋다.

74 피부의 표피를 구성하고 있는 층으로 옳은 것은?

① 기저층, 유극층, 과립층, 각질층
② 기저층, 유두층, 망상층, 각질층
③ 유두층, 망상층, 과립층, 각질층
④ 기저층, 유극층, 망상층, 각질층
⑤ 과립층, 유두층, 유극층, 각질층

해설

표피의 바깥층부터 기저층 - 유극층 - 과립층 - 투명층 - 각질층으로 구성되어 있다.

75 피부의 미백에 도움을 주는 성분이 아닌 것은?

① 닥나무추출물
② 아데노신
③ 유용성 감초추출물
④ 나이아신아마이드
⑤ 알부틴

해설

미백기능성 원료
닥나무추출물, 유용성감초추출물, 나이아신아마이드, 알부틴, 에칠아스코빌에텔, 아스코빌글루코사이드, 마그네슘아스코빌포스페이트, 알파비사보롤
주름개선 원료
아데노신

76 다음 중 여러 가지 품질을 인간의 오감에 의하여 평가하는 제품 검사를 무엇이라고 하는가?

① 화장품의 안전성평가
② 화장품의 관능평가
③ 화장품의 육안평가
④ 화장품의 탄력평가
⑤ 화장품의 향취평가

해설

관능평가는 여러 가지 품질을 인간의 오감에 의하여 평가하는 제품 검사를 말한다.

77 맞춤형화장품의 부작용의 종류와 현상의 연결이 잘못된 것은?

① 가려움(Itching) : 소양감
② 뻣뻣함(Tightness) : 굳는 느낌
③ 홍반(Erythema) : 붉은 반점
④ 작열감(Burning) : 찌르는 듯한 통증
⑤ 인설생성(Scaling) : 건선과 같은 심한 피부 건조에 의해 각질이 은백색의 비늘처럼 피부 표면에 발생하는 것

정답 72 맞춤형화장품의 안전성 73 ⑤ 74 ① 75 ② 76 ② 77 ④

해설

자통(Stinging)
찌르는 듯한 통증

78 맞춤형화장품의 효과가 아닌 것은?

① 피부의 거칠음을 방지하고 살결을 가다듬는다.
② 피부를 하얗게 하는 미백효과를 갖는다.
③ 피부에 수분을 공급하고 조절하여 촉촉함을 주며 유연하게 한다.
④ 피부를 보호하고 건상하게 한다.
⑤ 피부에 수렴 효과를 주며 피부 탄력을 증가시킨다.

해설

미백효과는 기능성 화장품의 효과이다.

79 다음 설명 중 설명이 잘못된 것은?

① 식품의약품안전처장은 화장품의 제조 등에 사용할 수 없는 원료를 지정하여 고시하여야 한다.
② 사용기준이 지정 · 고시된 원료 외의 보존제, 색소, 자외선 차단제 등은 사용할 수 없다.
③ 위해평가가 완료된 경우에는 해당 화장품 원료 등을 화장품의 제조에 사용할 수 없는 원료로 지정하거나 그 사용기준을 지정하여야 한다.
④ 안전성 검토의 주기 및 절차 등에 관한 사항은 대통령령으로 정한다.
⑤ 식품의약품안전처장은 그 밖에 유통화장품 안전관리 기준을 정하여 고시할 수 있다.

해설

식품의약품안전처장은 제2항에 따라 지정 · 고시된 원료의 사용기준의 안전성을 정기적으로 검토하여야 하고, 그 결과에 따라 지정 · 고시된 원료의 사용기준을 변경할 수 있다. 이 경우 안전성 검토의 주기 및 절차 등에 관한 사항은 총리령으로 정한다.

80 다음 중 맞춤형화장품에 사용할 수 있는 원료는 무엇인가?

① 화장품 안전기준 등에 관한 규정 별표1의 화장품에 사용할 수 없는 원료
② 화장품 안전기준 등에 관한 규정 별표2의 화장품에 사용상의 제한이 필요한 원료
③ 식품의약품안전처장이 고시한 색소
④ 식품의약품안전처장이 고시한 기능성화장품의 효능····효과를 나타내는 원료
⑤ 식품의약품안전처장이 고시한 여드름화장품 원료

해설

식품의약품안전처에 등재된 화장품의 색소종류와 기준, 시험방법은 맞춤형화장품에 사용할 수 있다.

81 다음 중 화장품의 1차 포장에 반드시 표시해야 하는 사항이 아닌 것은?

① 영업자의 상호
② 제조번호
③ 화장품의 명칭
④ 사용기한 또는 개봉 후 사용기간
⑤ 내용물의 용량

해설

화장품법 제10조 ② 제1항 각 호 외의 부분 본문에도 불구하고 다음 각 호 사항은 1차 포장에 표시하여야 한다.
1. 화장품의 명칭
2. 영업자의 상호
3. 제조번호
4. 사용기한 또는 개봉 후 사용기간

정답 78 ② 79 ④ 80 ③ 81 ⑤

82 화장품 바코드 표시 및 관리요령에 관한 설명이다. 괄호에 해당하는 것을 쓰시오

> 1. "화장품코드"라 함은 개개의 화장품을 식별하기 위하여 고유하게 설정된 번호로써 국가식별코드, 제조업자 등의 식별코드, 품목코드 및 검증번호를 포함한 (　　　) 또는 (　　　)자리의 숫자를 말한다.
> 2. 화장품바코드 표시는 국내에서 화장품을 유통, 판매하고자 하는 (　　　　　)가 한다.

83 유기농 화장품은 천연 화장품 및 유기농 화장품의 기준에 관한 규정 중 함량계산방법에 따라 계산하였을 때 중량 기준으로 유기농 함량이 전체 제품에서 (　　) 이상이어야 하며, 유기농 함량을 포함한 천연 함량이 전체 제품에서 95% 이상으로 구성되어야 한다. (　　)안에 적당한 것은?

① 10%　　② 15%
③ 80%　　④ 90%
⑤ 95%

> **해설**
> 유기농 화장품은 계산하였을 때 중량 기준으로 유기농 함량이 전체 제품에서 10% 이상이어야 하며, 유기농 함량을 포함한 천연 함량이 전체 제품에서 95% 이상으로 구성되어야 한다.

84 안전용기 · 포장 대상 품목 및 기준에 관한 설명으로 틀린 것은?

① 아세톤을 함유하는 네일 에나멜 리무버 및 네일 폴리시 리무버
② 어린이용 오일 등 개별포장 당 탄호수소류를 10퍼센트 이상 함유하고 운동점도가 21센티스톡스 이하인 비에멀젼 타입의 액체상태의 제품
③ 개별포장당 메틸 살리실레이트를 5퍼센트 이상 함유하는 액체상태의 제품
④ 일회용 제품, 용기 입구 부분이 펌프 또는 방아쇠로 작동되는 분무용기 제품, 압축 분무용기 제품은 안전용기·포장 대상에서 제외한다.
⑤ 안전용기·포장은 만 5세 미만의 어린이가 개봉하기 어렵게 된 것이어야 하며, 어려운 정도의 것으로 구체적인 기준 및 시험방법은 식품의약품안전처장이 정하여 고시하는 바에 따른다.

> **해설**
> 안전용기· 포장의 어려운 정도의 구체적인 기준 및 시험방법은 산업통상자원부장관이 정하여 고시하는 바에 따른다.

85 다음 설명에 해당하는 화장품 제형은 무엇인가?

> (　　　　　)란 유화제 등을 넣어 유성성분과 수성성분을 균질화하여 반고형상으로 만든 것을 말한다.

86 다음 원료 중 그 분류가 다른 하나는?

① 만수국꽃추출물
② 하이드롤라이즈드밀단백질
③ 메칠이소치아졸리논
④ 메칠렌글라이콜
⑤ 클로로펜

> **해설**
> 만수국꽃추출물, 하이드롤라이즈드밀단백질, 메칠이소치아졸리논, 클로로펜은 사용제한 원료에 해당하지만 메칠렌글라이콜은 사용금지 원료이다.

정답 82 12, 13, 화장품책임판매업자　83 ①　84 ⑤　85 크림제　86 ④

87 맞춤형화장품판매업을 신고한 자는 총리령으로 정하는 바에 따라 (   )를 두어야 한다.

① 책임판매관리자
② 맞춤형화장품조제관리사
③ 제조판매관리사
④ 제조업자
⑤ 품질관리사

88 다음 설명에 해당되는 용어를 쓰시오.

> 1. (   )이란 화장품 내용물을 용기에 채우는 것을 말한다.
> 2. 내용물이 직접 접촉하는 포장용기를 (   ) 이라고 한다.

89 맞춤형 화장품 용기에 기재해야 하는 사항이 아닌 것은?

① 화장품 명칭　　② 화장품 가격
③ 사용기한　　④ 제조번호
⑤ 책임판매업자 및 맞춤형화장품판매업자 상호

해설

맞춤형 화장품 용기 기재사항은 다음과 같다.
1. 화장품의 명칭
2. 화장품 가격
3. 식별번호
4. 사용기한 또는 개봉 후 사용기간
5. 책임판매업자 및 맞춤형화장품판매업자 상호

90 pH측정을 위하여 화장품의 검체를 처리하는 방법으로 적절한 것은?

① 검체 약 1㎖ + 정제수 5㎖
② 검체 약 1㎖ + 정제수 10㎖
③ 검체 약 1㎖ + 정제수 15㎖
④ 검체 약 1㎖ + 정제수 20㎖
⑤ 검체 약 1㎖ + 정제수 30㎖

해설

검체 : 정제수 = 1 : 15

91 다음 설명은 화장품법 제2조 표시 · 기재 사항에 관한 내용이다. 괄호에 들어갈 적합한 단어를 쓰시오.

> "표시"란 화장품의 용기·포장에 기재하는 (   ) · (   ) 또는 (   )을 말한다

92 화장품 가격표시제는 「화장품법」 제11조, 「물가안정에 관한 법률」 제3조의 규정에 의해 화장품을 판매하는 자에게 당해 품목의 실제거래 가격을 표시하도록 함으로써 소비자의 보호와 공정한 거래를 도모함을 목적으로 하는 것을 말한다. 이 고시에서 가격 표시의무자에 해당하지 않는 대상은?

① 책임판매업자　　② 소매업자
③ 방문판매업자　　④ 통신판매업자
⑤ 다단계판매업자

해설

화장품을 일반소비자에게 소매 점포에서 판매하는 경우 소매업자(직매장 포함)가 표시의무자가 된다. 다만, 방문판매, 통신판매, 다단계판매업의 경우 그 판매자가 판매가격을 표시해야 한다. 표시의무자 이외의 책임판매업자, 제조업자는 그 판매가격을 표시하여서는 안된다.

93 다음 사용제한 원료의 함량 표기가 틀린 것은?

① 클로로펜 – 0.05%
② 프로피오닉애씨드 및 그 염류 – 0.9%
③ 히드록시벤조모르포린 – 0.1%
④ 디메칠옥사졸리딘 – 0.05%
⑤ p-클로로-m-크레졸 – 0.04%

해설

히드록시벤조모르포린 1.0%

정답 87 ② 88 충진, 1차 포장 89 ④ 90 ③ 91 문자, 숫자, 도형 92 ① 93 ③

94 맞춤형화장품 판매업소의 원료 및 내용물은 선입선출의 방법으로 출고해야 한다. 그러나 경우에 따라 나중에 입고된 원료 및 내용물이 먼저 출고되기도 하는데, 어떤 경우인가?

해설
우수화장품 제조 및 품질관리기준

95 다음 중에서 서로 섞이지 않는 두 액체인 수상재료인 물과 유상재료인 오일을 믹스할 때 한 액체가 다른 액체 속에 미세한 입자 형태로 분산되도록 하는 것을 무엇이라고 하는가?

① 유화　② 가용화
③ 분산　④ 분쇄
⑤ 성형

96 다음에서 설명하는 화장품 제조설비로 가장 적합한 것은?

- 크림이나 로션 타입의 제조에 주로 사용된다.
- 터빈형의 회전날개를 원통으로 둘러싼 구조이다.
- 균일하고 미세한 유화입자가 만들어진다.

① 디스퍼(Disper)
② 프로펠러믹서(Propeller mixer)
③ 아지믹서(Agi mixer)
④ 호모믹서(Homo Mixer)
⑤ 헨셀(Henschel)

해설
호모믹서에 대한 설명이다.

97 화장품원료규격 및 시험방법 설정을 위한 가이드라인 통칙에서 규정하는 표준온도는?

① 20℃　② 22℃
③ 23℃　④ 25℃
⑤ 상온

해설
모든 시험의 표준온도는 20℃이다.

98 맞춤형 화장품 판매업자의 준수사항에 대한 설명으로 틀린 것은?

① 맞춤형 화장품 판매 내역을 작성 · 보관할 것
② 맞춤형 화장품 판매업소마다 맞춤형 화장품 조제관리사를 둘 것
③ 보건위생상 위해가 없도록 맞춤형 화장품 혼합 · 소분에 필요한 장소, 시설 및 기구를 정기적으로 점검하여 작업에 지장이 없도록 위생적으로 관리 · 유지할 것
④ 판매 중인 맞춤형 화장품이 회수 대상임을 알게 된 경우 신속히 식품의약품안전처장에게 보고하고, 회수 대상 맞춤형 화장품을 구입한 소비자에게 적극적으로 회수조치를 취할 것
⑤ 맞춤형 화장품의 내용물 및 원료의 입고 시 품질관리 여부를 확인하고 책임판매업자가 제공하는 품질성적서를 구비할 것

해설
화장품법 시행규칙 제12조의2 6항) 판매 중인 맞춤형 화장품이 제14조의2 각 호의 어느 하나에 해당함을 알게 된 경우 신속히 책임판매업자에게 보고하고, 회수대상 맞춤형화장품을 구입한 소비자에게 적극적으로 회수조치를 취할 것

99 다음 화장품의 제형에 따른 충진용기의 연결이 바른 것은?

① 크림상 내용물 : 특수 장치를 갖춘 충진기
② 에어로졸 제품 : 자루 충진기
③ 화장수 : 튜브 충진기
④ 유액 : 입구가 넓은 병
⑤ 분체상의 내용물 : 종이상자

정답 94 **나중에 입고된 물품의 사용(유효)기한이 더 짧은 경우** 95 ① 96 ④ 97 ① 98 ④ 99 ⑤

해설

제형에 따른 충진용기
1) 화장수나 유액 : 병 충진기
2) 크림상의 내용물 : 입구가 넓은 병 또는 튜브 충진기
3) 분체상의 내용물 : 종이상자나 자루 충진기
4) 에어로졸 제품 : 특수한 장치를 갖춘 충진기

100 맞춤형화장품조제관리사는 화장품의 안전성 확보 및 품질관리를 위해 매년 받아야 하는 교육 시간은?

① 3시간 이상 7시간 이하
② 3시간 이상 8시간 이하
③ 4시간 이상 7시간 이하
④ 4시간 이상 8시간 이하
⑤ 5시간 이상 8시간 이하

해설

교육시간은 4시간 이상, 8시간 이하

정답 100 ④

제2회 실전모의고사

01 아래에 주어진 것은 화장품에 대한 설명이다. (　　) 안에 순서대로 들어갈 내용은 ?

> "화장품"이란 인체를 (가)하여 매력을 더하고 용모를 밝게 변화시키거나 (나)의 건강을 유지 또는 증진하기 위하여 인체에 바르고 문지르거나 뿌리는 등 이와 유사한 방법으로 사용되는 물품으로서 인체에 대한 작용이 (다)한 것을 말한다.

	(가)	(나)	(다)
①	청결 · 미화	피부 · 모발	경미
②	건강 · 미화	피부 · 모발	경미
③	청결 · 미화	피부 · 모발	경중
④	건강 · 미화	피부 · 모발	경중
⑤	청결 · 미화	피부	경미

해설

화장품법 제2조(정의) 1. "화장품"이란 인체를 청결 · 미화하여 매력을 더하고 용모를 밝게 변화시키거나 피부 · 모발의 건강을 유지 또는 증진하기 위하여 인체에 바르고 문지르거나 뿌리는 등 이와 유사한 방법으로 사용되는 물품으로서 인체에 대한 작용이 경미한 것을 말한다.

02 기능성 화장품에 대한 설명 중 틀린 것은?

① 피부의 미백에 도움을 주는 제품
② 피부의 주름 개선에 도움을 주는 제품
③ 피부를 곱게 태우거나 자외선으로부터 피부를 보호하는 데에 도움을 주는 제품
④ 모발의 색상 변화 · 제거 또는 영양공급에 도움을 주는 제품
⑤ 피부나 모발에 영양공급, 피부재생 등에 효과가 있는 제품

해설

재생 효과는 화장품이 아닌 의약품에서 사용할 수 있는 용어임

03 다음 중에서 (　　) 안에 들어갈 숫자는?

> "안전용기 · 포장"이란 만 (　　)세 미만의 어린이가 개봉하기 어렵게 설계 · 고안된 용기나 포장을 말한다.

① 3　　② 4
③ 5　　④ 6
⑤ 7

해설

화장품법 제2조의 4. "안전용기 · 포장"이란 만 5세 미만의 어린이가 개봉하기 어렵게 설계 · 고안된 용기나 포장을 말한다.

04 화장품법상 등록이 아닌 신고가 필요한 영업의 형태로 옳은 것은?

① 화장품 제조업　　② 화장품 수입업
③ 화장품 책임판매업　④ 화장품 수입대행업
⑤ 맞춤형 화장품 판매업

해설

화장품법 제3조의2(맞춤형화장품판매업의 신고) ① 맞춤형화장품판매업을 하려는 자는 총리령으로 정하는 바에 따라 식품의약품안전처장에게 신고하여야 한다. 신고한 사항 중 총리령으로 정하는 사항을 변경할 때에도 또한 같다.

정답 01 ① 02 ⑤ 03 ③ 04 ⑤

05 제조 또는 수입된 화장품의 내용물에 다른 화장품의 내용물이나 식품의약품안전처장인 정하는 원료를 추가하여 혼합한 화장품을 무엇이라고 하는가?

해설
화장품법 제2조 3의2. "맞춤형 화장품"이란 다음 각 목의 화장품을 말한다.
가. 제조 또는 수입된 화장품의 내용물에 다른 화장품의 내용물이나 식품의약품안전처장이 정하는 원료를 추가하여 혼합한 화장품
나. 제조 또는 수입된 화장품의 내용물을 소분(小分)한 화장품

06 식품의약품안전처장은 맞춤형 화장품 조제관리사가 거짓이나 그 밖의 부정한 방법으로 시험에 합격한 경우에는 자격을 취소하여야 하며, 자격이 취소된 사람은 취소된 날부터 (   )년간 자격시험에 응시할 수 없다. 다음 (   ) 안에 들어갈 숫자는?

① 1
② 2
③ 3
④ 4
⑤ 5

해설
화장품법 제3조의4(맞춤형화장품조제관리사 자격시험) ② 식품의약품안전처장은 맞춤형화장품조제관리사가 거짓이나 그 밖의 부정한 방법으로 시험에 합격한 경우에는 자격을 취소하여야 하며, 자격이 취소된 사람은 취소된 날부터 3년간 자격시험에 응시할 수 없다.

07 맞춤형 화장품 판매업을 신고한 자는 총리령으로 정하는 바에 따라 (   )를 두어야 한다. (   ) 안에 들어갈 단어는?

① 책임판매관리자
② 맞춤형 화장품 조제관리사
③ 제조판매관리사
④ 제조업자
⑤ 품질관리사

해설
화장품법 제3조의2(맞춤형화장품판매업의 신고) ② 제1항에 따라 맞춤형화장품판매업을 신고한 자(이하 "맞춤형화장품판매업자"라 한다)는 총리령으로 정하는 바에 따라 맞춤형화장품의 혼합·소분 업무에 종사하는 자(이하 "맞춤형화장품조제관리사"라 한다)를 두어야 한다.

08 다음은 영유아 또는 어린이 사용 화장품의 관리에 대한 내용이다. (   ) 안에 들어갈 알맞은 내용은?

화장품 책임 판매업자는 영유아 또는 어린이의 연령 및 표시·광고의 범위, 제품별 안전성 자료의 작성 범위 및 보관 기간 등과 제2항에 따른 실태조사 및 계획 수립의 범위, 시기, 절차 등에 필요한 사항은 (   )으로 정한다.

① 대통령령
② 총리령
③ 보건복지부령
④ 식품의약품안전처령
⑤ 조례

해설
화장품법 제4조의2(영유아 또는 어린이 사용 화장품의 관리) 제1항에 따른 영유아 또는 어린이의 연령 및 표시·광고의 범위, 제품별 안전성 자료의 작성 범위 및 보관 기간 등과 제2항에 따른 실태조사 및 계획 수립의 범위, 시기, 절차 등에 필요한 사항은 총리령으로 정한다.

09 다음 (   ) 안에 들어갈 숫자는?

화장품을 회수하거나 회수하는 데에 필요한 조치를 하려는 화장품제조업자 또는 화장품 책임판매업자(회수의무자)는 해당 화장품에 대하여 즉시 판매중지 등의 필요한 조치를 하여야 하고 회수대상 화장품이라는 사실을 안 날부터 (   )일 이내에 회수계획서를 지방식품의약품안전청장에게 제출하여야 한다.

정답 05 맞춤형화장품 06 ③ 07 ② 08 ② 09 5

해설

화장품법 시행규칙 제14조의 3(위해화장품의 회수계획 및 회수절차 등) ① 법 제5조의2제1항에 따라 화장품을 회수하거나 회수하는 데에 필요한 조치를 하려는 화장품제조업자 또는 화장품책임판매업자(이하 "회수의무자"라 한다)는 해당 화장품에 대하여 즉시 판매중지 등의 필요한 조치를 하여야 하고, 회수대상화장품이라는 사실을 안 날부터 5일 이내에 별지 제10호의2서식의 회수계획서에 다음 각 호의 서류를 첨부하여 지방식품의약품안전청장에게 제출하여야 한다.

10 책임판매관리자 및 맞춤형 화장품 조제관리사는 화장품의 안전성 확보 및 품질관리에 관한 교육을 매년 받지 않았을 때의 벌칙은?

① 10억 이하의 과징금
② 3년 이하의 징역 또는 3천만 원 이하의 벌금
③ 1년 이하의 징역 또는 1천만 원 이하의 벌금
④ 200만 원 이하의 벌금
⑤ 100만 원 이하의 과태료

11 화장품법의 목적에 관한 설명 중 옳은 것은?

① 화장품의 수입 · 판매 및 수출 등에 관한 사항을 규정함으로써 국민보건향상과 화장품 산업의 발전에 기여함을 목적으로 한다.
② 화장품의 제조 · 수입 및 수출 등에 관한 사항을 규정함으로써 국민보건향상과 화장품 산업의 발전에 기여함을 목적으로 한다.
③ 화장품의 제조 · 수입 · 판매 및 수출 등에 관한 사항을 규정함으로써 국민보건향상과 화장품 산업의 발전에 기여함을 목적으로 한다.
④ 화장품의 제조 · 수입 · 판매 관한 사항을 규정함으로써 국민보건향상과 화장품 산업의 발전에 기여함을 목적으로 한다.
⑤ 화장품의 제조 · 판매 및 수출 등에 관한 사항을 규정함으로써 국민보건향상과 화장품 산업의 발전에 기여함을 목적으로 한다.

해설

화장품법 제1조(목적) 이 법은 화장품의 제조 · 수입 · 판매 및 수출 등에 관한 사항을 규정함으로써 국민보건 향상과 화장품 산업의 발전에 기여함을 목적으로 한다.

12 다음 설명 중 틀린 것은?

① "사용기한"이란 화장품이 제조된 날부터 적절한 보관 상태에서 제품이 고유의 특성을 간직한 채 소비자가 안정적으로 사용할 수 있는 최소한의 기한을 말한다.
② "맞춤형화장품판매업"이란 맞춤형 화장품을 판매하는 영업을 말한다.
③ "2차 포장"이란 1차 포장을 수용하는 2개 또는 그 이상의 포장과 보호재 및 표시의 목적으로 한 포장(첨부문서 등을 포함한다)을 말한다.
④ "표시"란 화장품의 용기 · 포장에 기재하는 문자 · 숫자 · 도형 또는 그림 등을 말한다.
⑤ "광고"란 라디오, 텔레비전, 신문, 잡지, 음성, 음향, 영상, 인터넷, 인쇄물, 간판, 그 밖의 방법에 의하여 화장품에 대한 정보를 나타내거나 알리는 행위를 말한다.

13 제조 또는 수입된 화장품의 내용물을 소분한 화장품을 무엇이라고 하는가?

① 유기농 화장품　② 맞춤형 화장품
③ 천연 화장품　④ 기능성 화장품
⑤ 특수 화장품

14 맞춤형 화장품 판매업의 신고는 누구한테 하는가?

① 대통령
② 국무총리
③ 식품의약품안전처장
④ 시 · 도지사
⑤ 시 · 구 · 군

정답 10 ⑤ 11 ③ 12 ③ 13 ② 14 ③

15. 화장품의 부당한 표시 · 광고 행위 등의 금지에 관한 내용 중 틀린 것은?

① 의약품으로 잘못 인식할 우려가 있는 표시 또는 광고 를 해서는 안 된다.
② 기능성 화장품이 아닌 화장품을 기능성 화장품으로 잘못 인식할 우려가 있거나 기능성 화장품의 안전성 · 유효성에 관한 심사결과와 다른 내용의 표시 또는 광고 를 해서는 안 된다.
③ 천연화장품 또는 유기농 화장품이 아닌 화장품을 천연화장품 또는 유기농 화장품으로 잘못 인식할 우려가 있는 표시 또는 광고를 해서는 안 된다.
④ 사실과 다르게 소비자를 속이거나 소비자가 잘못 인식하도록 할 우려가 있는 표시 또는 광고를 해서는 안 된다.
⑤ 표시 · 광고의 범위와 그 밖에 필요한 사항은 대통령령으로 정한다.

16. 다음 〈보기〉는 화장품법 시행규칙 제18조 1항에 따른 안전용기 · 포장을 사용하여야 할 품목에 대한 설명이다. 괄호에 들어갈 알맞은 성분의 종류를 작성하시오.

〈보기〉
ㄱ. 아세톤을 함유하는 네일 에나멜 리무버 및 네일 폴리시 리무버 ㄴ. 개별 포장당 메틸 살리실레이트를 5% 이상 함유하는 액체상태의 제품 ㄷ. 어린이용 오일 등 개별포장 당 (　　　)류를 10% 이상 함유하고 운동점도가 21 센티스톡스(섭씨 40도 기준) 이하인 비에멀젼 타입의 액체상태의 제품

17 화장품 국문라벨 표시사항에서 10ml 이하 용기에서 나타낼 필요가 없는 것은?

① 제품명　② 책임판매업자
③ 제조번호　④ 바코드
⑤ 소비자가격

해설
기재 · 표시항목: 화장품의 명칭, 화장품책임판매업자의 상호, 가격, 제조번호와 사용기한 또는 개봉 후 사용기간(화장품법 시행규칙 제19조)

18 다음 중 개인정보보호법에 근거한 고객 정보 입력 방법이 아닌 것은?

① 개인정보란 살아있는 개인에 관한 정보를 말한다.
② 민감정보란 정치적 견해, 건강, 성생활 등에 관한 정보 등 개인의 사생활을 현저히 침해할 우려가 있는 개인정보를 말한다.
③ 맞춤형 화장품 조제를 위해 고객의 피부유형과 질병에 대한 정보는 동의없이 기록할 수 있다.
④ 개인정보의 수집 이용 및 제3자 제공에 대한 동의 거부 시 불이익에 대한 내용을 고지한다.
⑤ 개인정보 보유기간을 명시한다.

19 다음은 화장품의 안전용기 · 포장 등에 관한 내용이다. (　　　) 안에 들어갈 알맞은 내용은?

맞춤형 화장품 판매업자는 화장품을 판매할 때에는 안전용기 · 포장을 사용하여야 할 품목 및 용기 · 포장의 기준 등에 관하여는 (　　　)으로 정한다.

20 다음 중 화장품에 해당되지 않는 것은?

① 향수　② 고체 세안 비누
③ 염모제　④ 구강세정제
⑤ 데오도란트

해설
구강세정제는 의약외품이다.

정답 15 ⑤　16 **탄화수소**　17 ④　18 ③　19 **총리령**　20 ④

21 맞춤형 화장품의 내용물 및 원료에 대한 품질검사 결과를 확인해 볼 수 있는 서류로 옳은 것은?

① 품질규격서 ② 칭량지시서
③ 포장지시서 ④ 품질성적서
⑤ 제조공정도

해설
맞춤형화장품의 내용물과 원료에 대한 품질검사결과를 확인해 볼 수 있는 서류는 품질성적서이다.

22 다음이 설명하는 것은 무엇인가?

가. 제조 또는 수입된 화장품의 내용물에 다른 화장품의 내용물이나 식품의약품안전처장이 정하는 원료를 추가하여 혼합한 화장품
나. 제조 또는 수입된 화장품의 내용물을 소분(小分)한 화장품

23 동식물 및 그 유래 원료 등을 함유한 화장품으로서 식품의약품안전처장이 정하는 기준에 맞는 화장품을 무엇이라고 하는가?

① 유기농 화장품 ② 맞춤형 화장품
③ 천연화장품 ④ 기능성 화장품
⑤ 특수화장품

해설
화장품법 제2조(정의) 2의2. "천연화장품"이란 동식물 및 그 유래 원료 등을 함유한 화장품으로서 식품의약품안전처장이 정하는 기준에 맞는 화장품을 말한다.

24 다음 중에서 기능성 화장품이 아닌 것은?

① 미백에 도움을 주는 제품
② 주름 개선에 도움을 주는 제품
③ 모발 염색에 도움을 주는 제품
④ 자외선 차단에 도움을 주는 제품
⑤ 화장품의 향료에 사용하는 제품

해설
기능성 화장품이란 화장품 중에서 다음 각 목의 어느 하나에 해당되는 것으로서 총리령으로 정하는 화장품을 말한다.
피부의 미백에 도움을 주는 제품, 피부의 주름 개선에 도움을 주는 제품, 피부를 곱게 태워주거나 자외선으로부터 피부를 보호하는 데에 도움을 주는 제품, 모발의 색상 변화 · 제거 또는 영양공급에 도움을 주는 제품, 피부나 모발의 기능 약화로 인한 건조함, 갈라짐, 빠짐, 각질화 등을 방지하거나 개선하는 데에 도움을 주는 제품

25 안전용기 · 포장이란 무엇을 말하는가?

① 만 3세 미만의 어린이가 개봉하기 어렵게 설계 · 고안된 용기나 포장을 말한다.
② 만 4세 미만의 어린이가 개봉하기 어렵게 설계 · 고안된 용기나 포장을 말한다.
③ 만 5세 미만의 어린이가 개봉하기 어렵게 설계 · 고안된 용기나 포장을 말한다.
④ 만 6세 미만의 어린이가 개봉하기 어렵게 설계 · 고안된 용기나 포장을 말한다.
⑤ 만 7세 미만의 어린이가 개봉하기 어렵게 설계 · 고안된 용기나 포장을 말한다.

해설
화장품법 제2조(정의) 4. "안전용기 · 포장"이란 만 5세 미만의 어린이가 개봉하기 어렵게 설계 · 고안된 용기나 포장을 말한다.

26 화장품 제조 시 내용물과 직접 접촉하는 포장용기를 말하는 것은 무엇인가?

① 1차 포장 ② 2차 포장
③ 3차 포장 ④ 표시
⑤ 광고

해설
화장품법 제2조(정의) 6. "1차 포장"이란 화장품 제조 시 내용물과 직접 접촉하는 포장용기를 말한다.

정답 21 ④ 22 **맞춤형화장품** 23 ③ 24 ⑤ 25 ③ 26 ①

27 표시란 화장품의 용기 · 포장에 기재하는 것 중 아닌 것은?

① 문자 ② 숫자
③ 도형 ④ 그림
⑤ 알파벳

해설
화장품법 제2조(정의) "표시"란 화장품의 용기 · 포장에 기재하는 문자 · 숫자 또는 도형을 말한다.

28 다음은 무엇을 말하는지 작성하시오.

취급하는 화장품의 품질 및 안전 등을 관리하면서 이를 유통 · 판매하거나 수입대행형 거래를 목적으로 알선 · 수여(授與)하는 영업을 말한다.

해설
화장품법 제2조(정의) 11. "화장품책임판매업"이란 취급하는 화장품의 품질 및 안전 등을 관리하면서 이를 유통 · 판매하거나 수입대행형 거래를 목적으로 알선 · 수여(授與)하는 영업을 말한다.

29 기능성 화장품 심사에 관한 규정으로 피부를 곱게 태워주거나 자외선으로부터 피부를 보호하는 데 도움을 주는 제품의 성분이 아닌 것은?

① 징크옥사이드
② 부틸메톡시디벤조일메탄
③ 페녹시에탄올
④ 벤조페논-9
⑤ 에칠헥실메톡시신나메이트

해설
페녹시에탄올은 보존제이다.

30 일반적인 화장품의 사용방법으로 틀린 것은?

① 화장품은 서늘한 곳에 보관한다.
② 화장품 사용 후 뚜껑을 바르게 닫는다.
③ 변질된 제품은 사용하지 않는다.
④ 사용기한 내에 화장품을 사용하고 사용기한이 조금 경과한 제품은 사용해도 좋다.
⑤ 화장에 사용되는 도구는 항상 중성세제로 깨끗하게 사용한다.

해설
화장품의 사용방법은 다음과 같다.
- 화장품 사용 시에는 깨끗한 손으로 사용 후 항상 뚜껑을 바르게 닫는다.
- 화장에 사용되는 도구는 항상 깨끗하게 사용한다(중성세제 사용).
- 여러 사람이 함께 화장품을 사용하면 감염, 오염의 위험성이 있다.
- 화장품은 서늘한 곳에 보관한다.
- 변질된 제품은 사용하지 않는다.
- 사용기한 내에 화장품을 사용하고 사용기한이 경과한 제품은 사용하지 않는다.

31 맞춤형화장품 매장에 근무하는 조제관리사에게 향료 알레르기가 있는 고객이 제품에 대해 문의를 해왔다. 조제관리사가 제품에 부착된 다음 설명서를 참조하여 고객에게 안내해야 할 말로 가장 적절한 것은?

제품명 : 유기농 모이스춰로션 제품의 유형 : 액상 에멀전류 내용량 : 50g 전성분 : 정제수, 1,3부틸렌글리콜, 글리세린, 스쿠알란, 호호바유, 모노스테아린산글리세린, 피이지 소르비탄지방산에스터, 1,2헥산디올, 녹차추출물, 황금추출물, 참나무이끼추출물, 토코페롤, 진탄검, 구연산나트륨, 수산화칼륨, 벤질알코올, 유제놀, 리모넨

① 이 제품은 알레르기를 유발할 수 있는 성분이 포함되어 사용 시 주의를 요합니다.
② 이 제품은 유기농 화장품으로 알레르기 반응을 일으키지 않습니다.

정답 27 ⑤ 28 **화장품 책임 판매업** 29 ③ 30 ④ 31 ①

③ 이 제품은 조제관리사가 조제한 제품이어서 알레르기 반응을 일으키지 않습니다.
④ 이 제품은 알레르기 완화 물질이 첨가되어 있어 알레르기 체질 개선에 효과가 있습니다.
⑤ 이 제품은 알레르기 면역성이 있어 반복해서 사용하면 환화될 수 있습니다.

> **해설**
> 참나무이끼추출물, 벤질알코올, 유제놀, 리모넨 등은 알레르기 유발성분이다.

32 기능성 화장품 심사에 관한 규정으로 피부의 미백에 도움을 주는 성분이 아닌 것은?

① 나이아신아마이드(Niacinamide)
② 닥나무추출물(Broussonetia Extract)
③ 아스코빌글루코사이드(Ascobyl Glucoside)
④ 알부틴(Arbutin)
⑤ 레티닐팔미테이트(Retinyl Palmitate)

> **해설**
> 레티닐팔미테이트(Retinyl Palmitate)는 주름개선 기능성원료이다.

33 다음 (　　) 안에 들어갈 단어를 적으시오.

> 위해평가란 화장품에 존재하는 위해요소로부터 인체가 노출되었을 때 발생 가능한 유해 영향과 발생 확률을 과학적으로 예측하는 과정으로 4단계인 (㉠), 위험성 결정, (㉡), 그리고 위해도 결정의 단계에 따라 수행된다.

34 다음 중 사용할 수 없는 원료가 아닌 것은?

① 갈라민트리에치오다이드
② 갈란타민
③ 소듐하이알루로네이트
④ 구아네티딘 및 그 염류
⑤ 글루코코르티코이드

> **해설**
> 소듐하이알루로네이트는 고분자보습제로 피부를 매끄럽게 하고 피부결을 정돈해 준다.
> 화장수, 크림, 로션, 에센스, 립스틱, 샴푸, 헤어린스 등에 사용된다.

35 자외선 차단성분 중 사용상의 제한이 필요한 것은?

① 티타늄디옥사이드
② 페녹시에탄올
③ 클로로부탄올
④ 클로페네신
⑤ 소듐라우로일사코시네이트

> **해설**
> 티타늄디옥사이드는 자외선 차단제로 사용 한도 25%이다.

36 염모제 중 사용상의 제한이 필요한 것은?

① *m*-아미노페놀
② 호모살레이트
③ 페녹시에탄올
④ 클로로부탄올
⑤ 소듐라우로일사코시네이트

> **해설**
> m-아미노페놀은 염모제로 사용할 때 농도상한이 산화염모제에 2.0%이다.

PART 5 실전모의고사

정답 32 ⑤　33 ㉠ **위험성 확인** ㉡ **노출평가**　34 ③　35 ①　36 ①

37 다음 (　　　) 안에 들어갈 알맞은 말은?

> 제품의 변색방지를 목적으로 그 사용농도가 (　　　)% 미만인 것은 자외선 차단 제품으로 인정하지 아니한다.

해설
자외선 차단성분은 제품의 변색방지를 목적으로 그 사용농도가 0.5% 미만인 것은 자외선 차단 제품으로 인정하지 아니한다.

38 다음 (　　　) 안에 들어갈 알맞은 말은?

> 만수국아재비꽃 추출물 또는 오일의 사용한도는 사용 후 씻어내는 제품에 (　　　)%, 사용 후 씻어내지 않는 제품에 (　　　)%이다.

① 0.1, 0.1　② 0.1, 0.01
③ 0.01, 0.1　④ 0.01, 0.01
⑤ 0.1, 0.2

해설
만수국아재비꽃 추출물 또는 오일의 사용한도는 사용 후 씻어내는 제품에 0.1%,
사용 후 씻어내지 않는 제품에 0.01%

39 착향제의 구성 성분 중 알레르기 유발성분이 아닌 것은?

① 아밀신남알　② 벤질알코올
③ 시트랄　④ 구아검
⑤ 유제놀

해설
구아검은 고분자 화합물로 천연고분자에 해당된다.

40 착향제의 구성 성분 중 알레르기 유발성분을 모두 고르시오.

① 쿠마린　② 제라니올
③ 벤질벤조에이트　④ 리모넨
⑤ 참나무이끼추출물

해설
착향제(향료) 성분 중 알레르기 유발물질

번호	향료 성분	번호	향료 성분	번호	향료 성분
1	쿠마린	10	벤질살리실레이트	19	시트로넬롤
2	아밀신남알	11	신남알	20	헥실신남알
3	벤질알코올	12	제라니올	21	리모넨
4	신나밀알코올	13	아니스에탄올	22	메칠2-옥티노에이트
5	시트랄	14	벤질신나메이트	23	알파-이소메칠이오논
6	유제놀	15	파네솔	24	참나무이끼추출물
7	하이드록시시트로넬알	16	부틸페닐메칠프로피오날	25	나무이끼추출물
8	이소유제놀	17	리날룰		
9	아밀신나밀알코올	18	벤질벤조에이트		

41 작업장의 청소를 위한 도구의 설명으로 올바르지 않은 것은?

① 진공청소기 : 작업소의 바닥 및 작업대, 기계 등의 먼지 등을 제거하는데 사용한다.
② 세척솔 : 바닥의 이물질, 먼지 등을 제거하는데 사용한다.
③ 브러쉬 : 기계, 기구 류에 붙은 것을 제거하는데 사용한다.
④ 위생수건(부직포) : 작업소별 기계, 유리, 작업대, 기타 구조물, 손에 묻어 있는 물기나 먼지 등을 제거하는데 사용한다.
⑤ 걸레 : 작업소 및 보관소의 바닥, 기타 부속 시설 등의 이물 등을 제거하는데 사용한다.

해설
손에 묻은 물기는 핸드 드라이어를 사용하여 제거한다.

42 방문객과 훈련받지 않은 직원이 제조, 관리 보관구역으로 들어가면 안내자와 반드시 동행한다. 그들이 제조, 관리, 보관구역으로 들어간 것을 반드시 기록서에 기록하는데 이때 기록서에 기록하는 것이 아닌 것은?

① 소속　② 성명
③ 성별　④ 방문 목적
⑤ 입·퇴장 시간

정답 37 0.5　38 ②　39 ④　40 ①②③④⑤　41 ④　42 ③

해설
제조, 관리, 보관구역으로 들어간 것을 반드시 기록서에 기록한다. 그들의 소속, 성명, 방문목적과 입·퇴장 시간 및 자사 동행자의 기록이 필요하다.

43 위생상태 판정법의 설명으로 올바르지 않은 것은?

① 육안 확인 : 장소는 미리 정해 놓고 판정결과를 기록서에 기재
② 린스액의 화학분석 : 상대적으로 복잡한 방법이지만, 수치로서 결과를 확인 가능
③ 천으로 문질러 부착물로 확인 : 흰 천이나 검은 천으로 설비 내부의 표면을 닦아내고 천 표면의 잔류물 유무로 세척 결과를 판정
④ 린스액의 화학분석 : HPLC법, 박층크로마토그래피(TLC), TOC(총유기탄소), UV
⑤ 육안 확인 : 흰 천이나 검은 천으로 설비 내부의 표면을 닦아내고 천 표면의 잔류물 유무로 세척 결과를 판정

해설
천으로 문질러 부착물로 확인하는 방법이다.

44 다음 〈보기〉에서 맞춤형화장품 조제에 필요한 원료 및 내용물 관리로 적절한 것을 모두 고르면?

〈보기〉
ㄱ. 내용물 및 원료의 제조번호를 확인한다.
ㄴ. 내용물 및 원료의 입고 시 품질관리 여부를 확인한다.
ㄷ. 내용물 및 원료의 사용기한 또는 개봉 후 사용기한을 확인한다.
ㄹ. 내용물 및 원료 정보는 기밀이므로 소비자에게 설명하지 않을 수 있다.
ㅁ. 책임판매업자와 계약한 사항과 별도로 내용물 및 원료의 비율을 다르게 할 수 있다.

① ㄱ, ㄴ, ㄷ ② ㄱ, ㄴ, ㄹ
③ ㄱ, ㄷ, ㅁ ④ ㄴ, ㅁ, ㄹ
⑤ ㄷ, ㅁ, ㄹ

해설
알러지 유발 성분은 소비자에게 반드시 설명해야 하며, 책임판매업자와 계약한 사항을 준수해야 한다.

45 설비 세척의 원칙으로 올바른 것은?

① 가능한 한 세제를 사용하여 오염물을 제거하는 것이 좋다.
② 증기 세척은 좋지 않은 방법이다.
③ 위험성이 없는 용제(물이 최적)로 세척한다.
④ 브러시 등으로 문질러 지우는 것은 절대 금한다.
⑤ 세척의 유효기간을 설정하지 않아도 상관없다.

해설
설비 세척의 원칙은 세제를 사용하지 않는 것이 좋고, 증기 세척은 좋은 방법이다. 브러시를 이용하는 것도 고려하며 세제의 유효기간을 설정해야 한다.

46 화장품안전기준 등에 관한 규정에 따른 영양크림 제품의 미생물 한도시험기준은 무엇인가?

① 총호기성생균수 50개/g(ml) 이하
② 총호기성생균수 100개/g(ml) 이하
③ 총호기성생균수 500개/g(ml) 이하
④ 총호기성생균수 1000개/g(ml) 이하
⑤ 비검출되어야 한다.

해설
총호기성생균수는 영·유아용 제품류 및 눈화장용 제품류의 경우 500개/g(mL)이하, 물휴지의 경우 세균 및 진균수는 각각 100개/g(mL) 이하, 기타 화장품의 경우 1,000개/g(mL) 이하이다.

정답 43 ⑤ 44 ① 45 ③ 46 ④

47 원료와 자재의 보관관리 방법으로 적당하지 않은 것은?

① 보관소의 공간확보를 위해 벽에 가급적 붙여서 보관한다.
② 햇빛이 노출되도록 창문은 차광하지 않는다.
③ 원료의 보관소 온도는 상온으로 한다.
④ 바닥에 적재하지 않고 파렛트 위에 보관한다.
⑤ 천정 주위의 대들보, 파이프, 덕트 등은 노출이 잘되도록 설계하여 청소가 용이하도록 한다.

해설
바닥 및 내벽과 10cm 이상, 외벽과 30cm 이상 간격을 두고 적재한다.

48 화장품을 제조하면서 다음 각 호의 물질을 인위적으로 첨가하지 않았으나, 제조 또는 보관 과정 중 포장재로부터 이행되는 등 비의도적으로 유래된 사실이 객관적인 자료로 확인되고 기술적으로 완전한 제거가 불가능한 경우 해당 물질의 검출 허용 한도가 올바른 것은?

① 납 : 점토를 원료로 사용한 분말제품은 100㎍/g이하, 그 밖의 제품은 50㎍/g이하
② 비소 : 20㎍/g이하
③ 수은 : 1㎍/g이하
④ 안티몬 : 20㎍/g이하
⑤ 카드뮴 : 1㎍/g이하

해설
납 : 점토를 원료로 사용한 분말제품은 50㎍/g이하, 그 밖의 제품은 20㎍/g이하, 비소 : 10㎍/g이하, 안티몬 : 10㎍/g이하, 카드뮴 : 5㎍/g이하이다.

49 포장재의 보관방법으로 올바르지 않은 것은?

① 누구나 명확히 구분할 수 있게 혼동될 염려가 없도록 구분하여 보관한다.
② 보관장소는 항상 청결하여야 하며, 정리 · 정돈이 되어 있어야 하고, 출고 시에는 선입 · 선출을 원칙으로 한다.
③ 방서 · 방충 시설을 갖춘 곳에서 보관한다.
④ 직사광선, 습기, 발열체를 피하여 보관한다.
⑤ 보관 기한은 따로 정하지 않아도 된다.

해설
보관 기한을 정해야 한다. 재평가 시스템을 통해 보관 기간이 경과한 경우 사용하지 않도록 한다.

50 우수화장품 제조 및 품질관리기준(CGMP)에서 정의하는 용어의 정의가 올바르지 않은 것은?

① "제조"란 원료 물질의 칭량부터 혼합, 충전(1차포장), 2차포장 및 표시 등의 일련의 작업을 말한다.
② "일탈"이란 제조 또는 품질관리 활동 등의 미리 정하여진 기준을 벗어나 이루어진 행위를 말한다.
③ "원료"란 벌크 제품의 제조에 투입하거나 포함되는 물질을 말한다.
④ "오염"이란 제품에서 화학적, 물리적, 미생물학적 문제 또는 이들이 조합되어 나타내는 바람직하지 않은 문제의 발생을 말한다.
⑤ "소독"이란 화학적인 방법, 기계적인 방법, 온도, 적용시간과 이러한 복합된 요인에 의해 청정도를 유지하고 일반적으로 표면에서 눈에 보이는 먼지를 분리, 제거하여 외관을 유지하는 모든 작업을 말한다.

해설
⑤ 청소에 대한 정의이다.

51 작업장의 위생을 위하여 청소할 때 사용되는 일반적인 소독제는?

① 100% 에탄올 ② 90% 에탄올
③ 80% 에탄올 ④ 70% 에탄올
⑤ 60% 에탄올

정답 47 ④ 48 ③ 49 ⑤ 50 ⑤ 51 ④

해설
70% 에탄올의 소독력이 가장 좋다.

52 개인위생 준수사항으로 올바르지 않은 것은?
① 자주 목욕을 하여 항상 몸을 청결히 유지한다.
② 작업모는 반드시 머리카락이 빠져 나오지 않도록 착용한다.
③ 손톱은 항상 단정하게 관리한다.
④ 방진복, 방진모, 방진마스크, 방진화만 착용해서 피부가 직접 제품에 닿지 않도록 하여야 한다.
⑤ 방진복, 방진모, 방진마스크, 방진화, 장갑을 반드시 착용한다.

해설
장갑도 착용하여 피부가 직접 제품에 닿지 않도록 하여야 한다.

53 가장 우선순위가 높은 세척 후 판정방법은?
① HPLC법
② 육안 확인
③ UV
④ 린스액의 화학분석
⑤ 천으로 문질러 부착물로 확인

해설
육안판정, 닦아내기 판정, 린스 정량이 우선순위의 순서이다.

54 내용물 및 원료의 보관방법으로 올바른 것은?
① 여름에는 고온 · 다습하지 않도록 반드시 냉장시설에 보관하여 유지 관리하여야 한다.
② 바닥 및 내벽과 10cm 이상, 외벽과 30cm 이상 간격을 두고 적재한다.
③ 원료의 출고 시 선입선출을 반드시 지킬 필요는 없다.
④ 나중에 입고된 물품이 사용(유효)기한이 짧은 경우 먼저 입고된 물품보다 먼저 출고할 수 없다.
⑤ 원료창고 담당자는 매분기 정기적으로 원료의 입출고 내역 및 재고조사를 통하여 재고관리를 해야 한다.

해설
• 보관장소는 원료에 따라 다르며, 출고는 반드시 선입선출이 원칙이다.
• 유효기간이 짧으면 나중에 입고 되었어도 먼저 선출할 수 있으며, 재고조사는 매월 실시한다.

55 다음 ( ) 안에 들어갈 적당한 답을 쓰시오.

> 포장재공급 담당자는 생산계획에 따라 자재를 공급하되, 적합 라벨이 부착되었는지를 확인하고 ( )의 원칙에 따라 공급한다.

56 미세플라스틱은 세정, 각질제거 등의 제품에 사용할 수 없는 ( )mm 크기 이하의 고체플라스틱이다. ( ) 안에 맞는 내용은?
① 1 ② 3
③ 5 ④ 7
⑤ 10

해설
5mm 이하의 고체플라스틱을 미세플라스틱이라고 한다.

정답 52 ④ 53 ② 54 ② 55 **선입 · 선출** 56 ③

PART 5 실전모의고사

57 청소, 소독 시 유의사항으로 올바르지 않은 것은?

① 청소, 소독 시는 눈에 보이지 않는 곳, 하기 힘든 곳 등에 특히 유의하여 세밀하게 진행한다.
② 청소 도구는 사용 후 세척하여 건조 또는 필요 시 소독하여 오염원이 되지 않도록 한다.
③ 물청소 후에는 물기의 제거를 위하여 자연 건조 시킨다.
④ 소독 시에는 기계, 기구류, 내용물 등에 절대 오염이 되지 않도록 한다.
⑤ 청소 수 그 상태를 필히 재확인하여 이상이 없도록 한다.

해설
물청소 후에는 물기를 완전히 제거한다.

58 유통화장품의 안전관리 기준에서 내용량의 기준은 제품 3개를 가지고 시험할 때 그 평균 내용량이 표기량이 그 기준치를 벗어날 경우 몇 개를 더 취하여 시험하는가?

① 2개 ② 4개
③ 6개 ④ 8개
⑤ 10개

해설
제품 3개를 가지고 시험할 때의 기준치를 벗어날 경우 6개를 더 취하여 시험할 때 9개의 평균 내용량이 97% 기준치 이상

59 제품의 포장재질, 포장방법에 관한 기준 등에 관한 규칙에 따른 화장품류 단위 제품의 포장횟수 제한은?

① 1회 ② 2회
③ 3회 ④ 4회
⑤ 5회

해설
단위제품 포장횟수는 2회 이내이어야 하며, 단위제품(단품)의 2차 포장인 카톤(단상자)의 외부를 수분 및 이물의 침투를 방지하기 위하여 비닐 포장을 하는데 이는 포장횟수에 포함되지 않으며, 화장품을 담는 파우치, 케이스는 포장횟수에 포함된다.

60 설비 · 기구의 구성 재질로 맞는 것은?

① 탱크 – 플라스틱
② 혼합과 교반 장치 – 유리
③ 호스 – 폴리에칠렌
④ 필터, 여과기, 체 – 유리로 안을 댄 강화유리섬유
⑤ 제품 충전기 – 윤활제

해설
탱크 : 스테인리스스틸(유형번호 304, 316)
유리로 안을 댄 강화유리섬유 폴리에스터와 플라스틱으로 안을 댄 탱크, 혼합과 교반장치 : 내부 패킹과 윤활제, 필터, 여과기, 체 : 스테인리스스틸과 비반응성 섬유, 제품충전기 : 300시리즈 스테인리스 스틸

61 다음 중 맞춤형 화장품조제관리사에 대한 사항 중 설명이 잘못된 것은?

① 맞춤형 화장품 조제관리사가 되려는 사람은 화장품과 원료 등에 대하여 식품의약품안전처장이 실시하는 자격시험에 합격하여야 한다.
② 식품의약품안전처장은 맞춤형 화장품 조제관리사가 거짓이나 그 밖의 부정한 방법으로 시험에 합격한 경우에는 자격을 취소하여야 하며, 자격이 취소된 사람은 취소된 날부터 2년간 자격시험에 응시할 수 없다.
③ 식품의약품안전처장은 자격시험 업무를 효과적으로 수행하기 위하여 필요한 전문인력과 시설을 갖춘 기관을 시험운영기관으로 지정하여 시험업무를 위탁할 수 있다.

정답 57 ③ 58 ③ 59 ② 60 ③ 61 ②

④ 자격시험의 시기, 절차, 방법, 시험과목, 자격증의 발급, 시험운영기관의 지정 등 자격시험에 필요한 사항은 총리령으로 정한다.
⑤ 맞춤형 화장품 조제관리사는 화장품의 안전성 확보 및 품질관리에 관한 교육을 매년 받아야 한다.

해설
식품의약품안전처장은 맞춤형 화장품 조제관리사가 거짓이나 그 밖의 부정한 방법으로 시험에 합격한 경우에는 자격을 취소하여야 하며, 자격이 취소된 사람은 취소된 날부터 3년간 자격시험에 응시할 수 없다.

62 표피 중 각질층의 주성분이 아닌 것은?

① 케라틴 단백질 ② 콜라겐
③ 천연보습인자 ④ 지질
⑤ 세라마이드

해설
표피의 주성분으로는 케라틴 단백질 58%, 각질세포 간 지질 11%, 천연보습인자 38%를 함유하고 있다.
콜라겐
피부의 결합조직을 구성하는 주요성분으로 진피 성분의 90%를 차지하고 있다.

63 피부의 기능에 대한 설명으로 틀린 것은?

① 인체 내부 기관을 보호한다.
② 체온조절을 한다.
③ 감각을 느끼게 한다.
④ 비타민 B를 생성한다.
⑤ 체내의 노폐물을 배출한다.

해설
피부의 기능
① 보호, 방어의 기능(표피층) : 세균침입으로부터 보호, 충격, 마찰로부터 방어
② 감각, 지각 기능(진피층) : 온각, 통각, 냉각, 압각
③ 체온 조절의 기능 : 땀분비, 혈관확장과 수축

64 다음 피부타입은 어떤 피부타입인가?

- 각질층의 피부가 두껍고 피부결이 곱지 않다.
- 투명감이 없고 화장이 잘 지워지며 시간이 지나면 칙칙해 보인다.
- 여드름 피부로 전환되기 쉽다.

65 다음 중에서 기능성 화장품이 아닌 것은?

① 미백에 도움을 주는 제품
② 주름 개선에 도움을 주는 제품
③ 모발 염색에 도움을 주는 제품
④ 자외선 차단에 도움을 주는 제품
⑤ 적외선으로부터 피부를 보호하는 데 도움을 주는 제품

66 맞춤형화장품 조제관리사인 소영은 매장을 방문한 고객과 다음과 같은 〈대화〉를 나누었다. 소영이가 고객에게 혼합하여 추천할 제품으로 다음 〈보기〉 중 옳은 것을 모두 고르면?

고객 : 최근에 야외활동을 많이 해서 그런지 얼굴 피부가 검어지고 칙칙해졌어요. 건조하기로 하구요.
소영 : 아, 그러신가요? 그럼 고객님 피부 상태를 측정해 보도록 할까요?
고객 : 그럴까요? 지난번 방문 시와 비교해 주시면 좋겠네요.
소영 : 네. 이쪽에 앉으시면 저희 측정기로 측정을 해드리겠습니다.

피부측정 후
소영 : 고객님은 1달 전 측정 시보다 얼굴에 색소 침착도가 20% 가량 높아져 있고 피부 보습도도 25% 가량 많이 낮아져 있군요.
고객 : 음. 걱정이네요. 그럼 어떤 제품을 쓴 것이 좋을지 추천 부탁드려요.

정답 62 ② 63 ④ 64 **지성 피부** 65 ⑤ 66 ③

〈보기〉
㉠ 티타늄디옥사이드(Titanium Dioxide) 함유 제품
㉡ 나이아신아마이드(Niacinamide)
㉢ 카페인(Caffeine) 함유 제품
㉣ 소듐하이알루로네이트(Sodium Hyaluronate) 함유제품
㉤ 아데노신(Adenosine)함유제품

① ㄱ, ㄷ ② ㄱ, ㅁ
③ ㄴ, ㄹ ④ ㄴ, ㅁ
⑤ ㄷ, ㄹ

해설
나이아신아마이드(미백기능 우수)
소듐하이알루로네이트 = 히알루론산(보습제)

67 다음 ( )에 들어갈 적절한 말을 쓰시오.

맞춤형화장품판매업을 신고한 자는 총리령으로 정하는 바에 따라 ( )를 두어야 한다.

68 다음 중에서 사용할 수 없는 원료는?

① 트리클로산
② 카본블랙
③ 알킬트리메칠암모늄 브로마이드
④ 비타민 E
⑤ EGF

해설
• 트리클로산 :항생물질로 방균제, 치약 등에 쓰인다.
• 카본블랙 : 탄소를 원료로 한 흑색 안료 및 이것과 유사한 색상의 흑색 염료를 가리킨다.

69 다음 ( ) 안에 들어갈 숫자는?

식품의약품 안전처장은 맞춤형화장품조제관리사가 거짓이나 그 밖의 부정한 방법으로 시험에 합격한 경우에는 자격을 취소하여야 하며 자격이 취소된 사람은 취소된 날부터 ( )년간 자격시험에 응시할 수 없다.

70 다음 중에서 피부 재생력이 뛰어나 자기 피부의 약 15%가 손상되어도 세포 재생력이 있는 것은?

① 스쿠알란 ② 밍크오일
③ 밀납 ④ 바세린
⑤ 라놀린

71 맞춤형 화장품의 4대요건 중 미생물 오염으로 인한 변질, 변색, 변취 등 시간 경과시 제품에 대해서 변화가 없어야 하는 것은 무엇인가?

72 다음 중에서 피부의 구조의 순서는?

① 표피 – 진피 – 망상조직
② 표피 – 진피 – 피하조직
③ 진피 – 표피 – 피하조직
④ 진피 – 표피 – 유두조직
⑤ 피하조직 – 표피 – 진피

73 다음 중에서 안정성과 관련이 없는 것은?

① 미생물 ② 피부자극
③ 침전 ④ 온도
⑤ 연화

해설
안전성
피부자극성, 알러지 반응, 경구독성, 이물질 혼입 파손 등 독성이 없어야 한다.

정답 67 맞춤형화장품조제관리사 68 ② 69 3 70 ② 71 안정성 72 ② 73 ②

74 다음 중에서 진피의 구성성분이 아닌 것은?

① 머켈세포　② 비만세포
③ 대식세포　④ 섬유아세포
⑤ 교원세포

해설
머켈세포는 기저층에 존재하는 촉각세포이다.

75 다음 중에서 피부의 기능이 아닌 것은?

① 보호기능　② 체온조절기능
③ 흡수기능　④ 지각기능
⑤ 신경기능

해설
피부의 기능에는 보호, 체온조절, 흡수, 재생, 지각기능 등이 있다.

76 다음 중에서 모발에 대한 설명으로 적합하지 않은 것은?

① 모발의 무게에서 가장 많은 무게를 차지하는 것은 모피질이다.
② 검정색과 갈색을 나타내는 것은 유멜라닌이다.
③ 두피의 모낭의 수는 대략 10만개이다.
④ 모발의 바깥쪽은 모표피(Cuticle)은 케라틴이 주성분이다.
⑤ 모간부에는 모구, 모유두, 입모근 등이 존재한다.

해설
• 모간부 : 모표피, 모피질, 모수질
• 모근부 : 모구, 모유두, 입모근, 피지선 등이 있다.

77 다음 화장품 원료 중에서 사용 한도가 정해진 원료가 아닌 것은?

① 만수국꽃 추출물
② 만수국아재비꽃 추출물
③ 천수국꽃 추출물
④ 하이드롤라이즈드밀단백질
⑤ 땅콩오일, 추출물 및 유도체

해설
천수국꽃 추출물 또는 오일은 배합금지원료이다.

78 화장품 중 특정 성분이 피부에 부작용과 자극을 유발하는지 미리 알아보고자 하는 방법으로 팔 안쪽이나 등 부위에 실시하는 안정성 테스트는 무엇인가?

해설
첩포시험은 일명 패치테스트로 피부에 부작용을 미리 알아보고자 하는 안정성 테스트방법이다.

79 맞춤형 화장품에 대한 설명으로 올바르지 않은 것은?

① 회수대상 맞춤형화장품으로 알게 되면 신속히 책임판매업자에게 보고하고 회수대상 맞춤형화장품을 구입한 소비자에게 적극적을 회수 조치를 취한다.
② 맞춤형화장품 판매 시 해당 맞춤형화장품의 혼합 또는 소분에 사용되는 내용물 및 원료, 사용 시의 주의사항에 대하여 소비자에게 설명한다.
③ 맞춤형화장품과 관련하여 안전성정보(부작용 발생 사례를 포함한다)에 대하여 신속히 식품의약품안전처에 보고한다.
④ 맞춤형화장품의 내용물 및 원료의 입고 시 품질관리 여부를 확인하고 책임판매업자가 제공하는 품질성적서를 구비한다.
⑤ 맞춤형화장품 조제관리사는 화장품의 안정성 확보 및 품질관리에 관한 교육을 매년 받아야 한다.

정답　74 ①　75 ⑤　76 ⑤　77 ③　78 **첩포시험**　79 ③

80 책임판매관리자 및 맞춤형화장품조제관리사는 화장품의 안전성 확보 및 품질관리에 관한 교육을 (　　　) 받아야 한다. (　　　) 안에 맞는 내용은?

① 매년　② 2년
③ 3년　④ 4년
⑤ 5년

81 다음 설명은 화장품법 제2조 표시 · 기재 사항에 관한 내용이다. (　　　)에 들어갈 적합한 단어를 쓰시오.

> "표시"란 화장품의 용기 · 포장에 기재하는 (　　) · (　　) 또는 (　　)을 말한다.

82 화장품 가격표시제는 「화장품법」 제11조, 「물가안정에 관한 법률」 제3조의 규정에 의해 화장품을 판매하는 자에게 당해 품목의 실제거래 가격을 표시하도록 함으로써 소비자의 보호와 공정한 거래를 도모함을 목적으로 하는 것을 말한다. 이 고시에서 가격 표시의무자에 해당하지 않는 대상은?

① 책임판매업자
② 소매업자
③ 방문판매업자
④ 통신판매업자
⑤ 다단계판매업자

> **해설**
> 화장품을 일반소비자에게 소매 점포에서 판매하는 경우 소매업자(직매장 포함)가 표시의무자가 된다. 다만, 방문판매, 통신판매, 다단계판매업의 경우 그 판매자가 판매가격을 표시해야한다. 표시의무자 이외의 책임판매업자, 제조업자는 그 판매 가격을 표시하여서는 안 된다.

83 다음 중에서 서로 섞이지 않는 두 액체인 수상재료인 물과 유상재료인 오일을 믹스할 때 한 액체가 다른 액체 속에 미세한 입자 형태로 분산되도록 하는 것을 무엇이라고 하는가?

① 유화　② 가용화
③ 분산　④ 분쇄
⑤ 성형

84 다음 중에서 (　　) 안에 들어갈 숫자는?

> "안정용기 · 포장"이란 만 (　　)세 미만의 어린이가 개봉하기 어렵게 설계 · 고안된 용기나 포장을 말한다.

① 3　② 4
③ 5　④ 6
⑤ 7

85 화장품에서 사용할 수 없는 원료가 아닌 것은?

① 카본블랙　② 포름알데하이드
③ 히드로퀴논　④ 페닐파라벤
⑤ 어성초추출물

86 다음 설명에 해당하는 화장품 제형은 무엇인가?

> (　　　　　)란 원액을 같은 용기 또는 다른 용기에 충전한 분사제(액화기체, 압축기체 등)의 압력을 이용하여 (　　　　) 모양, 포말상 등으로 분출하도록 만든 것을 말한다.

87 다음의 〈보기〉는 맞춤형화장품의 전성분 항목이다. 소비자에게 사용된 성분에 대해 설명하기 위하여 다음 화장품 전성분 표기 중 사용상의 제한이 필요한 보존제에 해당하는 성분을 다음 〈보기〉에서 하나를 골라 작성하시오.

> 〈보기〉
> 정제수, 글리세린, 다이프로필렌글라이콜, 토코페릴아세테이트, 다이메티콘/비닐다이메티콘크로스폴리머, C12-14파레스-3, 페녹시에탄올, 향료

정답 80 ① 81 **문자, 숫자, 도형** 82 ① 83 ① 84 ③ 85 ⑤ 86 **에어로졸제, 안개** 87 **페녹시 에탄올**

88 맞춤형 화장품 판매업자의 준수사항에 대한 설명으로 틀린 것은?

① 맞춤형 화장품 판매내역을 작성 · 보관할 것
② 맞춤형 화장품 판매업소마다 맞춤형 화장품 조제관리사를 둘 것
③ 보건위생상 위해가 없도록 맞춤형 화장품 혼합 · 소분에 필요한 장소, 시설 및 기구를 정기적으로 점검하여 작업에 지장이 없도록 위생적으로 관리 · 유지할 것
④ 판매 중인 맞춤형 화장품이 회수 대상임을 알게 된 경우 신속히 식품의약품안전처장에게 보고하고, 회수대상 맞춤형화장품을 구입한 소비자에게 적극적으로 회수조치를 취할 것
⑤ 맞춤형 화장품의 내용물 및 원료의 입고 시 품질관리 여부를 확인하고 책임판매업자가 제공하는 품질성적서를 구비할 것

해설

화장품법 시행규칙 제12조의2 6항) 판매 중인 맞춤형 화장품이 제14조의2 각 호의 어느 하나에 해당함을 알게 된 경우 신속히 책임판매업자에게 보고하고, 회수대상 맞춤형화장품을 구입한 소비자에게 적극적으로 회수조치를 취할 것

89 일상의 취급 또는 보통 보존상태에서 액상 또는 고형의 이물 또는 수분이 침입하지 않고 내용물을 손실, 풍화, 조해 또는 증발로부터 보호할 수 있는 용기는?

① 밀폐용기 ② 기밀용기
③ 밀봉용기 ④ 일반용기
⑤ 차광용기

90 제품의 포장재질, 포장방법에 관한 기준 등에 관한 규칙 별표1(환경부령)에 따른 화장품류 단위 제품의 포장횟수 제한은?

① 1회 ② 2회
③ 3회 ④ 4회
⑤ 5회

해설

단위제품 포장횟수는 2회 이내이어야 하며, 단위제품의 2차 포장인 카톤(단상자)의 외부를 수분 및 이물의 침투를 방지하기 위한 비닐 포장은 횟수에 포함되지 않고, 화장품을 담는 파우치, 케이스는 포장횟수에 포함된다.

91 다음 중 화장품의 1차 포장에 반드시 표시해야 하는 사항은?

① 가격 ② 내용물의 용량
③ 화장품의 전성분 ④ 제조번호
⑤ 기능성화장품 표시

해설

화장품법 제10조제1항 각 호 외의 부분 본문에도 불구하고 다음 각 호 사항은 1차 포장에 표시하여야 한다.
1. 화장품의 명칭
2. 영업자의 상호
3. 제조번호
4. 사용기한 또는 개봉 후 사용기간

92 다음 중 화장품이 소용량 및 견본품일 경우 기재하지 않아도 되는 사항은?

① 사용기한 ② 가격
③ 내용물의 용량 ④ 영업자의 상호
⑤ 제조번호

해설

화장품법 제10조 제1항 화장품의 1차 포장 또는 2차 포장에는 총리령으로 정하는 바에 따라 다음 각 호의 사항을 기재 · 표시하여야 한다. 다만, 내용량이 소량인 화장품의 포장 등 총리령으로 정하는 포장에는 화장품의 명칭, 화장품책임판매업자 및 맞춤형화장품판매업자의 상호, 가격, 제조번호와 사용기한 또는 개봉 후 사용기간(개봉 후 사용기간을 기재할 경우에는 제조연월일을 병행 표기하여야 한다. 이하 이 조에서 같다) 만을 기재 · 표시할 수 있다.

정답 88 ④ 89 ② 90 ② 91 ④ 92 ③

93 화장품 안전기준 등에서 식약처장이 지정고시를 안 해도 되는 것은?

① 화장품의 제조 등에 사용할 수 없는 원료
② 국민보건 상 위해 우려의 화장품 원료
③ 식약처장은 그 밖에 유통화장품 안전관리 기준을 정하여 고시할 수 있다.
④ 위해평가 완료된 경우, 해당 원료 등을 화장품의 제조에 사용할 수 없는 원료
⑤ 사용상의 제한이 불필요한 원료에 대한 사용기준

94 맞춤형화장품에 혼합 가능한 화장품 원료로 옳은 것은?

① 아데노신
② 라벤더오일
③ 징크피리치온
④ 페녹시에탄올
⑤ 메칠이소치아졸리논

해설

[식약처고시 화장품 안전기준 등에 관한 규정 제5조]에 따라 다음의 원료를 제외한 원료는 맞춤형화장품에 사용할 수 있다.
1) 화장품에 사용할 수 없는 원료
2) 화장품에 사용상의 제한이 필요한 원료
3) 식품의약품안전처장이 고시한 기능성화장품의 효능·효과를 나타내는 원료(다만, 맞춤형화장품판매업자에게 원료를 공급하는 화장품책임판매업자가 「화장품법」 제4조에 따라 해당 원료를 포함하여 기능성화장품에 대한 심사를 받거나 보고서를 제출한 경우는 제외한다)

95 화장품원료규격 및 시험방법 설정을 위한 가이드라인 통칙에서 규정하는 약산성 pH의 범위는?

① 약 3 ~ 약 5　　② 약 9 ~ 약 11
③ 약 3 이하　　④ 약 11 이상
⑤ 약 5 ~ 약 6.5

해설

- pH의 범위 미산성 약 5~약 6.5, 약산성 약 3~약 5, 강산성 약 3 이하
- 미알칼리성 약 7.5~약 9, 약알칼리성 약 9~약 11, 강알칼리성 약 11 이상

96 다음 사용제한 원료의 함량 표기가 틀린 것은?

① 클로로펜 : 0.05%
② 프로피오닉애씨드 및 그 염류 : 0.9%
③ 히드록시벤조모르포린 : 0.1%
④ 디메칠옥사졸리딘 : 0.05%
⑤ p-클로로-m-크레졸 : 0.04%

해설

히드록시벤조모르포린 1.0%

97 다음 설명에 해당하는 용어를 쓰시오

(　　　　　　)는 맞춤형화장품의 혼합 또는 소분에 사용되는 내용물 및 원료의 제조번호와 혼합·소분 기록을 포함하여 맞춤형화장품판매업자가 부여한 번호를 말한다.

98 광선의 투과를 방지하는 용기 또는 투과를 방지하는 포장을 한 용기를 무엇이라고 하는가?

① 밀폐용기　　② 기밀용기
③ 밀봉용기　　④ 차광용기
⑤ 일반용기

정답 93 ⑤　94 ②　95 ①　96 ③　97 **식별번호**　98 ④

99 다음 〈보기〉는 맞춤형화장품에 관한 설명이다. 〈보기〉에서 ㉠, ㉡에 해당하는 적합한 단어를 각각 작성하시오

> 〈보기〉
> ㄱ. 맞춤형화장품 제조 또는 수입된 화장품의 (㉠)에 다른 화장품의 (㉠)(이)나 식품의약품안전처장이 정하는 (㉡)(을)를 추가하여 혼합한 화장품
> ㄴ. 제조 또는 수입된 화장품의 (㉠)(을)를 소분(小分)한 화장품

100 맞춤형 화장품 용기에 기재해야 하는 사항이 아닌 것은?

① 화장품 명칭
② 화장품 가격
③ 사용기한
④ 제조번호
⑤ 책임판매업자 및 맞춤형화장품판매업자 상호

해설

맞춤형 화장품 용기 기재사항
화장품의 명칭, 화장품 가격, 식별번호, 사용기한 또는 개봉 후 사용기간, 책임판매업자 및 맞춤형 화장품 판매업자 상호

정답 99 ㉠: **내용물**, ㉡: **원료** 100 ④

제3회 실전모의고사

01 기능성 화장품에 대한 설명 중 틀린 것은?

① 피부의 미백에 도움을 주는 제품
② 피부의 주름개선에 도움을 주는 제품
③ 피부를 곱게 태우거나 자외선으로부터 피부를 보호하는 데에 도움을 주는 제품
④ 모발의 색상 변화·제거 또는 영양공급에 도움을 주는 제품
⑤ 피부나 모발에 영양공급, 피부재생 등에 효과가 있는 제품

해설
재생, 효과는 화장품이 아닌 의약품에서 사용할 수 있는 용어임

02 다음 설명 중 옳은 것은?

① "천연화장품"이란 유기농 원료, 동식물 및 그 유래 원료 등을 함유한 화장품으로서 식품의약품안전처장이 정하는 기준에 맞는 화장품을 말한다.
② "유기농화장품"이란 동식물 및 그 유래 원료 등을 함유한 화장품으로서 식품의약품안전처장이 정하는 기준에 맞는 화장품을 말한다.
③ "맞춤형화장품"이란 제조 또는 수입된 화장품의 내용물을 소분(小分)한 화장품을 말한다.
④ "안전용기·포장"이란 만 8세 미만의 아동이 개봉하기 어렵게 설계·고안된 용기나 포장을 말한다.
⑤ "맞춤형화장품"이란 제조 또는 수입된 화장품의 내용물에 다른 화장품의 내용물이나 총리가 정하는 원료를 추가하여 혼합한 화장품을 말한다.

해설
화장품법 제2조(정의)
2의2. "천연화장품"이란 동식물 및 그 유래 원료 등을 함유한 화장품으로서 식품의약품안전처장이 정하는 기준에 맞는 화장품을 말한다.
3. "유기농화장품"이란 유기농 원료, 동식물 및 그 유래 원료 등을 함유한 화장품으로서 식품의약품안전처장이 정하는 기준에 맞는 화장품을 말한다.
3의2. "맞춤형화장품"이란 다음 각 목의 화장품을 말한다.
가. 제조 또는 수입된 화장품의 내용물에 다른 화장품의 내용물이나 식품의약품안전처장이 정하는 원료를 추가하여 혼합한 화장품
나. 제조 또는 수입된 화장품의 내용물을 소분(小分)한 화장품
4. "안전용기 · 포장"이란 만 5세 미만의 어린이가 개봉하기 어렵게 설계 · 고안된 용기나 포장을 말한다.

03 중량 기준으로 유기농 함량이 전체 제품에서 (   ) % 이상이어야 하며, 유기농 함량을 포함한 천연 함량이 전체 제품에서 95% 이상으로 구성된 화장품을 유기농화장품이라고 한다. (   ) 안에 들어갈 숫자는?

① 1
② 5
③ 10
④ 15
⑤ 20

해설
천연화장품 및 유기농화장품의 기준에 관한 규정(식품의약품안전처 고시 제2014-200호)
제8조(원료조성) ① 천연화장품은 별표 7에 따라 계산했을 때 중량 기준으로 천연 함량이 전체 제품에서 95% 이상으로 구성되어야 한다.
② 유기농화장품은 별표 7에 따라 계산하였을 때 중량 기준으로 유기농 함량이 전체 제품에서 10% 이상이어야 하며, 유기농 함량을 포함한 천연 함량이 전체 제품에서 95% 이상으로 구성되어야 한다.

정답 01 ⑤ 02 ③ 03 ③

04 화장품과 관련하여 국민보건에 직접 영향을 미칠 수 있는 안전성 · 유효성에 관한 새로운 자료, 유해사례 정보 등을 무엇이라고 하는가?

① 유해 정보 ② 실마리 정보
③ 안정성 정보 ④ 안전성 정보
⑤ 자료 정보

해설

화장품 안전성 정보관리 규정(식품의약품안전청 고시 제2011-10호)
제2조(정의) "안전성 정보"란 화장품과 관련하여 국민보건에 직접 영향을 미칠 수 있는 안전성 · 유효성에 관한 새로운 자료, 유해사례 정보 등을 말한다.

05 화장품의 부당한 표시 · 광고 행위 등의 금지에 관한 내용 중 틀린 것은?

① 의약품으로 잘못 인식할 우려가 있는 표시 또는 광고는 해서는 안 된다.
② 기능성화장품이 아닌 화장품을 기능성화장품으로 잘못 인식할 우려가 있거나 기능성화장품의 안전성·유효성에 관한 심사결과와 다른 내용의 표시 또는 광고는 해서는 안 된다.
③ 천연화장품 또는 유기농화장품이 아닌 화장품을 천연화장품 또는 유기농화장품으로 잘못 인식할 우려가 있는 표시 또는 광고는 해서는 안 된다.
④ 사실과 다르게 소비자를 속이거나 소비자가 잘못 인식하도록 할 우려가 있는 표시 또는 광고는 해서는 안 된다.
⑤ 표시·광고의 범위와 그 밖에 필요한 사항은 대통령령으로 정한다.

해설

화장품법 제10조(화장품의 기재사항) ① 화장품의 1차 포장 또는 2차 포장에는 총리령으로 정하는 바에 따라 다음 각 호의 사항을 기재· · · · 표시하여야 한다.

06 맞춤형화장품의 판매 등의 금지사항에 해당하지 않는 것은?

① 맞춤형화장품판매업의 신고를 하지 아니한 자가 판매한 맞춤형화장품을 판매해서는 안 된다.
② 맞춤형화장품판매업자가 맞춤형화장품조제관리사를 두지 아니하고 판매한 맞춤형화장품을 판매해서는 안 된다.
③ 맞춤형화장품 표기사항을 위반한 화장품을 판매해서는 안 된다.
④ 의약품으로 잘못 인식할 우려가 있게 기재·표시된 화장품
⑤ 맞춤형화장품 조제관리사를 제외한 누구든지 화장품의 용기에 담은 내용물을 나누어 판매하여서는 아니 된다.

해설

제2조(정의) 3의2. "맞춤형화장품"이란 다음 각 목의 화장품을 말한다.
가. 제조 또는 수입된 화장품의 내용물에 다른 화장품의 내용물이나 식품의약품안전처장이 정하는 원료를 추가하여 혼합한 화장품
나. 제조 또는 수입된 화장품의 내용물을 소분(小分)한 화장품

07 다음 중에서 기능성화장품이 아닌 것은?

① 피부에 멜라닌색소가 침착하는 것을 방지하여 기미, 주근깨 등의 생성을 억제함으로써 피부의 미백에 도움을 주는 기능을 가진 화장품
② 피부에 침착된 멜라닌색소의 색을 엷게 하여 피부의 미백에 도움을 주는 기능을 가진 화장품
③ 피부에 탄력을 주어 피부의 주름을 완화 또는 개선하는 기능을 가진 화장품
④ 강한 햇볕을 방지하여 피부를 곱게 태워주는 기능을 가진 화장품
⑤ 자외선을 차단 또는 산란시켜 적외선으로부터 피부를 보호하는 기능을 가진 화장품

정답 04 ④ 05 ⑤ 06 ⑤ 07 ⑤

해설

화장품법 시행규칙 제2조(기능성화장품의 범위) 「화장품법」(이하 "법"이라 한다) 제2조제2호 각 목 외의 부분에서 "총리령으로 정하는 화장품"이란 다음 각 호의 화장품을 말한다.

1. 피부에 멜라닌색소가 침착하는 것을 방지하여 기미·주근깨 등의 생성을 억제함으로써 피부의 미백에 도움을 주는 기능을 가진 화장품
2. 피부에 침착된 멜라닌색소의 색을 엷게 하여 피부의 미백에 도움을 주는 기능을 가진 화장품
3. 피부에 탄력을 주어 피부의 주름을 완화 또는 개선하는 기능을 가진 화장품
4. 강한 햇볕을 방지하여 피부를 곱게 태워주는 기능을 가진 화장품
5. 자외선을 차단 또는 산란시켜 자외선으로부터 피부를 보호하는 기능을 가진 화장품
6. 모발의 색상을 변화[탈염(脫染)·탈색(脫色)을 포함한다]시키는 기능을 가진 화장품. 다만, 일시적으로 모발의 색상을 변화시키는 제품은 제외한다.
7. 체모를 제거하는 기능을 가진 화장품. 다만, 물리적으로 체모를 제거하는 제품은 제외한다.
8. 탈모 증상의 완화에 도움을 주는 화장품. 다만, 코팅 등 물리적으로 모발을 굵게 보이게 하는 제품은 제외한다.
9. 여드름성 피부를 완화하는 데 도움을 주는 화장품. 다만, 인체세정용 제품류로 한정한다.
10. 아토피성 피부로 인한 건조함 등을 완화하는 데 도움을 주는 화장품(삭제)
11. 튼살로 인한 붉은 선을 엷게 하는 데 도움을 주는 화장품

08 식품의약품안전처장이 지방식품의약품안전청장에게 위임한 권한이 아닌 것은?

① 화장품제조업 또는 화장품제조책임판매업의 등록 및 변경등록
② 맞춤형화장품판매업의 신고 및 변경신고의 수리
③ 맞춤형화장품판매업자에 대한 교육명령
④ 등록의 취소, 영업소의 폐쇄명령, 품목의 제조·수입 및 판매의 금지명령, 업무의 전부 또는 일부에 대한 정지명령
⑤ 행정처분과 관련한 사항의 공표

해설

제28조의2(위반사실의 공표) ① 식품의약품안전처장은 제22조, 제23조, 제23조의2, 제24조 또는 제28조에 따라 행정처분이 확정된 자에 대한 처분 사유, 처분 내용, 처분 대상자의 명칭·주소 및 대표자 성명, 해당 품목의 명칭 등 처분과 관련한 사항으로서 대통령령으로 정하는 사항을 공표할 수 있다.
② 제1항에 따른 공표방법 등 공표에 필요한 사항은 대통령령으로 정한다.

09 안전용기·포장을 사용하여야 할 품목 및 용기·포장의 기준 등에 관하여는 (　　)으로 정할 수 있다. (　) 안에 들어갈 단어는?

① 대통령령　② 총리령
③ 보건복지령　④ 특별시장
⑤ 광역시장

해설

화장품법 제9조(안전용기·포장 등) 제9조(안전용기·포장 등)
① 화장품책임판매업자 및 맞춤형화장품판매업자는 화장품을 판매할 때에는 어린이가 화장품을 잘못 사용하여 인체에 위해를 끼치는 사고가 발생하지 아니하도록 안전용기·포장을 사용하여야 한다. 〈개정 2018. 3. 13.〉
② 제1항에 따라 안전용기·포장을 사용하여야 할 품목 및 용기·포장의 기준 등에 관하여는 총리령으로 정한다. 〈개정 2013. 3. 23.〉

10 고객 상담 시 개인정보 중 민감 정보에 해당되는 것으로 옳은 것은?

① 여권법에 따른 여권번호
② 주민등록법에 따른 주민등록번호
③ 출입국관리법에 따른 외국인등록번호
④ 도로교통법에 따른 운전면허의 면허번호
⑤ 유전자검사 등의 결과로 얻어진 유전 정보

정답 08 ⑤　09 ②　10 ⑤

11 다음 설명 중 틀린 것은?

① "사용기한"이란 화장품이 제조된 날부터 적절한 보관 상태에서 제품이 고유의 특성을 간직한 채 소비자가 안정적으로 사용할 수 있는 최소한의 기한을 말한다.
② "맞춤형화장품판매업"이란 맞춤형화장품을 판매하는 영업을 말한다.
③ "2차 포장"이란 1차 포장을 수용하는 2개 또는 그 이상의 포장과 보호재 및 표시의 목적으로 한 포장(첨부문서 등을 포함한다)을 말한다.
④ "표시"란 화장품의 용기·기재하는 문자·숫자·도형 또는 그림 등을 말한다.
⑤ "광고"란 라디오·텔레비전·신문·잡지·음성·음향·영상·그 밖의 방법에 의하여 화장품에 대한 정보를 나타내거나 알리는 행위를 말한다.

해설
화장품법 제2조 제7호 "2차 포장"이란 1차 포장을 수용하는 1개 또는 그 이상의 포장과 보호재 및 표시의 목적으로 한 포장(첨부문서 등을 포함한다)을 말한다.

12 맞춤형화장품판매업의 신고는 누구한테 하는가?

① 대통령
② 국무총리
③ 식품의약품안전처장
④ 시·도지사
⑤ 시·구·군

13 동식물 및 그 유래 원료 등을 함유한 화장품으로서 식품의약품안전처장이 정하는 기준에 맞는 화장품을 무엇이라고 하는가?

① 유기농화장품 ② 맞춤형화장품
③ 천연화장품 ④ 기능성화장품
⑤ 특수화장품

해설
화장품법 제2조의 2의 2. "천연화장품"이란 동식물 및 그 유래 원료 등을 함유한 화장품으로서 식품의약품안전처장이 정하는 기준에 맞는 화장품을 말한다.

14 화장품의 사용 중 발생한 바람직하지 않고 의도되지 아니한 징후, 증상 또는 질병을 말하며, 당해 화장품과 반드시 인과관계를 가져야 하는 것은 아닌 것을 무엇이라고 하는가?

① 비교사례 ② 대조사례
③ 인과사례 ④ 유해사례
⑤ 무해사례

해설
장품 안전성 정보관리 규정 제2조(정의) 1

15 화장품 제8조의 규정에 따라 화장품에 사용할 수 없는 원료 및 사용상의 제한이 필요한 원료에 대하여 그 사용기준을 지정하고, 유통화장품 안전관리 기준에 관한 사항을 정함으로서 화장품의 제조 또는 수입 및 (　　)에 적정을 가함을 목적으로 한다. (　　) 안에 들어갈 단어는?

16 누구든지 화장품을 판매하거나 판매할 목적으로 제조 · 수입 · 보관 또는 진열하여서는 아니되는 항목이 아닌 것은?

① 심사를 받지 아니하거나 보고서를 제출하지 아니한 기능성화장품
② 전부 또는 일부가 변패(變敗)된 화장품
③ 병원미생물에 오염된 화장품
④ 코뿔소 뿔 또는 호랑이 뼈와 그 추출물을 사용한 화장품
⑤ 사용기한 또는 개봉 후 사용기간을 표시한 화장품

정답 11 ③ 12 ③ 13 ③ 14 ④ 15 **안전관리** 16 ⑤

17 위반사실의 공표에 대한 법에서 대통령령으로 정하는 사항이 아닌 것은?

① 처분 사유
② 처분 내용
③ 처분 대상자의 명칭·주소 및 대표자 성명
④ 해당 품목의 명칭
⑤ 제조연월일

해설

화장품법 제28조의 2(위반사실의 공표) ① 식품의약품안전처장은 제22조, 제23조, 제23조의2, 제24조 또는 제28조에 따라 행정처분이 확정된 자에 대한 처분 사유, 처분 내용, 처분 대상자의 명칭 · 주소 및 대표자 성명, 해당 품목의 명칭 등 처분과 관련한 사항으로서 대통령령으로 정하는 사항을 공표할 수 있다.

18 책임판매업자는 그 제조 또는 수입한 화장품을 판매할 때에는 (　　　)가 화장품을 잘못 사용하여 화장품에 중독되는 사고가 발생하지 아니하도록 안전용기 · 포장을 사용하여야 한다. (　　　) 안에 들어갈 단어는?

① 영아　② 유아　③ 어린이
④ 성인　⑤ 노인

해설

화장품법 제9조(안전용기 · 포장 등) 화장품책임판매업자 및 맞춤형화장품판매업자는 화장품을 판매할 때에는 어린이가 화장품을 잘못 사용하여 인체에 위해를 끼치는 사고가 발생하지 아니하도록 안전용기 · 사용하여야 한다.

19 식품의약품안전처장은 인증의 취소, 인증기관 지정의 취소 또는 업무의 전부에 대한 정지를 명하거나 등록의 취소, 영업소 폐쇄, 품목의 제조 · 수입 및 판매의 금지 또는 업무의 전부에 대한 정지를 명하고자 하는 경우에는 (　　　)을 하여야 한다. (　　　) 안에 들어갈 단어는?

① 관리　② 검사　③ 감시
④ 청문　⑤ 조사

해설

화장품법 제27조(청문) 식품의약품안전처장은 제14조의2제3항에 따른 인증의 취소, 제14조의5제2항에 따른 인증기관 지정의 취소 또는 업무의 전부에 대한 정지를 명하거나 제24조에 따른 등록의 취소, 영업소 폐쇄, 품목의 제조 · 수입 및 판매(수입대행형 거래를 목적으로 하는 알선 · 수여를 포함한다)의 금지 또는 업무의 전부에 대한 정지를 명하고자 하는 경우에는 청문을 하여야 한다.

20 다음은 무엇을 의미하는가?

- 살아있는 개인에 관한 정보(성명, 주민등록번호, 지문, 영상 등)
- 다른 정보와 쉽게 결합하여 특정 개인을 식별할 수 있는 정보(이름+전화번호, 이름+주소, 이름+주소+전화번호)

21 다음 (　　　) 안에 적합한 용어를 작성하시오.

(　　　　　)(이)란 화장품의 사용 중 발생한 바람직하지 않고 의도되지 아니한 징후, 증상 또는 질병을 말하며, 해당 화장품과 반드시 인과관계를 가져야 하는 것은 아니다.

해설

화장품 안전성 정보관리 규정 제2조 유해사례의 정의에 관한 내용이다.

22 중대한 유해사례 중 해당되지 않는 것은?

① 사망을 초래하거나 생명을 위협하는 경우
② 입원 또는 입원기간의 연장이 필요한 경우
③ 지속적 또는 중대한 불구나 기능 저하를 초래하는 경우
④ 기타 의학적으로 중요한 상황이 아닌 경우
⑤ 선천적 기형 또는 이상을 초래하는 경우

정답 17 ⑤　18 ③　19 ④　20 **개인정보**　21 **유해사례**　22 ④

해설

'중대한 유해사례'는 유해사례 중 다음 각 호의 어느 하나에 해당하는 경우를 말한다.
1. 사망을 초래하거나 생명을 위협하는 경우
2. 입원 또는 입원기간의 연장이 필요한 경우
3. 지속적 또는 중대한 불구나 기능 저하를 초래하는 경우
4. 선천적 기형 또는 이상을 초래하는 경우
5. 기타 의학적으로 중요한 상황

23 다음 (   ) 안에 적합한 용어를 작성하시오.

> (   )는 유해사례와 화장품 간의 인과관계 가능성이 있다고 보고된 정보로서 그 인과관계가 알려지지 아니하거나 입증자료가 불충분한 것을 말한다.

해설

실마리 정보(Signal) : 유해사례와 화장품 간의 인과관계 가능성이 있다고 보고된 정보로서 그 인과관계가 알려지지 아니하거나 입증자료가 불충분한 것을 말한다.

24 다음 중 화장품 전성분 표시에 대한 설명으로 올바르지 않은 것은?

① 혼합 원료는 개개의 성분으로서 표시한다.
② 화장품에 사용된 함량순으로 많은 것부터 기재한다
③ 1% 이하로 사용된 성분, 착향제 및 착색제는 순서에 상관없이 기재할 수 있다
④ 착향제는 향료로 표시한다
⑤ 립스틱 제품에서 호수별로 착색제가 다르게 사용된 경우 반드시 착색제를 호수별로 각각 기재해야 한다.

해설

메이크업 제품, 눈 화장품용 제품, 염모용 제품 및 매니큐어용 제품에서 호수별로 착색제가 다르게 사용된 경우 ⟨± 또는 +/−⟩의 표시 뒤에 사용된 모든 착색제 성분을 공동으로 기재할 수 있다.

25 중대한 유해사례 또는 이와 관련하여 식품의약품안전청장이 보고를 지시한 경우 화장품 안전성 정보 신속보고자 누구인가?

① 화장품 책임판매업자
② 의사
③ 약사
④ 간호사
⑤ 관련 단체 등의 장

해설

화장품 책임판매업자	의사, 약사, 간호사, 판매자, 소비자, 관련 단체 등의 장
• 중대한 유해사례 또는 이와 관련하여 식품의약품안전청장이 보고를 지시한 경우 • 판매중지나 회수에 준하는 외국 정부의 조치 또는 이와 관련하여 식품의약품안전청장이 보고를 지시한 경우	화장품의 사용 중 발생하였거나 알게 된 유해사례 등 안전성 정보

정답 23 **실마리정보** 24 ⑤ 25 ①

26 화장품 안전성 정보 정기보고 대상 관련 내용이 맞지 않는 것은?

① 해외에서 제조되어 한국으로 수입되고 있는 화장품 중 해외에서 회수가 실시되었지만 한국 수입화장품은 제조번호(Lot번호)가 달라 회수 대상인 경우
② 해당 화장품의 안전성에 관련된 인체적용시험 정보
③ 해당 화장품의 국내·외 사용상 새롭게 발견된 정보 등 사용현황
④ 해당 화장품의 국내·외에서 발표된 안전성에 관련된 연구 논문 등 과학적 근거자료에 의한 문헌정보
⑤ 중대한 유해사례가 아닌 것으로서 화장품 사용 중 발생한 바람직하지 않고 의도되지 아니한 징후, 증상 또는 질병으로 안전성이 문제가 된 경우

해설
해외에서 제조되어 한국으로 수입되고 있는 화장품 중 해외에서 회수가 실시되었지만 한국 수입화장품은 제조번호(Lot번호)가 달라 회수 대상이 아닌 경우

27 안전성 정보 보고 불필요 대상이 아닌 경우는?

① 화장품 용기나 포장의 불량이 사용 전 발견되어 사용자에게 해가 없는 경우
② 퍼머넌트웨이브 제품 또는 헤어스트레이트너 제품을 얼굴에 사용한 경우
③ 유해사례 발생 원인이 사용기한 또는 개봉 후 사용기간을 초과하여 사용함으로써 발생한 경우
④ 중대한 유해사례가 아닌 것으로서 화장품 사용 중 발생한 바람직하지 않고 의도되지 아니한 징후, 증상 또는 질병으로 안전성이 문제가 된 경우
⑤ 화장품에 기재·표시된 사용방법을 준수하지 않고 사용하여 의도되지 않은 결과가 발생한 경우

해설
안전성 정보 보고 불필요 대상
- 화장품 용기나 포장의 불량이 사용 전 발견되어 사용자에게 해가 없는 경우
  예) 화장품 사용 전 용기의 파손 또는 포장상태에 문제가 있음을 발견
- 유해사례 발생 원인이 사용기한 또는 개봉 후 사용기간을 초과하여 사용함으로써 발생한 경우
- 화장품에 기재 · 표시된 사용방법을 준수하지 않고 사용하여 의도되지 않은 결과가 발생한 경우
  예) 퍼머넌트웨이브 제품 또는 헤어스트레이트너 제품을 얼굴에 사용한 경우

28 화장품 책임판매업자가 화장품 유해사례 보고 시 정보를 알게 된 날로부터 며칠 이내 식품의약품안전청 화장품정책과에 보고하는가?

① 10일 ② 15일
③ 20일 ④ 25일
⑤ 30일

해설
화장품 책임판매업자 신속보고
정보를 알게 된 날로부터 15일 이내 식품의약품안전청 화장품정책과에 보고

29 화장품 사용 중 발생한 바람직하지 않고 의도되지 아니한 징후, 증상 또는 질병으로 안전성이 문제가 된 경우 의사 · 약사 · 간호사 · 판매자 · 소비자 · 관련 단체의 장은 어느 곳에 신속보고를 해야 하는가?

① 식품의약품안전청 화장품정책과에만 보고
② 해당 화장품 책임판매업자에게만 보고
③ 식품의약품안전청 화장품정책과 또는 해당 화장품 책임판매업자에게 보고
④ 화장품책임판매업자에게 신속하게 보고
⑤ 대한화장품협회에 신속하게 보고

해설
의사 · 약사 · 간호사 · 판매자 · 소비자 · 관련 단체의 장 신속보고 : 식품의약품안전청 화장품정책과 또는 해당 화장품 책임판매업자에게 보고

정답 26 ① 27 ④ 28 ② 29 ③

30 화장품 책임판매업자의 정기보고는 언제 하는 것이 맞는지 작성하시오.

> **해설**
> **화장품 책임판매업자의 정기보고**
> 매 반기 종료 후 1월 이내 (1월 말, 7월 말까지) 식품의약품안전청 화장품정책과에 보고

31 다음 〈보기〉 중 맞춤형화장품 조제관리사가 올바르게 업무를 진행한 경우를 모두 고르시오.

〈보기〉

① 고객으로부터 선택된 맞춤형화장품 조제관리사가 매장 조제실에서 직접 조제하여 전달하였다.
② 조제관리사는 썬크림을 조제하기 위하여 에틸헥실메톡시신아메이트를 10%로 배합, 조제하여 판매하였다.
③ 책임판매업자가 기능성화장품으로 심사 또는 보고를 완료한 제품을 맞춤형화장품 조제관리사가 소분하여 판매하였다.
④ 맞춤형화장품 구매를 위하여 인터넷 주문을 진행한 고객에게 조제관리사는 전자상거래 담당자에게 직접 조제하여 제품을 배송까지 진행하도록 지시하였다.

> **해설**
> 식품의약품안전처장이 고시한 기능성화장품의 효능 · 효과를 나타내는 원료(다만, 맞춤형화장품판매업자에게 원료를 공급하는 화장품책임판매업자가 「화장품법」 제4조에 따라 해당 원료를 포함하여 기능성화장품에 대한 심사를 받거나 보고서를 제출한 경우는 제외한다.

32 다음 설명하는 것은 무엇인지 작성하시오.

화장품의 책임판매 시 필요한 제품의 품질을 확보하기 위해서 실시하는 것으로서, 화장품 제조업자 및 제조에 관계된 업무(시험 · 검사 등의 업무를 포함한다)에 대한 관리 · 감독 및 화장품의 시장 출하에 관한 관리, 그 밖에 제품의 품질 관리에 필요한 업무를 말한다.

> **해설**
> 화장품책임판매업자가 준수해야 할 품질관리에 대한 사항은 화장품법 시행규칙 별표1 "품질관리 기준"용어 정의에 규정되어 있다.

33 다음 설명하는 것은 무엇인가?

화장품책임판매업자가 그 제조 등(타인에게 위탁 제조 또는 검사하는 경우를 포함하고 타인으로부터 수탁 제조 또는 검사하는 경우는 포함하지 않는다. 이하 같다)을 하거나 수입한 화장품의 판매를 위해 출하하는 것을 말한다.

① 품질관리　　② 시장출하
③ 회수처리　　④ 교육·훈련
⑤ 문서 및 기록의 정리

> **해설**
> 화장품책임판매업자가 준수해야 할 품질관리에 대한 사항은 화장품법 시행규칙 별표1 "품질관리 기준"용어정의에 규정되어 있다.

34 다음 설명 중 틀린 것은?

① 품질관리를 위한 시험업무에 대해 문서화 된 절차를 수립하고 유지하여야 한다.
② 원자재, 반제품 및 완제품에 대한 적합 기준을 마련하고 제조번호별로 시험 기록을 작성·유지하여야 한다.
③ 시험결과 적합 또는 부적합인지 분명히 기록하여야 한다.
④ 원자재, 반제품 및 완제품은 적합판정이 된 것만을 사용하거나 출고하지 않아도 된다.
⑤ 정해진 보관 기간이 경과 된 원자재 및 반제품은 재평가하여 품질기준에 적합한 경우 제조에 사용할 수 있다.

> **해설**
> 원자재, 반제품 및 완제품은 적합판정이 된 것만을 사용하거나 출고하여야 한다.

PART 5 실전모의고사

정답 30 **매 반기 종료 후 1월 이내** 31 ①, ③ 32 **품질관리** 33 ② 34 ④

35 다음 중 표준품과 주요시약의 용기에 기재하지 않아도 되는 것은?

① 명칭 ② 개봉일
③ 보관조건 ④ 사용기한
⑤ 제조자의 성별 또는 나이

해설
제조자의 성별과 나이는 표준품과 주요시약의 용기에 기재하지 않아도 된다.

36 불만처리담당자는 제품에 대한 모든 불만을 취합하고, 제기된 불만에 대해 신속하게 조사하고 그에 대한 적절한 조치를 취하지 않아도 되는 것은?

① 불만 접수연월일
② 불만 제기자의 이름과 연락처
③ 제품명, 제조번호 등을 포함한 불만내용
④ 불만조사 및 추적조사 내용, 처리결과 및 향후 대책
⑤ 다른 제조번호의 제품에 영향이 없는지 점검할 필요는 없다.

해설
화장품법 시행규칙 제25조
다른 제조번호의 제품에도 영향이 없는지 점검 해야 한다.

37 화장품의 보관관리 방법 중 옳지 않은 것은?

① 원자재, 반제품 및 벌크 제품은 품질에 나쁜 영향을 미치지 아니하는 조건에서 보관하여야 며 보관기한을 설정하여야 한다.
② 원자재, 반제품 및 벌크 제품은 바닥과 벽에 닿지 아니하도록 보관하고, 선입선출에 의하여 출고할 수 있도록 보관하여야 한다.
③ 원자재, 시험 중인 제품 및 부적합품은 각각 구획된 장소에서 보관하여야 한다. 다만, 서로 혼동을 일으킬 우려가 없는 시스템에 의하여 보관되는 경우에는 그러하지 아니한다.
④ 설정된 보관기한이 지나면 사용의 적절성을 결정하기 위해 재평가시스템을 확립하여야 하며, 동 시스템을 통해 보관기한이 경과한 경우 사용하지 않도록 규정하여야 한다.
⑤ 원자재, 시험 중인 제품 및 부적합품은 각각 구획된 장소에서 보관하지 않아도 된다.

해설
원자재, 시험 중인 제품 및 부적합품은 각각 구획된 장소에서 보관해야 한다.

38 적절한 보관을 위해 다음 사항을 고려하지 않아도 되는 것은?

① 보관 조건은 각각의 원료와 포장재에 적합하여야 하고, 과도한 열기, 추위, 햇빛 또는 습기에 노출되어 변질되는 것을 방지할 수 있어야 한다.
② 물질의 특징 및 특성에 맞도록 보관, 취급되어야 한다.
③ 특수한 보관 조건은 적절하게 준수, 모니터링 되어야 한다.
④ 원료와 포장재의 용기는 밀폐되어, 청소와 검사가 용이하도록 충분한 간격으로, 바닥과 떨어진 곳에 보관되어야 한다.
⑤ 원료와 포장재가 재포장될 경우, 원래의 용기와 동일하게 표시되지 않아도 상관없다.

해설
원료와 포장재가 재포장될 경우, 원래의 용기와 동일하게 표시되어야 한다.

정답 35 ⑤ 36 ⑤ 37 ⑤ 38 ⑤

39 퍼머넌트 웨이브 제품 및 헤어스트레이트너 제품 사용 시의 주의사항이 아닌 것은?

① 두피·얼굴·눈·목·손 등에 약액이 묻지 않도록 유의하고, 얼굴 등에 약액이 묻었을 때에는 즉시 물로 씻어낼 것
② 특이체질, 생리 또는 출산 전후이거나 질환이 있는 사람 등은 사용을 피할 것
③ 머리카락의 손상 등을 피하기 위하여 용법·용량을 지켜야 하며, 가능하면 일부에 시험적으로 사용하여 볼 것
④ 개봉한 제품은 15일 이내에 사용할 것(에어로졸 제품이나 사용 중 공기유입이 차단되는 용기는 표시하지 아니한다)
⑤ 제2단계 퍼머액 중 그 주성분이 과산화수소인 제품은 검은 머리카락이 갈색으로 변할 수 있으므로 유의하여 사용할 것

해설
개봉한 제품은 7일 이내에 사용할 것

40 제모 화장품 사용 시의 주의사항이 아닌 것은?

① 사용 중 따가운 느낌, 불쾌감, 자극이 발생할 경우 즉시 닦아내어 제거하고 찬물로 씻으며, 불쾌감이나 자극이 지속될 경우 의사 또는 약사와 상의하십시오.
② 자극감이 나타날 수 있으므로 매일 사용하지 마십시오.
③ 제품의 사용 전후에 비누류를 사용하면 자극감이 나타날 수 있으므로 주의하십시오.
④ 제품은 외용으로만 사용하십시오.
⑤ 눈에 들어가지 않도록 하며 눈 또는 점막에 닿았을 경우 미지근한 물로 씻어내고 붕산수(농도 약 5%)로 헹구어 내십시오.

해설
점막에 닿았을 경우 미지근한 물로 씻어내고 붕산수(농도 약 2%)로 헹구어냄.

41 각 작업소의 청소 및 소독 방법으로 틀린 것은?

① 칭량실은 수시 및 작업 종료 후 작업대, 바닥, 원료용기, 칭량기기, 벽 등 이물질이나 먼지 등을 부직포, 걸레 등을 이용하여 청소를 한다.
② 작업실 내에 설치되어있는 배수로 및 배수구는 작업종료 후 혹은 일과 종료 후 락스 소독 후 내용물 잔류물, 기타 이물 등을 완전 제거하여 깨끗이 청소한다.
③ 제조실은 일반용수(필요 시 위생수건 등)를 이용하여 세제 성분이 잔존하지 않도록 깨끗이 세척한 후 물끌개, 걸레 등을 이용하여 물기를 제거한다.
④ 반제품 보관소는 반제품 보관소는 수시 및 일과 종료 후 바닥, 저장용기 외부표면 등을 위생수건 등을 이용하여 청소를 실시하고 주기적으로 대청소를 실시하여 항상 위생적으로 유지되도록 한다.
⑤ 원자재 보관소는 작업 후 걸레로 청소한 후 바닥, 벽 등의 먼지를 제거한다.

해설
작업실 내에 설치되어있는 배수로 및 배수구는 월 1회 락스 소독 후 내용물 잔류물, 기타 이물 등을 완전 제거하여 깨끗이 청소한다.

정답 39 ④ 40 ⑤ 41 ②

42 작업복의 기준으로 올바르지 않은 것은?

① 땀의 흡수 및 방출이 용이하고 가벼워야 한다.
② 보온성은 떨어져도 작업에 불편이 없어야 한다.
③ 내구성이 우수하여야 한다.
④ 작업환경에 적합하고 청결하여야 한다.
⑤ 착용 시 내의가 노출되지 않아야 하며 내의는 단추 및 모털이 서 있는 경향의 의류는 착용하지 않는다.

해설
보온성이 적당하여 작업에 불편이 없어야 한다.

43 세척대상 물질 및 세척대상 설비에 따라 (　　　)을 실시해야 한다. 그리고 세척에는 (　　)이 따르게 마련이다. 에서 (　　　) 안에 들어갈 각각의 단어가 올바른 것은?

① 적절한 세척, 확인
② 위생적인 세척, 기록
③ 정확한 세척, 검사
④ 올바른 세척, 책임
⑤ 꼼꼼한 세척, 과정

해설
세척대상물질 및 세척대상 설비에 따라 "적절한 세척"을 실시해야 한다. 그리고 세척에는 "확인"이 따르게 마련이다. 제조 작업자뿐만 아니라 화장품 제조에 관련된 전원이 세척을 잘 이해해야 한다.

44 시험지시 기록서에 들어가야 하는 사항이 아닌 것은?

① 제품명(원자재명)
② 제조번호
③ 제조일 또는 입고일
④ 시험지시번호
⑤ 원료 생산 회사명

해설
제품명(원자재명), 제조번호, 제조일 또는 입고일, 시험지시번호, 지시자 및 지시연월일, 시험항목 및 기준, 시험일, 검사자, 시험결과, 판정결과, 기타 필요한 사항 등을 기개해야 한다.

45 제품의 내용물을 담는 용기(병, 캔 등)는 몇 차 포장재에 해당하는지 쓰시오.

해설
포장재는 일차포장재와 이차포장재가 있다.

46 화장품에서 사용할 수 없는 원료는 어떤 것인가?

① 알코올　　② 메틸파라벤
③ 리도카인　　④ 트레할로스
⑤ 붕사

해설
리도카인은 마취제 성분으로 배합금지원료이다.

47 작업장의 위생에 관한 설명으로 올바른 것은?

① 각 작업소는 청정도를 위하여 온도, 습도 등을 일정하게 관리하고 유지하여야 한다.
② 가루가 날리는 작업소는 비산에 의한 오염을 방지하기 위하여 수시로 창문을 열어 환기를 시켜준다.
③ 해당 작업소는 출입관리를 통하여 인원 및 물품의 출입을 제안하여 인원, 물품이 이동하는데 혼동이 일어나지 않게 관리해야 한다.
④ 작업소에는 해당 작업에 필요한 물품 이외의 것들은 제거하여 작업 중 상호 간의 혼동 및 교차오염과 자재 상호 간의 혼동이 일어나지 않아야 한다.
⑤ 환기가 잘 되고 청소를 통해서만 청결을 유지하여야 한다.

정답 42 ② 43 ① 44 ⑤ 45 **일차포장재** 46 ③ 47 ④

해설
각 작업소는 청정도별로 구분하여 온도, 습도 등을 관리하고, 환기를 위하여 창문을 열면 안 된다.
인원, 물품의 이동통로로 사용되어서는 안 되며, 청소, 소독을 철저히 하여 청결하게 유지하여야 한다.

48 작업장의 위생 상태로 올바르지 않은 것은?

① 폐수구에 트랩을 설치한다.
② 문 아래에 스커트를 설치한다.
③ 곤충, 해충이나 쥐를 막을 수 있는 대책을 마련하고 정기적으로 점검·확인하여야 한다.
④ 벽, 천장, 창문, 파이프 구멍에 틈이 최대한 없도록 한다.
⑤ 청소와 정리 정돈을 한다.

해설
벽, 천장, 창문, 파이프 구멍에 틈이 없도록 한다.

49 실험실에서의 위생 관리를 위한 작업복장 착용 기준을 모두 고르시오.

〈보기〉

㉠ 방진복	㉡ 슬리퍼
㉢ 안전화	㉣ 상의 흰색가운
㉤ 위생모	㉥ 작업화
㉦ 하의 평상복	㉧ 상의 및 하의는 평상복

① ㉠ ㉢ ㉤
② ㉠ ㉤ ㉥
③ ㉡ ㉧
④ ㉣ ㉦ ㉡
⑤ ㉡ ㉤ ㉧

해설
① 제조실, 칭량실 ② 충진실 ③ 관리자의 복장기준

50 영 · 유아용 제품류(영 · 유아용 샴푸, 영 · 유아용 린스, 영 · 유아 인체 세정용 제품, 영 · 유아 목욕용 제품 제외), 눈 화장용 제품류, 색조 화장용 제품류, 두발용 제품류(샴푸, 린스 제외), 면도용 제품류(셰이빙 크림, 셰이빙 폼 제외), 기초화장용 제품류(클렌징 워터, 클렌징 오일, 클렌징 로션, 클렌징 크림 등 메이크업 리무버 제품 제외) 중 액, 로션, 크림 및 이와 유사한 제형의 액상제품은 pH 기준이 (　　　) 이어야 한다. 다만, 물을 포함하지 않는 제품과 사용한 후 곧바로 물로 씻어 내는 제품은 제외한다.에서 (　　　) 안에 맞는 것은?

① pH 1~3
② pH 3~9
③ pH 6~10
④ pH 9~12
⑤ pH 12~14

해설
pH 기준 pH 3에서 pH 9 사이여야 한다.

51 작업소 내 금지사항으로 올바른 것은?

① 작업소는 화장품의 제조 및 포장 목적 이외의 다른 용도로의 사용을 금한다.
② 작업소에서 간단한 화장은 금하지 않는다.
③ 작업소의 쓰레기통에 침을 뱉는 행위는 상관없다.
④ 작업 중 외부인의 설비 수리 시 먼지 등 이물이 발생하는 업무는 신속하게 끝낸다.
⑤ 사물(서적, 지갑, 핸드백) 등은 작업소로의 유입이 상관없다.

해설
작업소에서는 화장, 침을 뱉는 행위, 먼지 등 이물이 발생하는 업무, 사물의 유입을 금한다.

정답 48 ④ 49 ④ 50 ② 51 ①

52 작업 복장의 기준 설명으로 올바른 것은?

① 작업 두건 : 작업착용 시 머리카락을 전체적으로 감싸 줄 수 있어야 한다.
② 작업복 : 공기 유통이 원활하고, 분진 기타 이물 등이 나오지 않도록 한다.
③ 작업화 : 제조실 근무자는 등산화 형식의 안전화 및 신발 바닥이 우레탄 코팅이 되어있는 것을 사용하여야 한다.
④ 작업화 : 작업 시 섬유질의 발생이 적고 먼지의 부착성이 적어야 하며 세탁이 용이하여야 한다.
⑤ 작업모 : 가볍고 땀의 흡수 및 방출이 용이하여야 한다.

해설
① 작업모 ② 작업모 ④ 작업복 ⑤ 작업화, 작업복

53 설비 및 기기를 세척할 때 가장 바람직한 것은?

① 물 또는 증기
② 70% 에탄올
③ 세제류
④ 락스
⑤ 화학적 소독제

해설
물 또는 증기만으로 세척할 수 있으면 가장 좋다. 브러시 등의 세척 기구를 적절히 사용해서 세척하는 것도 좋다.

54 기준일탈 제품의 처리하는 과정으로 올바르지 않은 것은?

① 기준일탈 제품이 발생했을 때는 미리 정한 절차를 따라 확실한 처리를 하고 실시한 내용을 모두 문서에 남긴다.
② 품질에 문제가 있거나 회수·반품된 제품의 폐기 또는 재작업 여부는 실험자에 의해 승인되어야 한다.
③ 변질·변패 또는 병원미생물에 오염되지 아니한 경우
④ 제조일로부터 1년이 경과하지 않았거나 사용기한이 1년 이상 남아있는 경우
⑤ 입고 할 수 없는 제품의 폐기처리규정을 작성하여야 하며 폐기 대상은 따로 보관하고 규정에 따라 신속하게 폐기하여야 한다.

해설
품질에 문제가 있거나 회수 · 반품된 제품의 폐기 또는 재작업 여부는 품질보증 책임자에 의해 승인되어야 한다.

55 유통화장품의 안전관리 기준에서 내용량의 기준은 제품 3개를 가지고 시험할 때 그 평균 내용량이 표기량에 대하여 몇 % 이상인가?

① 95% 이상 ② 96% 이상
③ 97% 이상 ④ 98% 이상
⑤ 99% 이상

해설
유통화장품의 안전관리 기준에서 내용량의 기준은 제품 3개를 가지고 시험할 때 그 평균 내용량이 표기량에 대하여 97% 이상이어야 한다.

56 다음 중 소독제로 가장 적당하지 않는 것은?

① 알콜 70%
② 이소프로필알콜 70%
③ 과산화수소 6(w/w)%
④ 벤잘코늄클로라이드 70(w/w)%
⑤ 헥사클로로벤

해설
벤잘코늄클로라이드(보존제)의 사용 한도는 사용 후 씻어내는 제품에 0.1%, 기타제품에서 0.05%이다. 일반적으로 벤잘코늄클로라이드 0.5~1(w/w)%가 소독제가 사용된다.

정답 52 ③ 53 ① 54 ② 55 ③ 56 ④

57 다음 중 화장품에 사용할 수 있는 원료는?

① 붕사 ② 돼지폐추출물
③ 붕산 ④ 벤조일퍼옥사이드
⑤ 석면

해설
붕사는 사용할 수 없는 금지원료가 아니다.

58 소독제의 효과에 영향을 미치는 요인으로 올바르지 않은 것은?

① 사용 약제의 농도, pH(액성)
② 실내 온도,
③ 미생물의 종류, 상태, 균 수
④ 균에 대한 작용 시간
⑤ 접촉 습도

해설
균에 대한 접촉 시간(작용 시간) 및 접촉 온도

59 사용할 수 없는 원료가 화장품을 제조하면서 인위적으로 첨가하지 않았으나, 제조 또는 보관과정 중 포장재로부터 이행되는 등 비의도적으로 유래된 사실이 객관적인 자료로 확인되고 기술적으로 완전한 제거가 불가능한 경우로 검출되었으나 검출허용한도가 설정되지 아니한 경우의 미생물한도에서 올바르지 않은 것은?

① 총호기성생균수는 영·유아용 제품류 경우 500개/g(mL) 이하
② 물휴지의 경우 세균 및 진균수는 각각 50개/g(mL) 이하
③ 기타 화장품의 경우 1,000개/g(mL) 이하
④ 대장균(Escherichia Coli), 녹농균(Pseudomonas aeruginosa), 황색포도상구균 (Staphylococcus aureus)은 불검출
⑤ 총호기성생균수는 눈화장용 제품류의 경우 500개/g(mL) 이하

해설
물휴지의 경우 세균 및 진균수는 각각 100개/g(mL) 이하이다.

60 화장비누의 내용량 기준은?

① 건조중량의 97% 이상
② 수분포함중량의 97% 이상
③ 건조중량의 100% 이상
④ 수분포함중량의 100% 이상
⑤ 상관없다.

해설
화장비누의 내용량 기준은 표시된 건조중량의 97% 이상(오븐건조법)이다.

61 맞춤형화장품 판매업소에서 제조. 수입된 화장품의 내용물에 다른 화장품의 내용물이나 식품의약품 안전처장이 정하는 원료를 추가하여 혼합하거나 제조 또는 수입된 화장품의 내용물을 소분(小分)하는 업무에 종사하는 자를 (　　　)이라고 한다. 단답형 (　　　) 에 들어갈 적합한 명칭을 작성하시오.

62 다음 중에서 표피의 구성성분이 아닌 것은?

① 각질형성세포 ② 멜라닌형성세포
③ 머켈세포 ④ 랑게르한스세포
⑤ 대식세포

해설
대식세포는 백혈구의 일종을 유해한 균을 포식하는 작용을 한다. 무과립 단핵구에 속한다.

정답 57 ① 58 ⑤ 59 ② 60 ① 61 **맞춤형화장품 조제관리사** 62 ⑤

63 천연보습인자의 설명으로 틀린 것은?

① NMF(natural moisturizing factor)
② 피부수분보유량을 조절한다.
③ 아미노산, 젖산, 요소 등으로 구성되어 있다.
④ 수소이온농도의 지수유지를 말한다.
⑤ 각질층에 존재한다.

해설
수소이온농도의 지수는 pH를 의미한다.

천연보습인자 (NMF)	Natural Mouisturizing Factor의 줄임말
	각질층에 존재한다.
	수분 보유량을 조절한다.
	천연보습인자 성분: 아미노산 40%, 피롤리돈카르본산 12%, 젖산염 12%, 요소 7%, 염소 6%, 나트륨 5%, 칼륨 4%, 암모니아 15%, 마그네슘 1%, 인산염 0.5%, 기타 9%로 구성

64 다음은 모발의 성장주기이다. 빈칸에 들어갈 단어는 무엇인가? 단답형

성장기 – (   ) – 휴지기

65 다음 중에서 여드름 피부관리법에 해당되지 않은 것은?

① 지방분해효소　② 살리실릭산
③ 설파　④ 글리콜릭산
⑤ 벤조일 퍼옥사이드

해설
여드름 피부에 효과있는 성분
살리실릭산, 글리콜릭산, 설파, 벤조일 퍼옥사이드, 유황 등

66 다음 중에서 보습제가 아닌 것은?

① 솔비톨　② 네츄럴베테인
③ 글리세린　④ 프로필렌글리콜
⑤ 아스코르빈산

해설
아스코르빈산은 비타민 C로 미백제에 포함된다.

67 다음 중 탈모 증상 완화에 사용되는 성분으로 적합하지 않는 것은?

① 비오틴
② 덱스판테놀
③ 알부틴
④ 징크피리치온
⑤ L-멘톨

해설
알부틴은 티로시나아제의 활성을 억제하는 미백기능성 화장품의 주성분이다.

68 화장품의 성상 · 색상 평가절차, 향취 평가 절차, 사용감 평가 절차를 어떤 절차를 확인하기 위한 내용인가?

69 다음 중 화장품에서 사용금지 성분이 아닌 것은?

① 아미노구아니딘 염산염
② 비스머스시트레이트
③ 코카마이드DEA
④ 메톡시에탄올
⑤ 로벨리아추출물

정답 63 ④ 64 **퇴행기** 65 ① 66 ⑤ 67 ③ 68 **관능평가절차** 69 ③

70 다음의 〈보기〉는 맞춤형화장품의 전성분 항목이다. 소비자에게 사용된 성분에 대해 설명하기 위하여 다음 화장품 전성분 표기 중 사용상의 제한이 필요한 보존제에 해당하는 성분을 다음 〈보기〉에서 하나를 골라 작성하시오.

> 〈보기〉
> 정제수, 글리세린, 다이프로필렌글라이콜, 토코페릴아세테이트, 다이메티콘/비닐다이메티콘크로스폴리머, C12-14파레스-3, 페녹시에탄올, 향료

71 다음 중 맞춤형화장품판매업자가 지켜야 할 준수사항이 아닌 것은?

① 맞춤형화장품조제관리사는 화장품의 안전성 확보 및 품질관리에 관한 교육을 2년에 한 번 받아야 한다.
② 식품의약품안전처장은 국민 건강상 위해를 방지하기 위하여 필요하다고 인정하면 맞춤형화장품판매업자에게 화장품 관련 법령 및 제도에 관한 교육을 받을 것을 명할 수 있다.
③ 맞춤형화장품판매업자는 맞춤형화장품 판매장 시설·기구의 관리 방법, 혼합·소분 안전관리기준의 준수 의무, 혼합·소분되는 내용물 및 원료에 대한 설명 의무 등에 관하여 총리령으로 정하는 사항을 준수하여야 한다.
④ 교육을 받아야 하는 자가 둘 이상의 장소에서 맞춤형화장품판매업을 하는 경우에는 종업원 중에서 총리령으로 정하는 자를 책임자로 지정하여 교육을 받게 할 수 있다.
⑤ 교육의 실시 기관, 내용, 대상 및 교육비 등에 관하여 필요한 사항은 총리령으로 정한다.

해설
맞춤형화장품 조제관리사는 화장품의 안전성 확보 및 품질관리에 관한 교육을 매년 받아야 한다.

72 맞춤형 화장품의 요건 중 피부에 보습 · 세정 · 미백 · 차단 등의 효과를 부여하는 것을 무엇이라고 하는가?

73 피부의 pH로 옳은 것은?

① 3 ② 5
③ 7 ④ 9
⑤ 11

해설
피부의 pH는 4.5~6.5 (5.5) 약산성이다.

74 다음 중에서 피하지방층의 기능이 아닌 것은?

① 신체 내부를 보호한다.
② 체온유지에 관여한다.
③ 에너지원으로 사용된다.
④ 수분조절에 관여한다.
⑤ 뼈 형성에 관여한다.

해설
뼈 형성는 골격의 기능이다.

75 기능성 화장품 심사에 관한 규정에 따라 자외선 차단지수(SPF)는 측정결과에 근거하여 평균값이 68일 경우 SPF는 SPF(　　)+ 라고 표시한다. (　　)에 들어갈 단어를 적으시오.

76 화장품 중 특정 성분이 피부에 부작용과 자극을 유발하는지 미리 알아보고자 하는 방법으로 팔 안쪽이나 등 부위에 실시하는 안정성 테스트는 무엇인가?

① 첩포시험 ② 안점막자극 시험
③ 피부1차 자극시험 ④ 단회 투여 독성시험
⑤ 광감작성 시험

정답 70 페녹시 에탄올 71 ① 72 유효성 73 ② 74 ⑤ 75 50 76 ①

해설

첩포시험은 일명 패치테스트로 피부에 부작용을 미리 알아보고자 하는 안정성 테스트방법이다.

77 다음 중 자외선차단 제품은?

① 이산화티탄 ② 살리실릭산
③ 글리콜릭산 ④ 아스코르빈산인산
⑤ 설파

78 다음 중에서 천연보존제는?

① 에틸파라벤 ② 메틸파라벤
③ 페녹시에탄올 ④ 1,2-헥산디올
⑤ 프로필파라벤

해설

1,2-헥산디올은 천연보존제이다.

79 다음 중 화장품 사용 시 부작용 요인이 아닌 것은?

① 밍크오일
② 타르색소
③ 파라벤
④ 이미다졸리디닐우레아
⑤ 벤질아세테이트

80 인체를 청결 · 미화하여 매력을 더하고 용모를 밝게 변화시키거나 피부 · 모발의 건강을 유지 또는 증진하기 위하여 인체에 바르고 문지르거나 뿌리는 등 이와 유사한 방법으로 사용되는 물품으로서 인체에 대한 작용이 경미한 것을 무엇이라 하는가?

81 다음 중 화장품이 소용량 및 견본품일 경우 기재하지 않아도 되는 사항은?

① 화장품 전성분 ② 가격
③ 개봉 후 사용기간 ④ 영업자의 상호
⑤ 제조번호

해설

화장품법 제10조제1항 화장품의 1차 포장 또는 2차 포장에는 총리령으로 정하는 바에 따라 다음 각 호의 사항을 기재 · 표시하여야 한다. 다만, 내용량이 소량인 화장품의 포장 등 총리령으로 정하는 포장에는 화장품의 명칭, 화장품책임판매업자 및 맞춤형화장품판매업자의 상호, 가격, 제조번호와 사용기한 또는 개봉 후 사용기간(개봉 후 사용기간을 기재할 경우에는 제조연월일을 병행 표기하여야 한다. 이하 이 조에서 같다) 만을 기재 · 표시할 수 있다.

82 다음 중 화장품의 1차 포장에 반드시 표시해야 하는 사항이 아닌 것은?

① 영업자의 상호
② 제조번호
③ 화장품의 명칭
④ 사용기한 또는 개봉 후 사용기간
⑤ 내용물의 용량

해설

화장품법 제10조제1항 각 호 외의 부분 본문에도 불구하고 다음 각 호 사항은 1차 포장에 표시하여야 한다.
1. 화장품의 명칭
2. 영업자의 상호
3. 제조번호
4. 사용기한 또는 개봉 후 사용기간

83 화장품 제조에 사용된 성분을 화장품 용기 및 포장에 표시할 경우의 원칙에 대한 설명이 올바르지 않은 것은?

① 글자의 크기는 6포인트 이상으로 한다.
② 화장품 제조에 사용된 함량이 많은 것부터 기재·표시한다.
③ 혼합원료는 혼합된 개별 성분의 명칭을 기재·표시한다.
④ 착향제는 "향료"로 표시할 수 있다.

정답 77 ① 78 ④ 79 ① 80 **화장품** 81 ① 82 ⑤ 83 ①

⑤ 함량이 1% 이하로 사용된 성분, 착향제, 착색제는 순서에 상관없이 기재·표시한다.

해설
글자의 크기는 5포인트 이상으로 한다.

84 화장수와 크림의 중간 형태로 유분량이 적은 유동성의 에멀젼을 무엇이라고 하는가?

① 화장수 ② 로션
③ 크림 ④ 스킨로션
⑤ 에센스

85 다음 중 사용금지 원료가 아닌 것은?

① 클로로아트라놀
② 천수국꽃추출물
③ 니트로메탄
④ 아트라놀
⑤ 만수국꽃추출물

해설
사용금지 원료
니트로메탄, HICC, 아트라놀, 클로로아트라놀, 메칠렌글라이콜, 천수국꽃추출물 또는 오일(향료 포함) 만수국꽃추출물은 사용제한 원료이다.

86 다음 화장품법 제9조에 관한 내용이다. 빈칸에 적절한 내용을 쓰시오.

> 화장품책임판매업자 및 맞춤형화장품판매업자는 화장품을 판매할 때에는 어린이가 화장품을 잘못 사용하여 인체에 위해를 끼치는 사고가 발생하지 아니하도록 (   )을 사용하여야 한다.

87 맞춤형화장품판매업자는 맞춤형화장품 판매내역을 작성 · 보관해야 한다. 그 내역으로 틀린 것은?

① 판매일자 ② 식별번호
③ 사용기한 ④ 판매량
⑤ 판매가격

해설
[식약처 화장품 정책 설명회 자료 참조] 맞춤형화장품판매업자의 준수사항에 관한 규정 3항) 다음 각 목을 포함하는 맞춤형화장품 판매내역(전자문서 형식을 포함한다)을 작성 · 보관할 것
가. 맞춤형화장품 식별번호(식별번호는 맞춤형화장품의 혼합 또는 소분에 사용되는 내용물 및 원료의 제조번호와 혼합 · 소분 기록을 포함하여 맞춤형화장품 판매업자가 부여한 번호를 말한다)
나. 판매일자 · 판매량
다. 사용기한 또는 개봉 후 사용기간(맞춤형화장품의 사용기한 또는 개봉 후 사용기간은 맞춤형화장품의 혼합 또는 소분에 사용되는 내용물의 사용기한 또는 개봉 후 사용기간을 초과할 수 없다)

88 파라벤과 함께 많이 사용되는 방부제로 피부 자극을 유발(알러지)하며 체내 흡수 시 마취 작용을 하는 방부 역할은 하는 성분은?

① 페녹시에탄올
② 1,2-헥산 디올
③ 프로필렌글리콜
④ 부틸렌글리콜
⑤ 에틸렌글리콜

89 다음 화장품의 제형에 따른 충진용기의 연결이 바른 것은?

① 크림상 내용물 : 특수 장치를 갖춘 충진기
② 에어로졸 제품 : 자루 충진기
③ 화장수 : 튜브 충진기
④ 유액 : 입구가 넓은 병
⑤ 분체상의 내용물 : 종이상자

해설
제형에 따른 충진용기
1) 화장수나 유액 : 병 충진기
2) 크림상의 내용물 : 입구가 넓은 병 또는 튜브 충진기
3) 분체상의 내용물 : 종이상자나 자루 충진기
4) 에어로졸 제품 : 특수한 장치를 갖춘 충진기

정답 84 ② 85 ⑤ 86 **안전용기 · 포장** 87 ⑤ 88 ① 89 ⑤

90 제품의 포장재질, 포장방법에 관한 기준 등에 관한 규칙 별표1(환경부령)에 따라 로션제품의 포장공간 비율은 얼마 이하인가?

① 5%　② 10%
③ 15%　④ 20%
⑤ 25%

해설
인체 및 두발 세정용 제품류는 15% 이하, 그 밖의 화장품류는 10% 이하(단, 향수제외)

91 다음 중 화장품이 소용량 및 견본품일 경우 기재하지 않아도 되는 사항은?

① 사용기한　② 가격
③ 내용물의 용량　④ 영업자의 상호
⑤ 제조번호

해설
화장품법 제10조 제1항 화장품의 1차 포장 또는 2차 포장에는 총리령으로 정하는 바에 따라 다음 각 호의 사항을 기재·표시하여야 한다. 다만, 내용량이 소량인 화장품의 포장 등 총리령으로 정하는 포장에는 화장품의 명칭, 화장품책임판매업자 및 맞춤형화장품판매업자의 상호, 가격, 제조번호와 사용기한 또는 개봉 후 사용기간(개봉 후 사용기간을 기재할 경우에는 제조연월일을 병행 표기하여야 한다. 이하 이 조에서 같다) 만을 기재·표시할 수 있다.

92 부당한 표시·광고 행위 등의 금지에 관한 화장품법 제13조제1항 영업자 또는 판매자가 표시 또는 광고를 하여서는 아니되는 항목에 속하지 않는 것은?

① 기능성화장품이 아닌 화장품을 기능성화장품으로 잘못 인식할 우려가 있거나 기능성화장 품의 안정성, 유효성에 관한 심사결과와 다른 내용의 표시 또는 광고
② 외국제품을 국내제품으로 또는 국내제품을 외국제품으로 잘못 인식할 우려가 있는 표시 또는 광고
③ 의약품으로 잘못 인식할 우려가 있는 표시 또는 광고
④ 천연화장품 또는 유기농화장품이 아닌 화장품을 천연화장품 또는 유기농화장품으로 잘못 인식할 우려가 있는 표시 또는 광고
⑤ 그 밖에 사실과 다르게 소비자를 속이거나 소비자가 잘못 인식하도록 할 우려가 있는 표시 또는 광고

해설
화장품법 제13조제2항에 따른 표시.광고의 범위와 그 밖에 준수해야 하는 사항을 규정해놓은 화장품법 시행규칙 22조에 해당

93 화장품 가격표시제실시요령에 관한 규정 설명을 틀린 것은?

① 화장품을 판매하는 자에게 당해 품목의 실제 거래 가격을 표시하도록 한다.
② "표시의무자"라 함은 화장품을 일반 소비자에게 판매하는 자를 말한다.
③ "판매가격"이라 함은 화장품을 일반 소비자에게 판매하는 실제 가격을 말한다.
④ 화장품을 일반소비자에게 소매 점포에서 판매하는 경우 소매업자(직매장을 포함한다.)가 표시의무자가 된다.
⑤ 책임판매업자도 표시의무자에 해당된다.

해설
소매업자 이외의 책임판매업자, 제조업자는 그 판매 가격을 표시하여서는 안 된다.

94 다음 설명에 해당하는 화장품 제형은 무엇인가?

> (　　　　　　)란 액체를 침투시킨 분자량이 큰 유기분자로 이루어진 반고형상을 말한다.

정답 90 ② 91 ③ 92 ② 93 ⑤ 94 **겔제**

95 다음 중 로션에 대한 설명으로 틀린 것은?

① 화장수와 크림의 중간 형태
② 유분량이 적은 유동성의 에멀젼
③ 크림에 비해서 수분의 양이 적다.
④ 가벼운 느낌과 함께 피부에 발림성이 좋다.
⑤ 피부의 유연성과 보습성을 유지하게 한다.

해설
로션은 크림에 비해서 수분의 양이 많고, 유분의 양이 적다.

96 유통화장품의 안전관리 기준에서 ph의 범위는?

① 1.0~5.0 ② 2.0~8.0
③ 3.0~9.0 ④ 4.0~10.0
⑤ 5.0~11.0

97 화장품 포장의 표시기준 및 표시방법에 관한 설명이다. 빈 칸에 들어갈 용어를 쓰시오

> 화장품법 제10조제1항제3호에 따른 성분을 기재 · 표시할 경우 화장품제조업자 또는 화장품책임판매업자의 정당한 이익을 현저히 침해할 우려가 있을 때에는 화장품제조업자 또는 화장품책임판매업자는 식품의약품안전처장에게 그 근거자료를 제출해야 하고, 식품의약품안전처장이 정당한 이익을 침해할 우려가 있다고 인정하는 경우에는 (   )으로 기재 · 표시할 수 있다.

98 화장품법 제5조 영업자의 의무에 관한 규정 중 다음 설명에 해당하는 대상은?

> • (가)는 맞춤형화장품 판매장 시설 · 기구의 관리 방법, 혼합 · 소분 안전관리기준의 준수 의무, 혼합 · 소분되는 내용물 및 원료에 대한 설명 의무 등에 관하여 총리령으로 정하는 사항을 준수하여야 한다.
> • 책임판매관리자 및 (나)는 화장품의 안전성 확보 및 품질관리에 관한 교육을 매년 받아야 한다.

99 화장품책임판매업자는 화장품의 품질관리, 제조판매 후 안전관리, 그 밖에 제조 판매에 관하여 (   )으로 정하는 사항을 준수하여야 한다. (   ) 안에 들어갈 단어는?

① 대통령령 ② 총리령
③ 국회 ④ 보건복지부령
⑤ 시·도지사

100 신규 원료에 대하여 원료 규격을 설정할 때 일반적인 원료의 시험항목이 아닌 것은?

① 순도시험 ② 성상
③ 확인시험 ④ 무균시험
⑤ 함량시험

해설
[화장품 원료 사용기준 지정 및 변경 심사 가이드라인: 식약처 민원인 안내서]
성상, 확인시험, 순도시험, 함량시험, 강열잔분, 강열감량, 건조감량 등의 시험항목이 있으며 일반적으로 화장품에는 무균원료가 없어서 무균시험을 실시하지 않는다.

정답 95 ③ 96 ③ 97 기타성분 98 (가) 맞춤형화장품 판매업자, (나) 맞춤형화장품 조제관리사 99 ② 100 ④

참고문헌

1. 식품의약품안전처, "화장품법 법률 제16298호", 일부개정 2019.1.15
2. 식품의약품안전처, "화장품법 시행령 대통령령 제30245호", 일부개정 2019.12.10
3. 식품의약품안전처, "화장품법 시행규칙 총리령 제1577호", 일부개정 2019.12.12
4. 식품의약품안전처, "화장품법 시행규칙 별표1 품질관리기준", 2019.3.14.
5. 식품의약품안전처, "화장품법 시행규칙 별표2 책임판매 후 안전관리기준", 2019.3.14
6. 식품의약품안전처, "화장품법 시행규칙 별표3 화장품 유형과 사용 시의 주의사항", 개정 2018.12.31
7. 식품의약품안전처, "화장품법 시행규칙 별표4 화장품 포장의 표시기준 및 표시방법", 개정 2019.12.12.
8. 식품의약품안전처, "화장품법 시행규칙 별표5 화장품 표시····광고의 범위 및 준수사항", 개정 2019.12.12
9. 식품의약품안전처, "화장품법 시행규칙 별표6 위해화장품의 공표문", 신설 2015.7.29.
10. 식품의약품안전처, "화장품법 시행규칙 별표7 행정처분의 기준", 개정 2019.12.12.
11. 식품의약품안전처, "화장품법 시행규칙 별표9 수수료", 개정 2019.3.14.
12. 서울지방식품의약품안전청, "화장품 사전사후관리방안", 2019.2
13. 행정안전부, "개인정보 보호법 법률 제14839호", 타법개정 2017.7.26
14. 행정안전부, "개인정보 보호법 시행령 대통령령 제29421호", 타법개정 2018.12.24.
15. 행정안전부, "개인정보 보호법 시행규칙 행정안전부령 제14호", 일부개정 2017.10.19.
16. 행정안전부, "개인정보 보호법 시행규칙 별표1 전문인력의 자격 기준", 개정 2017.7.26.
17. 행정안전부, "개인정보 보호법 시행규칙 별표1의2 과징금의 부과기준", 신설 2014.8.6.
18. 행정안전부, "개인정보 보호법 시행규칙 별표2 과태료의 부과기준", 개정 2017.10.17.
19. 식품의약품안전처 식품의약품안전평가원 독성평가연구부 특수독성과, "화장품 피부감작성 동물대체 시험법", 2019.6
20. 식품의약품안전처 바이오생약국 화장품정책과, "우수화장품 제조 및 품질관리기준[CGMP] 해설서 [민원인 안내서]", 제2개정
21. 식품의약품안전처, "화장품 원료 사용기준 지정 및 변경심사 가이드라인[민원인 안내서]", 2019.3
22. 식품의약품안전처, "위해평가 방법 및 절차 등에 관한 규정 일부개정 고시", 2018.12.7.
23. 식품의약품안전처 식품의약품안전평가원, "화장품 위해평가 가이드라인", 2011.8
24. 식품의약품안전처, "기능성화장품 심사에 관한 규정 일부개정 고시(안) 행정예고", 2019.5.17.

25. 식품의약품안전처 식품의약품안전평가원, "화장품 광독성 동물대체시험법 가이드라인[민원인 안내서]", 2018.6.26.
26. 식품의약품안전처 식품의약품안전평가원, "화장품 단회투여독성 동물대체시험법[독성등급법] 가이드라인(민원인 안내서)", 2018.6.26.
27. 식품의약품안전처 식품의약품안전평가원 바이오생약심사부 화장품심사과, "화장품 안정성시험 가이드라인[민원인 안내서]", 2011.6
28. 식품의약품안전처 식품의약품안전평가원 의료제품연구부 화장품연구팀, "화장품 위해평가 가이드라인", 2013.10
29. 식품의약품안전처, "화장품 안전기준 등에 관한 규정 고시 제2019-93호", 개정 2019.10.17.
30. 식품의약품안전처 바이오생약국 화장품정책과,"화장품 안전성 정보관리 규정 식품의약품안전처 고시 제2014-103호", 일부개정 2014.3.21.
31. 식품의약품안전처 식품의약품안전평가원 바이오생약심사부 화장품심사과, "기능성화장품 유효성평가를 위한 가이드라인 I -피부의 미백에 도움을 주는 제품의 유효성 또는 기능을 입증하는 자료[민원인 안내서]", 2015.9
32. 식품의약품안전처 식품의약품안전평가원 바이오생약심사부 화장품심사과, "기능성화장품 유효성평가를 위한 가이드라인 II [민원인 안내서]". 2005.7
33. 한국임상병리학과 조직····세포학교수회, "조직학", 6판(고려의학)
34. 최경임····허순덕····장정현····오정선····노희영····김소희, "화장품학", 광문각
35. 김주덕····김상진····김한석····권영두····박경환····이화순····진종언,"신화장품학", 동화기술
36. 박외숙, "화장품 과학", 2판(2016, 자유아카데미)
37. 서교택····노유찬····김형걸, "화장품 제조 실습", 2008(학연사)
38. 김경영····배유경····이은주····김수미····김은애····안선례, "(에센스)화장품학"2013(메디시언)
39. 안봉전····이진태····이창언, "화장품 생물신소재", 2009(광문각)
40. 김기연····박은경····이승화····이정희····이종민····조남영····조지훈, "화장품성분학사전", 2011(현문사)
41. 이성옥····김기영····이만성····이미희····이정숙, "최신 화장품 과학", 2011(광문각)
42. 권순봉 외, "화장품 제조 이론 및 실제", 2007(보성)
43. 박성호····김영길····최성출, "화장품성분학", 2005(훈민사)

맞춤형화장품
조제관리사

맞춤형화장품
조제관리사

美
美친 적중률
美친 합격률
美친 만족도
최고의 국가자격시험 수험서를 제대로 만들고 싶어하는 성안당의 마음입니다

합격보장

2020년 개정 관계 법령 반영
제1회 시험 완벽 반영한 개정판

맞춤형화장품 조제관리사

국가전문자격

송영아 · 허은영 · 김경미 · 박정민
조수영 · 육영삼 · 홍란희 · 박해련 지음
김근수 감수

특별부록

책속의 책

1. 화장품 관련 법규
2. 사용할 수 없는 원료
3. 사용상의 제한이 필요한 원료

BM (주)도서출판 성안당

맞춤형화장품
조제관리사

美
적중률
합격률
만족도
최고의 국가자격시험 수험서를 제대로
만들고 싶어하는 성안당의 마음입니다

합격보장

2020년 개정 관계 법령 반영
제1회 시험 완벽 반영한 개정판

맞춤형화장품 조제관리사

국가전문자격

송영아 · 허은영 · 김경미 · 박정민
조수영 · 육영삼 · 홍란희 · 박해련 지음
김근수 감수

특별부록

책속의 책

1. 화장품 관련 법규
2. 사용할 수 없는 원료
3. 사용상의 제한이 필요한 원료

BM (주)도서출판 성안당

부록 1

화장품 관련 법규

I. 화장품 법령

1. 화장품법
2. 화장품법 시행령
3. 화장품법 시행규칙

II. 화장품법 규정

1. 기능성화장품 심사에 관한 규정
2. 기능성화장품 기준 및 시험방법의 통칙
3. 우수화장품 제조 및 품질관리기준
4. 화장품 안전성 정보관리 규정
5. 화장품 안전기준 등에 관한 규정
6. 천연화장품 및 유기농화장품의 기준에 관한 규정
7. 행정처분의 기준(제29조제1항 관련)

CHAPTER

01 | 화장품 법령

1. 화장품법

법률 제16298호 일부개정 2019. 01. 15.

제 1장 총칙

제1조 (목적) 이 법은 화장품의 제조·수입·판매 및 수출 등에 관한 사항을 규정함으로써 국민보건향상과 화장품 산업의 발전에 기여함을 목적으로 한다. [개정 2018.3.13] [시행일 2019.3.14.]

제2조 (정의) 이 법에서 사용하는 용어의 뜻은 다음과 같다. [개정 2013.3.23 제11690호(**정부조직법**), 2016.5.29, 2018.3.13] [[시행일 2019.3.14]] [[시행일 2020.3.14: 맞춤형화장품, 맞춤형화장품판매업자 및 맞춤형화장품조제관리사와 관련된 부분]]

1. "화장품"이란 인체를 청결·미화하여 매력을 더하고 용모를 밝게 변화시키거나 피부·모발의 건강을 유지 또는 증진하기 위하여 인체에 바르고 문지르거나 뿌리는 등 이와 유사한 방법으로 사용되는 물품으로서 인체에 대한 작용이 경미한 것을 말한다. 다만, 「**약사법**」 **제2조제4호**의 의약품에 해당하는 물품은 제외한다.

2. "기능성화장품"이란 화장품 중에서 다음 각 목의 어느 하나에 해당되는 것으로서 총리령으로 정하는 화장품을 말한다.

   가. 피부의 미백에 도움을 주는 제품

   나. 피부의 주름개선에 도움을 주는 제품

   다. 피부를 곱게 태워주거나 자외선으로부터 피부를 보호하는 데에 도움을 주는 제품

   라. 모발의 색상 변화·제거 또는 영양공급에 도움을 주는 제품

   마. 피부나 모발의 기능 약화로 인한 건조함, 갈라짐, 빠짐, 각질화 등을 방지하거나 개선하는 데에 도움을 주는 제품

2의2. "천연화장품"이란 동식물 및 그 유래 원료 등을 함유한 화장품으로서 식품의약품안전처장이 정하

는 기준에 맞는 화장품을 말한다.

3. "유기농화장품"이란 유기농 원료, 동식물 및 그 유래 원료 등을 함유한 화장품으로서 식품의약품안전처장이 정하는 기준에 맞는 화장품을 말한다.

3의2. "맞춤형화장품"이란 다음 각 목의 화장품을 말한다.

가. 제조 또는 수입된 화장품의 내용물에 다른 화장품의 내용물이나 식품의약품안전처장이 정하는 원료를 추가하여 혼합한 화장품

나. 제조 또는 수입된 화장품의 내용물을 소분(小分)한 화장품

4. "안전용기·포장"이란 만 5세 미만의 어린이가 개봉하기 어렵게 설계·고안된 용기나 포장을 말한다.

5. "사용기한"이란 화장품이 제조된 날부터 적절한 보관 상태에서 제품이 고유의 특성을 간직한 채 소비자가 안정적으로 사용할 수 있는 최소한의 기한을 말한다.

6. "1차 포장"이란 화장품 제조 시 내용물과 직접 접촉하는 포장용기를 말한다.

7. "2차 포장"이란 1차 포장을 수용하는 1개 또는 그 이상의 포장과 보호재 및 표시의 목적으로 한 포장(첨부문서 등을 포함한다)을 말한다.

8. "표시"란 화장품의 용기·포장에 기재하는 문자·숫자 또는 도형을 말한다.

9. "광고"란 라디오·텔레비전·신문·잡지·음성·음향·영상·인터넷·인쇄물·간판, 그 밖의 방법에 의하여 화장품에 대한 정보를 나타내거나 알리는 행위를 말한다.

10. "화장품제조업"이란 화장품의 전부 또는 일부를 제조(2차 포장 또는 표시만의 공정은 제외한다)하는 영업을 말한다.

11. "화장품책임판매업"이란 취급하는 화장품의 품질 및 안전 등을 관리하면서 이를 유통·판매하거나 수입대행형 거래를 목적으로 알선·수여(授與)하는 영업을 말한다.

12. "맞춤형화장품판매업"이란 맞춤형화장품을 판매하는 영업을 말한다.

제2조(정의)[(미시행 조문: 2020.01.16. 시행)

제2조의2 (영업의 종류) ① 이 법에 따른 영업의 종류는 다음 각 호와 같다.

1. 화장품제조업
2. 화장품책임판매업
3. 맞춤형화장품판매업

② 제1항에 따른 영업의 세부 종류와 그 범위는 대통령령으로 정한다.

[본조신설 2018.3.13] [시행일 2020.3.14.] 맞춤형화장품, 맞춤형화장품판매업자 및 맞춤형화장품조제관리사와 관련된 부분

제2장 화장품의 제조. 유통

제3조 (영업의 등록) ① 화장품제조업 또는 화장품책임판매업을 하려는 자는 각각 총리령으로 정하는 바에 따라 식품의약품안전처장에게 등록하여야 한다. 등록한 사항 중 총리령으로 정하는 중요한 사항을 변경할 때에도 또한 같다. [개정 2013.3.23 제11690호(정부조직법), 2016.2.3, 2018.3.13] [[시행일 2019.3.14]]

② 제1항에 따라 화장품제조업을 등록하려는 자는 총리령으로 정하는 시설기준을 갖추어야 한다. 다만, 화장품의 일부 공정만을 제조하는 등 총리령으로 정하는 경우에 해당하는 때에는 시설의 일부를 갖추지 아니할 수 있다. [개정 2013.3.23 제11690호(정부조직법), 2018.3.13] [[시행일 2019.3.14]]

③ 제1항에 따라 화장품책임판매업을 등록하려는 자는 총리령으로 정하는 화장품의 품질관리 및 책임판매 후 안전관리에 관한 기준을 갖추어야 하며, 이를 관리할 수 있는 관리자(이하 "책임판매관리자"라 한다)를 두어야 한다. [개정 2013.3.23 제11690호(정부조직법), 2018.3.13] [[시행일 2019.3.14]]

④ 제1항부터 제3항까지의 규정에 따른 등록 절차 및 책임판매관리자의 자격기준과 직무 등에 관하여 필요한 사항은 총리령으로 정한다. [개정 2013.3.23 제11690호(정부조직법), 2018.3.13] [제목개정 2018.3.13]

제3조의2 (맞춤형화장품판매업의 신고) ① 맞춤형화장품판매업을 하려는 자는 총리령으로 정하는 바에 따라 식품의약품안전처장에게 신고하여야 한다. 신고한 사항 중 총리령으로 정하는 사항을 변경할 때에도 또한 같다.

② 제1항에 따라 맞춤형화장품판매업을 신고한 자(이하 "맞춤형화장품판매업자"라 한다)는 총리령으로 정하는 바에 따라 맞춤형화장품의 혼합·소분 업무에 종사하는 자(이하 "맞춤형화장품조제관리사"라 한다)를 두어야 한다.

[본조신설 2018.3.13] [시행일 2020.3.14.]

제3조의3 (결격사유) 다음 각 호의 어느 하나에 해당하는 자는 화장품제조업 또는 화장품책임판매업의 등록이나 맞춤형화장품판매업의 신고를 할 수 없다. 다만, 제1호 및 제3호는 화장품제조업만 해당한다.

1. 「정신건강증진 및 정신질환자 복지서비스 지원에 관한 법률」 제3조제1호에 따른 정신질환자. 다만, 전문의가 화장품제조업자(제3조제1항에 따라 화장품제조업을 등록한 자를 말한다. 이하 같다)로서 적합하다고 인정하는 사람은 제외한다.

2. 피성년후견인 또는 파산선고를 받고 복권되지 아니한 자

3. 「마약류 관리에 관한 법률」 제2조제1호에 따른 마약류의 중독자

4. 이 법 또는 「보건범죄 단속에 관한 특별조치법」을 위반하여 금고 이상의 형을 선고받고 그 집행이 끝나지 아니하거나 그 집행을 받지 아니하기로 확정되지 아니한 자

5. 제24조에 따라 등록이 취소되거나 영업소가 폐쇄(이 조 제1호부터 제3호까지의 어느 하나에 해당하여 등록이 취소되거나 영업소가 폐쇄된 경우는 제외한다)된 날부터 1년이 지나지 아니한 자

[본조신설 2018.3.13] [시행일 2019.3.14] [시행일 2020.3.14.].맞춤형화장품, 맞춤형화장품판매업자 및 맞춤형화장품조제관리사와 관련된 부분]

제3조의4 (맞춤형화장품조제관리사 자격시험) ① 맞춤형화장품조제관리사가 되려는 사람은 화장품과 원료 등에 대하여 식품의약품안전처장이 실시하는 자격시험에 합격하여야 한다.

② 식품의약품안전처장은 맞춤형화장품조제관리사가 거짓이나 그 밖의 부정한 방법으로 시험에 합격한 경우에는 자격을 취소하여야 하며, 자격이 취소된 사람은 취소된 날부터 3년간 자격시험에 응시할 수 없다.

③ 식품의약품안전처장은 제1항에 따른 자격시험 업무를 효과적으로 수행하기 위하여 필요한 전문인력과 시설을 갖춘 기관 또는 단체를 시험운영기관으로 지정하여 시험업무를 위탁할 수 있다.

④ 제1항 및 제3항에 따른 자격시험의 시기, 절차, 방법, 시험과목, 자격증의 발급, 시험운영기관의 지정 등 자격시험에 필요한 사항은 총리령으로 정한다.

[본조신설 2018.3.13]

제4조 (기능성화장품의 심사 등) ① 기능성화장품으로 인정받아 판매 등을 하려는 화장품제조업자, 화장품책임판매업자(**제3조제1항**에 따라 화장품책임판매업을 등록한 자를 말한다. 이하 같다) 또는 총리령으로 정하는 대학·연구소 등은 품목별로 안전성 및 유효성에 관하여 식품의약품안전처장의 심사를 받거나 식품의약품안전처장에게 보고서를 제출하여야 한다. 제출한 보고서나 심사받은 사항을 변경할 때에도 또한 같다. [개정 2013.3.23 제11690호(**정부조직법**), 2018.3.13]

② 제1항에 따른 유효성에 관한 심사는 **제2조제2호** 각 목에 규정된 효능·효과에 한하여 실시한다.

③ 제1항에 따른 심사를 받으려는 자는 총리령으로 정하는 바에 따라 그 심사에 필요한 자료를 식품의약품안전처장에게 제출하여야 한다. [개정 2013.3.23 제11690호(**정부조직법**)]

④ 제1항 및 제2항에 따른 심사 또는 보고서 제출의 대상과 절차 등에 관하여 필요한 사항은 총리령으로 정한다. [개정 2013.3.23 제11690호(**정부조직법**)]

제4조의2 (영유아 또는 어린이 사용 화장품의 관리) ① 화장품책임판매업자는 영유아 또는 어린이가 사용할 수 있는 화장품임을 표시·광고하려는 경우에는 제품별로 안전과 품질을 입증할 수 있는 다음 각 호의 자료(이하 "제품별 안전성 자료"라 한다)를 작성 및 보관하여야 한다.

1. 제품 및 제조방법에 대한 설명 자료

2. 화장품의 안전성 평가 자료

3. 제품의 효능·효과에 대한 증명 자료

② 식품의약품안전처장은 제1항에 따른 화장품에 대하여 제품별 안전성 자료, 소비자 사용실태, 사용 후 이상사례 등에 대하여 주기적으로 실태조사를 실시하고, 위해요소의 저감화를 위한 계획을 수립하여야 한다.

③ 식품의약품안전처장은 소비자가 제1항에 따른 화장품을 안전하게 사용할 수 있도록 교육 및 홍보를 할 수 있다.

④ 제1항에 따른 영유아 또는 어린이의 연령 및 표시·광고의 범위, 제품별 안전성 자료의 작성 범위 및 보관기간 등과 제2항에 따른 실태조사 및 계획 수립의 범위, 시기, 절차 등에 필요한 사항은 총리령으로 정한다.

[본조신설 2019.1.15] [[시행일 2020.1.16.]]

(미시행 조문: 2020.01.16. 시행)

제5조 (영업자의 의무 등) ① 화장품제조업자는 화장품의 제조와 관련된 기록·시설·기구 등 관리 방법, 원료·자재·완제품 등에 대한 시험·검사·검정 실시 방법 및 의무 등에 관하여 총리령으로 정하는 사항을 준수하여야 한다. [개정 2013.3.23 제11690호(**정부조직법**), 2018.3.13] [[시행일 2019.3.14]] [[시행일 2020.3.14: 맞춤형화장품, 맞춤형화장품판매업자 및 맞춤형화장품조제관리사와 관련된 부분]]

② 화장품책임판매업자는 화장품의 품질관리기준, 책임판매 후 안전관리기준, 품질 검사 방법 및 실시 의무, 안전성·유효성 관련 정보사항 등의 보고 및 안전대책 마련 의무 등에 관하여 총리령으로 정하는 사항을 준수하여야 한다. [개정 2013.3.23 제11690호(**정부조직법**), 2018.3.13] [[시행일 2019.3.14]] [[시행일 2020.3.14: 맞춤형화장품, 맞춤형화장품판매업자 및 맞춤형화장품조제관리사와 관련된 부분]]

③ 맞춤형화장품판매업자는 맞춤형화장품 판매장 시설·기구의 관리 방법, 혼합·소분 안전관리기준의 준수 의무, 혼합·소분되는 내용물 및 원료에 대한 설명 의무 등에 관하여 총리령으로 정하는 사항을 준수하여야 한다. [신설 2018.3.13] [[시행일 2019.3.14]] [[시행일 2020.3.14: 맞춤형화장품, 맞춤형화장품판매업자 및 맞춤형화장품조제관리사와 관련된 부분]]

④ 화장품책임판매업자는 총리령으로 정하는 바에 따라 화장품의 생산실적 또는 수입실적, 화장품의 제조과정에 사용된 원료의 목록 등을 식품의약품안전처장에게 보고하여야 한다. 이 경우 원료의 목록에 관한 보고는 화장품의 유통·판매 전에 하여야 한다. [개정 2013.3.23 제11690호(**정부조직법**), 2018.3.13] [[시행일 2019.3.14]] [[시행일 2020.3.14: 맞춤형화장품, 맞춤형화장품판매업자 및 맞춤형화장품조제관리사와 관련된 부분]]

⑤ 책임판매관리자 및 맞춤형화장품조제관리사는 화장품의 안전성 확보 및 품질관리에 관한 교육을 매년 받아야 한다. [개정 2013.3.23 제11690호(**정부조직법**), 2016.2.3, 2018.3.13] [[시행일 2019.3.14]] [[시행일 2020.3.14: 맞춤형화장품, 맞춤형화장품판매업자 및 맞춤형화장품조제관리사와 관련된 부분]]

⑥ 식품의약품안전처장은 국민 건강상 위해를 방지하기 위하여 필요하다고 인정하면 화장품제조업자, 화장품책임판매업자 및 맞춤형화장품판매업자(이하 "영업자"라 한다)에게 화장품 관련 법령 및 제도(화장품의 안전성 확보 및 품질관리에 관한 내용을 포함한다)에 관한 교육을 받을 것을 명할 수 있다. [개정 2016.2.3, 2018.3.13] [[시행일 2019.3.14]] [[시행일 2020.3.14: 맞춤형화장품, 맞춤형화장품판매업자 및 맞춤형화장품조제관리사와 관련된 부분]]

⑦ 제6항에 따라 교육을 받아야 하는 자가 둘 이상의 장소에서 화장품제조업, 화장품책임판매업 또는 맞춤형화장품판매업을 하는 경우에는 종업원 중에서 총리령으로 정하는 자를 책임자로 지정하여 교육을 받게 할 수 있다. [신설 2016.2.3, 2018.3.13] [[시행일 2019.3.14]] [[시행일 2020.3.14: 맞춤형화장품, 맞춤

형화장품판매업자 및 맞춤형화장품조제관리사와 관련된 부분]]

⑧ 제5항부터 제7항까지의 규정에 따른 교육의 실시 기관, 내용, 대상 및 교육비 등에 관하여 필요한 사항은 총리령으로 정한다. [신설 2016.2.3, 2018.3.13] [[시행일 2019.3.14]] [[시행일 2020.3.14: 맞춤형화장품, 맞춤형화장품판매업자 및 맞춤형화장품조제관리사와 관련된 부분]]

[본조제목개정 2018.3.13] [[시행일 2019.3.14]] [[시행일 2020.3.14: 맞춤형화장품, 맞춤형화장품판매업자 및 맞춤형화장품조제관리사와 관련된 부분]]

제5조의2 (위해화장품의 회수) ① 영업자는 유통 중인 화장품이 **제9조, 제15조** 또는 **제16조제1항**에 위반되어 국민보건에 위해(危害)를 끼칠 우려가 있는 경우에는 지체 없이 해당 화장품을 회수하거나 회수하는 데에 필요한 조치를 하여야 한다. [개정 2018.3.13] [[시행일 2019.3.14]] [[시행일 2020.3.14: 맞춤형화장품, 맞춤형화장품판매업자 및 맞춤형화장품조제관리사와 관련된 부분]]

② 제1항에 따라 해당 화장품을 회수하거나 회수하는 데에 필요한 조치를 하려는 영업자는 회수계획을 식품의약품안전처장에게 미리 보고하여야 한다. [개정 2018.3.13] [[시행일 2019.3.14]] [[시행일 2020.3.14: 맞춤형화장품, 맞춤형화장품판매업자 및 맞춤형화장품조제관리사와 관련된 부분]]

③ 식품의약품안전처장은 제1항에 따른 회수 또는 회수에 필요한 조치를 성실하게 이행한 영업자가 해당 화장품으로 인하여 받게 되는 **제24조**에 따른 행정처분을 총리령으로 정하는 바에 따라 감경 또는 면제할 수 있다. [개정 2018.3.13] [[시행일 2019.3.14]] [[시행일 2020.3.14: 맞춤형화장품, 맞춤형화장품판매업자 및 맞춤형화장품조제관리사와 관련된 부분]]

④ 제1항 및 제2항에 따른 회수 대상 화장품, 회수계획 보고 및 회수절차 등에 필요한 사항은 총리령으로 정한다.

[본조신설 2015.1.28] [시행일 2020.3.14.] 제5조의2의 개정규정 중 맞춤형화장품, 맞춤형화장품판매업자 및 맞춤형화장품조제관리사와 관련된 부분

제6조 (폐업 등의 신고) ① 영업자는 다음 각 호의 어느 하나에 해당하는 경우에는 총리령으로 정하는 바에 따라 식품의약품안전처장에게 신고하여야 한다. 다만, 휴업기간이 1개월 미만이거나 그 기간 동안 휴업하였다가 그 업을 재개하는 경우에는 그러하지 아니하다. [개정 2013.3.23 제11690호(**정부조직법**), 2018.3.13, 2018.12.11][시행일 2019.3.14][시행일 2020.3.14.] 맞춤형화장품, 맞춤형화장품판매업자 및 맞춤형화장품조제관리사와 관련된 부분

1. 폐업 또는 휴업하려는 경우

2. 휴업 후 그 업을 재개하려는 경우

3. 삭제 [2018.12.11]

② 식품의약품안전처장은 화장품제조업자 또는 화장품책임판매업자가 「**부가가치세법**」 **제8조**에 따라 관할 세무서장에게 폐업신고를 하거나 관할 세무서장이 사업자등록을 말소한 경우에는 등록을 취소할 수 있다. [신설 2018.3.13]

③ 식품의약품안전처장은 제2항에 따라 등록을 취소하기 위하여 필요하면 관할 세무서장에게 화장품제조업자 또는 화장품책임판매업자의 폐업여부에 대한 정보 제공을 요청할 수 있다. 이 경우 요청을 받은 관할 세무서장은 「전자정부법」 제39조에 따라 화장품제조업자 또는 화장품책임판매업자의 폐업여부에 대한 정보를 제공하여야 한다. [신설 2018.3.13]

④ 식품의약품안전처장은 제1항제1호에 따른 폐업신고 또는 휴업신고를 받은 날부터 7일 이내에 신고수리 여부를 신고인에게 통지하여야 한다. [신설 2018.12.11]

⑤ 식품의약품안전처장이 제4항에서 정한 기간 내에 신고수리 여부 또는 민원 처리 관련 법령에 따른 처리기간의 연장을 신고인에게 통지하지 아니하면 그 기간(민원 처리 관련 법령에 따라 처리기간이 연장 또는 재연장된 경우에는 해당 처리기간을 말한다)이 끝난 날의 다음 날에 신고를 수리한 것으로 본다. [신설 2018.12.11]

[시행일: 2020. 3. 14.] 제6조의 개정규정 중 맞춤형화장품, 맞춤형화장품판매업자 및 맞춤형화장품조제관리사와 관련된 부분

제7조삭제 [2018.3.13]

제 3장 화장품의 취급

제 1절 기준

제8조 (화장품 안전기준 등) ① 식품의약품안전처장은 화장품의 제조 등에 사용할 수 없는 원료를 지정하여 고시하여야 한다. [개정 2013.3.23 제11690호(정부조직법)]

② 식품의약품안전처장은 보존제, 색소, 자외선차단제 등과 같이 특별히 사용상의 제한이 필요한 원료에 대하여는 그 사용기준을 지정하여 고시하여야 하며, 사용기준이 지정·고시된 원료 외의 보존제, 색소, 자외선차단제 등은 사용할 수 없다. [개정 2013.3.23 제11690호(정부조직법), 2018.3.13] [[시행일 2019.3.14]]

③ 식품의약품안전처장은 국내외에서 유해물질이 포함되어 있는 것으로 알려지는 등 국민보건상 위해 우려가 제기되는 화장품 원료 등의 경우에는 총리령으로 정하는 바에 따라 위해요소를 신속히 평가하여 그 위해 여부를 결정하여야 한다. [개정 2013.3.23 제11690호(정부조직법)]

④ 식품의약품안전처장은 제3항에 따라 위해평가가 완료된 경우에는 해당 화장품 원료 등을 화장품의 제조에 사용할 수 없는 원료로 지정하거나 그 사용기준을 지정하여야 한다. [개정 2013.3.23 제11690호(정부조직법)]

⑤ 식품의약품안전처장은 제2항에 따라 지정·고시된 원료의 사용기준의 안전성을 정기적으로 검토하여야 하고, 그 결과에 따라 지정·고시된 원료의 사용기준을 변경할 수 있다. 이 경우 안전성 검토의 주기 및 절차 등에 관한 사항은 총리령으로 정한다. [신설 2018.3.13]

⑥ 화장품제조업자, 화장품책임판매업자 또는 대학·연구소 등 총리령으로 정하는 자는 제2항에 따라 지정·고시되지 아니한 원료의 사용기준을 지정·고시하거나 지정·고시된 원료의 사용기준을 변경하여 줄

것을 총리령으로 정하는 바에 따라 식품의약품안전처장에게 신청할 수 있다. [신설 2018.3.13] [[시행일 2019.3.14]]

⑦ 식품의약품안전처장은 제6항에 따른 신청을 받은 경우에는 신청된 내용의 타당성을 검토하여야 하고, 그 타당성이 인정되는 경우에는 원료의 사용기준을 지정·고시하거나 변경하여야 한다. 이 경우 신청인에게 검토 결과를 서면으로 알려야 한다. [신설 2018.3.13] [[시행일 2019.3.14]]

⑧ 식품의약품안전처장은 그 밖에 유통화장품 안전관리 기준을 정하여 고시할 수 있다. [개정 2013.3.23 제11690호(**정부조직법**), 2018.3.13] [[시행일 2019.3.14.]]

제9조 (안전용기 · 포장 등) ① 화장품책임판매업자 및 맞춤형화장품판매업자는 화장품을 판매할 때에는 어린이가 화장품을 잘못 사용하여 인체에 위해를 끼치는 사고가 발생하지 아니하도록 안전용기·포장을 사용하여야 한다. [개정 2018.3.13] [[시행일 2019.3.14]] [[시행일 2020.3.14: 맞춤형화장품, 맞춤형화장품판매업자 및 맞춤형화장품조제관리사와 관련된 부분]]

② 제1항에 따라 안전용기·포장을 사용하여야 할 품목 및 용기·포장의 기준 등에 관하여는 총리령으로 정한다. [개정 2013.3.23 제11690호(**정부조직법**)]

제 2절 표시. 광고. 취급

제10조 (화장품의 기재사항) ① 화장품의 1차 포장 또는 2차 포장에는 총리령으로 정하는 바에 따라 다음 각 호의 사항을 기재·표시하여야 한다. 다만, 내용량이 소량인 화장품의 포장 등 총리령으로 정하는 포장에는 화장품의 명칭, 화장품책임판매업자 및 맞춤형화장품판매업자의 상호, 가격, 제조번호와 사용기한 또는 개봉 후 사용기간(개봉 후 사용기간을 기재할 경우에는 제조연월일을 병행 표기하여야 한다. 이하 이 조에서 같다)만을 기재·표시할 수 있다. [개정 2013.3.23 제11690호(**정부조직법**), 2016.2.3, 2018.3.13]

1. 화장품의 명칭
2. 영업자의 상호 및 주소
3. 해당 화장품 제조에 사용된 모든 성분(인체에 무해한 소량 함유 성분 등 총리령으로 정하는 성분은 제외한다)
4. 내용물의 용량 또는 중량
5. 제조번호
6. 사용기한 또는 개봉 후 사용기간
7. 가격
8. 기능성화장품의 경우 “기능성화장품”이라는 글자 또는 기능성화장품을 나타내는 도안으로서 식품의약품안전처장이 정하는 도안
9. 사용할 때의 주의사항
10. 그 밖에 총리령으로 정하는 사항

② 제1항 각 호 외의 부분 본문에도 불구하고 다음 각 호의 사항은 1차 포장에 표시하여야 한다. [개정 2018.3.13] [[시행일 2019.3.14]] [[시행일 2020.3.14: 맞춤형화장품, 맞춤형화장품판매업자 및 맞춤형화장품조제관리사와 관련된 부분]]

1. 화장품의 명칭

2. 영업자의 상호

3. 제조번호

4. 사용기한 또는 개봉 후 사용기간

③ 제1항에 따른 기재사항을 화장품의 용기 또는 포장에 표시할 때 제품의 명칭, 영업자의 상호는 시각장애인을 위한 점자 표시를 병행할 수 있다. [개정 2018.3.13]

④ 제1항 및 제2항에 따른 표시기준과 표시방법 등은 총리령으로 정한다. [개정 2013.3.23 제11690호(**정부조직법**)]

제11조 (화장품의 가격표시) ① **제10조제1항제7호**에 따른 가격은 소비자에게 화장품을 직접 판매하는 자(이하 "판매자"라 한다)가 판매하려는 가격을 표시하여야 한다.

② 제1항에 따른 표시방법과 그 밖에 필요한 사항은 총리령으로 정한다. [개정 2013.3.23 제11690호(**정부조직법**)]

제12조 (기재 · 표시상의 주의) **제10조** 및 **제11조**에 따른 기재·표시는 다른 문자 또는 문장보다 쉽게 볼 수 있는 곳에 하여야 하며, 총리령으로 정하는 바에 따라 읽기 쉽고 이해하기 쉬운 한글로 정확히 기재·표시하여야 하되, 한자 또는 외국어를 함께 기재할 수 있다. [개정 2013.3.23 제11690호(**정부조직법**)]

제13조 (부당한 표시 · 광고 행위 등의 금지) ① 영업자 또는 판매자는 다음 각 호의 어느 하나에 해당하는 표시 또는 광고를 하여서는 아니 된다.

1. 의약품으로 잘못 인식할 우려가 있는 표시 또는 광고

2. 기능성화장품이 아닌 화장품을 기능성화장품으로 잘못 인식할 우려가 있거나 기능성화장품의 안전성·유효성에 관한 심사결과와 다른 내용의 표시 또는 광고

3. 천연화장품 또는 유기농화장품이 아닌 화장품을 천연화장품 또는 유기농화장품으로 잘못 인식할 우려가 있는 표시 또는 광고

4. 그 밖에 사실과 다르게 소비자를 속이거나 소비자가 잘못 인식하도록 할 우려가 있는 표시 또는 광고

② 제1항에 따른 표시·광고의 범위와 그 밖에 필요한 사항은 총리령으로 정한다. [개정 2013.3.23 제11690호(**정부조직법**)]

제14조 (표시 · 광고 내용의 실증 등) ① 영업자 및 판매자는 자기가 행한 표시·광고 중 사실과 관련한 사항에 대하여는 이를 실증할 수 있어야 한다. [개정 2018.3.13]

② 식품의약품안전처장은 영업자 또는 판매자가 행한 표시·광고가 **제13조제1항제4호**에 해당하는지를 판

단하기 위하여 제1항에 따른 실증이 필요하다고 인정하는 경우에는 그 내용을 구체적으로 명시하여 해당 영업자 또는 판매자에게 관련 자료의 제출을 요청할 수 있다. [개정 2013.3.23 제11690호(**정부조직법**), 2018.3.13] [[시행일 2019.3.14]] [[시행일 2020.3.14: 맞춤형화장품, 맞춤형화장품판매업자 및 맞춤형화장품조제관리사와 관련된 부분]]

③ 제2항에 따라 실증자료의 제출을 요청받은 영업자 또는 판매자는 요청받은 날부터 15일 이내에 그 실증자료를 식품의약품안전처장에게 제출하여야 한다. 다만, 식품의약품안전처장은 정당한 사유가 있다고 인정하는 경우에는 그 제출기간을 연장할 수 있다. [개정 2013.3.23 제11690호(**정부조직법**), 2018.3.13]

④ 식품의약품안전처장은 영업자 또는 판매자가 제2항에 따라 실증자료의 제출을 요청받고도 제3항에 따른 제출기간 내에 이를 제출하지 아니한 채 계속하여 표시·광고를 하는 때에는 실증자료를 제출할 때까지 그 표시·광고 행위의 중지를 명하여야 한다. [개정 2013.3.23 제11690호(**정부조직법**), 2018.3.13] [[시행일 2019.3.14]]

⑤ 제2항 및 제3항에 따라 식품의약품안전처장으로부터 실증자료의 제출을 요청받아 제출한 경우에는 「**표시 · 광고의 공정화에 관한 법률**」 등 다른 법률에 따라 다른 기관이 요구하는 자료제출을 거부할 수 있다. [개정 2013.3.23 제11690호(**정부조직법**)]

⑥ 식품의약품안전처장은 제출받은 실증자료에 대하여 「**표시 · 광고의 공정화에 관한 법률**」 등 다른 법률에 따른 다른 기관의 자료요청이 있는 경우에는 특별한 사유가 없는 한 이에 응하여야 한다. [개정 2013.3.23 제11690호(**정부조직법**)]

⑦ 제1항부터 제4항까지의 규정에 따른 실증의 대상, 실증자료의 범위 및 요건, 제출방법 등에 관하여 필요한 사항은 총리령으로 정한다. [개정 2013.3.23 제11690호(**정부조직법**)]

제14조의2 (천연화장품 및 유기농화장품에 대한 인증) ① 식품의약품안전처장은 천연화장품 및 유기농화장품의 품질제고를 유도하고 소비자에게 보다 정확한 제품정보가 제공될 수 있도록 식품의약품안전처장이 정하는 기준에 적합한 천연화장품 및 유기농화장품에 대하여 인증할 수 있다.

② 제1항에 따라 인증을 받으려는 화장품제조업자, 화장품책임판매업자 또는 총리령으로 정하는 대학·연구소 등은 식품의약품안전처장에게 인증을 신청하여야 한다.

③ 식품의약품안전처장은 제1항에 따라 인증을 받은 화장품이 다음 각 호의 어느 하나에 해당하는 경우에는 그 인증을 취소하여야 한다.

1. 거짓이나 그 밖의 부정한 방법으로 인증을 받은 경우

2. 제1항에 따른 인증기준에 적합하지 아니하게 된 경우

④ 식품의약품안전처장은 인증업무를 효과적으로 수행하기 위하여 필요한 전문 인력과 시설을 갖춘 기관 또는 단체를 인증기관으로 지정하여 인증업무를 위탁할 수 있다.

⑤ 제1항부터 제4항까지에 따른 인증절차, 인증기관의 지정기준, 그 밖에 인증제도 운영에 필요한 사항은 총리령으로 정한다.

[본조신설 2018.3.13]

제14조의3 (인증의 유효기간) ① 제14조의2제1항에 따른 인증의 유효기간은 인증을 받은 날부터 3년으로 한다.

② 인증의 유효기간을 연장 받으려는 자는 유효기간 만료 90일 전에 총리령으로 정하는 바에 따라 연장 신청을 하여야 한다.

[본조신설 2018.3.13]

제14조의4 (인증의 표시) ① 제14조의2제1항에 따라 인증을 받은 화장품에 대해서는 총리령으로 정하는 인증표시를 할 수 있다.

② 누구든지 제14조의2제1항에 따라 인증을 받지 아니한 화장품에 대하여 제1항에 따른 인증표시나 이와 유사한 표시를 하여서는 아니 된다.

[본조신설 2018.3.13]

제14조의5 (인증기관 지정의 취소 등) ① 식품의약품안전처장은 필요하다고 인정하는 경우에는 관계 공무원으로 하여금 제14조의2제4항에 따라 지정받은 인증기관(이하 "인증기관"이라 한다)이 업무를 적절하게 수행하는지를 조사하게 할 수 있다.

② 식품의약품안전처장은 인증기관이 다음 각 호의 어느 하나에 해당하면 그 지정을 취소하거나 1년 이내의 기간을 정하여 해당 업무의 전부 또는 일부의 정지를 명할 수 있다. 다만, 제1호에 해당하는 경우에는 그 지정을 취소하여야 한다.

1. 거짓이나 그 밖의 부정한 방법으로 인증기관의 지정을 받은 경우

2. 제14조의2제5항에 따른 지정기준에 적합하지 아니하게 된 경우

③ 제2항에 따른 지정 취소 및 업무 정지 등에 필요한 사항은 총리령으로 정한다.

[본조신설 2018.3.13] [[시행일 2019.3.14.]]

제 3절 제조. 수입. 판매 등의 금지

제15조 (영업의 금지) 누구든지 다음 각 호의 어느 하나에 해당하는 화장품을 판매(수입대행형 거래를 목적으로 하는 알선·수여를 포함한다)하거나 판매할 목적으로 제조·수입·보관 또는 진열하여서는 아니 된다. [개정 2016.5.29, 2018.3.13]

1. 제4조에 따른 심사를 받지 아니하거나 보고서를 제출하지 아니한 기능성화장품

2. 전부 또는 일부가 변패(變敗)된 화장품

3. 병원미생물에 오염된 화장품

4. 이물이 혼입되었거나 부착된 것

5. 제8조제1항 또는 제2항에 따른 화장품에 사용할 수 없는 원료를 사용하였거나 같은 조 제8항에 따른 유통화장품 안전관리 기준에 적합하지 아니한 화장품

6. 코뿔소 뿔 또는 호랑이 뼈와 그 추출물을 사용한 화장품

7. 보건위생상 위해가 발생할 우려가 있는 비위생적인 조건에서 제조되었거나 **제3조제2항**에 따른 시설기준에 적합하지 아니한 시설에서 제조된 것

8. 용기나 포장이 불량하여 해당 화장품이 보건위생상 위해를 발생할 우려가 있는 것

9. **제10조제1항제6호**에 따른 사용기한 또는 개봉 후 사용기간(병행 표기된 제조연월일을 포함한다)을 위조·변조한 화장품

[본조제목개정 2018.3.13] [[시행일 2019.3.14]] [[시행일 2020.3.14: 맞춤형화장품, 맞춤형화장품판매업자 및 맞춤형화장품조제관리사와 관련된 부분]]

제15조의2 (동물실험을 실시한 화장품 등의 유통판매 금지) ① 화장품책임판매업자는 「**실험동물에 관한 법률**」 **제2조제1호**에 따른 동물실험(이하 이 조에서 "동물실험"이라 한다)을 실시한 화장품 또는 동물실험을 실시한 화장품 원료를 사용하여 제조(위탁제조를 포함한다) 또는 수입한 화장품을 유통·판매하여서는 아니 된다. 다만, 다음 각 호의 어느 하나에 해당하는 경우는 그러하지 아니하다. [개정 2018.3.13] [[시행일 2019.3.14]]

1. **제8조제2항**의 보존제, 색소, 자외선차단제 등 특별히 사용상의 제한이 필요한 원료에 대하여 그 사용기준을 지정하거나 같은 조 제3항에 따라 국민보건상 위해 우려가 제기되는 화장품 원료 등에 대한 위해평가를 하기 위하여 필요한 경우

2. 동물대체시험법(동물을 사용하지 아니하는 실험방법 및 부득이하게 동물을 사용하더라도 그 사용되는 동물의 개체 수를 감소하거나 고통을 경감시킬 수 있는 실험방법으로서 식품의약품안전처장이 인정하는 것을 말한다. 이하 이 조에서 같다)이 존재하지 아니하여 동물실험이 필요한 경우

3. 화장품 수출을 위하여 수출 상대국의 법령에 따라 동물실험이 필요한 경우

4. 수입하려는 상대국의 법령에 따라 제품 개발에 동물실험이 필요한 경우

5. 다른 법령에 따라 동물실험을 실시하여 개발된 원료를 화장품의 제조 등에 사용하는 경우

6. 그 밖에 동물실험을 대체할 수 있는 실험을 실시하기 곤란한 경우로서 식품의약품안전처장이 정하는 경우

② 식품의약품안전처장은 동물대체시험법을 개발하기 위하여 노력하여야 하며, 화장품책임판매업자 등이 동물대체시험법을 활용할 수 있도록 필요한 조치를 하여야 한다. [개정 2018.3.13] [본조신설 2016.2.3]

제16조 (판매 등의 금지) ① 누구든지 다음 각 호의 어느 하나에 해당하는 화장품을 판매하거나 판매할 목적으로 보관 또는 진열하여서는 아니 된다. 다만, 제3호의 경우에는 소비자에게 판매하는 화장품에 한한다. [개정 2016.5.29, 2018.3.13] [[시행일 2019.3.14]] [[시행일 2020.3.14: 맞춤형화장품, 맞춤형화장품판매업자 및 맞춤형화장품조제관리사와 관련된 부분]]

1. **제3조제1항**에 따른 등록을 하지 아니한 자가 제조한 화장품 또는 제조·수입하여 유통·판매한 화장품

1의2. **제3조의2제1항**에 따른 신고를 하지 아니한 자가 판매한 맞춤형화장품

1의3. **제3조의2제2항**에 따른 맞춤형화장품조제관리사를 두지 아니하고 판매한 맞춤형화장품

2. **제10조**부터 **제12조까지**에 위반되는 화장품 또는 의약품으로 잘못 인식할 우려가 있게 기재·표시된 화장품

3. 판매의 목적이 아닌 제품의 홍보·판매촉진 등을 위하여 미리 소비자가 시험·사용하도록 제조 또는 수입된 화장품

4. 화장품의 포장 및 기재·표시 사항을 훼손(맞춤형화장품 판매를 위하여 필요한 경우는 제외한다) 또는 위조·변조한 것

② 누구든지(맞춤형화장품조제관리사를 통하여 판매하는 맞춤형화장품판매업자는 제외한다) 화장품의 용기에 담은 내용물을 나누어 판매하여서는 아니 된다. [개정 2018.3.13] [시행일 2020.3.14.] 맞춤형화장품, 맞춤형화장품판매업자 및 맞춤형화장품조제관리사와 관련된 부분

제4절 화장품업 단체 등 [개정 2018.3.13]

제17조 (단체 설립) 영업자는 자주적인 활동과 공동이익을 보장하고 국민보건향상에 기여하기 위하여 단체를 설립할 수 있다. [제목개정 2018.3.13] [시행일 2020.3.14.] 맞춤형화장품, 맞춤형화장품판매업자 및 맞춤형화장품조제관리사와 관련된 부분

제4장 감독

제18조 (보고와 검사 등) ① 식품의약품안전처장은 필요하다고 인정하면 영업자·판매자 또는 그 밖에 화장품을 업무상 취급하는 자에 대하여 필요한 보고를 명하거나, 관계 공무원으로 하여금 화장품 제조장소·영업소·창고·판매장소, 그 밖에 화장품을 취급하는 장소에 출입하여 그 시설 또는 관계 장부나 서류, 그 밖의 물건의 검사 또는 관계인에 대한 질문을 할 수 있다. [개정 2013.3.23 제11690호(**정부조직법**), 2018.3.13]

② 식품의약품안전처장은 화장품의 품질 또는 안전기준, 포장 등의 기재·표시 사항 등이 적합한지 여부를 검사하기 위하여 필요한 최소 분량을 수거하여 검사할 수 있다. [개정 2013.3.23 제11690호(**정부조직법**)]

③ 식품의약품안전처장은 총리령으로 정하는 바에 따라 제품의 판매에 대한 모니터링 제도를 운영할 수 있다. [개정 2013.3.23 제11690호(**정부조직법**)]

④ 제1항의 경우에 관계 공무원은 그 권한을 표시하는 증표를 관계인에게 내보여야 한다.

⑤ 제1항 및 제2항의 관계 공무원의 자격과 그 밖에 필요한 사항은 총리령으로 정한다. [개정 2013.3.23 제11690호(**정부조직법**)] [시행일:2020. 3. 14.] 제18조의 개정규정 중 맞춤형화장품, 맞춤형화장품판매업자 및 맞춤형화장품조제관리사와 관련된 부분

제18조의2 (소비자화장품안전관리감시원) ① 식품의약품안전처장 또는 지방식품의약품안전청장은 화장품 안전관리를 위하여 **제17조**에 따라 설립된 단체 또는 「**소비자기본법**」 **제29조**에 따라 등록한 소비자단체의 임직원 중 해당 단체의 장이 추천한 사람이나 화장품 안전관리에 관한 지식이 있는 사람을 소비자화장품안전관리감시원으로 위촉할 수 있다.

② 제1항에 따라 위촉된 소비자화장품안전관리감시원(이하 "소비자화장품감시원"이라 한다)의 직무는 다음 각 호와 같다.

1. 유통 중인 화장품이 **제10조제1항 및 제2항**에 따른 표시기준에 맞지 아니하거나 **제13조제1항** 각 호의 어느 하나에 해당하는 표시 또는 광고를 한 화장품인 경우 관할 행정관청에 신고하거나 그에 관한 자료 제공

2. **제18조제1항 · 제2항**에 따라 관계 공무원이 하는 출입·검사·질문·수거의 지원

3. 그 밖에 화장품 안전관리에 관한 사항으로서 총리령으로 정하는 사항

③ 식품의약품안전처장 또는 지방식품의약품안전청장은 소비자화장품감시원에게 직무 수행에 필요한 교육을 실시할 수 있다.

④ 식품의약품안전처장 또는 지방식품의약품안전청장은 소비자화장품감시원이 다음 각 호의 어느 하나에 해당하는 경우에는 해당 소비자화장품감시원을 해촉(解囑)하여야 한다.

1. 해당 소비자화장품감시원을 추천한 단체에서 퇴직하거나 해임된 경우

2. 제2항 각 호의 직무와 관련하여 부정한 행위를 하거나 권한을 남용한 경우

3. 질병이나 부상 등의 사유로 직무 수행이 어렵게 된 경우

⑤ 소비자화장품감시원의 자격, 교육, 그 밖에 필요한 사항은 총리령으로 정한다.

[본조신설 2018.3.13] [[시행일 2019.3.14]] [[시행일 2020.3.14: 맞춤형화장품, 맞춤형화장품판매업자 및 맞춤형화장품조제관리사와 관련된 부분]]

제19조 (시정명령) 식품의약품안전처장은 이 법을 지키지 아니하는 자에 대하여 필요하다고 인정하면 그 시정을 명할 수 있다. [개정 2013.3.23 제11690호(**정부조직법**)]

제20조 (검사명령) 식품의약품안전처장은 영업자에 대하여 필요하다고 인정하면 취급한 화장품에 대하여 「**식품 · 의약품분야 시험 · 검사 등에 관한 법률**」 **제6조제2항제5호**에 따른 화장품 시험·검사기관의 검사를 받을 것을 명할 수 있다. [개정 2013.3.23 제11690호(**정부조직법**), 2013.7.30 제11985호(**식품 · 의약품분야 시험 · 검사 등에 관한 법률**), 2018.3.13] [[시행일 2019.3.14]] [[시행일 2020.3.14: 맞춤형화장품, 맞춤형화장품판매업자 및 맞춤형화장품조제관리사와 관련된 부분]]

제21조삭제 [2013.7.30 제11985호(식품 · 의약품분야 시험 · 검사 등에 관한 법률)] [[시행일 2014.7.31.]]

제22조 (개수명령) 식품의약품안전처장은 화장품제조업자가 갖추고 있는 시설이 **제3조제2항**에 따른 시설기준에 적합하지 아니하거나 노후 또는 오손되어 있어 그 시설로 화장품을 제조하면 화장품의 안전과 품질에 문제의 우려가 있다고 인정되는 경우에는 화장품제조업자에게 그 시설의 개수를 명하거나 그 개수가 끝날 때까지 해당 시설의 전부 또는 일부의 사용금지를 명할 수 있다. [개정 2013.3.23 제11690호(**정부조직법**), 2018.3.13] [[시행일 2019.3.14.]]

제23조 (회수 · 폐기명령 등) ① 식품의약품안전처장은 영업자·판매자 또는 그 밖에 화장품을 업무상 취급하는 자에게 **제9조**, **제15조** 또는 **제16조제1항**을 위반하여 판매·보관·진열·제조 또는 수입한 화장품이나 그 원료·

재료 등(이하 "물품"이라 한다)이 국민보건에 위해를 끼칠 우려가 있는 경우에는 해당 물품의 회수·폐기 등의 조치를 명하여야 한다. 회수명령을 받은 영업자·판매자 또는 그 밖에 화장품을 업무상 취급하는 자는 미리 식품의약품안전처장에게 회수계획을 보고하여야 한다. [개정 2013.3.23 제11690호(정부조직법), 2015.1.28, 2018.3.13] [시행일 2020.3.14.] 맞춤형화장품, 맞춤형화장품판매업자 및 맞춤형화장품조제관리사와 관련된 부분

② 식품의약품안전처장은 다음 각 호의 어느 하나에 해당하는 경우에는 관계 공무원으로 하여금 해당 물품을 폐기하게 하거나 그 밖에 필요한 처분을 하게 할 수 있다. [개정 2013.3.23 제11690호(정부조직법)]

1. 제1항에 따른 명령을 받은 자가 그 명령을 이행하지 아니한 경우

2. 그 밖에 국민보건을 위하여 긴급한 조치가 필요한 경우

③ 제1항에 따른 물품의 회수·폐기의 절차·계획 및 사후조치 등에 필요한 사항은 총리령으로 정한다. [신설 2015.1.28]

[본조제목개정 2015.1.28]

제23조의2 (위해화장품의 공표) ① 식품의약품안전처장은 다음 각 호의 어느 하나에 해당하는 경우에는 해당 영업자에 대하여 그 사실의 공표를 명할 수 있다. [개정 2018.3.13] [[시행일 2019.3.14]] [[시행일 2020.3.14: 맞춤형화장품, 맞춤형화장품판매업자 및 맞춤형화장품조제관리사와 관련된 부분]]

1. 제9조, 제15조 또는 제16조제1항에 위반된 화장품으로 인하여 국민보건에 위해를 끼칠 우려가 있다고 인정되는 때

2. 제5조의2제2항에 따른 회수계획을 보고받은 때

② 제1항에 따른 공표의 방법·절차 등에 필요한 사항은 총리령으로 정한다.

[본조신설 2015.1.28] [[시행일 2015.7.29.]]

제24조 (등록의 취소 등) ① 영업자가 다음 각 호의 어느 하나에 해당하는 경우에는 식품의약품안전처장은 등록을 취소하거나 영업소 폐쇄(제3조의2제1항에 따라 신고한 영업만 해당한다. 이하 이 조에서 같다)를 명하거나, 품목의 제조·수입 및 판매(수입대행형 거래를 목적으로 하는 알선·수여를 포함한다)의 금지를 명하거나 1년의 범위에서 기간을 정하여 그 업무의 전부 또는 일부에 대한 정지를 명할 수 있다. 다만, 제3호 또는 제14호(광고 업무에 한정하여 정지를 명한 경우는 제외한다)에 해당하는 경우에는 등록을 취소하거나 영업소를 폐쇄하여야 한다. [개정 2013.3.23 제11690호(정부조직법), 2015.1.28, 2016.5.29, 2018.3.13] [[시행일 2019.3.14]] [[시행일 2020.3.14: 맞춤형화장품, 맞춤형화장품판매업자 및 맞춤형화장품조제관리사와 관련된 부분]]

1. 제3조제1항 후단에 따른 화장품제조업 또는 화장품책임판매업의 변경 사항 등록을 하지 아니한 경우

2. 제3조제2항에 따른 시설을 갖추지 아니한 경우

2의2. 제3조의2제1항 후단에 따른 맞춤형화장품판매업의 변경신고를 하지 아니한 경우

3. 제3조의3 각 호의 어느 하나에 해당하는 경우

4. 국민보건에 위해를 끼쳤거나 끼칠 우려가 있는 화장품을 제조·수입한 경우

5. 제4조제1항을 위반하여 심사를 받지 아니하거나 보고서를 제출하지 아니한 기능성화장품을 판매한 경우

6. 제5조를 위반하여 영업자의 준수사항을 이행하지 아니한 경우

7. 삭제 [2018.3.13] [[시행일 2019.3.14]] [[시행일 2020.3.14: 맞춤형화장품, 맞춤형화장품판매업자 및 맞춤형화장품조제관리사와 관련된 부분]]

8. 제9조에 따른 화장품의 안전용기·포장에 관한 기준을 위반한 경우

9. 제10조부터 제12조까지의 규정을 위반하여 화장품의 용기 또는 포장 및 첨부문서에 기재·표시한 경우

10. 제13조를 위반하여 화장품을 표시·광고하거나 제14조제4항에 따른 중지명령을 위반하여 화장품을 표시·광고 행위를 한 경우

11. 제15조를 위반하여 판매하거나 판매의 목적으로 제조·수입·보관 또는 진열한 경우

12. 제18조제1항 · 제2항에 따른 검사·질문·수거 등을 거부하거나 방해한 경우

13. 제19조·제20조·제22조·제23조제1항 전단 또는 제23조의2에 따른 시정명령·검사명령·개수명령·회수명령·폐기명령 또는 공표명령 등을 이행하지 아니한 경우

13의2. 제23조제1항 후단에 따른 회수계획을 보고하지 아니하거나 거짓으로 보고한 경우

14. 업무정지기간 중에 업무를 한 경우

② 제1항에 따른 행정처분의 기준은 총리령으로 정한다. [개정 2013.3.23 제11690호(정부조직법)]

[본조제목개정 2018.3.13] [시행일 2020.3.14.] 맞춤형화장품, 맞춤형화장품판매업자 및 맞춤형화장품조제관리사와 관련된 부분

제25조삭제 [2013.7.30 제11985호(식품 · 의약품분야 시험 · 검사 등에 관한 법률)]

제26조 (영업자의 지위 승계) 영업자가 사망하거나 그 영업을 양도한 경우 또는 법인인 영업자가 합병한 경우에는 그 상속인, 영업을 양수한 자 또는 합병 후 존속하는 법인이나 합병에 따라 설립되는 법인이 그 영업자의 의무 및 지위를 승계한다. [개정 2018.3.13][시행일 2020.3.14: 맞춤형화장품, 맞춤형화장품판매업자 및 맞춤형화장품조제관리사와 관련된 부분

제26조의2 (행정제재처분 효과의 승계) 제26조에 따라 영업자의 지위를 승계한 경우에 종전의 영업자에 대한 제24조에 따른 행정제재처분의 효과는 그 처분 기간이 끝난 날부터 1년간 해당 영업자의 지위를 승계한 자에게 승계되며, 행정제재처분의 절차가 진행 중일 때에는 해당 영업자의 지위를 승계한 자에 대하여 그 절차를 계속 진행할 수 있다. 다만, 영업자의 지위를 승계한 자가 지위를 승계할 때에 그 처분 또는 위반 사실을 알지 못하였음을 증명하는 경우에는 그러하지 아니하다.

[본조신설 2018.12.11]

제27조 (청문) 식품의약품안전처장은 제14조의2제3항에 따른 인증의 취소, 제14조의5제2항에 따른 인증기관 지정의 취소 또는 업무의 전부에 대한 정지를 명하거나 제24조에 따른 등록의 취소, 영업소 폐쇄, 품목의 제조·

수입 및 판매(수입대행형 거래를 목적으로 하는 알선·수여를 포함한다)의 금지 또는 업무의 전부에 대한 정지를 명하고자 하는 경우에는 청문을 하여야 한다. [개정 2013.3.23 제11690호(**정부조직법**), 2016.5.29, 2018.3.13] [시행일 2020.3.14.] 맞춤형화장품, 맞춤형화장품판매업자 및 맞춤형화장품조제관리사와 관련된 부분

제28조 (과징금처분) ① 식품의약품안전처장은 **제24조**에 따라 영업자에게 업무정지처분을 하여야 할 경우에는 그 업무정지처분을 갈음하여 5천만원 이하의 과징금을 부과할 수 있다. [개정 2013.3.23 제11690호(**정부조직법**), 2018.3.13] [시행일 2020.3.14.] 맞춤형화장품, 맞춤형화장품판매업자 및 맞춤형화장품조제관리사와 관련된 부분

② 제1항에 따른 과징금을 부과하는 위반행위의 종류와 위반정도 등에 따른 과징금의 금액과 그 밖에 필요한 사항은 대통령령으로 정한다.

③ 식품의약품안전처장은 과징금을 부과하기 위하여 필요한 경우에는 다음 각 호의 사항을 적은 문서로 관할 세무관서의 장에게 과세 정보 제공을 요청할 수 있다. [신설 2018.3.13] [[시행일 2019.3.14]] [[시행일 2020.3.14: 맞춤형화장품, 맞춤형화장품판매업자 및 맞춤형화장품조제관리사와 관련된 부분]]

1. 납세자의 인적 사항

2. 과세 정보의 사용 목적

3. 과징금 부과기준이 되는 매출금액

④ 식품의약품안전처장은 제1항에 따른 과징금을 내야 할 자가 납부기한까지 과징금을 내지 아니하면 대통령령으로 정하는 바에 따라 제1항에 따른 과징금부과처분을 취소하고 **제24조제1항**에 따른 업무정지처분을 하거나 국세 체납처분의 예에 따라 이를 징수한다. 다만, **제6조**에 따른 폐업 등으로 **제24조제1항**에 따른 업무정지처분을 할 수 없을 때에는 국세 체납처분의 예에 따라 이를 징수한다. [개정 2013.3.23 제11690호(**정부조직법**), 2018.3.13] [시행일 2020.3.14.] 맞춤형화장품, 맞춤형화장품판매업자 및 맞춤형화장품조제관리사와 관련된 부분

⑤ 식품의약품안전처장은 제4항에 따라 체납된 과징금의 징수를 위하여 다음 각 호의 어느 하나에 해당하는 자료 또는 정보를 해당 각 호의 자에게 요청할 수 있다. 이 경우 요청을 받은 자는 정당한 사유가 없으면 요청에 따라야 한다. [신설 2018.3.13][시행일 2020.3.14.] 맞춤형화장품, 맞춤형화장품판매업자 및 맞춤형화장품조제관리사와 관련된 부분

1. 「**건축법**」 **제38조**에 따른 건축물대장 등본: 국토교통부장관

2. 「**공간정보의 구축 및 관리 등에 관한 법률**」 **제71조**에 따른 토지대장 등본: 국토교통부장관

3. 「**자동차관리법**」 **제7조**에 따른 자동차등록원부 등본: 특별시장·광역시장·특별자치시장·도지사 또는 특별자치도지사

제28조의2 (위반사실의 공표) ① 식품의약품안전처장은 **제22조, 제23조, 제23조의2, 제24조** 또는 **제28조**에 따라 행정처분이 확정된 자에 대한 처분 사유, 처분 내용, 처분 대상자의 명칭·주소 및 대표자 성명, 해당 품목의 명칭

등 처분과 관련한 사항으로서 대통령령으로 정하는 사항을 공표할 수 있다.

② 제1항에 따른 공표방법 등 공표에 필요한 사항은 대통령령으로 정한다.

[본조신설 2015.1.28.]

제29조 (자발적 관리의 지원) 식품의약품안전처장은 영업자가 스스로 표시·광고, 품질관리, 국내외 인증 등의 준수사항을 위하여 노력하는 자발적 관리체계가 정착·확산될 수 있도록 행정적·재정적 지원을 할 수 있다. [개정 2013.3.23 제11690호(**정부조직법**), 2018.3.13] [시행일 2020.3.14.] 맞춤형화장품, 맞춤형화장품판매업자 및 맞춤형화장품조제관리사와 관련된 부분

제30조 (수출용 제품의 예외) 국내에서 판매되지 아니하고 수출만을 목적으로 하는 제품은 **제4조,제8조** 부터 **제12조까지,제14조,제15조제1호 · 제5호,제16조제1항제2호 · 제3호** 및 같은 조 제2항을 적용하지 아니하고 수입국의 규정에 따를 수 있다. [개정 2016.5.29.]

제 5장 보칙

제31조 (등록필증 등의 재교부) 영업자가 등록필증·신고필증 또는 기능성화장품심사결과통지서 등을 잃어버리거나 못쓰게 될 때는 총리령으로 정하는 바에 따라 이를 다시 교부받을 수 있다. [개정 2013.3.23 제11690호(**정부조직법**), 2018.3.13] [시행일 2020.3.14.] 맞춤형화장품, 맞춤형화장품판매업자 및 맞춤형화장품조제관리사와 관련된 부분

제32조 (수수료) 이 법에 따른 등록·신고·심사 또는 인증을 받거나, 자격시험 응시와 자격증 발급을 신청하고자 하는 자는 총리령으로 정하는 바에 따라 수수료를 납부하여야 한다. 등록·신고·심사 또는 인증받은 사항을 변경하고자 하는 경우에도 또한 같다.

[전문개정 2018.3.13] [시행일 2020.3.14.] 맞춤형화장품, 맞춤형화장품판매업자 및 맞춤형화장품조제관리사와 관련된 부분]]

제33조 (화장품산업의 지원) 보건복지부장관과 식품의약품안전처장은 화장품산업의 진흥을 위한 기반조성 및 경쟁력 강화에 필요한 시책을 수립·시행하여야 하며 이를 위한 재원을 마련하고 기술개발, 조사·연구사업, 해외 정보의 제공, 국제협력체계의 구축 등에 필요한 지원을 하여야 한다. [개정 2013.3.23 제11690호(**정부조직법**), 2018.3.13]

제33조의2 (국제협력) 식품의약품안전처장은 화장품의 수출 진흥 및 안전과 품질관리 등을 위하여 수입국·수출국과 협약을 체결하는 등 국제협력에 노력하여야 한다.

[본조신설 2018.12.11.]

제34조 (권한 등의 위임 · 위탁) ① 이 법에 따른 식품의약품안전처장의 권한은 그 일부를 대통령령으로 정하는 바에 따라 지방식품의약품안전청장이나 특별시장·광역시장·도지사 또는 특별자치도지사에게 위임할 수 있다. [개정 2013.3.23 제11690호(**정부조직법**)]

② 식품의약품안전처장은 이 법에 따른 화장품에 관한 업무의 일부를 대통령령으로 정하는 바에 따라 **제17조**에 따른 단체 또는 화장품 관련 기관·법인·단체에 위탁할 수 있다. [개정 2013.3.23 제11690호(**정부조직법**), 2018.3.13] [시행일 2020.3.14.] 맞춤형화장품, 맞춤형화장품판매업자 및 맞춤형화장품조제관리사와 관련된 부분

제 6장 벌칙

제35조삭제 [2018.3.13] [[시행일 2019.3.14.]]

제36조 (벌칙) ① 다음 각 호의 어느 하나에 해당하는 자는 3년 이하의 징역 또는 3천만원 이하의 벌금에 처한다. [개정 2014.3.18, 2018.3.13] [[시행일 2019.3.14]] [[시행일 2020.3.14: 맞춤형화장품, 맞춤형화장품판매업자 및 맞춤형화장품조제관리사와 관련된 부분]]

1. **제3조제1항** 전단을 위반한 자

1의2. **제3조의2제1항** 전단을 위반한 자

1의3. **제3조의2제2항**을 위반한 자

2. **제4조제1항** 전단을 위반한 자

2의2. **제14조의2제3항제1호**의 거짓이나 부정한 방법으로 인증받은 자

2의3. **제14조의4제2항**을 위반하여 인증표시를 한 자

3. **제15조**를 위반한 자

4. **제16조제1항제1호 또는 제4호**를 위반한 자

② 제1항의 징역형과 벌금형은 이를 함께 부과할 수 있다.

[시행일 2020.3.14.] 맞춤형화장품, 맞춤형화장품판매업자 및 맞춤형화장품조제관리사와 관련된 부분

제37조 (벌칙) ① **제9조**, **제13조**, **제16조제1항제2호 · 제3호** 또는 같은 조 제2항을 위반하거나, **제14조제4항**에 따른 중지명령에 따르지 아니한 자는 1년 이하의 징역 또는 1천만원 이하의 벌금에 처한다. [개정 2013.7.30 제11985호(**식품 · 의약품분야 시험 · 검사 등에 관한 법률**), 2014.3.18]

② 제1항의 징역형과 벌금형은 이를 함께 부과할 수 있다.

제38조 (벌칙) 다음 각 호의 어느 하나에 해당하는 자는 200만원 이하의 벌금에 처한다. [개정 2018.3.13] [[시행일 2019.3.14]] [[시행일 2020.3.14: 맞춤형화장품, 맞춤형화장품판매업자 및 맞춤형화장품조제관리사와 관련된 부분]]

1. **제5조제1항부터 제3항까지**의 규정에 따른 준수사항을 위반한 자

2. **제10조제1항 · 제2항** 및 **제11조**를 위반한 자

2의2. **제14조의3**에 따른 인증의 유효기간이 경과한 화장품에 대하여 **제14조의4제1항**에 따른 인증표시를 한 자

3. **제18조**, **제19조**, **제20조**, **제22조** 및 **제23조**에 따른 명령을 위반하거나 관계 공무원의 검사·수거 또는 처분을 거

부·방해하거나 기피한 자

제39조 (양벌규정) 법인의 대표자나 법인 또는 개인의 대리인, 사용인, 그 밖의 종업원이 그 법인 또는 개인의 업무에 관하여 **제36조**부터 **제38조까지**의 어느 하나에 해당하는 위반행위를 하면 그 행위자를 벌하는 외에 그 법인 또는 개인에게도 해당 조문의 벌금형을 과(科)한다. 다만, 법인 또는 개인이 그 위반행위를 방지하기 위하여 해당 업무에 관하여 상당한 주의와 감독을 게을리하지 아니한 경우에는 그러하지 아니하다. [개정 2018.3.13] [시행일 2020.3.14.] 맞춤형화장품, 맞춤형화장품판매업자 및 맞춤형화장품조제관리사와 관련된 부분

제40조 (과태료) ① 다음 각 호의 어느 하나에 해당하는 자에게는 100만원 이하의 과태료를 부과한다. [개정 2016.2.3, 2018.3.13][시행일 2020.3.14.] 맞춤형화장품, 맞춤형화장품판매업자 및 맞춤형화장품조제관리사와 관련된 부분

1. **삭제 [2018.3.13] [[시행일 2019.3.14]] [[시행일 2020.3.14: 맞춤형화장품, 맞춤형화장품판매업자 및 맞춤형화장품조제관리사와 관련된 부분]]**
2. **제4조제1항** 후단을 위반하여 변경심사를 받지 아니한 자
3. **제5조제4항**을 위반하여 화장품의 생산실적 또는 수입실적 또는 화장품 원료의 목록 등을 보고하지 아니한 자
4. **제5조제5항**에 따른 명령을 위반한 자
5. **제6조**를 위반하여 폐업 등의 신고를 하지 아니한 자
6. **제18조**에 따른 명령을 위반하여 보고를 하지 아니한 자
7. **제15조의2제1항**을 위반하여 동물실험을 실시한 화장품 또는 동물실험을 실시한 화장품 원료를 사용하여 제조(위탁제조를 포함한다) 또는 수입한 화장품을 유통·판매한 자

② 제1항에 따른 과태료는 대통령령으로 정하는 바에 따라 식품의약품안전처장이 부과·징수한다. [개정 2013.3.23 제11690호(**정부조직법**)]

2. 화장품법 시행령

[시행 2020. 3. 14.] [대통령령 제30245호, 2019. 12. 10., 일부개정]

제1조 (목적) 이 영은 「**화장품법**」에서 위임된 사항과 그 시행에 필요한 사항을 규정함을 목적으로 한다. [개정 2012.2.3.]

제2조 (영업의 세부 종류와 범위) 「**화장품법**」(**이하 "법"이라 한다**) **제2조의2제1항**에 따른 화장품 영업의 세부 종류와 그 범위는 다음 각 호와 같다.

1. 화장품제조업: 다음 각 목의 구분에 따른 영업
   가. 화장품을 직접 제조하는 영업
   나. 화장품 제조를 위탁받아 제조하는 영업
   다. 화장품의 포장(1차 포장만 해당한다)을 하는 영업
2. 화장품책임판매업: 다음 각 목의 구분에 따른 영업
   가. 화장품제조업자(**법 제3조제1항**에 따라 화장품제조업을 등록한 자를 말한다. 이하 같다)가 화장품을 직접 제조하여 유통·판매하는 영업
   나. 화장품제조업자에게 위탁하여 제조된 화장품을 유통·판매하는 영업
   다. 수입된 화장품을 유통·판매하는 영업
   라. 수입대행형 거래(「**전자상거래 등에서의 소비자보호에 관한 법률**」 **제2조제1호**에 따른 전자상거래만 해당한다)를 목적으로 화장품을 알선·수여(授與)하는 영업
3. 맞춤형화장품판매업: 다음 각 목의 구분에 따른 영업
   가. 제조 또는 수입된 화장품의 내용물에 다른 화장품의 내용물이나 식품의약품안전처장이 정하여 고시하는 원료를 추가하여 혼합한 화장품을 판매하는 영업
   나. 제조 또는 수입된 화장품의 내용물을 소분(小分)한 화장품을 판매하는 영업

[본조신설 2019.3.12] [[시행일 2020.3.14.: 제3호]]

제3조삭제 [2012.2.3.]

제4조삭제 [2012.2.3.]

제5조삭제 [2012.2.3.]

제6조삭제 [2012.2.3.]

제7조삭제 [2012.2.3.]

제8조삭제 [2012.2.3.]

제9조삭제 [2012.2.3.]

제10조삭제 [2012.2.3.]

제11조 (과징금의 산정기준) **법 제28조 제2항**에 따른 과징금의 금액은 위반행위의 종류·정도 등을 고려하여 총리령으로 정하는 업무정지처분기준에 따라 **별표 1**의 기준을 적용하여 산정하되, 과징금의 총액은 5천만원을 초과하여서는 아니된다. [개정 2008.2.29 제20679호(**보건복지가족부와 그 소속기관 직제**), 2010.3.15 제22075호(**보건복지부와 그 소속기관 직제**), 2012.2.3, 2013.3.23 제24454호(**보건복지부와 그 소속기관 직제**), 2019.3.12.]

제12조 (과징금의 부과 · 징수절차) ① **법 제28조**에 따라 식품의약품안전처장이 과징금을 부과하려면 그 위반행위의 종류와 과징금의 금액 등을 적은 서면으로 통지하여야 한다. [개정 2012.2.3, 2013.3.23 제24454호(**보건복지부와 그 소속기관 직제**)]

② 과징금의 징수절차는 총리령으로 정한다. [개정 2008.2.29 제20679호(보건복지가족부와 그 소속기관 직제), 2010.3.15 제22075호(**보건복지부와 그 소속기관 직제**), 2013.3.23 제24454호(**보건복지부와 그 소속기관 직제**)]

제12조의2 (과징금 미납자에 대한 처분) ① 식품의약품안전처장은 **법 제28조제4항** 본문에 따라 과징금을 내야 할 자가 납부기한까지 내지 아니하면 납부기한이 지난 후 15일 이내에 독촉장을 발부하여야 한다. 이 경우 납부기한은 독촉장을 발부하는 날부터 10일 이내로 하여야 한다. [개정 2012.2.3, 2013.3.23 제24454호(**보건복지부와 그 소속기관 직제**), 2019.3.12]

② 식품의약품안전처장은 제1항에 따라 과징금을 내지 아니한 자가 독촉장을 받고도 납부기한까지 과징금을 내지 아니하면 과징금부과처분을 취소하고 업무정지처분을 하여야 한다. 다만, **법 제28조제4항** 단서에 해당하는 경우에는 국세 체납처분의 예에 따라 징수하여야 한다. [개정 2014.11.4, 2019.3.12]

③ 제2항 본문에 따라 과징금 부과처분을 취소하고 업무정지처분을 하려면 처분대상자에게 서면으로 그 내용을 통지하되, 서면에는 처분이 변경된 사유와 업무정지처분의 기간 등 업무정지처분에 필요한 사항을 적어야 한다. [개정 2012.2.3, 2013.3.23 제24454호(**보건복지부와 그 소속기관 직제**), 2014.11.4]

[본조신설 2007.7.3] [[시행일 2007.7.4.]]

제13조 (위반사실의 공표) ① **법 제28조의2제1항**에서 "대통령령으로 정하는 사항"이란 다음 각 호의 사항을 말한다.

1. 처분 사유
2. 처분 내용
3. 처분 대상자의 명칭·주소 및 대표자 성명
4. 해당 품목의 명칭 및 제조번호

② **법 제28조의2제1항**에 따른 공표는 식품의약품안전처의 인터넷 홈페이지에 게재하는 방법으로 한다.

[본조신설 2015.7.24.]

제14조 (권한의 위임) 법 제34조제1항에 따라 식품의약품안전처장은 다음 각 호의 권한을 지방식품의약품안전청장에게 위임한다. [개정 2012.2.3, 2013.3.23 제24454호(보건복지부와 그 소속기관 직제), 2014.11.4, 2015.7.24, 2017.1.31, 2019.3.12] [[시행일 2020.3.14: 제1호의2]] [[시행일 2020.3.14: 제1호의3·제2호·제3호의3·제7호·제10호·제11호의 개정규정 중 맞춤형화장품판매업 및 맞춤형화장품판매업자와 관련된 부분]]

1. 법 제3조에 따른 화장품제조업 또는 화장품제조책임판매업의 등록 및 변경등록

1의2. 법 제3조의2제1항에 따른 맞춤형화장품판매업의 신고 및 변경신고의 수리

1의3. 법 제5조제6항에 따른 화장품제조업자, 화장품책임판매업자 및 맞춤형화장품판매업자(이하 "영업자"라 한다)에 대한 교육명령

1의4. 법 제5조의2제2항에 따른 회수계획 보고의 접수 및 같은 조 제3항에 따른 행정처분의 감경·면제

2. 법 제6조제1항에 따른 영업자의 폐업, 휴업 등 신고의 수리

3. 법 제18조에 따른 보고명령·출입·검사·질문 및 수거

3의2. 법 제18조의2에 따른 소비자화장품안전관리감시원의 위촉·해촉 및 교육

3의3. 다음 각 목의 경우에 대한 법 제19조에 따른 시정명령

가. 법 제3조제1항 후단에 따른 변경등록을 하지 않은 경우

나. 법 제3조의2제1항 후단에 따른 변경신고를 하지 않은 경우

다. 법 제5조제6항에 따른 교육명령을 위반한 경우

라. 법 제6조제1항에 따른 폐업 또는 휴업신고나 휴업 후 재개신고를 하지 않은 경우

4. 법 제20조에 따른 검사명령

5. 법 제22조에 따른 개수명령 및 시설의 전부 또는 일부의 사용금지명령

6. 법 제23조에 따른 회수·폐기 등의 명령, 회수계획 보고의 접수와 폐기 또는 그 밖에 필요한 처분

6의2. 법 제23조의2에 따른 공표명령

7. 법 제24조에 따른 등록의 취소, 영업소의 폐쇄명령, 품목의 제조·수입 및 판매의 금지명령, 업무의 전부 또는 일부에 대한 정지명령

8. 법 제27조에 따른 청문

9. 법 제28조에 따른 과징금의 부과·징수

9의2. 법 제28조의2에 따른 공표

10. 법 제31조에 따른 등록필증·신고필증의 재교부

11. 법 제40조제1항에 따른 과태료의 부과·징수

[본조신설 2007.7.3] [[시행일 2007.7.4.]]

제15조 (민감정보 및 고유식별정보의 처리) 식품의약품안전처장(제14조에 따라 식품의약품안전처장의 권한을 위

임받은 자를 포함한다)은 다음 각 호의 사무를 수행하기 위하여 불가피한 경우 「개인정보 보호법」 제23조에 따른 건강에 관한 정보, 같은 법 시행령 제18조제2호에 따른 범죄경력자료에 해당하는 정보, 같은 영 제19조제1호 또는 제4호에 따른 주민등록번호 또는 외국인등록번호가 포함된 자료를 처리할 수 있다. [개정 2012.2.3, 2013.3.23 제24454호(보건복지부와 그 소속기관 직제), 2015.7.24, 2019.3.12] [[시행일 2020.3.14: 제8호의 개정 규정 중 맞춤형화장품판매업 및 맞춤형화장품판매업자와 관련된 부분]]

1. 법 제3조에 따른 화장품제조업 또는 화장품책임판매업의 등록 및 변경등록에 관한 사무

2. 법 제4조에 따른 기능성화장품의 심사 등에 관한 사무

3. 법 제6조에 따른 폐업 등의 신고에 관한 사무

4. 법 제18조에 따른 보고와 검사 등에 관한 사무

4의2. 법 제19조에 따른 시정명령에 관한 사무

5. 법 제20조에 따른 검사명령에 관한 사무

6. 법 제22조에 따른 개수명령 및 시설의 전부 또는 일부의 사용금지명령에 관한 사무

7. 법 제23조에 따른 "회수·폐기 등의 명령과 폐기 또는 그 밖에 필요한 처분에 관한 사무

8. 법 제24조에 따른 등록의 취소, 영업소의 폐쇄명령, 품목의 제조·수입 및 판매의 금지명령, 업무의 전부 또는 일부에 대한 정지명령에 관한 사무

9. 법 제27조에 따른 청문에 관한 사무

10. 법 제28조에 따른 과징금의 부과·징수에 관한 사무

11. 법 제31조에 따른 등록필증 등의 재교부에 관한 사무

[본조신설 2012.1.6 제23488호(민감정보 및 고유식별정보 처리 근거 마련을 위한 과세자료의 제출 및 관리에 관한 법률 시행령 등)]

제16조 (과태료의 부과기준) 법 제40조제1항에 따른 과태료의 부과기준은 별표 2와 같다. [개정 2019.3.12]

[전문개정 2012.2.3 제13조에서 이동]

3. 화장품법 시행규칙

총리령 제1529호 일부개정 2019. 03. 14.

제1조 (목적) 이 규칙은 「**화장품법**」 및 **같은 법 시행령**에서 위임된 사항과 그 시행에 필요한 사항을 규정함을 목적으로 한다.

제2조(기능성화장품의 범위) 「**화장품법**」(**이하 "법"이라 한다**) **제2조제2호** 각 목 외의 부분에서 "총리령으로 정하는 화장품"이란 다음 각 호의 화장품을 말한다. [개정 2013.3.23 제1010호(**식품의약품안전처와 그 소속기관 직제 시행규칙**), 2017.1.12] [[시행일 2017.5.30]]

1. 피부에 멜라닌색소가 침착하는 것을 방지하여 기미·주근깨 등의 생성을 억제함으로써 피부의 미백에 도움을 주는 기능을 가진 화장품
2. 피부에 침착된 멜라닌색소의 색을 엷게 하여 피부의 미백에 도움을 주는 기능을 가진 화장품
3. 피부에 탄력을 주어 피부의 주름을 완화 또는 개선하는 기능을 가진 화장품
4. 강한 햇볕을 방지하여 피부를 곱게 태워주는 기능을 가진 화장품
5. 자외선을 차단 또는 산란시켜 자외선으로부터 피부를 보호하는 기능을 가진 화장품
6. 모발의 색상을 변화[탈염(脫染)·탈색(脫色)을 포함한다]시키는 기능을 가진 화장품. 다만, 일시적으로 모발의 색상을 변화시키는 제품은 제외한다.
7. 체모를 제거하는 기능을 가진 화장품. 다만, 물리적으로 체모를 제거하는 제품은 제외한다.
8. 탈모 증상의 완화에 도움을 주는 화장품. 다만, 코팅 등 물리적으로 모발을 굵게 보이게 하는 제품은 제외한다.
9. 여드름성 피부를 완화하는 데 도움을 주는 화장품. 다만, 인체세정용 제품류로 한정한다.
10. 아토피성 피부로 인한 건조함 등을 완화하는 데 도움을 주는 화장품
11. 튼살로 인한 붉은 선을 엷게 하는 데 도움을 주는 화장품

제3조(제조업의 등록 등)

① 삭제 [2019.3.14]

② **법 제3조제1항** 전단에 따라 화장품제조업 등록을 하려는 자는 **별지 제1호서식**의 화장품제조업 등록신청서(전자문서로 된 신청서를 포함한다)에 다음 각 호의 서류(전자문서를 포함한다)를 첨부하여 제조소의 소재지를 관할하는 지방식품의약품안전청장에게 제출하여야 한다. [개정 2019.3.14]

1. 화장품제조업을 등록하려는 자(법인인 경우에는 대표자를 말한다. 이하 이 항에서 같다)가 **법 제3조의3 제1호** 본문에 해당되지 않음을 증명하는 의사의 진단서 또는 **법 제3조의3제1호** 단서에 해당하는 사람임을 증

명하는 전문의의 진단서

2. 화장품제조업을 등록하려는 자가 **법 제3조의3제3호**에 해당되지 않음을 증명하는 의사의 진단서

3. 시설의 명세서

③ 제2항에 따라 신청서를 받은 지방식품의약품안전청장은 **「전자정부법」 제36조제1항**에 따른 행정정보의 공동이용을 통하여 법인 등기사항증명서(법인인 경우만 해당한다)를 확인하여야 한다.

④ 지방식품의약품안전청장은 제2항에 따른 등록신청이 등록요건을 갖춘 경우에는 화장품 제조업 등록대장에 다음 각 호의 사항을 적고, **별지 제2호서식**의 화장품제조업 등록필증을 발급하여야 한다. [개정 2014.9.24, 2019.3.14]

1. 등록번호 및 등록연월일

2. 화장품제조업자(화장품제조업을 등록한 자를 말한다. 이하 같다)의 성명 및 생년월일(법인인 경우에는 대표자의 성명 및 생년월일)

3. 화장품제조업자의 상호(법인인 경우에는 법인의 명칭)

4. 제조소의 소재지

5. 제조 유형

제4조(화장품책임판매업의 등록 등)

① 삭제 [2019.3.14]

② **법 제3조제1항** 전단에 따라 화장품책임판매업을 등록하려는 자는 **별지 제3호서식**의 화장품책임판매업 등록신청서(전자문서로 된 신청서를 포함한다)에 다음 각 호의 서류[전자문서를 포함하며, **「화장품법 시행령」(이하 "영"이라 한다) 제2조제2호**라목에 해당하는 경우에는 제출하지 않는다]를 첨부하여 화장품책임판매업소의 소재지를 관할하는 지방식품의약품안전청장에게 제출해야 한다. [개정 2019.3.14]

1. **법 제3조제3항**에 따른 화장품의 품질관리 및 책임판매 후 안전관리에 적합한 기준에 관한 규정

2. **법 제3조제3항**에 따른 책임판매관리자(이하 "책임판매관리자"라 한다)의 자격을 확인할 수 있는 서류

③ 제2항에 따라 신청서를 받은 지방식품의약품안전청장은 **「전자정부법」 제36조제1항**에 따른 행정정보의 공동이용을 통하여 법인 등기사항증명서(법인인 경우만 해당한다)를 확인하여야 한다.

④ 지방식품의약품안전청장은 제2항에 따른 등록신청이 등록요건을 갖춘 경우에는 화장품책임판매업 등록대장에 다음 각 호의 사항을 적고, **별지 제4호서식**의 화장품책임판매업 등록필증을 발급하여야 한다. [개정 2014.9.24, 2019.3.14]

1. 등록번호 및 등록연월일

2. 화장품책임판매업자(화장품책임판매업을 등록한 자를 말한다. 이하 같다)의 성명 및 생년월일(법인인 경우에는 대표자의 성명 및 생년월일)

3. 화장품책임판매업자의 상호(법인인 경우에는 법인의 명칭)

4. 화장품책임판매업소의 소재지

5. 책임판매관리자의 성명 및 생년월일

6. 책임판매 유형

[본조제목개정 2019.3.14]

제5조(화장품제조업 등의 변경등록)

① **법 제3조제1항** 후단에 따라 화장품제조업자 또는 화장품책임판매업자가 변경등록을 하여야 하는 경우는 다음 각 호와 같다. [개정 2014.9.24, 2019.3.14]

1. 화장품제조업자는 다음 각 목의 어느 하나에 해당하는 경우

가. 화장품제조업자의 변경(법인인 경우에는 대표자의 변경)

나. 화장품제조업자의 상호 변경(법인인 경우에는 법인의 명칭 변경)

다. 제조소의 소재지 변경

라. 제조 유형 변경

2. 화장품책임판매업자는 다음 각 목의 어느 하나에 해당하는 경우

가. 화장품책임판매업자의 변경(법인인 경우에는 대표자의 변경)

나. 화장품책임판매업자의 상호 변경(법인인 경우에는 법인의 명칭 변경)

다. 화장품책임판매업소의 소재지 변경

라. 책임판매관리자의 변경

마. 책임판매 유형 변경

② 화장품제조업자 또는 화장품책임판매업자는 제1항에 따른 변경등록을 하는 경우에는 변경 사유가 발생한 날부터 30일 이내에 **별지 제5호서식**의 화장품제조업 변경등록 신청서(전자문서로 된 신청서를 포함한다) 또는 **별지 제6호서식**의 화장품책임판매업 변경등록 신청서(전자문서로 된 신청서를 포함한다)에 화장품제조업 등록필증 또는 화장품책임판매업 등록필증과 다음 각 호의 구분에 따라 해당 서류(전자문서를 포함한다)를 첨부하여 지방식품의약품안전청장에게 제출하여야 한다. 이 경우 등록 관청을 달리하는 화장품제조소 또는 화장품책임판매업소의 소재지 변경의 경우에는 새로운 소재지를 관할하는 지방식품의약품안전청장에게 제출하여야 한다. [개정 2014.9.24, 2016.9.9, 2019.3.14]

1. 화장품제조업자 또는 화장품책임판매업자의 변경(법인의 경우에는 대표자의 변경)의 경우에는 다음 각 목의 서류

가. **제3조제2항제1호**에 해당하는 서류(제조업자만 제출한다)

나. **제3조제2항제2호**에 해당하는 서류(제조업자만 제출한다)

다. 양도·양수의 경우에는 이를 증명하는 서류

라. 상속의 경우에는 「가족관계의 등록 등에 관한 법률」 제15조제1항제1호의 가족관계증명서

2. 제조소의 소재지 변경(행정구역개편에 따른 사항은 제외한다)의 경우: 제3조제2항제3호에 해당하는 서류

3. 책임판매관리자 변경의 경우: 제4조제2항제2호에 해당하는 서류(영 제2조제2호라목의 화장품책임판매업을 등록한 자가 두는 책임판매관리자는 제외한다)

4. 다음 각 목에 해당하는 제조 유형 또는 책임판매 유형 변경의 경우

가. 영 제2조제1호다목의 화장품제조 유형으로 등록한 자가 같은 호 가목 또는 나목의 화장품제조 유형으로 변경하거나 같은 호 가목 또는 나목의 제조 유형을 추가하는 경우: 제3조제2항제3호에 해당하는 서류

나. 영 제2조제2호라목의 화장품책임판매 유형으로 등록한 자가 같은 호 가목부터 다목까지의 책임판매 유형으로 변경하거나 같은 호 가목부터 다목까지의 책임판매 유형을 추가하는 경우: 제4조제2항제1호 및 제2호에 해당하는 서류

③ 제1항 및 제2항에 따라 화장품제조업 변경등록 신청서 또는 화장품책임판매업 변경등록 신청서를 받은 지방식품의약품안전청장은 「전자정부법」 제36조제1항에 따른 행정정보의 공동이용을 통하여 법인 등기사항증명서(법인인 경우만 해당한다)를 확인하여야 한다. [개정 2019.3.14]

④ 지방식품의약품안전청장은 제2항 및 제3항에 따른 변경등록 신청사항을 확인한 후 화장품 제조업 등록대장 또는 화장품책임판매업 등록대장에 각각의 변경사항을 적고, 화장품제조업 등록필증 또는 화장품책임판매업 등록필증의 뒷면에 변경사항을 적은 후 이를 내주어야 한다. [개정 2019.3.14]

[본조제목개정 2019.3.14]

제6조(시설기준 등)

① 법 제3조제2항 본문에 따라 화장품제조업을 등록하려는 자가 갖추어야 하는 시설은 다음 각 호와 같다. [개정 2019.3.14]

1. 제조 작업을 하는 다음 각 목의 시설을 갖춘 작업소

가. 쥐·해충 및 먼지 등을 막을 수 있는 시설

나. 작업대 등 제조에 필요한 시설 및 기구

다. 가루가 날리는 작업실은 가루를 제거하는 시설

2. 원료·자재 및 제품을 보관하는 보관소

3. 원료·자재 및 제품의 품질검사를 위하여 필요한 시험실

4. 품질검사에 필요한 시설 및 기구

② 제1항에도 불구하고 법 제3조제2항 단서에 따라 다음 각 호의 경우에는 그 구분에 따라 시설의 일부를 갖추지 아니할 수 있다. [개정 2013.3.23 제1010호(식품의약품안전처와 그 소속기관 직제 시행규칙), 2014.8.20 제1088호(식품 · 의약품분야 시험 · 검사 등에 관한 법률 시행규칙), 2019.3.14]

1. 화장품제조업자가 화장품의 일부 공정만을 제조하는 경우에는 해당 공정에 필요한 시설 및 기구 외의 시설 및 기구

2. 다음 각 목의 어느 하나에 해당하는 기관 등에 원료·자재 및 제품에 대한 품질검사를 위탁하는 경우에는 제1항제3호 및 제4호의 시설 및 기구

가. 「보건환경연구원법」 제2조에 따른 보건환경연구원

나. 제1항제3호에 따른 시험실을 갖춘 제조업자

다. 「식품 · 의약품분야 시험 · 검사 등에 관한 법률」 제6조에 따른 화장품 시험·검사기관(이하 "화장품 시험·검사기관"이라 한다)

라. 「약사법」 제67조에 따라 조직된 사단법인인 한국의약품수출입협회

③ 제조업자는 화장품의 제조시설을 이용하여 화장품 외의 물품을 제조할 수 있다. 다만, 제품 상호간에 오염의 우려가 있는 경우에는 그러하지 아니하다.

제7조(화장품의 품질관리기준 등)

법 제3조제3항에 따른 화장품의 품질관리기준은 별표 1과 같고, 책임판매 후 안전관리기준은 별표 2와 같다. [개정 2019.3.14]

제8조(책임판매관리자의 자격기준 등)

① 법 제3조제3항에 따라 화장품책임판매업자(영 제2조제2호라목의 화장품책임판매업을 등록한 자는 제외한다)가 두어야 하는 책임판매관리자는 다음 각 호의 어느 하나의 해당하는 사람이어야 한다. [개정 2013.12.6, 2014.9.24, 2016.9.9, 2018.12.31, 2019.3.14] [[시행일 2019.7.1: 제3호의3]]

1. 「의료법」에 따른 의사 또는 「약사법」에 따른 약사

2. 「고등교육법」 제2조 각 호에 따른 학교(같은 조 제4호의 전문대학은 제외한다. 이하 이 조에서 “대학등”이라 한다)에서 학사 이상의 학위를 취득한 사람(법령에서 이와 같은 수준 이상의 학력이 있다고 인정한 사람을 포함한다. 이하 이 조에서 같다)으로서 이공계(「국가과학기술 경쟁력 강화를 위한 이공계지원 특별법」 제2조제1호에 따른 이공계를 말한다) 학과 또는 향장학·화장품과학·한의학·한약학과 등을 전공한 사람

2의2. 대학 등에서 학사 이상의 학위를 취득한 사람으로서 간호학과, 간호과학과, 건강간호학과를 전공하고 화학·생물학·생명과학·유전학·유전공학·향장학·화장품과학·의학·약학 등 관련 과목을 20학점 이상 이수한 사람

3. 「고등교육법」 제2조제4호에 따른 전문대학(이하 이 조에서 “전문대학”이라 한다) 졸업자(법령에서 이와 같은 수준 이상의 학력이 있다고 인정한 사람을 포함한다. 이하 이 조에서 같다)로서 화학·생물학·화학공학·생물공학·미생물학·생화학·생명과학·생명공학·유전공학·향장학·화장품과학·한의학과·한약학과 등 화장품 관련 분야(이하 "화장품 관련 분야"라 한다)를 전공한 후 화장품 제조 또는 품질관리 업무에 1년 이상 종사한 경력이 있는 사람

3의2. 전문대학을 졸업한 사람으로서 간호학과, 간호과학과, 건강간호학과를 전공하고 화학·생물학·생명과학·유전학·유전공학·향장학·화장품과학·의학·약학 등 관련 과목을 20학점 이상 이수한 후 화장품 제조나 품질관리 업무에 1년 이상 종사한 경력이 있는 사람

3의3. 식품의약품안전처장이 정하여 고시하는 전문 교육과정을 이수한 사람(식품의약품안전처장이 정하여 고시하는 품목만 해당한다)

4. 그 밖에 화장품 제조 또는 품질관리 업무에 2년 이상 종사한 경력이 있는 사람

5. 삭제 [2014.9.24]

6. 삭제 [2014.9.24]

② 책임판매관리자는 다음 각 호의 직무를 수행한다. [개정 2019.3.14]

1. **별표 1**의 품질관리기준에 따른 품질관리 업무

2. **별표 2**의 책임판매 후 안전관리기준에 따른 안전확보 업무

3. 원료 및 자재의 입고(入庫)부터 완제품의 출고에 이르기까지 필요한 시험·검사 또는 검정에 대하여 제조업자를 관리·감독하는 업무

③ 상시근로자수가 10명 이하인 화장품책임판매업을 경영하는 화장품책임판매업자(법인인 경우에는 그 대표자를 말한다)가 제1항 각 호의 어느 하나에 해당하는 사람인 경우에는 그 사람이 제2항에 따른 책임판매관리자의 직무를 수행할 수 있다. 이 경우 책임판매관리자를 둔 것으로 본다. [신설 2013.12.6, 2016.6.30 제1297호(경제활성화를 위한 현장규제정비 관련 건강기능식품에 관한 법률 시행규칙 등), 2019.3.14]

[본조제목개정 2019.3.14]

제9조(기능성화장품의 심사)

① **법 제4조제1항**에 따라 기능성화장품(**제10조**에 따라 보고서를 제출해야 하는 기능성화장품은 제외한다. 이하 이 조에서 같다)으로 인정받아 판매 등을 하려는 화장품제조업자, 화장품책임판매업자 또는 「**기초연구진흥 및 기술개발지원에 관한 법률**」 **제6조제1항** 및 **제14조의2**에 따른 대학·연구기관·연구소(이하 "연구기관등"이라 한다)는 품목별로 **별지 제7호서식**의 기능성화장품 심사의뢰서(전자문서로 된 심사의뢰서를 포함한다)에 다음 각 호의 서류(전자문서를 포함한다)를 첨부하여 식품의약품안전평가원장의 심사를 받아야 한다. 다만, 식품의약품안전처장이 제품의 효능·효과를 나타내는 성분·함량을 고시한 품목의 경우에는 제1호부터 제4호까지의 자료 제출을, 기준 및 시험방법을 고시한 품목의 경우에는 제5호의 자료 제출을 각각 생략할 수 있다. [개정 2013.3.23 제1010호(**식품의약품안전처와 그 소속기관 직제 시행규칙**), 2013.12.6, 2019.3.14]

1. 기원(起源) 및 개발 경위에 관한 자료

2. 안전성에 관한 자료

  가. 단회 투여 독성시험 자료

나. 1차 피부 자극시험 자료

다. 안(眼)점막 자극 또는 그 밖의 점막 자극시험 자료

라. 피부 감작성시험(感作性試驗) 자료

마. 광독성(光毒性) 및 광감작성 시험 자료

바. 인체 첩포시험(貼布試驗) 자료

3. 유효성 또는 기능에 관한 자료

가. 효력시험 자료

나. 인체 적용시험 자료

4. 자외선 차단지수 및 자외선A 차단등급 설정의 근거자료(자외선을 차단 또는 산란시켜 자외선으로부터 피부를 보호하는 기능을 가진 화장품의 경우만 해당한다)

5. 기준 및 시험방법에 관한 자료[검체(檢體)를 포함한다]

② 제1항에도 불구하고 기능성화장품 심사를 받은 자 간에 **법 제4조제1항**에 따라 심사를 받은 기능성화장품에 대한 권리를 양도·양수하여 제1항에 따른 심사를 받으려는 경우에는 제1항 각 호의 첨부서류를 갈음하여 양도·양수계약서를 제출할 수 있다. [개정 2019.3.14]

③ 제1항에 따라 심사를 받은 사항을 변경하려는 자는 **별지 제8호서식**의 기능성화장품 변경심사 의뢰서(전자문서로 된 의뢰서를 포함한다)에 다음 각 호의 서류(전자문서를 포함한다)를 첨부하여 식품의약품안전평가원장에게 제출하여야 한다. [개정 2013.3.23 제1010호(**식품의약품안전처와 그 소속기관 직제 시행규칙**)]

1. 먼저 발급받은 기능성화장품심사결과통지서

2. 변경사유를 증명할 수 있는 서류

④ 식품의약품안전평가원장은 제1항 또는 제3항에 따라 심사의뢰서나 변경심사 의뢰서를 받은 경우에는 다음 각 호의 심사기준에 따라 심사하여야 한다. [개정 2013.3.23 제1010호(**식품의약품안전처와 그 소속기관 직제 시행규칙**)]

1. 기능성화장품의 원료와 그 분량은 효능·효과 등에 관한 자료에 따라 합리적이고 타당하여야 하며, 각 성분의 배합의의(配合意義)가 인정되어야 할 것

2. 기능성화장품의 효능·효과는 **법 제2조제2호** 각 목에 적합할 것

3. 기능성화장품의 용법·용량은 오용될 여지가 없는 명확한 표현으로 적을 것

⑤ 식품의약품안전평가원장은 제1항부터 제4항까지의 규정에 따라 심사를 한 후 심사대장에 다음 각 호의 사항을 적고, **별지 제9호서식**의 기능성화장품 심사·변경심사 결과통지서를 발급하여야 한다. [개정 2013.3.23 제1010호(**식품의약품안전처와 그 소속기관 직제 시행규칙**), 2019.3.14]

1. 심사번호 및 심사연월일 또는 변경심사 연월일

2. 기능성화장품 심사를 받은 화장품제조업자, 화장품책임판매업자 또는 연구기관등의 상호(법인인 경

우에는 법인의 명칭) 및 소재지

3. 제품명

4. 효능·효과

⑥ 제1항부터 제4항까지의 규정에 따른 첨부자료의 범위·요건·작성요령과 제출이 면제되는 범위 및 심사기준 등에 관한 세부 사항은 식품의약품안전처장이 정하여 고시한다. [개정 2013.3.23 제1010호(식품의약품안전처와 그 소속기관 직제 시행규칙), 2013.12.6]

제10조(보고서 제출 대상 등)

① 법 제4조제1항에 따라 기능성화장품의 심사를 받지 아니하고 식품의약품안전평가원장에게 보고서를 제출하여야 하는 대상은 다음 각 호와 같다. [개정 2013.3.23 제1010호(식품의약품안전처와 그 소속기관 직제 시행규칙), 2013.12.6, 2017.7.31, 2019.3.14]

1. 효능·효과가 나타나게 하는 성분의 종류·함량, 효능·효과, 용법·용량, 기준 및 시험방법이 식품의약품안전처장이 고시한 품목과 같은 기능성화장품

2. 이미 심사를 받은 기능성화장품[화장품제조업자(화장품제조업자가 제품을 설계·개발·생산하는 방식으로 제조한 경우만 해당한다)가 같거나 화장품책임판매업자가 같은 경우 또는 제9조제1항에 따라 기능성화장품으로 심사받은 연구기관등이 같은 기능성화장품만 해당한다]과 다음 각 목의 사항이 모두 같은 품목. 다만, 제2조제1호부터 제3호까지 및 같은 조 제8호부터 제11호까지의 기능성화장품은 이미 심사를 받은 품목이 대조군(對照群)(효능·효과가 나타나게 하는 성분을 제외한 것을 말한다)과의 비교실험을 통하여 효능이 입증된 경우만 해당한다.

   가. 효능·효과가 나타나게 하는 원료의 종류·규격 및 함량(액체상태인 경우에는 농도를 말한다)

   나. 효능·효과(제2조제4호 및 제5호의 기능성화장품의 경우 자외선 차단지수의 측정값이 마이너스 20퍼센트 이하의 범위에 있는 경우에는 같은 효능·효과로 본다)

   다. 기준(pH에 관한 기준은 제외한다) 및 시험방법

   라. 용법·용량

   마. 제형(劑形)[제2조제1호부터 제3호까지 및 같은 조 제6호부터 제11호까지의 기능성화장품의 경우에는 액제(液劑)와 로션제를 같은 제형으로 본다]

② 기능성화장품으로 인정받아 판매 등을 하려는 화장품제조업자, 화장품책임판매업자 또는 연구기관등은 제1항에 따라 품목별로 별지 제10호서식의 기능성화장품 심사 제외 품목 보고서(전자문서로 된 보고서를 포함한다)를 식품의약품안전평가원장에게 제출해야 한다. [개정 2013.3.23 제1010호(식품의약품안전처와 그 소속기관 직제 시행규칙), 2019.3.14]

③ 제2항에 따라 보고서를 받은 식품의약품안전평가원장은 제1항에 따른 요건을 확인한 후 다음 각 호의 사항을 기능성화장품의 보고대장에 적어야 한다. [개정 2013.3.23 제1010호(식품의약품안전처와 그 소속기관 직제 시행규칙), 2019.3.14]

1. 보고번호 및 보고연월일

2. 화장품제조업자, 화장품책임판매업자 또는 연구기관등의 상호(법인인 경우에는 법인의 명칭) 및 소재지

3. 제품명

4. 효능·효과

제11조(화장품책임판매업자의 준수사항)

법 제5조제2항에 따라 화장품책임판매업자가 준수해야 할 사항은 다음 각 호(영 제2조제2호라목의 화장품책임판매업을 등록한 자는 제1호, 제2호, 제4호가목·다목·사목·차목 및 제10호만 해당한다)와 같다. [개정 2013.3.23 제1010호(식품의약품안전처와 그 소속기관 직제 시행규칙), 2013.12.6, 2015.4.2, 2019.3.14]

1. 별표 1의 품질관리기준을 준수할 것

2. 별표 2의 책임판매 후 안전관리기준을 준수할 것

3. 제조업자로부터 받은 제품표준서 및 품질관리기록서(전자문서 형식을 포함한다)를 보관할 것

4. 수입한 화장품에 대하여 다음 각 목의 사항을 적거나 또는 첨부한 수입관리기록서를 작성·보관할 것

   가. 제품명 또는 국내에서 판매하려는 명칭

   나. 원료성분의 규격 및 함량

   다. 제조국, 제조회사명 및 제조회사의 소재지

   라. 기능성화장품심사결과통지서 사본

   마. 제조 및 판매증명서. 다만, 「대외무역법」 제12조제2항에 따른 통합 공고상의 수출입 요건 확인기관에서 제조 및 판매증명서를 갖춘 화장품책임판매업자가 수입한 화장품과 같다는 것을 확인받고, 제6조제2항제2호가목, 다목 또는 라목의 기관으로부터 화장품책임판매업자가 정한 품질관리기준에 따른 검사를 받아 그 시험성적서를 갖추어 둔 경우에는 이를 생략할 수 있다.

   바. 한글로 작성된 제품설명서 견본

   사. 최초 수입연월일(통관연월일을 말한다. 이하 이 호에서 같다)

   아. 제조번호별 수입연월일 및 수입량

   자. 제조번호별 품질검사 연월일 및 결과

   차. 판매처, 판매연월일 및 판매량

5. 제조번호별로 품질검사를 철저히 한 후 유통시킬 것. 다만, 화장품제조업자와 화장품책임판매업자가 같은 경우 또는 제6조제2항제2호 각 목의 어느 하나에 해당하는 기관 등에 품질검사를 위탁하여 제조번호별 품질검사결과가 있는 경우에는 품질검사를 하지 아니할 수 있다.

6. 화장품의 제조를 위탁하거나 제6조제2항제2호나목에 따른 제조업자에게 품질검사를 위탁하는 경우 제조 또는 품질검사가 적절하게 이루어지고 있는지 수탁자에 대한 관리·감독을 철저히 하여야 하며, 제조 및

품질관리에 관한 기록을 받아 유지·관리하고, 그 최종 제품의 품질관리를 철저히 할 것

7. 제5호에도 불구하고 **영 제2조제2호**다목의 화장품책임판매업을 등록한 자는 제조국 제조회사의 품질관리기준이 국가 간 상호 인증되었거나, **제12조제2항**에 따라 식품의약품안전처장이 고시하는 우수화장품 제조관리기준과 같은 수준 이상이라고 인정되는 경우에는 국내에서의 품질검사를 하지 아니할 수 있다. 이 경우 제조국 제조회사의 품질검사 시험성적서는 품질관리기록서를 갈음한다.

8. 제7호에 따라 **영 제2조제2호**다목의 화장품책임판매업을 등록한 자가 수입화장품에 대한 품질검사를 하지 아니하려는 경우에는 식품의약품안전처장이 정하는 바에 따라 식품의약품안전처장에게 수입화장품의 제조업자에 대한 현지실사를 신청하여야 한다. 현지실사에 필요한 신청절차, 제출서류 및 평가방법 등에 대하여는 식품의약품안전처장이 정하여 고시한다.

8의2. 제7호에 따른 인정을 받은 수입 화장품 제조회사의 품질관리기준이 **제12조제2항**에 따른 우수화장품 제조관리기준과 같은 수준 이상이라고 인정되지 아니하여 제7호에 따른 인정이 취소된 경우에는 제5호 본문에 따른 품질검사를 하여야 한다. 이 경우 인정 취소와 관련하여 필요한 세부적인 사항은 식품의약품안전처장이 정하여 고시한다.

9. **영 제2조제2호**다목의 화장품책임판매업을 등록한 자의 경우 「**대외무역법**」에 따른 수출·수입요령을 준수하여야 하며, 「**전자무역 촉진에 관한 법률**」에 따른 전자무역문서로 표준통관예정보고를 할 것

10. 제품과 관련하여 국민보건에 직접 영향을 미칠 수 있는 안전성·유효성에 관한 새로운 자료, 정보사항(화장품 사용에 의한 부작용 발생사례를 포함한다) 등을 알게 되었을 때에는 식품의약품안전처장이 정하여 고시하는 바에 따라 보고하고, 필요한 안전대책을 마련할 것

11. 다음 각 목의 어느 하나에 해당하는 성분을 0.5퍼센트 이상 함유하는 제품의 경우에는 해당 품목의 안정성시험 자료를 최종 제조된 제품의 사용기한이 만료되는 날부터 1년간 보존할 것

가. 레티놀(비타민A) 및 그 유도체

나. 아스코빅애시드(비타민C) 및 그 유도체

다. 토코페롤(비타민E)

라. 과산화화합물

마. 효소

[본조제목개정 2019.3.14]

제12조(화장품제조업자의 준수사항 등)

① **법 제5조제1항**에 따라 화장품 제조업자가 준수하여야 할 사항은 다음 각 호와 같다. <개정 2013. 3. 23., 2013. 12. 6., 2015. 4. 2., 2019. 3. 14., 2020. 3. 13.>

1. **별표 1**의 품질관리기준에 따른 화장품책임판매업자의 지도·감독 및 요청에 따를 것

2. **별표 2**의 책임판매 후 안전관리기준을 준수할 것2. 제조관리기준서·제품표준서·제조관리기록서 및 품

질관리기록서(전자문서 형식을 포함한다)를 작성·보관할 것

3. 보건위생상 위해(危害)가 없도록 제조소, 시설 및 기구를 위생적으로 관리하고 오염되지 아니하도록 할 것

4. 화장품의 제조에 필요한 시설 및 기구에 대하여 정기적으로 점검하여 작업에 지장이 없도록 관리·유지할 것

5. 작업소에는 위해가 발생할 염려가 있는 물건을 두어서는 아니 되며, 작업소에서 국민보건 및 환경에 유해한 물질이 유출되거나 방출되지 아니하도록 할 것

6. 제2호의 사항 중 품질관리를 위하여 필요한 사항을 화장품책임판매업자에게 제출할 것. 다만, 다음 각 목의 어느 하나에 해당하는 경우 제출하지 아니할 수 있다.

가. 화장품제조업자와 화장품책임판매업자가 동일한 경우

나. 화장품제조업자가 제품을 설계·개발·생산하는 방식으로 제조하는 경우로서 품질·안전관리에 영향이 없는 범위에서 화장품제조업자와 화장품책임판매업자 상호 계약에 따라 영업비밀에 해당하는 경우

7. 원료 및 자재의 입고부터 완제품의 출고에 이르기까지 필요한 시험·검사 또는 검정을 할 것

8. 제조 또는 품질검사를 위탁하는 경우 제조 또는 품질검사가 적절하게 이루어지고 있는지 수탁자에 대한 관리·감독을 철저히 하고, 제조 및 품질관리에 관한 기록을 받아 유지·관리할 것

② 식품의약품안전처장은 제1항에 따른 준수사항 외에 식품의약품안전처장이 정하여 고시하는 우수화장품 제조관리기준을 준수하도록 제조업자에게 권장할 수 있다. [개정 2013.3.23 제1010호(**식품의약품안전처와 그 소속기관 직제 시행규칙**)]

③ 식품의약품안전처장은 제2항에 따라 우수화장품 제조관리기준을 준수하는 제조업자에게 다음 각 호의 사항을 지원할 수 있다. [신설 2014.9.24]

1. 우수화장품 제조관리기준 적용에 관한 전문적 기술과 교육

2. 우수화장품 제조관리기준 적용을 위한 자문

3. 우수화장품 제조관리기준 적용을 위한 시설·설비 등 개수·보수

[본조제목개정 2019.3.14]

제13조(화장품의 생산실적 등 보고)

① **법 제5조제4항** 전단에 따라 화장품책임판매업자는 지난해의 생산실적 또는 수입실적과 화장품의 제조과정에 사용된 원료의 목록 등을 식품의약품안전처장이 정하는 바에 따라 매년 2월 말까지 식품의약품안전처장이 정하여 고시하는 바에 따라 대한화장품협회 등 법 제17조에 따라 설립된 화장품업 단체를 통하여 식품의약품안전처장에게 보고하여야 한다. [개정 2013.3.23 제1010호(**식품의약품안전처와 그 소속기관 직제 시행규칙**), 2018.12.31, 2019.3.14]

② 법 제5조제4항 후단에 따라 화장품책임판매업자는 화장품의 제조과정에 사용된 원료의 목록을 화장품의 유통·판매 전까지 보고해야 한다. 보고한 목록이 변경된 경우에도 또한 같다. [신설 2019.3.14]

③ 제1항 및 제2항에도 불구하고 「전자무역 촉진에 관한 법률」에 따라 전자무역문서로 표준통관예정보고를 하고 수입하는 화장품책임판매업자는 제1항 및 제2항에 따라 수입실적 및 원료의 목록을 보고하지 아니할 수 있다. [개정 2019.3.14]

제14조(화장품책임판매업자 등의 교육)

① 법 제5조제6항에 따른 교육명령의 대상은 다음 각 호의 어느 하나에 해당하는 화장품제조업자 및 화장품책임판매업자로 한다. [개정 2016.9.9, 2019.3.14]

1. 법 제15조를 위반한 화장품제조업자 또는 화장품책임판매업자
2. 법 제19조에 따른 시정명령을 받은 화장품제조업자 또는 화장품책임판매업자
3. 제11조의 준수사항을 위반한 화장품책임판매업자
4. 제12조제1항의 준수사항을 위반한 화장품제조업자

② 식품의약품안전처장은 제1항에 따른 교육명령 대상자가 천재지변, 질병, 임신, 출산, 사고 및 출장 등의 사유로 교육을 받을 수 없는 경우에는 해당 교육을 유예할 수 있다.

③ 제2항에 따라 교육의 유예를 받으려는 사람은 식품의약품안전처장이 정하는 교육유예신청서에 이를 입증하는 서류를 첨부하여 지방식품의약품안전청장에게 제출하여야 한다.

④ 지방식품의약품안전청장은 제3항에 따라 제출된 교육유예신청서를 검토하여 식품의약품안전처장이 정하는 교육유예확인서를 발급하여야 한다.

⑤ 법 제5조제7항에서 "총리령으로 정하는 자"는 다음 각 호의 어느 하나에 해당하는 자를 말한다. [신설 2016.9.9, 2019.3.14]

1. 책임판매관리자
2. 별표 1의 품질관리기준에 따라 품질관리 업무에 종사하는 종업원

⑥ 법 제5조제8항에 따른 교육의 실시기관(이하 이 조에서 "교육실시기관" 이라 한다)은 화장품과 관련된 기관·단체 및 법 제17조에 따라 설립된 단체 중에서 식품의약품안전처장이 지정하여 고시한다. [개정 2016.9.9, 2019.3.14]

⑦ 교육실시기관은 매년 교육의 대상, 내용 및 시간을 포함한 교육계획을 수립하여 교육을 시행할 해의 전년도 11월 30일까지 식품의약품안전처장에게 제출하여야 한다. [개정 2016.9.9] [[시행일 2017.2.4]]

⑧ 제7항에 따른 교육시간은 4시간 이상, 8시간 이하로 한다. [개정 2016.9.9] [[시행일 2017.2.4]]

⑨ 제7항에 따른 교육 내용은 화장품 관련 법령 및 제도에 관한 사항, 화장품의 안전성 확보 및 품질관리에 관한 사항 등으로 하며, 교육 내용에 관한 세부 사항은 식품의약품안전처장의 승인을 받아야 한다. [개정 2016.9.9] [[시행일 2017.2.4]]

⑩ 교육실시기관은 교육을 수료한 사람에게 수료증을 발급하고 매년 1월 31일까지 전년도 교육 실적을 식품의약품안전처장에게 보고하며, 교육 실시기간, 교육대상자 명부, 교육 내용 등 교육에 관한 기록을 작성하여 이를 증명할 수 있는 자료와 함께 2년간 보관하여야 한다. [개정 2016.9.9] [[시행일 2017.2.4]]

⑪ 교육실시기관은 교재비·실습비 및 강사 수당 등 교육에 필요한 실비를 교육대상자로부터 징수할 수 있다. [개정 2016.9.9] [[시행일 2017.2.4]]

⑫ 제1항부터 제11항까지에서 규정한 사항 외에 교육에 필요한 세부 사항은 식품의약품안전처장이 정하여 고시한다. [개정 2016.9.9] [[시행일 2017.2.4]]

[전문개정 2015.1.6]

[본조제목개정 2019.3.14]

제14조의2(회수 대상 화장품의 기준)

법 제5조의2제1항에 따른 회수 대상 화장품(이하 "회수대상화장품"이라 한다)은 유통 중인 화장품으로서 다음 각 호의 어느 하나에 해당하는 화장품으로 한다. [개정 2019.3.14]

1. **법 제9조**에 위반되는 화장품

2. **법 제15조**에 위반되는 화장품으로서 다음 각 목의 어느 하나에 해당하는 화장품

가. **법 제15조제2호 또는 제3호**에 해당하는 화장품

나. **법 제15조제4호**에 해당하는 화장품 중 보건위생상 위해를 발생할 우려가 있는 화장품

다. **법 제15조제5호**에 해당하는 화장품 중 다음의 어느 하나에 해당하는 화장품

1) **법 제8조제1항 또는 제2항**에 따른 화장품에 사용할 수 없는 원료를 사용한 화장품

2) **법 제8조제5항**에 따른 유통화장품 안전관리 기준(내용량의 기준에 관한 부분은 제외한다)에 적합하지 아니한 화장품

라. **법 제15조제9호**에 해당하는 화장품

마. 그 밖에 화장품제조업자 또는 화장품책임판매업자 스스로 국민보건에 위해를 끼칠 우려가 있어 회수가 필요하다고 판단한 화장품

3. **법 제16조제1항**에 위반되는 화장품

법 제5조의2제4항에 따른 회수대상화장품의 위해성 등급은 그 위해성이 높은 순서에 따라 가등급, 나등급 및 다등급으로 구분하며, 해당 위해성 등급의 분류기준은 다음 각 호의 구분에 따른다. <신설 2019. 12. 12.>

가. 위해성 등급이 가등급인 화장품: 제1항제2호다목1)에 해당하는 화장품

나. 위해성 등급이 나등급인 화장품: 제1항제1호 또는 같은 항 제2호다목2)(기능성화장품의 기능성을 나타나게 하는 주원료 함량이 기준치에 부적합한 경우는 제외한다)에 해당하는 화장품

다. 위해성 등급이 다등급인 화장품: 제1항제2호가목、나목、다목2)(기능성화장품의 기능성을 나타

나게 하는 주원료 함량이 기준치에 부적합한 경우만 해당한다)ㆍ라목ㆍ마목 또는 같은 항 제3호에 해당하는 화장품

제14조의3(위해화장품의 회수계획 및 회수절차 등)

① **법 제5조의2제1항**에 따라 화장품을 회수하거나 회수하는 데에 필요한 조치를 하려는 화장품제조업자 또는 화장품책임판매업자(이하 "회수의무자"라 한다)는 해당 화장품에 대하여 즉시 판매중지 등의 필요한 조치를 하여야 하고, 회수대상화장품이라는 사실을 안 날부터 5일 이내에 **별지 제10호의2서식**의 회수계획서에 다음 각 호의 서류를 첨부하여 지방식품의약품안전청장에게 제출하여야 한다. 다만, 제출기한까지 회수계획서의 제출이 곤란하다고 판단되는 경우에는 지방식품의약품안전청장에게 그 사유를 밝히고 제출기한 연장을 요청하여야 한다. [개정 2019.3.14]

1. 해당 품목의 제조·수입기록서 사본
2. 판매처별 판매량·판매일 등의 기록
3. 회수 사유를 적은 서류

② 지방식품의약품안전청장은 제1항에 따라 제출된 회수계획이 미흡하다고 판단되는 경우에는 해당 회수의무자에게 그 회수계획의 보완을 명할 수 있다.

③ 회수의무자는 회수대상화장품의 판매자(**법 제11조제1항**에 따른 판매자를 말한다), 그 밖에 해당 화장품을 업무상 취급하는 자에게 방문, 우편, 전화, 전보, 전자우편, 팩스 또는 언론매체를 통한 공고 등을 통하여 회수계획을 통보하여야 하며, 통보 사실을 입증할 수 있는 자료를 회수종료일부터 2년간 보관하여야 한다.

④ 제3항에 따라 회수계획을 통보받은 자는 회수대상화장품을 회수의무자에게 반품하고,**별지 제10호의3서식**의 회수확인서를 작성하여 회수의무자에게 송부하여야 한다.

⑤ 회수의무자는 회수한 화장품을 폐기하려는 경우에는 **별지 제10호의4서식**의 폐기신청서에 다음 각 호의 서류를 첨부하여 지방식품의약품안전청장에게 제출하고, 관계 공무원의 참관 하에 환경 관련 법령에서 정하는 바에 따라 폐기하여야 한다.

1. **별지 제10호의2서식**의 회수계획서 사본
2. **별지 제10호의3서식**의 회수확인서 사본

⑥ 제5항에 따라 폐기를 한 회수의무자는 **별지 제10호의5서식**의 폐기확인서를 작성하여 2년간 보관하여야 한다.

⑦ 회수의무자는 회수대상화장품의 회수를 완료한 경우에는 **별지 제10호의6서식**의 회수종료신고서에 다음 각 호의 서류를 첨부하여 지방식품의약품안전청장에게 제출하여야 한다.

1. **별지 제10호의3서식**의 회수확인서 사본
2. **별지 제10호의5서식**의 폐기확인서 사본(폐기한 경우에만 해당한다)

3. 별지 제10호의7서식의 평가보고서 사본

⑧ 지방식품의약품안전청장은 제7항에 따라 회수종료신고서를 받으면 다음 각 호에서 정하는 바에 따라 조치하여야 한다.

1. 회수계획서에 따라 회수대상화장품의 회수를 적절하게 이행하였다고 판단되는 경우에는 회수가 종료되었음을 확인하고 회수의무자에게 이를 서면으로 통보할 것

2. 회수가 효과적으로 이루어지지 아니하였다고 판단되는 경우에는 회수의무자에게 회수에 필요한 추가 조치를 명할 것

[본조신설 2015.7.29]

제14조의4(행정처분의 감경 또는 면제) 법 제5조의2제3항에 따라 법 제24조에 따른 행정처분을 감경 또는 면제하는 경우 그 기준은 다음 각 호의 구분에 따른다.

1. 법 제5조의2제2항의 회수계획에 따른 회수계획량(이하 이 조에서 "회수계획량"이라 한다)의 5분의 4 이상을 회수한 경우: 그 위반행위에 대한 행정처분을 면제

2. 회수계획량 중 일부를 회수한 경우: 다음 각 목의 어느 하나에 해당하는 기준에 따라 행정처분을 경감

가. 회수계획량의 3분의 1 이상을 회수한 경우(제1호의 경우는 제외한다)

1) 법 제24조제2항에 따른 행정처분의 기준(이하 이 호에서 "행정처분기준"이라 한다)이 등록취소인 경우에는 업무정지 2개월 이상 6개월 이하의 범위에서 처분

2) 행정처분기준이 업무정지 또는 품목의 제조·수입·판매 업무정지인 경우에는 정지처분기간의 3분의 2 이하의 범위에서 경감

나. 회수계획량의 4분의 1 이상 3분의 1 미만을 회수한 경우

1) 행정처분기준이 등록취소인 경우에는 업무정지 3개월 이상 6개월 이하의 범위에서 처분

2) 행정처분기준이 업무정지 또는 품목의 제조·수입·판매 업무정지인 경우에는 정지처분기간의 2분의 1 이하의 범위에서 경감

[본조신설 2015.7.29]

제15조(폐업 등의 신고) 법 제6조에 따라 화장품의 책임판매업자 또는 제조업자가 폐업 또는 휴업하거나 휴업 후 그 업을 재개하려는 경우에는 그 폐업·휴업·재개한 날부터 20일 이내에 화장품책임판매업 등록필증 또는 화장품제조업 등록필증(폐업 또는 휴업의 경우만 해당한다)을 첨부하여 별지 제11호서식의 신고서(전자문서로 된 신고서를 포함한다)를 지방식품의약품안전청장에게 제출하여야 한다. [개정 2019.3.14.]

제16조 삭제 [2019.3.14]

제17조(화장품 원료 등의 위해평가)

① 법 제8조제3항에 따른 위해평가는 다음 각 호의 확인·결정·평가 등의 과정을 거쳐 실시한다.

1. 위해요소의 인체 내 독성을 확인하는 위험성 확인과정

2. 위해요소의 인체노출 허용량을 산출하는 위험성 결정과정

3. 위해요소가 인체에 노출된 양을 산출하는 노출평가과정

4. 제1호부터 제3호까지의 결과를 종합하여 인체에 미치는 위해 영향을 판단하는 위해도 결정과정

② 식품의약품안전처장은 제1항에 따른 결과를 근거로 식품의약품안전처장이 정하는 기준에 따라 위해 여부를 결정한다. 다만, 해당 화장품 원료 등에 대하여 국내외의 연구·검사기관에서 이미 위해평가를 실시하였거나 위해요소에 대한 과학적 시험·분석 자료가 있는 경우에는 그 자료를 근거로 위해 여부를 결정할 수 있다. [개정 2013.3.23 제1010호(**식품의약품안전처와 그 소속기관 직제 시행규칙**)]

③ 제1항 및 제2항에 따른 위해평가의 기준, 방법 등에 관한 세부 사항은 식품의약품안전처장이 정하여 고시한다. [개정 2013.3.23 제1010호(**식품의약품안전처와 그 소속기관 직제 시행규칙**)]

제17조의2(**지정 · 고시된 원료의 사용기준의 안전성 검토**)

① **법 제8조제5항**에 따른 지정·고시된 원료의 사용기준의 안전성 검토 주기는 5년으로 한다.

② 식품의약품안전처장은 **법 제8조제5항**에 따라 지정·고시된 원료의 사용기준의 안전성을 검토할 때에는 사전에 안전성 검토 대상을 선정하여 실시해야 한다.

[본조신설 2019.3.14]

제17조의3(**원료의 사용기준 지정 및 변경 신청 등**)

① **법 제8조제6항**에 따라 화장품제조업자, 화장품책임판매업자 또는 연구기관등은 **법 제8조제2항**에 따라 지정·고시되지 않은 원료의 사용기준을 지정·고시하거나 지정·고시된 원료의 사용기준을 변경해 줄 것을 신청하려는 경우에는 **별지 제13호의2서식**의 원료 사용기준 지정(변경지정) 신청서(전자문서로 된 신청서를 포함한다)에 다음 각 호의 서류(전자문서를 포함한다)를 첨부하여 식품의약품안전처장에게 제출해야 한다.

1. 제출자료 전체의 요약본

2. 원료의 기원, 개발 경위, 국내·외 사용기준 및 사용현황 등에 관한 자료

3. 원료의 특성에 관한 자료

4. 안전성 및 유효성에 관한 자료(유효성에 관한 자료는 해당하는 경우에만 제출한다)

5. 원료의 기준 및 시험방법에 관한 시험성적서

② 식품의약품안전처장은 제1항에 따라 제출된 자료가 적합하지 않은 경우 그 내용을 구체적으로 명시하여 신청인에게 보완을 요청할 수 있다. 이 경우 신청인은 보완일부터 60일 이내에 추가 자료를 제출하거나 보완 제출기한의 연장을 요청할 수 있다.

③ 식품의약품안전처장은 신청인이 제1항의 자료를 제출한 날(제2항에 따라 자료가 보완 요청된 경우 신청인이 보완된 자료를 제출한 날)부터 180일 이내에 신청인에게 **별지 제13호의3서식**의 원료 사용기준 지정(변경지정) 심사 결과통지서를 보내야 한다.

④ 제1항부터 제3항까지에서 규정한 사항 외에 원료의 사용기준 지정신청 및 변경지정신청에 필요한 세부절차와 방법 등은 식품의약품안전처장이 정한다.

[본조신설 2019.3.14]

제18조(안전용기 · 포장 대상 품목 및 기준)

① **법 제9조제1항**에 따른 안전용기·포장을 사용하여야 하는 품목은 다음 각 호와 같다. 다만, 일회용 제품, 용기 입구 부분이 펌프 또는 방아쇠로 작동되는 분무용기 제품, 압축 분무용기 제품(에어로졸 제품 등)은 제외한다.

1. 아세톤을 함유하는 네일 에나멜 리무버 및 네일 폴리시 리무버

2. 어린이용 오일 등 개별포장 당 탄화수소류를 10퍼센트 이상 함유하고 운동점도가 21센티스톡스(섭씨 40도 기준) 이하인 비에멀젼 타입의 액체상태의 제품

3. 개별포장당 메틸 살리실레이트를 5퍼센트 이상 함유하는 액체상태의 제품

② 제1항에 따른 안전용기·포장은 성인이 개봉하기는 어렵지 아니하나 만 5세 미만의 어린이가 개봉하기는 어렵게 된 것이어야 한다. 이 경우 개봉하기 어려운 정도의 구체적인 기준 및 시험방법은 산업통상자원부장관이 정하여 고시하는 바에 따른다. [개정 2013.3.23 제1010호(**식품의약품안전처와 그 소속기관 직제 시행규칙**)]

제19조(화장품 포장의 기재 · 표시 등)

① **법 제10조제1항** 단서에 따라 다음 각 호에 해당하는 1차 포장 또는 2차 포장에는 화장품의 명칭, 화장품책임판매업자의 상호, 가격, 제조번호와 사용기한 또는 개봉 후 사용기간(개봉 후 사용기간을 기재할 경우에는 제조연월일을 병행 표기하여야 한다)만을 기재·표시할 수 있다. 다만, 제2호의 포장의 경우 가격이란 견본품이나 비매품 등의 표시를 말한다. [개정 2016.9.9, 2019.3.14]

1. 내용량이 10밀리리터 이하 또는 10그램 이하인 화장품의 포장

2. 판매의 목적이 아닌 제품의 선택 등을 위하여 미리 소비자가 시험·사용하도록 제조 또는 수입된 화장품의 포장

② **법 제10조제1항제3호**에 따라 기재·표시를 생략할 수 있는 성분이란 다음 각 호의 성분을 말한다. [개정 2013.3.23 제1010호(**식품의약품안전처와 그 소속기관 직제 시행규칙**)]

1. 제조과정 중에 제거되어 최종 제품에는 남아 있지 않은 성분

2. 안정화제, 보존제 등 원료 자체에 들어 있는 부수 성분으로서 그 효과가 나타나게 하는 양보다 적은 양이 들어 있는 성분

3. 내용량이 10밀리리터 초과 50밀리리터 이하 또는 중량이 10그램 초과 50그램 이하 화장품의 포장인 경우에는 다음 각 목의 성분을 제외한 성분

가. 타르색소

나. 금박

다. 샴푸와 린스에 들어 있는 인산염의 종류

라. 과일산(AHA)

마. 기능성화장품의 경우 그 효능·효과가 나타나게 하는 원료

바. 식품의약품안전처장이 배합 한도를 고시한 화장품의 원료

③ **법 제10조제1항제9호**에 따라 화장품의 포장에 기재·표시하여야 하는 사용할 때의 주의사항은 **별표 3**과 같다.

④ **법 제10조제1항제10호**에 따라 화장품의 포장에 기재·표시하여야 하는 사항은 다음 각 호와 같다. [개정 2013.3.23 제1010호(**식품의약품안전처와 그 소속기관 직제 시행규칙**), 2017.11.17, 2018.12.31, 2019.3.14] [[시행일 2020.1.1]]

1. 식품의약품안전처장이 정하는 바코드

2. 기능성화장품의 경우 심사받거나 보고한 효능·효과, 용법·용량

3. 성분명을 제품 명칭의 일부로 사용한 경우 그 성분명과 함량(방향용 제품은 제외한다)

4. 인체 세포·조직 배양액이 들어있는 경우 그 함량

5. 화장품에 천연 또는 유기농으로 표시·광고하려는 경우에는 원료의 함량

6. 수입화장품인 경우에는 제조국의 명칭(「**대외무역법**」에 따른 원산지를 표시한 경우에는 제조국의 명칭을 생략할 수 있다), 제조회사명 및 그 소재지

7. **제2조제8호부터 제11호까지**에 해당하는 기능성화장품의 경우에는 "질병의 예방 및 치료를 위한 의약품이 아님"이라는 문구

8. 다음 각 목의 어느 하나에 해당하는 경우 **법 제8조제2항**에 따라 사용기준이 지정·고시된 원료 중 보존제의 함량

가. **별표3** 제1호가목에 따른 영·유아용 제품류인 경우

나. 화장품에 어린이용 제품(만 13세 이하의 어린이를 대상으로 생산된 제품을 말한다. 다만, 가목에 따른 영·유아용 제품류는 제외한다)임을 특정하여 표시·광고하려는 경우

⑤ 제1항 및 제2항제3호에 따라 해당 화장품의 제조에 사용된 성분의 기재·표시를 생략하려는 경우에는 다음 각 호의 어느 하나에 해당하는 방법으로 생략된 성분을 확인할 수 있도록 하여야 한다.

1. 소비자가 **법 제10조제1항제3호**에 따른 모든 성분을 즉시 확인할 수 있도록 포장에 전화번호나 홈페이지 주소를 적을 것

2. **법 제10조제1항제3호**에 따른 모든 성분이 적힌 책자 등의 인쇄물을 판매업소에 늘 갖추어 둘 것

⑥ **법 제10조제4항**에 따른 화장품 포장의 표시기준 및 표시방법은 **별표 4**와 같다.

제20조(화장품 가격의 표시)

법 제11조제1항에 따라 해당 화장품을 소비자에게 직접 판매하는 자(이하 "판매자"라 한다)는 그 제품의 포장에 판매하려는 가격을 일반 소비자가 알기 쉽도록 표시하되, 그 세부적인 표시방법은 식품의약품안전처장이 정하여 고시한다. [개정 2013.3.23 제1010호(식품의약품안전처와 그 소속기관 직제 시행규칙)]

제21조(기재 · 표시상의 주의사항)

법 제12조에 따른 화장품 포장의 기재·표시 및 화장품의 가격표시상의 준수사항은 다음 각 호와 같다.

1. 한글로 읽기 쉽도록 기재·표시할 것. 다만, 한자 또는 외국어를 함께 적을 수 있고, 수출용 제품 등의 경우에는 그 수출 대상국의 언어로 적을 수 있다.
2. 화장품의 성분을 표시하는 경우에는 표준화된 일반명을 사용할 것

제22조(표시 · 광고의 범위 등)

법 제13조제2항에 따른 표시·광고의 범위와 그 밖에 준수하여야 하는 사항은 별표 5와 같다.

제23조(표시·광고 실증의 대상 등)

① 법 제14조제1항에 따른 표시·광고 실증의 대상은 화장품의 포장 또는 별표 5 제1호에 따른 화장품 광고의 매체 또는 수단에 의한 표시·광고 중 사실과 다르게 소비자를 속이거나 소비자가 잘못 인식하게 할 우려가 있어 식품의약품안전처장이 실증이 필요하다고 인정하는 표시·광고로 한다. [개정 2013.3.23 제1010호(식품의약품안전처와 그 소속기관 직제 시행규칙)]

② 법 제14조제3항에 따라 화장품제조업자, 화장품책임판매업자 또는 판매자가 제출하여야 하는 실증자료의 범위 및 요건은 다음 각 호와 같다. [개정 2019.3.14]

1. 시험결과: 인체 적용시험 자료, 인체 외 시험 자료 또는 같은 수준 이상의 조사자료일 것
2. 조사결과: 표본설정, 질문사항, 질문방법이 그 조사의 목적이나 통계상의 방법과 일치할 것
3. 실증방법: 실증에 사용되는 시험 또는 조사의 방법은 학술적으로 널리 알려져 있거나 관련 산업 분야에서 일반적으로 인정된 방법 등으로서 과학적이고 객관적인 방법일 것

③ 법 제14조제3항에 따라 화장품제조업자, 화장품책임판매업자 또는 판매자가 실증자료를 제출할 때에는 다음 각 목의 사항을 적고 이를 증명할 수 있는 자료를 첨부하여 식품의약품안전처장에게 제출하여야 한다. [개정 2013.3.23 제1010호(식품의약품안전처와 그 소속기관 직제 시행규칙), 2019.3.14]

가. 실증방법

나. 시험·조사기관의 명칭, 대표자의 성명, 주소 및 전화번호

다. 실증 내용 및 결과

라. 실증자료 중 영업상 비밀에 해당되어 공개를 원하지 아니하는 경우에는 그 내용 및 사유

④ 제1항부터 제3항까지에서 규정한 사항 외에 표시·광고 실증에 필요한 사항은 식품의약품안전처장이 정하여 고시한다. [개정 2013.3.23 제1010호(식품의약품안전처와 그 소속기관 직제 시행규칙)]

제23조의2(천연화장품 및 유기농화장품의 인증 등)

① **법 제14조의2제1항**에 따라 천연화장품 또는 유기농화장품으로 인증을 받으려는 화장품제조업자, 화장품책임판매업자 또는 연구기관등은 **법 제14조의2제4항**에 따라 지정받은 인증기관(이하 "인증기관"이라 한다)에 식품의약품안전처장이 정하여 고시하는 서류를 갖추어 인증을 신청해야 한다.

② 인증기관은 제1항에 따른 신청을 받은 경우 천연화장품 또는 유기농화장품의 인증기준에 적합한지 여부를 심사를 한 후 그 결과를 신청인에게 통지해야 한다.

③ 제1항에 따라 천연화장품 또는 유기농화장품의 인증을 받은 자(이하 "인증사업자"라 한다)는 다음 각 호의 사항이 변경된 경우 식품의약품안전처장이 정하여 고시하는 바에 따라 그 인증을 한 인증기관에 보고를 해야 한다.

1. 인증제품 명칭의 변경

2. 인증제품을 판매하는 책임판매업자의 변경

④ **법 제14조의3제2항**에 따라 인증사업자가 인증의 유효기간을 연장받으려는 경우에는 유효기간 만료 90일 전까지 그 인증을 한 인증기관에 식품의약품안전처장이 정하여 고시하는 서류를 갖추어 제출해야 한다. 다만, 그 인증을 한 인증기관이 폐업, 업무정지 또는 그 밖의 부득이한 사유로 연장신청이 불가능한 경우에는 다른 인증기관에 신청할 수 있다.

⑤ **법 제14조의4제1항**에서 "총리령으로 정하는 인증표시"란 **별표5의2**의 표시를 말한다.

⑥ 인증기관의 장은 식품의약품안전처장의 승인을 받아 결정한 수수료를 신청인으로부터 받을 수 있다.

⑦ 제1항부터 제6항까지 규정한 사항 외에 인증신청 및 변경보고, 유효기간 연장신청 등 인증의 세부 절차와 방법 등은 식품의약품안전처장이 정하여 고시한다.

[본조신설 2019.3.14]

제23조의3(천연화장품 및 유기농화장품의 인증기관의 지정 등) ① **법 제14조의2제4항**에 따른 인증기관의 지정기준은 **별표5의3**과 같다.

② 천연화장품 또는 유기농화장품의 인증기관으로 지정받으려는 자는 식품의약품안전처장이 정하여 고시하는 서류를 갖추어 인증기관의 지정을 신청해야 한다.

③ 식품의약품안전처장은 제1항에 따른 지정기준에 적합하여 인증기관을 지정하는 경우에는 신청인에게 인증기관 지정서를 발급해야 한다.

④ 제3항에 따라 지정된 인증기관은 다음 각 호의 사항이 변경된 경우에는 변경 사유가 발생한 날부터 30일 이내에 식품의약품안전처장이 정하여 고시하는 서류를 갖추어 변경신청을 해야 한다.

1. 인증기관의 대표자

2. 인증기관의 명칭 및 소재지

3. 인증업무의 범위

⑤ 인증기관은 업무를 적절하게 수행하기 위하여 다음 각 호의 사항을 준수해야 한다.

1. 인증신청, 인증심사 및 인증사업자에 관한 자료를 법 제14조의3제1항에 따른 인증의 유효기간이 끝난 후 2년 동안 보관할 것

2. 식품의약품안전처장의 요청이 있는 경우에는 인증기관의 사무소 및 시설에 대한 접근을 허용하거나 필요한 정보 및 자료를 제공할 것

⑥ 법 제14조의5제3항에 따른 인증기관에 대한 행정처분의 기준은 별표5의4와 같다.

⑦ 제1항부터 제6항까지에서 규정한 사항 외에 인증기관의 지정 절차 및 준수사항 등 인증기관 운영에 필요한 세부 절차와 방법 등은 식품의약품안전처장이 정하여 고시한다.

[본조신설 2019.3.14]

제24조(관계 공무원의 자격 등) ① 법 제18조제1항에 따른 화장품 검사 등에 관한 업무를 수행하는 공무원(이하 "화장품감시공무원"이라 한다)은 다음 각 호의 어느 하나에 해당하는 사람 중에서 지방식품의약품안전청장이 임명하는 사람으로 한다.

1. 「고등교육법」 제2조에 따른 학교에서 약학 또는 화장품 관련 분야의 학사학위 이상을 취득한 사람(법령에서 이와 같은 수준 이상의 학력이 있다고 인정한 사람을 포함한다)

2. 화장품에 관한 지식 및 경력이 풍부하다고 지방식품의약품안전청장이 인정하거나 특별시장·광역시장·도지사·특별자치도지사 또는 시장·군수·구청장(자치구의 구청장을 말한다)이 추천한 사람

② 법 제18조제4항에 따른 화장품감시공무원의 신분을 증명하는 증표는 별지 제14호서식에 따른다.

제25조(수거 등) 법 제18조제2항에 따라 화장품감시공무원이 물품 또는 화장품을 수거하는 경우에는 별지 제15호서식의 수거증을 피수거인에게 발급하여야 한다.

제26조(화장품 판매 모니터링) 식품의약품안전처장은 법 제18조제3항에 따라 법 제17조에 따른 단체 또는 관련 업무를 수행하는 기관 등을 지정하여 화장품의 판매, 표시·광고, 품질 등에 대하여 모니터링하게 할 수 있다. [개정 2013.3.23 제1010호(식품의약품안전처와 그 소속기관 직제 시행규칙)]

제26조의2(소비자화장품안전관리감시원의 자격 등)

① 법 제18조의2조제1항에 따라 소비자화장품안전관리감시원(이하 "소비자화장품감시원"이라 한다)으로 위촉될 수 있는 사람은 다음 각 호의 어느 하나에 해당하는 사람으로 한다.

1. 법 제17조에 따라 설립된 단체의 임직원 중 해당 단체의 장이 추천한 사람

2. 「소비자기본법」 제29조제1항에 따라 등록한 소비자단체의 임직원 중 해당 단체의 장이 추천한 사람

3. 제8조제1항 각 호의 어느 하나에 해당하는 사람

4. 식품의약품안전처장이 정하여 고시하는 교육과정을 마친 사람

② 소비자화장품감시원의 임기는 2년으로 하되, 연임할 수 있다.

③ **법 제18조의2제2항제3호**에서 "총리령으로 정하는 사항"이란 다음 각 호의 사항을 말한다.

1. **법 제23조**에 따른 관계 공무원의 물품 회수·폐기 등의 업무 지원

2. **제29조**에 따른 행정처분의 이행 여부 확인 등의 업무 지원

3. 화장품의 안전사용과 관련된 홍보 등의 업무

④ **법 제18조의2제3항**에 따라 식품의약품안전처장 또는 지방식품의약품안전청장은 소비자화장품감시원에 대하여 반기(半期)마다 화장품 관계법령 및 위해화장품 식별 등에 관한 교육을 실시하고, 소비자화장품 감시원이 직무를 수행하기 전에 그 직무에 관한 교육을 실시하여야 한다.

⑤ 식품의약품안전처장 또는 지방식품의약품안전청장은 소비자화장품감시원의 활동을 지원하기 위하여 예산의 범위에서 수당 등을 지급할 수 있다.

⑥ 제1항부터 제5항까지에서 규정한 사항 외에 소비자화장품감시원의 운영에 필요한 사항은 식품의약품안전처장이 정하여 고시한다.

[본조신설 2019.3.14]

제27조(회수 · 폐기명령 등) **법 제23조제1항**에 따른 물품 회수·폐기의 절차·계획 및 사후조치 등에 관하여는 **제14조의3**을 준용한다.

[본조신설 2015.7.29]

제28조(위해화장품의 공표)

① **법 제23조의2제1항**에 따라 공표명령을 받은 영업자는 지체 없이 위해 발생사실 또는 다음 각 호의 사항을 **「신문 등의 진흥에 관한 법률」 제9조제1항**에 따라 등록한 전국을 보급지역으로 하는 1개 이상의 일반일간신문[당일 인쇄·보급되는 해당 신문의 전체 판(版)을 말한다] 및 해당 영업자의 인터넷 홈페이지에 게재하고, 식품의약품안전처의 인터넷 홈페이지에 게재를 요청하여야 한다.

1. 화장품을 회수한다는 내용의 표제

2. 제품명

3. 회수대상화장품의 제조번호

4. 사용기한 또는 개봉 후 사용기간(병행 표기된 제조연월일을 포함한다)

5. 회수 사유

6. 회수 방법

7. 회수하는 영업자의 명칭

8. 회수하는 영업자의 전화번호, 주소, 그 밖에 회수에 필요한 사항

② 제1항 각 호의 사항에 대한 구체적인 작성방법은 **별표 6**과 같다.

③ 제1항에 따라 공표를 한 영업자는 다음 각 호의 사항이 포함된 공표 결과를 지체 없이 지방식품의약품

안전청장에게 통보하여야 한다.

1. 공표일

2. 공표매체

3. 공표횟수

4. 공표문 사본 또는 내용

[본조신설 2015.7.29]

제29조(행정처분기준)

① 법 제24조제1항에 따른 행정처분의 기준은 별표 7과 같다.

② 삭제 [2014.8.20 제1088호(식품 · 의약품분야 시험 · 검사 등에 관한 법률 시행규칙)]

제30조(과징금의 징수절차) 「화장품법 시행령」 제12조제1항에 따른 과징금의 징수절차는 「국고금관리법 시행규칙」을 준용한다. 이 경우 납입고지서에는 이의제기 방법 및 기간을 함께 적어 넣어야 한다.

제31조(등록필증 등의 재발급 등)

① 법 제31조에 따라 화장품책임판매업 등록필증·화장품제조업 등록필증 또는 기능성화장품심사결과통지서(이하 "등록필증등"이라 한다)를 재발급받으려는 자는 별지 제18호서식 또는 별지 제19호서식의 재발급신청서(전자문서로 된 신청서를 포함한다)에 다음 각 호의 서류(전자문서를 포함한다)를 첨부하여 각각 지방식품의약품안전청장 또는 식품의약품안전평가원장에게 제출하여야 한다. [개정 2013.3.23 제1010호(식품의약품안전처와 그 소속기관 직제 시행규칙) <개정 2013. 3. 23., 2017. 7. 31., 2019. 3. 14., 2020. 3. 13.>

1. 등록필증등이 오염, 훼손 등으로 못쓰게 된 경우 그 등록필증등

2. 등록필증등을 잃어버린 경우에는 그 사유서

② 등록필증등을 재발급 받은 후 잃어버린 등록필증등을 찾았을 때에는 지체 없이 이를 해당 발급기관의 장에게 반납하여야 한다.

③ 법 제3조에 따른 화장품제조업자 또는 화장품책임판매업자의 등록 등의 확인 또는 증명을 받으려는 자는 확인신청서 또는 증명신청서(각각 전자문서로 된 신청서를 포함하며, 외국어의 경우에는 번역문을 포함한다)를 식품의약품안전처장 또는 지방식품의약품안전청장에게 제출하여야 한다. <개정 2013. 3. 23., 2019. 3. 14., 2020. 3. 13.>

제32조(수수료)

① 법 제32조에 따른 수수료의 금액은 별표 9와 같다.

② 제1항에 따른 수수료는 현금, 현금의 납입을 증명하는 증표 또는 정보통신망을 이용한 전자화폐나 전자결제 등의 방법으로 내야 한다.

[전문개정 2020. 3. 13.]

제33조(규제의 재검토)

식품의약품안전처장은 다음 각 호의 사항에 대하여 다음 각 호의 기준일을 기준으로 3년마다(매 3년이 되는 해의 기준일과 같은 날 전까지를 말한다) 그 타당성을 검토하여 개선 등의 조치를 하여야 한다. <개정 2019. 3. 14., 2020. 3. 13.>

1. 제3조에 따른 화장품 제조업의 등록: 2014년 1월 1일
2. 제4조에 따른 화장품책임판매업의 등록: 2019년 3월 14일
3. 제5조에 따른 화장품제조업 및 화장품책임판매업의 변경등록: 2014년 1월 1일
   가. 화장품제조업의 변경등록: 2014년 1월 1일
   나. 화장품책임판매업의 변경등록: 2019년 3월 14일

[본조신설 2014.4.1.]

부 칙[2012.2.24 제110호]

제1조(시행일) 이 규칙은 공포한 날부터 시행한다. 다만, 제6조제2항제2호다목, 제27조, 제28조, 제29조제2항, 별표 6 및 별표 8의 개정규정은 2012년 8월 5일부터 시행한다.

제2조(화장품 포장의 기재 · 표시 등에 관한 적용례) 제19조의 개정규정은 이 규칙 시행 후 최초로 제조 또는 수입되는 화장품부터 적용한다.

제3조(제조판매업의 등록에 관한 경과조치) ① 이 규칙 시행 당시 종전의 규정에 따른 화장품의 수입자(수입을 위탁한 자를 포함한다) 중 제4조의 개정규정에 따라 제조판매업자로 등록을 하려는 자는 그 요건을 갖추어 2013년 2월 4일까지 등록을 하여야 한다.

② 이 규칙 시행 당시 종전의 법 제3조제1항에 따라 신고한 제조업자에게 위탁하여 제조한 화장품을 유통·판매한 자 중 제4조의 개정규정에 따라 제조판매업자로 등록을 하려는 자는 그 요건을 갖추어 2013년 2월 4일까지 등록을 하여야 한다.

제4조(기능성화장품의 심사 또는 보고에 관한 경과조치) 이 규칙 시행 당시 종전의 규정에 따라 기능성화장품 심사를 받거나 보고한 화장품은 제9조 및 제10조의 개정규정에 따라 심사를 받거나 보고한 기능성화장품으로 본다.

제5조(화장품의 생산 · 수입실적 보고에 관한 경과조치) 2011년도 화장품 생산·수입실적 보고에 관하여는 제13조의 개정규정에도 불구하고 종전의 규정에 따른다.

제6조(멸종위기에 처한 야생 동식물의 수출 · 수입 등의 허가에 관한 경과조치) 이 규칙 시행 당시 종전의 규정에 따라 국제적 멸종위기종의 가공품이 함유된 화장품 또는 화장품 원료를 수출·수입 또는 반입하기 위하여 허가를 받은 자는 제16조의 개정규정에 따라 허가를 받은 것으로 본다.

제7조(명칭변경에 관한 경과조치) 이 규칙 시행 당시 종전의 규정에 따른 화장품검사공무원은 제24조의 개정규

정에 따른 화장품감시공무원으로 본다.

제8조(행정처분기준에 관한 경과조치) 이 규칙 시행 전 위반행위에 대해서는 별표 7의 개정규정에도 불구하고 종전의 규정에 따른다.

제9조(서식에 관한 경과조치) 이 규칙 시행 당시 종전의 규정에 따른 서식은 이 규칙에 따른 개정서식과 함께 사용할 수 있다. 다만, 개정 내용을 반영하여 사용하여야 한다.

제10조(다른 법령과의 관계) 이 규칙 시행 당시 다른 법령에서 종전의 「화장품법 시행규칙」 또는 그 규정을 인용한 경우에 이 규칙 가운데 그에 해당하는 규정이 있을 때에는 종전의 규정을 갈음하여 이 규칙의 해당 규정을 인용한 것으로 본다.

부 칙[2013.3.23 제1010호(식품의약품안전처와 그 소속기관 직제 시행규칙)]

제1조(시행일) 이 규칙은 공포한 날부터 시행한다.

제2조부터 제4조까지 생략

제5조(다른 법령의 개정) ①부터 ⑥까지 생략

⑦ 화장품법 시행규칙 일부를 다음과 같이 개정한다.

제2조 각 호 외의 부분 중 "보건복지부령"을 "총리령"으로 한다.

제6조제2항제2호 다목, 제11조제7호 전단, 같은 조 제8호 전단·후단, 같은 조 제10호, 제12조제2항, 제13조제1항, 제14조제2항·제3항·제5항·제6항·제8항·제9항, 제16조제1항 각 호 외의 부분, 같은 조 제2항, 제17조제2항 본문, 같은 조 제3항, 제19조제2항제3호바목, 제23조제1항, 같은 조 제3항 각 호 외의 부분, 같은 조 제4항, 제26조, 제27조제2항 각 호 외의 부분, 같은 항 제8호, 같은 조 제3항, 같은 조 제4항 각 호 외의 부분, 제28조제5호 및 제31조제3항 중 "식품의약품안전청장"을 각각 "식품의약품안전처장"으로 한다.

제9조제1항 각 호 외의 부분 본문·단서, 같은 조 제3항 각 호 외의 부분, 같은 조 제4항 각 호 외의 부분, 같은 조 제5항 각 호 외의 부분, 같은 조 제6항, 제10조제1항 각 호 외의 부분, 같은 항 제1호, 같은 조 제2항, 같은 조 제3항 각 호 외의 부분 및 제31조제1항 각 호 외의 부분 중 "식품의약품안전청장"을 각각 "식품의약품안전평가원장"으로 한다.

제18조제2항 후단 중 "지식경제부장관"을 "산업통상자원부장관"으로 한다.

제19조제4항제1호 및 제20조 중 "보건복지부장관"을 각각 "식품의약품안전처장"으로 한다.

별표 2 제4호나목, 별표 3 제2호나목12), 별표 4 제3호마목 단서, 같은 호 사목, 별표 6 제1호가목2), 같은 표 제2호 및 별표 7의 2. 개별기준 거목3)·4)·5) 중 "식품의약품안전청장"을 각각 "식품의약품안전처장"으로 한다.

별지 제7호서식 앞쪽 접수기관장란, 별지 제8호서식 접수기관장란, 별지 제9호서식 발급기관장란, 별지 제10호서식 접수기관장란 및 별지 제19호서식 접수기관장란 중 "식품의약품안전청장"을 각각 "식품의약품안전평가원장"으로 한다.

별지 제7호서식 뒤쪽 처리절차란, 별지 제8호서식 처리절차란 및 별지 제19호서식 처리절차란 중 "식품의약품안전청"을 각각 "식품의약품안전평가원"으로 한다.

별지 제12호서식 접수기관장란, 별지 제16호서식 접수기관장란, 같은 호 서식의 지정 신청하는 경우의 신청인(대표자) 제출서류란 제8호 및 별지 제17호서식 발급기관장란 중 "식품의약품안전청장"을 각각 "식품의약품안전처장"으로 한다.

별표 4 제2호가목 및 별지 제16호서식 처리절차란 중 "식품의약품안전청"을 각각 "식품의약품안전처"로 한다.

부 칙[2013.12.6 제1046호]

이 규칙은 공포한 날부터 시행한다.

부 칙[2014.4.1 제1074호(행정규제기본법 개정에 따른 규제 재검토기한 설정을 위한 건강기능식품에 관한 법률 시행규칙 등)]

이 규칙은 공포한 날부터 시행한다.

부 칙[2014.8.20 제1088호(식품 · 의약품분야 시험 · 검사 등에 관한 법률 시행규칙)]

제1조(시행일) 이 규칙은 공포한 날부터 시행한다.

제2조부터 제9조까지 생략

제10조(다른 법령의 개정) ①부터 ⑦까지 생략

⑧ 화장품법 시행규칙 일부를 다음과 같이 개정한다.

제6조제2항제2호다목을 다음과 같이 한다.

다. 「식품·의약품분야 시험·검사 등에 관한 법률」 제6조에 따른 화장품 시험·검사기관(이하 "화장품 시험·검사기관"이라 한다)

제27조 및 제28조를 각각 삭제한다.

제29조제2항을 삭제한다.

별표 1 제3호나목5) 중 "검사기관"을 "「식품·의약품분야 시험·검사 등에 관한 법률」 제6조에 따른 식품의약품안전처장이 지정한 화장품 시험·검사기관"으로 한다.

별표 6 및 별표 8을 각각 삭제한다.

별지 제16호서식 및 별지 제17호서식을 각각 삭제한다.

부 칙[2014.9.24 제1097호]

이 규칙은 공포한 날부터 시행한다.

부 칙[2015.1.6 제1120호]

이 규칙은 공포한 날부터 시행한다.

부 칙[2015.4.2 제1154호]

제1조(시행일) 이 규칙은 공포한 날부터 시행한다. 다만, 별표 3 제1호다목5)의 개정규정은 2015년 7월 1일부터 시행한다.

제2조(물휴지에 관한 적용례) 별표 3 제1호다목5)의 개정규정은 2015년 7월 1일 이후 최초로 수입 또는 제조되는 물휴지부터 적용한다.

제3조(물휴지 제조업자 등의 등록에 관한 경과조치) ①「품질경영 및 공산품안전관리법」에 따른 물휴지의 제조업자, 수입업자 또는 판매업자가 2015년 7월 1일 이후 별표 3 제1호다목5)의 개정규정에 따른 물휴지를 제조하거나 제4조제1항 각 호에 따라 유통·판매 또는 알선·수여하려는 경우에는 2015년 6월 30일까지 법 제3조에 따른 등록요건을 갖추어 지방식품의약품안전청장에게 제조업자 또는 제조판매업자로 등록하여야 한다.

② 제1항에 따라 제조업자 또는 제조판매업자로 등록한 경우 그 등록연월일은 2015년 7월 1일로 한다.

제4조(행정처분 기준에 관한 경과조치) 이 규칙 시행 전의 위반행위에 대한 행정처분에 관하여는 별표 7 제2호라목2)마)부터 사)까지의 개정규정에도 불구하고 종전의 규정에 따른다.

부 칙[2015.7.29 제1182호]

제1조(시행일) 이 규칙은 2015년 7월 29일부터 시행한다. 다만, 별표 1 제2호, 별표 2 제2호 및 별표 7 제2호바목의 개정규정은 공포 후 1개월이 경과한 날부터 시행하고, 별표 3 제2호나목의 개정규정은 공포 후 6개월이 경과한 날부터 시행한다.

제2조(화장품 포장의 기재사항에 관한 경과조치) 부칙 제1조 단서에 따른 별표 3 제2호나목의 개정규정 시행 당시 종전의 규정에 따라 사용 시의 주의사항이 기재·표시되어 있는 화장품의 포장은 별표 3 제2호나목의 개정규정에도 불구하고 같은 개정규정 시행 이후 6개월까지는 종전대로 계속 사용할 수 있다.

부 칙[2016.6.30 제1297호(경제활성화를 위한 현장규제정비 관련 건강기능식품에 관한 법률 시행규칙 등)]

제1조(시행일) 이 규칙은 공포한 날부터 시행한다.

제2조 및 제3조 생략

제4조(「화장품법 시행규칙」의 개정에 관한 적용례) 별표 7 제2호거목5)의 개정규정은 이 규칙 시행 전의 위반행위에 대하여 행정처분을 하는 경우에도 적용한다.

제5조 생략

부 칙[2016.9.9 제1322호]

제1조(시행일) 이 규칙은 공포한 날부터 시행한다. 다만, 제14조 및 제19조의 개정규정은 2017년 2월 4일부터 시행한다.

제2조(화장품의 포장의 사용에 관한 경과조치) 이 규칙 시행 전에 종전의 규정에 따라 사용 시 주의사항이 기재된 화장품의 포장은 별표 3 제2호의 개정규정에도 불구하고 이 규칙 시행일부터 1년 동안 사용할 수 있다.

부 칙[2017.1.12 제1357호]

제1조(시행일) 이 규칙은 2017년 5월 30일부터 시행한다.

제2조(화장품 제조업 등의 등록에 관한 경과조치) 이 규칙 시행 당시 「약사법」 제31조제4항에 따라 품목별로 품목허가를 받거나 품목신고를 하고 제2조제6호부터 제9호까지의 개정규정 또는 별표 3 제1호나목·다목에 해당하는 품목을 제조 또는 수입하고 있던 의약외품 제조업자는 화장품 제조업 또는 제조판매업자로, 의약외품 수입자는 화장품 제조판매업자로 본다. 다만, 다음 각 호의 구분에 따라 이 규칙 시행 이후 6개월 이내에 화장품 제조업 또는 제조판매업의 등록을 하여야 한다.

1. 해당 품목을 계속하여 제조하려는 경우: 화장품 제조업의 등록
2. 해당 품목을 계속하여 제조(위탁하여 제조하는 경우를 포함한다)·수입하여 유통·판매하거나 수입대행형 거래를 목적으로 알선·수여하려는 경우: 화장품 제조판매업의 등록

제3조(기능성화장품의 심사 등에 관한 경과조치) ① 이 규칙 시행 당시 제2조제6호부터 제9호까지의 개정규정에 따른 품목에 대하여 「약사법」 제31조제4항에 따른 품목허가를 받았거나 품목신고를 한 경우에는 해당 품목에 대하여 법 제4조에 따라 심사를 받았거나 보고서를 제출한 것으로 본다. 다만, 해당 품목을 제조(위탁하여 제조하는 경우를 포함한다)·수입하여 유통·판매하거나 수입대행형 거래를 목적으로 알선·수여하려는 제조판매업자는 이 규칙 시행 이후 6개월 이내에 해당하는 기능성화장품의 목록을 작성하여 식품의약품안전평가원장에게 제출하여야 한다.

② 이 규칙 시행 당시 제2조제6호부터 제9호까지의 개정규정에 따른 품목에 대하여 「약사법」 제31조제4항에 따른 품목허가를 신청하여 절차가 진행 중인 경우에는 그 품목허가를 신청한 날에 제9조에 따른 기능성화장품의 심사를 의뢰한 것으로 본다.

③ 제1항에도 불구하고 제2조제8호의 개정규정에 따른 품목 중 「약사법」 제33조제1항에 따라 의약외품의 재평가가 진행 중인 품목은 재평가 결과 그 효능·효과를 입증하지 못한 경우 재평가가 끝난 날부터 해당 품목에 대하여 법 제4조에 따라 심사를 받았거나 보고서를 제출하지 아니한 것으로 본다.

④ 제1항에도 불구하고 제2조제8호의 개정규정에 따른 품목 중 「약사법」 제33조제1항에 따라 의약외품의 재평가가 진행 중인 품목은 재평가 결과 그 효능·효과를 입증할 때까지는 제10조제1항제2호 본문에 따른 기능성화장품에 해당하지 아니한다.

제4조(화장품 포장의 기재사항에 관한 경과조치) 이 규칙 시행 당시 제2조제6호부터 제9호까지의 개정규정 및 별표 3 제1호나목·다목에 해당하는 품목에 대하여 「약사법」 제65조제1항에 따라 용기나 포장 및 첨부문서에 기재된 사항은 이 규칙 시행 이후 1년 6개월이 되는 날까지는 해당 품목의 기재사항으로 사용할 수 있다.

제5조(행정처분 기준에 관한 경과조치) 이 규칙 시행 전의 위반행위에 대한 행정처분에 관하여는 별표 7의 개정규정에도 불구하고 종전의 규정에 따른다.

부 칙[2017.7.31 제1405호]

이 규칙은 공포한 날부터 시행한다.

부 칙[2017.11.17 제1426호]

제1조(시행일) 이 규칙은 공포한 날부터 시행한다.

제2조(기능성화장품 포장의 기재 · 표시에 관한 경과조치) 이 규칙 시행 당시 제2조제8호부터 제11호까지에 해당하는 기능성화장품에 대하여 종전의 규정에 따라 포장에 기재·표시된 사항은 제19조제4항제7호 및 별표 4의 개정규정에도 불구하고 이 규칙 시행 이후 6개월이 되는 날까지 해당 기능성화장품의 기재·표시사항으로 사용할 수 있다.

부 칙[2018.4.11 제1454호(위생용품 관리법 시행규칙)]

제1조(시행일) 이 규칙은 2018년 4월 19일부터 시행한다.

제2조부터 제7조까지 생략

제8조(다른 법령의 개정) ① 생략

② 「화장품법 시행규칙」의 일부를 다음과 같이 개정한다.

별표 3 제1호다목5)의 단서 중 "법률 제5839호 공중위생관리법 부칙 제3조에 따라 종전의 규정이 적용되는 「공중위생법」(법률 제5839호 공중위생관리법으로 폐지되기 전의 것을 말한다) 제2조 제3호에 따른 위생용품제조업자가 제조하는 위생종이(위생종이와 유사한 것을 포함한다)"를 "「위 생용품 관리법」(법률 제14837호) 제2조제1호라목2)에서 말하는 「식품위생법」 제36조제1항제 3호에 따른 식품접객업의 영업소에서 손을 닦는 용도 등으로 사용할 수 있도록 포장된 물티슈"로 한 다.

제9조 생략

부 칙[2018.12.31 제1516호]

제1조(시행일) 이 규칙은 공포한 날부터 시행한다. 다만, 다음 각 호의 개정규정은 다음 각 호의 구분에 따른 날부터 시행한다.

1. 제8조제1항제3호의3의 개정규정: 공포 후 6개월이 경과한 날
2. 제15조 및 별표 7의 개정규정: 공포 후 1년이 경과한 날
3. 제19조 및 별표 4의 개정규정: 2020년 1월 1일
4. 별표 3의 개정규정: 2019년 12월 31일

제2조(화장품 제조판매업자 및 제조업자 등록에 관한 준비행위) 지방식품의약품안전청장은 이 규칙 시행을 위하여 필요하다고 인정하는 경우에는 별표 3의 개정규정에 따라 화장품으로 관리될 화장 비누, 흑채 또는 제모왁스를 제조하려는 자 및 제조 또는 수입한 해당 화장품을 유통·판매하거나 알선·수여하려는 자에 대하여 부칙 제1조제3호에 따른 시행일 전에 법 제3조에 따른 등록기준을 갖추게 하여 제조판매업자 또는 제조업자의 등록 절차를 진행할 수 있다. 이 경우 등록 절차가 부칙 제1조제3호에 따른 시행일 전에 완료된 경우에는 부칙 제1조제3호에 따른 시행일을 등록일로 본다.

제3조(화장품 제조업자 등의 폐업 등 신고에 관한 적용례) 제15조의 개정규정은 이 규칙 시행 이후 제조업 또는 제조판매업의 폐업신고 또는 휴업신고를 하는 경우부터 적용한다.

제4조(화장품 전환 제품에 관한 적용례) 별표 3의 개정규정은 부칙 제1조제3호에 따른 시행일 이후 화장 비누, 흑채 또는 제모왁스를 제조 또는 수입하는 경우부터 적용한다.

제5조(화장품 포장의 기재사항에 관한 경과조치) ① 제19조 및 별표 4의 개정규정에도 불구하고 이 규칙 시행 당시 종전의 규정에 따라 기재·표시된 화장품의 포장은 부칙 제1조제2호에 따른 시행일부터 1년 동안 사용할 수 있다.

② 별표 3의 개정규정 시행 당시 종전의 규정에 따라 기재·표시된 화장 비누, 흑채 또는 제모왁스의 용기나 포장 및 첨부문서는 부칙 제1조제3호에 따른 시행일부터 1년 동안 사용할 수 있다.

제6조(행정처분의 기준에 관한 경과조치) 이 규칙 시행 전의 위반행위에 대한 행정처분의 기준에 관하여는 별표 7의 개정규정에도 불구하고 종전의 규정에 따른다.

부 칙[2019.3.14 제1529호]

제1조(시행일) 이 규칙은 2019년 3월 14일부터 시행한다. 다만, 총리령 제1516호 화장품법 시행규칙 일부개정령 별표 7의 개정부분은 2020년 1월 1일부터 시행한다.

제2조(화장품 포장의 기재사항에 관한 적용례) 제19조제4항제5호의 개정규정은 이 규칙 시행 이후 제조 또는 수입되는 품목부터 적용한다.

제3조(화장품의 원료목록 보고에 관한 경과조치) 이 규칙 시행 전에 유통·판매되는 품목에 대해서는 제13조제2항

의 개정규정에도 불구하고 종전의 규정에 따른다.

제4조(행정처분의 기준에 관한 경과조치) 이 규칙 시행 전의 위반행위에 대한 행정처분의 기준에 관하여는 별표 7의 개정규정에도 불구하고 종전의 규정에 따른다.

부 칙[2019.10.15. 제1566호]

이 규칙은 공포한 날부터 시행한다.

부 칙[2019.12.12. 제1577호]

제1조(시행일) 이 규칙은 공포한 날부터 시행한다. 다만, 다음 각 호의 개정규정은 해당 각 호의 구분에 따른 날부터 시행한다.

1. 총리령 1516호 화장품법 시행규칙 일부개정령 제15조제1항 및 총리령 제1529호 화장품법 시행규칙 일부개정령 별표 7 제2호더목、머목: 2020년 1월 1일
2. 별표 4 제3호바목 및 같은 표 제4호 후단: 2019년 12월 31일

제2조(보고서 제출대상 기능성화장품에 관한 경과조치) 이 규칙 시행 전에 제10조제1항제3호의 개정규정에 해당하는 기능성화장품 품목이 제9조에 따라 심사의뢰되어 그 절차가 종료되지 않은 경우에는 해당 개정규정에도 불구하고 제9조에 따라 처리한다.

부 칙[2020.1.22. 제1592호]

이 규칙은 공포한 날부터 시행한다.

부 칙[2020.3.13. 제1603호]

제1조(시행일) 이 규칙은 2020년 3월 14일부터 시행한다.

제2조(행정처분 내용 고지 확인서의 제출에 관한 적용례) 별지 제5호서식 및 별지 제6호서식의 개정규정은 이 규칙 시행 이후 제5조제1항제1호가목 또는 같은 항 제2호가목에 따른 변경등록을 하는 경우부터 적용한다.

■ 화장품법 시행규칙 [별표 1] 〈개정 2019. 3. 14.〉

품질관리기준(제7조 관련)

1. 용어의 정의

이 표에서 사용하는 용어의 뜻은 다음과 같다.

가. "품질관리"란 화장품의 책임판매 시 필요한 제품의 품질을 확보하기 위해서 실시하는 것으로서, 화장품제조업자 및 제조에 관계된 업무(시험、검사 등의 업무를 포함한다)에 대한 관리、감독 및 화장품의 시장 출하에 관한 관리, 그 밖에 제품의 품질의 관리에 필요한 업무를 말한다.

나. "시장출하"란 화장품책임판매업자가 그 제조 등(타인에게 위탁 제조 또는 검사하는 경우를 포함하고 타인으로부터 수탁 제조 또는 검사하는 경우는 포함하지 않는다. 이하 같다)을 하거나 수입한 화장품의 판매를 위해 출하하는 것을 말한다.

2. 품질관리 업무에 관련된 조직 및 인원

화장품책임판매업자는 책임판매관리자를 두어야 하며, 품질관리 업무를 적정하고 원활하게 수행할 능력이 있는 인력을 충분히 갖추어야 한다.

3. 품질관리업무의 절차에 관한 문서 및 기록 등

가. 화장품책임판매업자는 품질관리 업무를 적정하고 원활하게 수행하기 위하여 다음의 사항이 포함된 품질관리 업무 절차서를 작성ㆍ보관해야 한다.

1) 적정한 제조관리 및 품질관리 확보에 관한 절차

2) 품질 등에 관한 정보 및 품질 불량 등의 처리 절차

3) 회수처리 절차

4) 교육ㆍ훈련에 관한 절차

5) 문서 및 기록의 관리 절차

6) 시장출하에 관한 기록 절차

7) 그 밖에 품질관리 업무에 필요한 절차

나. 화장품책임판매업자는 품질관리 업무 절차서에 따라 다음의 업무를 수행해야 한다.

1) 화장품제조업자가 화장품을 적정하고 원활하게 제조한 것임을 확인하고 기록할 것

2) 제품의 품질 등에 관한 정보를 얻었을 때 해당 정보가 인체에 영향을 미치는 경우에는 그 원인을 밝히고, 개선이 필요한 경우에는 적정한 조치를 하고 기록할 것

3) 책임판매한 제품의 품질이 불량하거나 품질이 불량할 우려가 있는 경우 회수 등 신속한 조치를 하고 기록할 것

4) 시장출하에 관하여 기록할 것

5) 제조번호별 품질검사를 철저히 한 후 그 결과를 기록할 것. 다만, 화장품제조업자와 화장품책임판매업자가 같은 경우, 화장품제조업자 또는 「식품ㆍ의약품분야 시험ㆍ검사 등에 관한 법률」 제6조에 따른 식품의약품안전처장이 지정한 화장품 시험ㆍ검사기관에 품질검사를 위탁하여 제조번호별 품질검사 결과가 있는 경우에는 품질검사를 하지 않을 수 있다.

6) 그 밖에 품질관리에 관한 업무를 수행할 것

다. 화장품책임판매업자는 책임판매관리자가 업무를 수행하는 장소에 품질관리 업무 절차서 원본을 보관하고, 그 외의 장소에는 원본과 대조를 마친 사본을 보관해야 한다.

4. 책임판매관리자의 업무

화장품책임판매업자는 품질관리 업무 절차서에 따라 다음 각 목의 업무를 책임판매관리자에게 수행하도록 해야 한다.

가. 품질관리 업무를 총괄할 것

나. 품질관리 업무가 적정하고 원활하게 수행되는 것을 확인할 것

다. 품질관리 업무의 수행을 위하여 필요하다고 인정할 때에는 화장품책임판매업자에게 문서로 보고할 것

라. 품질관리 업무 시 필요에 따라 화장품제조업자, 맞춤형화장품판매업자 등 그 밖의 관계자에게 문서로 연락하거나 지시할 것

마. 품질관리에 관한 기록 및 화장품제조업자의 관리에 관한 기록을 작성하고 이를 해당 제품의 제조일(수입의 경우 수입일을 말한다)부터 3년간 보관할 것

5. 회수처리

화장품책임판매업자는 품질관리 업무 절차서에 따라 책임판매관리자에게 다음과 같이 회수 업무를 수행하도록 해야 한다.

가. 회수한 화장품은 구분하여 일정 기간 보관한 후 폐기 등 적정한 방법으로 처리할 것

나. 회수 내용을 적은 기록을 작성하고 화장품책임판매업자에게 문서로 보고할 것

6. 교육ㆍ훈련

화장품책임판매업자는 책임판매관리자에게 교육ㆍ훈련계획서를 작성하게 하고, 품질관리 업무 절차서 및 교육ㆍ훈련계획서에 따라 다음의 업무를 수행하도록 해야 한다.

가. 품질관리 업무에 종사하는 사람들에게 품질관리 업무에 관한 교육ㆍ훈련을 정기적으로 실시하고 그 기록을 작성, 보관할 것

나. 책임판매관리자 외의 사람이 교육ㆍ훈련 업무를 실시하는 경우에는 교육ㆍ훈련 실시 상황을 화장품책임판매업자에게 문서로 보고할 것

7. 문서 및 기록의 정리

화장품책임판매업자는 문서ㆍ기록에 관하여 다음과 같이 관리해야 한다.

가. 문서를 작성하거나 개정했을 때에는 품질관리 업무 절차서에 따라 해당 문서의 승인, 배포, 보관 등을 할 것

나. 품질관리 업무 절차서를 작성하거나 개정했을 때에는 해당 품질관리 업무 절차서에 그 날짜를 적고 개정 내용을 보관할 것

8. 영 제2조제2호라목의 화장품책임판매업을 등록한 자에 대해서는 제1호부터 제7호까지의 규정 중 제3호가목1)ㆍ4)ㆍ6), 나목1)ㆍ4)ㆍ5), 제4호마목 및 제6호를 적용하지 않는다.

CHAPTER

02 | 화장품법 규정

1. 기능성화장품 심사에 관한 규정

[시행 2019. 6. 17.] [식품의약품안전처고시 제2019-47호, 2019. 6. 17., 일부개정.]

식품의약품안전처(화장품정책과), 043-719-3400

제1장 총 칙

제1조(목적) 이 규정은 「화장품법」 제4조 및 같은 법 시행규칙 제9조에 따라 기능성화장품을 심사받기 위한 제출 자료의 범위, 요건, 작성요령, 제출이 면제되는 범위 및 심사기준 등에 관한 세부 사항을 정함으로써 기능성화장품의 심사업무에 적정을 기함을 목적으로 한다.

제2조(정의) ① 이 규정에서 사용하는 용어의 정의는 다음 각 호와 같다.

1. "기능성화장품"은 「화장품법」 제2조제2호 및 같은 법 시행규칙 제2조에 따른 화장품을 말한다.
2. 삭제

② 이 규정에서 사용하는 용어 중 별도로 정하지 아니한 용어의 정의는 「의약품등의 독성시험기준」(식품의약품안전처 고시)에 따른다.

제3조(심사대상) 이 규정에 따라 심사를 받아야 하는 대상은 기능성화장품으로 한다. 또한 이미 심사완료 된 결과에 대한 변경심사를 받고자 하는 경우에도 또한 같다.

제2장 심사자료

제4조(제출자료의 범위) 기능성화장품의 심사를 위하여 제출하여야 하는 자료의 종류는 다음 각 호와 같다. 다만, 제6조에 따라 자료가 면제되는 경우에는 그러하지 아니하다.

1. 안전성, 유효성 또는 기능을 입증하는 자료

   가. 기원 및 개발경위에 관한 자료

   나. 안전성에 관한 자료(다만, 과학적인 타당성이 인정되는 경우에는 구체적인 근거자료를 첨부하여

일부 자료를 생략할 수 있다.)

(1) 단회투여독성시험자료

(2) 1차피부자극시험자료

(3) 안점막자극 또는 기타점막자극시험자료

(4) 피부감작성시험자료

(5) 광독성 및 광감작성 시험자료(자외선에서 흡수가 없음을 입증하는 흡광도 시험자료를 제출하는 경우에는 면제함)

(6) 인체첩포시험자료

(7) 인체누적첩포시험자료(인체적용시험자료에서 피부이상반응 발생 등 안전성 문제가 우려된다고 판단되는 경우에 한함)

다. 유효성 또는 기능에 관한 자료(다만, 화장품법 시행규칙 제2조제6호의 화장품은 (3)의 자료만 제출한다)

(1) 효력시험자료

(2) 인체적용시험자료

(3) 염모효력시험자료(화장품법 시행규칙 제2조제6호의 화장품에 한함)

라. 자외선차단지수(SPF), 내수성자외선차단지수(SPF, 내수성 또는 지속내수성) 및 자외선A차단등급(PA) 설정의 근거자료(화장품법 시행규칙 제2조제4호 및 제5호의 화장품에 한함)

2. 기준 및 시험방법에 관한 자료(검체 포함)

제5조(제출자료의 요건) 제4조에 따른 기능성화장품의 심사 자료의 요건은 다음 각 호와 같다.

1. 안전성, 유효성 또는 기능을 입증하는 자료

가. 기원 및 개발경위에 관한 자료

당해 기능성화장품에 대한 판단에 도움을 줄 수 있도록 명료하게 기재된 자료

나. 안전성에 관한 자료

(1) 일반사항

「비임상시험관리기준」(식품의약품안전처 고시)에 따라 시험한 자료. 다만, 인체첩포시험 및 인체누적첩포시험은 국내·외 대학 또는 전문 연구기관에서 실시하여야 하며, 관련분야 전문의사, 연구소 또는 병원 기타 관련기관에서 5년 이상 해당 시험 경력을 가진 자의 지도 및 감독 하에 수행·평가되어야 함

(2) 시험방법

(가) [별표 1] 독성시험법에 따르는 것을 원칙으로 하며 기타 독성시험법에 대해서는「의약품등의 독

성시험기준」(식품의약품안전처 고시)을 따를 것

(나) 다만 시험방법 및 평가기준 등이 과학적·합리적으로 타당성이 인정되거나 경제협력개발기구(Organization for Economic Cooperation and Development) 또는 식품의약품안전처가 인정하는 동물대체시험법인 경우에는 규정된 시험법을 적용하지 아니할 수 있음

다. 유효성 또는 기능에 관한 자료

(1) 효력시험에 관한 자료

심사대상 효능을 뒷받침하는 성분의 효력에 대한 비임상시험자료로서 효과발현의 작용기전이 포함되어야 하며, 다음 중 어느 하나에 해당할 것

(가) 국내·외 대학 또는 전문 연구기관에서 시험한 것으로서 당해 기관의 장이 발급한 자료(시험시설 개요, 주요설비, 연구인력의 구성, 시험자의 연구경력에 관한 사항이 포함될 것)

(나) 당해 기능성화장품이 개발국 정부에 제출되어 평가된 모든 효력시험자료로서 개발국 정부(허가 또는 등록기관)가 제출받았거나 승인하였음을 확인한 것 또는 이를 증명한 자료

(다) 과학논문인용색인(Science Citation Index 또는 Science Citation Index Expanded)에 등재된 전문학회지에 게재된 자료

(2) 인체적용시험자료

사람에게 적용 시 효능·효과 등 기능을 입증할 수 있는 자료로서, 관련분야 전문의사, 연구소 또는 병원 기타 관련기관에서 5년 이상 해당 시험경력을 가진 자의 지도 및 감독 하에 수행·평가되고, 같은 호 다목(1) (가) 및 (나)에 해당할 것. 다만, 「화장품법 시행규칙」제2조제10호에 해당하는 기능성화장품의 경우에는 「의약품 등의 안전에 관한 규칙」제30조제2항에 따라 식품의약품안전처장이 지정한 임상시험실시기관 또는 식품의약품안전처장이 현지실사 결과 「의약품 등의 안전에 관한 규칙」 별표 4 의약품 임상시험 관리기준과 동등 이상의 수준으로 관리된다고 판단되는 외국의 임상시험실시기관에서 수행·평가된 자료에 해당할 것

(3) 염모효력시험자료

인체모발을 대상으로 효능·효과에서 표시한 색상을 입증하는 자료

라. 자외선차단지수(SPF), 내수성자외선차단지수(SPF), 자외선A차단등급(PA) 설정의 근거자료

(1) 자외선차단지수(SPF) 설정 근거자료

[별표 3] 자외선 차단효과 측정방법 및 기준·일본(JCIA)·미국(FDA)·유럽(Cosmetics Europe) 또는 호주/뉴질랜드(AS/NZS) 등의 자외선차단지수 측정방법에 의한 자료

(2) 내수성자외선차단지수(SPF) 설정 근거자료

[별표 3] 자외선 차단효과 측정방법 및 기준·미국(FDA)·유럽(Cosmetics Europe) 또는 호주/뉴질랜드(AS/NZS) 등의 내수성자외선차단지수 측정방법에 의한 자료

(3) 자외선A차단등급(PA) 설정 근거자료

[별표 3] 자외선 차단효과 측정방법 및 기준 또는 일본(JCIA) 등의 자외선A 차단효과 측정방법에 의한 자료

2. 기준 및 시험방법에 관한 자료

품질관리에 적정을 기할 수 있는 시험항목과 각 시험항목에 대한 시험방법의 밸리데이션, 기준치 설정의 근거가 되는 자료. 이 경우 시험방법은 공정서, 국제표준화기구(ISO) 등의 공인된 방법에 의해 검증되어야 한다.

제6조(제출자료의 면제 등) ①「기능성화장품 기준 및 시험방법」(식품의약품안전처 고시), 국제화장품원료집(ICID),「식품의 기준 및 규격」(식품의약품안전처 고시) 및「식품첨가물의 기준 및 규격」(식품의약품안전처 고시)(Ⅱ. 화학적합성품, 천연첨가물 및 혼합제제류 중 제3. 품목별 성분규격 및 보존기준의 나. 천연첨가물에 한한다)에서 정하는 원료로 제조되거나 제조되어 수입된 기능성화장품의 경우 제4조제1호나목의 자료 제출을 면제한다. 다만, 유효성 또는 기능 입증자료 중 인체적용시험자료에서 피부이상반응 발생 등 안전성 문제가 우려된다고 식품의약품안전처장이 인정하는 경우에는 그러하지 아니하다.

② 제4조제1호다목에서 정하는 유효성 또는 기능에 관한 자료 중 인체적용시험자료를 제출하는 경우 효력시험자료 제출을 면제할 수 있다. 다만, 이 경우에는 효력시험자료의 제출을 면제받은 성분에 대해서는 효능·효과를 기재·표시할 수 없다.

③ [별표 4] 자료 제출이 생략되는 기능성화장품의 종류에서 성분·함량을 고시한 품목의 경우에는 제4조제1호가목부터 다목까지의 자료 제출을 면제한다.

④ 이미 심사를 받은 기능성화장품[제조판매업자가 같거나 제조업자(제조업자가 제품을 설계·개발·생산하는 방식으로 제조한 경우만 해당한다)가 같은 기능성화장품만 해당한다]과 그 효능·효과를 나타내게 하는 원료의 종류, 규격 및 분량(액상인 경우 농도), 용법·용량이 동일하고, 각 호 어느 하나에 해당하는 경우 제4조제1호의 자료 제출을 면제한다.

1. 효능·효과를 나타나게 하는 성분을 제외한 대조군과의 비교실험으로서 효능을 입증한 경우

2. 착색제, 착향제, 현탁화제, 유화제, 용해보조제, 안정제, 등장제, pH 조절제, 점도조절제, 용제만 다른 품목의 경우. 다만,「화장품법 시행규칙」제2조제10호 및 제11호에 해당하는 기능성화장품은 착향제, 보존제만 다른 경우에 한한다.

⑤ 자외선차단지수(SPF) 10 이하 제품의 경우에는 제4조제1호라목의 자료 제출을 면제한다.

⑥ 자외선을 차단 또는 산란시켜 자외선으로부터 피부를 보호하는 기능을 가진 제품의 경우 이미 심사를 받은 기능성화장품[제조판매업자가 같거나 제조업자(제조업자가 제품을 설계·개발·생산하는 방식으로 제조한 경우만 해당한다)가 같은 기능성화장품만 해당한다]과 그 효능·효과를 나타내게 하는 원료의 종류, 규격 및 분량(액상의 경우 농도), 용법·용량 및 제형이 동일한 경우에는 제4조제1호의 자료 제출을 면제한다. 다만, 내수성 제품은 이미 심사를 받은 기능성화장품[제조판매업자가 같거나 제조업자(제조업

자가 제품을 설계·개발·생산하는 방식으로 제조한 경우만 해당한다)가 같은 기능성화장품만 해당한다]과 착향제, 보존제를 제외한 모든 원료의 종류, 규격 및 분량, 용법·용량 및 제형이 동일한 경우에 제4조제1호의 자료 제출을 면제한다.

⑦ 삭제

⑧ 별표 4 제4호의 2제형 산화염모제에 해당하나 제1제를 두 가지로 분리하여 제1제 두 가지를 각각 2제와 섞어 순차적으로 사용하거나, 또는 제1제를 먼저 혼합한 후 제2제를 섞는 것으로 용법·용량을 신청하는 품목(단, 용법·용량 이외의 사항은 별표 4 제4호에 적합하여야 한다)은 제4조제1호의 자료 제출을 면제한다.

제7조(자료의 작성 등) ① 제출 자료는 제5조에 따른 요건에 적합하여야 하며 품목별로 각각 기재된 순서에 따라 목록과 자료별 색인번호 및 쪽을 표시하여야 하며, 식품의약품안전평가원장이 정한 전용프로그램으로 작성된 전자적 기록매체(CD·디스켓 등)와 함께 제출하여야 한다. 다만, 각 조에 따라 제출 자료가 면제 또는 생략되는 경우에는 그 사유를 구체적으로 기재하여야 한다.

② 외국의 자료는 원칙적으로 한글요약문(주요사항 발췌) 및 원문을 제출하여야 하며, 필요한 경우에 한하여 전체 번역문(화장품 전문지식을 갖춘 번역자 및 확인자 날인)을 제출하게 할 수 있다.

제8조(자료의 보완등) 식품의약품안전평가원장은 제출된 자료가 제4조부터 제6조까지의 규정에서 정하는 자료의 제출범위 및 요건에 적합하지 않거나 제3장의 심사기준을 벗어나는 경우 그 내용을 구체적으로 명시하여 자료제출자에게 보완요구 할 수 있다.

제3장 심사기준

제9조(제품명) 제품명은 이미 심사를 받은 기능성화장품의 명칭과 동일하지 아니하여야 한다. 다만, 수입품목의 경우 서로 다른 제조판매업자가 제조소(원)가 같은 동일 품목을 수입하는 경우에는 제조판매업자명을 병기하여 구분하여야 한다.

제10조(원료 및 그 분량) ① 기능성화장품의 원료 및 그 분량은 효능·효과 등에 관한 자료에 따라 합리적이고 타당하여야 하고, 각 성분의 배합의의가 인정되어야 하며, 다음 각 호에 적합하여야 한다.

1. 기능성화장품의 원료 성분 및 그 분량은 제제의 특성을 고려하여 각 성분마다 배합목적, 성분명, 규격, 분량(중량, 용량)을 기재하여야 한다. 다만, 「화장품 안전기준 등에 관한 규정」에 사용한도가 지정되어 있지 않은 착색제, 착향제, 현탁화제, 유화제, 용해보조제, 안정제, 등장제, pH 조절제, 점도 조절제, 용제 등의 경우에는 적량으로 기재할 수 있고, 착색제 중 식품의약품안전처장이 지정하는 색소(황색4호 제외)를 배합하는 경우에는 성분명을 "식약처장지정색소"라고 기재할 수 있다.

2. 원료 및 그 분량은 "100밀리리터중" 또는 "100그람중"으로 그 분량을 기재함을 원칙으로 하며, 분사제는 "100그람중"(원액과 분사제의 양 구분표기)의 함량으로 기재한다.

3. 각 원료의 성분명과 규격은 다음 각 호에 적합하여야 한다.

가. 성분명은 제6조제1항의 규정에 해당하는 원료집에서 정하는 명칭 [국제화장품원료집의 경우 INCI(International Nomenclature Cosmetic Ingredient) 명칭]을, 별첨규격의 경우 일반명 또는 그 성분의 본질을 대표하는 표준화된 명칭을 각각 한글로 기재한다.

나. 규격은 다음과 같이 기재하고, 그 근거자료를 첨부하여야 한다.

(1) 효능·효과를 나타나게 하는 성분

「기능성화장품 기준 및 시험방법」(식품의약품안전처 고시)에서 정하는 규격기준의 원료인 경우 그 규격으로 하고, 그 이외에는 "별첨규격" 또는 "별규"로 기재하며 [별표 2]의 작성요령에 따라 작성할 것

(2) 효능·효과를 나타나게 하는 성분 이외의 성분

제6조제1항의 규정에 해당하는 원료집에서 정하는 원료인 경우 그 수재 원료집의 명칭(예 : ICID)으로,「화장품 색소 종류와 기준 및 시험방법」(식품의약품안전처 고시)에서 정하는 원료인 경우 "화장품색소고시"로 하고, 그 이외에는 "별첨규격" 또는 "별규"로 기재하며 [별표 2]의 작성요령에 따라 작성할 것

② 삭제

③ 삭제

제11조(제형) 제형은「기능성화장품 기준 및 시험방법」(식품의약품안전처 고시) 통칙에서 정하고 있는 제형으로 표기한다. 다만, 이를 정하고 있지 않은 경우 제형을 간결하게 표현할 수 있다.

제12조 삭제

제13조(효능 · 효과) ① 기능성화장품의 효능·효과는「화장품법」 제2조제2호 각 목에 적합하여야 한다.

② 자외선으로부터 피부를 보호하는데 도움을 주는 제품에 자외선차단지수(SPF) 또는 자외선A차단등급(PA)을 표시하는 때에는 다음 각 호의 기준에 따라 표시한다.

1. 자외선차단지수(SPF)는 측정결과에 근거하여 평균값(소수점이하 절사)으로부터 -20%이하 범위내 정수(예 : SPF평균값이 '23'일 경우 19 ~ 23 범위정수)로 표시하되, SPF 50이상은 "SPF50+"로 표시한다.

2. 자외선A차단등급(PA)은 측정결과에 근거하여 [별표 3] 자외선 차단효과 측정방법 및 기준에 따라 표시한다.

제14조(용법 · 용량) 기능성화장품의 용법·용량은 오용될 여지가 없는 명확한 표현으로 기재하여야 한다.

제15조(사용 시의 주의사항)「화장품법 시행규칙」[별표 3] 화장품 유형과 사용 시의 주의사항의 2. 사용 시의 주의사항 및「화장품 사용 시의 주의사항 표시에 관한 규정」(식품의약품안전처 고시)을 기재하되, 별도의 주의사항이 필요한 경우에는 근거자료를 첨부하여 추가로 기재할 수 있다.

제16조 삭제

제17조(기준 및 시험방법) 기준 및 시험방법에 관한 자료는 [별표 2] 기준 및 시험방법 작성요령에 적합하여야 한다.

제4장 보칙

제18조(자문등) 식품의약품안전처장은 이 규정에 의한 기능성화장품의 심사 등을 위해 필요하다고 인정되는 경우에는「식품의약품안전처 정책자문위원회 규정」(식품의약품안전처 훈령)에 따른 화장품 분야 소위원회의 자문을 받을 수 있다.

제19조(규제의 재검토)「행정규제기본법」제8조 및「훈령·예규 등의 발령 및 관리에 관한 규정」에 따라 2014년 1월 1일을 기준으로 매 3년이 되는 시점(매 3년째의 12월 31일까지를 말한다)마다 그 타당성을 검토하여 개선 등의 조치를 하여야 한다.

부칙 〈제2019-47호, 2019. 6. 17.〉

제1조(시행일) 이 고시는 고시한 날부터 시행한다.

제2조(적용례) 이 고시는 고시 시행 후 최초로 식품의약품안전평가원장에게 제출되는 기능성화장품 심사의뢰서(변경을 포함한다)부터 적용한다.

2. 기능성화장품 기준 및 시험방법의 통칙

1. 이 고시는「화장품법」 제4조제1항 및「화장품법 시행규칙」 제9조제1항에 따라 기능성화장품 심사를 받기 위하여 자료를 제출하고자 하는 경우, 기준 및 시험방법에 관한 자료 제출을 면제할 수 있는 범위를 정함을 목적으로 한다.
2. 이 고시의 영문명칭은「Korean Functional Cosmetics Codex」라 하고, 줄여서「KFCC」라 할 수 있다.
3. 이 고시에 수재되어 있는 기능성화장품의 적부는 각조의 규정, 통칙 및 일반시험법의 규정에 따라 판정한다.
4. 제제를 만들 경우에는 따로 규정이 없는 한 그 보존 중 성상 및 품질의 기준을 확보하고 그 유용성을 높이기 위하여 부형제, 안정제, 보존제, 완충제 등 적당한 첨가제를 넣을 수 있다. 다만, 첨가제는 해당 제제의 안전성에 영향을 주지 않아야 하며, 또한 기능을 변하게 하거나 시험에 영향을 주어서는 아니된다.
5. 이 고시에서 규정하는 시험방법 외에 정확도와 정밀도가 높고 그 결과를 신뢰할 수 있는 다른 시험방법이 있는 경우에는 그 시험방법을 쓸 수 있다. 다만 그 결과에 대하여 의심이 있을 때에는 규정하는 방

법으로 최종의 판정을 실시한다.

6. 화장품 제형의 정의는 다음과 같다.

가. 로션제란 유화제 등을 넣어 유성성분과 수성성분을 균질화하여 점액상으로 만든 것을 말한다.

나. 액제란 화장품에 사용되는 성분을 용제 등에 녹여서 액상으로 만든 것을 말한다.

다. 크림제란 유화제 등을 넣어 유성성분과 수성성분을 균질화하여 반고형상으로 만든 것을 말한다.

라. 침적마스크제란 액제, 로션제, 크림제, 겔제 등을 부직포 등의 지지체에 침적하여 만든 것을 말한다.

마. 겔제란 액체를 침투시킨 분자량이 큰 유기분자로 이루어진 반고형상을 말한다.

바. 에어로졸제란 원액을 같은 용기 또는 다른 용기에 충전한 분사제(액화기체, 압축기체 등)의 압력을 이용하여 안개모양, 포말상 등으로 분출하도록 만든 것을 말한다.

사. 분말제란 균질하게 분말상 또는 미립상으로 만든 것을 말하며, 부형제 등을 사용할 수 있다.

7. 「밀폐용기」라 함은 일상의 취급 또는 보통 보존상태에서 외부로부터 고형의 이물이 들어가는 것을 방지하고 고형의 내용물이 손실되지 않도록 보호할 수 있는 용기를 말한다. 밀폐용기로 규정되어 있는 경우에는 기밀용기도 쓸 수 있다.

8. 「기밀용기」라 함은 일상의 취급 또는 보통 보존상태에서 액상 또는 고형의 이물 또는 수분이 침입하지 않고 내용물을 손실, 풍화, 조해 또는 증발로부터 보호할 수 있는 용기를 말한다. 기밀용기로 규정되어 있는 경우에는 밀봉용기도 쓸 수 있다.

9. 「밀봉용기」라 함은 일상의 취급 또는 보통의 보존상태에서 기체 또는 미생물이 침입할 염려가 없는 용기를 말한다.

10. 「차광용기」라 함은 광선의 투과를 방지하는 용기 또는 투과를 방지하는 포장을 한 용기를 말한다.

11. 물질명 다음에 ( ) 또는 [ ]중에 분자식을 기재한 것은 화학적 순수물질을 뜻한다. 분자량은 국제원자량표에 따라 계산하여 소수점이하 셋째 자리에서 반올림하여 둘째 자리까지 표시한다.

12. 이 기준의 주된 계량의 단위에 대하여는 다음의 기호를 쓴다.

미터	m			데시미터	dm
센터미터	cm			밀리미터	mm
마이크로미터	μm			나노미터	nm
킬로그람	kg			그람	g
밀리그람	mg			마이크로그람	μg
나노그람	ng			리터	L
밀리리터	mL			마이크로리터	μL

평방센티미터	㎠			수은주밀리미터	㎜Hg
센티스톡스	cs			센티포아스	cps
노르말(규정)	N			몰	M 또는 mol.
질량백분율	%			질량대용량백분율	w/v%
용량백분율	vol%			용량대질량백분율	v/w%
질량백만분율	ppm			피에이치	pH
섭씨 도	℃				

13.시험 또는 저장할 때의 온도는 원칙적으로 구체적인 수치를 기재한다. 다만, 표준온도는 20℃, 상온은 15~25℃, 실온은 1~30℃, 미온은 30~40℃로 한다. 냉소는 따로 규정이 없는 한 1~15℃ 이하의 곳을 말하며. 냉수는 10℃ 이하, 미온탕은 30~40℃, 온탕은 60~70℃, 열탕은 약 100℃의 물을 뜻한다.

가열한 용매 또는 열용매라 함은 그 용매의 비점 부근의 온도로 가열한 것을 뜻하며 가온한 용매 또는 온용매라 함은 보통 60~70℃로 가온한 것을 뜻한다. 수욕상 또는 수욕중에서 가열한다라 함은 따로 규정이 없는 한 끓인 수욕 또는 100℃의 증기욕을 써서 가열하는 것이다. 보통 냉침은 15~25℃, 온침은 35~45℃에서 실시한다.

14.통칙 및 일반시험법에 쓰이는 시약, 시액, 표준액, 용량분석용표준액, 계량기 및 용기는 따로 규정이 없는 한 일반시험법에서 규정하는 것을 쓴다. 또한 시험에 쓰는 물은 따로 규정이 없는 한 정제수로 한다.

15.용질명 다음에 용액이라 기재하고, 그 용제를 밝히지 않은 것은 수용액을 말한다.

16.용액의 농도를 (1→5), (1→10), (1→100) 등으로 기재한 것은 고체물질 1g 또는 액상물질 1mL를 용제에 녹여 전체량을 각각 5mL, 10mL, 100mL등으로 하는 비율을 나타낸 것이다. 또 혼합액을 (1:10) 또는 (5:3:1) 등으로 나타낸 것은 액상물질의 1용량과 10용량과의 혼합액, 5용량과 3용량과 1용량과의 혼합액을 나타낸다.

17.시험은 따로 규정이 없는 한 상온에서 실시하고 조작 직후 그 결과를 관찰하는 것으로 한다. 다만 온도의 영향이 있는 것의 판정은 표준온도에 있어서의 상태를 기준으로 한다.

18. 따로 규정이 없는 한 일반시험법에 규정되어 있는 시약을 쓰고 시험에 쓰는 물은「정제수」이다.

19. 액성을 산성, 알칼리성 또는 중성으로 나타낸 것은 따로 규정이 없는 한 리트머스지를 써서 검사한다. 액성을 구체적으로 표시할 때에는 pH값을 쓴다. 또한, 미산성, 약산성, 강산성, 미알칼리성, 약알칼리성, 강알칼리성등으로 기재한 것은 산성 또는 알칼리성의 정도의 개략(槪略)을 뜻하는 것으로 pH의 범위는 다음과 같다.

pH의 범위

미산성		약 5~약 6.5		미알칼리성		약 7.5~약 9
약산성		약 3~약 5		약알칼리성		약 9~약 11

강산성		약 3이하		강알칼리성		약 11이상

20. 질량을「정밀하게 단다.」라 함은 달아야 할 최소 자리수를 고려하여 0.1mg, 0.01mg 또는 0.001mg까지 단다는 것을 말한다. 또 질량을「정확하게 단다」라 함은 지시된 수치의 질량을 그 자리수까지 단다는 것을 말한다.

21. 시험할 때 n자리의 수치를 얻으려면 보통 (n+1)자리까지 수치를 구하고 (n+1)자리의 수치를 반올림 한다.

22. 시험조작을 할때「직후」 또는「곧」이란 보통 앞의 조작이 종료된 다음 30초 이내에 다음 조작을 시작하는 것을 말한다.

23. 시험에서 용질이「용매에 녹는다 또는 섞인다」라 함은 투명하게 녹거나 임의의 비율로 투명하게 섞이는 것을 말하며 섬유 등을 볼 수 없거나 있더라 매우 적다.

24.검체의 채취량에 있어서「약」이라고 붙인 것은 기재된 양의 ±10%의 범위를 뜻한다.

3. 우수화장품 제조 및 품질관리기준

[시행 2015. 9. 2.] [식품의약품안전처고시 제2015-58호, 2015. 9. 2., 일부개정.]

식품의약품안전처(화장품정책과), 043-719-3413

제1장 총칙

제1조(목적) 이 고시는「화장품법」 제5조제2항 및 같은법 시행규칙 제12조제2항에 따라 우수화장품 제조 및 품질관리 기준에 관한 세부사항을 정하고, 이를 이행하도록 권장함으로써 우수한 화장품을 제조·공급하여 소비자보호 및 국민 보건 향상에 기여함을 목적으로 한다.

제2조(용어의 정의) 이 고시에서 사용하는 용어의 뜻은 다음과 같다.

1. 삭제
2. "제조"란 원료 물질의 칭량부터 혼합, 충전(1차포장), 2차포장 및 표시 등의 일련의 작업을 말한다.
3. 삭제
4. "품질보증" 이란 제품이 적합 판정 기준에 충족될 것이라는 신뢰를 제공하는데 필수적인 모든 계획되

고 체계적인 활동을 말한다.

5. "일탈"이란 제조 또는 품질관리 활동 등의 미리 정하여진 기준을 벗어나 이루어진 행위를 말한다.

6. "기준일탈 (out-of-specification)" 이란 규정된 합격 판정 기준에 일치하지 않는 검사, 측정 또는 시험 결과를 말한다.

7. "원료"란 벌크 제품의 제조에 투입하거나 포함되는 물질을 말한다.

8. "원자재"란 화장품 원료 및 자재를 말한다.

9. "불만"이란 제품이 규정된 적합판정기준을 충족시키지 못한다고 주장하는 외부 정보를 말한다.

10. "회수"란 판매한 제품 가운데 품질 결함이나 안전성 문제 등으로 나타난 제조번호의 제품(필요시 여타 제조번호 포함)을 제조소로 거두어들이는 활동을 말한다.

11. "오염"이란 제품에서 화학적, 물리적, 미생물학적 문제 또는 이들이 조합되어 나타내는 바람직하지 않은 문제의 발생을 말한다.

12. "청소"란 화학적인 방법, 기계적인 방법, 온도, 적용시간과 이러한 복합된 요인에 의해 청정도를 유지하고 일반적으로 표면에서 눈에 보이는 먼지를 분리, 제거하여 외관을 유지하는 모든 작업을 말한다.

13. "유지관리"란 적절한 작업 환경에서 건물과 설비가 유지되도록 정기적·비정기적인 지원 및 검증 작업을 말한다.

14. "주요 설비"란 제조 및 품질 관련 문서에 명기된 설비로 제품의 품질에 영향을 미치는 필수적인 설비를 말한다.

15. "교정"이란 규정된 조건 하에서 측정기기나 측정 시스템에 의해 표시되는 값과 표준기기의 참값을 비교하여 이들의 오차가 허용범위 내에 있음을 확인하고, 허용범위를 벗어나는 경우 허용범위 내에 들도록 조정하는 것을 말한다.

16. "제조번호" 또는 "뱃치번호"란 일정한 제조단위분에 대하여 제조관리 및 출하에 관한 모든 사항을 확인할 수 있도록 표시된 번호로서 숫자·문자·기호 또는 이들의 특정적인 조합을 말한다.

17. "반제품"이란 제조공정 단계에 있는 것으로서 필요한 제조공정을 더 거쳐야 벌크 제품이 되는 것을 말한다.

18. "벌크 제품"이란 충전(1차포장) 이전의 제조 단계까지 끝낸 제품을 말한다.

19. "제조단위" 또는 "뱃치"란 하나의 공정이나 일련의 공정으로 제조되어 균질성을 갖는 화장품의 일정한 분량을 말한다.

20. "완제품"이란 출하를 위해 제품의 포장 및 첨부문서에 표시공정 등을 포함한 모든 제조공정이 완료된 화장품을 말한다.

21. "재작업"이란 적합 판정기준을 벗어난 완제품, 벌크제품 또는 반제품을 재처리하여 품질이 적합한 범위에 들어오도록 하는 작업을 말한다.

22. "수탁자"는 직원, 회사 또는 조직을 대신하여 작업을 수행하는 사람, 회사 또는 외부 조직을 말한다.

23. "공정관리"란 제조공정 중 적합판정기준의 충족을 보증하기 위하여 공정을 모니터링하거나 조정하는 모든 작업을 말한다.

24. "감사"란 제조 및 품질과 관련한 결과가 계획된 사항과 일치하는지의 여부와 제조 및 품질관리가 효과적으로 실행되고 목적 달성에 적합한지 여부를 결정하기 위한 체계적이고 독립적인 조사를 말한다.

25. "변경관리"란 모든 제조, 관리 및 보관된 제품이 규정된 적합판정기준에 일치하도록 보장하기 위하여 우수화장품 제조 및 품질관리기준이 적용되는 모든 활동을 내부 조직의 책임하에 계획하여 변경하는 것을 말한다.

26. "내부감사"란 제조 및 품질과 관련한 결과가 계획된 사항과 일치하는지의 여부와 제조 및 품질관리가 효과적으로 실행되고 목적 달성에 적합한지 여부를 결정하기 위한 회사 내 자격이 있는 직원에 의해 행해지는 체계적이고 독립적인 조사를 말한다.

27. "포장재"란 화장품의 포장에 사용되는 모든 재료를 말하며 운송을 위해 사용되는 외부 포장재는 제외한 것이다. 제품과 직접적으로 접촉하는지 여부에 따라 1차 또는 2차 포장재라고 말한다.

28. "적합 판정 기준"이란 시험 결과의 적합 판정을 위한 수적인 제한, 범위 또는 기타 적절한 측정법을 말한다.

29. "소모품"이란 청소, 위생 처리 또는 유지 작업 동안에 사용되는 물품(세척제, 윤활제 등)을 말한다.

30. "관리"란 적합 판정 기준을 충족시키는 검증을 말한다.

31. "제조소"란 화장품을 제조하기 위한 장소를 말한다.

32. "건물"이란 제품, 원료 및 포장재의 수령, 보관, 제조, 관리 및 출하를 위해 사용되는 물리적 장소, 건축물 및 보조 건축물을 말한다.

33. "위생관리"란 대상물의 표면에 있는 바람직하지 못한 미생물 등 오염물을 감소시키기 위해 시행되는 작업을 말한다.

34. "출하"란 주문 준비와 관련된 일련의 작업과 운송 수단에 적재하는 활동으로 제조소 외로 제품을 운반하는 것을 말한다.

제2장 인적자원

제3조(조직의 구성) ① 제조소별로 독립된 제조부서와 품질보증부서를 두어야 한다.

② 조직구조는 조직과 직원의 업무가 원활히 이해될 수 있도록 규정되어야 하며, 회사의 규모와 제품의 다양성에 맞추어 적절하여야 한다.

③ 제조소에는 제조 및 품질관리 업무를 적절히 수행할 수 있는 충분한 인원을 배치하여야 한다.

제4조(직원의 책임) ① 모든 작업원은 다음 각 호를 이행해야 할 책임이 있다.

1. 조직 내에서 맡은 지위 및 역할을 인지해야 할 의무

2. 문서접근 제한 및 개인위생 규정을 준수해야 할 의무

3. 자신의 업무범위내에서 기준을 벗어난 행위나 부적합 발생 등에 대해 보고해야 할 의무

4. 정해진 책임과 활동을 위한 교육훈련을 이수할 의무

② 품질보증 책임자는 화장품의 품질보증을 담당하는 부서의 책임자로서 다음 각 호의 사항을 이행하여야 한다.

1. 품질에 관련된 모든 문서와 절차의 검토 및 승인

2. 품질 검사가 규정된 절차에 따라 진행되는지의 확인

3. 일탈이 있는 경우 이의 조사 및 기록

4. 적합 판정한 원자재 및 제품의 출고 여부 결정

5. 부적합품이 규정된 절차대로 처리되고 있는지의 확인

6. 불만처리와 제품회수에 관한 사항의 주관

제5조(교육훈련) ① 제조 및 품질관리 업무와 관련 있는 모든 직원들에게 각자의 직무와 책임에 적합한 교육훈련이 제공될 수 있도록 연간계획을 수립하고 정기적으로 교육을 실시하여야 한다.

② 교육담당자를 지정하고 교육훈련의 내용 및 평가가 포함된 교육훈련 규정을 작성하여야 하되, 필요한 경우에는 외부 전문기관에 교육을 의뢰할 수 있다.

③ 교육 종료 후에는 교육결과를 평가하고, 일정한 수준에 미달할 경우에는 재교육을 받아야 한다.

④ 새로 채용된 직원은 업무를 적절히 수행할 수 있도록 기본 교육훈련 외에 추가 교육훈련을 받아야 하며 이와 관련한 문서화된 절차를 마련하여야 한다.

제6조(직원의 위생) ① 적절한 위생관리 기준 및 절차를 마련하고 제조소 내의 모든 직원은 이를 준수해야 한다.

② 작업소 및 보관소 내의 모든 직원은 화장품의 오염을 방지하기 위해 규정된 작업복을 착용해야 하고 음식물 등을 반입해서는 아니 된다.

③ 피부에 외상이 있거나 질병에 걸린 직원은 건강이 양호해지거나 화장품의 품질에 영향을 주지 않는다는 의사의 소견이 있기 전까지는 화장품과 직접적으로 접촉되지 않도록 격리되어야 한다.

④ 제조구역별 접근권한이 있는 작업원 및 방문객은 가급적 제조, 관리 및 보관구역 내에 들어가지 않도록 하고, 불가피한 경우 사전에 직원 위생에 대한 교육 및 복장 규정에 따르도록 하고 감독하여야 한다.

제3장 제조

제1절 시설기준

제7조(건물) ① 건물은 다음과 같이 위치, 설계, 건축 및 이용되어야 한다.

1. 제품이 보호되도록 할 것
2. 청소가 용이하도록 하고 필요한 경우 위생관리 및 유지관리가 가능하도록 할 것
3. 제품, 원료 및 포장재 등의 혼동이 없도록 할 것

② 건물은 제품의 제형, 현재 상황 및 청소 등을 고려하여 설계하여야 한다.

제8조(시설) ① 작업소는 다음 각 호에 적합하여야 한다.

1. 제조하는 화장품의 종류·제형에 따라 적절히 구획·구분되어 있어 교차오염 우려가 없을 것
2. 바닥, 벽, 천장은 가능한 청소하기 쉽게 매끄러운 표면을 지니고 소독제 등의 부식성에 저항력이 있을 것
3. 환기가 잘 되고 청결할 것
4. 외부와 연결된 창문은 가능한 열리지 않도록 할 것
5. 작업소 내의 외관 표면은 가능한 매끄럽게 설계하고, 청소, 소독제의 부식성에 저항력이 있을 것
6. 수세실과 화장실은 접근이 쉬워야 하나 생산구역과 분리되어 있을 것
7. 작업소 전체에 적절한 조명을 설치하고, 조명이 파손될 경우를 대비한 제품을 보호할 수 있는 처리절차를 마련할 것
8. 제품의 오염을 방지하고 적절한 온도 및 습도를 유지할 수 있는 공기조화시설 등 적절한 환기시설을 갖출 것
9. 각 제조구역별 청소 및 위생관리 절차에 따라 효능이 입증된 세척제 및 소독제를 사용할 것
10. 제품의 품질에 영향을 주지 않는 소모품을 사용할 것

② 제조 및 품질관리에 필요한 설비 등은 다음 각 호에 적합하여야 한다.

1. 사용목적에 적합하고, 청소가 가능하며, 필요한 경우 위생·유지관리가 가능하여야 한다. 자동화시스템을 도입한 경우도 또한 같다.
2. 사용하지 않는 연결 호스와 부속품은 청소 등 위생관리를 하며, 건조한 상태로 유지하고 먼지, 얼룩 또는 다른 오염으로부터 보호할 것
3. 설비 등은 제품의 오염을 방지하고 배수가 용이하도록 설계, 설치하며, 제품 및 청소 소독제와 화학반응을 일으키지 않을 것
4. 설비 등의 위치는 원자재나 직원의 이동으로 인하여 제품의 품질에 영향을 주지 않도록 할 것
5. 용기는 먼지나 수분으로부터 내용물을 보호할 수 있을 것
6. 제품과 설비가 오염되지 않도록 배관 및 배수관을 설치하며, 배수관은 역류되지 않아야 하고, 청결을 유지할 것

7. 천정 주위의 대들보, 파이프, 덕트 등은 가급적 노출되지 않도록 설계하고, 파이프는 받침대 등으로 고정하고 벽에 닿지 않게 하여 청소가 용이하도록 설계할 것

8. 시설 및 기구에 사용되는 소모품은 제품의 품질에 영향을 주지 않도록 할 것

제9조(작업소의 위생) ① 곤충, 해충이나 쥐를 막을 수 있는 대책을 마련하고 정기적으로 점검·확인하여야 한다.

② 제조, 관리 및 보관 구역 내의 바닥, 벽, 천장 및 창문은 항상 청결하게 유지되어야 한다.

③ 제조시설이나 설비의 세척에 사용되는 세제 또는 소독제는 효능이 입증된 것을 사용하고 잔류하거나 적용하는 표면에 이상을 초래하지 아니하여야 한다.

④ 제조시설이나 설비는 적절한 방법으로 청소하여야 하며, 필요한 경우 위생관리 프로그램을 운영하여야 한다.

제10조(유지관리) ① 건물, 시설 및 주요 설비는 정기적으로 점검하여 화장품의 제조 및 품질관리에 지장이 없도록 유지·관리·기록하여야 한다.

② 결함 발생 및 정비 중인 설비는 적절한 방법으로 표시하고, 고장 등 사용이 불가할 경우 표시하여야 한다.

③ 세척한 설비는 다음 사용 시까지 오염되지 아니하도록 관리하여야 한다.

④ 모든 제조 관련 설비는 승인된 자만이 접근·사용하여야 한다.

⑤ 제품의 품질에 영향을 줄 수 있는 검사·측정·시험장비 및 자동화장치는 계획을 수립하여 정기적으로 교정 및 성능점검을 하고 기록해야 한다.

⑥ 유지관리 작업이 제품의 품질에 영향을 주어서는 안 된다.

제2절 원자재의 관리

제11조(입고관리) ① 제조업자는 원자재 공급자에 대한 관리감독을 적절히 수행하여 입고관리가 철저히 이루어지도록 하여야 한다.

② 원자재의 입고 시 구매 요구서, 원자재 공급업체 성적서 및 현품이 서로 일치하여야 한다. 필요한 경우 운송 관련 자료를 추가적으로 확인할 수 있다.

③ 원자재 용기에 제조번호가 없는 경우에는 관리번호를 부여하여 보관하여야 한다.

④ 원자재 입고절차 중 육안확인 시 물품에 결함이 있을 경우 입고를 보류하고 격리보관 및 폐기하거나 원자재 공급업자에게 반송하여야 한다.

⑤ 입고된 원자재는 "적합", "부적합", "검사 중" 등으로 상태를 표시하여야 한다. 다만, 동일 수준의 보증이 가능한 다른 시스템이 있다면 대체할 수 있다.

⑥ 원자재 용기 및 시험기록서의 필수적인 기재 사항은 다음 각 호와 같다.

1. 원자재 공급자가 정한 제품명

2. 원자재 공급자명

3. 수령일자

4. 공급자가 부여한 제조번호 또는 관리번호

제12조(출고관리) 원자재는 시험결과 적합판정된 것만을 선입선출방식으로 출고해야 하고 이를 확인할 수 있는 체계가 확립되어 있어야 한다.

제13조(보관관리) ① 원자재, 반제품 및 벌크 제품은 품질에 나쁜 영향을 미치지 아니하는 조건에서 보관하여야 하며 보관기한을 설정하여야 한다.

② 원자재, 반제품 및 벌크 제품은 바닥과 벽에 닿지 아니하도록 보관하고, 선입선출에 의하여 출고할 수 있도록 보관하여야 한다.

③ 원자재, 시험 중인 제품 및 부적합품은 각각 구획된 장소에서 보관하여야 한다. 다만, 서로 혼동을 일으킬 우려가 없는 시스템에 의하여 보관되는 경우에는 그러하지 아니한다.

④ 설정된 보관기한이 지나면 사용의 적절성을 결정하기 위해 재평가시스템을 확립하여야 하며, 동 시스템을 통해 보관기한이 경과한 경우 사용하지 않도록 규정하여야 한다.

제14조(물의 품질) ① 물의 품질 적합기준은 사용 목적에 맞게 규정하여야 한다.

② 물의 품질은 정기적으로 검사해야 하고 필요시 미생물학적 검사를 실시하여야 한다.

③ 물 공급 설비는 다음 각 호의 기준을 충족해야 한다.

1. 물의 정체와 오염을 피할 수 있도록 설치될 것

2. 물의 품질에 영향이 없을 것

3. 살균처리가 가능할 것

제3절 제조관리

제15조(기준서 등) ① 제조 및 품질관리의 적합성을 보장하는 기본 요건들을 충족하고 있음을 보증하기 위하여 다음 각 항에 따른 제품표준서, 제조관리기준서, 품질관리기준서 및 제조위생관리기준서를 작성하고 보관하여야 한다.

② 제품표준서는 품목별로 다음 각 호의 사항이 포함되어야 한다.

1. 제품명

2. 작성연월일

3. 효능·효과(기능성 화장품의 경우) 및 사용상의 주의사항

4. 원료명, 분량 및 제조단위당 기준량

5. 공정별 상세 작업내용 및 제조공정흐름도

6. 공정별 이론 생산량 및 수율관리기준

7. 작업 중 주의사항

8. 원자재·반제품·완제품의 기준 및 시험방법

9. 제조 및 품질관리에 필요한 시설 및 기기

10. 보관조건

11. 사용기한 또는 개봉 후 사용기간

12. 변경이력

13. 다음 사항이 포함된 제조지시서

가. 제품표준서의 번호

나. 제품명

다. 제조번호, 제조연월일 또는 사용기한(또는 개봉 후 사용기간)

라. 제조단위

마. 사용된 원료명, 분량, 시험번호 및 제조단위당 실 사용량

바. 제조 설비명

사. 공정별 상세 작업내용 및 주의사항

아. 제조지시자 및 지시연월일

14. 그 밖에 필요한 사항

③ 제조관리기준서는 다음 각 호의 사항이 포함되어야 한다.

1. 제조공정관리에 관한 사항

가. 작업소의 출입제한

나. 공정검사의 방법

다. 사용하려는 원자재의 적합판정 여부를 확인하는 방법

라. 재작업방법

2. 시설 및 기구 관리에 관한 사항

가. 시설 및 주요설비의 정기적인 점검방법

나. 작업 중인 시설 및 기기의 표시방법

다. 장비의 교정 및 성능점검 방법

3. 원자재 관리에 관한 사항

가. 입고 시 품명, 규격, 수량 및 포장의 훼손 여부에 대한 확인방법과 훼손되었을 경우 그 처리방법

나. 보관장소 및 보관방법

다. 시험결과 부적합품에 대한 처리방법

라. 취급 시의 혼동 및 오염 방지대책

마. 출고 시 선입선출 및 칭량된 용기의 표시사항

바. 재고관리

4. 완제품 관리에 관한 사항

가. 입·출하 시 승인판정의 확인방법

나. 보관장소 및 보관방법

다. 출하 시의 선입선출방법

5. 위탁제조에 관한 사항

가. 원자재의 공급, 반제품, 벌크제품 또는 완제품의 운송 및 보관 방법

나. 수탁자 제조기록의 평가방법

④ 품질관리기준서는 다음 각 호의 사항이 포함되어야 한다.

1. 다음 사항이 포함된 시험지시서

가. 제품명, 제조번호 또는 관리번호, 제조연월일

나. 시험지시번호, 지시자 및 지시연월일

다. 시험항목 및 시험기준

2. 시험검체 채취방법 및 채취 시의 주의사항과 채취 시의 오염방지대책

3. 시험시설 및 시험기구의 점검(장비의 교정 및 성능점검 방법)

4. 안정성시험

5. 완제품 등 보관용 검체의 관리

6. 표준품 및 시약의 관리

7. 위탁시험 또는 위탁제조하는 경우 검체의 송부방법 및 시험결과의 판정방법

8. 그 밖에 필요한 사항

⑤ 제조위생관리기준서는 다음 각 호의 사항이 포함되어야 한다.

1. 작업원의 건강관리 및 건강상태의 파악·조치방법

2. 작업원의 수세, 소독방법 등 위생에 관한 사항

3. 작업복장의 규격, 세탁방법 및 착용규정

4. 작업실 등의 청소(필요한 경우 소독을 포함한다. 이하 같다) 방법 및 청소주기

5. 청소상태의 평가방법

6. 제조시설의 세척 및 평가

가. 책임자 지정

나. 세척 및 소독 계획

다. 세척방법과 세척에 사용되는 약품 및 기구

라. 제조시설의 분해 및 조립 방법

마. 이전 작업 표시 제거방법

바. 청소상태 유지방법

사. 작업 전 청소상태 확인방법

7. 곤충, 해충이나 쥐를 막는 방법 및 점검주기

8. 그 밖에 필요한 사항

제16조(칭량) ① 원료는 품질에 영향을 미치지 않는 용기나 설비에 정확하게 칭량 되어야 한다.

② 원료가 칭량되는 도중 교차오염을 피하기 위한 조치가 있어야 한다.

제17조(공정관리) ① 제조공정 단계별로 적절한 관리기준이 규정되어야 하며 그에 미치지 못한 모든 결과는 보고되고 조치가 이루어져야 한다.

② 반제품은 품질이 변하지 아니하도록 적당한 용기에 넣어 지정된 장소에서 보관해야 하며 용기에 다음 사항을 표시해야 한다.

1. 명칭 또는 확인코드

2. 제조번호

3. 완료된 공정명

4. 필요한 경우에는 보관조건

③ 반제품의 최대 보관기한은 설정하여야 하며, 최대 보관기한이 가까워진 반제품은 완제품 제조하기 전에 품질이상, 변질 여부 등을 확인하여야 한다.

제18조(포장작업) ① 포장작업에 관한 문서화된 절차를 수립하고 유지하여야 한다.

② 포장작업은 다음 각 호의 사항을 포함하고 있는 포장지시서에 의해 수행되어야 한다.

1. 제품명

2. 포장 설비명

3. 포장재 리스트

4. 상세한 포장공정

5. 포장생산수량

③ 포장작업을 시작하기 전에 포장작업 관련 문서의 완비여부, 포장설비의 청결 및 작동여부 등을 점검하여야 한다.

제19조(보관 및 출고) ① 완제품은 적절한 조건하의 정해진 장소에서 보관하여야 하며, 주기적으로 재고 점검을 수행해야 한다.

② 완제품은 시험결과 적합으로 판정되고 품질보증부서 책임자가 출고 승인한 것만을 출고하여야 한다.

③ 출고는 선입선출방식으로 하되, 타당한 사유가 있는 경우에는 그러지 아니할 수 있다.

④ 출고할 제품은 원자재, 부적합품 및 반품된 제품과 구획된 장소에서 보관하여야 한다. 다만 서로 혼동을 일으킬 우려가 없는 시스템에 의하여 보관되는 경우에는 그러하지 아니할 수 있다.

제4장 품질관리

제20조(시험관리) ① 품질관리를 위한 시험업무에 대해 문서화된 절차를 수립하고 유지하여야 한다.

② 원자재, 반제품 및 완제품에 대한 적합 기준을 마련하고 제조번호별로 시험 기록을 작성·유지하여야 한다.

③ 시험결과 적합 또는 부적합인지 분명히 기록하여야 한다.

④ 원자재, 반제품 및 완제품은 적합판정이 된 것만을 사용하거나 출고하여야 한다.

⑤ 정해진 보관 기간이 경과된 원자재 및 반제품은 재평가하여 품질기준에 적합한 경우 제조에 사용할 수 있다.

⑥ 모든 시험이 적절하게 이루어졌는지 시험기록은 검토한 후 적합, 부적합, 보류를 판정하여야 한다.

⑦ 기준일탈이 된 경우는 규정에 따라 책임자에게 보고한 후 조사하여야 한다. 조사결과는 책임자에 의해 일탈, 부적합, 보류를 명확히 판정하여야 한다.

⑧ 표준품과 주요시약의 용기에는 다음 사항을 기재하여야 한다.

1. 명칭

2. 개봉일

3. 보관조건

4. 사용기한

5. 역가, 제조자의 성명 또는 서명(직접 제조한 경우에 한함)

제21조(검체의 채취 및 보관) ① 시험용 검체는 오염되거나 변질되지 아니하도록 채취하고, 채취한 후에는 원상태에 준하는 포장을 해야 하며, 검체가 채취되었음을 표시하여야 한다.

② 시험용 검체의 용기에는 다음 사항을 기재하여야 한다.

1. 명칭 또는 확인코드

2. 제조번호

3. 검체채취 일자

③ 완제품의 보관용 검체는 적절한 보관조건 하에 지정된 구역 내에서 제조단위별로 사용기한 경과 후 1년간 보관하여야 한다. 다만, 개봉 후 사용기간을 기재하는 경우에는 제조일로부터 3년간 보관하여야 한다.

제22조(폐기처리 등) ① 품질에 문제가 있거나 회수·반품된 제품의 폐기 또는 재작업 여부는 품질보증 책임자에 의해 승인되어야 한다.

② 재작업은 그 대상이 다음 각 호를 모두 만족한 경우에 할 수 있다.

1. 변질·변패 또는 병원미생물에 오염되지 아니한 경우

2. 제조일로부터 1년이 경과하지 않았거나 사용기한이 1년 이상 남아있는 경우

③ 재입고 할 수 없는 제품의 폐기처리규정을 작성하여야 하며 폐기 대상은 따로 보관하고 규정에 따라 신속하게 폐기하여야 한다.

제23조(위탁계약) ① 화장품 제조 및 품질관리에 있어 공정 또는 시험의 일부를 위탁하고자 할 때에는 문서화된 절차를 수립·유지하여야 한다.

② 제조업무를 위탁하고자 하는 자는 제30조에 따라 식품의약품안전처장으로부터 우수화장품 제조 및 품질관리기준 적합판정을 받은 업소에 위탁제조하는 것을 권장한다.

③ 위탁업체는 수탁업체의 계약 수행능력을 평가하고 그 업체가 계약을 수행하는데 필요한 시설 등을 갖추고 있는지 확인해야 한다.

④ 위탁업체는 수탁업체와 문서로 계약을 체결해야 하며 정확한 작업이 이루어질 수 있도록 수탁업체에 관련 정보를 전달해야 한다.

⑤ 위탁업체는 수탁업체에 대해 계약에서 규정한 감사를 실시해야 하며 수탁업체는 이를 수용하여야 한다.

⑥ 수탁업체에서 생성한 위·수탁 관련 자료는 유지되어 위탁업체에서 이용 가능해야 한다.

제24조(일탈관리) 제조과정 중의 일탈에 대해 조사를 한 후 필요한 조치를 마련해야 한다.

제25조(불만처리) ① 불만처리담당자는 제품에 대한 모든 불만을 취합하고, 제기된 불만에 대해 신속하게 조사하고 그에 대한 적절한 조치를 취하여야 하며, 다음 각 호의 사항을 기록·유지하여야 한다.

1. 불만 접수연월일

2. 불만 제기자의 이름과 연락처

3. 제품명, 제조번호 등을 포함한 불만내용

4. 불만조사 및 추적조사 내용, 처리결과 및 향후 대책

5. 다른 제조번호의 제품에도 영향이 없는지 점검

② 불만은 제품 결함의 경향을 파악하기 위해 주기적으로 검토하여야 한다.

제26조(제품회수) ① 제조업자는 제조한 화장품에서 「화장품법」 제7조, 제9조, 제15조, 또는 제16조제1항을 위반하여 위해 우려가 있다는 사실을 알게 되면 지체 없이 회수에 필요한 조치를 하여야 한다.

② 다음 사항을 이행하는 회수 책임자를 두어야 한다.

1. 전체 회수과정에 대한 제조판매업자와의 조정역할
2. 결함 제품의 회수 및 관련 기록 보존
3. 소비자 안전에 영향을 주는 회수의 경우 회수가 원활히 진행될 수 있도록 필요한 조치 수행
4. 회수된 제품은 확인 후 제조소 내 격리보관 조치(필요시에 한함)
5. 회수과정의 주기적인 평가(필요시에 한함)

제27조(변경관리) 제품의 품질에 영향을 미치는 원자재, 제조공정 등을 변경할 경우에는 이를 문서화하고 품질보증책임자에 의해 승인된 후 수행하여야 한다.

제28조(내부감사) ① 품질보증체계가 계획된 사항에 부합하는지를 주기적으로 검증하기 위하여 내부감사를 실시하여야 하고 내부감사 계획 및 실행에 관한 문서화된 절차를 수립하고 유지하여야 한다.

② 감사자는 감사대상과는 독립적이어야 하며, 자신의 업무에 대하여 감사를 실시하여서는 아니 된다.

③ 감사 결과는 기록되어 경영책임자 및 피감사 부서의 책임자에게 공유되어야 하고 감사 중에 발견된 결함에 대하여 시정조치 하여야 한다.

④ 감사자는 시정조치에 대한 후속 감사활동을 행하고 이를 기록하여야 한다.

제29조(문서관리) ① 제조업자는 우수화장품 제조 및 품질보증에 대한 목표와 의지를 포함한 관리방침을 문서화하며 전 작업원들이 실행하여야 한다.

② 모든 문서의 작성 및 개정·승인·배포·회수 또는 폐기 등 관리에 관한 사항이 포함된 문서관리규정을 작성하고 유지하여야 한다.

③ 문서는 작업자가 알아보기 쉽도록 작성하여야 하며 작성된 문서에는 권한을 가진 사람의 서명과 승인연월일이 있어야 한다.

④ 문서의 작성자·검토자 및 승인자는 서명을 등록한 후 사용하여야 한다.

⑤ 문서를 개정할 때는 개정사유 및 개정연월일 등을 기재하고 권한을 가진 사람의 승인을 받아야 하며 개정 번호를 지정해야 한다.

⑥ 원본 문서는 품질보증부서에서 보관하여야 하며, 사본은 작업자가 접근하기 쉬운 장소에 비치·사용하여야 한다.

⑦ 문서의 인쇄본 또는 전자매체를 이용하여 안전하게 보관해야 한다.

⑧ 작업자는 작업과 동시에 문서에 기록하여야 하며 지울 수 없는 잉크로 작성하여야 한다.

⑨ 기록문서를 수정하는 경우에는 수정하려는 글자 또는 문장 위에 선을 그어 수정 전 내용을 알아볼 수 있도록 하고 수정된 문서에는 수정사유, 수정연월일 및 수정자의 서명이 있어야 한다.

⑩ 모든 기록문서는 적절한 보존기간이 규정되어야 한다.

⑪ 기록의 훼손 또는 소실에 대비하기 위해 백업파일 등 자료를 유지하여야 한다.

제5장 판정 및 감독

제30조(평가 및 판정) ① 우수화장품 제조 및 품질관리기준 적합판정을 받고자 하는 업소는 별지 제1호 서식에 따른 신청서(전자문서를 포함한다)에 다음 각 호의 서류를 첨부하여 식품의약품안전처장에게 제출하여야 한다. 다만, 일부 공정만을 행하는 업소는 별표 1에 따른 해당 공정을 별지 제1호 서식에 기재하여야 한다.

1. 삭제<2012. 10. 16.>

2. 우수화장품 제조 및 품질관리기준에 따라 3회 이상 적용·운영한 자체평가표

3. 화장품 제조 및 품질관리기준 운영조직

4. 제조소의 시설내역

5. 제조관리현황

6. 품질관리현황

② 삭제<2012. 10. 16.>

③ 삭제<2012. 10. 16.>

④ 식품의약품안전처장은 제출된 자료를 평가하고 별표 2에 따른 실태조사를 실시하여 우수화장품 제조 및 품질관리기준 적합판정한 경우에는 별지 제3호 서식에 따른 우수화장품 제조 및 품질관리기준 적합업소 증명서를 발급하여야 한다. 다만, 일부 공정만을 행하는 업소는 해당 공정을 증명서내에 기재하여야 한다.

제31조(우대조치) ① 삭제<2012. 10. 16.>

② 국제규격인증업체(CGMP, ISO9000) 또는 품질보증 능력이 있다고 인정되는 업체에서 제공된 원료·자재는 제공된 적합성에 대한 기록의 증거를 고려하여 검사의 방법과 시험항목을 조정할 수 있다.

③ 식품의약품안전처장은 제30조에 따라 우수화장품 제조 및 품질관리기준 적합판정을 받은 업소는 정기 수거검정 및 정기감시 대상에서 제외할 수 있다.

④ 제30조에 따라 우수화장품 제조 및 품질관리기준 적합판정을 받은 업소는 별표 3에 따른 로고를 해당 제조업소와 그 업소에서 제조한 화장품에 표시하거나 그 사실을 광고할 수 있다.

제32조(사후관리) ① 식품의약품안전처장은 제30조에 따라 우수화장품 제조 및 품질관리기준 적합판정을

받은 업소에 대해 별표 2의 우수화장품 제조 및 품질관리기준 실시상황평가표에 따라 3년에 1회 이상 실태조사를 실시하여야 한다.

② 식품의약품안전처장은 사후관리 결과 부적합 업소에 대하여 일정한 기간을 정하여 시정하도록 지시하거나, 우수화장품 제조 및 품질관리기준 적합업소 판정을 취소할 수 있다.

③ 식품의약품안전처장은 제1항에도 불구하고 제조 및 품질관리에 문제가 있다고 판단되는 업소에 대하여 수시로 우수화장품 제조 및 품질관리기준 운영 실태조사를 할 수 있다.

제33조(재검토기한) 식품의약품안전처장은 「훈령·예규 등의 발령 및 관리에 관한 규정」에 따라 이 고시에 대하여 2016년 1월 1일 기준으로 매 3년이 되는 시점(매 3년째의 12월 31까지를 말한다)마다 그 타당성을 검토하여 개선 등의 조치를 하여야 한다.

부칙 〈제2015-58호, 2015. 9. 2.〉

제1조(시행일) 이 고시는 고시한 날부터 시행한다.

제2조(적용례) 이 고시는 고시 시행 후 제조업자가 신청하는 우수화장품 제조 및 품질관리기준 실시상황 평가부터 적용한다.

4. 화장품 안전성 정보관리 규정

[시행 2017. 12. 29.] [식품의약품안전처고시 제2017-115호, 2017. 12. 29., 일부개정.]

식품의약품안전처(화장품정책과), 043-719-3410

제1조(목적) 이 고시는 「화장품법」제5조 및 같은 법 시행규칙 제11조제10호에 따라 화장품의 취급·사용 시 인지되는 안전성 관련 정보를 체계적이고 효율적으로 수집·검토·평가하여 적절한 안전대책을 강구함으로써 국민 보건상의 위해를 방지함을 목적으로 한다.

제2조(정의) 이 고시에서 사용하는 용어의 정의는 다음과 같다.

1. "유해사례(Adverse Event/Adverse Experience, AE)"란 화장품의 사용 중 발생한 바람직하지 않고 의도되지 아니한 징후, 증상 또는 질병을 말하며, 당해 화장품과 반드시 인과관계를 가져야 하는 것은 아니다.
2. "중대한 유해사례(Serious AE)"는 유해사례 중 다음 각목의 어느 하나에 해당하는 경우를 말한다.

   가. 사망을 초래하거나 생명을 위협하는 경우

나. 입원 또는 입원기간의 연장이 필요한 경우

다. 지속적 또는 중대한 불구나 기능저하를 초래하는 경우

라. 선천적 기형 또는 이상을 초래하는 경우

마. 기타 의학적으로 중요한 상황

3. "실마리 정보(Signal)"란 유해사례와 화장품 간의 인과관계 가능성이 있다고 보고된 정보로서 그 인과관계가 알려지지 아니하거나 입증자료가 불충분한 것을 말한다.

4. "안전성 정보"란 화장품과 관련하여 국민보건에 직접 영향을 미칠 수 있는 안전성·유효성에 관한 새로운 자료, 유해사례 정보 등을 말한다.

제3조(안전성 정보의 관리체계) 화장품 안전성 정보의 보고·수집·평가·전파 등 관리체계는 별표와 같다.

제4조(안전성 정보의 보고) ① 의사·약사·간호사·판매자·소비자 또는 관련단체 등의 장은 화장품의 사용 중 발생하였거나 알게 된 유해사례 등 안전성 정보에 대하여 별지 제1호 서식 또는 별지 제2호 서식을 참조하여 식품의약품안전처장 또는 화장품 제조판매업자에게 보고할 수 있다.

② 제1항에 따른 보고는 식품의약품안전처 홈페이지를 통해 보고하거나 전화·우편·팩스·정보통신망 등의 방법으로 할 수 있다.

제5조(안전성 정보의 신속보고) ① 화장품 제조판매업자는 다음 각 호의 화장품 안전성 정보를 알게 된 때에는 제1호의 정보는 별지 제1호 서식에 따른 보고서를, 제2호의 정보는 별지 제2호 서식에 따른 보고서를 그 정보를 알게 된 날로부터 15일 이내에 식품의약품안전처장에게 신속히 보고하여야 한다.

1. 중대한 유해사례 또는 이와 관련하여 식품의약품안전처장이 보고를 지시한 경우

2. 판매중지나 회수에 준하는 외국정부의 조치 또는 이와 관련하여 식품의약품안전처장이 보고를 지시한 경우

② 제1항에 따른 안전성 정보의 신속보고는 식품의약품안전처 홈페이지를 통해 보고하거나 우편·팩스·정보통신망 등의 방법으로 할 수 있다.

제6조(안전성 정보의 정기보고) ① 화장품 제조판매업자는 제5조에 따라 신속보고 되지 아니한 화장품의 안전성 정보를 별지 제3호 서식에 따라 작성한 후 매 반기 종료 후 1월 이내에 식품의약품안전처장에게 보고하여야 한다.

② 제1항에 따른 안전성 정보의 정기보고는 식품의약품안전처 홈페이지를 통해 보고하거나 전자파일과 함께 우편·팩스·정보통신망 등의 방법으로 할 수 있다.

제7조(자료의 보완) 식품의약품안전처장은 제5조제1항 및 제6조제1항에 따른 유해사례 등 안전성 정보의 보고가 이 규정에 적합하지 아니하거나 추가 자료가 필요하다고 판단하는 경우 일정 기한을 정하여 자료의 보완을 요구할 수 있다.

제8조(안전성 정보의 검토 및 평가) 식품의약품안전처장은 다음 각 호에 따라 화장품 안전성 정보를 검토 및 평

가하며 필요한 경우 정책자문위원회 등 전문가의 자문을 받을 수 있다.

1. 정보의 신뢰성 및 인과관계의 평가 등
2. 국내·외 사용현황 등 조사·비교 (화장품에 사용할 수 없는 원료 사용 여부 등)
3. 외국의 조치 및 근거 확인(필요한 경우에 한함)
4. 관련 유해사례 등 안전성 정보 자료의 수집·조사
5. 종합검토

제9조(후속조치) 식품의약품안전처장 또는 지방식품의약품안전청장은 제8조의 검토 및 평가 결과에 따라 다음 각 호 중 필요한 조치를 할 수 있다.

1. 품목 제조·수입·판매 금지 및 수거·폐기 등의 명령
2. 사용상의 주의사항 등 추가
3. 조사연구 등의 지시
4. 실마리 정보로 관리
5. 제조·품질관리의 적정성 여부 조사 및 시험·검사 등 기타 필요한 조치

제10조(정보의 전파 등) ① 식품의약품안전처장은 안전하고 올바른 화장품의 사용을 위하여 화장품 안전성 정보의 평가 결과를 화장품 제조판매업자 등에게 전파하고 필요한 경우 이를 소비자에게 제공할 수 있다.

② 식품의약품안전처장은 수집된 안전성 정보, 평가결과 또는 후속조치 등에 대하여 필요한 경우 국제기구나 관련국 정부 등에 통보하는 등 국제적 정보교환체계를 활성화하고 상호협력 관계를 긴밀하게 유지함으로써 화장품으로 인한 범국가적 위해의 방지에 적극 노력하여야 한다.

제11조(보고자 등의 보호) 화장품 안전성 정보의 수집·분석 및 평가 등의 업무에 종사하는 자와 관련 공무원은 보고자, 환자 등 특정인의 인적사항 등에 관한 정보로서 당사자의 생명·신체를 해할 우려가 있는 경우 또는 당사자의 사생활의 비밀 또는 자유를 침해할 우려가 있다고 인정되는 경우 등 당사자 또는 제3자 등의 권리와 이익을 부당하게 침해할 우려가 있다고 인정되는 사항에 대하여는 이를 공개하여서는 아니 된다.

제12조(포상 등) 식품의약품안전처장은 이 규정에 따라 적극적이고 성실한 보고자나 기타 화장품 안전성 정보 관리체계의 활성화에 기여한 자에 대하여 「식품의약품안전처 공적심사규정」(식약처 훈령)에 따라 포상 또는 표창을 실시할 수 있다.

제13조(재검토기한) 식품의약품안전처장은 「훈령·예규 등의 발령 및 관리에 관한 규정」에 따라 이 고시에 대하여 2018년 1월 1일 기준으로 매3년이 되는 시점(매 3년째의 12월 31일까지를 말한다) 마다 그 타당성을 검토하여 개선 등의 조치를 하여야 한다.

부칙 〈제2017-115호, 2017. 12. 29.〉

제1조(시행일) 이 고시는 고시한 날부터 시행한다.

5. 화장품 안전기준 등에 관한 규정

[시행 2020. 4. 18.] [식품의약품안전처고시 제2019-93호, 2019. 10. 17., 일부개정.]

식품의약품안전처(화장품정책과), 043-719-3405

제1장 총칙

제1조(목적) 이 고시는 「화장품법」 제2조제3호의2에 따라 맞춤형화장품에 사용할 수 있는 원료를 지정하는 한편, 같은 법 제8조에 따라 화장품에 사용할 수 없는 원료 및 사용상의 제한이 필요한 원료에 대하여 그 사용기준을 지정하고, 유통화장품 안전관리 기준에 관한 사항을 정함으로써 화장품의 제조 또는 수입 및 안전관리에 적정을 기함을 목적으로 한다.

제2조(적용범위) 이 규정은 국내에서 제조, 수입 또는 유통되는 모든 화장품에 대하여 적용한다.

제2장 화장품에 사용할 수 없는 원료 및 사용상의 제한이 필요한 원료에 대한 사용기준

제3조(사용할 수 없는 원료) 화장품에 사용할 수 없는 원료는 별표 1과 같다.(별표 1 <화장품에 사용할 수 없는 원료>는 특별부록 02에 별도 수록함)

제4조(사용상의 제한이 필요한 원료에 대한 사용기준) 화장품에 사용상의 제한이 필요한 원료 및 그 사용기준은 별표 2와 같으며, 별표 2의 원료 외의 보존제, 자외선 차단제 등은 사용할 수 없다.(별표 2 <화장품에 사용상의 제한이 필요한 원료>는 특별부록 03에 별도 수록함)

제3장 맞춤형화장품에 사용할 수 있는 원료

제5조(맞춤형화장품에 사용 가능한 원료) 다음 각 호의 원료를 제외한 원료는 맞춤형화장품에 사용할 수 있다.

1. 별표 1의 화장품에 사용할 수 없는 원료
2. 별표 2의 화장품에 사용상의 제한이 필요한 원료
3. 식품의약품안전처장이 고시한 기능성화장품의 효능·효과를 나타내는 원료(다만, 맞춤형화장품판매업자에게 원료를 공급하는 화장품책임판매업자가 「화장품법」 제4조에 따라 해당 원료를 포함하여 기능성화장품에 대한 심사를 받거나 보고서를 제출한 경우는 제외한다)

제4장 유통화장품 안전관리 기준

제6조(유통화장품의 안전관리 기준) ① 유통화장품은 제2항부터 제5항까지의 안전관리 기준에 적합하여야 하며, 유통화장품 유형별로 제6항부터 제9항까지의 안전관리 기준에 추가적으로 적합하여야 한다. 또한 시

험방법은 별표 4에 따라 시험하되, 기타 과학적·합리적으로 타당성이 인정되는 경우 자사 기준으로 시험할 수 있다.

② 화장품을 제조하면서 다음 각 호의 물질을 인위적으로 첨가하지 않았으나, 제조 또는 보관 과정 중 포장재로부터 이행되는 등 비의도적으로 유래된 사실이 객관적인 자료로 확인되고 기술적으로 완전한 제거가 불가능한 경우 해당 물질의 검출 허용 한도는 다음 각 호와 같다.

1. 납 : 점토를 원료로 사용한 분말제품은 50㎍/g이하, 그 밖의 제품은 20㎍/g이하

2. 니켈: 눈 화장용 제품은 35㎍/g 이하, 색조 화장용 제품은 30㎍/g이하, 그 밖의 제품은 10㎍/g 이하

3. 비소 : 10㎍/g이하

4. 수은 : 1㎍/g이하

5. 안티몬 : 10㎍/g이하

6. 카드뮴 : 5㎍/g이하

7. 디옥산 : 100㎍/g이하

8. 메탄올 : 0.2(v/v)%이하, 물휴지는 0.002%(v/v)이하

9. 포름알데하이드 : 2000㎍/g이하, 물휴지는 20㎍/g이하

10. 프탈레이트류(디부틸프탈레이트, 부틸벤질프탈레이트 및 디에칠헥실프탈레이트에 한함) : 총 합으로서 100㎍/g이하

③ 별표 1의 사용할 수 없는 원료가 제2항의 사유로 검출되었으나 검출허용한도가 설정되지 아니한 경우에는 「화장품법 시행규칙」 제17조에 따라 위해평가 후 위해 여부를 결정하여야 한다.

④ 미생물한도는 다음 각 호와 같다.

1. 총호기성생균수는 영·유아용 제품류 및 눈화장용 제품류의 경우 500개/g(mL)이하

2. 물휴지의 경우 세균 및 진균수는 각각 100개/g(mL)이하

3. 기타 화장품의 경우 1,000개/g(mL)이하

4. 대장균(Escherichia Coli), 녹농균(Pseudomonas aeruginosa), 황색포도상구균(Staphylococcus aureus)은 불검출

⑤ 내용량의 기준은 다음 각 호와 같다.

1. 제품 3개를 가지고 시험할 때 그 평균 내용량이 표기량에 대하여 97% 이상(다만, 화장 비누의 경우 건조중량을 내용량으로 한다)

2. 제1호의 기준치를 벗어날 경우 : 6개를 더 취하여 시험할 때 9개의 평균 내용량이 제1호의 기준치 이상

3. 그 밖의 특수한 제품 : 「대한민국약전」(식품의약품안전처 고시)을 따를 것

⑥ 영·유아용 제품류(영·유아용 샴푸, 영·유아용 린스, 영·유아 인체 세정용 제품, 영·유아 목욕용 제품 제외), 눈 화장용 제품류, 색조 화장용 제품류, 두발용 제품류(샴푸, 린스 제외), 면도용 제품류(셰이빙 크림,

셰이빙 폼 제외), 기초화장용 제품류(클렌징 워터, 클렌징 오일, 클렌징 로션, 클렌징 크림 등 메이크업 리무버 제품 제외) 중 액, 로션, 크림 및 이와 유사한 제형의 액상제품은 pH 기준이 3.0~9.0 이어야 한다. 다만, 물을 포함하지 않는 제품과 사용한 후 곧바로 물로 씻어 내는 제품은 제외한다.

⑦ 기능성화장품은 기능성을 나타나게 하는 주원료의 함량이 「화장품법」제4조 및 같은 법 시행규칙 제9조 또는 제10조에 따라 심사 또는 보고한 기준에 적합하여야 한다.

⑧ 퍼머넌트웨이브용 및 헤어스트레이트너 제품은 다음 각 호의 기준에 적합하여야 한다.

1. 치오글라이콜릭애씨드 또는 그 염류를 주성분으로 하는 냉2욕식 퍼머넌트웨이브용 제품 : 이 제품은 실온에서 사용하는 것으로서 치오글라이콜릭애씨드 또는 그 염류를 주성분으로 하는 제1제 및 산화제를 함유하는 제2제로 구성된다.

가. 제1제 : 이 제품은 치오글라이콜릭애씨드 또는 그 염류를 주성분으로 하고, 불휘발성 무기알칼리의 총량이 치오글라이콜릭애씨드의 대응량 이하인 액제이다. 단, 산성에서 끓인 후의 환원성물질의 함량이 7.0%를 초과하는 경우에는 초과분에 대하여 디치오디글라이콜릭애씨드 또는 그 염류를 디치오디글라이콜릭애씨드로서 같은량 이상 배합하여야 한다. 이 제품에는 품질을 유지하거나 유용성을 높이기 위하여 적당한 알칼리제, 침투제, 습윤제, 착색제, 유화제, 향료 등을 첨가할 수 있다.

1) pH : 4.5 ~ 9.6

2) 알칼리 : 0.1N염산의 소비량은 검체 1mL 에 대하여 7.0mL이하

3) 산성에서 끓인 후의 환원성 물질(치오글라이콜릭애씨드) : 산성에서 끓인 후의 환원성 물질의 함량(치오글라이콜릭애씨드로서)이 2.0 ~ 11.0%

4) 산성에서 끓인 후의 환원성 물질이외의 환원성 물질(아황산염, 황화물 등) : 검체 1mL 중의 산성에서 끓인 후의 환원성 물질이외의 환원성 물질에 대한 0.1N 요오드액의 소비량이 0.6mL이하

5) 환원후의 환원성 물질(디치오디글라이콜릭애씨드) : 환원후의 환원성 물질의 함량은 4.0%이하

6) 중금속 : 20㎍/g이하

7) 비소 : 5㎍/g이하

8) 철 : 2㎍/g이하

나. 제2제

1) 브롬산나트륨 함유제제 : 브롬산나트륨에 그 품질을 유지하거나 유용성을 높이기 위하여 적당한 용해제, 침투제, 습윤제, 착색제, 유화제, 향료 등을 첨가한 것이다.

가) 용해상태 : 명확한 불용성이물이 없을 것

나) pH : 4.0 ~ 10.5

다) 중금속 : 20㎍/g이하

라) 산화력 : 1인 1회 분량의 산화력이 3.5이상

2) 과산화수소수 함유제제 : 과산화수소수 또는 과산화수소수에 그 품질을 유지하거나 유용성을 높이기 위하여 적당한 침투제, 안정제, 습윤제, 착색제, 유화제, 향료 등을 첨가한 것이다.

가) pH : 2.5 ~ 4.5

나) 중금속 : 20㎍/g이하

다) 산화력 : 1인 1회 분량의 산화력이 0.8 ~ 3.0

2. 시스테인, 시스테인염류 또는 아세틸시스테인을 주성분으로 하는 냉2욕식 퍼머넌트웨이브용 제품 : 이 제품은 실온에서 사용하는 것으로서 시스테인, 시스테인염류 또는 아세틸시스테인을 주성분으로 하는 제1제 및 산화제를 함유하는 제2제로 구성된다.

가. 제1제 : 이 제품은 시스테인, 시스테인염류 또는 아세틸시스테인을 주성분으로 하고 불휘발성 무기알칼리를 함유하지 않은 액제이다. 이 제품에는 품질을 유지하거나 유용성을 높이기 위하여 적당한 알칼리제, 침투제, 습윤제, 착색제, 유화제, 향료 등을 첨가할 수 있다.

1) pH : 8.0 ~ 9.5

2) 알칼리 : 0.1N 염산의 소비량은 검체 1mL에 대하여 12mL이하

3) 시스테인 : 3.0 ~ 7.5%

4) 환원후의 환원성물질(시스틴) : 0.65%이하

5) 중금속 : 20㎍/g이하

6) 비소 : 5㎍/g이하

7) 철 : 2㎍/g이하

나. 제2제 기준 : 1. 치오글라이콜릭애씨드 또는 그 염류를 주성분으로 하는 냉2욕식 퍼머넌트웨이브용 제품 나. 제2제의 기준에 따른다.

3. 치오글라이콜릭애씨드 또는 그 염류를 주성분으로 하는 냉2욕식 헤어스트레이트너용 제품 : 이 제품은 실온에서 사용하는 것으로서 치오글라이콜릭애씨드 또는 그 염류를 주성분으로 하는 제1제 및 산화제를 함유하는 제2제로 구성된다.

가. 제1제 : 이 제품은 치오글라이콜릭애씨드 또는 그 염류를 주성분으로 하고 불휘발성 무기알칼리의 총량이 치오글라이콜릭애씨드의 대응량 이하인 제제이다. 단, 산성에서 끓인 후의 환원성물질의 함량이 7.0%를 초과하는 경우, 초과분에 대해 디치오디글라이콜릭애씨드 또는 그 염류를 디치오디글라이콜릭애씨드로 같은 양 이상 배합하여야 한다. 이 제품에는 품질을 유지하거나 유용성을 높이기 위하여 적당한 알칼리제, 침투제, 착색제, 습윤제, 유화제, 증점제, 향료 등을 첨가할 수 있다.

1) pH : 4.5 ~ 9.6

2) 알칼리 : 0.1N 염산의 소비량은 검체 1mL에 대하여 7.0mL이하

3) 산성에서 끓인 후의 환원성물질(치오글라이콜릭애씨드) : 2.0 ~ 11.0%

4) 산성에서 끓인 후의 환원성물질 이외의 환원성물질(아황산, 황화물 등) : 검체 1mL중의 산성에서 끓인 후의 환원성물질 이외의 환원성물질에 대한 0.1N 요오드액의 소비량은 0.6mL이하

5) 환원후의 환원성물질(디치오디글리콜릭애씨드) : 4.0%이하

6) 중금속 : 20㎍/g이하

7) 비소 : 5㎍/g이하

8) 철 : 2㎍/g이하

나. 제2제 기준 : 1. 치오글라이콜릭애씨드 또는 그 염류를 주성분으로 하는 냉2욕식 퍼머넌트웨이브용 제품 나. 제2제의 기준에 따른다.

4. 치오글라이콜릭애씨드 또는 그 염류를 주성분으로 하는 가온2욕식 퍼머넌트웨이브용 제품 : 이 제품은 사용할 때 약 60℃이하로 가온조작하여 사용하는 것으로서 치오글라이콜릭애씨드 또는 그 염류를 주성분으로 하는 제1제 및 산화제를 함유하는 제2제로 구성된다.

가. 제1제 : 이 제품은 치오글라이콜릭애씨드 또는 그 염류를 주성분으로 하고 불휘발성 무기알칼리의 총량이 치오글라이콜릭애씨드의 대응량 이하인 액제이다. 이 제품에는 품질을 유지하거나 유용성을 높이기 위하여 적당한 알칼리제, 침투제, 습윤제, 착색제, 유화제, 향료 등을 첨가할 수 있다.

1) pH : 4.5 ~ 9.3

2) 알칼리 : 0.1N 염산의 소비량은 검체 1mL에 대하여 5mL이하

3) 산성에서 끓인 후의 환원성물질(치오글라이콜릭애씨드) : 1.0 ~ 5.0%

4) 산성에서 끓인 후의 환원성물질 이외의 환원성물질(아황산, 황화물 등) : 검체 1mL중의 산성에서 끓인 후의 환원성물질 이외의 환원성물질에 대한 0.1N 요오드액의 소비량은 0.6mL이하

5) 환원후의 환원성물질(디치오디글라이콜릭애씨드) : 4.0%이하

6) 중금속 : 20㎍/g이하

7) 비소 : 5㎍/g이하

8) 철 : 2㎍/g이하

나. 제2제 기준 : 1. 치오글라이콜릭애씨드 또는 그 염류를 주성분으로 하는 냉2욕식 퍼머넌트웨이브용 제품 나. 제2제의 기준에 따른다.

5. 시스테인, 시스테인염류 또는 아세틸시스테인을 주성분으로 하는 가온 2욕식 퍼머넌트웨이브용 제품 : 이 제품은 사용 시 약 60℃ 이하로 가온조작하여 사용하는 것으로서 시스테인, 시스테인염류, 또는 아세틸시스테인을 주성분으로 하는 제1제 및 산화제를 함유하는 제2제로 구성된다.

가. 제1제 : 이 제품은 시스테인, 시스테인염류, 또는 아세틸시스테인을 주성분으로 하고 불휘발성 무기알칼리를 함유하지 않는 액제로서 이 제품에는 품질을 유지하거나 유용성을 높이기 위해서 적당

한 알칼리제, 침투제, 습윤제, 착색제, 유화제, 향료 등을 첨가할 수 있다.

1) pH : 4.0 ~ 9.5

2) 알칼리 : 0.1N염산의 소비량은 검체 1mL에 대하여 9mL이하

3) 시스테인 : 1.5 ~ 5.5%

4) 환원후의 환원성물질(시스틴) : 0.65%이하

5) 중금속 : 20㎍/g이하

6) 비소 : 5㎍/g이하

7) 철 : 2㎍/g이하

나. 제2제 기준 : 1. 치오글라이콜릭애씨드 또는 그 염류를 주성분으로 하는 냉2욕식 퍼머넌트웨이브용 제품 나. 제2제의 기준에 따른다.

6. 치오글라이콜릭애씨드 또는 그 염류를 주성분으로 하는 가온2욕식 헤어스트레이트너 제품 : 이 제품은 시험할 때 약 60℃이하로 가온 조작하여 사용하는 것으로서 치오글라이콜릭애씨드 또는 그 염류를 주성분으로 하는 제1제 및 산화제를 함유하는 제2제로 구성된다.

가. 제1제 : 이 제품은 치오글라이콜릭애씨드 또는 그 염류를 주성분으로 하고 불휘발성 알칼리의 총량이 치오글라이콜릭애씨드의 대응량 이하인 제제이다. 이 제품에는 품질을 유지하거나 유용성을 높이기 위하여 적당한 알칼리제, 침투제, 습윤제, 유화제, 점증제, 향료 등을 첨가할 수 있다.

1) pH : 4.5 ~ 9.3

2) 알칼리 : 0.1N 염산의 소비량은 검체 1mL에 대하여 5.0mL이하

3) 산성에서 끓인 후의 환원성물질(치오글라이콜릭애씨드) : 1.0 ~ 5.0%

4) 산성에서 끓인 후의 환원성물질 이외의 환원성물질(아황산염, 황화물 등) : 검체 1mL중의 산성에서 끓인 후의 환원성물질 이외의 환원성물질에 대한 0.1N 요오드액의 소비량은 0.6mL이하

5) 환원 후의 환원성물질(디치오디글라이콜릭애씨드) : 4.0%이하

6) 중금속 : 20㎍/g이하

7) 비소 : 5㎍/g이하

8) 철 : 2㎍/g이하

나. 제2제 기준 : 1. 치오글라이콜릭애씨드 또는 그 염류를 주성분으로 하는 냉2욕식 퍼머넌트웨이브용 제품 나. 제2제의 기준에 따른다.

7. 치오글라이콜릭애씨드 또는 그 염류를 주성분으로 하는 고온정발용 열기구를 사용하는 가온2욕식 헤어스트레이트너 제품 : 이 제품은 시험할 때 약 60℃이하로 가온하여 제1제를 처리한 후 물로 충분히 세척하여 수분을 제거하고 고온정발용 열기구(180℃이하)를 사용하는 것으로서 치오글라이콜릭애씨드 또는 그 염류를 주성분으로 하는 제1제 및 산화제를 함유하는 제2제로 구성된다.

가. 제1제 : 이 제품은 치오글라이콜릭애씨드 또는 그 염류를 주성분으로 하고 불휘발성 알칼리의 총량이 치오글라이콜릭애씨드의 대응량 이하인 제제이다. 이 제품에는 품질을 유지하거나 유용성을 높이기 위하여 적당한 알칼리제, 침투제, 습윤제, 유화제, 점증제, 향료 등을 첨가할 수 있다.

1) pH : 4.5 ~ 9.3

2) 알칼리 : 0.1N 염산의 소비량은 검체 1mL에 대하여 5.0mL이하

3) 산성에서 끓인 후의 환원성물질(치오글라이콜릭애씨드) : 1.0 ~ 5.0%

4) 산성에서 끓인 후의 환원성물질 이외의 환원성물질(아황산염, 황화물 등) : 검체 1mL중의 산성에서 끓인 후의 환원성물질 이외의 환원성물질에 대한 0.1N 요오드액의 소비량은 0.6mL이하

5) 환원 후의 환원성물질(디치오디글라이콜릭애씨드) : 4.0%이하

6) 중금속 : 20㎍/g이하

7) 비소 : 5㎍/g이하

8) 철 : 2㎍/g이하

나. 제2제 기준 : 1. 치오글라이콜릭애씨드 또는 그 염류를 주성분으로 하는 냉2욕식 퍼머넌트웨이브용 제품 나. 제2제의 기준에 따른다.

8. 치오글라이콜릭애씨드 또는 그 염류를 주성분으로 하는 냉1욕식 퍼머넌트웨이브용 제품 : 이 제품은 실온에서 사용하는 것으로서 치오글라이콜릭애씨드 또는 그 염류를 주성분으로 하고 불휘발성 무기알칼리의 총량이 치오글라이콜릭애씨드의 대응량 이하인 액제이다. 이 제품에는 품질을 유지하거나 유용성을 높이기 위하여 적당한 알칼리제, 침투제, 습윤제, 착색제, 유화제, 향료 등을 첨가할 수 있다.

1) pH : 9.4 ~ 9.6

2) 알칼리 : 0.1N 염산의 소비량은 검체 1mL에 대하여 3.5 ~ 4.6mL

3) 산성에서 끓인 후의 환원성 물질(치오글라이콜릭애씨드) : 3.0 ~ 3.3%

4) 산성에서 끓인 후의 환원성물질 이외의 환원성물질(아황산염, 황화물 등) : 검체 1mL 중인 산성에서 끓인 후의 환원성물질 이외의 환원성 물질에 대한 0.1N 요오드액의 소비량은 0.6mL이하

5) 환원후의 환원성물질(디치오디글라이콜릭애씨드) : 0.5%이하

6) 중금속 : 20㎍/g이하

7) 비소 : 5㎍/g이하

8) 철 : 2㎍/g이하

9. 치오글라이콜릭애씨드 또는 그 염류를 주성분으로 하는 제1제 사용시 조제하는 발열2욕식 퍼머넌트웨이브용 제품 : 이 제품은 치오글라이콜릭애씨드 또는 그 염류를 주성분으로 하는 제1제의 1과 제1제의 1중의 치오글라이콜릭애씨드 또는 그 염류의 대응량 이하의 과산화수소를 함유한 제1제의 2, 과산화수소를 산화제로 함유하는 제2제로 구성되며, 사용시 제1제의 1 및 제1제의 2를 혼합하면 약 40℃로 발열되어 사용하는 것이다.

가. 제1제의 1 : 이 제품은 치오글라이콜릭애씨드 또는 그 염류를 주성분으로 하는 액제로서 이 제품에는 품질을 유지하거나 유용성을 높이기 위하여 적당한 알칼리제, 침투제, 습윤제, 착색제, 유화제, 향료 등을 첨가할 수 있다.

1) pH : 4.5 ~ 9.5

2) 알칼리 : 0.1N 염산의 소비량은 검체 1mL에 대하여 10mL이하

3) 산성에서 끓인 후의 환원성물질(치오글라이콜릭애씨드) : 8.0 ~ 19.0%

4) 산성에서 끓인 후의 환원성물질 이외의 환원성물질(아황산염, 황화물 등) : 검체 1mL중의 산성에서 끓인 후의 환원성물질 이외의 환원성물질에 대한 0.1N 요오드액의 소비량은 0.8mL이하

5) 환원후의 환원성물질(디치오디글라이콜릭애씨드) : 0.5%이하

6) 중금속 : 20㎍/g이하

7) 비소 : 5㎍/g이하

8) 철 : 2㎍/g이하

나. 제1제의 2 : 이 제품은 제1제의 1중에 함유된 치오글라이콜릭애씨드 또는 그 염류의 대응량 이하의 과산화수소를 함유한 액제로서 이 제품에는 품질을 유지하거나 유용성을 높이기 위하여 적당한 침투제, pH조정제, 안정제, 습윤제, 착색제, 유화제, 향료 등을 첨가할 수 있다.

1) pH : 2.5 ~ 4.5

2) 중금속 : 20㎍/g이하

3) 과산화수소 : 2.7 ~ 3.0%

다. 제1제의 1 및 제1제의 2의 혼합물 : 이 제품은 제1제의 1 및 제1제의 2를 용량비 3 : 1로 혼합한 액제로서 치오글라이콜릭애씨드 또는 그 염류를 주성분으로 하고 불휘발성 무기알칼리의 총량이 치오글라이콜릭애씨드의 대응량 이하인 것이다.

1) pH : 4.5 ~ 9.4

2) 알칼리 : 0.1N 염산의 소비량은 검체 1mL 에 대하여 7mL이하

3) 산성에서 끓인 후의 환원성물질(치오글라이콜릭애씨드) : 2.0 ~ 11.0%

4) 산성에서 끓인 후의 환원성물질 이외의 환원성물질(아황산염, 황화물 등) : 산성에서 끓인 후의 환원성물질 이외의 환원성물질에 대한 0.1N 요오드액의 소비량은 0.6mL이하

5) 환원후의 환원성물질(디치오디글라이콜릭애씨드) : 3.2 ~ 4.0%

6) 온도상승 : 온도의 차는 14℃ ~ 20℃

라. 제2제 : 1. 치오글라이콜릭애씨드 또는 그 염류를 주성분으로 하는 냉2욕식 퍼머넌트웨이브용 제품 나. 제2제의 기준에 따른다.

⑨ 유리알칼리 0.1% 이하(화장 비누에 한함)

제7조(규제의 재검토) 「행정규제기본법」제8조 및 「훈령·예규 등의 발령 및 관리에 관한 규정」에 따라 2014년 1월 1일을 기준으로 매 3년이 되는 시점(매 3년째의 12월 31일까지를 말한다)마다 그 타당성을 검토하여 개선 등의 조치를 하여야 한다.

부칙 〈제2019-93호, 2019. 10. 17.〉

제1조(시행일) 이 고시는 고시 후 6개월이 경과한 날부터 시행한다. 다만, 다음 각 호의 사항은 각 호의 구분에 의한 날부터 시행한다.

1. 제6조 및 별표 4의 개정규정: 2019년 12월 31일
2. 제1조 및 제5조의 개정규정: 2020년 3월 14일

제2조(적용례) 이 고시는 고시 시행 후 화장품제조업자 및 화장품책임판매업자가 제조(위탁제조를 포함한다) 또는 수입(통관일을 기준으로 한다)한 화장품부터 적용한다.

제3조(경과조치) 다음 각 호의 개정규정에도 불구하고 종전 규정에 따라 제조 또는 수입된 화장품은 고시 시행일로부터 2년이 되는 날까지 유통·판매할 수 있다.

1. 별표1의 천수국꽃 추출물 또는 오일
2. 별표2의 만수국꽃추출물 또는 오일, 만수국아재비꽃 추출물 또는 오일, 땅콩오일, 추출물 및 유도체, 하이드롤라이즈드밀단백질, 메칠이소치아졸리논, 디메칠옥사졸리딘, p-클로로-m-크레졸, 클로로펜, 프로피오닉애씨드 및 그 염류 등

6. 천연화장품 및 유기농화장품의 기준에 관한 규정

식품의약품안전처 고시 제2014-200호(2014. 12. 24. 제정)

식품의약품안전처 고시 제2019-66호(2019. 7. 29. 일부개정)

제1장 총칙

제1조(목적) 이 고시는 「화장품법」 제2조제2호의2, 제2조제3호 및 제14조의2제1항에 따른 천연화장품 및 유기농화장품의 기준을 정함으로써 화장품 업계·소비자 등에게 정확한 정보를 제공하고 관련 산업을 지원하는 것을 목적으로 한다.

제2조(용어의 정의) 이 고시에서 사용하는 용어의 정의는 다음과 같다.

1. "유기농 원료"란 다음 각 목의 어느 하나에 해당하는 화장품 원료를 말한다.

가. 「친환경농어업 육성 및 유기식품 등의 관리·지원에 관한 법률」에 따른 유기농수산물 또는 이를 이 고시에서 허용하는 물리적 공정에 따라 가공한 것

나. 외국 정부(미국, 유럽연합, 일본 등)에서 정한 기준에 따른 인증기관으로부터 유기농수산물로 인정받거나 이를 이 고시에서 허용하는 물리적 공정에 따라 가공한 것

다. 국제유기농업운동연맹(IFOAM)에 등록된 인증기관으로부터 유기농 원료로 인증받거나 이를 이 고시에서 허용하는 물리적 공정에 따라 가공한 것

2. "식물 원료"란 식물(해조류와 같은 해양식물, 버섯과 같은 균사체를 포함한다) 그 자체로서 가공하지 않거나, 이 식물을 가지고 이 고시에서 허용하는 물리적 공정에 따라 가공한 화장품 원료를 말한다.

3. "동물에서 생산된 원료(동물성 원료)"란 동물 그 자체(세포, 조직, 장기)는 제외하고, 동물로부터 자연적으로 생산되는 것으로서 가공하지 않거나, 이 동물로부터 자연적으로 생산되는 것을 가지고 이 고시에서 허용하는 물리적 공정에 따라 가공한 계란, 우유, 우유단백질 등의 화장품 원료를 말한다.

4. "미네랄 원료"란 지질학적 작용에 의해 자연적으로 생성된 물질을 가지고 이 고시에서 허용하는 물리적 공정에 따라 가공한 화장품 원료를 말한다. 다만, 화석연료로부터 기원한 물질은 제외한다.

5. "유기농유래 원료"란 유기농 원료를 이 고시에서 허용하는 화학적 또는 생물학적 공정에 따라 가공한 원료를 말한다.

6. "식물유래, 동물성유래 원료"란 제2호 또는 제3호의 원료를 가지고 이 고시에서 허용하는 화학적 공정 또는 생물학적 공정에 따라 가공한 원료를 말한다.

7. "미네랄유래 원료"란 제4호의 원료를 가지고 이 고시에서 허용하는 화학적 공정 또는 생물학적 공정에 따라 가공한 별표 1의 원료를 말한다.

8. "천연 원료"란 제1호부터 제4호까지의 원료를 말한다.

9. "천연유래 원료"란 제5호부터 제7호까지의 원료를 말한다.

제2장 천연화장품 및 유기농화장품의 기준

제3조(사용할 수 있는 원료) ① 천연화장품 및 유기농화장품의 제조에 사용할 수 있는 원료는 다음 각 호와 같다. 다만, 제조에 사용하는 원료는 별표 2의 오염물질에 의해 오염되어서는 아니 된다.

1. 천연 원료

2. 천연유래 원료

3. 물

4. 기타 별표 3 및 별표 4에서 정하는 원료

② 합성원료는 천연화장품 및 유기농화장품의 제조에 사용할 수 없다. 다만, 천연화장품 또는 유기농화장품의 품질 또는 안전을 위해 필요하나 따로 자연에서 대체하기 곤란한 제1항 제4호의 원료는 5% 이내

에서 사용할 수 있다. 이 경우에도 석유화학 부분(petrochemical moiety의 합)은 2%를 초과할 수 없다.

제4조(제조공정) ① 원료의 제조공정은 간단하고 오염을 일으키지 않으며, 원료 고유의 품질이 유지될 수 있어야 한다. 허용되는 공정 또는 금지되는 공정은 별표 5와 같다.

② 천연화장품 및 유기농화장품의 제조에 대해 금지되는 공정은 다음 각 호와 같다.

1. 별표 5의 금지되는 공정
2. 유전자 변형 원료 배합
3. 니트로스아민류 배합 및 생성
4. 일면 또는 다면의 외형 또는 내부구조를 가지도록 의도적으로 만들어진 불용성이거나 생체지속성인 1~100나노미터 크기의 물질 배합
5. 공기, 산소, 질소, 이산화탄소, 아르곤 가스 외의 분사제 사용

제5조(작업장 및 제조설비) ① 천연화장품 또는 유기농화장품을 제조하는 작업장 및 제조설비는 교차오염이 발생하지 않도록 충분히 청소 및 세척되어야 한다.

② 작업장과 제조설비의 세척제는 별표 6에 적합하여야 한다.

제6조(포장) 천연화장품 및 유기농화장품의 용기와 포장에 폴리염화비닐(Polyvinyl chloride (PVC)), 폴리스티렌폼(Polystyrene foam)을 사용할 수 없다.

제7조(보관) ① 유기농화장품을 제조하기 위한 유기농 원료는 다른 원료와 명확히 표시 및 구분하여 보관하여야 한다.

② 표시 및 포장 전 상태의 유기농화장품은 다른 화장품과 구분하여 보관하여야 한다.

제8조(원료조성) ① 천연화장품은 별표 7에 따라 계산했을 때 중량 기준으로 천연 함량이 전체 제품에서 95% 이상으로 구성되어야 한다.

② 유기농화장품은 별표 7에 따라 계산하였을 때 중량 기준으로 유기농 함량이 전체 제품에서 10% 이상이어야 하며, 유기농 함량을 포함한 천연 함량이 전체 제품에서 95% 이상으로 구성되어야 한다.

③ 천연 및 유기농 함량의 계산 방법은 별표 7과 같다.

제9조(자료의 보존) 화장품의 책임판매업자는 천연화장품 또는 유기농화장품으로 표시·광고하여 제조, 수입 및 판매할 경우 이 고시에 적합함을 입증하는 자료를 구비하고, 제조일(수입일 경우 통관일)로부터 3년 또는 사용기한 경과 후 1년 중 긴 기간 동안 보존하여야 한다.

제10조(재검토기한) 「훈령·예규 등의 발령 및 관리에 관한 규정」에 따라 2020년 1월 1일을 기준으로 매 3년이 되는 시점(매 3년째의 12월 31일까지를 말한다)마다 그 타당성을 검토하여 개선 등의 조치를 하여야 한다.

부칙 〈제2014-200호, 2014. 12. 24.〉

제1조(시행일) 이 고시는 고시 후 6개월이 경과한 날부터 시행한다.

제2조(적용례) 이 고시는 고시 시행 후 최초로 제조 또는 수입(통관일을 기준으로 한다)하는 유기농화장품부터 적용한다.

부칙 〈제2019-66호, 2019. 7. 29.〉

제1조(시행일) 이 고시는 고시한 날부터 시행한다.

제2조(유기농화장품 표시 등에 관한 경과조치) 이 고시 시행 당시 종전의 규정에 따라 기재·표시된 화장품의 포장은 이 고시 시행일부터 1년 동안 사용할 수 있다

7. 행정처분의 기준(제29조제1항 관련)

1. 일반기준

가. 위반행위가 둘 이상인 경우로서 그에 해당하는 각각의 처분기준이 다른 경우에는 그 중 무거운 처분기준에 따른다. 다만, 둘 이상의 처분기준이 업무정지인 경우에는 무거운 처분의 업무정지 기간에 가벼운 처분의 업무정지 기간의 2분의 1까지 더하여 처분할 수 있으며, 이 경우 그 최대기간은 12개월로 한다.

나. 위반행위가 둘 이상인 경우로서 처분기준이 업무정지와 품목업무정지에 해당하는 경우에는 그 업무정지 기간이 품목정지 기간보다 길거나 같을 때에는 업무정지처분을 하고, 업무정지 기간이 품목정지 기간보다 짧을 때에는 업무정지처분과 품목업무정지처분을 병과(倂科)한다.

다. 위반행위의 횟수에 따른 행정처분의 기준은 최근 1년간(이 표 제2호의 개별기준 파목에 해당하는 경우에는 2년간) 같은 위반행위로 행정처분을 받은 경우에 적용한다. 이 경우 기준의 적용일은 최근에 실제 행정처분의 효력이 발생한 날(업무정지처분을 갈음하여 과징금을 부과하는 경우에는 최근에 과징금처분을 통보한 날)과 다시 같은 위반행위를 적발한 날을 기준으로 한다. 다만, 품목업무정지의 경우 품목이 다를 때에는 이 기준을 적용하지 않는다.

라. 행정처분을 하기 위한 절차가 진행되는 기간 중에 반복하여 같은 위반행위를 한 경우에는 행정처분을 하기 위하여 진행 중인 사항의 행정처분기준의 2분의 1씩을 더하여 처분한다. 이 경우 그 최대기간은 12개월로 한다.

마. 같은 위반행위의 횟수가 3차 이상인 경우에는 과징금 부과대상에서 제외한다.

바. 화장품제조업자가 등록한 소재지에 그 시설이 전혀 없는 경우에는 등록을 취소한다.

사. 영 제2조제2호라목의 책임판매업을 등록한 자에 대하여 제2호의 개별기준을 적용하는 경우 "판매금지"는 "수입대행금지"로, "판매업무정지"는 "수입대행업무정지"로 본다.

아. 다음 각 목의 어느 하나에 해당하는 경우에는 그 처분을 2분의 1까지 감경하거나 면제할 수 있다.

1) 처분을 2분의 1까지 감경하거나 면제할 수 있는 경우

가) 국민보건, 수요·공급, 그 밖에 공익상 필요하다고 인정된 경우

나) 해당 위반사항에 관하여 검사로부터 기소유예의 처분을 받거나 법원으로부터 선고유예의 판결을 받은 경우

다) 광고주의 의사와 관계없이 광고회사 또는 광고매체에서 무단 광고한 경우

2) 처분을 2분의 1까지 감경할 수 있는 경우

가) 기능성화장품으로서 그 효능·효과를 나타내는 원료의 함량 미달의 원인이 유통 중 보관상태 불량 등으로 인한 성분의 변화 때문이라고 인정된 경우

나) 비병원성 일반세균에 오염된 경우로서 인체에 직접적인 위해가 없으며, 유통 중 보관상태 불량에 의한 오염으로 인정된 경우

2. 개별기준

위반 내용	관련 법조문	처분기준			
		1차 위반	2차 위반	3차 위반	4차 이상 위반
가. 법 제3조제1항 후단에 따른 화장품제조업 또는 화장품책임판매업의 다음의 변경 사항 등록을 하지 않은 경우	법 제24조 제1항제1호				
1) 화장품제조업자 · 화장품책임판매업자(법인인 경우 대표자)의 변경 또는 그 상호(법인인 경우 법인의 명칭)의 변경		시정명령	제조 또는 판매업무정지 5일	제조 또는 판매업무정지 15일	제조 또는 판매업무정지 1개월
2) 제조소의 소재지 변경		제조업무정지 1개월	제조업무정지 3개월	제조업무정지 6개월	등록취소
3) 화장품책임판매업소의 소재지 변경		판매업무정지 1개월	판매업무정지 3개월	판매업무정지 6개월	등록취소
4) 책임판매관리자의 변경		시정명령	판매업무정지 7일	판매업무정지 15일	판매업무정지 1개월
5) 제조 유형 변경		제조업무정지 1개월	제조업무정지 2개월	제조업무정지 3개월	제조업무정지 6개월
6) 영 제2조2호가목부터 다목까지의 화장품책임판매업을 등록한 자의 책임판매 유형 변경		경고	판매업무정지 15일	판매업무정지 1개월	판매업무정지 3개월
7) 영 제2조제2호라목의 화장품책임판매업을 등록한 자의 책임판매 유형 변경		수입대행업무정지 1개월	수입대행업무정지 2개월	수입대행업무정지 3개월	수입대행업무정지 6개월

위반 내용	관련 법조문	처분기준			
		1차 위반	2차 위반	3차 위반	4차 이상 위반
나. 법 제3조제2항에 따른 시설을 갖추지 않은 경우	법 제24조 제1항제2호				
1) 제6조제1항에 따른 제조 또는 품질검사에 필요한 시설 및 기구의 전부가 없는 경우		제조업무정지 3개월	제조업무정지 6개월	등록취소	
2) 제6조제1항에 따른 작업소, 보관소 또는 시험실 중 어느 하나가 없는 경우		개수명령	제조업무정지 1개월	제조업무정지 2개월	제조업무정지 4개월
3) 제6조제1항에 따른 해당 품목의 제조 또는 품질검사에 필요한 시설 및 기구 중 일부가 없는 경우		개수명령	해당 품목 제조업무정지 1개월	해당 품목 제조업무정지 2개월	해당 품목 제조업무정지 4개월
4) 제6조제1항제1호에 따른 화장품을 제조하기 위한 작업소의 기준을 위반한 경우					
가) 제6조제1항제1호가목을 위반한 경우		시정명령	제조업무 정지 1개월	제조업무 정지 2개월	제조업무 정지 4개월
나) 제6조제1항제1호나목 또는 다목을 위반한 경우		개수명령	해당 품목 제조업무정지 1개월	해당 품목 제조업무정지 2개월	해당 품목 제조 업무정지 4개월
다. 법 제3조의3 각 호의 어느 하나에 해당하는 경우	법 제24조 제1항제3호	등록취소			
라. 국민보건에 위해를 끼쳤거나 끼칠 우려가 있는 화장품을 제조 · 수입한 경우	법 제24조 제1항제4호	제조 또는 판매업무 정지 1개월	제조 또는 판매업무 정지 3개월	제조 또는 판매업무 정지 6개월	등록취소
마. 법 제4조제1항을 위반하여 심사를 받지 않거나 보고서를 제출하지 않은 기능성화장품을 판매한 경우	법 제24조 제1항제5호				
1) 심사를 받지 않거나 거짓으로 보고하고 기능성화장품을 판매한 경우		판매업무정지 6개월	판매업무정지 12개월	등록취소	
2) 보고하지 않은 기능성화장품을 판매한 경우		판매업무정지 3개월	판매업무정지 6개월	판매업무정지 9개월	판매업무정지 12개월
바. 법 제5조를 위반하여 화장품제조업자 또는 화장품책임판매업자의 준수사항을 이행하지 않은 경우	법 제24조 제1항제6호				
1) 제11조제1호의 준수사항을 이행하지 않은 경우					
가) 별표 1에 따라 책임판매관리자를 두지 않은 경우		판매 또는 해당 품목 판매업무 정지 1개월	판매 또는 해당 품목 판매업무 정지 3개월	판매 또는 해당 품목 판매업무 정지 6개월	판매 또는 해당 품목 판매업무 정지 12개월
나) 별표 1에 따른 품질관리 업무 절차서를 작성하지 않거나 거짓으로 작성한 경우		판매업무 정지 3개월	판매업무정지 6개월	판매업무 정지 12개월	등록취소
다) 별표 1에 따라 작성된 품질관리 업무 절차서의 내용을 준수하지 않은 경우		판매 또는 해당 품목 판매업무 정지 1개월	판매 또는 해당 품목 판매업무 정지 3개월	판매 또는 해당 품목 판매업무 정지 6개월	판매 또는 해당 품목 판매업무 정지 12개월
라) 그 밖에 별표 1에 따른 품질관리기준을 준수하지 않은 경우		시정명령	판매 또는 해당 품목 판매업무 정지 7일	판매 또는 해당 품목 판매업무 정지 15일	판매 또는 해당 품목 판매업무 정지 1개월

위반 내용	관련 법조문	처분기준			
		1차 위반	2차 위반	3차 위반	4차 이상 위반
2) 제11조제2호의 준수사항을 이행하지 않은 경우					
가) 별표 2에 따라 책임판매관리자를 두지 않은 경우		판매 또는 해당 품목 판매업무 정지 1개월	판매 또는 해당 품목 판매업무 정지 3개월	판매 또는 해당 품목 판매업무 정지 6개월	판매 또는 해당 품목 판매업무 정지 12개월
나) 별표 2에 따른 안전관리 정보를 검토하지 않거나 안전확보 조치를 하지 않은 경우		판매 또는 해당 품목 판매업무 정지 1개월	판매 또는 해당 품목 판매업무 정지 3개월	판매 또는 해당 품목 판매업무 정지 6개월	판매 또는 해당 품목 판매업무 정지 12개월
다) 그 밖에 별표 2에 따른 책임판매 후 안전관리기준을 준수하지 않은 경우		경고	판매 또는 해당 품목 판매업무 정지 1개월	판매 또는 해당 품목 판매업무 정지 3개월	판매 또는 해당 품목 판매업무 정지 6개월
3) 그 밖에 제11조 각 호의 준수사항을 이행하지 않은 경우		시정명령	판매 또는 해당 품목 판매업무 정지 1개월	판매 또는 해당 품목 판매업무 정지 3개월	판매 또는 해당 품목 판매업무 정지 6개월
사. 화장품책임판매업자가 법 제9조에 따른 화장품의 안전용기 · 포장에 관한 기준을 위반한 경우	법 제24조 제1항제8호	해당 품목 판매업무정지 3개월	해당 품목 판매업무정지 6개월	해당 품목 판매업무정지 12개월	
아. 화장품책임판매업자가 법 제10조 및 이 규칙 제19조에 따른 화장품의 1차 포장 또는 2차 포장의 기재 · 표시사항을 위반한 경우	법 제24조 제1항제9호				
1) 법 제10조제1항 및 제2항의 기재사항(가격은 제외한다)의 전부를 기재하지 않은 경우		해당 품목 판매업무정지 3개월	해당 품목 판매업무정지 6개월	해당 품목 판매업무정지 12개월	
2) 법 제10조제1항 및 제2항의 기재사항(가격은 제외한다)을 거짓으로 기재한 경우		해당 품목 판매업무정지 1개월	해당 품목 판매업무 정지 3개월	해당 품목 판매업무정지 6개월	해당 품목 판매업무정지 12개월
3) 법 제10조제1항 및 제2항의 기재사항(가격은 제외한다)의 일부를 기재하지 않은 경우		해당 품목 판매업무정지 15일	해당 품목 판매업무 정지 1개월	해당 품목 판매업무정지 3개월	해당 품목 판매업무정지 6개월
자. 화장품책임판매업자가 법 제10조, 이 규칙 제19조제6항 및 별표 4에 따른 화장품 포장의 표시기준 및 표시방법을 위반한 경우	법 제24조 제1항제9호	해당 품목 판매업무정지 15일	해당 품목 판매업무정지 1개월	해당 품목 판매업무정지 3개월	해당 품목 판매업무정지 6개월
차. 화장품책임판매업자가 법 제12조 및 이 규칙 제21조에 따른 화장품 포장의 기재 · 표시상의 주의사항을 위반한 경우	법 제24조 제1항제9호	해당 품목 판매업무정지 15일	해당 품목 판매업무 정지 1개월	해당 품목 판매업무정지 3개월	해당 품목 판매업무정지 6개월
카. 화장품제조업자 또는 화장품책임판매업자가 법 제13조를 위반하여 화장품을 표시 · 광고한 경우	법 제24조 제1항제10호				
1) 별표 5 제2호가목 · 나목 및 카목에 따른 화장품의 표시 · 광고 시 준수사항을 위반한 경우		해당 품목 판매업무 정지 3개월 (표시위반) 또는 해당 품목 광고 업무정지 3개월 (광고위반)	해당 품목 판매업무정지 6개월(표시위반) 또는 해당 품목 광고 업무정지 6개월 (광고위반)	해당 품목 판매업무정지 9개월(표시위반) 또는 해당 품목 광고 업무정지 9개월 (광고위반)	

위반 내용	관련 법조문	처분기준			
		1차 위반	2차 위반	3차 위반	4차 이상 위반
2) 별표 5 제2호다목부터 차목까지의 규정에 따른 화장품의 표시 · 광고 시 준수사항을 위반한 경우		해당 품목 판매업무정지 2개월 (표시위반) 또는 해당 품목 광고 업무정지 2개월 (광고위반)	해당 품목 판매업무정지 4개월 (표시위반) 또는 해당 품목 광고 업무정지 4개월 (광고위반)	해당 품목 판매업무정지 6개월 (표시위반) 또는 해당 품목 광고 업무정지 6개월 (광고위반)	해당 품목 판매업무정지 12개월 (표시위반) 또는 해당 품목 광고 업무정지12개월 (광고위반)
타. 법 제14조제4항에 따른 중지명령을 위반하여 화장품을 표시 · 광고를 한 경우	법 제24조 제1항제10호	해당 품목 판매업무 정지 3개월	해당 품목 판매업무 정지 6개월	해당 품목 판매업무 정지 12개월	
파. 화장품제조업자 또는 화장품책임판매업자가 법 제15조를 위반하여 다음의 화장품을 판매하거나 판매의 목적으로 제조 · 수입 · 보관 또는 진열한 경우	법 제24조 제1항제11호				
1) 전부 또는 일부가 변패(變敗)되거나 이물질이 혼입 또는 부착된 화장품		해당 품목 제조 또는 판매업무 정지 1개월	해당 품목 제조 또는 판매 업무 정지 3개월	해당 품목 제조 또는 판매업무 정지 6개월	해당 품목 제조 또는 판매업무 정지 12개월
2) 병원미생물에 오염된 화장품		해당 품목 제조 또는 판매업무 정지 3개월	해당품목제조 또는 판매업무 정지 6개월	해당품목제조 또는 판매업무 정지 9개월	해당 품목제조 또는 판매업무 정지 12개월
3) 법 제8조제1항에 따라 식품의약품안전처장이 고시한 화장품의 제조 등에 사용할 수 없는 원료를 사용한 화장품		제조 또는 판매 업무 정지 3개월	제조 또는 판매 업무 정지 6개월	제조 또는 판매 업무 정지 12개월	등록취소
4) 법 제8조제2항에 따라 사용상의 제한이 필요한 원료에 대하여 식품의약품안전처장이 고시한 사용기준을 위반한 화장품		해당 품목 제조 또는 판매업무 정지 3개월	해당 품목 제조 또는 판매업무 정지 6개월	해당 품목 제조 또는 판매업무 정지 9개월	해당 품목 제조 또는 판매업무 정지 12개월
5) 법 제8조제5항에 따라 식품의약품안전처장이 고시한 유통화장품 안전관리기준에 적합하지 않은 화장품					
가) 실제 내용량이 표시된 내용량의 97퍼센트 미만인 화장품					
(1) 실제 내용량이 표시된 내용량의 90퍼센트 이상 97퍼센트 미만인 화장품		시정명령	해당 품목 제조 또는 판매업무 정지 15일	해당 품목 제조 또는 판매업무 정지 1개월	해당 품목 제조 또는 판매업무 정지 2개월
(2) 실제 내용량이 표시된 내용량의 80퍼센트 이상 90퍼센트 미만인 화장품		해당 품목 제조 또는 판매업무 정지 1개월	해당 품목 제조 또는 판매업무 정지 2개월	해당 품목 제조 또는 판매업무 정지 3개월	해당 품목 제조 또는 판매업무 정지 4개월
(3) 실제 내용량이 표시된 내용량의 80퍼센트 미만인 화장품		해당 품목 제조 또는 판매업무 정지 2개월	해당 품목 제조 또는 판매업무 정지 3개월	해당 품목 제조 또는 판매업무 정지 4개월	해당 품목 제조 또는 판매업무 정지 6개월
나) 기능성화장품에서 기능성을 나타나게 하는 주원료의 함량이 기준치보다 부족한 경우					
(1) 주원료의 함량이 기준치보다 10퍼센트 미만 부족한 경우		해당 품목 제조 또는 판매업무 정지 15일	해당 품목 제조 또는 판매업무 정지 1개월	해당 품목 제조 또는 판매업무 정지 3개월	해당 품목 제조 또는 판매업무 정지 6개월

위반 내용	관련 법조문	처분기준			
		1차 위반	2차 위반	3차 위반	4차 이상 위반
(2) 주원료의 함량이 기준치보다 10퍼센트 이상 부족한 경우		해당 품목 제조 또는 판매업무 정지 1개월	해당 품목 제조 또는 판매업무 정지 3개월	해당 품목 제조 또는 판매업무 정지 6개월	해당 품목 제조 또는 판매업무 정지 12개월
다) 그 밖의 기준에 적합하지 않은 화장품		해당 품목 제조 또는 판매업무 정지 1개월	해당 품목 제조 또는 판매업무 정지 3개월	해당 품목 제조 또는 판매업무 정지 6개월	해당 품목 제조 또는 판매업무 정지 12개월
6) 사용기한 또는 개봉 후 사용기간(병행 표기된 제조연월일을 포함한다)을 위조 · 변조한 화장품		해당 품목 제조 또는 판매업무 정지 3개월	해당 품목 제조 또는 판매업무 정지 6개월	해당 품목 제조 또는 판매업무 정지 12개월	
7) 그 밖에 법 제15조 각 호에 해당하는 화장품		해당 품목 제조 또는 판매업무 정지 1개월	해당 품목 제조 또는 판매업무 정지 3개월	해당 품목 제조 또는 판매업무 정지 6개월	해당 품목 제조 또는 판매업무 정지 12개월
하. 법 제18조제1항 · 제2항에 따른 검사 · 질문 · 수거 등을 거부하거나 방해한 경우	법 제24조제1항 제12호	판매 또는 제조업무 정지 1개월	판매 또는 제조업무 정지 3개월	판매 또는 제조업무 정지 6개월	등록취소
거. 법 제19조, 제20조, 제22조, 제23조제1항 · 제2항 또는 제23조의2에 따른 시정명령 · 검사명령 · 개수명령 · 회수명령 · 폐기명령 또는 공표명령 등을 이행하지 않은 경우	법 제24조제1항 제13호	판매 또는 제조업무 정지 1개월	판매 또는 제조업무 정지 3개월	판매 또는 제조업무 정지 6개월	등록취소
너. 법 제23조제3항에 따른 회수계획을 보고하지 않거나 거짓으로 보고한 경우	법 제24조 제1항 제13호의2	판매 또는 제조업무 정지 1개월	판매 또는 제조업무 정지 3개월	판매 또는 제조업무 정지 6개월	등록취소
더. 업무정지기간 중에 업무를 한 경우로서	법 제24조 제1항제14호				
1) 업무정지기간 중에 헤당 업무를 한 경우(광고 업무에 한정하여 정지를 명한 경우는 제외한다)		등록취소			
2) 광고의 업무정지기간 중에 광고 업무를 한 경우		시정명령	판매업무정지 3개월		

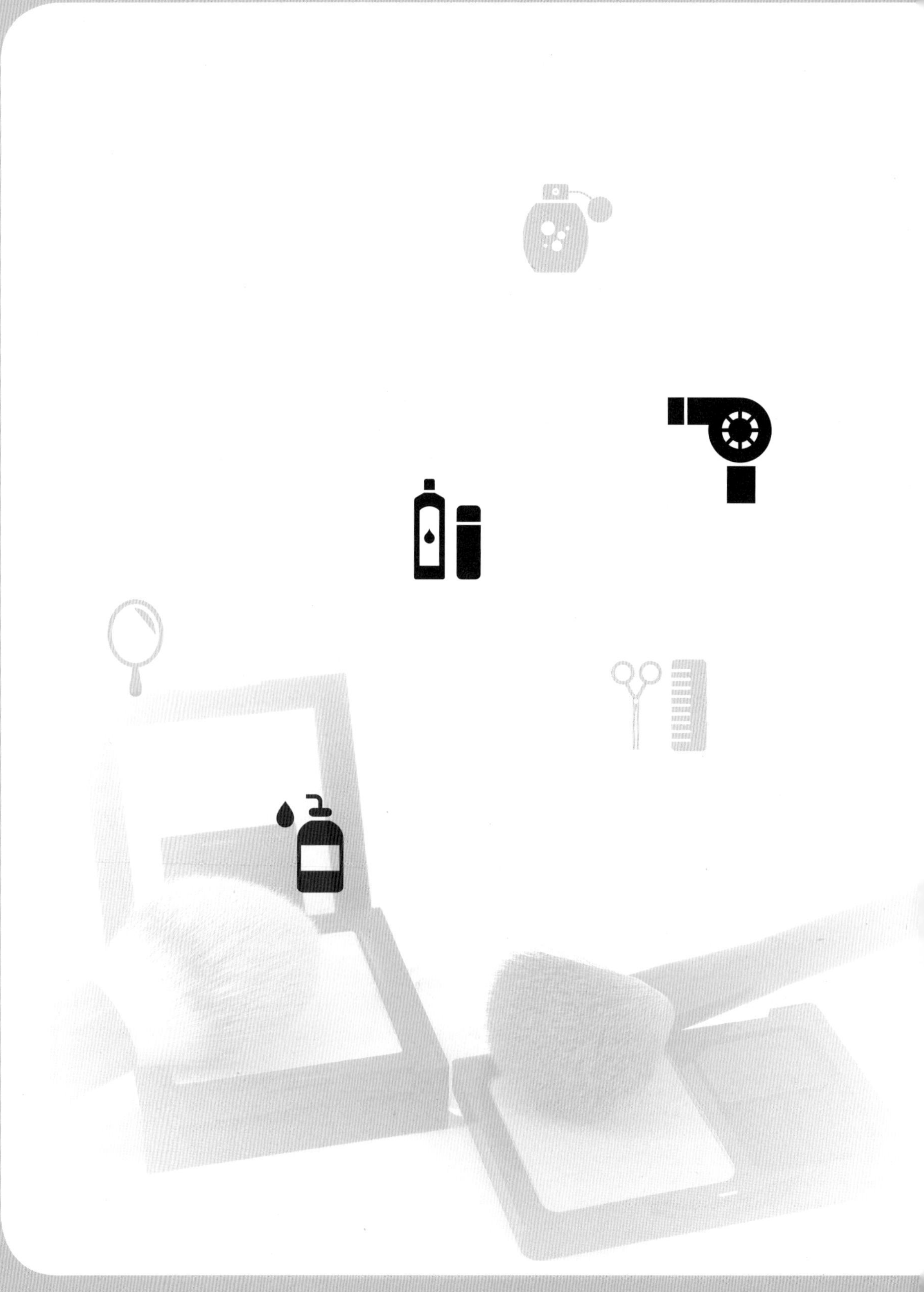

부록 2

사용할 수 없는 원료

부록 3

사용상에 제한이 필요한 원료

부록 4

화장품 색소 종류·기준·사용방법

부 록

02 사용할 수 없는 원료

[화장품 안전기준 등에 관한 규정] 식약처 고시 _시행 2020. 4. 18. 제1장제3조 별표 1

별표 1 사용할 수 없는 원료

갈라민트리에치오다이드
갈란타민
중추신경계에 작용하는 교감신경흥분성아민
구아네티딘 및 그 염류
구아이페네신
글루코코르티코이드
글루테티미드 및 그 염류
글리사이클아미드
금염
무기 나이트라이트(소듐나이트라이트 제외)
나파졸린 및 그 염류
나프탈렌
1,7-나프탈렌디올
2,3-나프탈렌디올
2,7-나프탈렌디올 및 그 염류(다만, 2,7-나프탈렌디올은 염모제에서 용법·용량에 따른 혼합물의 염모성분으로서 1.0% 이하 제외)
2-나프톨
1-나프톨 및 그 염류(다만, 1-나프톨은 산화염모제에서 용법·용량에 따른 혼합물의 염모성분으로서 2.0% 이하는 제외)
3-(1-나프틸)-4-히드록시코우마린
1-(1-나프틸메칠)퀴놀리늄클로라이드
N-2-나프틸아닐린
1,2-나프틸아민 및 그 염류
날로르핀, 그 염류 및 에텔
납 및 그 화합물
네오디뮴 및 그 염류
네오스티그민 및 그 염류(예 : 네오스티그민브로마이드)
노닐페놀[1] ; 4-노닐페놀, 가지형[2]
노르아드레날린 및 그 염류
노스카핀 및 그 염류
니그로신 스피릿 솔루블(솔벤트 블랙 5) 및 그 염류
니켈
니켈 디하이드록사이드
니켈 디옥사이드
니켈 모노옥사이드
니켈 설파이드
니켈 설페이트
니켈 카보네이트
니코틴 및 그 염류
2-니트로나프탈렌
니트로메탄
니트로벤젠

4-니트로비페닐
4-니트로소페놀
3-니트로-4-아미노페녹시에탄올 및 그 염류
니트로스아민류(예 : 2,2'-(니트로소이미노)비스에탄올, 니트로소디프로필아민, 디메칠니트로소아민)
니트로스틸벤, 그 동족체 및 유도체
2-니트로아니솔
5-니트로아세나프텐
니트로크레졸 및 그 알칼리 금속염
2-니트로톨루엔
5-니트로-*o*-톨루이딘 및 5-니트로-*o*-톨루이딘 하이드로클로라이드
6-니트로-*o*-톨루이딘
3-[(2-니트로-4-(트리플루오로메칠)페닐)아미노]프로판-1,2-디올(에이치시 황색 No. 6) 및 그 염류
4-[(4-니트로페닐)아조]아닐린(디스퍼스오렌지 3) 및 그 염류
2-니트로-*p*-페닐렌디아민 및 그 염류(예 : 니트로-*p*-페닐렌디아민 설페이트)(다만, 니트로-*p*-페닐렌디아민은 산화염모제에서 용법·용량에 따른 혼합물의 염모성분으로서 3.0% 이하는 제외)
4-니트로-*m*-페닐렌디아민 및 그 염류(예 : p-니트로-*m*-페닐렌디아민 설페이트)
니트로펜
니트로퓨란계 화합물(예 : 니트로푸란토인, 푸라졸리돈)
2-니트로프로판
6-니트로-2,5-피리딘디아민 및 그 염류
2-니트로-N-하이드록시에칠-*p*-아니시딘 및 그 염류
니트록솔린 및 그 염류
다미노지드
다이노캡(ISO)
다이우론
다투라(Datura)속 및 그 생약제제
데카메칠렌비스(트리메칠암모늄)염(예 : 데카메토늄브로마이드)
데쿠알리니움 클로라이드
덱스트로메토르판 및 그 염류
덱스트로프로폭시펜
도데카클로로펜타사이클로[5.2.1.02,6.03,9.05,8]데칸
도딘
돼지폐추출물
두타스테리드, 그 염류 및 유도체
1,5-디-(베타-하이드록시에칠)아미노-2-니트로-4-클로로벤젠 및 그 염류(예 : 에이치시 황색 No. 10)(다만, 비산화염모제에서 용법·용량에 따른 혼합물의 염모성분으로서 0.1% 이하는 제외)
5,5'-디-이소프로필-2,2'-디메칠비페닐-4,4'디일 디히포아이오다이트
디기탈리스(Digitalis)속 및 그 생약제제
디노셉, 그 염류 및 에스텔류
디노터브, 그 염류 및 에스텔류
디니켈트리옥사이드
디니트로톨루엔, 테크니컬등급
2,3-디니트로톨루엔
2,5-디니트로톨루엔
2,6-디니트로톨루엔
3,4-디니트로톨루엔
3,5-디니트로톨루엔
디니트로페놀이성체
5-[(2,4-디니트로페닐)아미노]-2-(페닐아미노)-벤젠설포닉애씨드 및 그 염류

디메바미드 및 그 염류

7,11-디메칠-4,6,10-도데카트리엔-3-온

2,6-디메칠-1,3-디옥산-4-일아세테이트(디메톡산, o-아세톡시-2,4-디메칠-*m*-디옥산)

4,6-디메칠-8-*tert*-부틸쿠마린

[3,3'-디메칠[1,1'-비페닐]-4,4'-디일]디암모늄비스(하이드로젠설페이트)

디메칠설파모일클로라이드

디메칠설페이트

디메칠설폭사이드

디메칠시트라코네이트

N,N-디메칠아닐리늄테트라키스(펜타플루오로페닐)보레이트

N,N-디메칠아닐린

1-디메칠아미노메칠-1-메칠프로필벤조에이트(아밀로카인) 및 그 염류

9-(디메칠아미노)-벤조[*a*]페녹사진-7-이움 및 그 염류

5-((4-(디메칠아미노)페닐)아조)-1,4-디메칠-1H-1,2,4-트리아졸리움 및 그 염류

디메칠아민

N,N-디메칠아세타마이드

3,7-디메칠-2-옥텐-1-올(6,7-디하이드로제라니올)

6,10-디메칠-3,5,9-운데카트리엔-2-온(슈도이오논)

디메칠카바모일클로라이드

N,N-디메칠-*p*-페닐렌디아민 및 그 염류

1,3-디메칠펜틸아민 및 그 염류

디메칠포름아미드

N,N-디메칠-2,6-피리딘디아민 및 그 염산염

N,N'-디메칠-N-하이드록시에칠-3-니트로-*p*-페닐렌디아민 및 그 염류

2-(2-((2,4-디메톡시페닐)아미노)에테닐]-1,3,3-트리메칠-3H-인돌리움 및 그 염류

디바나듐펜타옥사이드

디벤즈[a,h]안트라센

2,2-디브로모-2-니트로에탄올

1,2-디브로모-2,4-디시아노부탄(메칠디브로모글루타로나이트릴)

디브로모살리실아닐리드

2,6-디브로모-4-시아노페닐 옥타노에이트

1,2-디브로모에탄

1,2-디브로모-3-클로로프로판

5-(α,β-디브로모펜에칠)-5-메칠히단토인

2,3-디브로모프로판-1-올

3,5-디브로모-4-하이드록시벤조니트닐 및 그 염류(브로목시닐 및 그 염류)

디브롬화프로파미딘 및 그 염류(이소치아네이트포함)

디설피람

디소듐[5-[[4'-[[2,6-디하이드록시-3-[(2-하이드록시-5-설포페닐)아조]페닐]아조] [1,1'비페닐]-4-일]아조]살리실레이토(4-)]쿠프레이트(2-)(다이렉트브라운 95)

디소듐 3,3'-[[1,1'-비페닐]-4,4'-디일비스(아조)]-비스(4-아미노나프탈렌-1-설포네이트)(콩고레드)

디소듐 4-아미노-3-[[4'-[(2,4-디아미노페닐)아조] [1,1'-비페닐]-4-일]아조]-5-하이드록시-6-(페닐아조)나프탈렌-2,7-디설포네이트(다이렉트블랙 38)

디소듐 4-(3-에톡시카르보닐-4-(5-(3-에톡시카르보닐-5-하이드록시-1-(4-설포네이토페닐)피라졸-4-일)펜타-2,4-디에닐리덴)-4,5-디하이드로-5-옥소피라졸-1-일)벤젠설포네이트 및 트리소듐 4-(3-에톡시카르보닐-4-(5-(3-에톡시카르보닐-5-옥시도-1(4-설포네이토페닐)피라졸-4-일) 펜타-2,4-디에닐리덴)-4,5-디하이드로-5-옥소피라졸-1-일)벤젠설포네이트

디스퍼스레드 15

디스퍼스옐로우 3

디아놀아세글루메이트

o-디아니시딘계 아조 염료류

o-디아니시딘의 염(3,3'-디메톡시벤지딘의 염)

3,7-디아미노-2,8-디메칠-5-페닐-페나지니움 및 그 염류

3,5-디아미노-2,6-디메톡시피리딘 및 그 염류(예 : 2,6-디메톡시-3,5-피리딘디아민 하이드로클로라이드)(다만, 2,6-디메톡시-3,5-피리딘디아민 하이드로클로라이드는 산화염모제에서 용법·용량에 따른 혼합물의 염모성분으로서 0.25% 이하는 제외)

2,4-디아미노디페닐아민

4,4'-디아미노디페닐아민 및 그 염류(예 : 4,4'-디아미노디페닐아민 설페이트)

2,4-디아미노-5-메칠페네톨 및 그 염산염

2,4-디아미노-5-메칠페녹시에탄올 및 그 염류

4,5-디아미노-1-메칠피라졸 및 그 염산염

1,4-디아미노-2-메톡시-9,10-안트라센디온(디스퍼스레드 11) 및 그 염류

3,4-디아미노벤조익애씨드

디아미노톨루엔, [4-메칠-*m*-페닐렌 디아민] 및 [2-메칠-*m*-페닐렌 디아민]의 혼합물

2,4-디아미노페녹시에탄올 및 그 염류(다만, 2,4-디아미노페녹시에탄올 하이드로클로라이드는 산화염모제에서 용법·용량에 따른 혼합물의 염모성분으로서 0.5% 이하는 제외)

3-[[(4-[[디아미노(페닐아조)페닐]아조]-1-나프탈레닐]아조]-N,N,N-트리메칠-벤젠아미니움 및 그 염류

3-[[(4-[[디아미노(페닐아조)페닐]아조]-2-메칠페닐]아조]-N,N,N-트리메칠-벤젠아미니움 및 그 염류

2,4-디아미노페닐에탄올 및 그 염류

O,O'-디아세틸-N-알릴-N-노르몰핀

디아조메탄

디알레이트

디에칠-4-니트로페닐포스페이트

O,O'-디에칠-O-4-니트로페닐포스포로치오에이트(파라치온-ISO)

디에칠렌글라이콜 (다만, 비의도적 잔류물로서 0.1% 이하인 경우는 제외)

디에칠말리에이트

디에칠설페이트

2-디에칠아미노에칠-3-히드록시-4-페닐벤조에이트 및 그 염류

4-디에칠아미노-*o*-톨루이딘 및 그 염류

N-[4-[[4-(디에칠아미노)페닐][4-(에칠아미노)-1-나프탈렌일]메칠렌]-2,5-사이클로헥사디엔-1-일리딘]-N-에칠-에탄아미늄 및 그 염류

N-(4-[(4-(디에칠아미노)페닐)페닐메칠렌]-2,5-사이클로헥사디엔-1-일리덴)-N-에칠 에탄아미니움 및 그 염류

N,N-디에칠-*m*-아미노페놀

3-디에칠아미노프로필신나메이트

디에칠카르바모일 클로라이드

N,N-디에칠-*p*-페닐렌디아민 및 그 염류

디엔오시(DNOC, 4,6-디니트로-*o*-크레졸)

디엘드린

디옥산

디옥세테드린 및 그 염류

5-(2,4-디옥소-1,2,3,4-테트라하이드로피리미딘)-3-플루오로-2-하이드록시메칠테트라하이드로퓨란

디치오-2,2'-비스피리딘-디옥사이드 1,1'(트리하이드레이티드마그네슘설페이트 부가)(피리치온디설파이드+마그네슘설페이트)

디코우마롤

2,3-디클로로-2-메칠부탄
1,4-디클로로벤젠(p-디클로로벤젠)
3,3'-디클로로벤지딘
3,3'-디클로로벤지딘디하이드로젠비스(설페이트)
3,3'-디클로로벤지딘디하이드로클로라이드
3,3'-디클로로벤지딘설페이트
1,4-디클로로부트-2-엔
2,2'-[(3,3'-디클로로[1,1'-비페닐]-4,4'-디일)비스(아조)]비스[3-옥소-N-페닐부탄아마이드](피그먼트옐로우 12) 및 그 염류
디클로로살리실아닐리드
디클로로에칠렌(아세틸렌클로라이드)(예 : 비닐리덴클로라이드)
디클로로에탄(에칠렌클로라이드)
디클로로-*m*-크시레놀
α,*α*-디클로로톨루엔
디클로로펜
1,3-디클로로프로판-2-올
2,3-디클로로프로펜
디페녹시레이트 히드로클로라이드
1,3-디페닐구아니딘
디페닐아민
디페닐에텔 ; 옥타브로모 유도체
5,5-디페닐-4-이미다졸리돈
디펜클록사진
2,3-디하이드로-2,2-디메칠-6-[(4-(페닐아조)-1-나프텔레닐)아조]-1H-피리미딘(솔벤트블랙 3) 및 그 염류
3,4-디히드로-2-메톡시-2-메칠-4-페닐-2H,5H,피라노(3,2-c)-(1)벤조피란-5-온(시클로코우마롤)
2,3-디하이드로-2H-1,4-벤족사진-6-올 및 그 염류(예 : 히드록시벤조모르포린)(다만, 히드록시벤조모르포린은 산화염모제에서 용법·용량에 따른 혼합물의 염모성분으로서 1.0% 이하는 제외)
2,3-디하이드로-1H-인돌-5,6-디올 (디하이드록시인돌린) 및 그 하이드로브로마이드염 (디하이드록시인돌린 하이드로브롬마이드)(다만, 비산화염모제에서 용법·용량에 따른 혼합물의 염모성분으로서 2.0% 이하는 제외)
(S)-2,3-디하이드로-1H-인돌-카르복실릭 애씨드
디히드로타키스테롤
2,6-디하이드록시-3,4-디메칠피리딘 및 그 염류
2,4-디하이드록시-3-메칠벤즈알데하이드
4,4'-디히드록시-3,3'-(3-메칠치오프로필아이덴)디코우마린
2,6-디하이드록시-4-메칠피리딘 및 그 염류
1,4-디하이드록시-5,8-비스[(2-하이드록시에칠)아미노]안트라퀴논(디스퍼스블루 7) 및 그 염류
4-[4-(1,3-디하이드록시프로프-2-일)페닐아미노-1,8-디하이드록시-5-니트로안트라퀴논
2,2'-디히드록시-3,3'5,5',6,6'-헥사클로로디페닐메탄(헥사클로로펜)
디하이드로쿠마린
N,N'-디헥사데실-N,N'-비스(2-하이드록시에칠)프로판디아마이드 ; 비스하이드록시에칠비스세틸말론아마이드
*Laurus nobilis L.*의 씨로부터 나온 오일
Rauwolfia serpentina 알칼로이드 및 그 염류
라카익애씨드(CI 내츄럴레드 25) 및 그 염류
레졸시놀 디글리시딜 에텔
로다민 B 및 그 염류
로벨리아(*Lobelia*)속 및 그 생약제제
로벨린 및 그 염류
리누론
리도카인
과산화물가가 20mmol/L을 초과하는 d-리모넨
과산화물가가 20mmol/L을 초과하는 dℓ-리모넨
과산화물가가 20mmol/L을 초과하는 ℓ-리모넨

라이서자이드(Lysergide) 및 그 염류
마약류관리에 관한 법률 제2조에 따른 마약류
마이클로부타닐(2-(4-클로로페닐)-2-(1H-1,2,4-트리아졸-1-일메칠)헥사네니트릴)
마취제(천연 및 합성)
만노무스틴 및 그 염류
말라카이트그린 및 그 염류
말로노니트릴
1-메칠-3-니트로-1-니트로소구아니딘
1-메칠-3-니트로-4-(베타-하이드록시에칠)아미노벤젠 및 그 염류(예 : 하이드록시에칠-2-니트로-*p*-톨루이딘)(다만, 하이드록시에칠-2-니트로-*p*-톨루이딘은 염모제에서 용법·용량에 따른 혼합물의 염모성분으로서 1.0% 이하는 제외)
N-메칠-3-니트로-*p*-페닐렌디아민 및 그 염류
N-메칠-1,4-디아미노안트라퀴논, 에피클로히드린 및 모노에탄올아민의 반응생성물(에이치시 청색 No. 4) 및 그 염류
3,4-메칠렌디옥시페놀 및 그 염류
메칠레소르신
메칠렌글라이콜
4,4'-메칠렌디아닐린
3,4-메칠렌디옥시아닐린 및 그 염류
4,4'-메칠렌디-*o*-톨루이딘
4,4'-메칠렌비스(2-에칠아닐린)
(메칠렌비스(4,1-페닐렌아조(1-(3-(디메칠아미노)프로필)-1,2-디하이드로-6-하이드록시-4-메칠-2-옥소피리딘-5,3-디일)))-1,1'-디피리디늄디클로라이드 디하이드로클로라이드
4,4'-메칠렌비스[2-(4-하이드록시벤질)-3,6-디메칠페놀]과 6-디아조-5,6-디하이드로-5-옥소-나프탈렌설포네이트(1:2)의 반응생성물과 4,4'-메칠렌비스[2-(4-하이드록시벤질)-3,6-디메칠페놀]과 6-디아조-5,6-디하이드로-5-옥소-나프탈렌설포네이트(1:3) 반응생성물과의 혼합물
메칠렌클로라이드
3-(N-메칠-N-(4-메칠아미노-3-니트로페닐)아미노)프로판-1,2-디올 및 그 염류
메칠메타크릴레이트모노머
메칠 트랜스-2-부테노에이트
2-[3-(메칠아미노)-4-니트로페녹시]에탄올 및 그 염류 (예 : 3-메칠아미노-4-니트로페녹시에탄올)(다만, 비산화염모제에서 용법·용량에 따른 혼합물의 염모성분으로서 0.15% 이하는 제외)
N-메칠아세타마이드
(메칠-ONN-아조시)메칠아세테이트
2-메칠아지리딘(프로필렌이민)
메칠옥시란
메칠유게놀(다만, 식물추출물에 의하여 자연적으로 함유되어 다음 농도 이하인 경우에는 제외. 향료원액을 8% 초과하여 함유하는 제품 0.01%, 향료원액을 8% 이하로 함유하는 제품 0.004%, 방향용 크림 0.002%, 사용 후 씻어내는 제품 0.001%, 기타 0.0002%)
N,N'-((메칠이미노)디에칠렌))비스(에칠디메칠암모늄) 염류(예 : 아자메토늄브로마이드)
메칠이소시아네이트
6-메칠쿠마린(6-MC)
7-메칠쿠마린
메칠크레속심
1-메칠-2,4,5-트리하이드록시벤젠 및 그 염류
메칠페니데이트 및 그 염류
3-메칠-1-페닐-5-피라졸론 및 그 염류(예 : 페닐메칠피라졸론)(다만, 페닐메칠피라졸론은 산화염모제에서 용법·용량에 따른 혼합물의 염모성분으로서 0.25% 이하는 제외)
메칠페닐렌디아민류, 그 N-치환 유도체류 및 그 염류(예 : 2,6-디하이드록시에칠아미노톨루엔)(다

만, 염모제에서 염모성분으로 사용하는 것은 제외)
<삭제>
2-메칠-*m*-페닐렌 디이소시아네이트
4-메칠-*m*-페닐렌 디이소시아네이트
4,4'-[(4-메칠-1,3-페닐렌)비스(아조)]비스[6-메칠-1,3-벤젠디아민](베이직브라운 4) 및 그 염류
4-메칠-6-(페닐아조)-1,3-벤젠디아민 및 그 염류
N-메칠포름아마이드
5-메칠-2,3-헥산디온
2-메칠헵틸아민 및 그 염류
메카밀아민
메타닐옐로우
메탄올(에탄올 및 이소프로필알콜의 변성제로서만 알콜 중 5%까지 사용)
메테토헵타진 및 그 염류
메토카바몰
메토트렉세이트
2-메톡시-4-니트로페놀(4-니트로구아이아콜) 및 그 염류
2-[(2-메톡시-4-니트로페닐)아미노]에탄올 및 그 염류(예 : 2-하이드록시에칠아미노-5-니트로아니솔)(다만, 비산화염모제에서 용법·용량에 따른 혼합물의 염모성분으로서 0.2% 이하는 제외)
1-메톡시-2,4-디아미노벤젠(2,4-디아미노아니솔 또는 4-메톡시-*m*-페닐렌디아민 또는 CI76050) 및 그 염류
1-메톡시-2,5-디아미노벤젠(2,5-디아미노아니솔) 및 그 염류
2-메톡시메칠-*p*-아미노페놀 및 그 염산염
6-메톡시-N2-메칠-2,3-피리딘디아민 하이드로클로라이드 및 디하이드로클로라이드염(다만, 염모제에서 용법·용량에 따른 혼합물의 염모성분으로 산으로서 0.68% 이하, 디하이드로클로라이드염으로서 1.0% 이하는 제외)
2-(4-메톡시벤질-N-(2-피리딜)아미노)에칠디메칠아민말리에이트
메톡시아세틱애씨드
2-메톡시에칠아세테이트(메톡시에탄올아세테이트)
N-(2-메톡시에칠)-*p*-페닐렌디아민 및 그 염산염
2-메톡시에탄올(에칠렌글리콜 모노메칠에텔, EGMME)
2-(2-메톡시에톡시)에탄올(메톡시디글리콜)
7-메톡시쿠마린
4-메톡시톨루엔-2,5-디아민 및 그 염산염
6-메톡시-*m*-톨루이딘(p-크레시딘)
2-[[(4-메톡시페닐)메칠하이드라조노]메칠]-1,3,3-트리메칠-3H-인돌리움 및 그 염류
4-메톡시페놀(히드로퀴논모노메칠에텔 또는 p-히드록시아니솔)
4-(4-메톡시페닐)-3-부텐-2-온(4-아니실리덴아세톤)
1-(4-메톡시페닐)-1-펜텐-3-온(α-메칠아니살아세톤)
2-메톡시프로판올
2-메톡시프로필아세테이트
6-메톡시-2,3-피리딘디아민 및 그 염산염
메트알데히드
메트암페프라몬 및 그 염류
메트포르민 및 그 염류
메트헵타진 및 그 염류
메티라폰
메티프릴온 및 그 염류
메페네신 및 그 에스텔
메페클로라진 및 그 염류
메프로바메이트

2급 아민함량이 0.5%를 초과하는 모노알킬아민, 모노알칸올아민 및 그 염류
모노크로토포스
모누론
모르포린 및 그 염류
모스켄(1,1,3,3,5-펜타메칠-4,6-디니트로인단)
모페부타존
목향(*Saussurea lappa Clarke = Saussurea costus (Falc.) Lipsch. = Aucklandia lappa Decne*) 뿌리오일
몰리네이트
몰포린-4-카르보닐클로라이드
무화과나무(*Ficus carica*)잎엡솔루트(피그잎엡솔루트)
미네랄 울
미세플라스틱(세정, 각질제거 등의 제품*에 남아있는 5mm 크기 이하의 고체플라스틱)

(* 화장품법 시행규칙 [별표3]
1. 화장품의 유형
가. 영·유아용 제품류 1) 영·유아용 샴푸, 린스 4) 영·유아용 인체 세정용 제품 5) 영·유아용 목욕용 제품
나. 목욕용 제품류
다. 인체 세정용 제품류
아. 두발용 제품류 1) 헤어 컨디셔너 8) 샴푸, 린스 11) 그 밖의 두발용 제품류(사용 후 씻어내는 제품에 한함)
차. 2) 남성용 탤컴(사용 후 씻어내는 제품에 한함) 4) 세이빙 크림 5) 세이빙 폼 6) 그 밖의 면도용 제품류(사용 후 씻어내는 제품에 한함)
카. 6) 팩, 마스크(사용 후 씻어내는 제품에 한함) 9) 손·발의 피부연화 제품(사용 후 씻어내는 제품에 한함) 10) 클렌징 워터, 클렌징 오일, 클렌징 로션, 클렌징 크림 등 메이크업 리무버 11) 그 밖의 기초화장용 제품류(사용 후 씻어내는 제품에 한함))
바륨염(바륨설페이트 및 색소레이크희석제로 사용한 바륨염은 제외)
바비츄레이트
2,2'-바이옥시란
발녹트아미드
발린아미드
방사성물질
백신, 독소 또는 혈청
베낙티진
베노밀
베라트룸(*Veratrum*)속 및 그 제제
베라트린, 그 염류 및 생약제제
베르베나오일(*Lippia citriodora Kunth.*)
베릴륨 및 그 화합물
베메그리드 및 그 염류
베록시카인 및 그 염류
베이직바이올렛 1(메칠바이올렛)
베이직바이올렛 3(크리스탈바이올렛)
1-(베타-우레이도에칠)아미노-4-니트로벤젠 및 그 염류(예 : 4-니트로페닐 아미노에칠우레아)(다만, 4-니트로페닐 아미노에칠우레아는 산화염모제에서 용법·용량에 따른 혼합물의 염모성분으로서 0.25% 이하, 비산화염모제에서 용법·용량에 따른 혼합물의 염모성분으로서 0.5% 이하는 제외)
1-(베타-하이드록시)아미노-2-니트로-4-N-에칠-N-(베타-하이드록시에칠)아미노벤젠 및 그 염류(예 : 에이치시 청색 No. 13)
벤드로플루메치아자이드 및 그 유도체
벤젠
1,2-벤젠디카르복실릭애씨드 디펜틸에스터(가지

형과 직선형) ; n-펜틸-이소펜틸 프탈레이트 ; 디-n-펜틸프탈레이트 ; 디이소펜틸프탈레이트
1,2,4-벤젠트리아세테이트 및 그 염류
7-(벤조일아미노)-4-하이드록시-3-[[4-[(4-설포페닐)아조]페닐]아조]-2-나프탈렌설포닉애씨드 및 그 염류
벤조일퍼옥사이드
벤조[*a*]피렌
벤조[*e*]피렌
벤조[*j*]플루오란텐
벤조[*k*]플루오란텐
벤즈[*e*]아세페난트릴렌
벤즈아제핀류와 벤조디아제핀류
벤즈아트로핀 및 그 염류
벤즈[*a*]안트라센
벤즈이미다졸-2(3H)-온
벤지딘
벤지딘계 아조 색소류
벤지딘디하이드로클로라이드
벤지딘설페이트
벤지딘아세테이트
벤지로늄브로마이드
벤질 2,4-디브로모부타노에이트
3(또는 5)-((4-(벤질메칠아미노)페닐)아조)-1,2-(또는 1,4)-디메칠-1H-1,2,4-트리아졸리움 및 그 염류
벤질바이올렛([4-[[4-(디메칠아미노)페닐][4-[에칠(3-설포네이토벤질)아미노]페닐]메칠렌]사이클로헥사-2,5-디엔-1-일리덴](에칠)(3-설포네이토벤질) 암모늄염 및 소듐염)
벤질시아나이드
4-벤질옥시페놀(히드로퀴논모노벤질에텔)
2-부타논 옥심
부타닐리카인 및 그 염류
1,3-부타디엔
부토피프린 및 그 염류
부톡시디글리세롤
부톡시에탄올
5-(3-부티릴-2,4,6-트리메칠페닐)-2-[1-(에톡시이미노)프로필]-3-하이드록시사이클로헥스-2-엔-1-온
부틸글리시딜에텔
4-*tert*-부틸-3-메톡시-2,6-디니트로톨루엔(머스크암브레트)
1-부틸-3-(N-크로토노일설파닐일)우레아
5-*tert*-부틸-1,2,3-트리메칠-4,6-디니트로벤젠(머스크티베텐)
4-*tert*-부틸페놀
2-(4-*tert*-부틸페닐)에탄올
4-*tert*-부틸피로카테콜
부펙사막
붕산
브레티륨토실레이트
(R)-5-브로모-3-(1-메칠-2-피롤리디닐메칠)-1H-인돌
브로모메탄
브로모에칠렌
브로모에탄
1-브로모-3,4,5-트리플루오로벤젠
1-브로모프로판 ; n-프로필 브로마이드
2-브로모프로판
브로목시닐헵타노에이트
브롬
브롬이소발
브루신(에탄올의 변성제는 제외)
비나프아크릴(2-*sec*-부틸-4,6-디니트로페닐-3-메칠크로토네이트)

9-비닐카르바졸
비닐클로라이드모노머
1-비닐-2-피롤리돈
비마토프로스트, 그 염류 및 유도체
비소 및 그 화합물
1,1-비스(디메칠아미노메칠)프로필벤조에이트(아미드리카인, 알리핀) 및 그 염류
4,4'-비스(디메칠아미노)벤조페논
3,7-비스(디메칠아미노)-페노치아진-5-이움 및 그 염류
3,7-비스(디에칠아미노)-페녹사진-5-이움 및 그 염류
N-(4-[비스[4-(디에칠아미노)페닐]메칠렌]-2,5-사이클로헥사디엔-1-일리덴)-N-에칠-에탄아미니움 및 그 염류
비스(2-메톡시에칠)에텔(디메톡시디글리콜)
비스(2-메톡시에칠)프탈레이트
1,2-비스(2-메톡시에톡시)에탄 ; 트리에칠렌글리콜 디메칠 에텔(TEGDME) ; 트리글라임
1,3-비스(비닐설포닐아세타아미도)-프로판
비스(사이클로펜타디에닐)-비스(2,6-디플루오로-3-(피롤-1-일)-페닐)티타늄
4-[[비스-(4-플루오로페닐)메칠실릴]메칠]-4H-1,2,4-트리아졸과 1-[[비스-(4-플루오로페닐)메칠실릴]메칠]-1 H-1,2,4-트리아졸의 혼합물
비스(클로로메칠)에텔(옥시비스[클로로메탄])
N,N-비스(2-클로로에칠)메칠아민-N-옥사이드 및 그 염류
비스(2-클로로에칠)에텔
비스페놀 A(4,4'-이소프로필리덴디페놀)
N'N'-비스(2-히드록시에칠)-N-메칠-2-니트로-*p*-페닐렌디아민(HC 블루 No.1) 및 그 염류
4,6-비스(2-하이드록시에톡시)-*m*-페닐렌디아민 및 그 염류
2,6-비스(2-히드록시에톡시)-3,5-피리딘디아민 및 그 염산염
비에타미베린
비치오놀
비타민 L1, L2
[1,1'-비페닐-4,4'-디일]디암모니움설페이트
비페닐-2-일아민
비페닐-4-일아민 및 그 염류
4,4'-비-*o*-톨루이딘
4,4'-비-*o*-톨루이딘디하이드로클로라이드
4,4'-비-*o*-톨루이딘설페이트
빈클로졸린
사이클라멘알코올
N-사이클로펜틸-*m*-아미노페놀
사이클로헥시미드
N-사이클로헥실-N-메톡시-2,5-디메칠-3-퓨라마이드
트랜스-4-사이클로헥실-L-프롤린 모노하이드로클로라이드
사프롤(천연에센스에 자연적으로 함유되어 그 양이 최종제품에서 100ppm을 넘지 않는 경우는 제외)
α-산토닌((3S, 5aR, 9bS)-3, 3a,4,5,5a,9b-헥사히드로-3,5a,9-트리메칠나프토(1,2-b))푸란-2,8-디온
석면
석유
석유 정제과정에서 얻어지는 부산물(증류물, 가스오일류, 나프타, 윤활그리스, 슬랙왁스, 탄화수소류, 알칸류, 백색 페트롤라툼을 제외한 페트롤라툼, 연료오일, 잔류물). 다만, 정제과정이 완전히 알려져 있고 발암물질을 함유하지 않음을 보여줄 수 있으면 예외로 한다.
부타디엔 0.1%를 초과하여 함유하는 석유정제물(

가스류, 탄화수소류, 알칸류, 증류물, 라피네이트)
디메칠설폭사이드(DMSO)로 추출한 성분을 3% 초과하여 함유하고 있는 석유 유래물질
벤조[*a*]피렌 0.005%를 초과하여 함유하고 있는 석유화학 유래물질, 석탄 및 목타르 유래물질
석탄추출 젯트기용 연료 및 디젤연료
설티암
설팔레이트
3,3'-(설포닐비스(2-니트로-4,1-페닐렌)이미노)비스(6-(페닐아미노))벤젠설포닉애씨드 및 그 염류
설폰아미드 및 그 유도체(톨루엔설폰아미드/포름알데하이드수지, 톨루엔설폰아미드/에폭시수지는 제외)
설핀피라존
과산화물가가 10mmol/L을 초과하는 Cedrus atlantica의 오일 및 추출물
세파엘린 및 그 염류
센노사이드
셀렌 및 그 화합물(셀레늄아스파테이트는 제외)
소듐헥사시클로네이트
Solanum nigrum L. 및 그 생약제제
Schoenocaulon officinale Lind.(씨 및 그 생약제제)
솔벤트레드1(CI 12150)
솔벤트블루 35
솔벤트오렌지 7
수은 및 그 화합물
스트로판투스(*Strophantus*)속 및 그 생약제제
스트로판틴, 그 비당질 및 그 각각의 유도체
스트론튬화합물
스트리크노스(*Strychnos*)속 그 생약제제
스트리키닌 및 그 염류
스파르테인 및 그 염류
스피로노락톤
시마진
4-시아노-2,6-디요도페닐 옥타노에이트
스칼렛레드(솔벤트레드 24)
시클라바메이트
시클로메놀 및 그 염류
시클로포스파미드 및 그 염류
2-*α*-시클로헥실벤질(N,N,N',N'테트라에칠)트리메칠렌디아민(페네타민)
신코카인 및 그 염류
신코펜 및 그 염류(유도체 포함)
썩시노니트릴
Anamirta cocculus L.(과실)
o-아니시딘
아닐린, 그 염류 및 그 할로겐화 유도체 및 설폰화 유도체
아다팔렌
Adonis vernalis L. 및 그 제제
Areca catechu 및 그 생약제제
아레콜린
아리스톨로키아(*Aristolochia*)속 및 그 생약제제
아리스토로킥 애씨드 및 그 염류
1-아미노-2-니트로-4-(2',3'-디하이드록시프로필)아미노-5-클로로벤젠과 1,4-비스-(2',3'-디하이드록시프로필)아미노-2-니트로-5-클로로벤젠 및 그 염류(예 : 에이치시 적색 No. 10과 에이치시 적색 No. 11)(다만, 산화염모제에서 용법·용량에 따른 혼합물의 염모성분으로서 1.0% 이하, 비산화염모제에서 용법·용량에 따른 혼합물의 염모성분으로서 2.0% 이하는 제외)
2-아미노-3-니트로페놀 및 그 염류
p-아미노-*o*-니트로페놀(4-아미노-2-니트로페놀)
4-아미노-3-니트로페놀 및 그 염류(다만, 4-아미노-3-니트로페놀은 산화염모제에서 용법·용량

에 따른 혼합물의 염모성분으로서 1.5% 이하, 비산화염모제에서 용법·용량에 따른 혼합물의 염모성분으로서 1.0% 이하는 제외)

2,2'-[(4-아미노-3-니트로페닐)이미노]바이세타놀 하이드로클로라이드 및 그 염류(예 : 에이치시 적색 No. 13)(다만, 하이드로클로라이드염으로서 산화염모제에서 용법·용량에 따른 혼합물의 염모성분으로서 1.5% 이하, 비산화염모제에서 용법·용량에 따른 혼합물의 염모성분으로서 1.0% 이하는 제외)

(8-[(4-아미노-2-니트로페닐)아조]-7-하이드록시-2-나프틸)트리메칠암모늄 및 그 염류(베이직브라운 17의 불순물로 있는 베이직레드 118 제외)

1-아미노-4-[[4-[(디메칠아미노)메칠]페닐]아미노]안트라퀴논 및 그 염류

6-아미노-2-((2,4-디메칠페닐)-1H-벤즈[de]이소퀴놀린-1,3-(2 H)-디온(솔벤트옐로우 44) 및 그 염류

5-아미노-2,6-디메톡시-3-하이드록시피리딘 및 그 염류

3-아미노-2,4-디클로로페놀 및 그 염류(다만, 3-아미노-2,4-디클로로페놀 및 그 염산염은 염모제에서 용법·용량에 따른 혼합물의 염모성분으로 염산염으로서 1.5% 이하는 제외)

2-아미노메칠-*p*-아미노페놀 및 그 염산염

2-[(4-아미노-2-메칠-5-니트로페닐)아미노]에탄올 및 그 염류(예 : 에이치시 자색 No. 1)(다만, 산화염모제에서 용법·용량에 따른 혼합물의 염모성분으로서 0.25% 이하, 비산화염모제에서 용법·용량에 따른 혼합물의 염모성분으로서 0.28% 이하는 제외)

2-[(3-아미노-4-메톡시페닐)아미노]에탄올 및 그 염류(예 : 2-아미노-4-하이드록시에칠아미노아니솔)(다만, 산화염모제에서 용법·용량에 따른 혼합물의 염모성분으로서 1.5% 이하는 제외)

4-아미노벤젠설포닉애씨드 및 그 염류

4-아미노벤조익애씨드 및 아미노기(-NH2)를 가진 그 에스텔

2-아미노-1,2-비스(4-메톡시페닐)에탄올 및 그 염류

4-아미노살리실릭애씨드 및 그 염류

4-아미노아조벤젠

1-(2-아미노에칠)아미노-4-(2-하이드록시에칠)옥시-2-니트로벤젠 및 그 염류 (예 : 에이치시 등색 No. 2)(다만, 비산화염모제에서 용법·용량에 따른 혼합물의 염모성분으로서 1.0% 이하는 제외)

아미노카프로익애씨드 및 그 염류

4-아미노-*m*-크레솔 및 그 염류(다만, 4-아미노-*m*-크레솔은 산화염모제에서 용법·용량에 따른 혼합물의 염모성분으로서 1.5% 이하는 제외)

6-아미노-*o*-크레솔 및 그 염류

2-아미노-6-클로로-4-니트로페놀 및 그 염류(다만, 2-아미노-6-클로로-4-니트로페놀은 염모제에서 용법·용량에 따른 혼합물의 염모성분으로서 2.0% 이하는 제외)

1-[(3-아미노프로필)아미노]-4-(메칠아미노)안트라퀴논 및 그 염류

4-아미노-3-플루오로페놀

5-[(4-[(7-아미노-1-하이드록시-3-설포-2-나프틸)아조]-2,5-디에톡시페닐)아조]-2-[(3-포스포노페닐)아조]벤조익애씨드 및 5-[(4-[(7-아미노-1-하이드록시-3-설포-2-나프틸)아조]-2,5-디에톡시페닐)아조]-3-[(3-포스포노페닐)아조벤조익애씨드

3(또는 5)-[[4-[(7-아미노-1-하이드록시-3-설포네이토-2-나프틸)아조]-1-나프틸]아조]살리실릭애씨드 및 그 염류

Ammi majus 및 그 생약제제

아미트롤

아미트리프틸린 및 그 염류

아밀나이트라이트

아밀 4-디메칠아미노벤조익애씨드(펜틸디메칠파바, 파디메이트A)

과산화물가가 10mmol/L을 초과하는 *Abies balsamea* 잎의 오일 및 추출물

과산화물가가 10mmol/L을 초과하는 *Abies sibirica* 잎의 오일 및 추출물

과산화물가가 10mmol/L을 초과하는 *Abies alba* 열매의 오일 및 추출물

과산화물가가 10mmol/L을 초과하는 *Abies alba* 잎의 오일 및 추출물

과산화물가가 10mmol/L을 초과하는 *Abies pectinata* 잎의 오일 및 추출물

아세노코우마롤

아세타마이드

아세토나이트릴

아세토페논, 포름알데하이드, 사이클로헥실아민, 메탄올 및 초산의 반응물

(2-아세톡시에칠)트리메칠암모늄히드록사이드(아세틸콜린 및 그 염류)

N-[2-(3-아세틸-5-니트로치오펜-2-일아조)-5-디에칠아미노페닐]아세타마이드

3-[(4-(아세틸아미노)페닐)아조]4-4하이드록시-7-[[[[5-하이드록시-6-(페닐아조)-7-설포-2-나프탈레닐]아미노]카보닐]아미노]-2-나프탈렌설포닉애씨드 및 그 염류

5-(아세틸아미노)-4-하이드록시-3-((2-메칠페닐)아조)-2,7-나프탈렌디설포닉애씨드 및 그 염류

아자시클로놀 및 그 염류

아자페니딘

아조벤젠

아지리딘

아코니툼(*Aconitum*)속 및 그 생약제제

아코니틴 및 그 염류

아크릴로니트릴

아크릴아마이드(다만, 폴리아크릴아마이드류에서 유래되었으며, 사용 후 씻어내지 않는 바디화장품에 0.1ppm, 기타 제품에 0.5ppm 이하인 경우에는 제외)

아트라놀

Atropa belladonna L. 및 그 제제

아트로핀, 그 염류 및 유도체

아포몰핀 및 그 염류

Apocynum cannabinum L. 및 그 제제

안드로겐효과를 가진 물질

안트라센오일

스테로이드 구조를 갖는 안티안드로겐

안티몬 및 그 화합물

알드린

알라클로르

알로클아미드 및 그 염류

알릴글리시딜에텔

2-(4-알릴-2-메톡시페녹시)-N,N-디에칠아세트아미드 및 그 염류

4-알릴-2,6-비스(2,3-에폭시프로필)페놀, 4-알릴-6-[3-[6-[3-(4-알릴-2,6-비스(2,3-에폭시프로필)페녹시)-2-하이드록시프로필]-4-알릴-2-(2,3-에폭시프로필)페녹시]-2-하이드록시프로필]-4-알릴-2-(2,3-에폭시프로필)페녹시]-2-하이드록시프로필-2-(2,3-에폭시프로필)페놀, 4-알릴-6-[3-(4-알릴-2,6-비스(2,3-에폭시프로필)페녹시)-2-하이드록시프로필]-2-(2,3-에폭시프로필)페놀, 4-알릴-6-[3-[6-[3-(4-알릴-2,6-비스(2,3-에폭시프로필)페녹시)-2-하이드록시프로필]-4-알릴-2-(2,3-에폭시프로필)페녹시]-2-하이드록시프로필]-2-(2,3-에폭시프로필)페놀의 혼합물

알릴이소치오시아네이트
에스텔의 유리알릴알코올농도가 0.1%를 초과하는 알릴에스텔류
알릴클로라이드(3-클로로프로펜)
2급 알칸올아민 및 그 염류
알칼리 설파이드류 및 알칼리토 설파이드류
2-알칼리펜타시아노니트로실페레이트
알킨알코올 그 에스텔, 에텔 및 염류
o-알킬디치오카르보닉애씨드의 염
2급 알킬아민 및 그 염류
2-4-(2-암모니오프로필아미노)-6-[4-하이드록시-3-(5-메칠-2-메톡시-4-설파모일페닐아조)-2-설포네이토나프트-7-일아미노]-1,3,5-트리아진-2-일아미노-2-아미노프로필포메이트
애씨드오렌지24(CI 20170)
애씨드레드73(CI 27290)
애씨드블랙 131 및 그 염류
에르고칼시페롤 및 콜레칼시페롤(비타민D2와 D3)
에리오나이트
에메틴, 그 염류 및 유도체
에스트로겐
에제린 또는 피조스티그민 및 그 염류
에이치시 녹색 No. 1
에이치시 적색 No. 8 및 그 염류
에이치시 청색 No. 11
에이치시 황색 No. 11
에이치시 등색 No. 3
에치온아미드
에칠렌글리콜 디메칠 에텔(EGDME)
2,2'-[(1,2'-에칠렌디일)비스[5-((4-에톡시페닐)아조]벤젠설포닉애씨드) 및 그 염류
에칠렌옥사이드
3-에칠-2-메칠-2-(3-메칠부틸)-1,3-옥사졸리딘
1-에칠-1-메칠몰포리늄 브로마이드
1-에칠-1-메칠피롤리디늄 브로마이드
에칠비스(4-히드록시-2-옥소-1-벤조피란-3-일)아세테이트 및 그 산의 염류
4-에칠아미노-3-니트로벤조익애씨드(N-에칠-3-니트로 파바) 및 그 염류
에칠아크릴레이트
3'-에칠-5',6',7',8'-테트라히드로-5',6',8',8',-테트라메칠-2'-아세토나프탈렌(아세틸에칠테트라메칠테트라린, AETT)
에칠페나세미드(페네투라이드)
2-[[4-[에칠(2-하이드록시에칠)아미노]페닐]아조]-6-메톡시-3-메칠-벤조치아졸리움 및 그 염류
2-에칠헥사노익애씨드
2-에칠헥실[[[3,5-비스(1,1-디메칠에칠)-4-하이드록시페닐]-메칠]치오]아세테이트
O,O'-(에테닐메칠실릴렌디[(4-메칠펜탄-2-온)옥심]
에토헵타진 및 그 염류
7-에톡시-4-메칠쿠마린
4'-에톡시-2-벤즈이미다졸아닐라이드
2-에톡시에탄올(에칠렌글리콜 모노에칠에텔, EGMEE)
에톡시에탄올아세테이트
5-에톡시-3-트리클로로메칠-1,2,4-치아디아졸
4-에톡시페놀(히드로퀴논모노에칠에텔)
4-에톡시-*m*-페닐렌디아민 및 그 염류(예 : 4-에톡시-*m*-페닐렌디아민 설페이트)
에페드린 및 그 염류
1,2-에폭시부탄
(에폭시에칠)벤젠
1,2-에폭시-3-페녹시프로판
R-2,3-에폭시-1-프로판올
2,3-에폭시프로판-1-올

2,3-에폭시프로필-*o*-톨일에텔

에피네프린

옥사디아질

(옥사릴비스이미노에칠렌)비스((o-클로로벤질)디에칠암모늄)염류, (예 : 암베노뮴클로라이드)

옥산아미드 및 그 유도체

옥스페네리딘 및 그 염류

4,4'-옥시디아닐린(p-아미노페닐 에텔) 및 그 염류

(s)-옥시란메탄올 4-메칠벤젠설포네이트

옥시염화비스머스 이외의 비스머스화합물

옥시퀴놀린(히드록시-8-퀴놀린 또는 퀴놀린-8-올) 및 그 황산염

옥타목신 및 그 염류

옥타밀아민 및 그 염류

옥토드린 및 그 염류

올레안드린

와파린 및 그 염류

요도메탄

요오드

요힘빈 및 그 염류

우레탄(에칠카바메이트)

우로카닌산, 우로카닌산에칠

Urginea scilla Stern. 및 그 생약제제

우스닉산 및 그 염류(구리염 포함)

2,2'-이미노비스-에탄올, 에피클로로히드린 및 2-니트로-1,4-벤젠디아민의 반응생성물(에이치시 청색 No. 5) 및 그 염류

(마이크로-((7,7'-이미노비스(4-하이드록시-3-((2-하이드록시-5-(N-메칠설파모일)페닐)아조)나프탈렌-2-설포네이토))(6-)))디쿠프레이트 및 그 염류

4,4'-(4-이미노사이클로헥사-2,5-디에닐리덴메칠렌)디아닐린 하이드로클로라이드

이미다졸리딘-2-치온

과산화물가가 10mmol/L을 초과하는 이소디프렌

이소메트헵텐 및 그 염류

이소부틸나이트라이트

4,4'-이소부틸에칠리덴디페놀

이소소르비드디나이트레이트

이소카르복사지드

이소프레나린

이소프렌(2-메칠-1,3-부타디엔)

6-이소프로필-2-데카하이드로나프탈렌올(6-이소프로필-2-데카롤)

3-(4-이소프로필페닐)-1,1-디메칠우레아(이소프로투론)

(2-이소프로필펜트-4-에노일)우레아(아프로날리드)

이속사풀루톨

이속시닐 및 그 염류

이부프로펜피코놀, 그 염류 및 유도체

Ipecacuanha(Cephaelis ipecacuaha Brot. 및 관련된 종) (뿌리, 가루 및 생약제제)

이프로디온

인체 세포·조직 및 그 배양액(다만, 배양액 중 별표 3의 인체 세포·조직 배양액 안전기준에 적합한 경우는 제외)

인태반(Human Placenta) 유래 물질

인프로쿠온

임페라토린(9-(3-메칠부트-2-에니록시)푸로(3,2-g)크로멘-7온)

자이람

자일렌(다만, 화장품 원료의 제조공정에서 용매로 사용되었으나 완전히 제거할 수 없는 잔류용매로서 화장품법 시행규칙 [별표 3] 자. 손발톱용 제품류 중 1), 2), 3), 5)에 해당하는 제품 중 0.01%이하, 기타 제품 중 0.002% 이하인 경우 제

외)
자일로메타졸린 및 그 염류
자일리딘, 그 이성체, 염류, 할로겐화 유도체 및 설폰화 유도체
족사졸아민
Juniperus sabina L.(잎, 정유 및 생약제제)
지르코늄 및 그 산의 염류
천수국꽃 추출물 또는 오일
Chenopodium ambrosioides(정유)
치람
4,4'-치오디아닐린 및 그 염류
치오아세타마이드
치오우레아 및 그 유도체
치오테파
치오판네이트-메칠
카드뮴 및 그 화합물
카라미펜 및 그 염류
카르벤다짐
4,4'-카르본이미돌일비스[N,N-디메칠아닐린] 및 그 염류
카리소프로돌
카바독스
카바릴
N-(3-카바모일-3,3-디페닐프로필)-N,N-디이소프로필메칠암모늄염(예 : 이소프로파미드아이오다이드)
카바졸의 니트로유도체
7,7'-(카보닐디이미노)비스(4-하이드록시-3-[[2-설포-4-[(4-설포페닐)아조]페닐]아조-2-나프탈렌설포닉애씨드 및 그 염류
카본디설파이드
카본모노옥사이드(일산화탄소)
카본블랙(다만, 불순물 중 벤조피렌과 디벤즈(a,h)안트라센이 각각 5ppb 이하이고 총 다환방향족탄화수소류(PAHs)가 0.5ppm 이하인 경우에는 제외)
카본테트라클로라이드
카부트아미드
카브로말
카탈라아제
카테콜(피로카테콜)(다만, 산화염모제에서 용법·용량에 따른 혼합물의 염모성분으로서 1.5% 이하는 제외)
칸타리스, *Cantharis vesicatoria*
캡타폴
캡토디암
케토코나졸
Coniummaculatum L.(과실, 가루, 생약제제)
코니인
코발트디클로라이드(코발트클로라이드)
코발트벤젠설포네이트
코발트설페이트
코우메타롤
콘발라톡신
콜린염 및 에스텔(예 : 콜린클로라이드)
콜키신, 그 염류 및 유도체
콜키코시드 및 그 유도체
Colchicum autumnale L. 및 그 생약제제
콜타르 및 정제콜타르
쿠라레와 쿠라린
합성 쿠라리잔트(Curarizants)
과산화물가가 10mmol/L을 초과하는 *Cupressus sempervirens* 잎의 오일 및 추출물
크로톤알데히드(부테날)
Croton tiglium(오일)
3-(4-클로로페닐)-1,1-디메칠우로늄 트리클로로아

세테이트 ; 모누론-TCA
크롬 ; 크로믹애씨드 및 그 염류
크리센
크산티놀(7-2-히드록시-3-[N-(2-히드록시에칠)-N-메칠아미노]프로필테오필린)
Claviceps purpurea Tul., 그 알칼로이드 및 생약제제
1-클로로-4-니트로벤젠
2-[(4-클로로-2-니트로페닐)아미노]에탄올(에이치시 황색 No. 12) 및 그 염류
2-[(4-클로로-2-니트로페닐)아조)-N-(2-메톡시페닐)-3-옥소부탄올아마이드(피그먼트옐로우 73) 및 그 염류
2-클로로-5-니트로-N-하이드록시에칠-*p*-페닐렌디아민 및 그 염류
클로로데콘
2,2'-((3-클로로-4-((2,6-디클로로-4-니트로페닐)아조)페닐)이미노)비스에탄올(디스퍼스브라운 1) 및 그 염류
5-클로로-1,3-디하이드로-2H-인돌-2-온
[6-[[3-클로로-4-(메칠아미노)페닐]이미노]-4-메칠-3-옥소사이클로헥사-1,4-디엔-1-일]우레아(에이치시 적색 No. 9) 및 그 염류
클로로메칠 메칠에텔
2-클로로-6-메칠피리미딘-4-일디메칠아민(크리미딘-ISO)
클로로메탄
p-클로로벤조트리클로라이드
N-5-클로로벤족사졸-2-일아세트아미드
4-클로로-2-아미노페놀
클로로아세타마이드
클로로아세트알데히드
클로로아트라놀
6-(2-클로로에칠)-6-(2-메톡시에톡시)-2,5,7,10-테트라옥사-6-실라운데칸
2-클로로-6-에칠아미노-4-니트로페놀 및 그 염류(다만, 산화염모제에서 용법·용량에 따른 혼합물의 염모성분으로서 1.5% 이하, 비산화염모제에서 용법·용량에 따른 혼합물의 염모성분으로서 3% 이하는 제외)
클로로에탄
1-클로로-2,3-에폭시프로판
R-1-클로로-2,3-에폭시프로판
클로로탈로닐
클로로톨루론 ; 3-(3-클로로-*p*-톨일)-1,1-디메칠우레아
α-클로로톨루엔
N'-(4-클로로-*o*-톨일)-N,N-디메칠포름아미딘 모노하이드로클로라이드
1-(4-클로로페닐)-4,4-디메칠-3-(1,2,4-트리아졸-1-일메칠)펜타-3-올
(3-클로로페닐)-(4-메톡시-3-니트로페닐)메타논
(2RS,3RS)-3-(2-클로로페닐)-2-(4-플루오로페닐)-[1H-1,2,4-트리아졸-1-일)메칠]옥시란(에폭시코나졸)
2-(2-(4-클로로페닐)-2-페닐아세틸)인단 1,3-디온(클로로파시논-ISO)
클로로포름
클로로프렌(2-클로로부타-1,3-디엔)
클로로플루오로카본 추진제(완전하게 할로겐화 된 클로로플루오로알칸)
2-클로로-N-(히드록시메칠)아세트아미드
N-[(6-[(2-클로로-4-하이드록시페닐)이미노]-4-메톡시-3-옥소-1,4-사이클로헥사디엔-1-일]아세타마이드(에이치시 황색 No. 8) 및 그 염류
클로르단
클로르디메폼
클로르메자논

클로르메틴 및 그 염류
클로르족사존
클로르탈리돈
클로르프로티센 및 그 염류
클로르프로파미드
클로린
클로졸리네이트
클로페노탄 ; DDT(ISO)
클로펜아미드
키노메치오네이트
타크로리무스(tacrolimus), 그 염류 및 유도체
탈륨 및 그 화합물
탈리도마이드 및 그 염류
대한민국약전(식품의약품안전처 고시) '탤크'항 중 석면기준에 적합하지 않은 탤크
과산화물가가 10mmol/L을 초과하는 테르펜 및 테르페노이드(다만, 리모넨류는 제외)
과산화물가가 10mmol/L을 초과하는 신핀 테르펜 및 테르페노이드(sinpine terpenes and terpenoids)
과산화물가가 10mmol/L을 초과하는 테르펜 알코올류의 아세테이트
과산화물가가 10mmol/L을 초과하는 테르펜하이드로카본
과산화물가가 10mmol/L을 초과하는 α-테르피넨
과산화물가가 10mmol/L을 초과하는 γ-테르피넨
과산화물가가 10mmol/L을 초과하는 테르피놀렌
Thevetia neriifolia juss, 배당체 추출물
N,N,N',N'-테트라글리시딜-4,4'-디아미노-3,3'-디에칠디페닐메탄
N,N,N',N-테트라메칠-4,4'-메칠렌디아닐린
테트라베나진 및 그 염류
테트라브로모살리실아닐리드
테트라소듐 3,3'-[[1,1'-비페닐]-4,4'-디일비스(아조)]비스[5-아미노-4-하이드록시나프탈렌-2,7-디설포네이트](다이렉트블루 6)
1,4,5,8-테트라아미노안트라퀴논(디스퍼스블루1)
테트라에칠피로포스페이트 ; TEPP(ISO)
테트라카보닐니켈
테트라카인 및 그 염류
테트라코나졸((+/-)-2-(2,4-디클로로페닐)-3-(1H-1,2,4-트리아졸-1-일)프로필-1,1,2,2-테트라플루오로에칠에텔)
2,3,7,8-테트라클로로디벤조-*p*-디옥신
테트라클로로살리실아닐리드
5,6,12,13-테트라클로로안트라(2,1,9-def:6,5,10-d'e'f')디이소퀴놀린-1,3,8,10(2H,9H)-테트론
테트라클로로에칠렌
테트라키스-하이드록시메칠포스포늄 클로라이드, 우레아 및 증류된 수소화 C16-18 탈로우 알킬아민의 반응생성물 (UVCB 축합물)
테트라하이드로-6-니트로퀴노살린 및 그 염류
테트라히드로졸린(테트리졸린) 및 그 염류
테트라하이드로치오피란-3-카르복스알데하이드
(+/-)-테트라하이드로풀푸릴-(R)-2-[4-(6-클로로퀴노살린-2-일옥시)페닐옥시]프로피오네이트
테트릴암모늄브로마이드
테파졸린 및 그 염류
텔루륨 및 그 화합물
토목향(*Inula helenium*)오일
톡사펜
톨루엔-3,4-디아민
톨루이디늄클로라이드
톨루이딘, 그 이성체, 염류, 할로겐화 유도체 및 설폰화 유도체
o-톨루이딘계 색소류
톨루이딘설페이트(1:1)

m-톨리덴 디이소시아네이트
4-*o*-톨릴아조-*o*-톨루이딘
톨복산
톨부트아미드
[(톨일옥시)메칠]옥시란(크레실 글리시딜 에텔)
[(*m*-톨일옥시)메칠]옥시란
[(p-톨일옥시)메칠]옥시란
과산화물가가 10mmol/L을 초과하는 피누스(*Pinus*)속을 스팀증류하여 얻은 투르펜틴
과산화물가가 10mmol/L을 초과하는 투르펜틴검(피누스(*Pinus*)속)
과산화물가가 10mmol/L을 초과하는 투르펜틴 오일 및 정제오일
투아미노헵탄, 이성체 및 그 염류
과산화물가가 10mmol/L을 초과하는 *Thuja Occidentalis* 나무줄기의 오일
과산화물가가 10mmol/L을 초과하는 *Thuja Occidentalis* 잎의 오일 및 추출물
트라닐시프로민 및 그 염류
트레타민
트레티노인(레티노익애씨드 및 그 염류)
트리니켈디설파이드
트리데모르프
3,5,5-트리메칠사이클로헥스-2-에논
2,4,5-트리메칠아닐린[1] ; 2,4,5-트리메칠아닐린 하이드로클로라이드[2]
3,6,10-트리메칠-3,5,9-운데카트리엔-2-온(메칠이소슈도이오논)
2,2,6-트리메칠-4-피페리딜벤조에이트(유카인) 및 그 염류
3,4,5-트리메톡시펜에칠아민 및 그 염류
트리부틸포스페이트
3,4',5-트리브로모살리실아닐리드(트리브롬살란)
2,2,2-트리브로모에탄올(트리브로모에칠알코올)
트리소듐 비스(7-아세트아미도-2-(4-니트로-2-옥시도페닐아조)-3-설포네이토-1-나프톨라토)크로메이트(1-)
트리소듐[4'-(8-아세틸아미노-3,6-디설포네이토-2-나프틸아조)-4"-(6-벤조일아미노-3-설포네이토-2-나프틸아조)-비페닐-1,3',3",1'"-테트라올라토-O,O',O",O'"]코퍼(II)
1,3,5-트리스(3-아미노메칠페닐)-1,3,5-(1H,3H,5H)-트리아진-2,4,6-트리온 및 3,5-비스(3-아미노메칠페닐)-1-폴리[3,5-비스(3-아미노메칠페닐)-2,4,6-트리옥소-1,3,5-(1H,3H,5H)-트리아진-1-일]-1,3,5-(1H,3H,5H)-트리아진-2,4,6-트리온 올리고머의 혼합물
1,3,5-트리스-[(2S 및 2R)-2,3-에폭시프로필]-1,3,5-트리아진-2,4,6-(1H,3H,5H)-트리온
1,3,5-트리스(옥시라닐메칠)-1,3,5-트리아진-2,4,6(1H,3H,5H)-트리온
트리스(2-클로로에칠)포스페이트
N1-(트리스(하이드록시메칠))-메칠-4-니트로-1,2-페닐렌디아민(에이치시 황색 No. 3) 및 그 염류
1,3,5-트리스(2-히드록시에칠)헥사히드로1,3,5-트리아신
1,2,4-트리아졸
트리암테렌 및 그 염류
트리옥시메칠렌(1,3,5-트리옥산)
트리클로로니트로메탄(클로로피크린)
N-(트리클로로메칠치오)프탈이미드
N-[(트리클로로메칠)치오]-4-사이클로헥센-1,2-디카르복시미드(캡탄)
2,3,4-트리클로로부트-1-엔
트리클로로아세틱애씨드
트리클로로에칠렌
1,1,2-트리클로로에탄

2,2,2-트리클로로에탄-1,1-디올

α,α,α-트리클로로톨루엔

2,4,6-트리클로로페놀

1,2,3-트리클로로프로판

트리클로르메틴 및 그 염류

트리톨일포스페이트

트리파라놀

트리플루오로요도메탄

트리플루페리돌

1,3,5-트리하이드록시벤젠(플로로글루시놀) 및 그 염류

티로트리신

티로프로픽애씨드 및 그 염류

티아마졸

티우람디설파이드

티우람모노설파이드

파라메타손

파르에톡시카인 및 그 염류

2급 아민함량이 5%를 초과하는 패티애씨드디알킬아마이드류 및 디알칸올아마이드류

페나글리코돌

페나디아졸

페나리몰

페나세미드

p-페네티딘(4-에톡시아닐린)

페노졸론

페노티아진 및 그 화합물

페놀

페놀프탈레인((3,3-비스(4-하이드록시페닐)프탈리드)

페니라미돌

o-페닐렌디아민 및 그 염류

페닐부타존

4-페닐부트-3-엔-2-온

페닐살리실레이트

1-페닐아조-2-나프톨(솔벤트옐로우 14)

4-(페닐아조)-*m*-페닐렌디아민 및 그 염류

4-페닐아조페닐렌-1-3-디아민시트레이트히드로클로라이드(크리소이딘시트레이트히드로클로라이드)

(R)-α-페닐에칠암모늄(-)-(1R,2S)-(1,2-에폭시프로필)포스포네이트 모노하이드레이트

2-페닐인단-1,3-디온(페닌디온)

페닐파라벤

트랜스-4-페닐-L-프롤린

페루발삼(*Myroxylon pereirae*의 수지)[다만, 추출물(extracts) 또는 증류물(distillates)로서 0.4% 이하인 경우는 제외]

페몰린 및 그 염류

페트리클로랄

펜메트라진 및 그 유도체 및 그 염류

펜치온

N,N'-펜타메칠렌비스(트리메칠암모늄)염류 (예 : 펜타메토늄브로마이드)

펜타에리트리틸테트라나이트레이트

펜타클로로에탄

펜타클로로페놀 및 그 알칼리 염류

펜틴 아세테이트

펜틴 하이드록사이드

2-펜틸리덴사이클로헥사논

펜프로바메이트

펜프로코우몬

펜프로피모르프

펠레티에린 및 그 염류

포름아마이드

포름알데하이드 및 p-포름알데하이드

포스파미돈
포스포러스 및 메탈포스피드류
포타슘브로메이트
폴딘메틸설페이드
푸로쿠마린류(예 : 트리옥시살렌, 8-메톡시소랄렌, 5-메톡시소랄렌)(천연에센스에 자연적으로 함유된 경우는 제외. 다만, 자외선차단제품 및 인공선탠제품에서는 1ppm 이하이어야 한다.)
푸르푸릴트리메칠암모늄염(예 : 푸르트레토늄아이오다이드)
풀루아지포프-부틸
풀미옥사진
퓨란
프라모카인 및 그 염류
프레그난디올
프로게스토젠
프로그레놀론아세테이트
프로베네시드
프로카인아미드, 그 염류 및 유도체
프로파지트
프로파진
프로파틸나이트레이트
4,4'-[1,3-프로판디일비스(옥시)]비스벤젠-1,3-디아민 및 그 테트라하이드로클로라이드염(예 : 1,3-비스-(2,4-디아미노페녹시)프로판, 염산 1,3-비스-(2,4-디아미노페녹시)프로판 하이드로클로라이드)(다만, 산화염모제에서 용법·용량에 따른 혼합물의 염모성분으로서 산으로서 1.2% 이하는 제외)
1,3-프로판설톤
프로판-1,2,3-트리일트리나이트레이트
프로피오락톤
프로피자미드
프로피페나존
Prunus laurocerasus L.
프시로시빈
프탈레이트류(디부틸프탈레이트, 디에틸헥실프탈레이트, 부틸벤질프탈레이트에 한함)
플루실라졸
플루아니손
플루오레손
플루오로우라실
플루지포프-*p*-부틸
피그먼트레드 53(레이크레드 C)
피그먼트레드 53:1(레이크레드 CBa)
피그먼트오렌지 5(파마넨트오렌지)
피나스테리드, 그 염류 및 유도체
과산화물가가 10mmol/L을 초과하는 *Pinus nigra* 잎과 잔가지의 오일 및 추출물
과산화물가가 10mmol/L을 초과하는 *Pinus mugo* 잎과 잔가지의 오일 및 추출물
과산화물가가 10mmol/L을 초과하는 *Pinus mugo pumilio* 잎과 잔가지의 오일 및 추출물
과산화물가가 10mmol/L을 초과하는 *Pinus cembra* 아세틸레이티드 잎 및 잔가지의 추출물
과산화물가가 10mmol/L을 초과하는 *Pinus cembra* 잎과 잔가지의 오일 및 추출물
과산화물가가 10mmol/L을 초과하는 *Pinus species* 잎과 잔가지의 오일 및 추출물
과산화물가가 10mmol/L을 초과하는 *Pinus sylvestris* 잎과 잔가지의 오일 및 추출물
과산화물가가 10mmol/L을 초과하는 *Pinus palustris* 잎과 잔가지의 오일 및 추출물
과산화물가가 10mmol/L을 초과하는 *Pinus pumila* 잎과 잔가지의 오일 및 추출물
과산화물가가 10mmol/L을 초과하는 *Pinus pinaste* 잎과 잔가지의 오일 및 추출물
Pyrethrum album L. 및 그 생약제제

피로갈롤(다만, 염모제에서 용법·용량에 따른 혼합물의 염모성분으로서 2% 이하는 제외)

Pilocarpus jaborandi Holmes 및 그 생약제제

피로카르핀 및 그 염류

6-(1-피롤리디닐)-2,4-피리미딘디아민-3-옥사이드(피롤리디닐 디아미노 피리미딘 옥사이드)

피리치온소듐(INNM)

피리치온알루미늄캄실레이트

피메크로리무스(Pimecrolimus), 그 염류 및 그 유도체

피메트로진

과산화물가가 10mmol/L을 초과하는 *Picea mariana* 잎의 오일 및 추출물

Physostigma venenosum Balf.

피이지-3,2',2'-디-*p*-페닐렌디아민

피크로톡신

피크릭애씨드

피토나디온(비타민 K1)

피톨라카(*Phytolacca*)속 및 그 제제

피파제테이트 및 그 염류

6-(피페리디닐)-2,4-피리미딘디아민-3-옥사이드(미녹시딜), 그 염류 및 유도체

α-피페리딘-2-일벤질아세테이트 좌회전성의 트레오포름(레보파세토페란) 및 그 염류

피프라드롤 및 그 염류

피프로쿠라륨및 그 염류

형광증백제

히드라스틴, 히드라스티닌 및 그 염류

(4-하이드라지노페닐)-N-메칠메탄설폰아마이드 하이드로클로라이드

히드라지드 및 그 염류

히드라진, 그 유도체 및 그 염류

하이드로아비에틸 알코올

히드로겐시아니드 및 그 염류

히드로퀴논

히드로플루오릭애씨드, 그 노르말 염, 그 착화합물 및 히드로플루오라이드

N-[3-하이드록시-2-(2-메칠아크릴로일아미노메톡시)프로폭시메칠]-2-메칠아크릴아마이드, N-[2,3-비스-(2-메칠아크릴로일아미노메톡시)프로폭시메칠-2-메칠아크릴아미드, 메타크릴아마이드 및 2-메칠-N-(2-메칠아크릴로일아미노메톡시메칠)-아크릴아마이드

4-히드록시-3-메톡시신나밀알코올의벤조에이트(천연에센스에 자연적으로 함유된 경우는 제외)

(6-(4-하이드록시)-3-(2-메톡시페닐아조)-2-설포네이토-7-나프틸아미노)-1,3,5-트리아진-2,4-디일)비스[(아미노이-1-메칠에칠)암모늄]포메이트

1-하이드록시-3-니트로-4-(3-하이드록시프로필아미노)벤젠 및 그 염류 (예 : 4-하이드록시프로필아미노-3-니트로페놀)(다만, 염모제에서 용법·용량에 따른 혼합물의 염모성분으로서 2.6% 이하는 제외)

1-하이드록시-2-베타-하이드록시에칠아미노-4,6-디니트로벤젠 및 그 염류(예 : 2-하이드록시에칠피크라믹애씨드)(다만, 2-하이드록시에칠피크라믹애씨드는 산화염모제에서 용법·용량에 따른 혼합물의 염모성분으로서 1.5% 이하, 비산화염모제에서 용법·용량에 따른 혼합물의 염모성분으로서 2.0% 이하는 제외)

5-하이드록시-1,4-벤조디옥산 및 그 염류

하이드록시아이소헥실 3-사이클로헥센 카보스알데히드(HICC)

N1-(2-하이드록시에칠)-4-니트로-*o*-페닐렌디아민(에이치시 황색 No. 5) 및 그 염류

하이드록시에칠-2,6-디니트로-*p*-아니시딘 및 그 염류

3-[[4-[(2-하이드록시에칠)메칠아미노]-2-니트로페닐]아미노]-1,2-프로판디올 및 그 염류

하이드록시에칠-3,4-메칠렌디옥시아닐린; 2-(1,3-벤진디옥솔-5-일아미노)에탄올 하이드로클로라이드 및 그 염류 (예 : 하이드록시에칠-3,4-메칠렌디옥시아닐린 하이드로클로라이드)(다만, 산화염모제에서 용법·용량에 따른 혼합물의 염모성분으로서 1.5% 이하는 제외)

3-[[4-[(2-하이드록시에칠)아미노]-2-니트로페닐]아미노]-1,2-프로판디올 및 그 염류

4-(2-하이드록시에칠)아미노-3-니트로페놀 및 그 염류 (예 : 3-니트로-*p*-하이드록시에칠아미노페놀)(다만, 3-니트로-*p*-하이드록시에칠아미노페놀은 산화염모제에서 용법·용량에 따른 혼합물의 염모성분으로서 3.0% 이하, 비산화염모제에서 용법·용량에 따른 혼합물의 염모성분으로서 1.85% 이하는 제외)

2,2'-[[4-[(2-하이드록시에칠)아미노]-3-니트로페닐]이미노]바이세타놀 및 그 염류(예 : 에이치시 청색 No. 2)(다만, 비산화염모제에서 용법·용량에 따른 혼합물의 염모성분으로서 2.8% 이하는 제외)

1-[(2-하이드록시에칠)아미노]-4-(메칠아미노-9,10-안트라센디온 및 그 염류

하이드록시에칠아미노메칠-*p*-아미노페놀 및 그 염류

5-[(2-하이드록시에칠)아미노]-*o*-크레졸 및 그 염류 (예 : 2-메칠-5-하이드록시에칠아미노페놀)(다만, 2-메칠-5-하이드록시에칠아미노페놀은 염모제에서 용법·용량에 따른 혼합물의 염모성분으로서 0.5% 이하는 제외)

(4-(4-히드록시-3-요오도페녹시)-3,5-디요오도페닐)아세틱애씨드 및 그 염류

6-하이드록시-1-(3-이소프로폭시프로필)-4-메칠-2-옥소-5-[4-(페닐아조)페닐아조]-1,2-디하이드로-3-피리딘카보니트릴

4-히드록시인돌

2-[2-하이드록시-3-(2-클로로페닐)카르바모일-1-나프틸아조]-7-[2-하이드록시-3-(3-메칠페닐)카르바모일-1-나프틸아조]플루오렌-9-온

4-(7-하이드록시-2,4,4-트리메칠-2-크로마닐)레솔시놀-4-일-트리스(6-디아조-5,6-디하이드로-5-옥소나프탈렌-1-설포네이트) 및 4-(7-하이드록시-2,4,4-트리메칠-2-크로마닐)레솔시놀비스(6-디아조-5,6-디하이드로-5-옥소나프탈렌-1-설포네이트)의 2:1 혼합물

11-*α*-히드록시프레근-4-엔-3,20-디온 및 그 에스텔

1-(3-하이드록시프로필아미노)-2-니트로-4-비스(2-하이드록시에칠)아미노)벤젠 및 그 염류(예 : 에이치시 자색 No. 2)(다만, 비산화염모제에서 용법·용량에 따른 혼합물의 염모성분으로서 2.0% 이하는 제외)

히드록시프로필 비스(N-히드록시에칠-*p*-페닐렌디아민) 및 그 염류(다만, 산화염모제에서 용법·용량에 따른 혼합물의 염모성분으로 테트라하이드로클로라이드염으로서 0.4% 이하는 제외)

<삭제>

하이드록시피리디논 및 그 염류

3-하이드록시-4-[(2-하이드록시나프틸)아조]-7-니트로나프탈렌-1-설포닉애씨드 및 그 염류

할로카르반

할로페리돌

항생물질

항히스타민제(예 : 독실아민, 디페닐피랄린, 디펜히드라민, 메타피릴렌, 브롬페니라민, 사이클리진, 클로르페녹사민, 트리펠렌아민, 히드록사진 등)

N,N'-헥사메칠렌비스(트리메칠암모늄)염류(예 : 헥사메토늄브로마이드)

헥사메칠포스포릭-트리아마이드
헥사에칠테트라포스페이트
헥사클로로벤젠
(1R,4S,5R,8S)-1,2,3,4,10,10-헥사클로로-6,7-에폭시-1,4,4a,5,6,7,8,8a-옥타히드로-,1,4;5,8-디메타노나프탈렌(엔드린-ISO)
1,2,3,4,5,6-헥사클로로사이클로헥산류 (예 : 린단)
헥사클로로에탄
(1R,4S,5R,8S)-1,2,3,4,10,10-헥사클로로-1,4,4a,5,8,8a-헥사히드로-1,4;5,8-디메타노나프탈렌(이소드린-ISO)
헥사프로피메이트
(1R,2S)-헥사히드로-1,2-디메칠-3,6-에폭시프탈릭안하이드라이드(칸타리딘)
헥사하이드로사이클로펜타(C) 피롤-1-(1H)-암모늄 N-에톡시카르보닐-N-(p-톨릴설포닐)아자나이드
헥사하이드로쿠마린
헥산
헥산-2-온
1,7-헵탄디카르복실산(아젤라산), 그 염류 및 유도체
트랜스-2-헥세날디메칠아세탈
트랜스-2-헥세날디에칠아세탈
헨나(*Lawsonia Inermis*)엽가루(다만, 염모제에서 염모성분으로 사용하는 것은 제외)
트랜스-2-헵테날
헵타클로로에폭사이드
헵타클로르
3-헵틸-2-(3-헵틸-4-메칠-치오졸린-2-일렌)-4-메칠-치아졸리늄다이드
황산 4,5-디아미노-1-((4-클로르페닐)메칠)-1H-피라졸
황산 5-아미노-4-플루오르-2-메칠페놀
Hyoscyamus niger L. (잎, 씨, 가루 및 생약제제)
히요시아민, 그 염류 및 유도체
히요신, 그 염류 및 유도체
영국 및 북아일랜드산 소 유래 성분
BSE(Bovine Spongiform Encephalopathy) 감염조직 및 이를 함유하는 성분
광우병 발병이 보고된 지역의 다음의 특정위험물질(specified risk material) 유래성분(소·양·염소 등 반추동물의 18개 부위)
- 뇌(brain)
- 두개골(skull)
- 척수(spinal cord)
- 뇌척수액(cerebrospinal fluid)
- 송과체(pineal gland)
- 하수체(pituitary gland)
- 경막(dura mater)
- 눈(eye)
- 삼차신경절(trigeminal ganglia)
- 배측근신경절(dorsal root ganglia)
- 척주(vertebral column)
- 림프절(lymph nodes)
- 편도(tonsil)
- 흉선(thymus)
- 십이지장에서 직장까지의 장관(intestines from the duodenum to the rectum)
- 비장(spleen)
- 태반(placenta)
- 부신(adrenal gland)
<삭제>
화학물질의 등록 및 평가 등에 관한 법률」 제2조제9호 및 제27조에 따라 지정하고 있는 금지물질

부 록

03 사용상의 제한이 필요한 원료

[화장품 안전기준 등에 관한 규정] 식약처 고시 _시행 2020. 4. 18.
제1장제4조 별표 2

별표 2 사용상의 제한이 필요한 원료

1 보존제 성분(59종)

번호	원 료 명	사용한도	비 고
1	글루타랄	0.1%	에어로졸(스프레이에 한함) 제품에는 사용금지
2	데하이드로아세틱애씨드 및 그 염류	데하이드로아세틱애씨드로서 0.6%	에어로졸(스프레이에 한함) 제품에는 사용금지
3	디메칠옥사졸리딘	0.05% (다만, 제품의 pH는 6을 넘어야 함)	
4	디브로모헥사미딘 및 그 염류	디브로모헥사미딘으로서 0.1%	
5	디아졸리디닐우레아	0.5%	
6	디엠디엠하이단토인	0.6%	
7	2, 4-디클로로벤질알코올	0.15%	
8	3, 4-디클로로벤질알코올	0.15%	
9	메칠이소치아졸리논	사용 후 씻어내는 제품에 0.0015% (단, 메칠클로로이소치아졸리논과 메칠이소치아졸리논 혼합물과 병행 사용 금지)	기타 제품에는 사용금지
10	메칠클로로이소치아졸리논과 메칠이소치아졸리논 혼합물(염화마그네슘과 질산마그네슘 포함)	사용 후 씻어내는 제품에 0.0015% (메칠클로로이소치아졸리논:메칠이소치아졸리논=(3:1)혼합물로서)	기타 제품에는 사용금지
11	메텐아민	0.15%	
12	무기설파이트 및 하이드로젠설파이트류	유리 SO_2로 0.2%	
13	벤잘코늄클로라이드, 브로마이드 및 사카리네이트	• 사용 후 씻어내는 제품에 벤잘코늄클로라이드로서 0.1% • 기타 제품에 벤잘코늄클로라이드로서 0.05%	

번호	원 료 명	사용한도	비 고
14	벤제토늄클로라이드	0.1%	점막에 사용되는 제품에는 사용금지
15	벤조익애씨드, 그 염류 및 에스텔류	산으로서 0.5% (다만, 벤조익애씨드 및 그 소듐염은 사용 후 씻어내는 제품에는 산으로서 2.5%)	
16	벤질알코올	1.0% (다만, 두발 염색용 제품류에 용제로 사용할 경우에는 10%)	
17	벤질헤미포름알	사용 후 씻어내는 제품에 0.15%	기타 제품에는 사용금지
18	보레이트류(소듐보레이트, 테트라보레이트)	밀납, 백납의 유화의 목적으로 사용 시 0.76% (이 경우, 밀납 · 백납 배합량의 1/2을 초과할 수 없다)	기타 목적에는 사용금지
19	5–브로모–5–나이트로–1,3–디옥산	사용 후 씻어내는 제품에 0.1% (다만, 아민류나 아마이드류를 함유하고 있는 제품에는 사용금지)	기타 제품에는 사용금지
20	2–브로모–2–나이트로프로판–1,3–디올(브로노폴)	0.1%	아민류나 아마이드류를 함유하고 있는 제품에는 사용금지
21	브로모클로로펜	0.1%	
22	비페닐–2–올(o–페닐페놀) 및 그 염류	페놀로서 0.15%	
23	살리실릭애씨드 및 그 염류	살리실릭애씨드로서 0.5%	영유아용 제품류 또는 만 13세 이하 어린이가 사용할 수 있음을 특정하여 표시하는 제품에는 사용금지(다만, 샴푸는 제외)
24	세틸피리디늄클로라이드	0.08%	
25	소듐라우로일사코시네이트	사용 후 씻어내는 제품에 허용	기타 제품에는 사용금지
26	소듐아이오데이트	사용 후 씻어내는 제품에 0.1%	기타 제품에는 사용금지
27	소듐하이드록시메칠아미노아세테이트(소듐하이드록시메칠글리시네이트)	0.5%	
28	소르빅애씨드 및 그 염류	소르빅애씨드로서 0.6%	
29	아이오도프로피닐부틸카바메이트(아이피비씨)	• 사용 후 씻어내는 제품에 0.02% • 사용 후 씻어내지 않는 제품에 0.01% • 다만, 데오드란트에 배합할 경우에는 0.0075%	• 입술에 사용되는 제품, 에어로졸(스프레이에 한함) 제품, 바디로션 및 바디크림에는 사용금지 • 영유아용 제품류 또는 만 13세 이하 어린이가 사용할 수 있음을 특정하여 표시하는 제품에는 사용금지(목욕용제품, 샤워젤류 및 샴푸류는 제외)
30	알킬이소퀴놀리늄브로마이드	사용 후 씻어내지 않는 제품에 0.05%	
31	알킬트리메칠암모늄 브로마이드 및 클로라이드(브롬화세트리모늄 포함)	두발용 제품류를 제외한 화장품에 0.1%	
32	에칠라우로일알지네이트 하이드로클로라이드	0.4%	입술에 사용되는 제품 및 에어로졸(스프레이에 한함) 제품에는 사용금지
33	엠디엠하이단토인	0.2%	
34	알킬디아미노에칠글라이신하이드로클로라이드용액(30%)	0.3%	

번호	원 료 명	사용한도	비 고
35	운데실레닉애씨드 및 그 염류 및 모노에탄올아마이드	사용 후 씻어내는 제품에 산으로서 0.2%	기타 제품에는 사용금지
36	이미다졸리디닐우레아	0.6%	
37	이소프로필메칠페놀	0.1%	
38	징크피리치온	사용 후 씻어내는 제품에 0.5%	기타 제품에는 사용금지
39	쿼터늄-15	0.2%	
40	클로로부탄올	0.5%	에어로졸(스프레이에 한함) 제품에는 사용금지
41	클로로자이레놀	0.5%	
42	p-클로로-m-크레졸	0.04%	점막에 사용되는 제품에는 사용금지
43	클로로펜	0.05%	
44	클로페네신	0.3%	
45	클로헥시딘, 그 디글루코네이트, 디아세테이트 및 디하이드로클로라이드	• 점막에 사용하지 않고 씻어내는 제품에 클로헥시딘으로서 0.1%, • 기타 제품에 클로헥시딘으로서 0.05%	
46	클림바졸	두발용 제품에 0.5%	기타 제품에는 사용금지
47	테트라브로모-o-크레졸	0.3%	
48	트리클로산	사용 후 씻어내는 인체세정용 제품류, 데오도런트(스프레이 제품 제외), 페이스파우더, 피부결점을 감추기 위해 국소적으로 사용하는 파운데이션(예 : 블레미쉬컨실러)에 0.3%	기타 제품에는 사용금지
49	트리클로카반	0.2%(다만, 원료 중 3,3',4,4'-테트라클로로아조벤젠 1ppm 미만, 3,3',4,4'-테트라클로로아족시벤젠 1ppm 미만 함유하여야 함)	
50	페녹시에탄올	1.0%	
51	페녹시이소프로판올	사용 후 씻어내는 제품에 1.0%	기타 제품에는 사용금지
52	포믹애씨드 및 소듐포메이트	포믹애씨드로서 0.5%	
53	폴리에이치씨엘	0.05%	에어로졸(스프레이에 한함) 제품에는 사용금지
54	프로피오닉애씨드 및 그 염류	프로피오닉애씨드로서 0.9%	
55	피록톤올아민	사용 후 씻어내는 제품에 1.0%, 기타 제품에 0.5%	
56	피리딘-2-올 1-옥사이드	0.5%	
57	p-하이드록시벤조익애씨드, 그 염류 및 에스텔류 (다만, 에스텔류 중 페닐은 제외)	• 단일성분일 경우 0.4%(산으로서) • 혼합사용의 경우 0.8%(산으로서)	
58	헥세티딘	사용 후 씻어내는 제품에 0.1%	기타 제품에는 사용금지
59	헥사미딘 및 그 염류	헥사미딘으로서 0.1%	

* 염류의 예 : 소듐, 포타슘, 칼슘, 마그네슘, 암모늄, 에탄올아민, 클로라이드, 브로마이드, 설페이트, 아세테이트, 베타인 등
* 에스텔류 : 메칠, 에칠, 프로필, 이소프로필, 부틸, 이소부틸, 페닐

2 자외선 차단성분(30종)

번호	원 료 명	사용한도	비고
1	드로메트리졸트리실록산	15%	
2	드로메트리졸	1.0%	
3	디갈로일트리올리에이트	5%	
4	디소듐페닐디벤즈이미다졸테트라설포네이트	산으로서 10%	
5	디에칠헥실부타미도트리아존	10%	
6	디에칠아미노하이드록시벤조일헥실벤조에이트	10%	
7	로우손과 디하이드록시아세톤의 혼합물	로우손 0.25%, 디하이드록시아세톤 3%	
8	메칠렌비스-벤조트리아졸릴테트라메칠부틸페놀	10%	
9	4-메칠벤질리덴캠퍼	4%	
10	멘틸안트라닐레이트	5%	
11	벤조페논-3(옥시벤존)	5%	
12	벤조페논-4	5%	
13	벤조페논-8(디옥시벤존)	3%	
14	부틸메톡시디벤조일메탄	5%	
15	비스에칠헥실옥시페놀메톡시페닐트리아진	10%	
16	시녹세이트	5%	
17	에칠디하이드록시프로필파바	5%	
18	옥토크릴렌	10%	
19	에칠헥실디메칠파바	8%	
20	에칠헥실메톡시신나메이트	7.5%	
21	에칠헥실살리실레이트	5%	
22	에칠헥실트리아존	5%	
23	이소아밀-p-메톡시신나메이트	10%	
24	폴리실리콘-15(디메치코디에칠벤잘말로네이트)	10%	
25	징크옥사이드	25%	
26	테레프탈릴리덴디캠퍼설포닉애씨드 및 그 염류	산으로서 10%	
27	티이에이-살리실레이트	12%	
28	티타늄디옥사이드	25%	
29	페닐벤즈이미다졸설포닉애씨드	4%	

번호	원 료 명	사 용 한 도	비고
30	호모살레이트	10%	

* 다만, 제품의 변색방지를 목적으로 그 사용농도가 0.5% 미만인 것은 자외선 차단 제품으로 인정하지 아니한다.
* 염류 : 양이온염으로 소듐, 포타슘, 칼슘, 마그네슘, 암모늄 및 에탄올아민, 음이온염으로 클로라이드, 브로마이드, 설페이트, 아세테이트

3 염모제 성분(48종)

번호	원 료 명	사용할 때 농도상한(%)	비고
1	p-니트로-o-페닐렌디아민	산화염모제에 1.5%	기타 제품에는 사용금지
2	니트로-p-페닐렌디아민	산화염모제에 3.0%	기타 제품에는 사용금지
3	2-메칠-5-히드록시에칠아미노페놀	산화염모제에 0.5%	기타 제품에는 사용금지
4	2-아미노-4-니트로페놀	산화염모제에 2.5%	기타 제품에는 사용금지
5	2-아미노-5-니트로페놀	산화염모제에 1.5%	기타 제품에는 사용금지
6	2-아미노-3-히드록시피리딘	산화염모제에 1.0%	기타 제품에는 사용금지
7	4-아미노-m-크레솔	산화염모제에 1.5%	기타 제품에는 사용금지
8	5-아미노-o-크레솔	산화염모제에 1.0%	기타 제품에는 사용금지
9	5-아미노-6-클로로-o-크레솔	• 산화염모제에 1.0% • 비산화염모제에 0.5%	기타 제품에는 사용금지
10	m-아미노페놀	산화염모제에 2.0%	기타 제품에는 사용금지
11	o-아미노페놀	산화염모제에 3.0%	기타 제품에는 사용금지
12	p-아미노페놀	산화염모제에 0.9%	기타 제품에는 사용금지
13	염산 2,4-디아미노페녹시에탄올	산화염모제에 0.5%	기타 제품에는 사용금지
14	염산 톨루엔-2,5-디아민	산화염모제에 3.2%	기타 제품에는 사용금지
15	염산 m-페닐렌디아민	산화염모제에 0.5%	기타 제품에는 사용금지
16	염산 p-페닐렌디아민	산화염모제에 3.3%	기타 제품에는 사용금지
17	염산 히드록시프로필비스	산화염모제에 0.4%	기타 제품에는 사용금지
18	톨루엔-2,5-디아민	산화염모제에 2.0%	기타 제품에는 사용금지
19	m-페닐렌디아민	산화염모제에 1.0%	기타 제품에는 사용금지
20	p-페닐렌디아민	산화염모제에 2.0%	기타 제품에는 사용금지
21	N-페닐-p-페닐렌디아민 및 그 염류	산화염모제에 N-페닐-p-페닐렌디아민으로서 2.0%	기타 제품에는 사용금지
22	피크라민산	산화염모제에 0.6%	기타 제품에는 사용금지
23	황산 p-니트로-o-페닐렌디아민	산화염모제에 2.0%	기타 제품에는 사용금지
24	p-메칠아미노페놀 및 그 염류	산화염모제에 황산염으로서 0.68%	기타 제품에는 사용금지
25	황산 5-아미노-o-크레솔	산화염모제에 4.5%	기타 제품에는 사용금지

번호	원 료 명	사용할 때 농도상한(%)	비고
26	황산 m-아미노페놀	산화염모제에 2.0%	기타 제품에는 사용금지
27	황산 o-아미노페놀	산화염모제에 3.0%	기타 제품에는 사용금지
28	황산 p-아미노페놀	산화염모제에 1.3%	기타 제품에는 사용금지
29	황산 톨루엔-2,5-디아민	산화염모제에 3.6%	기타 제품에는 사용금지
30	황산 m-페닐렌디아민	산화염모제에 3.0%	기타 제품에는 사용금지
31	황산 p-페닐렌디아민	산화염모제에 3.8%	기타 제품에는 사용금지
32	황산 N,N-비스(2-히드록시에칠)-p-페닐렌디아민	산화염모제에 2.9%	기타 제품에는 사용금지
33	2,6-디아미노피리딘	산화염모제에 0.15%	기타 제품에는 사용금지
34	염산 2,4-디아미노페놀	산화염모제에 0.5%	기타 제품에는 사용금지
35	1,5-디히드록시나프탈렌	산화염모제에 0.5%	기타 제품에는 사용금지
36	피크라민산 나트륨	산화염모제에 0.6%	기타 제품에는 사용금지
37	황산 2-아미노-5-니트로페놀	산화염모제에 1.5%	기타 제품에는 사용금지
38	황산 o-클로로-p-페닐렌디아민	산화염모제에 1.5%	기타 제품에는 사용금지
39	황산 1-히드록시에칠-4,5-디아미노피라졸	산화염모제에 3.0%	기타 제품에는 사용금지
40	히드록시벤조모르포린	산화염모제에 1.0%	기타 제품에는 사용금지
41	6-히드록시인돌	산화염모제에 0.5%	기타 제품에는 사용금지
42	1-나프톨(α-나프톨)	산화염모제에 2.0%	기타 제품에는 사용금지
43	레조시놀	산화염모제에 2.0%	
44	2-메칠레조시놀	산화염모제에 0.5%	기타 제품에는 사용금지
45	몰식자산	산화염모제에 4.0%	
46	카테콜(피로카테콜)	산화염모제에 1.5%	기타 제품에는 사용금지
47	피로갈롤	염모제에 2.0%	기타 제품에는 사용금지
48	과붕산나트륨 과붕산나트륨일수화물 과산화수소수 과탄산나트륨	염모제(탈염 · 탈색 포함)에서 과산화수소로서 12.0%	

4 기 타(78종)

번호	원 료 명	사 용 한 도	비 고
1	감광소 감광소 101호(플라토닌) 감광소 201호(쿼터늄-73) 감광소 301호(쿼터늄-51) 감광소 401호(쿼터늄-45) 기타의 감광소 의 합계량	0.002%	
2	건강틴크 칸타리스틴크 고추틴크 의 합계량	1%	
3	과산화수소 및 과산화수소 생성물질	• 두발용 제품류에 과산화수소로서 3% • 손톱경화용 제품에 과산화수소로서 2%	기타 제품에는 사용금지
4	글라이옥살	0.01%	
5	α-다마스콘(시스-로즈 케톤-1)	0.02%	
6	디아미노피리미딘옥사이드	두발용 제품류에 1.5%	기타 제품에는 사용금지
7	땅콩오일, 추출물 및 유도체	원료 중 땅콩단백질의 최대 농도는 0.5ppm을 초과하지 않아야 함	
8	라우레스-8, 9 및 10	2%	
9	레조시놀	• 산화염모제에 용법 · 용량에 따른 혼합물의 염모성분으로서 2.0% • 기타제품에 0.1%	
10	로즈 케톤-3	0.02%	
11	로즈 케톤-4	0.02%	
12	로즈 케톤-5	0.02%	
13	시스-로즈 케톤-2	0.02%	
14	트랜스-로즈 케톤-1	0.02%	
15	트랜스-로즈 케톤-2	0.02%	
16	트랜스-로즈 케톤-3	0.02%	
17	트랜스-로즈 케톤-5	0.02%	
18	리튬하이드록사이드	• 헤어스트레이트너 제품에 4.5% • 제모제에서 pH조정 목적으로 사용되는 경우 최종 제품의 pH는 12.7 이하	기타 제품에는 사용금지
19	만수국꽃 추출물 또는 오일	• 사용 후 씻어내는 제품에 0.1% • 사용 후 씻어내지 않는 제품에 0.01% • 원료 중 알파 테르티에닐(테르티오펜) 함량은 0.35% 이하 • 만수국아재비꽃 추출물 또는 오일과 혼합 사용 시 '사용 후 씻어내는 제품'에 0.1%, '사용 후 씻어내지 않는 제품'에 0.01%를 초과하지 않아야 함	• 자외선 차단제품 또는 자외선을 이용한 태닝(천연 또는 인공)을 목적으로 하는 제품에는 사용금지

번호	원 료 명	사 용 한 도	비 고
20	만수국아재비꽃 추출물 또는 오일	• 사용 후 씻어내는 제품에 0.1% • 사용 후 씻어내지 않는 제품에 0.01% • 원료 중 알파 테르티에닐(테르티오펜) 함량은 0.35% 이하 • 만수국꽃 추출물 또는 오일과 혼합 사용 시 '사용 후 씻어내는 제품'에 0.1%, '사용 후 씻어내지 않는 제품'에 0.01%를 초과하지 않아야 함	• 자외선 차단제품 또는 자외선을 이용한 태닝(천연 또는 인공)을 목적으로 하는 제품에는 사용금지
21	머스크자일렌	• 향수류 향료원액을 8% 초과하여 함유하는 제품에 1.0%, 향료원액을 8% 이하로 함유하는 제품에 0.4% • 기타 제품에 0.03%	
22	머스크케톤	• 향수류 향료원액을 8% 초과하여 함유하는 제품 1.4%, 향료원액을 8% 이하로 함유하는 제품 0.56% • 기타 제품에 0.042%	
23	3-메칠논-2-엔니트릴	0.2%	
24	메칠 2-옥티노에이트 (메칠헵틴카보네이트)	0.01% (메칠옥틴카보네이트와 병용 시 최종제품에서 두 성분의 합은 0.01%, 메칠옥틴카보네이트는 0.002%)	
25	메칠옥틴카보네이트 (메칠논-2-이노에이트)	0.002% (메칠 2-옥티노에이트와 병용 시 최종제품에서 두 성분의 합이 0.01%)	
26	p-메칠하이드로신나믹알데하이드	0.2%	
27	메칠헵타디에논	0.002%	
28	메톡시디시클로펜타디엔카르복스알데하이드	0.5%	
29	무기설파이트 및 하이드로젠설파이트류	산화염모제에서 유리 SO2로 0.67%	기타 제품에는 사용금지
30	베헨트리모늄 클로라이드	(단일성분 또는 세트리모늄 클로라이드, 스테아트리모늄 클로라이드와 혼합사용의 합으로서) • 사용 후 씻어내는 두발용 제품류 및 두발 염색용 제품류에 5.0% • 사용 후 씻어내지 않는 두발용 제품류 및 두발 염색용 제품류에 3.0% • 세트리모늄 클로라이드 또는 스테아트리모늄 클로라이드와 혼합 사용하는 경우 세트리모늄 클로라이드 및 스테아트리모늄 클로라이드의 합은 '사용 후 씻어내지 않는 두발용 제품류'에 1.0% 이하, '사용 후 씻어내는 두발용 제품류 및 두발 염색용 제품류'에 2.5% 이하여야 함	
31	4-tert-부틸디하이드로신남알데하이드	0.6%	
32	1,3-비스(하이드록시메칠)이미다졸리딘-2-치온	두발용 제품류 및 손발톱용 제품류에 2% (다만, 에어로졸(스프레이에 한함) 제품에는 사용금지)	기타 제품에는 사용금지
33	비타민E(토코페롤)	20%	

번호	원 료 명	사 용 한 도	비 고
34	살리실릭애씨드 및 그 염류	• 인체세정용 제품류에 살리실릭애씨드로서 2% • 사용 후 씻어내는 두발용 제품류에 살리실릭애씨드로서 3%	• 영유아용 제품류 또는 만 13세 이하 어린이가 사용할 수 있음을 특정하여 표시하는 제품에는 사용금지(다만, 샴푸는 제외) • 기능성화장품의 유효성분으로 사용하는 경우에 한하며 기타 제품에는 사용금지
35	세트리모늄 클로라이드 스테아트리모늄 클로라이드	(단일성분 또는 혼합사용의 합으로서) • 사용 후 씻어내는 두발용 제품류 및 두발용 염색용 제품류에 2.5% • 사용 후 씻어내지 않는 두발용 제품류 및 두발 염색용 제품류에 1.0%	
36	소듐나이트라이트	0.2%	2급, 3급 아민 또는 기타 니트로사민형성물질을 함유하고 있는 제품에는 사용금지
37	소합향나무(Liquidambar orientalis) 발삼오일 및 추출물	0.6%	
38	수용성 징크 염류(징크 4-하이드록시벤젠설포네이트와 징크피리치온 제외)	징크로서 1%	
39	시스테인, 아세틸시스테인 및 그 염류	퍼머넌트웨이브용 제품에 시스테인으로서 3.0~7.5% (다만, 가온2욕식 퍼머넌트웨이브용 제품의 경우에는 시스테인으로서 1.5~5.5%, 안정제로서 치오글라이콜릭애씨드 1.0%를 배합할 수 있으며, 첨가하는 치오글라이콜릭애씨드의 양을 최대한 1.0%로 했을 때 주성분인 시스테인의 양은 6.5%를 초과할 수 없다)	
40	실버나이트레이트	속눈썹 및 눈썹 착색용도의 제품에 4%	기타 제품에는 사용금지
41	아밀비닐카르비닐아세테이트	0.3%	
42	아밀시클로펜테논	0.1%	
43	아세틸헥사메칠인단	사용 후 씻어내지 않는 제품에 2%	
44	아세틸헥사메칠테트라린	• 사용 후 씻어내지 않는 제품 0.1% (다만, 하이드로알콜성 제품에 배합할 경우 1%, 순수향료 제품에 배합할 경우 2.5%, 방향크림에 배합할 경우 0.5%) • 사용 후 씻어내는 제품 0.2%	
45	알에이치(또는 에스에이치) 올리고펩타이드-1(상피세포성장인자)	0.001%	
46	알란토인클로로하이드록시알루미늄(알클록사)	1%	
47	알릴헵틴카보네이트	0.002%	2-알키노익애씨드 에스텔(예 : 메칠헵틴카보네이트)을 함유하고 있는 제품에는 사용금지
48	알칼리금속의 염소산염	3%	

번호	원 료 명	사 용 한 도	비 고
49	암모니아	6%	
50	에칠라우로일알지네이트 하이드로클로라이드	비듬 및 가려움을 덜어주고 씻어내는 제품(샴푸)에 0.8%	기타 제품에는 사용금지
51	에탄올·붕사·라우릴황산나트륨(4:1:1)혼합물	외음부세정제에 12%	기타 제품에는 사용금지
52	에티드로닉애씨드 및 그 염류	• 두발용 제품류 및 두발염색용 제품류에 산으로서 1.5% • 인체 세정용 제품류에 산으로서 0.2%	기타 제품에는 사용금지
53	오포파낙스	0.6%	
54	옥살릭애씨드, 그 에스텔류 및 알칼리 염류	두발용제품류에 5%	기타 제품에는 사용금지
55	우레아	10%	
56	이소베르가메이트	0.1%	
57	이소사이클로제라니올	0.5%	
58	징크페놀설포네이트	사용 후 씻어내지 않는 제품에 2%	
59	징크피리치온	비듬 및 가려움을 덜어주고 씻어내는 제품(샴푸, 린스) 및 탈모증상의 완화에 도움을 주는 화장품에 총 징크피리치온으로서 1.0%	기타 제품에는 사용금지
60	치오글라이콜릭애씨드, 그 염류 및 에스텔류	• 퍼머넌트웨이브용 및 헤어스트레이트너 제품에 치오글라이콜릭애씨드로서 11%(다만, 가온2욕식 헤어스트레이트너 제품의 경우에는 치오글라이콜릭애씨드로서 5%, 치오글라이콜릭애씨드 및 그 염류를 주성분으로 하고 제1제 사용 시 조제하는 발열 2욕식 퍼머넌트웨이브용 제품의 경우 치오글라이콜릭애씨드로서 19%에 해당하는 양) • 제모용 제품에 치오글라이콜릭애씨드로서 5% • 염모제에 치오글라이콜릭애씨드로서 1% • 사용 후 씻어내는 두발용 제품류에 2%	기타 제품에는 사용금지
61	칼슘하이드록사이드	• 헤어스트레이트너 제품에 7% • 제모제에서 pH조정 목적으로 사용되는 경우 최종 제품의 pH는 12.7 이하	기타 제품에는 사용금지
62	Commiphora erythrea engler var. glabrescens 검 추출물 및 오일	0.6%	
63	쿠민(Cuminum cyminum) 열매 오일 및 추출물	사용 후 씻어내지 않는 제품에 쿠민오일로서 0.4%	
64	퀴닌 및 그 염류	• 샴푸에 퀴닌염으로서 0.5% • 헤어로션에 퀴닌염로서 0.2%	기타 제품에는 사용금지
65	클로라민T	0.2%	
66	톨루엔	손발톱용 제품류에 25%	기타 제품에는 사용금지
67	트리알킬아민, 트리알칸올아민 및 그 염류	사용 후 씻어내지 않는 제품에 2.5%	
68	트리클로산	사용 후 씻어내는 제품류에 0.3%	기능성화장품의 유효성분으로 사용하는 경우에 한하며 기타 제품에는 사용금지

번호	원 료 명	사 용 한 도	비 고
69	트리클로카반 (트리클로카바닐리드)	사용 후 씻어내는 제품류에 1.5%	기능성화장품의 유효성분으로 사용하는 경우에 한하며 기타 제품에는 사용금지
70	페릴알데하이드	0.1%	
71	페루발삼 추출물, 증류물	0.4%	
72	포타슘하이드록사이드 또는 소듐하이드록사이드	• 손톱표피 용해 목적일 경우 5%, pH 조정 목적으로 사용되고 최종 제품이 제5조제5항에 pH기준이 정하여 있지 아니한 경우에도 최종 제품의 pH는 11 이하 • 제모제에서 pH조정 목적으로 사용되는 경우 최종 제품의 pH는 12.7 이하	
73	폴리아크릴아마이드류	• 사용 후 씻어내지 않는 바디화장품에 잔류 아크릴아마이드로서 0.00001% • 기타 제품에 잔류 아크릴아마이드로서 0.00005%	
74	풍나무(Liquidambar styraciflua) 발삼오일 및 추출물	0.6%	
75	프로필리덴프탈라이드	0.01%	
76	하이드롤라이즈드밀단백질		원료 중 펩타이드의 최대 평균분자량은 3.5 kDa 이하이어야 함
77	트랜스-2-헥세날	0.002%	
78	2-헥실리덴사이클로펜타논	0.06%	

* 염류의 예 : 소듐, 포타슘, 칼슘, 마그네슘, 암모늄, 에탄올아민, 클로라이드, 브로마이드, 설페이트, 아세테이트, 베타인 등
* 에스텔류 : 메칠, 에칠, 프로필, 이소프로필, 부틸, 이소부틸, 페닐

4 미백 성분

연번	성분명	함량
1	닥나무추출물	2%
2	알부틴	2~5%
3	에칠아스코빌에텔	1~2%
4	유용성감초추출물	0.05%
5	아스코빌글루코사이드	2%
6	마그네슘아스코빌포스페이트	3%
7	나이아신아마이드	2~5%
8	알파-비사보롤	0.5%
9	아스코빌테트라이소팔미테이트	2%

5 주름개선 성분

연번	성분명	함량
1	레티놀	2,500IU/g
2	레티닐팔미테이트	10,000IU/g
3	아데노신	0.04%
4	폴리에톡실레이티드레틴아마이드	0.05~0.2%

6 제모제

연번	성분명	함량
1	치오글리콜산 80%	치오글리콜산으로서 3.0~4.5%

7 여드름 완화

연번	성분명	함량
1	살리실릭애씨드	0.5%

부 록

04 | 화장품 색소 종류·기준·사용방법(127종)

번호	원 료 명	사용한도	비 고
1	녹색 204 호 (피라닌콘크, Pyranine Conc)* CI 59040 8-히드록시-1, 3, 6-피렌트리설폰산의 트리나트륨염 ◎ 사용한도 0.01%	눈 주위 및 입술에 사용할 수 없음	타르색소
2	녹색 401 호 (나프톨그린 B, Naphthol Green B)* CI 10020 5-이소니트로소-6-옥소-5, 6-디히드로-2-나프탈렌설폰산의 철염	눈 주위 및 입술에 사용할 수 없음	타르색소
3	등색 206 호 (디요오드플루오레세인, Diiodofluorescein)* CI 45425:1 4′, 5′-디요오드-3′, 6′-디히드록시스피로[이소벤조푸란-1(3H), 9′-[9H]크산텐]-3-온	눈 주위 및 입술에 사용할 수 없음	타르색소
4	등색 207 호 (에리트로신 옐로위쉬 NA, Erythrosine Yellowish NA)* CI 45425 9-(2-카르복시페닐)-6-히드록시-4, 5-디요오드-3H-크산텐-3-온의 디나트륨염	눈 주위 및 입술에 사용할 수 없음	타르색소
5	자색 401 호 (알리주롤퍼플, Alizurol Purple)* CI 60730 / 1-히드록시-4-(2-설포-p-톨루이노)-안트라퀴논의 모노나트륨염	눈 주위 및 입술에 사용할 수 없음	타르색소
6	적색 205 호 (리톨레드, Lithol Red)* CI 15630 / 2-(2-히드록시-1-나프틸아조)-1-나프탈렌설폰산의 모노나트륨염 / ◎ 사용한도 3%	눈 주위 및 입술에 사용할 수 없음	타르색소
7	적색 206 호 (리톨레드 CA, Lithol Red CA)* CI 15630:2 / 2-(2-히드록시-1-나프틸아조)-1-나프탈렌설폰산의 칼슘염 / ◎ 사용한도 3%	눈 주위 및 입술에 사용할 수 없음	타르색소
8	적색 207 호 (리톨레드 BA, Lithol Red BA) CI 15630:1 / 2-(2-히드록시-1-나프틸아조)-1-나프탈렌설폰산의 바륨염 / ◎ 사용한도 3%	눈 주위 및 입술에 사용할 수 없음	타르색소
9	적색 208 호 (리톨레드 SR, Lithol Red SR) CI 15630:3 / 2-(2-히드록시-1-나프틸아조)-1-나프탈렌설폰산의 스트론튬염 / ◎ 사용한도 3%	눈 주위 및 입술에 사용할 수 없음	타르색소
10	적색 219 호 (브릴리안트레이크레드 R, Brilliant Lake Red R)* CI 15800 / 3-히드록시-4-페닐아조-2-나프토에산의 칼슘염	눈 주위 및 입술에 사용할 수 없음	타르색소
11	적색 225 호 (수단 Ⅲ, Sudan Ⅲ)* CI 26100/1-[4-(페닐아조)페닐아조]-2-나프톨	눈 주위 및 입술에 사용할 수 없음	타르색소
12	적색 405 호 (퍼머넌트레드 F5R, Permanent Red F5R) CI 15865:2 / 4-(5-클로로-2-설포-p-톨릴아조)-3-히드록시-2-나프토에산의 칼슘염	눈 주위 및 입술에 사용할 수 없음	타르색소
13	적색 504 호 (폰소 SX, Ponceau SX)* CI 14700 / 2-(5-설포-2, 4-키실릴아조)-1-나프톨-4-설폰산의 디나트륨염	눈 주위 및 입술에 사용할 수 없음	타르색소
14	청색 404 호 (프탈로시아닌블루, Phthalocyanine Blue)* CI 74160 / 프탈로시아닌의 구리착염	눈 주위 및 입술에 사용할 수 없음	타르색소
15	황색 202 호의 (2) (우라닌 K, Uranine K)* CI 45350/9-올소-카르복시페닐-6-히드록시-3-이소크산톤의 디칼륨염 / ◎ 사용한도 6%	눈 주위 및 입술에 사용할 수 없음	타르색소
16	황색 204 호 (퀴놀린옐로우 SS, Quinoline Yellow SS)* CI 47000 / 2-(2-퀴놀릴)-1, 3-인단디온	눈 주위 및 입술에 사용할 수 없음	타르색소

번호	원 료 명	사용한도	비 고
17	황색 401 호 (한자옐로우, Hanza Yellow)* CI 11680/N-페닐-2-(니트로-p-톨릴아조)-3-옥소부탄아미드	눈 주위 및 입술에 사용할 수 없음	타르색소
18	황색 403 호의 (1) (나프톨옐로우 S, Naphthol Yellow S) CI 10316 / 2, 4-디니트로-1-나프톨-7-설폰산의 디나트륨염	눈 주위 및 입술에 사용할 수 없음	타르색소
19	등색 205 호 (오렌지 II, Orange II) CI 15510 / 1-(4-설포페닐아조)-2-나프톨의 모노나트륨염	눈 주위에 사용할 수 없음	타르색소
20	황색 203 호 (퀴놀린옐로우 WS, Quinoline Yellow WS) CI 47005 / 2-(1, 3-디옥소인단-2-일)퀴놀린 모노설폰산 및 디설폰산의 나트륨염	눈 주위에 사용할 수 없음	타르색소
21	녹색 3 호 (패스트그린 FCF, Fast Green FCF) CI 42053 / 2-[α-[4-(N-에틸-3-설포벤질이미니오)-2, 5-시클로헥사디에닐덴]-4-(N / 에틸-3-설포벤질아미노)벤질]-5-히드록시벤젠설포네이트의 디나트륨염		타르색소
22	녹색 201 호 (알리자린시아닌그린 F, Alizarine Cyanine Green F)* CI 61570 / 1, 4-비스-(2-설포-p-톨루이디노)-안트라퀴논의 디나트륨염		타르색소
23	녹색 202 호 (퀴니자린그린 SS, Quinizarine Green SS)* CI 61565 / 1, 4-비스(p-톨루이디노)안트라퀴논		타르색소
24	등색 201 호 (디브로모플루오레세인, Dibromofluorescein) CI 45370:1 / 4′, 5′-디브로모-3′, 6′-디히드로시스피로[이소벤조푸란-1(3H),9-[9H]크산텐-3-온	눈 주위에 사용할 수 없음	타르색소
25	자색 201 호 (알리주린퍼플 SS, Alizurine Purple SS)* CI 60725 / 1-히드록시-4-(p-톨루이디노)안트라퀴논		타르색소
26	적색 2 호 (아마란트, Amaranth) CI 16185 / 3-히드록시-4-(4-설포나프틸아조)-2, 7-나프탈렌디설폰산의 트리나트륨염	영유아용 제품류 또는 만 13세 이하 어린이가 사용할 수 있음을 특정하여 표시하는 제품에 사용할 수 없음	타르색소
27	적색 40 호 (알루라레드 AC, Allura Red AC) CI 16035 / 6-히드록시-5-[(2-메톡시-5-메틸-4-설포페닐)아조]-2-나프탈렌설폰산의 디나트륨염		타르색소
28	적색 102 호 (뉴콕신, New Coccine) CI 16255 / 1-(4-설포-1-나프틸아조)-2-나프톨-6, 8-디설폰산의 트리나트륨염의 1.5 수화물	영유아용 제품류 또는 만 13세 이하 어린이가 사용할 수 있음을 특정하여 표시하는 제품에 사용할 수 없음	타르색소
29	적색 103 호의 (1) (에오신 YS, Eosine YS) CI 45380 / 9-(2-카르복시페닐)-6-히드록시-2, 4, 5, 7-테트라브로모-3H-크산텐-3-온의 디나트륨염	눈 주위에 사용할 수 없음	타르색소
30	적색 104 호의 (1) (플록신 B, Phloxine B) CI 45410 / 9-(3, 4, 5, 6-테트라클로로-2-카르복시페닐)-6-히드록시-2, 4, 5, 7-테트 /라브로모-3H-크산텐-3-온의 디나트륨염	눈 주위에 사용할 수 없음	타르색소
31	적색 104 호의 (2) (플록신 BK, Phloxine BK) CI 45410 / 9-(3, 4, 5, 6-테트라클로로-2-카르복시페닐)-6-히드록시-2, 4, 5, 7-테트 /라브로모-3H-크산텐-3-온의 디칼륨염	눈 주위에 사용할 수 없음	타르색소
32	적색 201 호 (리톨루빈 B, Lithol Rubine B) CI 15850 / 4-(2-설포-p-톨릴아조)-3-히드록시-2-나프토에산의 디나트륨염		타르색소
33	적색 202 호 (리톨루빈 BCA, Lithol Rubine BCA) CI 15850:1 / 4-(2-설포-p-톨릴아조)-3-히드록시-2-나프토에산의 칼슘염		타르색소

번호	원 료 명	사용한도	비 고
34	적색 218 호 (테트라클로로테트라브로모플루오레세인, Tetrachlorotetrabromofluorescein) CI 45410:1 / 2', 4', 5', 7'-테트라브로모-4, 5, 6, 7-테트라클로로-3', 6'-디히드록시 / 피로[이소벤조푸란-1(3H),9'-[9H] 크산텐]-3-온	눈 주위에 사용할 수 없음	타르색소
35	적색 220 호 (디프마룬, Deep Maroon)* CI 15880:1 / 4-(1-설포-2-나프틸아조)-3-히드록시-2-나프토에산의 칼슘염		타르색소
36	적색 223 호 (테트라브로모플루오레세인, Tetrabromofluorescein) CI 45380:2 / 2', 4', 5', 7'-테트라브로모-3', 6'-디히드록시스피로[이소벤조푸란 / -1(3H),9'-[9H]크산텐]-3-온	눈 주위에 사용할 수 없음	타르색소
37	적색 226 호 (헬린돈핑크 CN, Helindone Pink CN)* CI 73360 / 6, 6'-디클로로-4, 4'-디메틸-티오인디고		타르색소
38	적색 227 호 (패스트애시드마겐타, Fast Acid Magenta)* CI 17200 / 8-아미노-2-페닐아조-1-나프톨-3, 6-디설폰산의 디나트륨염 / ◎ 입술에 적용을 목적으로 하는 화장품의 경우만 사용한도 3%		타르색소
39	적색 228 호 (퍼마톤레드, Permaton Red) CI 12085 / 1-(2-클로로-4-니트로페닐아조)-2-나프톨 / ◎ 사용한도 3%		타르색소
40	적색 230 호의 (2) (에오신 YSK, Eosine YSK) CI 45380 / 9-(2-카르복시페닐)-6-히드록시-2, 4, 5, 7-테트라브로모-3H-크산텐-3-온의 디칼륨염		타르색소
41	청색 1 호 (브릴리안트블루 FCF, Brilliant Blue FCF) CI 42090 / 2-[α-[4-(N-에틸-3-설포벤질이미니오)-2, 5-시클로헥사디에닐리 /덴]-4-(N-에틸-3-설포벤질아미노)벤질]벤젠설포네이트의 디나트륨염		타르색소
42	청색 2 호 (인디고카르민, Indigo Carmine) CI 73015 / 5, 5'-인디고틴디설폰산의 디나트륨염		타르색소
43	청색 201 호 (인디고, Indigo)* CI 73000 / 인디고틴		타르색소
44	청색 204 호 (카르반트렌블루, Carbanthrene Blue)* CI 69825 / 3, 3'-디클로로인단스렌		타르색소
45	청색 205 호 (알파주린 FG, Alphazurine FG)* CI 42090 / 2-[α-[4-(N-에틸-3-설포벤질이미니오)-2, 5-시클로헥산디에닐리덴] / -4-(N-에틸-3-설포벤질아미노)벤질]벤젠설포네이트의 디암모늄염		타르색소
46	황색 4 호 (타르트라진, Tartrazine) CI 19140 / 5-히드록시-1-(4-설포페닐)-4-(4-설포페닐아조)-1H-피라졸-3-카르본산의 트리나트륨염		타르색소
47	황색 5 호 (선셋옐로우 FCF, Sunset Yellow FCF) CI 15985 / 6-히드록시-5-(4-설포페닐아조)-2-나프탈렌설폰산의 디나트륨염		타르색소
48	황색 201 호 (플루오레세인, Fluorescein)* CI 45350:1 / 3', 6'-디히드록시스피로[이소벤조푸란-1(3H), 9'-[9H]크산텐]-3-온 / ◎ 사용한도 6%		타르색소
49	황색 202 호의 (1) (우라닌, Uranine)* CI 45350 / 9-(2-카르복시페닐)-6-히드록시-3H-크산텐-3-온의 디나트륨염 / ◎ 사용한도 6%		타르색소
50	등색 204 호 (벤지딘오렌지 G, Benzidine Orange G)* CI 21110 / 4, 4'-[(3, 3'-디클로로-1, 1'-비페닐)-4, 4'-디일비스(아조)]비스[3-메틸-1-페닐-5-피라졸론]	적용 후 바로 씻어내는 제품 및 염모용 화장품에만 사용	타르색소
51	적색 106 호 (애시드레드, Acid Red)* CI 45100 / 2-[[N, N-디에틸-6-(디에틸아미노)-3H-크산텐-3-이미니오]-9-일]-5-설포벤젠설포네이트의 모노나트륨염	적용 후 바로 씻어내는 제품 및 염모용 화장품에만 사용	타르색소
52	적색 221 호 (톨루이딘레드, Toluidine Red)* CI 12120 / 1-(2-니트로-p-톨릴아조)-2-나프톨	적용 후 바로 씻어내는 제품 및 염모용 화장품에만 사용	타르색소

번호	원 료 명	사용한도	비 고
53	적색 401 호 (비올라민 R, Violamine R) CI 45190 / 9-(2-카르복시페닐)-6-(4-설포-올소-톨루이디노)-N-(올소-톨릴)-3H-크산텐-3-이민의 디나트륨염	적용 후 바로 씻어내는 제품 및 염모용 화장품에만 사용	타르색소
54	적색 506 호 (패스트레드 S, Fast Red S)* CI 15620 / 4-(2-히드록시-1-나프틸아조)-1-나프탈렌설폰산의 모노나트륨염	적용 후 바로 씻어내는 제품 및 염모용 화장품에만 사용	타르색소
55	황색 407 호 (패스트라이트옐로우 3G, Fast Light Yellow 3G)* CI 18820 / 3-메틸-4-페닐아조-1-(4-설포페닐)-5-피라졸론의 모노나트륨염	적용 후 바로 씻어내는 제품 및 염모용 화장품에만 사용	타르색소
56	흑색 401 호 (나프톨블루블랙, Naphthol Blue Black)* CI 20470 / 8-아미노-7-(4-니트로페닐아조)-2-(페닐아조)-1-나프톨-3, 6-디설폰산의 디나트륨염	적용 후 바로 씻어내는 제품 및 염모용 화장품에만 사용	타르색소
57	등색 401 호(오렌지 401, Orange no. 401)* CI 11725	점막에 사용할 수 없음	타르색소
58	안나토 (Annatto) CI 75120		
59	라이코펜 (Lycopene) CI 75125		
60	베타카로틴 (Beta-Carotene) CI 75130		
61	구아닌 (2-아미노-1,7-디하이드로-6H-퓨린-6-온, Guanine, 2-Amino- 1,7-dihydro-6H- purin-6-one) CI 75170		
62	커큐민 (Curcumin) CI 75300		
63	카민류 (Carmines) CI 75470		
64	클로로필류 (Chlorophylls) CI 75810		
65	알루미늄 (Aluminum) CI 77000		
66	벤토나이트 (Bentonite) CI 77004		
67	울트라마린 (Ultramarines) CI 77007		
68	바륨설페이트 (Barium Sulfate) CI 77120		
69	비스머스옥시클로라이드 (Bismuth Oxychloride) CI 77163		
70	칼슘카보네이트 (Calcium Carbonate) CI 77220		
71	칼슘설페이트 (Calcium Sulfate) CI 77231		
72	카본블랙 (Carbon black) CI 77266		
73	본블랙, 본차콜 (본차콜, Bone black, Bone Charcoal) CI 77267		
74	베지터블카본 (코크블랙, Vegetable Carbon, Coke Black) CI 77268:1		
75	크로뮴옥사이드그린 (크롬(III) 옥사이드, Chromium Oxide Greens) CI 77288		
76	크로뮴하이드로사이드그린 (크롬(III) 하이드록사이드, Chromium Hydroxide Green) CI 77289		
77	코발트알루미늄옥사이드 (Cobalt Aluminum Oxide) CI 77346		
78	구리 (카퍼, Copper) CI 77400		

번호	원 료 명	사용한도	비 고
79	금 (Gold) CI 77480		
80	페러스옥사이드 (Ferrous oxide, Iron Oxide) CI 77489		
81	적색산화철 (아이런옥사이드레드, Iron Oxide Red, Ferric Oxide) CI 77491		
82	황색산화철 (아이런옥사이드옐로우, Iron Oxide Yellow, Hydrated Ferric Oxide) CI 77492		
83	흑색산화철 (아이런옥사이드블랙, Iron Oxide Black, Ferrous–Ferric Oxide) CI 77499		
84	페릭암모늄페로시아나이드 (Ferric Ammonium Ferrocyanide) CI 77510		
85	페릭페로시아나이드 (Ferric Ferrocyanide) CI 77510		
86	마그네슘카보네이트 (Magnesium Carbonate) CI 77713		
87	망가니즈바이올렛 (암모늄망가니즈(3+) 디포스페이트, Manganese Violet, Ammonium Manganese(3+) Diphosphate) CI 77742		
88	실버 (Silver) CI 77820		
89	티타늄디옥사이드 (Titanium Dioxide) CI 77891		
90	징크옥사이드 (Zinc Oxide) CI 77947		
91	리보플라빈 (락토플라빈, Riboflavin, Lactoflavin)		
92	카라멜 (Caramel)		
93	파프리카추출물, 캡산틴/캡소루빈 (Paprika Extract Capsanthin/ Capsorubin)		
94	비트루트레드 (Beetroot Red)		
95	안토시아닌류 (시아니딘, 페오니딘, 말비딘, 델피니딘, 페투니딘, 페라고니딘, Anthocyanins)		
96	알루미늄스테아레이트/징크스테아레이트/마그네슘스테아레이트/칼슘스테아레이트(Aluminum Stearate/Zinc Stearate/Magnesium Stearate/Calcium Stearate)		
97	디소듐이디티에이–카퍼 (Disodium EDTA–copper)		
98	디하이드록시아세톤 (Dihydroxyacetone)		
99	구아이아줄렌 (Guaiazulene)		
100	피로필라이트 (Pyrophyllite)		
101	마이카 (Mica) CI 77019		
102	청동 (Bronze)		
103	염기성갈색 16 호 (Basic Brown 16) CI 12250	염모용 화장품에만 사용	타르색소
104	염기성청색 99 호 (Basic Blue 99) CI 56059	염모용 화장품에만 사용	타르색소
105	염기성적색 76 호 (Basic Red 76) CI 12245 ◎ 사용한도 2%	염모용 화장품에만 사용	타르색소
106	염기성갈색 17 호 (Basic Brown 17) CI 12251 / ◎ 사용한도 2%	염모용 화장품에만 사용	타르색소

번호	원 료 명	사용한도	비 고
107	염기성황색 87 호 (Basic Yellow 87) / ◎ 사용한도 1%	염모용 화장품에만 사용	타르색소
108	염기성황색 57 호 (Basic Yellow 57) CI 12719 / ◎ 사용한도 2%	염모용 화장품에만 사용	타르색소
109	염기성적색 51 호 (Basic Red 51) / ◎ 사용한도 1%	염모용 화장품에만 사용	타르색소
110	염기성등색 31 호 (Basic Orange 31) / ◎ 사용한도 1%	염모용 화장품에만 사용	타르색소
111	에치씨청색 15 호 (HC Blue No. 15) / ◎ 사용한도 0.2%	염모용 화장품에만 사용	타르색소
112	에치씨청색 16 호 (HC Blue No. 16) / ◎ 사용한도 3%	염모용 화장품에만 사용	타르색소
113	분산자색 1 호 (Disperse Violet 1) CI 61100 / 1,4-디아미노안트라퀴논 / ◎ 사용한도 0.5%	염모용 화장품에만 사용	타르색소
114	에치씨적색 1 호 (HC Red No. 1) / 4-아미노-2-니트로디페닐아민 / ◎ 사용한도 1%	염모용 화장품에만 사용	타르색소
115	2-아미노-6-클로로-4-니트로페놀 / ◎ 사용한도 2%	염모용 화장품에만 사용	타르색소
116	4-하이드록시프로필 아미노-3-니트로페놀 / ◎ 사용한도 2.6%	염모용 화장품에만 사용	타르색소
117	염기성자색 2 호 (Basic Violet 2) CI 42520 / ◎ 사용한도 0.5%	염모용 화장품에만 사용	타르색소
118	분산흑색 9 호 (Disperse Black 9) / ◎ 사용한도 0.3%	염모용 화장품에만 사용	타르색소
119	에치씨황색 7 호 (HC Yellow No. 7) / ◎ 사용한도 0.25%	염모용 화장품에만 사용	타르색소
120	산성적색 52 호 (Acid Red 52) CI 45100 / ◎ 사용한도 0.6%	염모용 화장품에만 사용	타르색소
121	산성적색 92 호 (Acid Red 92) / ◎ 사용한도 0.4%	염모용 화장품에만 사용	타르색소
122	에치씨청색 17 호 (HC Blue 17) / ◎ 사용한도 2%	염모용 화장품에만 사용	타르색소
123	에치씨등색 1 호 (HC Orange No. 1) / ◎ 사용한도 1%	염모용 화장품에만 사용	타르색소
124	분산청색 377 호 (Disperse Blue 377) / ◎ 사용한도 2%	염모용 화장품에만 사용	타르색소
125	에치씨청색 12 호 (HC Blue No. 12) / ◎ 사용한도 1.5%	염모용 화장품에만 사용	타르색소
126	에치씨황색 17 호 (HC Yellow No. 17) / ◎ 사용한도 0.5%	염모용 화장품에만 사용	타르색소
127	피그먼트 적색 5호 (Pigment Red 5)* CI 12490 / 엔-(5-클로로-2,4-디메톡시페닐)-4-[[5-[(디에칠아미노)설포닐]-2-메톡시페닐]아조]-3-하이드록시나프탈렌-2-카복사마이드	화장 비누에만 사용	타르색소

맞춤형화장품
조제관리사

합격보장

2020년 개정 관계 법령 반영
제1회 시험 완벽 반영한 개정판

맞춤형화장품 조제관리사

국가전문자격

BM Book Media Group
성안당은 선진화된 출판 및 영상교육 시스템을 구축하고 항상 연구하는 자세로 고객 앞에 다가갑니다.